Springer-Lehrbuch

Christian Blatter

Analysis 2

Dritte Auflage
Mit 169 Figuren

Springer-Verlag
Berlin Heidelberg New York
London Paris Tokyo
Hong Kong Barcelona
Budapest

Prof. Dr. Christian Blatter
Departement Mathematik
ETH Zentrum
CH-8092 Zürich

Dritte Auflage
Die früheren Auflagen erschienen in der
Reihe Heidelberger Taschenbücher (Bd. 152 u. 153)

Mathematics Subject Classification (1991)
Primary: 26-01
Secondary: 26A03, 26A06, 26A09, 26B10, 26B15, 26B20; 34-01; 42-01

Die Deutsche Bibliothek - CIP-Einheitsaufnahme
Blatter, Christian: Analysis / Christian Blatter. - Berlin; Heidelberg; New York; London; Paris; Tokyo; Hong Kong; Barcelona; Budapest: Springer. (Springer-Lehrbuch) 2. - 3. Aufl. - 1992

ISBN-13: 978-3-540-55677-0 e-ISBN-13: 978-3-642-77647-2
DOI: 10.1007/978-3-642-77647-2

Satz: Reproduktionsfertige Vorlage vom Autor mit Springer $\TeX$-Makros erstellt
44/3140 - 5 4 3 2 1 0 – Gedruckt auf säurefreiem Papier

Vorwort

Dieses Werk handelt von den Grundlagen und Methoden der Analysis, wie sie in den ersten zwei bis drei Semestern behandelt werden und wie sie jeder Mathematiker oder Physiker tagtäglich braucht. Zentrales didaktisches Ziel des ersten Bandes war es, die vorhandenen Erfahrungen und intuitiven Vorstellungen des Lesers auf den Begriff zu bringen in einer Weise, die alles möglichst natürlich erscheinen lässt. Mit "alles" meine ich die definitiven Konzepte und das fortschreitende Argumentieren damit im Hinblick auf reine Theoreme, aber auch auf konkrete Anwendungen.

Diese Richtschnur hat mich auch bei dem vorliegenden zweiten Band geleitet. Der hier behandelte Stoff dürfte allerdings für die meisten Studenten neuartiger sein als der im ersten Band. Um so mehr habe ich mich bemüht, den Text anschaulich-motivierend zu halten, mit zahlreichen Figuren die mehrdimensionale Intuition zu fördern und die mathematische Substanz in Formeln zu kleiden, die suggestive Kraft besitzen. Ich habe mich auch nicht gescheut, gelegentlich ganz gewöhnliche Übungsbeispiele einzustreuen und explizit vorzurechnen.

Gegenüber den Ausgaben von 1974 bzw. 1980 ist in diesem zweiten Teil (unter anderem) das folgende hinzugekommen:

Im ersten Band gab es ja neu eine einführende Behandlung der Differentialgleichungen. In Kapitel 11 wird sie nun mit dem Beweis des Existenz- und Eindeutigkeitssatzes zu einem gewissen Abschluss gebracht. Hierfür benötigen wir den allgemeinen Fixpunktsatz, und der kommt uns auch in der mehrdimensionalen Differentialrechnung zu Hilfe, nämlich beim Beweis des Satzes über die Umkehrabbildung ("Satz über implizite Funktionen"). Wir beweisen dabei die folgenden quantitative Aussage: Ist $\mathbf{f}(\mathbf{0}) = \mathbf{0}$ und $d\mathbf{f}(\mathbf{0}) = \text{id}$, so wird ein kleiner Würfel Q mit Zentrum $\mathbf{0}$ auf eine Menge B abgebildet mit $(1-\varepsilon)Q \subset B \subset (1+\varepsilon)Q$. Damit haben wir auch schon eine gewichtige Vorleistung an den Beweis der Transformationsformel für mehrfache Integrale erbracht.

Die Vektoranalysis (Kapitel 14) war in der früheren Ausgabe etwas trocken behandelt worden. Neu gibt es verschiedene Anwendungen in der Physik, zum Beispiel eine Herleitung der Wärmeleitungsgleichung, und vor allem einen ganzen Abschnitt mit geometrischen Anwendungen. Hier wird der Jordansche Kurvensatz (für reguläre C^1-Kurven) und der sogenannte Umlaufssatz (über die Tangentendrehzahl von glatten Jordankurven) bewiesen.

Auch bei der Fourier-Analysis (Kapitel 15 und 16) wurde das theoretische Material durch Anwendungen innerhalb und ausserhalb der Mathematik ergänzt: Es gibt verschiedene Beispiele aus der Theorie der Wärmeleitung; ferner wird das berühmte Sampling-Theorem (CD's!) behandelt, und wir bringen auch eine (naheliegende) Anwendung in der Wahrscheinlichkeitstheorie. Das Beispiel einer Reihe, deren Summe auf über 400 Dezimalstellen mit $\sqrt{\pi}$ übereinstimmt, aber von $\sqrt{\pi}$ verschieden ist, habe ich von P. Borwein; aus seinem Buch über Pi stammt übrigens auch die schmerzlose Berechnung des arithmetisch-geometrischen Mittels in Abschnitt 10.3.

Die Reinzeichnung der Figuren besorgten wieder Frank Hartmann und mein Macintosh. Dem Verlag danke ich, dass er dieses Werk nocheinmal neu herausgebracht hat, obwohl seit dem erstmaligen Erscheinen verschiedene deutschsprachige Lehrbücher mit ähnlichem Inhalt auf den Markt gekommen sind — allen voran die Analysis von Wolfgang Walter (Grundwissen Mathematik 3 und 4).

Zürich, Anfang Mai 1992

Christian Blatter

Hinweise für den Leser

Das ganze Werk (zwei Bände) ist eingeteilt in 16 Kapitel, und jedes Kapitel ist weiter unterteilt in Abschnitte. Propositionen und Sätze sind kapitelweise numeriert; die halbfette Signatur **(4.3)** bezeichnet den dritten Satz in Kapitel 4. Formeln, die später nocheinmal benötigt werden, sind abschnittweise mit mageren Ziffern numeriert. Innerhalb eines Abschnitts wird ohne Angabe der Abschnittnummer auf die Formel (1) zurückverwiesen; 7.3.(2) hingegen bezeichnet die Formel (2) des Abschnitts 7.3. Eingekreiste Ziffern numerieren abschnittweise die erläuternden Beispiele und Anwendungen.

Definitionen sind erkenntlich am Schrägdruck des Definiendums, Sätze an der vorangestellten Signatur und am durchlaufenden Schrägdruck des Textes. Die beiden Winkel ⌈ und ⌋ markieren den Beginn und das Ende eines Beweises, der Kreis ○ das Ende eines Beispiels.

Inhaltsverzeichnis

11. Funktionenfolgen und -räume

11.1. Problemstellung

Die meisten interessanten Funktionen der Analysis sind durch einen Grenzprozeß erklärt, etwa als Summe einer Potenzreihe oder mit Hilfe eines Integrals:

Beispiele: $\exp z := \lim_{n\to\infty}\left(1+\frac{z}{n}\right)^n$ bzw. $\exp z := \sum_{k=0}^{\infty}\frac{z^k}{k!}$,

$$\Gamma(\alpha) := \int_0^{\infty} t^{\alpha-1}e^{-t}\,dt\ .$$

Eine derartige Funktion $f := \lim_{n\to\infty} f_n$ soll nun selbst wieder einem Grenzprozeß unterworfen, zum Beispiel integriert werden. Ist es erlaubt, die approximierenden Funktionen f_n zu integrieren (was vielleicht nicht so schwer ist) und dann kurzerhand das Integral der Grenzfunktion dem Grenzwert der Integrale gleichzusetzen? In Formeln:

$$\int_a^b \bigl(\lim_{n\to\infty} f_n(t)\bigr)\,dt \overset{?}{=} \lim_{n\to\infty}\left(\int_a^b f_n(t)\,dt\right)\ .$$

Weiter: Die approximierenden Funktionen gehören in der Regel einer "gut verstandenen" Funktionenklasse an und besitzen etablierte Regularitätseigenschaften (Stetigkeit usw.). Übertragen sich diese Eigenschaften ohne weiteres auf die Grenzfunktion? Die folgenden Beispiele sollen zeigen, daß hier ein echtes Problem vorliegt: Wir müssen zur Kenntnis nehmen, daß Grenzprozesse über verschiedene Variablen, etwa $n\to\infty$, $x\to\xi$, $h\to 0$, $\|T\|\to 0$, nicht unbedacht vertauscht werden dürfen.

① Die Funktionen

$$f_n(t) := t^n \qquad (0\le t\le 1)$$

sind auf dem gemeinsamen Definitionsbereich $[0,1]$ stetig. Die Grenzfunktion

$$f(t) := \lim_{n\to\infty} f_n(t) = \begin{cases} 0 & (0\le t<1)\\ 1 & (t=1)\end{cases}$$

hingegen besitzt an der Stelle 1 eine Sprungstelle. ○

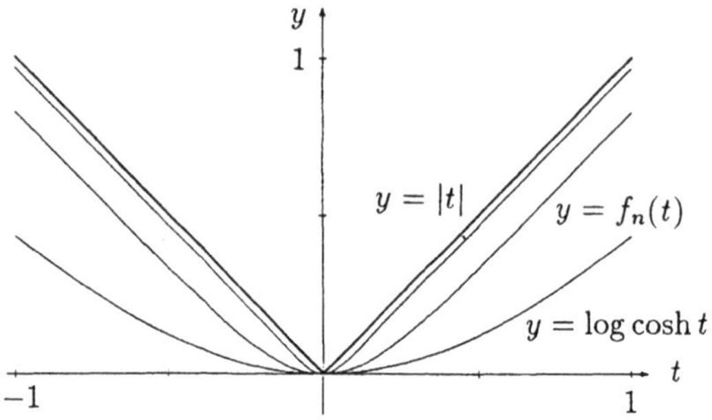

Fig. 11.1.1

② Ausgehend von der Funktion

$$g(t) := \log \cosh t$$

(Fig. 11.1.1) definieren wir eine Funktionenfolge $(f_n)_{n\geq 1}$ durch

$$f_n(t) := \frac{1}{n} g(nt) = \frac{1}{n} \log \cosh(nt) \ .$$

Geometrisch läßt sich das folgendermaßen interpretieren: Man erhält den Graphen von f_n, indem man den Graphen von g von O aus mit dem Faktor $1/n$ streckt. Um die Grenzfunktion $f := \lim_{n\to\infty} f_n$ zu finden, haben wir also einfach die Figur 11.1.1 aus großer Distanz zu betrachten, und das bringt uns auf die Vermutung, daß $f = \text{abs}$ ist. Beweis: Vorweg ist $f_n(0) = 0 = |0|$ für alle n. Betrachte jetzt ein festes $t \neq 0$. Mit Hilfe der Regel von Bernoulli-de l'Hôpital ergibt sich

$$\lim_{n\to\infty} f_n(t) = \lim_{x\to\infty} \frac{\log \cosh(xt)}{x} = \lim_{x\to\infty} \frac{\tanh(xt)\cdot t}{1} = t \operatorname{sgn} t = |t| \ .$$

Betrachten wir nun die Ableitungen $f_n'(t) = \tanh(nt)$, so stellen wir fest, daß alle f_n auf ganz $\mathbb{R}$ stetig differenzierbar sind und daß weiter der

$$\lim_{n\to\infty} f_n'(t) = \operatorname{sgn} t$$

für jedes feste t existiert. Trotzdem ist die Grenzfunktion abs an der Stelle 0 nicht differenzierbar. ○

③ In diesem Beispiel ist die Grenzfunktion $f = \lim_{n\to\infty} f_n$ zwar überall differenzierbar, aber f' stimmt nicht mit $\lim_{n\to\infty} f_n'$ überein:

Wir gehen aus von der Funktion

$$g(t) := \frac{t}{1+t^2}$$

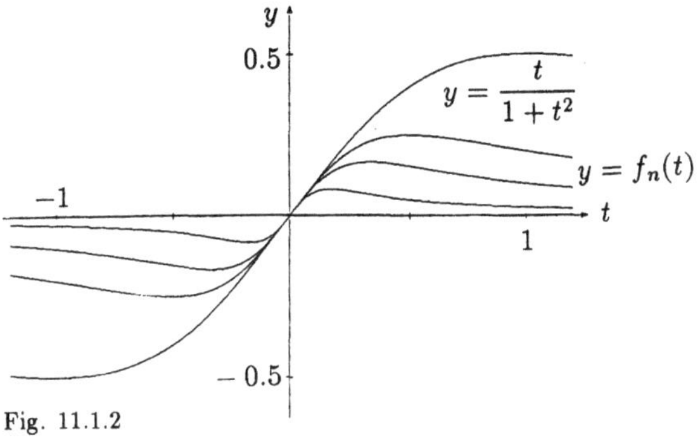

Fig. 11.1.2

(Fig. 11.1.2) und bilden wie im vorangehenden Beispiel die Funktionen

$$f_n(t) := \frac{1}{n} g(nt) = \frac{t}{1+n^2t^2},$$

die alle einen zu $\mathcal{G}(g)$ ähnlichen Graphen besitzen. Aus

$$|g(t)| \leq \frac{1}{2} \qquad \forall t$$

folgt

$$|f_n(t)| \leq \frac{1}{2n} \qquad \forall t\,, \tag{1}$$

und hieraus ergibt sich, daß die f_n gegen die Grenzfunktion $f(t) \equiv 0$ mit der Ableitung $f'(t) \equiv 0$ konvergieren. Was nun die Ableitungen der approximierenden Funktionen betrifft, so hat man $f_n'(t) = g'(nt)$ und folglich $f_n'(0) = g'(0) = 1$ für alle n. Somit ist $\lim_{n\to\infty} f_n'(0) = 1 \neq f'(0)$. ○

④ Jede der Funktionen

$$f_n(t) := \begin{cases} 1 & (t = k/2^n\,,\ 0 \leq k \leq 2^n) \\ 0 & (\text{sonst}) \end{cases}$$

ist fast überall 0 und somit über $[0,1]$ integrierbar. Die Grenzfunktion

$$f(t) := \lim_{n\to\infty} f_n(t) = \begin{cases} 1 & (t \in \mathbb{D} \cap [0,1]) \\ 0 & (\text{sonst}) \end{cases}$$

hingegen ist nicht mehr integrierbar, denn die Schwankungssummen $D_T(f)$ haben für alle Teilungen T von $[0,1]$ den Wert 1. ○

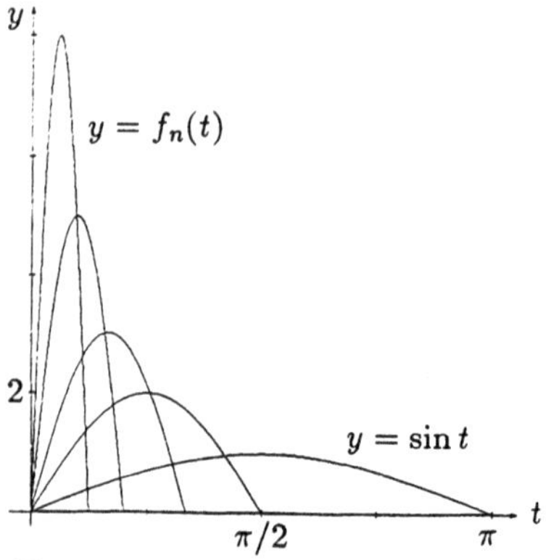

Fig. 11.1.3

⑤ Betrachte die Funktion

$$g(t) := \begin{cases} \sin t & (0 \leq t \leq \pi) \\ 0 & (t > \pi) \end{cases}$$

(Fig. 11.1.3) und weiter die Funktionen

$$f_n(t) := n\, g(nt) = \begin{cases} n \sin(nt) & \left(0 \leq t \leq \frac{\pi}{n}\right) \\ 0 & \left(t > \frac{\pi}{n}\right) \end{cases} \quad ,$$

deren Graphen aus dem von g hervorgehen durch Streckung mit den Faktoren $1/n$ in x-Richtung und n in y-Richtung. Die Buckel werden mit wachsendem n immer höher; trotzdem hat man für jedes feste $t \in [0, \pi]$ den Grenzwert $\lim_{n \to \infty} f_n(t) = 0$. Die Grenzfunktion $f(t) \equiv 0$ besitzt natürlich das Integral

$$\int_0^\pi f(t)\, dt = 0 \; .$$

Demgegenüber gilt für alle $n \geq 1$:

$$\int_0^\pi f_n(t)\, dt = \int_0^\pi g(t) = 2 \; ;$$

somit konvergieren die Integrale der approximierenden Funktionen in diesem Fall nicht gegen das Integral der Grenzfunktion. ○

Sapienti sat. Um weiterzukommen, müssen wir den in naiver Weise eingeführten Sachverhalt

$$\lim_{n \to \infty} f_n \; = \; f \tag{2}$$

auf den Begriff bringen. Es geht hier nicht um die Konvergenz in einer unserer Grundstrukturen **X**, sondern um die Konvergenz in einem "Funktionenraum".

Die endlichdimensionalen Räume $\mathbf{X}$ lassen nur einen einzigen "vernünftigen", das heißt: mit den Rechenoperationen verträglichen Konvergenzbegriff zu. Funktionenräume sind aber im allgemeinen unendlichdimensional und können a priori in verschiedener Weise "topologisiert" werden. Dies führt auf unterschiedliche Konvergenzbegriffe: Eine gegebene Funktionenfolge $(f_n)_{n\geq 0}$ kann konvergieren oder divergieren, je nach dem zugrundegelegten Konvergenzbegriff.

Betrachte also allgemein eine Folge von Funktionen

$$f_n : \quad \mathbf{X}' \curvearrowright \mathbf{X} \qquad (n \geq 0)$$

mit dem *gemeinsamen Definitionsbereich* $\bigcap_n \mathrm{dom}(f_n) =: B$. Es sei A eine geeignete Teilmenge von B (die Menge A ist der prospektive *Konvergenzbereich* der betrachteten Folge), und es sei $f : A \to \mathbf{X}$ die Funktion, die als Grenzfunktion kandidiert. Wir stellen hier vier (!) verschiedene Konvergenzbegriffe vor. Der erste ist der "einfachste" und auch der stärkste, beim vierten wird nicht einmal mehr verlangt, daß die Funktionswerte $f_n(x)$ in jedem einzelnen Punkt $x \in A$ gegen $f(x)$ konvergieren.

(a) Die f_n *konvergieren auf A gleichmäßig gegen f*, wenn es zu jedem $\varepsilon > 0$ ein n_0 $\big(= n_0(\varepsilon)\big)$ gibt, so daß gilt:

$$\forall n > n_0,\ \forall x \in A : \qquad |f_n(x) - f(x)| < \varepsilon\ . \tag{3}$$

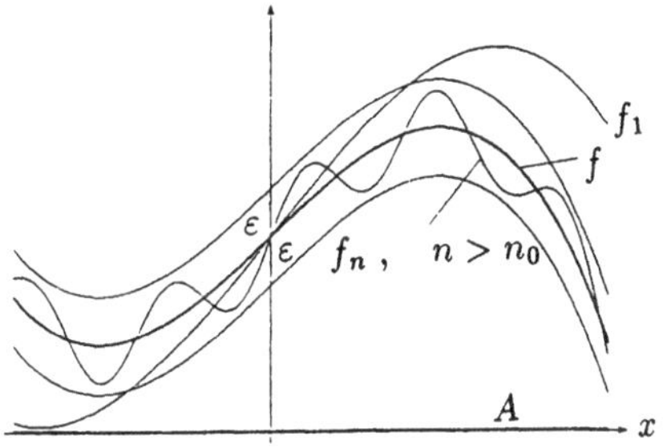

Fig. 11.1.4

Die Bedingung (3) läßt sich im Graphenbild (Fig. 11.1.4) folgendermaßen interpretieren: Die Graphen aller f_n mit Nummer $n > n_0$ müssen vollständig innerhalb des "*ε-Schlauches mit Seele f*" verlaufen.

Gleichmäßige Konvergenz ist ein Sachverhalt mit erfreulichen Konsequenzen (siehe den nächsten Abschnitt); in vielen Fällen ist sie aber nicht zu erzwingen.

⑥ Betrachte die Partialsummen

$$s_n(z) := \sum_{k=0}^{n} \frac{z^k}{k!}$$

der Exponentialreihe. Für jedes feste $n \geq 1$ gilt

$$|s_n(z)| \to \infty \qquad (|z| \to \infty) .$$

Anderseits ist

$$\exp(2k\pi i) = 1 \qquad \forall k \in \mathbb{Z} .$$

Folglich wird es immer Punkte $2k\pi i \in \mathbb{C}$ geben, in denen s_n die Exponentialfunktion schlecht approximiert, und wäre n noch so groß.

Der hier vorgefundene Sachverhalt ist für Potenzreihen typisch: Kein einzelnes Polynom s_n kann das besondere Wachstumsverhalten der Grenzfunktion oder deren Kapriolen in den Außenbezirken des Konvergenzkreises global nachvollziehen. ○

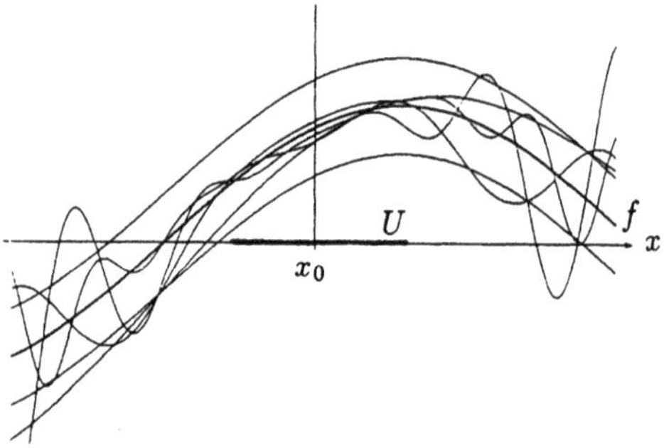

Fig. 11.1.5

Nun spielt es für die lokalen Eigenschaften der Grenzfunktion (Stetigkeit, Ableitungsregeln usw.) keine Rolle, wenn die Konvergenz "weit außen" langsamer ist als in der Nähe des gerade betrachteten Punktes. Dies bringt uns auf folgende Definition (Fig. 11.1.5):

(b) Die f_n *konvergieren auf A* *lokal gleichmäßig* *gegen f*, wenn jeder Punkt $x_0 \in A$ eine Umgebung U besitzt, auf der die f_n gleichmäßig gegen f konvergieren.

Ist $A \subset \mathbf{X}$ zum Beispiel offen oder abgeschlossen, so ergibt sich mit Hilfe von Satz **(4.13)** (wir überlassen die Details dem Leser), daß (b) mit dem folgenden äquivalent ist:

(b′) Die f_n *konvergieren auf A* *lokal gleichmäßig* *gegen f*, wenn sie auf jeder kompakten Teilmenge $K \subset A$ gleichmäßig gegen f konvergieren.

Der folgende Begriff entspricht der "naiven" Interpretation von (2):

(c) Die f_n *konvergieren auf A* *punktweise* *gegen f*, wenn für jeden Punkt $x \in A$ gilt:

$$\lim_{n\to\infty} f_n(x) = f(x) . \qquad (4)$$

Wird (4) "ausgepackt", so erhält man folgende Beschreibung der punktweisen Konvergenz: Zu jedem $x \in A$ und zu jedem $\varepsilon > 0$ gibt es ein n_0 $(= n_0(x, \varepsilon))$ mit

$$|f_n(x) - f(x)| < \varepsilon \qquad \forall n > n_0 .$$

Der entscheidende Unterschied zur gleichmäßigen Konvergenz besteht darin, daß die Marke n_0 nicht nur von ε, sondern auch von dem gerade betrachteten Punkt x abhängen darf. Es gibt also nicht nur eine, sondern im allgemeinen überabzählbar viele verschiedene $(\varepsilon \rightsquigarrow n_0)$-Beziehungen für ein einziges Eintreten von (2). Das hat letzten Endes zur Folge, daß sich die punktweise Konvergenz nicht mit Hilfe einer geeigneten Metrik im Funktionenraum beschreiben läßt. — Klar ist jedenfalls: Konvergieren die f_n gleichmäßig, so konvergieren sie auch punktweise.

In der höheren Analysis sind im weiteren Konvergenzbegriffe der folgenden Art in Gebrauch (wir gehen erst in Kapitel 15 näher darauf ein):

(d) Die f_n *konvergieren auf A im quadratischen Mittel gegen f*, wenn gilt:

$$\lim_{n\to\infty} \left(\int_A |f_n(x) - f(x)|^2 \, d\mu(x) \right) = 0 .$$

Wir betrachten nun nocheinmal die Beispiele ① – ⑥ und diskutieren das Konvergenzverhalten der darin auftretenden Folgen $(f_n)_{n\geq 1}$.

① (Forts.) Die f_n konvergieren punktweise, aber nicht gleichmäßig gegen die angegebene Grenzfunktion f: Im Punkt

$$x_n := \sqrt[n]{1/2} < 1$$

nimmt f_n den Wert 1/2 an; somit liegt kein einziges f_n im (1/4)-Schlauch mit Seele f. — Auf jedem Teilintervall $[0, h]$, $h < 1$, hingegen konvergieren die f_n gleichmäßig gegen 0: Zu vorgegebenem $\varepsilon > 0$ gibt es ein n_0 mit $h^{n_0} < \varepsilon$. Ist $n > n_0$, so gilt für alle t im Intervall $[0, h]$:

$$|f_n(t)| = t^n \leq h^n < h^{n_0} < \varepsilon .$$

Man kann es auch so ausdrücken: Die f_n konvergieren auf dem halboffenen Intervall $[0, 1[$ lokal gleichmäßig gegen 0. ○

② (Forts.) Die f_n konvergieren auf $\mathbb{R}$ gleichmäßig gegen die Betragsfunktion abs.

⌈ Für beliebige $u \geq 0$ liegt

$$\frac{e^u}{\cosh u} = \frac{2}{1 + e^{-2u}}$$

im Intervall $[1,2[$; somit haben wir für alle $t \in \mathbb{R}$ die Eingabelung

$$|t| - f_n(t) = \frac{1}{n}\log(e^{n|t|}) - \frac{1}{n}\log\cosh(nt) = \frac{1}{n}\log\frac{e^{n|t|}}{\cosh(n|t|)} \in \left[0, \frac{\log 2}{n}\right[.$$

Hieraus folgt aber, daß es zu beliebigem $\varepsilon > 0$ ein n_0 gibt mit

$$\big|\,|t| - f_n(t)\big| < \varepsilon \qquad \forall t \in \mathbb{R},\ \forall n > n_0 .$$ ┘

Das Beispiel zeigt, daß sogar gleichmäßige Konvergenz $f_n \to f \ (n \to \infty)$ für $f'_n \to f'$ nicht ausreicht. Hierfür müßte man die gleichmäßige Konvergenz der Ableitungen f'_n haben (siehe Satz **(11.7)**), und die liegt hier nicht vor: Da jedes $f'_n(t) = \tanh(nt)$ zum Beispiel den Wert $1/2$ annimmt, liegt kein f'_n im $(1/4)$-Schlauch mit Seele sgn. ○

③ (Forts.) Die Abschätzung (1) zeigt, daß die f_n auf $\mathbb{R}$ gleichmäßig gegen 0 konvergieren. ○

④ (Forts.) Die f_n konvergieren punktweise, aber nicht gleichmäßig gegen die angegebene Grenzfunktion. Die f_n bilden übrigens eine *monoton wachsende Funktionenfolge*: Für alle $n \geq 0$ und alle t des gemeinsamen Definitionsbereichs gilt

$$f_{n+1}(t) \geq f_n(t) .$$ ○

⑤ (Forts.) Die f_n konvergieren auf $[0,\pi]$ punktweise, aber natürlich nicht gleichmäßig gegen 0. Der Standardsatz **(11.9)** betreffend Konvergenz der Integrale verlangt gleichmäßige Konvergenz, und auch die Voraussetzungen des stärkeren Satzes **(11.12)** sind hier verletzt, denn es gibt kein M mit

$$|f_n(t)| \leq M \qquad \forall t,\ \forall n .$$ ○

Bilden die f_k eine Funktionenfolge mit $\operatorname{dom}(f_k) \supset A$, so *konvergiert die Funktionenreihe*

$$s(x) := \sum_{k=0}^{\infty} f_k(x)$$

auf A gleichmäßig (lokal gleichmäßig, ...) gegen s, wenn die Folge der Partialsummen

$$s_n(x) := \sum_{k=0}^{n} f_k(x)$$

auf A in dem betreffenden Sinn konvergiert.

⑥ (Forts.) Die Exponentialreihe ist in $\mathbb{C}$ jedenfalls punktweise konvergent; in Wirklichkeit ist die Konvergenz sogar lokal gleichmäßig. Zum Beweis genügt es, zu zeigen, daß die Reihe auf jeder kompakten Kreisscheibe $|z| \leq r$ gleichmäßig konvergiert.

⌜ Es sei ein $r > 0$ vorgegeben. Die Reihe für e^r ist konvergent, somit konvergieren die Restsummen $R_n := \sum_{k=n+1}^{\infty} r^k/k!$ gegen 0: Zu beliebigem $\varepsilon > 0$ gibt es ein n_0 mit $R_n < \varepsilon$ für alle $n > n_0$. Folglich gilt für alle $n > n_0$ und alle $|z| \leq r$ die Abschätzung

$$|s_n(z) - \exp z| = \left| \sum_{k=n+1}^{\infty} \frac{z^k}{k!} \right| \leq \sum_{k=n+1}^{\infty} \frac{|z|^k}{k!} \leq \sum_{k=n+1}^{\infty} \frac{r^k}{k!} = R_n < \varepsilon ,$$

was zu beweisen war. ⌟

○

11.2. Gleichmäßige Konvergenz

Wir beginnen mit zwei Konvergenzkriterien. Zunächst das *Cauchy-Kriterium für gleichmäßige Konvergenz*:

(11.1) *Besteht eine Folge von Funktionen $f_n : A \to \mathbf{X}$ den Test*

(C) *Zu jedem $\varepsilon > 0$ gibt es ein n_0 mit*

$$|f_n(x) - f_m(x)| < \varepsilon \qquad \forall x \in A,\ \forall m, n > n_0\,, \tag{1}$$

so ist sie auf A gleichmäßig konvergent gegen ein $f : A \to \mathbf{X}$, und umgekehrt.

⌜ Die *Cauchy-Bedingung* (C) sei erfüllt. Für jeden festen Punkt $x \in A$ ist $(f_n(x))_{n \geq 0}$ eine Cauchy-Folge in $\mathbf{X}$, somit existiert für jedes x der Grenzwert

$$\lim_{n \to \infty} f_n(x) =: f(x) \in \mathbf{X}\,.$$

Um zu zeigen, daß die Konvergenz sogar gleichmäßig ist, denken wir uns ein $\varepsilon > 0$ vorgegeben. Es gibt dann ein n_0, so daß (1) gilt. Wir halten $n > n_0$ sowie ein $x \in A$ für den Moment fest und lassen m gegen ∞ streben. Es folgt

$$|f_n(x) - f(x)| \leq \varepsilon\,;$$

und da dies für alle $n > n_0$ und alle $x \in A$ zutrifft, ist die gleichmäßige Konvergenz der f_n erwiesen. — Die Umkehrung ist klar. ⌟

Es folgt das *Kriterium von Weierstraß*, auch *M-Test* genannt. Die meisten gleichmäßig konvergenten Reihen lassen sich mit diesem einfachen Satz bedienen.

(11.2) *Gilt*

$$|f_k(x)| \le c_k \qquad \forall x \in A,\ \forall k \ge k_0$$

und ist die konstante Reihe $\sum_{k=0}^{\infty} c_k$ *konvergent, so ist die Reihe*

$$\sum_{k=0}^{\infty} f_k(x)$$

auf A *(absolut und) gleichmäßig konvergent gegen eine Funktion* $s : A \to \mathbf{X}$.

⌜ Zu vorgegebenem $\varepsilon > 0$ gibt es nach Satz **(5.3)** ein n_0 mit

$$n \ge m > n_0 \qquad \Longrightarrow \qquad \sum_{k=m+1}^{n} c_k < \varepsilon\ .$$

Folglich gilt für alle $n \ge m > \max\{n_0, k_0\}$ die Abschätzung

$$|s_n(x) - s_m(x)| \le \sum_{k=m+1}^{n} |f_k(x)| \le \sum_{k=m+1}^{n} c_k < \varepsilon\ ,$$

und die Behauptung ergibt sich mit dem vorangehenden Satz. ⌟

① Wir zeigen: Die geometrische Reihe $\sum_{k=0}^{\infty} z^k$ konvergiert lokal gleichmäßig auf der Kreisscheibe $D := \{z \in \mathbb{C} \mid |z| < 1\}$.

⌜ Betrachte ein festes $z_0 \in D$ und setze

$$r := \frac{1 + |z_0|}{2} < 1\ .$$

Die Menge $B_r := \{z \in \mathbb{C} \mid |z| \le r\}$ ist eine Umgebung von z_0; es gilt $|z^k| \le r^k$ für alle $z \in B_r$, und die Reihe $\sum_{k=0}^{\infty} r^k$ ist konvergent. Somit konvergiert die Ausgangsreihe gleichmäßig auf B_r, und da $z_0 \in D$ beliebig war, lokal gleichmäßig in D. ⌟

○

Der zentrale Satz dieses Abschnitts lautet:

(11.3) *Konvergieren die Funktionen* $f_n : A \to \mathbf{X}$ *auf* A *lokal gleichmäßig gegen die Funktion* $f : A \to \mathbf{X}$ *und sind alle* f_n *stetig (stetig an der Stelle* x_0*), so ist auch die Grenzfunktion* f *stetig (stetig an der Stelle* x_0*).*

⌜ Es genügt, die eingeklammerte Variante zu beweisen. — Der Punkt x_0 besitzt eine Umgebung U_1, auf der die f_n gleichmäßig gegen f konvergieren: Zu vorgegebenem $\varepsilon > 0$ gibt es ein n (wir benötigen nur eines, siehe die Fig. 11.2.1) mit

$$|f_n(x) - f(x)| < \frac{\varepsilon}{3} \qquad \forall x \in A \cap U_1\ .$$

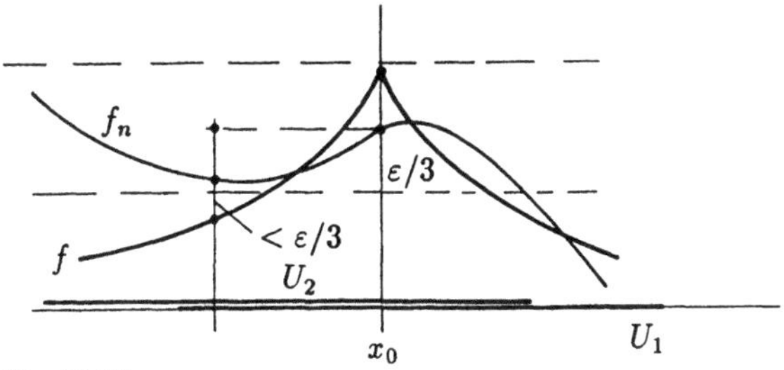

Fig. 11.2.1

Da f_n im Punkt x_0 stetig ist, gibt es eine Umgebung U_2 von x_0 mit

$$|f_n(x) - f_n(x_0)| < \frac{\varepsilon}{3} \qquad \forall x \in A \cap U_2 .$$

Die Menge $U := U_1 \cap U_2$ ist eine Umgebung von x_0, und für alle $x \in A \cap U$ gilt die Abschätzung

$$\begin{aligned} |f(x) - f(x_0)| &\le |f(x) - f_n(x)| + |f_n(x) - f_n(x_0)| + |f_n(x_0) - f(x_0)| \\ &< \frac{\varepsilon}{3} + \frac{\varepsilon}{3} + \frac{\varepsilon}{3} = \varepsilon , \end{aligned}$$

was zu beweisen war. ┘

(11.4) *Die Summe einer lokal gleichmäßig konvergenten Reihe von stetigen Funktionen ist stetig.*

Bevor wir weiterfahren, wollen wir die Sätze **(11.1)** und **(11.3)** noch in einem ganz anderen Licht betrachten. Es sei $A \subset \mathbb{X}$ ein im weiteren festgehaltener Grundbereich. Wie allgemein üblich, bezeichnen wir den Vektorraum aller stetigen Funktionen $f : A \to \mathbb{R}$ (bzw. $\to \mathbb{C}$, falls gewünscht) mit $C(A)$. Ist A *kompakt*, was wir von nun an voraussetzen wollen, so ist jedes $f \in C(A)$ beschränkt und besitzt damit eine endliche sup-*Norm* (im folgenden kurz: *Norm*)

$$\|f\| := \sup\{|f(x)| \mid x \in A\} .$$

Diese Norm spielt in $C(A)$ die Rolle der Betragsfunktion. Es gilt nämlich allgemein:

(NR1) $\qquad \|f\| \ge 0 , \qquad \|f\| = 0 \Leftrightarrow f(x) \equiv 0 ,$

(NR2) $\qquad \|\lambda f\| = |\lambda| \, \|f\| \qquad (\lambda \in \mathbb{R} \text{ bzw. } \in \mathbb{C}) ,$

(NR3) $\qquad \|f + g\| \le \|f\| + \|g\| .$

┌ Für alle $x \in A$ gilt

$$|f(x) + g(x)| \le |f(x)| + |g(x)| \le \|f\| + \|g\| ;$$

folglich ist auch das Supremum der linken Seite $\leq \|f\| + \|g\|$. — Der Rest ist klar. ┘

Damit ist $C(A)$ ein *normierter Vektorraum*. Aufgrund der Analogie mit $\mathbb{X}$ liegt nahe, die Norm zur Definition einer Metrik auf $C(A)$ zu benutzen, indem man setzt

$$d(f,g) := \|f - g\| . \tag{2}$$

Aus den Eigenschaften der Norm folgt sofort, daß $d(\cdot,\cdot)$ den Axiomen (MR1)–(MR3) für eine Metrik genügt. Damit wird die Menge $C(A)$ zu einem metrischen Raum; jeder "Punkt" dieses Raumes ist eine stetige Funktion $f : A \to \mathbb{R}$ (bzw. $\to \mathbb{C}$). Vor allem aber gilt:

(11.5) *Die gleichmäßige Konvergenz einer Folge von stetigen Funktionen*

$$f_n : \quad A \to \mathbb{R} \quad \text{bzw.} \quad \to \mathbb{C} \qquad (n \in \mathbb{N})$$

gegen eine Funktion $f \in C(A)$ ist nichts anderes als die Konvergenz der "Punkt"folge $f.: \mathbb{N} \to C(A)$ gegen f im metrischen Raum $C(A)$.

┌ Gilt $|f_n(x) - f(x)| < \varepsilon/2$ für alle $x \in A$, so ist $f_n \in U_\varepsilon(f)$. Umgekehrt: Ist $f_n \in U_\varepsilon(f)$, so gilt $|f_n(x) - f(x)| < \varepsilon$ für alle $x \in A$. ┘

Die Sätze **(11.1)** und **(11.3)** lassen sich damit folgendermaßen auf den Punkt bringen:

(11.6) *Es sei $A \subset \mathbb{X}$ eine beliebige kompakte Menge. Dann ist $C(A)$, versehen mit der Metrik (2), ein vollständiger metrischer Raum.*

┌ Es sei $f.$ eine Cauchy-Folge in $C(A)$. Dann gibt es zu jedem $\varepsilon > 0$ ein n_0 mit $\|f_n - f_m\| < \varepsilon$ für alle $m, n > n_0$. Hieraus folgt aber nach Definition der Norm:

$$|f_n(x) - f_m(x)| < \varepsilon \qquad \forall x \in A,\ \forall m, n > n_0 .$$

Nach dem Kriterium **(11.1)** sind daher die f_n auf A gleichmäßig konvergent gegen eine Funktion f, und nach **(11.3)** ist $f \in C(A)$. Wegen **(11.5)** gilt folglich $\lim f_n = f$ im Sinn des metrischen Raumes $C(A)$. ┘

Ein normierter Vektorraum, der bezüglich der Metrik (2) vollständig ist, heißt ein (*reeller* bzw. *komplexer*) *Banachraum*. Also: Die Grundstrukturen $\mathbb{X}$ sowie die Funktionenräume $C(A)$, $A \subset \mathbb{X}$ kompakt, sind Banachräume.

Über die Ableitung der Grenzfunktion beweisen wir:

(11.7) *Es seien $I \subset \mathbb{R}$ ein Intervall und $f.$ eine punktweise gegen f konvergente Folge von differenzierbaren Funktionen $f_n : I \to \mathbf{X}$, deren Ableitungen auf I lokal gleichmäßig konvergieren. Dann ist f auf I differenzierbar, und es gilt $f' = \lim_{n\to\infty} f'_n$.*

⌜ Wir dürfen die f_n reellwertig annehmen. Betrachte ein festes $t_0 \in I$. Die Hilfsfunktionen

$$\phi_n(t) := \begin{cases} \dfrac{f_n(t) - f_n(t_0)}{t - t_0} & (t \neq t_0) \\ f'_n(t_0) & (t = t_0) \end{cases}$$

sind an der Stelle t_0 stetig und konvergieren auf I punktweise gegen die Funktion

$$\phi(t) := \begin{cases} \dfrac{f(t) - f(t_0)}{t - t_0} & (t \neq t_0) \\ \lim_{n\to\infty} f'_n(t_0) & (t = t_0) \end{cases} .$$

Wie wir gleich zeigen werden, ist diese Konvergenz sogar lokal gleichmäßig. Hieraus folgt aber mit Satz **(11.3)**: Die Grenzfunktion ϕ ist an der Stelle t_0 stetig, und das heißt $\lim_{t\to t_0} \phi(t) = \phi(t_0)$ oder eben

$$\lim_{t\to t_0} \frac{f(t) - f(t_0)}{t - t_0} = \lim_{n\to\infty} f'_n(t_0) ,$$

wie behauptet.

Um zu zeigen, daß die ϕ_n tatsächlich lokal gleichmäßig konvergieren, setzen wir zur Abkürzung $f_n - f_m =: f_{mn}$. Für jedes $t \in I$ gibt es nach dem Mittelwertsatz der Differentialrechnung ein τ zwischen t_0 und t, so daß folgendes zutrifft:

$$\phi_n(t) - \phi_m(t) = \left\{ \begin{matrix} \dfrac{f_{mn}(t) - f_{mn}(t_0)}{t - t_0} \\ f'_{mn}(t_0) \end{matrix} \right\} = f'_{mn}(\tau) = f'_n(\tau) - f'_m(\tau) .$$

Da die f'_n in einer geeigneten Umgebung U von t_0 gleichmäßig konvergieren, ergibt sich hieraus mit Hilfe des Cauchy-Kriteriums **(11.1)** die gleichmäßige Konvergenz der ϕ_n auf U und damit die Behauptung. ⌟

Wendet man diesen Satz auf die Partialsummen s_n einer Funktionenreihe an, so ergibt sich:

(11.8) *Die Reihe $\sum_{k=0}^{\infty} f_k$ sei auf dem Intervall I konvergent gegen eine Funktion $s : I \to \mathbf{X}$, und die gliedweise differenzierte Reihe $\sum_{k=0}^{\infty} f'_k$ sei auf I lokal gleichmäßig konvergent. Dann ist s auf I differenzierbar, und es gilt $s' = \sum_{k=0}^{\infty} f'_k$.*

Man sagt in diesem Fall, die Reihe $\sum_{k=0}^{\infty} f_k$ *lasse sich gliedweise differenzieren.*

② Gesucht ist ein *geschlossener* (das heißt: Σ-freier) *Ausdruck* für die Funktion

$$s(t) := e^{-t} + \frac{1}{2}e^{-2t} + \frac{1}{3}e^{-3t} + \ldots = \sum_{k=1}^{\infty} \frac{1}{k}e^{-kt} \qquad (t > 0) .$$

Die gliedweise differenzierte Reihe $-\sum_{k=1}^{\infty} e^{-kt}$ ist nach **(11.2)** auf $\mathbb{R}_{>0}$ lokal gleichmäßig konvergent, da sie für $t \geq h > 0$ von der konvergenten konstanten Reihe $\sum_{k=1}^{\infty} e^{-kh}$ majorisiert wird. Somit ist

$$s'(t) = -\sum_{k=1}^{\infty} e^{-kt} = -\frac{e^{-t}}{1 - e^{-t}} \qquad (t > 0) .$$

Es folgt

$$s(t) = \log \frac{1}{1 - e^{-t}} + C$$

für ein gewisses $C \in \mathbb{R}$. Wegen

$$0 < s(t) < \sum_{k=1}^{\infty} e^{-kt} = \frac{e^{-t}}{1 - e^{-t}}$$

ist $\lim_{t \to \infty} s(t) = 0$ und damit $C = 0$. ○

11.3. Grenzübergang unter dem Integralzeichen

Wir beginnen mit dem folgenden Standardsatz:

(11.9) *Sind die Funktionen $f_n : [a,b] \to \mathbf{X}$ über $[a,b]$ integrierbar und für $n \to \infty$ gleichmäßig konvergent gegen f, so ist auch f über $[a,b]$ integrierbar, und es gilt*

$$\int_a^b f(t)\, dt = \lim_{n \to \infty} \int_a^b f_n(t)\, dt .$$

⌈ Zu vorgegebenem $\varepsilon > 0$ gibt es ein n_0 mit

$$|f_n(t) - f(t)| \leq \frac{\varepsilon}{4(b-a)} \qquad \forall t \in [a,b],\ \forall n > n_0 . \tag{1}$$

Fixiere ein $m > n_0$. Nach Voraussetzung über f_m gibt es eine Teilung T von $[a,b]$ mit $D_T(f_m) < \varepsilon/2$. Wegen (1) lässt sich die Schwankung von f auf den Teilintervallen Q_k von T folgendermassen abschätzen:

$$|\Delta f|_{Q_k} \leq |\Delta f_m|_{Q_k} + \frac{\varepsilon}{2(b-a)} \qquad (1 \leq k \leq N) .$$

Somit gilt

$$D_T(f) = \sum_{k=1}^{N} |\Delta f|_{Q_k} \mu(Q_k) \le D_T(f_m) + \frac{\varepsilon}{2(b-a)} \sum_{k=1}^{N} \mu(Q_k) < \frac{\varepsilon}{2} + \frac{\varepsilon}{2} = \varepsilon\,.$$

Hiernach ist f über $[a,b]$ integrierbar, und aus (1) ergibt sich weiter

$$\left|\int_a^b f_n(t)\,dt - \int_a^b f(t)\,dt\right| \le \int_a^b |f_n(t) - f(t)|\,dt \le \frac{\varepsilon}{2} \qquad \forall n > n_0\,. \qquad \lrcorner$$

Vom Integral als Funktion der oberen Grenze handelt

(11.10) *Es sei $I \subset \mathbb{R}$ ein beliebiges Intervall und $c \in I$ fest gewählt. Konvergieren die lokal integrierbaren Funktionen $f_n : I \to \mathbf{X}$ auf I lokal gleichmäßig gegen die Funktion f, so konvergieren die Funktionen $F_n(x) := \int_c^x f_n(t)\,dt$ auf I lokal gleichmässig gegen $F(x) := \int_c^x f(t)\,dt$.*

$\ulcorner$ Betrachte ein beliebiges kompaktes Intervall $[a,b] \subset I$, das den Punkt c enthält. Zu vorgegebenem $\varepsilon > 0$ gibt es nach Voraussetzung ein n_0 mit

$$|f_n(t) - f(t)| \le \frac{\varepsilon}{1+(b-a)} \qquad \forall t \in [a,b]\,,\ \ \forall n > n_0\,.$$

Für alle $x \in [a,b]$ und alle $n > n_0$ gilt daher

$$\left|\int_c^x f_n(t)\,dt - \int_c^x f(t)\,dt\right| = \left|\int_c^x (f_n(t) - f(t))\,dt\right| \le \frac{\varepsilon}{1+(b-a)}|x-c| < \varepsilon\,,$$

was zu beweisen war. $\lrcorner$

Aus **(11.9)** und **(11.10)** ergibt sich für Funktionenreihen der Satz

(11.11) (a) *Sind die Funktionen $f_k : [a,b] \to \mathbf{X}$ über $[a,b]$ integrierbar und ist die Reihe $\sum_{k=0}^{\infty} f_k$ auf $[a,b]$ gleichmäßig konvergent, so ist auch ihre Summe s über $[a,b]$ integrierbar, und es gilt*

$$\int_a^b s(t)\,dt = \sum_{k=0}^{\infty} \int_a^b f_k(t)\,dt\,.$$

(b) *Es sei $I \subset \mathbb{R}$ ein beliebiges Intervall und $c \in I$ fest gewählt. Sind die Funktionen $f_k : I \to \mathbf{X}$ lokal integrierbar und ist die Reihe $\sum_{k=0}^{\infty} f_k$ auf I lokal gleichmäßig konvergent gegen s, so konvergiert die Reihe*

$$\sum_{k=0}^{\infty} \int_c^x f_k(t)\,dt$$

auf I lokal gleichmässig gegen $S(x) := \int_c^x s(t)\,dt$.

Liegt der in Satz **(11.11)** beschriebene Sachverhalt vor, so sagt man, die Reihe $\sum_{k=0}^{\infty} f_k$ *lasse sich gliedweise integrieren.*

① Es gilt

$$\frac{1}{1+t} = \sum_{k=0}^{\infty}(-1)^k t^k$$

mit lokal gleichmäßiger Konvergenz auf dem Intervall $]-1,1[$, siehe Beispiel 11.2.①. Wir dürfen daher rechter Hand gliedweise integrieren:

$$\int_0^x \frac{1}{1+t}\,dt = \sum_{k=0}^{\infty} \int_0^x (-1)^k t^k\,dt\,.$$

Es ergibt sich

$$\log(1+x) = \sum_{k=0}^{\infty} \frac{(-1)^k x^{k+1}}{k+1} = x - \frac{x^2}{2} + \frac{x^3}{3} - \ldots \qquad (|x|<1)\,,$$

wie früher (Beispiel 7.6.①).

Wird stattdessen die Formel

$$\frac{1}{1+t^2} = \sum_{k=0}^{\infty}(-1)^k t^{2k} \qquad (|t|<1)$$

von 0 bis x aufintegriert:

$$\int_0^x \frac{1}{1+t^2}\,dt = \sum_{k=0}^{\infty}(-1)^k \int_0^x t^{2k}\,dt \qquad (|x|<1)\,,$$

so entsteht in analoger Weise die *Arcustangensreihe:*

$$\arctan x = \sum_{k=0}^{\infty} \frac{(-1)^k}{2k+1} x^{2k+1} = x - \frac{x^3}{3} + \frac{x^5}{5} - \frac{x^7}{7} + \ldots \qquad (|x|<1)\,.$$

○

② Wir bemerken, daß sich die Sätze **(11.9)** und **(11.11)**(a) nicht auf uneigentliche Integrale ausdehnen lassen. Die Funktionen

$$f_n(t) := \frac{1}{n} e^{-t/n}$$

genügen für $t \geq 0$ der Abschätzung $|f_n(t)| \leq 1/n$ und konvergieren damit auf $\mathbb{R}_{\geq 0}$ gleichmäßig gegen $f(t) \equiv 0$. Trotzdem gilt für alle $n \geq 1$:

$$\int_0^{\infty} f_n(t)\,dt = \int_0^{\infty} \frac{1}{n} e^{-t/n}\,dt = -e^{-t/n}\Big|_0^{\infty} = 1\,.$$

○

Wir haben bis dahin verschwiegen, daß es neben dem Riemannschen Integral noch andere ("modernere") Integralbegriffe gibt, in erster Linie das sogenannte *Lebesgue-Integral*. Welche Bewandtnis hat es damit? Eine über $[a,b]$ Riemann-integrierbare Funktion f ist auch Lebesgue-integrierbar, und der Wert des Integrals ist derselbe. Unter dem Lebesgue-Regime ist aber die Klasse der integrierbaren Funktionen wesentlich umfangreicher. So sind zum Beispiel die Funktionen

$$f(t) := \begin{cases} 1 & (t \in \mathbb{Q}) \\ 0 & (t \notin \mathbb{Q}) \end{cases}, \qquad g(t) := \frac{1}{\sqrt{t}}$$

ohne weiteres über $[0,1]$ integrierbar. Das Integral hat im ersten Fall den Wert 0, im zweiten immer noch den Wert 1/2. Vor allem aber tritt an die Stelle von **(11.9)** ein viel stärkerer Satz — von gleichmäßiger Konvergenz ist da nicht mehr die Rede: Die f_n müssen nur fast überall gegen f konvergieren, und es muß eine integrable positive Funktion g geben, die sämtliche f_n absolut dominiert:

$$\forall n,\ \forall t: \quad |f_n(t)| \leq g(t), \qquad \int_a^b g(t)\,dt < \infty .$$

Leider ist der Zugang zur Lebesgueschen Theorie wesentlich beschwerlicher als der von uns eingeschlagene Weg zum Integral; fürs erste muß es daher bei diesen Andeutungen bleiben.

Nun gibt es auch für das Riemannsche Integral einen Satz von der eben beschriebenen Art; er ist allerdings wesentlich schwieriger zu beweisen als **(11.9)**. Wir bringen hier diesen *Satz über die beschränkte Konvergenz* samt Beweis, erklären aber dessen eingehendes Studium als fakultativ ...

(11.12) *Die Funktionen $f_n : [a,b] \to \mathbf{X}$ seien über $[a,b]$ integrierbar und für $n \to \infty$ punktweise konvergent gegen eine integrierbare Funktion f. Gibt es eine universelle Schranke M mit*

$$|f_n(t)| \leq M \qquad \forall t \in [a,b],\ \forall n ,$$

so gilt

$$\int_a^b f(t)\,dt = \lim_{n\to\infty} \int_a^b f_n(t)\,dt .$$

⌈ Die Funktionen

$$g_n(t) := |f_n(t) - f(t)|$$

konvergieren punktweise gegen 0, und es gilt

$$0 \leq g_n(t) \leq 2M \qquad \forall t \in [a,b],\ \forall n .$$

Wegen

$$\left| \int_a^b f_n(t)\,dt - \int_a^b f(t)\,dt \right| \leq \int_a^b g_n(t)\,dt$$

genügt es, das folgende zu beweisen:

$$\lim_{n\to\infty}\int_a^b g_n(t)\,dt = 0\ . \tag{2}$$

Es sei ein $\varepsilon > 0$ vorgegeben. Für jedes n gibt es eine Menge

$$A_n := \bigl\{t \in [a,b] \bigm| \exists k \geq n : \ g_k(t) \geq \varepsilon\bigr\} \qquad (n \geq 0)$$

von "problematischen" t-Werten. Die A_n bilden eine monoton abnehmende Folge; und da die g_n punktweise gegen 0 konvergieren, ist

$$\bigcap_{n=0}^{\infty} A_n = \emptyset\ . \tag{3}$$

Es bezeichne T_r die Teilung von $[a,b]$ in 2^r gleiche Teilintervalle, $A_{n,r}$ die Vereinigung derjenigen Teilintervalle Q_k von T_r, die ganz in A_n enthalten sind (Fig. 11.3.1), und $\mu(A_{n,r})$ die Gesamtlänge dieser Intervalle. Wegen $A_{n+1} \subset A_n$ bilden die Größen

$$\alpha_n := \sup_{r\geq 0} \mu(A_{n,r})$$

eine monoton abnehmende Folge. Wir behaupten: Es gilt

$$\lim_{n\to\infty} \alpha_n = 0\ . \tag{4}$$

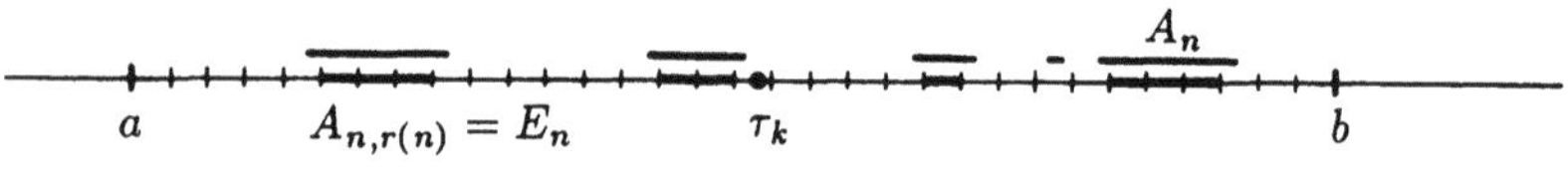

Fig. 11.3.1

⌜ Ist (4) falsch, so gibt es ein $\delta > 0$ mit $\alpha_n \geq 3\delta$ für alle n. Nach Definition der α_n läßt sich weiter für jedes n ein $r =: r(n)$ finden mit

$$\mu\bigl(A_{n,r(n)}\bigr) \geq \alpha_n - \frac{\delta}{2^n}\ .$$

Wir schreiben zur Abkürzung $A_{n,r(n)} =: E_n$. Die Mengen

$$H_n := \bigcap_{l=0}^{n} A_{l,r(l)} = \bigcap_{l=0}^{n} E_l \qquad (n \geq 0)$$

sind abgeschlossen, und für alle n gilt $H_{n+1} \subset H_n \subset A_n$. Betrachte jetzt ein festes n und setze $r := \max_{0\leq l\leq n} r(l)$. Dann läßt sich jedes E_l, $0 \leq l \leq n$, als

Vereinigung gewisser Teilintervalle Q_k der Teilung T_r auffassen. Ein Q_k, das in E_n, aber nicht in H_n liegt, gehört wenigstens einem E_l mit $0 \leq l \leq n-1$ nicht an. Wir können dies folgendermaßen ausdrücken:

$$E_n \subset H_n \cup \bigcup_{l=0}^{n-1} \left(\bigcup_{Q_k \subset E_n \setminus E_l} Q_k \right) .$$

Es bestehen die Inklusionen $E_n \setminus E_l \subset A_n \setminus E_l \subset A_l \setminus E_l$. Nach Definition von α_l und E_l haben daher die $Q_k \subset E_n \setminus E_l$ einen Totalinhalt $\leq \delta/2^l$; somit gilt

$$3\delta - \frac{\delta}{2^n} \leq \alpha_n - \frac{\delta}{2^n} \leq \mu(E_n) \leq \mu(H_n) + \sum_{l=0}^{n-1} \frac{\delta}{2^l} = \mu(H_n) + \delta \left(2 - \frac{1}{2^{n-1}}\right) .$$

Hieraus folgt

$$\mu(H_n) \geq \delta \left(1 + \frac{1}{2^n}\right) > \delta ;$$

insbesondere ist $H_n \neq \emptyset$ für alle n. Wähle jetzt in jedem H_n einen Punkt t_n; dann liegen auch alle t_k mit $k \geq n$ in H_n. Die t_n besitzen einen Häufungspunkt τ, und für alle n gilt $\tau \in H_n \subset A_n$, im Widerspruch zu (3). ┘

Es gibt also ein n_0 mit $\alpha_n < \varepsilon$ für alle $n > n_0$. Betrachte jetzt ein beliebiges g_n, $n > n_0$. Aufgrund von Satz **(9.7)** gibt es ein r, so daß für beliebige Riemannsche Summen $R_r(g_n)$ zu T_r gilt:

$$\left| R_r(g_n) - \int_a^b g_n(t) \right| < \varepsilon . \tag{5}$$

Um ein derartiges $R_r(g_n)$ festzulegen, wählen wir in den Teilintervallen $Q_k \not\subset A_{n,r}$ Meßpunkte $\tau_k \notin A_n$; für diese k gilt daher $g_n(\tau_k) < \varepsilon$. Für die restlichen k gilt jedenfalls $g(\tau_k) \leq 2M$. Damit erhalten wir

$$\begin{aligned} R_r(g_n) &= \sum_{Q_k \not\subset A_{n,r}} g_n(\tau_k)\,\mu(Q_k) + \sum_{Q_k \subset A_{n,r}} g_n(\tau_k)\,\mu(Q_k) \\ &\leq \varepsilon\,(b-a) + 2M\alpha_n < \big((b-a) + 2M\big)\varepsilon . \end{aligned}$$

Zusammen mit (5) ergibt sich hieraus

$$\int_a^b g_n(t)\,dt < \big((b-a) + 2M + 1\big)\varepsilon ;$$

und da dies für alle $n > n_0$ zutrifft, folgt (2). ┘

11.4. Integrale mit einem Parameter

Wir betrachten die folgende Situation: Eine Funktion

$$f: \quad [a,b] \times I \to \mathbf{X}, \qquad (t,\lambda) \mapsto f(t,\lambda) \tag{1}$$

hängt ab von der primären Variablen t und zusätzlich von dem *Parameter* λ, wobei t das Intervall $[a,b]$ durchläuft und λ beliebig in dem Intervall I gewählt werden kann. Unter diesen Umständen heißt

$$F(\lambda) := \int_a^b f(t,\lambda)\,dt \tag{2}$$

ein *Integral mit einem Parameter*. Wir beweisen darüber:

(11.13) *Ist die Funktion (1) stetig auf dem Rechteck $[a,b]\times I$ der (t,λ)-Ebene, so stellt (2) eine stetige Funktion $F: I \to \mathbf{X}$ dar.*

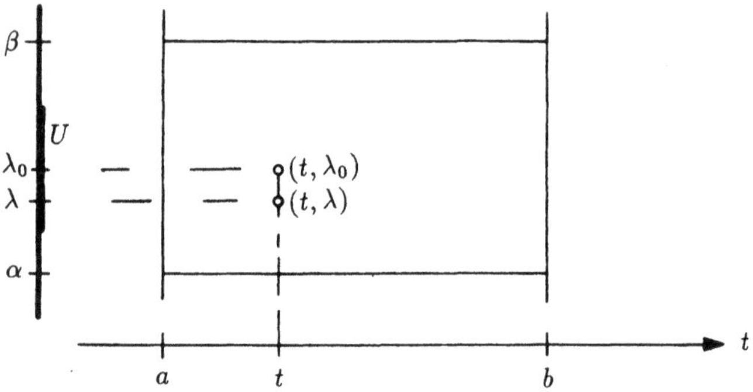

Fig. 11.4.1

⌜ Wir betrachten ein festes $\lambda_0 \in I$ und denken uns ein $\varepsilon > 0$ vorgegeben. Es sei $[\alpha,\beta] \subset I$ eine kompakte Umgebung von λ_0 (Fig.11.4.1). Die Funktion f ist auf dem kompakten Rechteck $[a,b] \times [\alpha,\beta]$ gleichmäßig stetig, somit gibt es ein $\delta > 0$ mit

$$|f(t,\lambda) - f(t,\lambda_0)| \le \frac{\varepsilon}{b-a}$$

für alle $t \in [a,b]$ und alle $\lambda \in U := U_\delta(\lambda_0) \cap [\alpha,\beta]$. Hieraus folgt: Für alle $\lambda \in U$ gilt

$$\begin{aligned}|F(\lambda) - F(\lambda_0)| &= \left|\int_a^b (f(t,\lambda) - f(t,\lambda_0)\,dt\right| \le \int_a^b |f(t,\lambda) - f(t,\lambda_0|\,dt \\ &\le \frac{\varepsilon}{b-a}(b-a) = \varepsilon\,,\end{aligned}$$

was zu beweisen war. ⌟

Im weiteren geht es darum, ein Integral mit einem Parameter nach der Parametervariablen abzuleiten. Hierzu benötigen wir den Begriff der *partiellen Ableitung*: Existiert für jeden Punkt $(t_0, \lambda_0) \in \operatorname{dom}(f)$ der Grenzwert

$$\lim_{\lambda \to \lambda_0} \frac{f(t_0, \lambda) - f(t_0, \lambda_0)}{\lambda - \lambda_0} =: f_{.2}(t_0, \lambda_0), \tag{3}$$

so heißt f *partiell nach der zweiten Variablen differenzierbar*, und die durch (3) definierte Funktion $f_{.2}$ ist die *partielle Ableitung von f nach der zweiten Variablen*. Anstelle von $f_{.2}$ sind auch die Bezeichnungen f_λ und $\partial f / \partial \lambda$ üblich. (Wir werden auf diese Begriffe im nächsten Kapitel ausführlicher eingehen.)

(11.14) *Die Funktion f sowie ihre partielle Ableitung f_λ seien stetig auf dem Rechteck $[a, b] \times I$ der (t, λ)-Ebene. Dann ist die Funktion*

$$F(\lambda) := \int_a^b f(t, \lambda)\, dt$$

auf I stetig differenzierbar, und zwar gilt

$$F'(\lambda) = \int_a^b f_\lambda(t, \lambda)\, dt \qquad (\lambda \in I).$$

Dies ist die sogenannte *Leibnizsche Regel für die Differentiation unter dem Integralzeichen*. Wir werden sie in Abschnitt 12.3 auf den Fall ausdehnen, wo auch die Integrationsgrenzen a und b von λ abhängen.

⌜ Wir betrachten wiederum einen festen Punkt $\lambda_0 \in I$ und denken uns ein $\varepsilon > 0$ vorgegeben. Wie im Beweis des vorangehenden Satzes zeigt man: Es gibt eine Umgebung V von λ_0 mit

$$|f_\lambda(t, \mu) - f_\lambda(t, \lambda_0)| \leq \frac{\varepsilon}{b - a} \tag{4}$$

für alle $t \in [a, b]$ und alle $\mu \in V$. Für beliebiges $\lambda \neq \lambda_0$ gilt

$$\frac{F(\lambda) - F(\lambda_0)}{\lambda - \lambda_0} - \int_a^b f_\lambda(t, \lambda_0)\, dt = \int_a^b R(t, \lambda)\, dt, \tag{5}$$

wobei $R(t, \lambda)$ den folgenden Ausdruck bezeichnet:

$$R(t, \lambda) := \frac{f(t, \lambda) - f(t, \lambda_0)}{\lambda - \lambda_0} - f_\lambda(t, \lambda_0).$$

Wir dürfen f reellwertig annehmen; dann gibt es nach dem Mittelwertsatz der Differentialrechnung ein μ zwischen λ und λ_0 mit

$$R(t, \lambda) = f_\lambda(t, \mu) - f_\lambda(t, \lambda_0),$$

und hieraus folgt wegen (4): Für alle $t \in [a,b]$ und alle $\lambda \in \dot{V}$ gilt

$$|R(t,\lambda)| \le \frac{\varepsilon}{b-a}\ .$$

Die rechte Seite von (5) hat somit für alle $\lambda \in \dot{V}$ einen Betrag $\le \varepsilon$; folglich existiert $F'(\lambda_0)$ und hat den behaupteten Wert.

Die Stetigkeit von F' ergibt sich nun unmittelbar aus dem vorangehenden Satz (angewandt auf f_λ). ┘

① Die Funktion

$$F(\alpha) := \int_{-\pi}^{\pi} \frac{\sin(\alpha t)}{t}\, dt$$

läßt sich nicht elementar ausdrücken, da $\dfrac{\sin t}{t}$ keine elementare Stammfunktion besitzt. Hier nun die Ableitung von F:

$$F'(\alpha) = \int_{-\pi}^{\pi} \frac{\cos(\alpha t)\cdot t}{t}\, dt = \frac{1}{\alpha}\sin(\alpha t)\Big|_{t=-\pi}^{\pi} = \begin{cases} \dfrac{2\sin(\alpha\pi)}{\alpha} & (\alpha \ne 0) \\ 2\pi & (\alpha = 0) \end{cases}\ .$$

○

Als Anwendung von **(11.14)** behandeln wir einen Satz über die Taylor-Entwicklung. Wir beginnen mit der folgenden Integraldarstellung des Restglieds:

(11.15) *Es sei I ein Intervall, $a \in I$, und die Funktion $f : I \to \mathbf{X}$ sei $(n+1)$-mal stetig differenzierbar auf I. Dann gilt*

$$f(x) = j_a^n f(x) + R_n(x) \qquad (x \in I)$$

mit

$$R_n(x) = \int_a^x f^{(n+1)}(t) \frac{(x-t)^n}{n!}\, dt\ .$$

┌ Die Behauptung trifft zu für $n = 0$:

$$f(x) = f(a) + \int_a^x f'(t)\cdot 1\, dt\ ,$$

und die folgende Rechnung liefert den Induktionsschritt:

$$\begin{aligned} &\frac{1}{n!}\int_a^x \underset{\downarrow}{f^{(n+1)}(t)}\ \underset{\uparrow}{(x-t)^n}\, dt \\ &= \frac{1}{n!}\left(-f^{(n+1)}(t)\frac{(x-t)^{n+1}}{n+1}\right)\Big|_{t=a}^{x} + \frac{1}{n!}\int_a^x f^{(n+2)}(t)\frac{(x-t)^{n+1}}{n+1}\, dt \\ &= f^{(n+1)}(a)\frac{(x-a)^{n+1}}{(n+1)!} + \int_a^x f^{(n+2)}(t)\frac{(x-t)^{n+1}}{(n+1)!}\, dt\ . \end{aligned}$$

┘

Der angekündigte Satz präzisiert den Satz **(7.36)**:

(11.16) *Die Funktion $f : \mathbf{R} \curvearrowright \mathbf{X}$ sei r-mal stetig differenzierbar in einer Umgebung U des Punktes a, und es sei $r \geq n \geq 1$. Dann gilt*

$$f(x) = j_a^{n-1} f(x) + (x-a)^n g(x) \tag{6}$$

mit einer Funktion $g \in C^{r-n}(U)$; dabei ist $g(a) = f^{(n)}(a)/n!$.

⌈ Durch (6) ist $g(x)$ in allen Punkten $x \neq a$ bestimmt, und man erkennt unmittelbar, daß g auf $\dot{U}$ sogar r-mal stetig differenzierbar ist. An der Stelle a hingegen müssen wir einen gewissen Regularitätseinbruch hinnehmen. — Aufgrund von **(11.15)** haben wir

$$f(x) = j_a^{n-1} f(x) + R(x)$$

mit

$$R(x) = \int_a^x f^{(n)}(t) \frac{(x-t)^{n-1}}{(n-1)!} \, dt \, .$$

Die Substitution

$$t := a + \tau(x-a) \qquad (0 \leq \tau \leq 1)$$
$$\big(\Longrightarrow \quad dt = (x-a)\, d\tau \, , \quad x - t = (1-\tau)(x-a)\big)$$

verwandelt dies in

$$R(x) = (x-a)^n \int_0^1 f^{(n)}\big(a + \tau(x-a)\big) \frac{(1-\tau)^{n-1}}{(n-1)!} \, d\tau \, ,$$

womit nun die Funktion g als Integral dargestellt ist. Die Variable x ist in diesem Integral ein Parameter, und der Integrand läßt sich noch $(r-n)$-mal stetig partiell nach x differenzieren. Mit **(11.14)** folgt hieraus: $g \in C^{r-n}(U)$. Endlich ist

$$g(a) = \frac{f^{(n)}(a)}{(n-1)!} \int_0^1 (1-\tau)^{n-1} \, d\tau = \frac{f^{(n)}(a)}{(n-1)!} \cdot \frac{1}{n} \, ,$$

wie angegeben. ⌋

Ist $r = \infty$, so ist auch g beliebig oft differenzierbar. Damit ergibt sich zum Beispiel das folgende Korollar:

(11.17) *Die Funktion f sei in einer Umgebung U von $0 \in \mathbf{R}$ beliebig oft differenzierbar, und es gelte*

$$f(0) = f'(0) = \ldots = f^{(n-1)}(0) = 0 \, .$$

Dann ist auch die Funktion

$$g(x) := \begin{cases} \dfrac{f(x)}{x^n} & (x \neq 0) \\ f^{(n)}(0)/n! & (x = 0) \end{cases}$$

beliebig oft differenzierbar in U.

② Wir zeigen: Die Funktion

$$f(x) = \begin{cases} \dfrac{1}{\sin x} - \dfrac{1}{x} & (0 < |x| < \pi) \\ 0 & (x = 0) \end{cases}$$

(Fig. 11.4.2) ist beliebig oft differenzierbar; insbesondere ist $f'(0) = 1/6$.

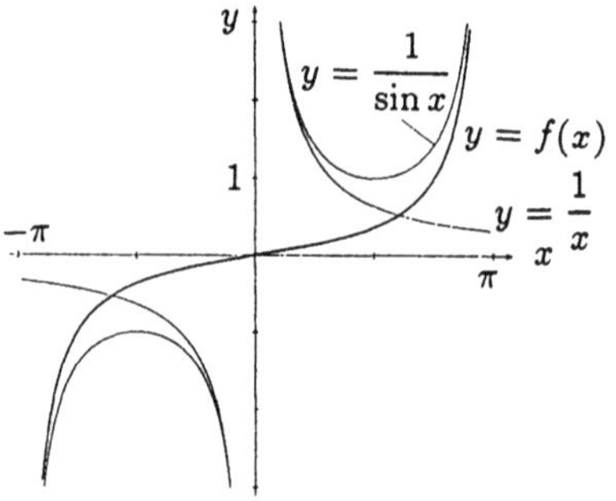

Fig. 11.4.2

Aufgrund von **(11.17)** gibt es C^∞-Funktionen g und h, so daß folgendes zutrifft:

$$x - \sin x = x^3 g(x), \qquad g(0) = \frac{1}{6},$$
$$x \sin x = x^2 h(x), \qquad h(0) = 1.$$

Für alle $x \neq 0$ gilt daher

$$f(x) = \frac{1}{\sin x} - \frac{1}{x} = \frac{x - \sin x}{x \sin x} = x\,\frac{g(x)}{h(x)},$$

und hier ist die rechte Seite auch bei 0 beliebig oft differenzierbar. Insbesondere ist $f'(0) = g(0)/h(0) = 1/6$. ○

11.5. Potenzreihen II

Wir kommen hier endlich dazu, die Regularitätseigenschaften von Funktionen zu untersuchen, die durch eine Potenzreihe definiert sind. Den Schlüssel dazu bildet

(11.18) *Jede Potenzreihe*

$$\sum_{k=0}^{\infty} a_k z^k \tag{1}$$

ist im Innern D_ρ ihres Konvergenzkreises lokal gleichmäßig konvergent und stellt dort eine stetige Funktion dar.

⌜ Lokal gleichmäßige Konvergenz auf D_ρ bedeutet, daß die Reihe auf jeder abgeschlossenen Kreisscheibe

$$B_r := \left\{ z \in \mathbb{C} \;\middle|\; |z| \leq r \right\}, \qquad r < \rho,$$

gleichmäßig konvergiert. Betrachte also ein festes $r < \rho$. Die konstante Reihe $\sum_{k=0}^{\infty} |a_k| r^k$ ist nach **(5.17)** konvergent, und für alle $z \in B_r$ gilt

$$\left|a_k z^k\right| \leq |a_k| r^k ;$$

folglich ist die Reihe (1) nach dem Kriterium von Weierstraß **(11.2)** gleichmäßig konvergent auf B_r.

Die Stetigkeit der durch (1) definierten Funktion $f : D_\rho \to \mathbb{C}$ ist damit garantiert durch **(11.4)**. ⌟

Für die Infinitesimalrechnung müssen wir uns natürlich auf die reellen Punkte t des Konvergenzkreises beschränken; man spricht in diesem Zusammenhang vom *Konvergenzintervall.*

(11.19) *Jede Potenzreihe*

$$\sum_{k=0}^{\infty} a_k t^k =: f(t) \tag{2}$$

ist im Innern $]-\rho, \rho[$ ihres Konvergenzintervalles gliedweise differenzierbar und integrierbar; das heißt: Es gilt

$$f'(t) = \sum_{k=1}^{\infty} k a_k t^{k-1} \qquad (|t| < \rho), \tag{3}$$

$$\int_0^x f(t)\, dt = \sum_{k=0}^{\infty} \frac{a_k}{k+1} x^{k+1} \qquad (|x| < \rho). \tag{4}$$

⌜ Wir müssen in erster Linie zeigen, daß der Konvergenzradius ρ' der gliedweise differenzierten Reihe mit ρ übereinstimmt. Es sei $0 < t < \rho$. Wähle ein

r zwischen t und ρ und bestimme k_0 so, daß für alle $k \geq k_0$ gilt: $k\,(t/r)^k \leq t$. Für alle diese k gilt dann auch die Abschätzung

$$\left|k\,a_k t^{k-1}\right| = \frac{1}{t}\,k\,(t/r)^k\,|a_k| r^k \leq |a_k| r^k \;.$$

Dies beweist, daß die gliedweise differenzierte Reihe an der Stelle t konvergiert; und da dies für alle $t < \rho$ zutrifft, muß $\rho' \geq \rho$ sein. Ähnlich zeigt man $\rho' \leq \rho$.

Nach dem vorangehenden Satz konvergiert daher die gliedweise differenzierte Reihe auf $]-\rho, \rho[$ lokal gleichmäßig, und (3) folgt mit Satz **(11.8)**. Analog ergibt sich (4) mit Satz **(11.11)**. ┘

Durch wiederholte Anwendung von **(11.19)** ergibt sich

(11.20) *Die Reihe (2) ist auf dem Intervall* $]-\rho, \rho[$ *beliebig oft gliedweise differenzierbar. Die Koeffizienten* a_k *sind mit den Ableitungen von* f *verknüpft durch*

$$a_k = \frac{f^{(k)}(0)}{k!} \qquad (k \in \mathbb{N})\;. \tag{5}$$

In anderen Worten: Eine als Potenzreihe präsentierte Funktion f *ist von selbst beliebig oft differenzierbar, und die definierende Reihe ist auch schon die Taylor-Reihe von* f.

┌ Es genügt, (5) zu beweisen. Für jedes $r \in \mathbb{N}$ gilt

$$f^{(r)}(t) = \sum_{k=r}^{\infty} k(k-1)\cdot\ldots\cdot(k-r+1)\,a_k\,t^{k-r}\,,$$

und $f^{(r)}(0)$ ist gleich dem t-freien Glied dieser Reihe:

$$f^{(r)}(0) = r(r-1)\cdot\ldots\cdot 1\,a_r = r!\,a_r\;.$$ ┘

Ein Korollar dieses Satzes ist das von jedermann bedenkenlos angewandte Prinzip des *Koeffizientenvergleichs:*

(11.21) *Gibt es ein* $\rho > 0$ *mit*

$$\sum_{k=0}^{\infty} a_k t^k = \sum_{k=0}^{\infty} b_k t^k \qquad (-\rho < t < \rho)\,,$$

so gilt $a_k = b_k$ *für alle* $k \in \mathbb{N}$.

① Wir haben seinerzeit die Exponentialfunktion und anschließend auch Cosinus und Sinus mit Hilfe gewisser Potenzreihen definiert. In den Kapiteln 6 und 7 wurde mit Hilfe von *ad hoc*-Überlegungen bewiesen, daß diese Funktionen stetig bzw. differenzierbar sind. Daß ihre Taylor-Reihen mit den jeweiligen definierenden Reihen übereinstimmen, haben wir bereits in Abschnitt 7.6 festgestellt. ○

Die Binomialreihe

Als Anwendung behandeln wir die Binomialreihe. Sie erlaubt, Potenzen $(1+t)^\alpha$ für $|t|<1$ und beliebige Exponenten $\alpha \in \mathbb{R}$ ohne Verwendung von Logarithmen mit beliebiger Genauigkeit zu berechnen.

Es sei also ein $\alpha \in \mathbb{R}$ vorgegeben. Wie im kombinatorischen Fall (das heißt: $\alpha \in \mathbb{N}$) definiert man den *Binomialkoeffizienten* $\binom{\alpha}{k}$, $k \in \mathbb{N}$, durch

$$\binom{\alpha}{0} := 1\,, \qquad \binom{\alpha}{k} := \frac{\alpha(\alpha-1)\cdot\ldots\cdot(\alpha-k+1)}{k!} \quad (k \geq 1)\,.$$

Ohne weiteres verifiziert man: Ist $\alpha \in \mathbb{N}$, so gilt $\binom{\alpha}{k} = 0$ für alle $k > \alpha$; ist jedoch $\alpha \notin \mathbb{N}$, so sind alle $\binom{\alpha}{k} \neq 0$. Ferner gilt:

$$\binom{\alpha}{k+1}(k+1) = \binom{\alpha}{k}(\alpha-k) \qquad (k \geq 0)\,. \tag{6}$$

Mit Hilfe der $\binom{\alpha}{k}$ bilden wir nun die Potenzreihe

$$b_\alpha(t) := \sum_{k=0}^{\infty} \binom{\alpha}{k} t^k = 1 + \alpha t + \frac{\alpha(\alpha-1)}{2} t^2 + \ldots\ .$$

Ist $\alpha \in \mathbb{N}$, so ist diese *Binomialreihe* b_α in Wirklichkeit ein Polynom, und es gilt nach Satz **(2.3)**:

$$b_\alpha(t) = (1+t)^\alpha \qquad \forall t \in \mathbb{R}\,.$$

Ist aber $\alpha \notin \mathbb{N}$, so sind alle Koeffizienten der Binomialreihe $\neq 0$, und mit (6) folgt

$$\left|\frac{a_k}{a_{k+1}}\right| = \left|\binom{\alpha}{k} \Big/ \binom{\alpha}{k+1}\right| = \left|\frac{k+1}{\alpha-k}\right| \to 1 \qquad (k \to \infty)\,.$$

Nach **(5.17)** besitzt daher die Binomialreihe den Konvergenzradius 1, unabhhängig von α ($\notin \mathbb{N}$). Wir behaupten nun:

(11.22) *Für jedes feste* $\alpha \in \mathbb{R}$ *gilt*

$$\sum_{k=0}^{\infty} \binom{\alpha}{k} t^k = (1+t)^\alpha \qquad (-1 < t < 1)\,.$$

⌜ Differenzieren wir b_α gliedweise, so ergibt sich wegen (6):

$$b'_\alpha(t) = \sum_{k=1}^{\infty} \binom{\alpha}{k} k\, t^{k-1} = \sum_{k'=0}^{\infty} \binom{\alpha}{k'+1}(k'+1)t^{k'} = \sum_{k=0}^{\infty} \binom{\alpha}{k}(\alpha-k)t^k \tag{7}$$

und somit

$$(1+t)b'_\alpha(t) = \sum_{k=0}^{\infty} \binom{\alpha}{k}(\alpha-k)t^k + \sum_{k=0}^{\infty} \binom{\alpha}{k} k\,t^k\,,$$

wobei wir für b'_α den dritten und den ersten Ausdruck (7) verwendet haben. Die beiden letzten Summen lassen sich zusammenfassen zu

$$(1+t)b'_\alpha(t) = \alpha b_\alpha(t) \qquad (-1 < t < 1)\,. \tag{8}$$

Betrachte nun die Hilfsfunktion

$$f(t) := (1+t)^{-\alpha}\, b_\alpha(t)\,.$$

Es ist $f(0) = 1$, ferner folgt aus (8):

$$f'(t) = (1+t)^{-\alpha-1}\big((1+t)b'_\alpha(t) - \alpha b_\alpha(t)\big) \equiv 0\,.$$

Hiernach ist $f(t) \equiv 1$, was zu zeigen war. ⌟

② Wir betrachten etwa den Fall $\alpha := -1/2$:

$$\binom{-1/2}{k} = \frac{1}{k!}\left(-\frac{1}{2}\right)\left(-\frac{3}{2}\right)\cdot\ldots\cdot\left(-\frac{2k-1}{2}\right) = (-1)^k\frac{1\cdot 3\cdot\ldots\cdot(2k-1)}{k!\,2^k}\,.$$

Damit ergibt sich

$$\frac{1}{\sqrt{1+t}} = 1 - \frac{1}{2}t + \frac{1\cdot 3}{2\cdot 4}t^2 - \frac{1\cdot 3\cdot 5}{2\cdot 4\cdot 6}t^3 + \ldots \qquad (-1 < t < 1)\,.$$

Setzen wir hier $t := -u^2$, was für $|u| < 1$ zulässig ist, so folgt

$$\frac{1}{\sqrt{1-u^2}} = 1 + \frac{1}{2}u^2 + \frac{1\cdot 3}{2\cdot 4}u^4 + \frac{1\cdot 3\cdot 5}{2\cdot 4\cdot 6}u^6 + \ldots \qquad (-1 < u < 1)\,.$$

Wir integrieren gliedweise und erhalten die *Arcussinusreihe*:

$$\arcsin u = u + \frac{1}{2}\frac{u^3}{3} + \frac{1\cdot 3}{2\cdot 4}\frac{u^5}{5} + \frac{1\cdot 3\cdot 5}{2\cdot 4\cdot 6}\frac{u^7}{7} + \ldots \qquad (-1 < u < 1)\,.$$

○

Der Satz von Abel

Wie schon in Abschnitt 5.4 bemerkt, gibt der Hauptsatz **(5.17)** keine Auskunft über das Verhalten einer Potenzreihe auf dem Rand ihres Konvergenzbereichs. Wir beweisen in diesem Zusammenhang noch den folgenden *Satz von Abel:*

(11.23) *Ist die (komplexe) Reihe* $\sum_{k=0}^{\infty} a_k$ *konvergent, so konvergiert die Reihe*

$$\sum_{k=0}^{\infty} a_k t^k =: f(t) \qquad (0 \le t \le 1)$$

auf $[0,1]$ *gleichmäßig. Insbesondere gilt*

$$\sum_{k=0}^{\infty} a_k = f(1) = \lim_{t \to 1-} f(t) .$$

⌜ Mit $s_n := \sum_{k=0}^{n} a_k$ gilt

$$\begin{aligned}\sum_{k=n+1}^{m} a_k t^k &= \sum_{k=n+1}^{m} \big((s_k - s_n) - (s_{k-1} - s_n)\big)\, t^k \\ &= \sum_{k=n+1}^{m} (s_k - s_n)(t^k - t^{k+1}) + (s_m - s_n)t^{m+1} .\end{aligned}$$

Es sei jetzt ein beliebiges $\varepsilon > 0$ vorgegeben. Dann gibt es ein n_0 mit

$$|s_k - s_n| \le \varepsilon \qquad (k \ge n > n_0) ;$$

folglich gilt für alle $m \ge n > n_0$ und alle $t \in [0,1]$ die Beziehung

$$\begin{aligned}\Big|\sum_{k=n+1}^{m} a_k t^k\Big| &\le \sum_{k=n+1}^{m} |s_k - s_n|(t^k - t^{k+1}) + |s_m - s_n| t^{m+1} \\ &\le \varepsilon\Big(\sum_{k=n+1}^{m} (t^k - t^{k+1}) + t^{m+1}\Big) = \varepsilon\, t^{n+1} \le \varepsilon .\end{aligned}$$

Aufgrund von **(11.1)** ist damit die gleichmäßige Konvergenz der betrachteten Reihe erwiesen, und mit **(11.4)** folgt, daß f auf $[0,1]$ stetig ist. Insbesondere gilt $f(1) = \lim_{t\to 1-} f(t)$. ⌟

② Die Logarithmusreihe und die Arcustangensreihe (siehe Beispiel 11.3.①) konvergieren auch noch für $x := 1$; somit gilt nach dem eben bewiesenen Satz:

$$1 - \frac{1}{2} + \frac{1}{3} - \frac{1}{4} + \ldots = \lim_{x \to 1-} \log(1 + x) = \log 2$$

und

$$1 - \frac{1}{3} + \frac{1}{5} - \frac{1}{7} + \ldots = \lim_{x \to 1-} \arctan x = \arctan 1 = \frac{\pi}{4} .$$ ○

③ Wir betrachten für ein *festes* ϕ, $0 < \phi < 2\pi$, die Reihen

$$\sum_{k=1}^{\infty} \frac{e^{ik\phi}}{k} = \sum_{k=1}^{\infty} \frac{\cos(k\phi)}{k} + i \sum_{k=1}^{\infty} \frac{\sin(k\phi)}{k} =: C + iS .$$

Da für alle $n \geq 1$ gilt:

$$\left| \sum_{k=1}^{n} e^{ik\phi} \right| = \left| e^{i\phi} \right| \left| \frac{e^{in\phi} - 1}{e^{i\phi} - 1} \right| \leq \frac{2}{|e^{i\phi} - 1|} ,$$

und da die Folge $1/k$ monoton fallend nach 0 konvergiert, sind diese Reihen nach dem Konvergenzkriterium von Abel (Satz **(5.14)**) konvergent, und die Größen C und S sind wohldefiniert. Um diese Größen mit Hilfe des Satzes von Abel berechnen zu können, müssen wir die Potenzreihe

$$\sum_{k=1}^{\infty} \frac{e^{ik\phi}}{k} t^k =: f(t) =: c(t) + is(t)$$

ins Spiel bringen und einen Σ-freien Ausdruck für $c(t)$ bzw. $s(t)$ finden. Die Potenzreihe besitzt den Konvergenzradius 1, somit gilt für $-1 < t < 1$:

$$f'(t) = \sum_{k=1}^{\infty} e^{ik\phi} t^{k-1} = e^{i\phi} \sum_{k=0}^{\infty} \left(te^{i\phi}\right)^k = \frac{e^{i\phi}}{1 - te^{i\phi}} = \frac{e^{i\phi} - t}{1 - 2t\cos\phi + t^2} ,$$

wobei der letzte Ausdruck durch Erweitern mit $1 - te^{-i\phi}$ zustandegekommen ist. Trennen wir hier Real- und Imaginärteil, so ergibt sich

$$c'(t) = \frac{\cos\phi - t}{1 - 2t\cos\phi + t^2} , \qquad s'(t) = \frac{\sin\phi}{1 - 2t\cos\phi + t^2} . \tag{10}$$

Wie man leicht verifiziert, befriedigen

$$c(t) = -\frac{1}{2}\log(1 - 2t\cos\phi + t^2) , \qquad s(t) = \arctan\left(\frac{t\sin\phi}{1 - t\cos\phi}\right)$$

sowohl (10) wie $f(0) = 0$. Mit Hilfe des Satzes von Abel erhalten wir nun:

$$C = \lim_{t \to 1-} c(t) = c(1) = -\frac{1}{2}\log(2 - 2\cos\phi)$$

$$S = \lim_{t \to 1-} s(t) = s(1) = \arctan\left(\frac{\sin\phi}{1 - \cos\phi}\right) .$$

Berücksichtigen wir noch die Relationen

$$1 - \cos\phi = 2\sin^2\frac{\phi}{2} , \qquad \frac{\sin\phi}{1 - \cos\phi} = \cot\frac{\phi}{2} = \tan\frac{\pi - \phi}{2} ,$$

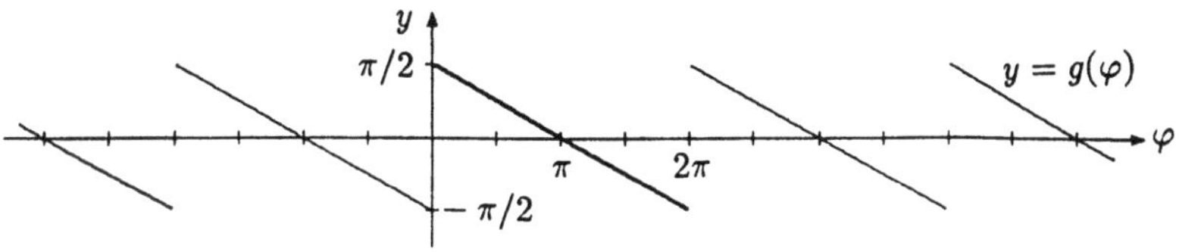

Fig. 11.5.1

so ergibt sich schließlich:

$$\left.\begin{aligned} \sum_{k=1}^{\infty} \frac{\cos(k\phi)}{k} &= -\log\left(2\sin\frac{\phi}{2}\right), \\ \sum_{k=1}^{\infty} \frac{\sin(k\phi)}{k} &= \frac{\pi-\phi}{2} \end{aligned}\right\} \qquad (0<\phi<2\pi).$$

Die Resultate des vorangehenden Beispiels sind hierin enthalten.

Wenn man nun *post festum* ϕ trotzdem als variabel betrachtet, so kann man zum Beispiel die letzte Formel folgendermaßen interpretieren: Die betrachtete Sinusreihe ist für alle $\phi \in \mathbb{R}$ konvergent und stellt eine gewisse 2π-periodische Funktion $\phi \mapsto g(\phi)$ dar. Die Formel besagt, daß g auf dem Intervall $]\,0, 2\pi\,[$ linear von $\frac{\pi}{2}$ nach $-\frac{\pi}{2}$ abnimmt; somit ist g die in Fig. 11.5.1 dargestellte "Sägezahnfunktion". Die Sinusreihe stellt dieses g als Superposition von harmonischen Schwingungen dar und heißt *Fourier-Reihe* dieser Sägezahnfunktion. — Wir werden in Kapitel 15 auf dieses Beispiel zurückkommen. ○

11.6. Differentialgleichungen III

In diesem Abschnitt wird endlich der Existenz- und Eindeutigkeitssatz für Differentialgleichungen, Satz **(EE)** von Abschnitt 8.1, exakt formuliert und bewiesen. Anstelle von Differentialgleichungen $y' = f(x, y)$ für *eine* unbekannte reelle Funktion $x \mapsto y(x)$ betrachten wir hier von Anfang an *Systeme von n Differentialgleichungen für n unbekannte Funktionen* $y_1(\cdot)$, ..., $y_n(\cdot)$:

$$\left.\begin{aligned} y_1' &= f_1(t, y_1, y_2, \ldots, y_n) \\ y_2' &= f_2(t, y_1, y_2, \ldots, y_n) \\ &\ \vdots \\ y_n' &= f_n(t, y_1, y_2, \ldots, y_n) \end{aligned}\right\}. \qquad (1)$$

Man soll sich dabei folgendes vorstellen: Die Aktion eines gewissen mechanischen (elektrischen, ökologischen, ...) Systems läßt sich insgesamt beschreiben durch n reellwertige Funktionen $t \mapsto y_i(t)$, ein Momentanzustand des Systems also durch ein n-Tupel $(y_1, \ldots, y_n)$. Reflexion über die Wirkweise des Systems hat ergeben, daß die momentane zeitliche Änderungsrate jeder einzelnen "Lagekoordinate" y_i in bestimmter Weise von t und vor allem vom Systemzustand $(y_1, \ldots, y_n)$ abhängt; die Gleichungen (1) halten das Ergebnis dieser Reflexion fest. Gefragt ist zunächst nach dem tatsächlichen Ablauf $t \mapsto \bigl(y_1(t), \ldots, y_n(t)\bigr)$ bei gegebenen Anfangsbedingungen; auf einer höheren Stufe interessieren allgemeine Aussagen über die möglichen Abläufe in irgendwelchen Systemen. Beispiel: Unter welchen Bedingungen kommt es zu stabilen periodischen Bewegungen?

Wir gehen zur vektoriellen Schreibweise über und haben dann folgende Situation: Gegeben ist eine Differentialgleichung der Form

$$\mathbf{y}' = \mathbf{f}(t, \mathbf{y})\,; \tag{1'}$$

dabei ist

$$\mathbf{f}: \quad \Omega \to \mathbb{R}^n, \qquad (t, \mathbf{y}) \mapsto \mathbf{f}(t, \mathbf{y}) \tag{2}$$

eine stetige vektorwertige Funktion mit einem offenen Definitionsbereich $\Omega \subset \mathbb{R} \times \mathbb{R}^n$. Eine Funktion

$$\mathbf{y}(\cdot): \quad I \to \mathbb{R}^n, \qquad t \mapsto \mathbf{y}(t)$$

ist eine *Lösung* von (1'), wenn der Graph von $\mathbf{y}(\cdot)$ in Ω liegt und identisch in t gilt:

$$\mathbf{y}'(t) \equiv \mathbf{f}\bigl(t, \mathbf{y}(t)\bigr)\,.$$

Ist überdies ein Punkt $(t_0, \mathbf{y}_0) \in \Omega$ vorgegeben, so konstituieren (1') und die Bedingung

$$\mathbf{y}(t_0) = \mathbf{y}_0 \tag{3}$$

zusammen ein *Anfangswertproblem.*

Für das Weitere ist entscheidend, das Anfangswertproblem (1')$\wedge$(3) in ein neuartiges Problem umzuformen:

(11.24) *Eine stetige Funktion* $\mathbf{y}(\cdot): I \to \mathbb{R}^n$, $t_0 \in I$, *ist genau dann Lösung des Anfangswertproblems* (1') $\wedge$ (3), *wenn gilt:*

$$\mathbf{y}(t) = \mathbf{y}_0 + \int_{t_0}^{t} \mathbf{f}\bigl(\tau, \mathbf{y}(\tau)\bigr)\, d\tau \qquad \forall t \in I\,. \tag{4}$$

⌜ Ist $\mathbf{y}(\cdot)$ Lösung von (1') $\wedge$ (3) auf dem Intervall I, so gilt

$$\mathbf{y}'(\tau) = \mathbf{f}\bigl(\tau, \mathbf{y}(\tau)\bigr) \qquad \forall \tau \in I\,,$$

und hieraus folgt durch Integration von t_0 bis zur variablen oberen Grenze t:

$$\mathbf{y}(t) - \mathbf{y}(t_0) = \int_{t_0}^{t} \mathbf{f}(\tau, \mathbf{y}(\tau))\, d\tau \qquad \forall t \in I,$$

wie behauptet.

Umgekehrt: Aus (4) erhält man durch Ableitung nach t die Identität

$$\mathbf{y}'(t) = \mathbf{f}(t, \mathbf{y}(t)) \qquad \forall t \in I,$$

ferner natürlich $\mathbf{y}(t_0) = \mathbf{y}_0$. Ein derartiges $\mathbf{y}(\cdot)$ löst daher das Anfangswertproblem $(1') \wedge (3)$. ⌟

Die *Integralgleichung* (4) für die unbekannte Funktion $\mathbf{y}(\cdot)$ ist folgendermaßen zu interpretieren: Wird eine beliebige Funktion $\tau \mapsto \mathbf{y}(\tau)$ in den $\mathbf{y}$-Eingang von $\mathbf{f}(\tau, \cdot)$ eingesetzt, der entstehende Ausdruck nach τ integriert von t_0 bis zur variablen oberen Grenze t und das Resultat zu $\mathbf{y}_0$ addiert, so erhält man eine gewisse neue Funktion $t \mapsto \tilde{\mathbf{y}}(t)$. Ist die verwendete Funktion $\mathbf{y}(\cdot)$ "zufällig" die Lösung von $(1') \wedge (3)$, so fällt $\tilde{\mathbf{y}}(\cdot) = \mathbf{y}(\cdot)$ aus. Das Anfangswertproblem $(1') \wedge (3)$ ist also äquivalent zu einem "Fixpunktproblem" für die Operation

$$T: \quad \mathbf{y}(\cdot) \mapsto \tilde{\mathbf{y}}(\cdot), \qquad \tilde{\mathbf{y}}(t) := \mathbf{y}_0 + \int_{t_0}^{t} \mathbf{f}(\tau, \mathbf{y}(\tau))\, d\tau\,. \tag{5}$$

Nun tritt folgendes Wunder ein: Wird eine "falsche" Funktion $\mathbf{y}(\tau)$ ins Integral (5) eingelesen, so ist der Output $\tilde{\mathbf{y}}(t)$ auch nicht die richtige Lösung, *liegt aber näher* am gesuchten "Fixpunkt" als der Input. Dies erlaubt, iterativ eine Folge $\mathbf{y}_0, \mathbf{y}_1, \mathbf{y}_2, \ldots$ zu konstruieren, die gegen die tatsächliche Lösung von (4) bzw. $(1') \wedge (3)$ konvergiert.

① Für das Anfangswertproblem

$$y' = 1 + y^2 \qquad (:= f(t,y))\,, \qquad y(0) = 0 \tag{6}$$

ergibt sich folgende Iterationsvorschrift:

$$\begin{aligned} y_0(t) &:\equiv 0\,, \\ y_{n+1}(t) &:= \int_0^t \left(1 + y_n^2(\tau)\right) d\tau\,. \end{aligned}$$

Damit erhält man nacheinander

$$\begin{aligned}
y_1(t) &= \int_0^t (1 + y_0^2(\tau))\, d\tau = \int_0^t 1\, d\tau = t\,, \\
y_2(t) &= \int_0^t (1 + y_1^2(\tau))\, d\tau = \int_0^t (1 + \tau^2)\, d\tau = t + \frac{t^3}{3}\,, \\
y_3(t) &= \int_0^t \left(1 + \left(\tau + \frac{\tau^3}{3}\right)^2\right) d\tau = \int_0^t \left(1 + \tau^2 + \frac{2\tau^4}{3} + \frac{\tau^6}{9}\right) d\tau \\
&= t + \frac{t^3}{3} + \frac{2t^5}{15} + ?t^7\,, \\
y_4(t) &= \int_0^t \left(1 + \left(\tau + \frac{\tau^3}{3} + \frac{2\tau^5}{15} + ?\tau^7\right)^2\right) d\tau \\
&= \int_0^t \left(1 + \tau^2 + \frac{2\tau^4}{3} + \left(\frac{4}{15} + \frac{1}{9}\right)\tau^6 + ?\tau^8\right) d\tau \\
&= t + \frac{t^3}{3} + \frac{2t^5}{15} + \frac{17t^7}{7 \cdot 45} + ?t^9\,.
\end{aligned}$$

(Da die Polynome $y_n(\cdot)$ in erster Linie für kleine $|t|$ betrachtet werden, haben wir ihre hintersten Koeffizienten zum Teil nicht mehr berechnet.)

Durch Separation der Variablen findet man anderseits als exakte Lösung des Anfangswertproblems (6) die Funktion

$$y(t) = \tan t\,;$$

sie besitzt an der Stelle 0 die Taylor-Entwicklung

$$\tan t = t + \frac{t^3}{3} + \frac{2t^5}{15} + \frac{17t^7}{315} + ?t^9\,.$$

Die berechneten Iterierten $y_0, \ldots, y_4$ stellen also für kleine $|t|$ tatsächlich von Mal zu Mal bessere Approximationen an die exakte Lösung dar. ○

Der folgende *allgemeine Fixpunktsatz*, auch *Kontraktionsprinzip* genannt, ist das abstrakte Kondensat der vorangegangenen Bemerkungen und Beobachtungen. Dank seiner Allgemeinheit besitzt dieser Satz unzählige Anwendungen in den verschiedensten Gebieten der Mathematik.

(11.25) *Es seien (X, d) ein vollständiger metrischer Raum und*

$$T: \quad X \to X\,, \qquad x \mapsto Tx$$

eine Abbildung mit der folgenden Eigenschaft: Es gibt eine Zahl $q < 1$ mit

$$d(Tx, Ty) \le q\, d(x, y) \qquad \forall x, y \in X\,. \tag{7}$$

Dann trifft folgendes zu:

(a) *Die Abbildung T besitzt genau einen Fixpunkt $\xi \in X$.*

(b) *Für jeden Anfangspunkt $x_0 \in X$ konvergiert die durch*

$$x_{n+1} := Tx_n \qquad (n \geq 0) \tag{8}$$

definierte Iterationsfolge $x.$ gegen ξ.

⌈ Die Abbildung T besitzt höchstens einen Fixpunkt: Ist ξ ein Fixpunkt und $x \neq \xi$, so folgt mit (7):

$$d(\xi, Tx) = d(T\xi, Tx) \leq q\, d(\xi, x) < d(\xi, x)\,,$$

und dies ist mit $Tx = x$ nicht vereinbar.

Betrachte jetzt eine beliebige Iterationsfolge $x.$. Wir behaupten: Für alle $n \geq 0$ gilt

$$d(x_0, x_n) \leq R := \frac{1}{1-q} d(x_0, x_1)\,,$$

das heißt: Alle x_n liegen in einer Kugel vom Radius R um den Punkt x_0. Dies trifft jedenfalls zu für $n = 0$ und sei richtig für n, $n \geq 0$. Mit (7) und nach Induktionsvoraussetzung ergibt sich dann die folgende Kette von Ungleichungen:

$$\begin{aligned} d(x_0, x_{n+1}) &\leq d(x_0, x_1) + d(x_1, x_{n+1}) = d(x_0, x_1) + d(Tx_0, Tx_n) \\ &\leq d(x_0, x_1) + q\, d(x_0, x_n) \leq \left(1 + \frac{q}{1-q}\right) d(x_0, x_1) \\ &= \frac{1}{1-q} d(x_0, x_1)\,, \end{aligned}$$

was zu beweisen war.

Es bezeichne

$$T^n := \underbrace{T \circ T \circ \ldots \circ T}_{n \text{ Faktoren}}$$

die *n-fache Iterierte* von T. Aus (7) ergibt sich mit vollständiger Induktion: Für beliebige x, $y \in X$ und beliebige $n \geq 0$ gilt:

$$d(T^n x, T^n y) \;\leq\; q^n\, d(x, y)\,.$$

Wenden wir das auf unsere Iterationsfolge $x.$ an, so erhalten wir die folgende, für beliebige $n \geq 0$, $p \geq 0$ gültige Abschätzung:

$$d(x_n, x_{n+p}) = d(T^n x_0, T^n x_p) \leq q^n d(x_0, x_p) \leq q^n R\,.$$

Damit ist $x.$ als Cauchy-Folge erwiesen, denn für alle hinreichend großen n ist $q^n R$ kleiner als irgendein vorgegebenes ε.

Aufgrund der Vollständigkeit von X existiert daher der Limes

$$\lim_{n\to\infty} x_n =: \xi \in X .$$

Führt man jetzt in (8) den Grenzübergang $n \to \infty$ durch, so folgt

$$\xi = \lim_{n\to\infty} Tx_n = T\xi ,$$

denn T ist nach (7) lipstetig und damit stetig. — Damit ist alles bewiesen. ┘

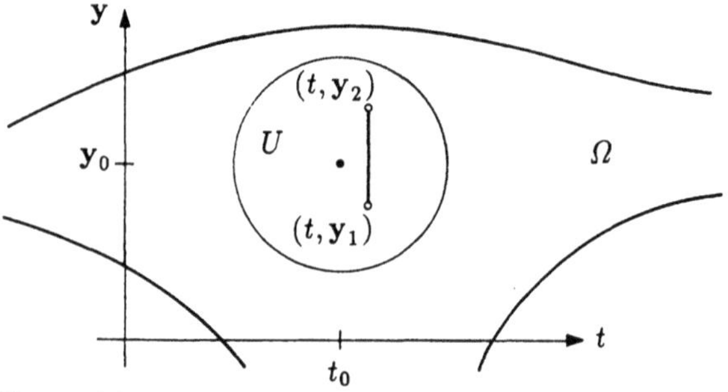

Fig. 11.6.1

Um diesen Satz auf Anfangswertprobleme (1′) ∧ (3) bzw. deren Transkription (4) anwenden können, benötigen wir Voraussetzungen über $\mathbf{f}$, die, wenn alles angerichtet ist, die Existenz eines $q < 1$ und damit Existenz und Einzigkeit der Lösung sicherstellen. Beispiel 8.1.③ zeigt, daß die Stetigkeit der rechten Seite $\mathbf{f}$ hierfür nicht ausreicht. Die "Rückwärtsanalyse" des angestrebten Beweises legt folgenden Begriff nahe (Fig. 11.6.1): Die rechte Seite (2) der Differentialgleichung (1′) heißt *zulässig*, wenn sie stetig ist und *lokal lipstetig bezüglich* $\mathbf{y}$. Das zweite bedeutet folgendes: Zu jedem Punkt $(t_0, \mathbf{y}_0) \in \Omega$ gibt es eine Umgebung U dieses Punktes und eine Konstante L, so daß für je zwei "senkrecht übereinanderliegende" Punkte $(t, \mathbf{y}_1)$, $(t, \mathbf{y}_2) \in U$ gilt:

$$\left|\mathbf{f}(t, \mathbf{y}_1) - \mathbf{f}(t, \mathbf{y}_2)\right| \le L\,|\mathbf{y}_1 - \mathbf{y}_2| .$$

Wir werden in Beispiel 12.3.③ sehen, daß eine rechte Seite $\mathbf{f} = (f_1, \ldots, f_n)$ zulässig ist, sobald sie stetig ist und stetige partielle Ableitungen nach den Koordinatenvariablen y_k besitzt. Der letztgenannte Sachverhalt läßt sich im allgemeinen von bloßem Auge feststellen.

Die definitive Fassung des Existenz- und Eindeutigkeitssatzes für Differentialgleichungen lautet nunmehr:

(11.26) *Es seien $\Omega \subset \mathbb{R} \times \mathbb{R}^n$ eine offene Menge,*

$$\mathbf{f}: \quad \Omega \to \mathbb{R}^n , \qquad (t, \mathbf{y}) \mapsto \mathbf{f}(t, \mathbf{y})$$

eine als rechte Seite zulässige Funktion und $(t_0, \mathbf{y}_0) \in \Omega$ ein beliebiger Punkt. Dann besitzt das Anfangswertproblem

$$\mathbf{y}' = \mathbf{f}(t, \mathbf{y}), \qquad \mathbf{y}(t_0) = \mathbf{y}_0 \tag{9}$$

für alle hinreichend kleinen $\rho > 0$ genau eine Lösung

$$\mathbf{y}(\cdot): \quad [t_0 - \rho, t_0 + \rho] \to \mathbb{R}^n .$$

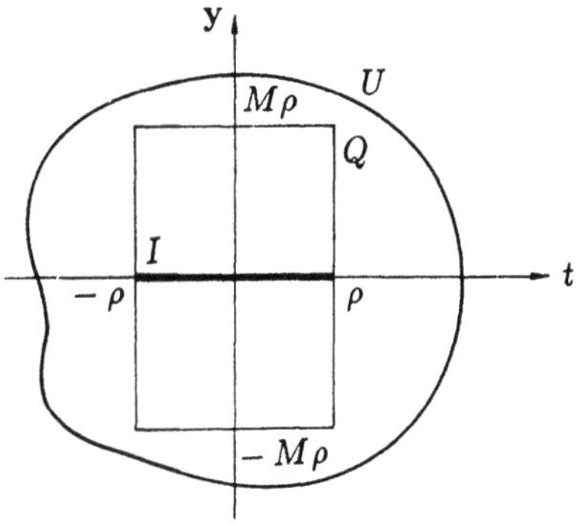

Fig. 11.6.2

⌜ Wir dürfen ohne Beschränkung der Allgemeinheit $(t_0, \mathbf{y}_0) = (0, \mathbf{0})$ annehmen. — Nach Voraussetzung über $\mathbf{f}$ gibt es eine Umgebung U von $(0, \mathbf{0})$ sowie zwei Konstanten $M > 0$ und $L > 0$, so daß für beliebige $(t, \mathbf{y}_.) \in U$ gilt:

$$|\mathbf{f}(t, \mathbf{y})| \le M ,$$

$$|\mathbf{f}(t, \mathbf{y}_1) - \mathbf{f}(t, \mathbf{y}_2)| \le L\,|\mathbf{y}_1 - \mathbf{y}_2| . \tag{10}$$

Es sei nun $\rho > 0$ so klein, daß gleichzeitig gilt:

$$L\,\rho =: q < 1 ,$$

$$[-\rho, \rho] \times \{\mathbf{y} \in \mathbb{R}^n \mid |\mathbf{y}| \le M\rho\} =: Q \subset U$$

(Fig. 11.6.2), und setze $I := [-\rho, \rho]$. Die Teilmenge

$$X := \{\mathbf{y}(\cdot) \in C(I, \mathbb{R}^n) \mid |\mathbf{y}(t)| \le M\rho \quad \forall t \in I\}$$

des vollständigen metrischen Raumes $C(I, \mathbb{R}^n)$ ist ebenfalls ein vollständiger metrischer Raum: Eine Cauchy-Folge in X konvergiert jedenfalls gegen ein $\mathbf{y}^*(\cdot) \in C(I, \mathbb{R}^n)$, und es ist leicht einzusehen, daß auch $\mathbf{y}^*(\cdot)$ der Bedingung $|\mathbf{y}^*(t)| \le M\rho$ genügt.

Wir beweisen zunächst: Jede Lösung $\mathbf{y}(\cdot) : I \to \mathbb{R}^n$ des Anfangswertproblems (9) liegt notwendigerweise in X.

⌜ Jede Lösung ist natürlich stetig. Angenommen, es gibt ein $t \in [0,\rho]$ mit $|\mathbf{y}(t)| > M\rho$. Die Zahl

$$t_1 := \inf\{t > 0 \mid |\mathbf{y}(t)| > M\rho\}$$

ist dann nach **(3.9)** echt kleiner als ρ, und aus Stetigkeitsgründen gilt $|\mathbf{y}(t_1)| = M\rho$. Der zum Intervall $[0,t_1]$ gehörende Teil des Graphen von $\mathbf{y}(\cdot)$ liegt nun in Q, somit gilt

$$|\mathbf{y}'(t)| = \big|\mathbf{f}\big(t,\mathbf{y}(t)\big)\big| \leq M \qquad (0 \leq t \leq t_1),$$

und mit **(7.15)** (Mittelwertsatz der Differentialrechnung) folgt

$$M\rho = |\mathbf{y}(t_1)| = |\mathbf{y}(t_1) - \mathbf{y}(0)| \leq M\,t_1 .$$

Dies ist mit $t_1 < \rho$ nicht vereinbar, und das heißt: Die am Anfang getroffene Annahme führt auf einen Widerspruch. ⌟

Betrachte jetzt die Abbildung

$$T:\ X \to X\,, \quad \mathbf{y}(\cdot) \mapsto \tilde{\mathbf{y}}(\cdot)\,, \qquad\qquad \tilde{\mathbf{y}}(t) := \int_0^t \mathbf{f}\big(\tau,\mathbf{y}(\tau)\big)\,d\tau\ .$$

Es gilt zu verifizieren, daß der angegebene Bild"punkt" $\tilde{\mathbf{y}}(\cdot)$ tatsächlich in X liegt. Als Stammfunktion einer stetigen Funktion ist $\tilde{\mathbf{y}}(\cdot)$ natürlich stetig; ferner liegen nach Voraussetzung über $\mathbf{y}(\cdot)$ alle Punkte $\big(\tau,\mathbf{y}(\tau)\big)$, $\tau \in [-\rho,\rho]$, in Q. Folglich ist

$$|\tilde{\mathbf{y}}(t)| = \left|\int_0^t \mathbf{f}\big(\tau,\mathbf{y}(\tau)\big)\,d\tau\right| \leq M\,|t| \leq M\rho \qquad (t \in I)\ .$$

Die Menge der Lösungen von (9) auf dem Intervall I ist identisch mit der Menge der Fixpunkte von T: Jede Lösung liegt in X und ist nach **(11.24)** ein Fixpunkt von T. Umgekehrt: Jeder Fixpunkt von T ist nach **(11.24)** eine Lösung von (9) auf dem Intervall I.

Es ist nun alles so eingerichtet, daß T den Voraussetzungen des allgemeinen Fixpunktsatzes **(11.25)** genügt: Betrachte zwei beliebige Punkte $\mathbf{y}_1(\cdot)$, $\mathbf{y}_2(\cdot) \in X$. Dann gilt für jedes feste $t \in [0,\rho]$:

$$\tilde{\mathbf{y}}_1(t) - \tilde{\mathbf{y}}_2(t) = \int_0^t \Big(\mathbf{f}\big(\tau,\mathbf{y}_1(\tau)\big) - \mathbf{f}\big(\tau,\mathbf{y}_2(\tau)\big)\Big)\,d\tau$$

und somit wegen (10):

$$|\tilde{\mathbf{y}}_1(t) - \tilde{\mathbf{y}}_2(t)| \leq \int_0^t L\,|\mathbf{y}_1(\tau) - \mathbf{y}_2(\tau)|\,d\tau \leq L\,\|\mathbf{y}_1(\cdot) - \mathbf{y}_2(\cdot)\|\,\rho\ .$$

Dieselbe Abschätzung gilt auch für alle $t \in [-\rho, 0]$, folglich hat man

$$\|\tilde{\mathbf{y}}_1(\cdot) - \tilde{\mathbf{y}}_2(\cdot)\| \leq L\rho \, \|\mathbf{y}_1(\cdot) - \mathbf{y}_2(\cdot)\| \,.$$

Wegen $L\rho =: q < 1$ erfüllt damit T die Kontraktionsbedingung des allgemeinen Fixpunktsatzes. Nach diesem Satz besitzt T genau einen Fixpunkt; folglich besitzt das Anfangswertproblem (9) genau eine Lösung $\mathbf{y}(\cdot) : I \to \mathbb{R}^n$. ⌟

Satz **(11.26)** ist ein lokaler Satz: Er liefert nur ein verhältnismäßig kurzes Teilstück der "maximalen" Lösungskurve durch einen gegebenen Anfangspunkt $(t_0, \mathbf{y}_0)$. Die nächste Aufgabe würde nun darin bestehen, durch "analytische Fortsetzung", das heißt: durch sukzessive Anwendung des lokalen Satzes, die "maximale Lösung" von (9) in den Griff zu bekommen und vor allem zu zeigen, daß sie "für alle Zeiten" eindeutig bestimmt ist. Wir gehen darauf nicht ein und verweisen den interessierten Leser auf den Beweis von Satz **(8.1)**, wo derartige Fortsetzungsüberlegungen in einem sehr speziellen Fall bereits durchgeführt wurden.

Durch einen kleinen Kunstgriff läßt sich aus dem Existenz- und Eindeutigkeitssatz **(11.26)** ein entsprechender Satz für Anfangswertprobleme bei Differentialgleichungen höherer Ordnung gewinnen. Wir formulieren gleich das Resultat:

(11.27) *Es seien $\Omega \subset \mathbb{R} \times \mathbb{R}^n$ eine offene Menge,*

$$F: \quad \Omega \to \mathbb{R}\,, \qquad (t, u_0, \ldots, u_{n-1}) \mapsto F(t, u_0, \ldots, u_{n-1})$$

eine stetige und bezüglich $\mathbf{u} = (u_0, \ldots, u_{n-1})$ lokal lipstetige Funktion und $(t_0, \eta_0, \ldots, \eta_{n-1}) \in \Omega$ ein beliebiger Punkt. Dann besitzt das Anfangswertproblem

$$\left.\begin{aligned} y^{(n)} &= F(t, y, y', \ldots, y^{(n-1)}) \\ y^{(k)}(t_0) &= \eta_k \qquad (0 \leq k \leq n-1) \end{aligned}\right\} \tag{11}$$

für alle hinreichend kleinen $\rho > 0$ genau eine Lösung

$$y(\cdot): \quad [t_0 - \rho, t_0 + \rho] \to \mathbb{R}\,.$$

⌜ Ist $y(\cdot)$ eine Lösung von (11), so ist die sogenannte $(n-1)$-*Jet-Extension*

$$\mathbf{u}(t) := \big(y(t), y'(t), \ldots, y^{(n-1)}(t)\big)$$

eine Lösung des folgenden Systems von n (skalaren) Differentialgleichungen erster Ordnung:

$$\left.\begin{aligned} u_0' &= u_1 \\ u_1' &= u_2 \\ &\;\vdots \\ u_{n-2}' &= u_{n-1} \\ u_{n-1}' &= F(t, u_0, u_1, \ldots, u_{n-1}) \end{aligned}\right\}\,, \tag{12}$$

und es gilt

$$\mathbf{u}(t_0) = \mathbf{u}_0 := (\eta_0, \ldots, \eta_{n-1}) \,. \tag{13}$$

Umgekehrt: Ist

$$t \mapsto \mathbf{u}(t) = \big(u_0(t), u_1(t), \ldots, u_{n-1}(t)\big) \tag{14}$$

eine Lösung des Anfangswertproblems (12) ∧ (13), so löst die Funktion

$$y(t) := u_0(t)$$

das Problem (11). Diese Behauptungen ergeben sich unmittelbar aus der speziellen Gestalt des Systems (12); wir dürfen wohl auf die schriftliche Verifikation verzichten.

Betrachten wir nun die rechte Seite $\mathbf{f}$ der durch (12) konstituierten vektoriellen Differentialgleichung

$$\mathbf{u}' = \mathbf{f}(t, \mathbf{u}) \quad ! \tag{12'}$$

Für beliebige zwei Punkte $(t, \mathbf{u})$, $(t, \mathbf{v}) \in \Omega$ gilt aufgrund von (12):

$$\begin{aligned} |\mathbf{f}(t,\mathbf{u}) - \mathbf{f}(t,\mathbf{v})| &\le \sum_{k=0}^{n-1} \big|f_k(t,\mathbf{u}) - f_k(t,\mathbf{v})\big| \\ &= \sum_{k=1}^{n-1} |u_k - v_k| \;+\; \big|F(t,\mathbf{u}) - F(t,\mathbf{v})\big| \,. \end{aligned} \tag{15}$$

Nun war ja F lokal lipstetig bezüglich $\mathbf{u}$ vorausgesetzt. Ist L eine diesbezügliche Lipschitzkonstante, gültig in einem gewissen Bereich $U \subset \Omega$, so folgt aus (15): Für beliebige $(t, \mathbf{u})$, $(t, \mathbf{v}) \in U$ gilt

$$|\mathbf{f}(t,\mathbf{u}) - \mathbf{f}(t,\mathbf{v})| \le (n-1)|\mathbf{u} - \mathbf{v}| + L\,|\mathbf{u} - \mathbf{v}| \,;$$

somit ist dann $(n-1) + L$ eine Lipschitzkonstante für $\mathbf{f}$ in diesem Bereich. Hieraus folgt: $\mathbf{f}$ ist eine zulässige rechte Seite für (12′). Nach dem vorangehenden Satz besitzt daher das Problem (12) ∧ (13) auf einem geeigneten Intervall I genau eine Lösung (14), und nach der Vorbemerkung ist dann $t \mapsto u_0(t)$ eine Lösung von (11). ┘

11.7. Aufgaben

1. (a) Auf welchem maximalen Intervall I ist die Reihe

$$f(t) := \sum_{k=1}^{\infty} k \, \exp\big(k(t^2 - t)\big)$$

lokal gleichmäßig konvergent?

(b) Man stelle die Funktion $f : I \to \mathbb{R}$ in geschlossener Form, das heißt: Σ-frei, dar.

2. Ist die Funktion $f(t) := \sum_{k=1}^{\infty} \sin^2(t/k)$ differenzierbar?

3. Für $n \geq 2$ sei $f_n(t) := \sqrt[n]{\sin t}$. Zeige: Die Funktionen f_n konvergieren gleichmäßig auf jedem Intervall $[h, \frac{\pi}{2}]$, $h > 0$, aber nicht gleichmäßig auf $[0, \frac{\pi}{2}]$ gegen eine gewisse Grenzfunktion f.

4. Die Funktion $f_0 : \mathbb{R}_{\geq 0} \to \mathbb{R}$ sei stetig und genüge der Ungleichung

$$0 \leq f_0(t) \leq \frac{t}{2+t} \qquad (t \geq 0) .$$

Die Folge $(f_n)_{n\geq 0}$ sei rekursiv definiert durch $f_{n+1} := f \circ f_n \quad (n \geq 0)$. Zeige: Die Reihe $\sum_{n=0}^{\infty} f_n$ konvergiert und stellt eine stetige Funktion dar.

5. Zeige, daß die nachstehenden Folgen und Reihen auf den angegebenen Intervallen gleichmäßig konvergieren:

(a) $f_n(t) := (1-t)t^n$, $[0,1]$; (b) $f_n(t) := \dfrac{t^2}{1+nt^2}$, $\mathbb{R}$;

(c) $\sum_{k=1}^{\infty} \sin^2(t/k)$, $[-c,c]$; (d) $\sum_{k=1}^{\infty} \dfrac{nt^2}{n^3+t^3}$, $[0,c]$.

6. Durch

$$f_n(t) := n^{\alpha} t e^{-nt} \qquad (t \geq 0)$$

wird eine Funktionenfolge $(f_n)_{n\geq 1}$ erklärt, die noch von einem reellen Parameter α abhängt.

(a) Bestimme die Grenzfunktion für $n \to \infty$.

(b) Für welche Werte des Parameters α konvergiert die betrachtete Folge gleichmäßig?

7. Durch $f_0(t) := \dfrac{1}{1+t^2}$ und die Rekursionsvorschrift

$$f_{n+1}(t) := 1 - \cos\bigl(f_n(t)\bigr)$$

wird eine Folge von Funktionen $f_n : \mathbb{R} \to \mathbb{R}$ definiert.

(a) Zeige: Die Reihe $s(t) := \sum_{n=0}^{\infty} f_n(t)$ ist auf ganz $\mathbb{R}$ gleichmäßig konvergent. (*Hinweis:* Man benötigt eine für kleine $|u|$ gültige Abschätzung der Form $|1 - \cos u| \leq C|u|$.)

(b) Zeige: Die Funktion s ist differenzierbar.

8. Eine Funktionenfolge $(f_n)_{n\geq 0}$ ist rekursiv wie folgt definiert:

$$f_0(t) := \sin t ; \qquad f_{n+1}(t) := \frac{2}{3} f_n(t) + 1 .$$

(a) Zeige: Die f_n konvergieren auf $\mathbb{R}$ gleichmäßig gegen die Konstante 3. (*Hinweis:* Betrachte zuerst die Transformation

$$T: \quad \mathbb{R} \to \mathbb{R}, \qquad x \mapsto \frac{2}{3}x + 1 \,.)$$

(b) Was läßt sich sagen, wenn die Startfunktion $f_0(t) := t^2$ derselben Iteration unterworfen wird?

9. Beweise den *Satz von Dini*: Bilden die stetigen Funktionen $f_n : A \to \mathbb{R}$ eine monoton wachsende Folge, die auf der kompakten Menge A gegen eine stetige Grenzfunktion f konvergiert, so ist die Konvergenz gleichmäßig. (*Hinweis:* Betrachte die Folge $g_n := f - f_n$, die monoton fallend nach 0 konvergiert.)

10. Es sei

$$f_n(t) := \frac{n^\alpha t}{1 + n^2 t^2} \qquad (0 \le t \le 1) \,.$$

Für welche Werte des reellen Parameters α treffen die folgenden Sachverhalte zu:

(a) Die Folge $(f_n)_{n\ge1}$ konvergiert punktweise.

(b) Die Folge $(f_n)_{n\ge1}$ konvergiert gleichmäßig.

(c) $\int_0^1 \lim_{n\to\infty} f_n(t)\,dt = \lim_{n\to\infty} \int_0^1 f_n(t)\,dt$.

11. Die Folge der stetigen Funktionen $f_n : \mathbb{R}_{\ge0} \to \mathbb{R}$ konvergiere mit $n \to \infty$ gleichmäßig gegen 0; überdies gelte

$$0 \le f_n(t) \le e^{-t} \qquad \forall t \ge 0 \,, \ \forall n \,.$$

Unter diesen Umständen ist $\lim_{n\to\infty} \int_0^\infty f_n(t)\,dt = 0$.

12. (a) Berechne die beiden Grenzwerte

$$\lim_{t\to0+} \frac{\arctan(\alpha \tan t)}{\tan t} \,, \qquad \lim_{t\to\frac{\pi}{2}-} \frac{\arctan(\alpha \tan t)}{\tan t} \,.$$

(b) Berechne das bestimmte Integral

$$F(\alpha) := \int_0^{\pi/2} \frac{\arctan(\alpha \tan t)}{\tan t}\,dt \qquad (\alpha > 0) \,.$$

(*Hinweis:* Berechne erst $F'(\alpha)$!)

13. Die Funktion $f : \mathbb{R} \to \mathbb{R}$ sei beliebig oft differenzierbar, und es gelte

$$f(0) = f'(0) = f''(0) = 0 \,, \quad f'''(0) = 48 \,.$$

Zeige: Es gibt eine C^∞-Funktion g, so daß in einer geeigneten Umgebung des Ursprungs gilt:

$$f(t) \equiv \bigl(g(t)\bigr)^3 ,$$

und berechne $g'(0)$.

14. Mit Hilfe von Satz **(11.17)** oder allgemeinen Sätzen über Potenzreihen folgt leicht, daß die Funktion

$$f(t) := \begin{cases} \dfrac{e^t - 1}{t} & (t \neq 0) \\ 1 & (t = 0) \end{cases}$$

auf ganz $\mathbb{R}$ beliebig oft differenzierbar ist. Beweise wenigstens $f \in C^2$, ohne die angeführten Sätze zu benützen.

15. Bestimme den Konvergenzradius der folgenden Reihen:

(a) $\sum_{k=0}^{\infty}(1 - \tanh k)\, t^k$, (b) $\sum_{k=1}^{\infty} k\Bigl(1 + \frac{3}{k}\Bigr)^{k^2} t^k$.

16. Berechne den Konvergenzradius und die Summe der folgenden Reihen:

(a) $\sum_{k=0}^{\infty} k^2\, t^k$, (b) $\sum_{k=1}^{\infty} \dfrac{t^k}{2k-1}$.

17. Entwickle die Funktion $f(t) := \sqrt[5]{30 + t}$ in eine Potenzreihe mit dem Mittelpunkt 2.

18. Durch geeignete Wahl von t in der Reihe für $\log \dfrac{1+t}{1-t}$ berechne man $\log 2$ auf drei Stellen nach dem Komma genau. Hierzu wird eine Fehlerabschätzung benötigt: Man majorisiere die vernachlässigten Glieder durch eine geometrische Reihe.

19. Es bezeichne $\lfloor t \rfloor$ die größte ganze Zahl $\leq t$. Berechne das uneigentliche Integral

$$\int_0^1 2^{-\lfloor 1/x \rfloor}\, dx .$$

20. Der Umfang U einer Ellipse mit Halbachsen a und b ist gegeben durch

$$U = 4a \int_0^{\pi/2} \sqrt{1 - \kappa^2 \sin^2 t}\, dt , \qquad \kappa := \frac{\sqrt{a^2 - b^2}}{a}$$

(siehe Beispiel 13.5.②). Um einen für kleine Exzentrizität κ brauchbaren Näherungswert für U zu erhalten, kann man U nach Potenzen von κ entwickeln:

$$U = c_0 + c_1\kappa + c_2\kappa^2 + c_3\kappa^3 + \ldots .$$

Bestimme die Koeffizienten c_0 bis und mit c_4.

21. Betrachte die Funktion

$$F(\varepsilon) := \int_0^{\log 2} \log(1 + \varepsilon e^t)\, dt .$$

Gesucht ist ein Polynom $p(\varepsilon) := c_0 + c_1\varepsilon + c_2\varepsilon^2 + c_3\varepsilon^3$, das $F(\varepsilon)$ für kleine $|\varepsilon|$ möglichst gut approximiert.

22. Man stelle ein Rekursionsschema auf, das reelle Zahlen α als Input akzeptiert und eine Folge $(x_n)_{n\geq 0}$ produziert mit $\lim_{n\to\infty} x_n = 2^\alpha$. Dabei dürfen nur die vier Grundrechenarten, also keine Logarithmen, Fakultäten usw. verwendet werden. (*Hinweis:* $2^\alpha = (1/2)^{-\alpha}$, Binomialreihe.)

23. Berechne die Zahl $s := \dfrac{1}{1\cdot 2} + \dfrac{1}{3\cdot 4} + \dfrac{1}{5\cdot 6} + \ldots$. (*Hinweis:* Betrachte die Funktion

$$s(t) := \frac{t^2}{1\cdot 2} + \frac{t^4}{3\cdot 4} + \frac{t^6}{5\cdot 6} + \ldots$$

und finde durch geeignete Manipulationen einen einfachen Ausdruck für $s(t)$. Nach dem Satz von Abel ist $s = s(1)$.)

24. Es sei $f(t) := t/\sqrt{1+t^2}$. Bestimme eine für $t > 1$ gültige Reihenentwicklung der Form

$$f(t) = b_0 + \frac{b_1}{t} + \frac{b_2}{t^2} + \ldots$$

und berechne mit Hilfe dieser Reihe $f(1000)$ mit einem Fehler von weniger als 10^{-12}.

25. Als Kehrwert von 1.23456789 erscheint auf einem bescheidenen Taschenrechner die Zahl 0.81000000. Wie lassen sich die zahlreichen Nullen im Ergebnis begründen?

26. (a) Zeige: Die Funktion $f(x,y) := \sqrt{x^2+y^2}$ ist lipstetig bezüglich y mit einer für ganz $\mathbb{R}^2$ gültigen Lipschitz-Konstanten C.

(b) Berechne die Iterierte $y_2(\cdot)$ für das Anfangswertproblem

$$y' = \sqrt{x^2+y^2}\,, \qquad y(0) = 0$$

(vgl. Beispiel 11.6.①).

12. Mehrdimensionale Differentialrechnung

12.1. Vereinbarungen und Bezeichnungen

Die "mehrdimensionale Analysis" handelt von Funktionen (Abbildungen)

$$\mathbf{f}: \quad \mathbb{R}^n \curvearrowright \mathbb{R}^m; \qquad n \geq 1, m \geq 1 .$$

Hierzu gehören speziell auch Funktionen $\mathbf{f} : \mathbb{R} \curvearrowright \mathbb{R}^m$, das sind Parameterdarstellungen von Kurven, und Funktionen $f : \mathbb{R}^n \curvearrowright \mathbb{R}$, das sind skalare Funktionen von mehreren Variablen. Besondere Behandlung verdienen Funktionen $\mathbf{f} : \mathbb{R}^n \curvearrowright \mathbb{R}^n$; bei gleicher Dimensionszahl besteht nämlich die Chance, daß $\mathbf{f}$ offene Mengen bijektiv auf offene Mengen abbildet und damit eine Umkehrabbildung derselben Art besitzt.

Punkte bzw. Vektoren in einem $\mathbb{R}^p$, $p \geq 1$, bezeichnen wir weiterhin mit kleinen halbfetten Buchstaben: $\mathbf{x} = (x_1, \ldots, x_p)$. Den zu $\mathbf{x}$ gehörigen *Kolonnenvektor*, gemeint ist die $(p \times 1)$-Matrix

$$\begin{bmatrix} x_1 \\ x_2 \\ \vdots \\ x_p \end{bmatrix},$$

bezeichnen wir mit $[\mathbf{x}]$. Im Sinn der linearen Algebra ist $\mathbb{R}^p$ ein p-dimensionaler reeller Vektorraum (vgl. Abschnitt 2.8), und die x_k sind die Koordinaten des festen oder variablen Vektors $\mathbf{x}$ bezüglich der *Standardbasis*

$$\mathbf{e}_1 := (1, 0, \ldots, 0), \quad \mathbf{e}_2 := (0, 1, 0, \ldots, 0), \quad \ldots, \quad \mathbf{e}_p := (0, \ldots, 0, 1)$$

des $\mathbb{R}^p$; das heißt, es gilt

$$\mathbf{x} = (x_1, \ldots, x_p) = x_1\mathbf{e}_1 + x_2\mathbf{e}_2 + \ldots + x_p\mathbf{e}_p = \sum_{k=1}^{p} x_k\mathbf{e}_k .$$

Wir werden im folgenden *lineare Abbildungen*

$$L: \quad \mathbb{R}^n \to \mathbb{R}^m, \qquad \mathbf{x} \mapsto L\mathbf{x} \quad (\text{auch}: L.\mathbf{x})$$

zu betrachten haben; das sind Abbildungen, die identisch in $\mathbf{x}$, $\mathbf{x}'$ und $\lambda \in \mathbb{R}$ den Relationen

$$L(\mathbf{x}+\mathbf{x}') = L\mathbf{x} + L\mathbf{x}', \qquad L(\lambda\mathbf{x}) = \lambda\, L\mathbf{x} \tag{1}$$

genügen. Eine derartige Abbildung ist durch ihre Wirkung auf die n Basisvektoren $\mathbf{e}_k \in \mathbb{R}^n$ bereits vollständig bestimmt: Jedes $L\mathbf{e}_k$ ist eine gewisse Linearkombination der m Basisvektoren $\mathbf{e}_i$ des $\mathbb{R}^m$; wir dürfen daher schreiben:

$$L\mathbf{e}_k = l_{1k}\mathbf{e}_1 + \ldots + l_{mk}\mathbf{e}_m = \sum_{i=1}^{m} l_{ik}\mathbf{e}_i \qquad (1 \le k \le n),$$

und mit (1) folgt für ein beliebiges $\mathbf{x} \in \mathbb{R}^n$:

$$L\mathbf{x} = L\left(\sum_{k=1}^{n} x_k\mathbf{e}_k\right) = \sum_{k=1}^{n} x_k\, L\mathbf{e}_k = \sum_{i,k} x_k\, l_{ik}\,\mathbf{e}_i = \sum_{i=1}^{m}\left(\sum_{k=1}^{n} l_{ik}x_k\right)\mathbf{e}_i .$$

Hieraus ergeben sich die Koordinaten y_i des Bildpunkts $\mathbf{y} := L\mathbf{x}$ zu

$$y_i = \sum_{k=1}^{n} l_{ik}\, x_k = l_{i1}x_1 + \ldots + l_{in}x_n \qquad (1 \le i \le m). \tag{2}$$

Die l_{ik} bilden eine $(m \times n)$-Matrix

$$\begin{bmatrix} l_{11} & l_{12} & \cdots & l_{1n} \\ l_{21} & l_{22} & & \\ \vdots & & \ddots & \vdots \\ l_{m1} & & \cdots & l_{mn} \end{bmatrix} =: [l_{ik}] =: [L];$$

diese Matrix ist die *Matrix der Abbildung* L bezüglich der Standardbasen im $\mathbb{R}^n$ und $\mathbb{R}^m$. Als Merkregel diene: “In den Kolonnen von $[L]$ stehen die Bilder der Basisvektoren.” Schreibt man die m Gleichungen (2) senkrecht untereinander, so ergibt sich folgende weitere Regel: “Gilt $\mathbf{y} = L\mathbf{x}$ im Sinne der Vektoren, so gilt $[\mathbf{y}] = [L][\mathbf{x}]$ im Sinne der Matrizenmultiplikation.” Aus diesem Grund werden die eckigen Klammern zur Bezeichnung der jeweiligen Matrizen oft weggelassen.

Aus (2) folgt mit Hilfe der Schwarzschen Ungleichung 2.8.(2):

$$y_i^2 = (l_{i\cdot} \bullet \mathbf{x})^2 \le \sum_{k=1}^{n} l_{ik}^2 \cdot \sum_{k=1}^{n} x_k^2 \qquad (1 \le i \le m)$$

und weiter durch Summation über i:

$$\sum_{i=1}^{m} y_i^2 \le \sum_{i,k} l_{ik}^2 \cdot \sum_{k=1}^{n} x_k^2 .$$

Setzen wir zur Abkürzung

$$\left(\sum_{i,k} l_{ik}^2\right)^{1/2} =: C,$$

so besagt die letzte Ungleichung:

$$|L\mathbf{x}| \le C|\mathbf{x}| \qquad \forall \mathbf{x} \in \mathbb{R}^n . \tag{3}$$

Wegen (1) gilt damit auch

$$|L\mathbf{x} - L\mathbf{x}'| \le C\,|\mathbf{x} - \mathbf{x}'|,$$

das heißt: L ist lipstetig und damit gleichmäßig stetig auf $\mathbb{R}^n$. Die "optimale" Lipschitzkonstante

$$\|L\| := \sup\left\{\frac{|L\mathbf{x}|}{|\mathbf{x}|} \;\middle|\; \mathbf{x} \ne \mathbf{0}\right\} = \sup\{|L\mathbf{x}| \mid |\mathbf{x}| = 1\}$$

wird als *Norm* von L bezeichnet; wegen (3) ist $\|L\|$ eine endliche nichtnegative Zahl. Damit ergibt sich die folgende "definitive" Fassung der Abschätzung (3):

$$\textbf{(12.1)} \qquad \forall \mathbf{x} \in \mathbb{R}^n: \quad |L\mathbf{x}| \le \|L\|\,|\mathbf{x}|; \qquad \|L\| \le \left(\sum_{i,k} l_{ik}^2\right)^{1/2} .$$

Ist $M : \mathbb{R}^m \to \mathbb{R}^p$ eine weitere lineare Abbildung, so ist die Zusammensetzung

$$ML: \quad \mathbb{R}^n \to \mathbb{R}^p, \qquad \mathbf{x} \mapsto M(L\mathbf{x})$$

wohldefiniert. Durch zweimalige Anwendung von **(12.1)** ergibt sich:

$$|ML.\mathbf{x}| = |M(L\mathbf{x})| \le \|M\|\,|L\mathbf{x}| \le \|M\|\,\|L\|\,|\mathbf{x}|,$$

folglich ist

$$\frac{|ML.\mathbf{x}|}{|\mathbf{x}|} \le \|M\|\,\|L\| \qquad \forall \mathbf{x} \ne \mathbf{0} .$$

Damit erhalten wir die folgende Abschätzung für die Normen:

$$\textbf{(12.2)} \qquad \|ML\| \le \|M\|\,\|L\| .$$

Eine lineare Funktion

$$\phi: \quad \mathbb{R}^n \to \mathbb{R}, \qquad \mathbf{x} \mapsto \phi(\mathbf{x}) \tag{4}$$

mit Werten im Grundkörper $\mathbb{R}$ heißt ein *(lineares) Funktional*. Es gilt der folgende Satz:

(12.3) *Zu jedem linearen Funktional (4) gibt es einen wohlbestimmten Vektor* $\mathbf{a}_\phi \in \mathbb{R}^n$, *der* ϕ *in dem folgenden Sinn repräsentiert:*

(a)
$$\phi(\mathbf{x}) = \mathbf{a}_\phi \bullet \mathbf{x} \qquad \forall \mathbf{x} \in \mathbb{R}^n .$$

(b) *Der Vektor* $\mathbf{a}_\phi$ *"zeigt in die Richtung der größten Zuwachsrate" von* ϕ, *und sein Betrag ist gleich dieser "größten Zuwachsrate", das heißt: gleich* $\|\phi\|$.

⌈ Es kann nur einen derartigen Vektor geben: Aus

$$\phi(\mathbf{x}) = \mathbf{a} \bullet \mathbf{x} , \qquad \phi(\mathbf{x}) = \mathbf{b} \bullet \mathbf{x} \qquad \forall \mathbf{x} \in \mathbb{R}^n$$

folgt $(\mathbf{a} - \mathbf{b}) \bullet \mathbf{x} \equiv 0$, insbesondere also

$$|\mathbf{a} - \mathbf{b}|^2 = (\mathbf{a} - \mathbf{b}) \bullet (\mathbf{a} - \mathbf{b}) = 0$$

und damit $\mathbf{a} = \mathbf{b}$. — Um nun diesen Vektor zu produzieren, betrachten wir die durch $\phi(\mathbf{e}_k) =: \phi_k$ definierte $(1 \times n)$-Matrix

$$[\phi] = \begin{bmatrix} \phi_1 & \phi_2 & \cdots & \phi_n \end{bmatrix}$$

der linearen Abbildung ϕ und setzen $\mathbf{a}_\phi := (\phi_1, \ldots, \phi_n)$. Dann gilt für alle $\mathbf{x}$:

$$\phi(\mathbf{x}) = [\phi]\,[\mathbf{x}] = \sum_{k=1}^{n} \phi_k x_k = \mathbf{a}_\phi \bullet \mathbf{x} ,$$

wie behauptet.

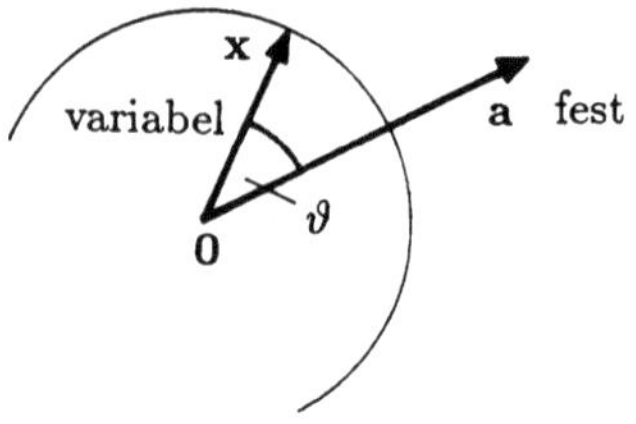

Fig. 12.1.1

Für (b) dürfen wir $\phi \neq 0$ und somit $\mathbf{a}_\phi =: \mathbf{a} \neq \mathbf{0}$ annehmen. Betrachte einen variablen Vektor $\mathbf{x} \neq \mathbf{0}$ (Fig. 12.1.1). Die *Zuwachsrate* von ϕ in Richtung $\mathbf{x}$ ist der Quotient $\phi(\mathbf{x})/|\mathbf{x}|$; er berechnet sich zu

$$\frac{\phi(\mathbf{x})}{|\mathbf{x}|} = \frac{\mathbf{a} \bullet \mathbf{x}}{|\mathbf{x}|} = \frac{\mathbf{a} \bullet \mathbf{x}}{|\mathbf{a}|\,|\mathbf{x}|}\,|\mathbf{a}| \qquad \left(= \cos\vartheta \cdot |\mathbf{a}| \right) .$$

Nach der Schwarzschen Ungleichung liegt hier die rechte Seite zwischen $-|\mathbf{a}|$ und $|\mathbf{a}|$ und hat genau dann den Wert $|\mathbf{a}|$, wenn $\mathbf{x} = \lambda\,\mathbf{a}$ ist für ein $\lambda > 0$. Nach

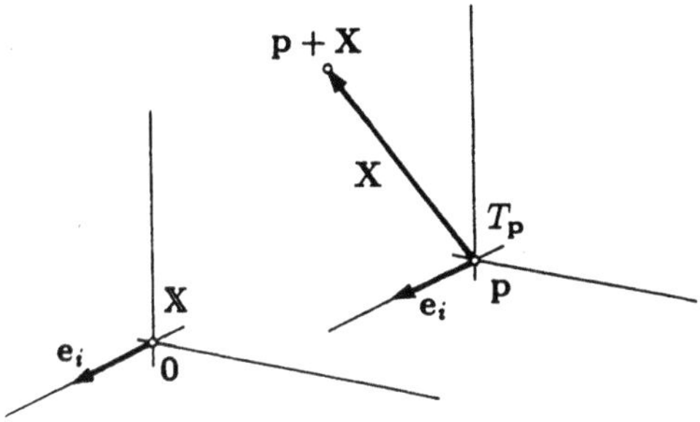

Fig. 12.1.2

Definition von $\|\phi\|$ ist folglich $\|\phi\| = |\mathbf{a}|$, und für alle Vektoren $\mathbf{x}$, die nicht in die Richtung von $\mathbf{a}$ zeigen, ist die Zuwachsrate von ϕ echt kleiner als $|\mathbf{a}|$. ⌟

Wegleitend für die mehrdimensionale Differentialrechnung ist das *Prinzip der linearen Approximation der Zuwächse*:

$$\Delta f := f(t_0 + \Delta t) - f(t_0) \doteq A \cdot \Delta t\,, \qquad A =: f'(t_0)$$

(vgl. die Einleitung zu Kapitel 7). Diese Zuwächse sind nunmehr Vektoren, die sinngemäß in den Punkten $\mathbf{p} \in \operatorname{dom}(\mathbf{f})$ und $\mathbf{q} := \mathbf{f}(\mathbf{p})$ "angeheftet" werden. Wir betrachten nämlich die "von $\mathbf{p}$ aus gemessenen Zuwächse" $\mathbf{X}$ als Vektoren eines mit dem Punkt $\mathbf{p}$ assoziierten neuen Raums, des *Tangentialraums* $T_\mathbf{p}$ (Fig. 12.1.2), und nennen sie *Tangentialvektoren*. Anschaulich gesprochen ist $T_\mathbf{p}$ eine gegenüber dem Grundraum $\mathbb{R}^n =: \mathbb{X}$ um den Vektor $\mathbf{p}$ verschobene Kopie von $\mathbb{X}$; somit entspricht der Vektor $\mathbf{X}$ des Tangentialraums $T_\mathbf{p}$ auf natürliche Weise dem Punkt $\mathbf{p} + \mathbf{X}$ des Grundraums. Man kann das formalisieren und spricht dann von der *Exponentialabbildung*

$$\exp: \quad T_\mathbf{p} \to \mathbb{X}\,, \qquad \mathbf{X} \mapsto \mathbf{p} + \mathbf{X}\,.$$

Interessant wird die Exponentialabbildung erst bei Tangentialebenen an krumme Flächen; wir bleiben daher bei der anschaulich beschriebenen Einbettung von $T_\mathbf{p}$ in $\mathbb{X}$.

$T_\mathbf{p}$ "erbt" die Standardbasis $(\mathbf{e}_1, \ldots, \mathbf{e}_n)$ des Grundraums $\mathbb{X}$; in der Folge hat jeder Tangentialvektor $\mathbf{X}$ Standardkoordinaten $(X_1, \ldots, X_n)$, und die Beziehung $\mathbf{X} \leftrightsquigarrow \mathbf{p} + \mathbf{X}$ läßt sich auch koordinatenweise interpretieren. Die linearen Funktionale

$$dx_k: \quad T_\mathbf{p} \to \mathbb{R}\,, \qquad \mathbf{X} \mapsto X_k\,,$$

die die Koordinaten der Tangentialvektoren ausrechnen, werden *Koordinatendifferentiale* genannt (s.u.).

12.2. Der Ableitungsbegriff

Im folgenden setzen wir der Einfachheit halber voraus, daß alle angesetzten Funktionen $\mathbf{f} : \mathbb{R}^n \to \mathbb{R}^m$ einen offenen Definitionsbereich haben (bzw. Einschränkungen von Funktionen mit einem offenen Definitionsbereich sind). Von jedem Punkt $\mathbf{p} \in \operatorname{dom}(\mathbf{f})$ aus kann man dann in jeder Richtung noch ein Stück weit gehen, ohne $\operatorname{dom}(\mathbf{f})$ zu verlassen (Fig. 12.2.1).

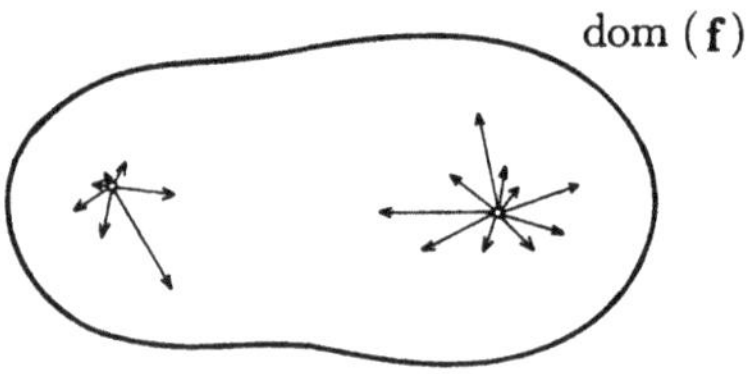

Fig. 12.2.1

Betrachte also ein derartiges $\mathbf{f}$ und einen *festen* Punkt $\mathbf{p} \in \operatorname{dom}(\mathbf{f})$. Gibt es eine "Ableitung" von $\mathbf{f}$ an der Stelle $\mathbf{p}$? Die als Grenzwert von Differenzenquotienten begriffene "Zuwachsrate" hängt von der Fortschreitungsrichtung ab, aber wie?

① Die Funktion $f(x,y) := x$ der reellen Variablen x und y hat an jeder Stelle in positiver x-Richtung die Zuwachsrate 1, in negativer x-Richtung die Zuwachsrate -1 und in y-Richtung die Zuwachsrate 0. — Die Funktion $\phi(\mathbf{x}) := |\mathbf{x}|$ hat an der Stelle $\mathbf{p} := \mathbf{0}$ in *jeder* Richtung die Zuwachsrate 1. (Der Ursprung ist ein sehr spezieller Punkt für diese Funktion; von jeder anderen Stelle $\mathbf{p}$ aus sind die Zuwachsraten richtungsabhängig.) ○

Man könnte es einmal mit partiellen Ableitungen nach allen n Variablen versuchen. Partielle Ableitungen sagen aber nur etwas aus über die Zuwachsraten in n (bzw. $2n$) speziellen Richtungen. Mit den zu einer Funktion $f : \mathbb{R}^n \curvearrowright \mathbb{R}$ gehörenden *partiellen Funktionen*

$$x_k \mapsto f(p_1, \ldots, p_{k-1}, x_k, p_{k+1}, \ldots, p_n) \qquad (\mathbf{p}, k \text{ fest})$$

von je *einer* Variablen x_k ist es überhaupt so eine Sache, wie das folgende Beispiel zeigt:

② Die Funktion

$$f(x,y) := \begin{cases} \dfrac{2xy}{x^2+y^2} & (x^2+y^2 \neq 0) \\ 0 & (x = y = 0) \end{cases}$$

ist auf ganz $\mathbb{R}^2$ definiert. Betrachte ein festes x_0. Die zugehörige partielle Funktion $\psi(y) := f(x_0, y)$ der einen Variablen y ist gegeben durch

$$\psi(y) = \frac{2x_0 y}{x_0^2 + y^2},$$

falls $x_0 \neq 0$, und durch $\psi(y) \equiv 0$, falls $x_0 = 0$. In jedem Fall ist ψ stetig und sogar differenzierbar. Dasselbe gilt für die partiellen Funktionen $f(\cdot, y_0)$ für festes y_0. Hieraus folgt: Die Funktion f besitzt in jedem Punkt $(x_0, y_0) \in \mathbb{R}^2$ partielle Ableitungen $f_x(x_0, y_0)$, $f_y(x_0, y_0)$. Dabei ist f nicht einmal stetig: Es gilt

$$f(r\cos\phi, r\sin\phi) = \sin(2\phi) \qquad (r > 0),$$

somit nimmt f in beliebiger Nähe von $(0,0)$ noch alle Werte im Intervall $[-1, 1]$ an.

Dieses Phänomen hat folgenden Hintergrund: Damit eine Funktion f als "Funktion von zwei Variablen" an der Stelle $(0,0)$ stetig ist, muß f auf sehr kleinen Kreisscheiben um $(0,0)$ Werte annehmen, die sich kaum von $f(0,0)$ unterscheiden. Stetigkeit der partiellen Funktionen garantiert nur, daß sich $f(x,y)$ auf sehr kleinen Kreuzlein wenig von $f(0,0)$ unterscheidet. ○

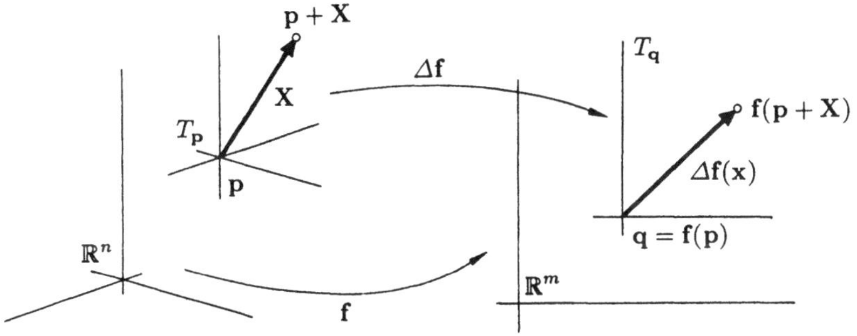

Fig. 12.2.2

Nun wollen wir endlich im Ernst beginnen. In den folgenden Überlegungen sind $\mathbf{f}$ und $\mathbf{p} \in \text{dom}(\mathbf{f})$ *fest*, und $\mathbf{q} := \mathbf{f}(\mathbf{p})$ ist der Bildpunkt von $\mathbf{p}$. Wir betrachten jetzt einen an der Stelle $\mathbf{p}$ angehefteten Zuwachsvektor $\mathbf{X} \in T_\mathbf{p}$ als *neue unabhängige Variable*. Es liegt nahe, den zugehörigen Zuwachs des Funktionswerts, also die Größe

$$\Delta\mathbf{f}(\mathbf{X}) := \mathbf{f}(\mathbf{p} + \mathbf{X}) - \mathbf{f}(\mathbf{p}),$$

als Vektor in $T_\mathbf{q}$ aufzufassen (Fig. 12.2.2). Damit erhalten wir eine Funktion

$$\Delta\mathbf{f}: T_\mathbf{p} \to T_\mathbf{q},$$

die die Zuwächse ineinander überführt. Wenn man Glück hat, ist $\Delta\mathbf{f}$ "in erster Näherung" linear, das heißt: Es gibt eine lineare Abbildung $L : T_\mathbf{p} \to T_\mathbf{q}$ mit

$$\Delta\mathbf{f}(\mathbf{X}) := \mathbf{f}(\mathbf{p}+\mathbf{X}) - \mathbf{f}(\mathbf{p}) = L\mathbf{X} + o\big(|\mathbf{X}|\big) \qquad (\mathbf{X} \to \mathbf{0})\,. \tag{1}$$

Aufgrund der Definition des Landauschen o-Symbols ist das äquivalent mit dem folgenden:

$$\lim_{\mathbf{X}\to\mathbf{0}} \frac{\mathbf{f}(\mathbf{p}+\mathbf{X}) - \mathbf{f}(\mathbf{p}) - L\mathbf{X}}{|\mathbf{X}|} = \mathbf{0}\,.$$

Liegt dieser Sachverhalt vor, so heißt $\mathbf{f}$ *an der Stelle* $\mathbf{p}$ *differenzierbar*. Da jede lineare Abbildung stetig ist, ergibt sich unmittelbar aus (1):

(12.4) *Ist* $\mathbf{f}$ *an der Stelle* $\mathbf{p}$ *differenzierbar, so ist* $\mathbf{f}$ *dort stetig.*

Ist $n = 1$ und ist $\mathbf{f} : t \mapsto \mathbf{f}(t)$ an der Stelle $p \in \mathbb{R}$ im "alten" Sinn differenzierbar, so gilt (vgl. **(7.1)**):

$$\Delta\mathbf{f}(h) := \mathbf{f}(p+h) - \mathbf{f}(p) = \mathbf{f}'(p)\,h + o(|h|) \qquad (h \to 0)\,. \tag{2}$$

Hier kommt auf der rechten Seite die lineare Abbildung

$$L: \quad T_p \to T_\mathbf{q}\,, \qquad h \mapsto \mathbf{f}'(p)\,h$$

zum Ausdruck, in Übereinstimmung mit dem obigen allgemeinen Ansatz.

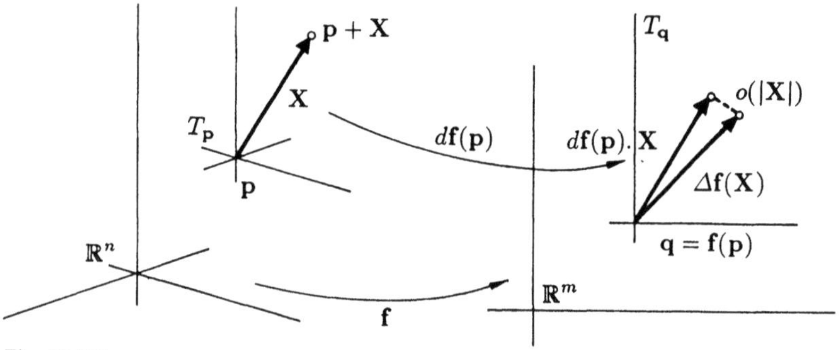

Fig. 12.2.3

Wie wir gleich sehen werden, ist L durch $\mathbf{f}$ und $\mathbf{p}$ eindeutig bestimmt. L heißt *Tangentialabbildung*, *Ableitung* oder *Differential* von $\mathbf{f}$ an der Stelle $\mathbf{p}$. Man verwendet dafür Bezeichnungen wie die folgenden:

$$d\mathbf{f}(\mathbf{p})\,, \quad \mathbf{f}_*(\mathbf{p})\,, \quad \mathbf{f}'(\mathbf{p})\,.$$

Wir wiederholen (siehe auch die Fig. 12.2.3): Die Tangentialabbildung $d\mathbf{f}(\mathbf{p})$ ist eine lineare Abbildung von $T_\mathbf{p}$ nach $T_\mathbf{q}$ und ist charakterisiert durch die Relation

$$\Delta\mathbf{f}(\mathbf{X}) := \mathbf{f}(\mathbf{p}+\mathbf{X}) - \mathbf{f}(\mathbf{p}) = d\mathbf{f}(\mathbf{p}).\mathbf{X} + o(|\mathbf{X}|) \qquad (\mathbf{X} \to \mathbf{0})\,. \tag{3}$$

Die Abbildung $d\mathbf{f}(\mathbf{p})$ als Gesamtobjekt läßt sich nicht wie die "alte" Ableitung als simpler Grenzwert realisieren, wohl aber für festes $\mathbf{X} \in T_\mathbf{p}$ der Bildvektor $d\mathbf{f}(\mathbf{p}).\mathbf{X}$. Man hat nämlich

(12.5) *Ist* $\mathbf{f}$ *an der Stelle* $\mathbf{p}$ *differenzierbar, so gilt für jedes feste* $\mathbf{X} \in T_\mathbf{p}$*:*

$$d\mathbf{f}(\mathbf{p}).\mathbf{X} = \lim_{t\to 0} \frac{\mathbf{f}(\mathbf{p}+t\mathbf{X}) - \mathbf{f}(\mathbf{p})}{t} ;$$

insbesondere existiert der angeschriebene Grenzwert.

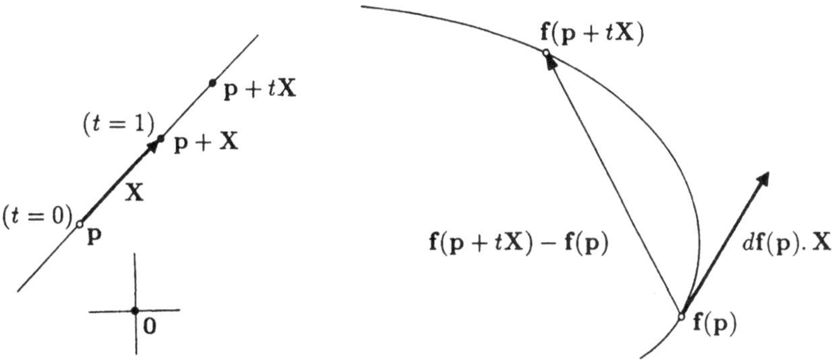

Fig. 12.2.4

⌜ Wir dürfen $\mathbf{X} \neq \mathbf{0}$ voraussetzen. Wir schreiben zur Abkürzung $d\mathbf{f}(\mathbf{p}) =: L$ und verweisen im übrigen auf die Fig. 12.2.4. Für beliebige $t \neq 0$ gilt

$$\frac{\mathbf{f}(\mathbf{p}+t\mathbf{X}) - \mathbf{f}(\mathbf{p})}{t} - L\mathbf{X} = \frac{\mathbf{f}(\mathbf{p}+t\mathbf{X}) - \mathbf{f}(\mathbf{p}) - L(t\mathbf{X})}{|t\mathbf{X}|} \cdot \frac{|\mathbf{X}|}{\operatorname{sgn} t} . \qquad (4)$$

Mit $t \to 0$ konvergiert auch $\mathbf{Y} := t\mathbf{X}$ gegen $\mathbf{0}$. Nach Voraussetzung strebt somit in (4) der erste Faktor rechter Hand mit $t \to 0$ gegen $\mathbf{0}$, und der zweite ist beschränkt. Der erste Term linker Hand hat daher für $t \to 0$ einen Grenzwert, und $L\mathbf{X}$ ist gleich diesem Grenzwert. ⌟

Als Korollar ergibt sich natürlich:

(12.6) *Die Tangentialabbildung* $d\mathbf{f}(\mathbf{p})$ *ist durch* $\mathbf{f}$ *und* $\mathbf{p}$ *eindeutig bestimmt.*

Wir gehen nun daran, die Matrix von $d\mathbf{f}(\mathbf{p}) =: L$ zu ermitteln. Diese Matrix $[L] = [l_{ik}]$ ergibt sich aus der Wirkung von L auf die Basisvektoren, und zwar ist l_{ik} die i-te Koordinate des Vektors $L\mathbf{e}_k$. Aufgrund von Satz **(12.5)** gilt

$$L\mathbf{e}_k = d\mathbf{f}(\mathbf{p}).\mathbf{e}_k = \lim_{t\to 0} \frac{\mathbf{f}(\mathbf{p}+t\mathbf{e}_k) - \mathbf{f}(\mathbf{p})}{t} .$$

Schreibt man $\mathbf{p}$ und $\mathbf{p} + t\mathbf{e}_k$ in Koordinaten, so geht dies über in

$$L\mathbf{e}_k = \lim_{t \to 0} \frac{\mathbf{f}(p_1, \ldots, p_k + t, \ldots, p_n) - \mathbf{f}(p_1, \ldots, p_k, \ldots, p_n)}{t} . \tag{5}$$

Hier wird rechter Hand die vektorwertige Funktion $\mathbf{f}$ an der Stelle $\mathbf{p}$ im "alten" Sinne nach der Variablen x_k abgeleitet, während die übrigen Variablen festgehalten werden. Bezeichnen wir diese *partielle Ableitung von* $\mathbf{f}$ *nach der k-ten Variablen (an der Stelle* $\mathbf{p}$*)* mit $\mathbf{f}_{.k}(\mathbf{p})$, so geht (5) über in die Merkregel

$$d\mathbf{f}(\mathbf{p}).\mathbf{e}_k \doteq \mathbf{f}_{.k}(\mathbf{p}) \qquad (1 \le k \le n) .$$

Für l_{ik} benötigen wir die i-te Koordinate von $\mathbf{f}_{.k}(\mathbf{p})$; es ergibt sich

$$l_{ik} = \lim_{t \to 0} \frac{f_i(p_1, \ldots, p_k + t, \ldots, p_n) - f_i(p_1, \ldots, p_k, \ldots, p_n)}{t}$$

$$(1 \le i \le m, \ 1 \le k \le n) .$$

Der angeschriebene Grenzwert ist die *partielle Ableitung von f_i nach x_k (an der Stelle* $\mathbf{p}$*)* und wird mit

$$f_{i.k}(\mathbf{p}) , \qquad \left.\frac{\partial f_i}{\partial x_k}\right|_{\mathbf{p}} , \qquad D_k f_i$$

oder ähnlich bezeichnet. Verwendet man "alphabetische" statt numerierte Koordinatenvariablen bzw. -funktionen,

Beispiel: $\quad \mathbf{f} : (u,v) \mapsto \big(x(u,v), y(u,v), z(u,v)\big)$,

so bezeichnet man die partiellen Ableitungen einfach mit x_u, x_v, …, z_v. Für die Berechnung der partiellen Ableitungen einer als Ausdruck gegebenen Funktion gelten die üblichen Ableitungsregeln; die jeweils nicht betroffenen Variablen sind dabei als Konstante zu betrachten.

Alles in allem haben wir den folgenden Satz bewiesen:

(12.7) *Ist die Funktion* $\mathbf{f} : \mathbb{R}^n \curvearrowright \mathbb{R}^m$ *an der Stelle* $\mathbf{p}$ *differenzierbar, so existieren die sämtlichen partiellen Ableitungen*

$$f_{i.k}(\mathbf{p}) \qquad (1 \le i \le m, \ 1 \le k \le n) ,$$

und die Matrix von $d\mathbf{f}(\mathbf{p})$ *bezüglich der Standardbasen ist gegeben durch*

$$[d\mathbf{f}(\mathbf{p})] = \begin{bmatrix} \frac{\partial f_1}{\partial x_1} & \frac{\partial f_1}{\partial x_2} & \cdots & \frac{\partial f_1}{\partial x_n} \\ \frac{\partial f_2}{\partial x_1} & & & \vdots \\ \vdots & & & \\ \frac{\partial f_m}{\partial x_1} & \cdots & & \frac{\partial f_m}{\partial x_n} \end{bmatrix}_{\mathbf{p}}$$

Die Matrix $[d\mathbf{f}(\mathbf{p})]$ heißt *Funktionalmatrix* oder auch *Jacobische Matrix* von $\mathbf{f}$ an der Stelle $\mathbf{p}$. In der i-ten Zeile von $[d\mathbf{f}(\mathbf{p})]$ stehen die partiellen Ableitungen der i-ten Koordinatenfunktion f_i nach den n verschiedenen Variablen x_k; die k-te Kolonne von $[d\mathbf{f}(\mathbf{p})]$ ist der Vektor $\mathbf{f}_{.k}$. Für die Funktionalmatrix sind auch folgende Schreibweisen gebräuchlich:

$$\left[\frac{\partial f_i}{\partial x_k}\right]_{\mathbf{p}}, \qquad \left[\frac{\partial(f_1,\ldots,f_m)}{\partial(x_1,\ldots,x_n)}\right]_{\mathbf{p}}$$

③ Durch

$$\left.\begin{aligned} u(x,y) &:= x^3 - 3xy^2 \\ v(x,y) &:= 3x^2y - y^3 \end{aligned}\right\}$$

wird eine Abbildung

$$\mathbf{f}: \quad \mathbb{R}^2 \to \mathbb{R}^2, \qquad (x,y) \mapsto (u,v)$$

erklärt. Werden die Funktionsterme $u(x,y)$ und $v(x,y)$ partiell nach x und nach y differenziert, so erhält man auch $u_x, \ldots, v_y$ als Funktionen von x und y. Es ergibt sich die folgende Funktionalmatrix:

$$\left[\frac{\partial(u,v)}{\partial(x,y)}\right] = \begin{bmatrix} 3x^2 - 3y^2 & -6xy \\ 6xy & 3x^2 - 3y^2 \end{bmatrix}.$$

Betrachtet man jetzt zum Beispiel den Punkt $(2,1)$ der (x,y)-Ebene, so findet man $\mathbf{f}(2,1) = (2,11)$ und

$$\left[\frac{\partial(u,v)}{\partial(x,y)}\right]_{(2,1)} = \begin{bmatrix} 9 & -12 \\ 12 & 9 \end{bmatrix}.$$

○

Eine konkrete Funktion $\mathbf{f} : \mathbb{R}^n \curvearrowright \mathbb{R}^m$ ist im allgemeinen wie in diesem Beispiel koordinatenweise gegeben, und es ist verhältnismäßig leicht, sich der partiellen Ableitungen von $\mathbf{f}$ zu vergewissern. Die fundamentalen Sätze der mehrdimensionalen Differentialrechnung handeln aber von der Ableitung $d\mathbf{f}(\mathbf{p})$ im eigentlichen Sinn (3). Wir benötigen daher eine Umkehrung von Satz **(12.7)**, das heißt: ein Kriterium, das unter gewissen Voraussetzungen über die partiellen Ableitungen $\partial f_i/\partial x_k$ die Existenz von $d\mathbf{f}(\mathbf{p})$ sicherstellt. Beispiel ② zeigt, daß die bloße Existenz der partiellen Ableitungen dazu nicht hinreicht. Der folgende Satz dürfte für alle praktischen Zwecke genügen:

(12.8) *Besitzt* $\mathbf{f} : \mathbb{R}^n \curvearrowright \mathbb{R}^m$ *im Punkt* $\mathbf{p}$ *stetige partielle Ableitungen* $f_{i.k}$, *so ist* $\mathbf{f}$ *an der Stelle* $\mathbf{p}$ *differenzierbar, und es gilt* $[d\mathbf{f}(\mathbf{p})] = [f_{i.k}(\mathbf{p})]$.

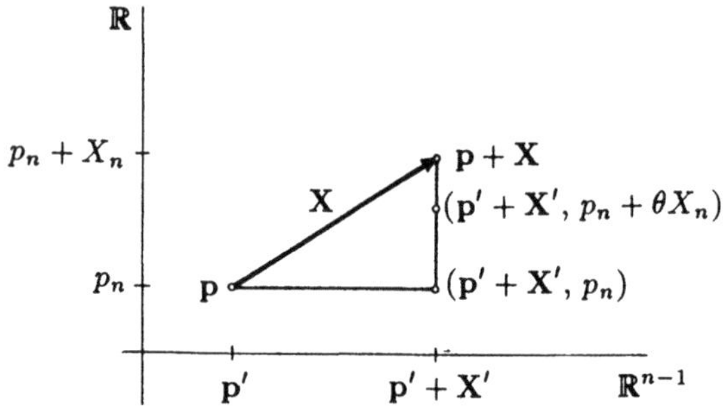

Fig. 12.2.5

⌈ Es sei $L : T_{\mathbf{p}} \to T_{\mathbf{q}}$ die zu der Matrix

$$[f_{i.k}(\mathbf{p})] \; =: \; [l_{ik}]$$

gehörige Abbildung. Wir müssen zeigen, daß (1) gilt. Dies ist gleichbedeutend mit den m skalaren Relationen

$$f_i(\mathbf{p} + \mathbf{X}) - f_i(\mathbf{p}) = \sum_{k=1}^{n} l_{ik} X_k \; + \; o(|\mathbf{X}|) \qquad (1 \leq i \leq m) \, .$$

Wir unterdrücken im weiteren den Index i; die Behauptung lautet dann:

$$f(\mathbf{p} + \mathbf{X}) - f(\mathbf{p}) - \sum_{k=1}^{n} l_k X_k = o(|\mathbf{X}|) \qquad (\mathbf{X} \to \mathbf{0}) \, . \tag{6}$$

Für $n = 1$ ist dies gerade (2). Es sei daher $n \geq 2$, und die Behauptung sei richtig für $n - 1$. Schreiben wir zur Abkürzung

$$\mathbf{p} =: (\mathbf{p}', p_n) \, , \qquad \mathbf{p}' \in \mathbb{R}^{n-1} \, ,$$

analog für $\mathbf{X}$ (siehe die Fig. 12.2.5), so können wir die linke Seite von (6) durch Dazwischenschalten des Punktes $(\mathbf{p}' + \mathbf{X}', p_n)$ folgendermaßen auseinandernehmen:

$$\begin{aligned} f(\mathbf{p} + \mathbf{X}) - f(\mathbf{p}) - \sum_{k=1}^{n} l_k X_k \; &= \\ \Big(f(\mathbf{p}' + \mathbf{X}', p_n + X_n) - f(\mathbf{p}' + \mathbf{X}', p_n) - l_n X_n\Big) &+ \\ \Big(f(\mathbf{p}' + \mathbf{X}', p_n) - f(\mathbf{p}', p_n) - \sum_{k=1}^{n-1} l_k X_k\Big) & \\ =: I + II \, . & \end{aligned}$$

Teil I läßt sich mit Hilfe des Mittelwertsatzes der Differentialrechnung, angewandt auf die n-te Variable, in der Form

$$\Big(f_{.n}(\mathbf{p}' + \mathbf{X}', p_n + \theta X_n) - l_n\Big) X_n = \Big(f_{.n}(\mathbf{p}' + \mathbf{X}', p_n + \theta X_n) - f_{.n}(\mathbf{p}', p_n)\Big) X_n$$

darstellen; dabei ist $0 < \theta < 1$. Nach Voraussetzung über $f_{.n}$ strebt die letzte große Klammer mit $\mathbf{X} = (\mathbf{X}', X_n) \to \mathbf{0}$ gegen 0. Wegen $|X_n| \le |\mathbf{X}|$ hat daher I die behauptete Größenordnung $o(|\mathbf{X}|)$.

Nach Induktionsvoraussetzung ist Teil II für $\mathbf{X}' \to \mathbf{0}'$ von der Größenordnung $o(|\mathbf{X}'|)$. Wegen $|\mathbf{X}'| \le |\mathbf{X}|$ strebt daher II nach Division mit $|\mathbf{X}|$ erst recht gegen 0. ⌟

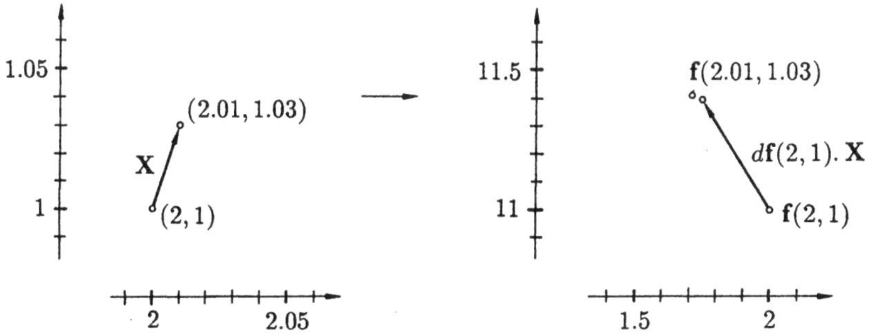

Fig. 12.2.6

③ (Forts.) Die Funktion $\mathbf{f}$ besitzt durchwegs stetige partielle Ableitungen, ist also überall differenzierbar. Um zum Beispiel eine Approximation für den Zuwachs $\mathbf{f}(2.01, 1.03) - \mathbf{f}(2,1)$ zu erhalten (Fig. 12.2.6), müssen wir $d\mathbf{f}(2,1)$ auf den Tangentialvektor $\mathbf{X} := (0.01, 0.03)$ anwenden. Nach den Regeln der linearen Algebra führt dies auf die Matrizenmultiplikation

$$\begin{bmatrix} 9 & -12 \\ 12 & 9 \end{bmatrix} \begin{bmatrix} 0.01 \\ 0.03 \end{bmatrix} = \begin{bmatrix} -0.27 \\ 0.39 \end{bmatrix}$$

Damit ergibt sich $\mathbf{f}(2.01, 1.03) - \mathbf{f}(2,1) \doteq (-0.27, 0.39)$ und folglich

$$\mathbf{f}(2.01, 1.03) \doteq (1.73,\ 11.39)\ .$$

Über die Qualität dieser Approximation erhalten wir allerdings keinen Aufschluß — hierzu müßte man auch noch die höheren Ableitungen betrachten (siehe Satz **(12.22)**). Der genaue Wert ist (1.723374, 11.391182). ○

Die Fälle $n = 1$ und $m = 1$

Ist eine vektorwertige Funktion

$$\mathbf{f}: \quad t \mapsto \mathbf{f}(t) = \big(f_1(t), \ldots, f_n(t)\big)$$

von *einer* Variablen an der Stelle p im "alten" Sinn differenzierbar, so gilt (2), wobei sich der Ableitungsvektor $\mathbf{f}'(p)$ als Grenzwert realisieren läßt:

$$\mathbf{f}'(p) = \lim_{h \to 0} \frac{\mathbf{f}(p+h) - \mathbf{f}(p)}{h} .$$

Wir müssen noch den formalen Zusammenhang zwischen $\mathbf{f}'(p)$ und der Tangentialabbildung $d\mathbf{f}(p)$ klären. Der Tangentialraum T_p ist eindimensional; seine Standardbasis besteht daher aus dem einzigen Vektor $\mathbf{e} = 1$. Aufgrund von Satz **(12.5)** gilt

$$\begin{aligned} d\mathbf{f}(p).\mathbf{e} &= \lim_{h \to 0} \frac{\mathbf{f}(p+h\mathbf{e}) - \mathbf{f}(p)}{h} = \lim_{t \to 0} \frac{\mathbf{f}(p+h) - f(p)}{h} \\ &= \mathbf{f}'(p) , \end{aligned}$$

womit der gesuchte Zusammenhang hergestellt ist. Man kann es auch so sehen: Die Koordinaten $\big(f_1'(p), \ldots, f_m'(p)\big)$ von $\mathbf{f}'(p)$ sind die partiellen Ableitungen der f_i nach der einzigen Variablen t an der Stelle p; sie bilden daher nach **(12.6)** die einzige Kolonne der $(m \times 1)$-Matrix $\big[d\mathbf{f}(p)\big]$. Nach den Regeln der linearen Algebra steht in dieser Kolonne das Bild des einzigen Basisvektors $\mathbf{e}$ von T_p.

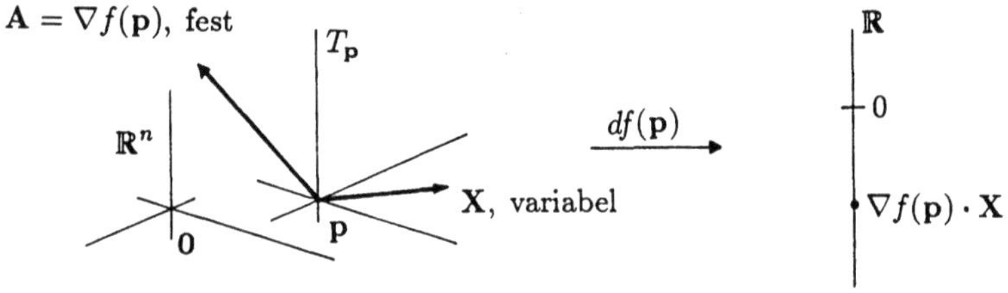

Fig. 12.2.7

Im Fall $m = 1$, das heißt: bei Funktionen $f : \mathbb{R}^n \to \mathbb{R}$ ist nicht der Definitions-, sondern der Wertebereich eindimensional. Mit Hilfe des Skalarprodukts gelingt es auch hier, die Ableitung $df(\mathbf{p}) : T_\mathbf{p} \to T_q$ durch einen *Vektor* zu repräsentieren. Der Zielraum T_q ist eine Kopie von $\mathbb{R}$, somit ist $df(\mathbf{p})$ ein lineares Funktional. Aufgrund von Satz **(12.3)** gibt es daher einen wohlbestimmten Vektor $\mathbf{A} = (A_1, \ldots, A_n) \in T_\mathbf{p}$ mit

$$df(\mathbf{p}).\mathbf{X} = \mathbf{A} \bullet \mathbf{X} \qquad \forall \mathbf{X} \in T_\mathbf{p}$$

(siehe die Fig. 12.2.7). Dem Beweis von **(12.3)** entnimmt man

$$A_k = df(\mathbf{p}).\mathbf{e}_k = f_{.k}(\mathbf{p}) \qquad (1 \le k \le n)\,;$$

in anderen Worten: **A** ist der einzige Zeilenvektor der $(1 \times n)$-Matrix

$$[df(\mathbf{p})] = \begin{bmatrix} f_{.1} & f_{.2} & \cdots & f_{.n} \end{bmatrix}_{\mathbf{p}}$$

(und wird mit Vorteil als Zeilenvektor belassen). Dieser Vektor

$$\bigl(f_{.1}(\mathbf{p}), f_{.2}(\mathbf{p}), \ldots, f_{.n}(\mathbf{p})\bigr) \;=:\; \nabla f(\mathbf{p})$$

heißt der *Gradient* von f an der Stelle $\mathbf{p}$. Es gilt also

$$df(\mathbf{p}).\mathbf{X} = \nabla f(\mathbf{p}) \bullet \mathbf{X} \qquad \forall \mathbf{X} \in T_{\mathbf{p}}$$

und in der Folge

$$f(\mathbf{p} + \mathbf{X}) - f(\mathbf{p}) = \nabla f(\mathbf{p}) \bullet \mathbf{X} + o(|\mathbf{X}|) \qquad (\mathbf{X} \to \mathbf{0})\,.$$

Die Beschreibung **(12.3)**(b) des Vektors $\mathbf{a}_\phi$ liefert die folgende “geometrische” Charakterisierung des Gradientenvektors: Der Gradient zeigt in die Richtung der größten an der Stelle $\mathbf{p}$ feststellbaren Zuwachsrate von f, und sein Betrag ist gleich dieser größten Zuwachsrate.

② Die Argumentfunktion

$$\arg : \dot{\mathbb{R}}^2 \to \mathbb{R}/2\pi$$

ist zwar keine zahlenwertige Funktion; trotzdem besitzt sie einen wohlbestimmten Gradienten, den wir nun berechnen wollen. Betrachte für einen beliebigen Punkt $(x_0, y_0) \in \dot{\mathbb{R}}^2$ die Halbebene $U := \bigl\{(x,y) \bigm| x_0 x + y_0 y > 0\bigr\}$ (siehe die Fig. 6.6.4). Nach **(6.34)** lassen sich die unendlich vielen stetigen Repräsentanten von $\arg\restriction U$ wie folgt explizit angeben:

$$\phi(x,y) = \phi_k + \arctan\frac{x_0 y - y_0 x}{x_0 x + y_0 y} \qquad \bigl(\phi_k \in \arg(x_0, y_0)\bigr)\,.$$

Je zwei dieser Repräsentanten unterscheiden sich um eine in U konstante Funktion, somit besitzen alle denselben Gradienten, den man dann mit Fug als $\nabla\arg$ bezeichnen kann. Die Rechnung liefert

$$\begin{aligned}\phi_x &= \frac{1}{1 + \left(\dfrac{x_0 y - y_0 x}{x_0 x + y_0 y}\right)^2}\;\frac{-y_0(x_0 x + y_0 y) - x_0(x_0 y - y_0 x)}{(x_0 x + y_0 y)^2} \\ &= \frac{-(x_0^2 + y_0^2)y}{(x_0^2 + y_0^2)(x^2 + y^2)} = \frac{-y}{x^2 + y^2}\end{aligned}$$

und in ähnlicher Weise

$$\phi_y = \frac{x}{x^2+y^2} .$$

Das Ergebnis hängt (wie erwartet!) nicht von (x_0, y_0) ab; wir haben daher definitiv:

$$\nabla \arg(x,y) = \left(\frac{-y}{x^2+y^2}, \frac{x}{x^2+y^2} \right) \qquad \forall (x,y) \in \dot{\mathbb{R}}^2 .$$

○

Bezeichnen die einzelnen Koordinatenvariablen $x_1, \ldots, x_n$ verschiedenartige physikalische Größen, wie Druck, Volumen, Temperatur usw., so ist die zusammenfassende vektorielle Notation $\mathbf{x}$ vielleicht weniger am Platz. Wir bringen daher noch eine (gerade in der Thermodynamik sehr verbreitete) Darstellung von $df(\mathbf{p})$, die die den Wertzuwachs Δf zu den einzelnen Koordinatenzuwächsen Δx_k in Beziehung setzt.

Für die Koordinatenfunktionen

$$x_k(\cdot): \quad \mathbb{R}^n \to \mathbb{R}, \qquad \mathbf{x} \mapsto x_k$$

gilt

$$\Delta x_k := x_k(\mathbf{p}+\mathbf{X}) - x_k(\mathbf{p}) = X_k ,$$

und hier ist die rechte Seite exakt linear in $\mathbf{X}$. Hieraus folgt

$$dx_k(\mathbf{p}).\mathbf{X} = X_k ,$$

und zwar trifft das für jedes feste $\mathbf{p}$ zu, weshalb wir bei dx_k im weiteren die Angabe von $\mathbf{p}$ unterdrücken. Die dx_k $(1 \leq k \leq n)$ heißen *Koordinatendifferentiale*; zusammen bilden sie die zur Standardbasis $(\mathbf{e}_1, \ldots, \mathbf{e}_n)$ duale Basis im Sinn der linearen Algebra — dies nebenbei. Jedenfalls gilt für beliebiges $\mathbf{X} = (X_1, \ldots, X_n)$ die Formel

$$df(\mathbf{p}).\mathbf{X} = \sum_{k=1}^{n} f_{.k}(\mathbf{p}) X_k = \sum_{k=1}^{n} f_{.k}(\mathbf{p})\, dx_k.\mathbf{X} ,$$

somit stehen die hier auftretenden Funktionale in der folgenden Relation:

$$df(\mathbf{p}) = \sum_{k=1}^{n} f_{.k}(\mathbf{p}) dx_k = f_{.1}\, dx_1 + \ldots + f_{.n}\, dx_n .$$

Dies ist keine obskure Beziehung zwischen "unendlichkleinen Größen", sondern der Ausdruck von $df(\mathbf{p})$ als Linearkombination der Basisdifferentiale dx_k.

Komplex-analytische Funktionen

Funktionen bzw. Abbildungen der Form

$$\mathbf{f}: \quad \mathbb{R}^2 \curvearrowright \mathbb{R}^2, \qquad (x,y) \mapsto \begin{cases} u := u(x,y) \\ v := v(x,y) \end{cases} \tag{7}$$

lassen sich via $x + iy =: z$, $u + iv =: w$ als komplexwertige Funktionen

$$f: \quad \mathbb{C} \curvearrowright \mathbb{C}, \qquad z \mapsto w := f(z) \tag{8}$$

der komplexen Variablen z auffassen, und umgekehrt. Nun ist $\mathbb{C}$ ein Körper. Dies legt nahe, mit Funktionen (8) Differenzenquotienten

$$\frac{f(z) - f(z_0)}{z - z_0} \qquad \text{bzw.} \qquad \frac{f(z_0 + h) - f(z_0)}{h}$$

mit *komplexen* Nennern $z - z_0$ bzw. h zu bilden und anschließend zu versuchen, für derartige Funktionen eine "komplex-eindimensionale" Differentialrechnung zu entwickeln. Dabei müßten eigentlich dieselben Rechenregeln gelten, wie sie in Kapitel 7 für Funktionen $f : \mathbb{R} \curvearrowright \mathbb{R}$ hergeleitet wurden. Für gewisse Funktionen, wie Polynome, allgemeiner: Potenzreihen, oder rationale Funktionen einer komplexen Variablen z wird das auch funktionieren: Ist zum Beispiel $p(z) := z^n$, so findet man ohne weiteres

$$p'(z_0) := \lim_{z \to z_0} \frac{z^n - z_0^n}{z - z_0} = \lim_{z \to z_0} \left(z^{n-1} + z^{n-2} z_0 + \ldots + z_0^{n-1}\right) = n\, z_0^{n-1} ;$$

und für die Funktion $f(z) := \exp z$ ergibt sich

$$f'(z_0) = \lim_{h \to 0} \frac{e^{z_0 + h} - e^{z_0}}{h} = e^{z_0} \lim_{h \to 0} \frac{e^h - 1}{h} = e^{z_0} ,$$

wie erwartet. Betrachten wir hingegen die an sich einfache und "schöne" Funktion

$$f: \quad \mathbb{C} \to \mathbb{C}, \qquad z \mapsto f(z) := \bar{z} ,$$

so erhalten wir zum Zuwachs $h = |h| e^{i\phi}$ den Differenzenquotienten

$$\frac{f(z_0 + h) - f(z_0)}{h} = \frac{\overline{z_0 + h} - \overline{z_0}}{h} = \frac{\bar{h}}{h} = e^{-2i\phi} .$$

Da nun $e^{-2i\phi}$ für noch so kleines $|h|$ beliebige Werte auf dem Einheitskreis annehmen kann, besitzt der betrachtete Differenzenquotient für $h \to 0$ keinen Grenzwert.

Damit kommen wir zu der folgenden Definition: Eine Funktion (8) heißt an der Stelle z_0 *komplex differenzierbar*, wenn der Grenzwert

$$\lim_{z \to z_0} \frac{f(z) - f(z_0)}{z - z_0} = \lim_{h \to 0} \frac{f(z_0 + h) - f(z_0)}{h} =: f'(z_0)$$

existiert, wobei hier die Zuwachsvariable h über komplexe Werte, das heißt: "aus allen Richtungen kommend", nach 0 geht. Ist $f : \mathbb{C} \curvearrowright \mathbb{C}$ an jeder Stelle $z_0 \in \mathrm{dom}(f)$ komplex differenzierbar, so heißt f eine *(komplex-)analytische* oder auch *holomorphe* Funktion. Die komplexe Differenzierbarkeit ist eine sehr starke Forderung an die "Feinstruktur" einer Funktion. Unter anderem impliziert sie die Erhaltung des Drehsinns, womit die Konjugation von vorneherein disqualifiziert ist. Vor allem aber ist eine analytische Funktion f *eo ipso* beliebig oft differenzierbar und läßt sich an jeder Stelle $z_0 \in \operatorname{dom}(f)$ in eine gegen f konvergente Taylor-Reihe entwickeln. Das heißt: Für alle hinreichend nahe bei z_0 gelegenen Punkte z gilt

$$f(z) = \sum_{k=0}^{\infty} \frac{f^{(k)}(z_0)}{k!} (z - z_0)^k .$$

Die wunderbaren Eigenschaften der analytischen Funktionen werden ausführlich behandelt in der sogenannten "Komplexen Analysis", aber nicht in diesem Buch.

Fürs komplexe Differenzieren gelten ebenfalls die in Abschnitt 7.1 zusammengestellten Rechenregeln. Zu deren Herleitung wurden nämlich nur die Körpereigenschaften von $\mathbb{R}$ und die Steitgkeit der Rechenoperationen benutzt, und diese Dinge sind in $\mathbb{C}$ ebenfalls vorhanden. Insbesondere sind also Polynome in einer komplexen Variablen z sowie die Exponentialfunktion in der ganzen z-Ebene analytisch, rationale Funktionen in ihrem Definitionsbereich.

Die Funktion (8) sei an der Stelle $z_0 = x_0 + iy_0$ komplex differenzierbar. Welcher Zusammenhang besteht zwischen der komplexen Zahl $f'(z_0)$ und der Tangentialabbildung $d\mathbf{f}(x_0, y_0)$ der zugehörigen Funktion (7)?

(12.9) *Die Funktion (8) sei an der Stelle* $z_0 = x_0 + iy_0$ *komplex differenzierbar, und zwar sei*

$$f'(z_0) = A + iB , \qquad A, B \in \mathbb{R} .$$

Dann besitzt die zugehörige Funktion (7) an der Stelle (x_0, y_0) *eine Tangentialabbildung* $d\mathbf{f}$ *mit der Matrix*

$$[d\mathbf{f}(x_0, y_0)] = \begin{bmatrix} u_x & u_y \\ v_x & v_y \end{bmatrix}_{(x_0, y_0)} = \begin{bmatrix} A & -B \\ B & A \end{bmatrix} .$$

⌜ Es gilt (vgl. **(7.1)**(b))

$$\Delta f(h) := f(z_0 + h) - f(z_0) = f'(z_0) h + o(|h|) \qquad (h \to 0) .$$

Mit $f = u + iv$ und $h = X + iY$ bzw. $\mathbf{h} = (X, Y)$ erhalten wir hieraus

$$\Delta u + i\Delta v = (A + iB)(X + iY) + o(|h|) \qquad (h \to 0)$$

und somit durch Trennung von Real- und Imaginärteil:

$$\left.\begin{aligned} \Delta u &= AX - BY + o(|\mathbf{h}|) \\ \Delta v &= BX + AY + o(|\mathbf{h}|) \end{aligned}\right\} \qquad (\mathbf{h} \to \mathbf{0}) .$$

Schreiben wir die letzte Gleichung in Matrizenform, so ergibt sich

$$[\Delta \mathbf{f}] = \begin{bmatrix} A & -B \\ B & A \end{bmatrix} \cdot \begin{bmatrix} X \\ Y \end{bmatrix} + o(|\mathbf{h}|) \qquad (\mathbf{h} \to 0) .$$

Hiernach läßt sich $\Delta \mathbf{f}$ für $\mathbf{h} \to \mathbf{0}$ wie verlangt linear approximieren, und die Matrix von $d\mathbf{f}(x_0, y_0)$ hat den behaupteten Wert. ┘

Die Funktionalmatrix einer analytischen Funktion f hat also an jeder Stelle z_0 die spezielle Gestalt

$$\begin{bmatrix} A & -B \\ B & A \end{bmatrix}, \qquad A := \operatorname{Re} f'(z_0) , \quad B := \operatorname{Im} f'(z_0) .$$

Als Korollar ergeben sich die berühmten *Cauchy-Riemannschen Differentialgleichungen*:

(12.10) *Es sei $f : \mathbb{C} \curvearrowright \mathbb{C}$ eine analytische Funktion. Dann sind die Funktionen*

$$u(x,y) := \operatorname{Re} f(x+iy) , \qquad v(x,y) := \operatorname{Im} f(x+iy)$$

durch die folgenden partiellen Differentialgleichungen miteinander verknüpft:

$$u_x = v_y , \qquad u_y = -v_x .$$

Gemeint ist natürlich, daß identisch in x und y gilt:

$$u_x(x,y) = v_y(x,y) , \qquad u_y(x,y) = -v_x(x,y) .$$

12.3. Rechenregeln

Nachdem wir nun mit dem Ableitungsbegriff einigermaßen vertraut sind, wenden wir uns den Differentiationsregeln zu. Was folgt, bezieht sich auf beliebige Funktionen $\mathbf{f}, \mathbf{g} : \mathbb{R}^n \to \mathbb{R}^m$.

(12.11) (a) $\quad d(\mathbf{f}+\mathbf{g})(\mathbf{p}) = d\mathbf{f}(\mathbf{p}) + d\mathbf{g}(\mathbf{p}) , \qquad d(\lambda\, \mathbf{f})(\mathbf{p}) = \lambda\, d\mathbf{f}(\mathbf{p})$.

(b) *Ist* $\mathbf{f}$ *in einer Umgebung von* $\mathbf{p}$ *konstant, so ist* $d\mathbf{f}(\mathbf{p}) = 0$.

(c) *Ist* $\mathbf{f} : \mathbb{R}^n \to \mathbb{R}^m$ *eine lineare Abbildung, so ist* $d\mathbf{f}(\mathbf{p})$ *an jeder Stelle* $\mathbf{p}$ *gleich der nach* $T_\mathbf{p}$ *transportierten Abbildung* $\mathbf{f}$, *das heißt: Es gilt*

$$d\mathbf{f}(\mathbf{p}).\mathbf{X} = \mathbf{f}(\mathbf{X}) \qquad \forall \mathbf{X} \in T_\mathbf{p} .$$

┌ Nur die Behauptung (c) bedarf der Verifikation. Ist $\mathbf{f}$ linear, so gilt für jedes feste $\mathbf{p}$:

$$\Delta \mathbf{f}(\mathbf{X}) := \mathbf{f}(\mathbf{p}+\mathbf{X}) - \mathbf{f}(\mathbf{p}) = \mathbf{f}(\mathbf{X}) \qquad \forall \mathbf{X} ,$$

und die rechte Seite ist schon linear in $\mathbf{X}$. Da $d\mathbf{f}(\mathbf{p})$ durch 12.2.(3) eindeutig bestimmt ist, muß folglich $d\mathbf{f}(\mathbf{p}) = \mathbf{f}$ sein. ┘

Für alles Weitere fundamental ist das Verhalten der Ableitung bezüglich der Zusammensetzung von Funktionen (Abbildungen). Es gilt nämlich die folgende *verallgemeinerte Kettenregel:*

(12.12) *Ist* $\mathbf{f} : \mathbb{R}^n \curvearrowright \mathbb{R}^m$ *differenzierbar an der Stelle* $\mathbf{p}$ *und ist* $\mathbf{g} : \mathbb{R}^m \curvearrowright \mathbb{R}^l$ *differenzierbar an der Stelle* $f(\mathbf{p}) =: \mathbf{q}$, *so ist auch die Zusammensetzung* $\mathbf{g} \circ \mathbf{f}$ *an der Stelle* $\mathbf{p}$ *differenzierbar, und zwar gilt*

$$d(\mathbf{g} \circ \mathbf{f})(\mathbf{p}) = d\mathbf{g}(\mathbf{q}) \circ d\mathbf{f}(\mathbf{p}) .$$

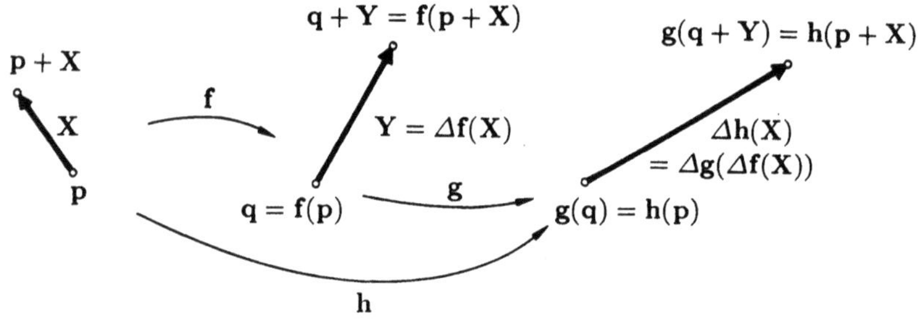

Fig. 12.3.1

⌜ Wir setzen zur Abkürzung

$$d\mathbf{f}(\mathbf{p}) =: L , \qquad d\mathbf{g}(\mathbf{q}) =: M ; \qquad \mathbf{g} \circ \mathbf{f} =: \mathbf{h}$$

und betrachten

$$\begin{aligned} &\Delta\mathbf{f}(\mathbf{X}) := \mathbf{f}(\mathbf{p}+\mathbf{X}) - \mathbf{f}(\mathbf{p}) , \qquad \Delta\mathbf{g}(\mathbf{Y}) := \mathbf{g}(\mathbf{q}+\mathbf{Y}) - \mathbf{g}(\mathbf{q}) , \\ &\Delta\mathbf{h}(\mathbf{X}) := \mathbf{h}(\mathbf{p}+\mathbf{X}) - \mathbf{h}(\mathbf{p}) \end{aligned}$$

(Fig. 12.3.1) als Funktionen von $\mathbf{X}$ bzw. $\mathbf{Y}$. Nach Voraussetzung gibt es zwei an der Stelle $\mathbf{0}$ stetige und dort verschwindende Funktionen $\mathbf{r}_1(\cdot)$, $\mathbf{r}_2(\cdot)$ mit

$$\Delta\mathbf{f}(\mathbf{X}) = L\mathbf{X} + |\mathbf{X}|\,\mathbf{r}_1(\mathbf{X}) , \qquad \Delta\mathbf{g}(\mathbf{Y}) = M\mathbf{Y} + |\mathbf{Y}|\,\mathbf{r}_2(\mathbf{Y}) . \tag{1}$$

Damit können wir $\Delta\mathbf{h}$ wie folgt schrittweise umformen:

$$\begin{aligned} \Delta\mathbf{h}(\mathbf{X}) &= \mathbf{g}\big(\mathbf{f}(\mathbf{p}+\mathbf{X})\big) - \mathbf{g}\big(\mathbf{f}(\mathbf{p})\big) \\ &= \mathbf{g}\Big(\mathbf{q} + \mathbf{f}(\mathbf{p}+\mathbf{X}) - \mathbf{f}(\mathbf{p})\Big) - \mathbf{g}(\mathbf{q}) \\ &= \Delta\mathbf{g}\Big(\Delta\mathbf{f}(\mathbf{X})\Big) \\ &= M.\Delta\mathbf{f} + |\Delta\mathbf{f}|\,\mathbf{r}_2(\Delta\mathbf{f}) \\ &= ML.\mathbf{X} + M\big(|\mathbf{X}|\,\mathbf{r}_1(\mathbf{X})\big) + |\Delta\mathbf{f}|\,\mathbf{r}_2(\Delta\mathbf{f}) . \end{aligned}$$

Nach (1) gilt

$$|\Delta\mathbf{f}(\mathbf{X})| \le \left(\|L\| + |\mathbf{r}_1(\mathbf{X})|\right)|\mathbf{X}|,$$

somit erhalten wir schließlich für $\Delta\mathbf{h}$ die nachstehende Abschätzung:

$$\left|\Delta\mathbf{h}(\mathbf{X}) - ML.\mathbf{X}\right| \le \left[\|M\|\,|\mathbf{r}_1(\mathbf{X})| + \left(\|L\| + |\mathbf{r}_1(\mathbf{X})|\right)|\mathbf{r}_2(\Delta\mathbf{f})|\right]|\mathbf{X}|.$$

Hier strebt die eckige Klammer mit $\mathbf{X} \to \mathbf{0}$ gegen 0. ┘

Um die Kettenregel auch noch in der Sprache der partiellen Ableitungen bzw. Matrizen formulieren zu können, schreiben wir $\mathbf{f}$, $\mathbf{g}$ und $\mathbf{h}$ in der Form

$$\begin{aligned} \mathbf{f}: \quad & (x_1,\ldots,x_n) \mapsto (y_1,\ldots,y_m), \\ \mathbf{g}: \quad & (y_1,\ldots,y_m) \mapsto (z_1,\ldots,z_l), \\ \mathbf{h} := \mathbf{g}\circ\mathbf{f}: \quad & (x_1,\ldots,x_n) \mapsto (z_1,\ldots,z_l). \end{aligned}$$

Als Zusammensetzung der linearen Abbildung $d\mathbf{g}(\mathbf{q})$ mit $d\mathbf{f}(\mathbf{p})$ besitzt $d\mathbf{h}(\mathbf{p})$ nach den Regeln der linearen Algebra die Matrix

$$[d\mathbf{h}(\mathbf{p})] = [d\mathbf{g}(\mathbf{q})]\cdot[d\mathbf{f}(\mathbf{p})] \qquad (\mathbf{q} := \mathbf{f}(\mathbf{p})).$$

Mit Satz **(12.7)** erhalten wir daher die folgende matrizielle Fassung der verallgemeinerten Kettenregel:

(12.12′) *Unter den Voraussetzungen von Satz* **(12.12)** *gilt (mit den obigen Bezeichnungen):*

$$\left[\frac{\partial(z_1,\ldots,z_l)}{\partial(x_1,\ldots,x_n)}\right]_{\mathbf{p}} = \left[\frac{\partial(z_1,\ldots,z_l)}{\partial(y_1,\ldots,y_m)}\right]_{\mathbf{q}} \cdot \left[\frac{\partial(y_1,\ldots,y_m)}{\partial(x_1,\ldots,x_n)}\right]_{\mathbf{p}},$$

bzw.

$$\frac{\partial z_j}{\partial x_k} = \sum_{i=1}^{m} \frac{\partial z_j}{\partial y_i}\cdot\frac{\partial y_i}{\partial x_k} \qquad (1 \le j \le l,\ 1 \le k \le n). \tag{2}$$

Die folgende Situation ist charakteristisch: Gegeben sind eine differenzierbare vektorwertige Funktion der *einen* Variablen t ("Zeit"):

$$\mathbf{x}(\cdot): \quad \mathbb{R} \curvearrowright \mathbb{R}^n, \qquad t \mapsto \mathbf{x}(t),$$

die man etwa als Bahn eines Satelliten interpretieren kann, und zweitens eine im $\mathbb{R}^n$ definierte Skalarfunktion:

$$f: \quad \mathbb{R}^n \curvearrowright \mathbb{R}, \qquad (x_1,\ldots,x_n) \mapsto f(x_1,\ldots,x_n).$$

Wenn $f(\mathbf{x})$ die Temperatur an der Stelle $\mathbf{x}$ angibt, so stellt die zusammengesetzte Funktion

$$F(t) := f\big(x_1(t),\ldots,x_n(t)\big)$$

den vom mitreisenden Beobachter gemessenen zeitlichen Temperaturverlauf dar. Formel (2) lautet in den jetzigen Bezeichnungen:

$$\frac{\partial F}{\partial t} = \frac{\partial f}{\partial x_1}\frac{\partial x_1}{\partial t} + \ldots + \frac{\partial f}{\partial x_n}\frac{\partial x_n}{\partial t}\ .$$

Im Fall einer einzigen Variablen stimmt natürlich die partielle Ableitung nach dieser Variablen mit der "alten" Ableitung überein, und wir erhalten die Regel

(12.13)
$$\frac{d}{dt}f\big(x_1(t),\ldots,x_n(t)\big) = \frac{\partial f}{\partial x_1}x_1'(t) + \ldots + \frac{\partial f}{\partial x_n}x_n'(t)\ ;$$

dabei sind die partiellen Ableitungen von f an der Stelle $\mathbf{p} := \mathbf{x}(t)$ zu nehmen. In koordinatenfreier Schreibweise lautet die Formel **(12.13)**:

(12.13′)
$$\frac{d}{dt}f\big(\mathbf{x}(t)\big) = \nabla f\big(\mathbf{x}(t)\big)\bullet\mathbf{x}'(t)\ .$$

⌜ Zur Übung geben wir auch noch einen koordinatenfreien Beweis:

$$F'(t) = dF(t).\mathbf{e} = \big(df(\mathbf{p})\circ d\mathbf{x}(t)\big).\mathbf{e} = df(\mathbf{p}).\mathbf{x}'(t) = \nabla f(\mathbf{p})\bullet\mathbf{x}'(t)\ .$$ ⌟

Anwendungen der Kettenregel

① Ein Produkt $F(t) := u(t)v(t)$ von zwei reellen Funktionen einer Variablen läßt sich auffassen als Zusammensetzung der vektorwertigen Funktion $t \mapsto \big(u(t), v(t)\big)$ mit $f(u,v) := u\,v$. Es ist

$$\frac{\partial f}{\partial u} = v\ , \qquad \frac{\partial f}{\partial v} = u\ ;$$

folglich ergibt sich mit **(12.13)**:

$$F'(t) = v(t)u'(t) + u(t)v'(t)\ ,$$

wie erwartet. ○

② Die für $t > 0$ definierte Funktion $F(t) := t^t$ läßt sich natürlich in der Form $F(t) = \exp(t\log t)$ schreiben und nach den Regeln von Abschnitt 7.1 differenzieren. Hier fassen wir aber F auf als $F(t) = f\big(u(t), v(t)\big)$ mit

$$f(u,v) := u^v\ , \qquad u(t) := t\ , \qquad v(t) := t\ .$$

Aus

$$\frac{\partial f}{\partial u} = v\,u^{v-1}\ , \qquad \frac{\partial f}{\partial v} = \log u\cdot u^v\ , \qquad u'(t) = v'(t) \equiv 1$$

folgt mit **(12.13)**:

$$\begin{aligned} F'(t) &= v\,u^{v-1}\cdot 1 + \log u\cdot u^v\cdot 1 = t\cdot t^{t-1} + \log t\cdot t^t \\ &= (1+\log t)\,t^t\ . \end{aligned}$$ ○

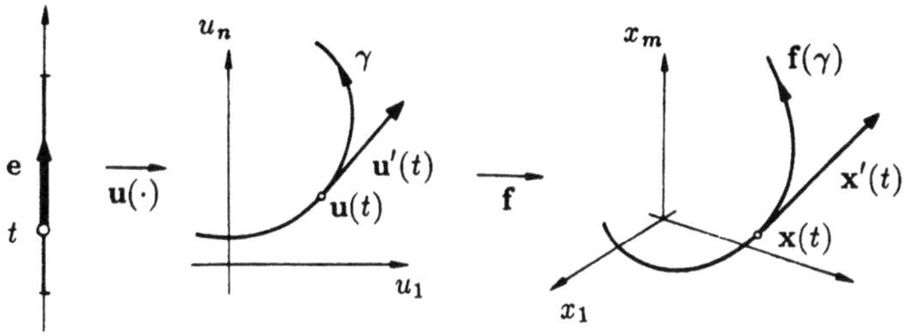

Fig. 12.3.2

Im Anschluß an **(7.2)** beweisen wir die folgende geometrische Anwendung der Kettenregel (Fig. 12.3.2):

(12.14) *Es sei*

$$\mathbf{f}: \quad \mathbb{R}^n \curvearrowright \mathbb{R}^m, \qquad \mathbf{u} \mapsto \mathbf{x} := \mathbf{f}(\mathbf{u})$$

eine differenzierbare Abbildung. Weiter stelle $\mathbf{u}(\cdot): t \mapsto \mathbf{u}(t)$ *eine Kurve* $\gamma \subset \operatorname{dom}(\mathbf{f})$ *dar und* $\mathbf{x}(\cdot): t \mapsto \mathbf{f}(\mathbf{u}(t))$ *die Bildkurve* $\mathbf{f}(\gamma) \subset \mathbb{R}^m$. *Dann gilt*

$$\mathbf{x}'(t) = d\mathbf{f}(\mathbf{u}(t)).\,\mathbf{u}'(t)\,;$$

in Worten: Die Tangente an die Bildkurve $\mathbf{f}(\gamma)$ *ist das* $d\mathbf{f}$*-Bild der Tangente an* γ.

⌜ Eine Zeile genügt:

$$\mathbf{x}' = d\mathbf{x}.\,\mathbf{e} = (d\mathbf{f} \circ d\mathbf{u}).\,\mathbf{e} = d\mathbf{f}.\,\mathbf{u}'\,. \qquad ⌟$$

Als weitere Anwendung der Kettenregel behandeln wir hier die (von uns so genannte) *Leibnizsche Regel "mit Extras"*. Gemeint ist eine Formel für die Ableitung eines Integrals nach einem Parameter, wenn auch noch die Integrationsgrenzen von dem Parameter abhängen (siehe die Fig. 12.3.3).

(12.15) *Es sei* $\Omega := I \times J$ *ein (eventuell unbeschränktes) offenes Rechteck in der* (t, λ)*-Ebene und*

$$f: \quad \Omega \to \mathbf{X}, \qquad (t, \lambda) \mapsto f(t, \lambda)$$

eine stetige und stetig nach λ *differenzierbare Funktion. Weiter seien* $a(\lambda)$ *und* $b(\lambda)$ *differenzierbare Funktionen von* J *nach* I. *Dann ist die Funktion*

$$F(\lambda) := \int_{a(\lambda)}^{b(\lambda)} f(t, \lambda)\, dt$$

differenzierbar nach λ, *und zwar gilt:*

$$F'(\lambda) = f(b(\lambda), \lambda)\, b'(\lambda) - f(a(\lambda), \lambda)\, a'(\lambda) + \int_{a(\lambda)}^{b(\lambda)} f_\lambda(t, \lambda)\, dt \qquad (\lambda \in J)\,.$$

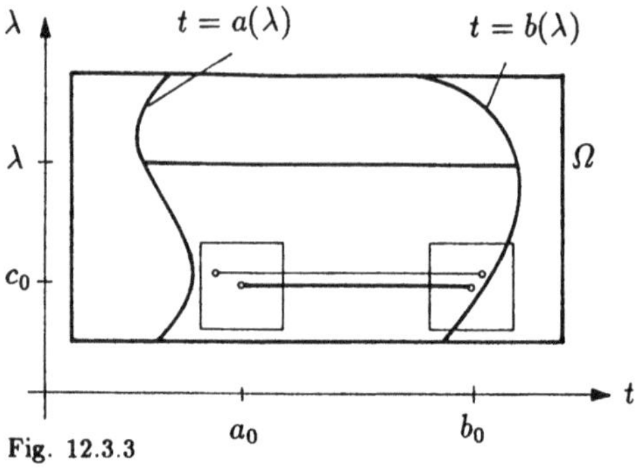

Fig. 12.3.3

⌈ Wir betrachten die Hilfsfunktion

$$\Phi(a,b,c) := \int_a^b f(t,c)\,dt$$

der drei Variablen a, b, c; ihr Definitionsbereich ist die Menge $\Omega^* := I \times I \times J$. Nach dem Hauptsatz der Infinitesimalrechnung gilt

$$\Phi_a(a,b,c) = -f(a,c)\,, \qquad \Phi_b(a,b,c) = f(b,c)\,, \tag{3}$$

die partiellen Ableitungen Φ_a und Φ_b sind daher nach Voraussetzung über f stetig auf Ω^*. Mit der "Grundform" **(11.14)** der Leibnizschen Regel, angewandt auf Rechtecke $[\,a,b\,] \times J \subset \Omega$, ergibt sich ferner

$$\Phi_c(a,b,c) = \int_a^b f_{.2}(t,c)\,dt\,. \tag{4}$$

Wenn auch Φ_c stetig ist, so genügt Φ in allen Punkten von Ω^* den Voraussetzungen von Satz **(12.8)** und ist somit auf Ω^* differenzierbar. Wir können dann auf

$$F(\lambda) = \Phi\bigl(a(\lambda), b(\lambda), \lambda\bigr)$$

die Kettenregel in der Form **(12.13)** anwenden und erhalten wegen (3) und (4) gerade

$$F'(\lambda) = -f\bigl(a(\lambda),\lambda\bigr)\cdot a'(\lambda) + f\bigl(b(\lambda),\lambda\bigr)\cdot b'(\lambda) + \int_{a(\lambda)}^{b(\lambda)} f_{.2}(t,\lambda)\,dt \cdot 1\,.$$

Wir müssen noch zeigen, daß Φ_c auf Ω^* stetig ist. Betrachte einen festen Punkt $(a_0, b_0, c_0) \in \Omega^*$. Nach Voraussetzung über $f_{.2} =: \phi$ gibt es einen Würfel W der Kantenlänge $2h > 0$ mit Mittelpunkt (a_0, b_0, c_0) und eine Konstante M mit

$$|\phi(t,c)| \le M\,, \quad |\phi(t',c)| \le M \qquad \forall (t,t',c) \in W\,.$$

Dann gilt für beliebige $(a, b, c) \in W$:

$$\begin{aligned}
&\Phi_c(a,b,c) - \Phi_c(a_0,b_0,c_0) \\
&\quad = \Big(\Phi_c(a,b,c) - \Phi_c(a_0,b,c)\Big) + \Big(\Phi_c(a_0,b,c) - \Phi_c(a_0,b_0,c)\Big) \\
&\qquad + \Big(\Phi_c(a_0,b_0,c) - \Phi_c(a_0,b_0,c_0)\Big) \\
&\quad = \int_a^{a_0} \phi(t,c)\,dt + \int_{b_0}^{b} \phi(t',c)\,dt' + \int_{a_0}^{b_0} \big(\phi(t,c) - \phi(t,c_0)\big)\,dt \;.
\end{aligned}$$

Hier haben die beiden ersten Integrale rechter Hand einen Betrag $\le M|a - a_0|$ bzw. $\le M|b - b_0|$, und das dritte konvergiert nach Satz **(11.13)** mit $c \to c_0$ gegen 0. Mit $(a, b, c) \to (a_0, b_0, c_0)$ konvergiert daher jedes einzelne dieser Integrale gegen 0, was zu beweisen war. ┘

12.4. Mittelwertsätze

Vom *Mittelwertsatz der Differentialrechnung* gibt es auch bei Funktionen von mehreren Variablen verschiedene Versionen. Wir verwenden dabei die folgende Notation: Für beliebige zwei Punkte $\mathbf{a}$, $\mathbf{b} \in \mathbb{R}^n$ bezeichnet $[\mathbf{a}, \mathbf{b}]$ die *Strecke mit den Endpunkten* $\mathbf{a}$ *und* $\mathbf{b}$; damit meinen wir hier die Punktmenge $\{\mathbf{x} \in \mathbb{R}^n \mid \mathbf{x} = \mathbf{a} + t(\mathbf{b} - \mathbf{a}),\ 0 \le t \le 1\}$. — Für zahlenwertige Funktionen hat man wieder eine Existenzaussage (Fig. 12.4.1):

(12.16) *Es sei* $f : \mathbb{R}^n \curvearrowright \mathbb{R}$ *eine differenzierbare reellwertige Funktion. Liegt die Strecke* $S := [\mathbf{a}, \mathbf{b}]$ *in* $\mathrm{dom}(f)$, *so gibt es einen Punkt* $\boldsymbol{\xi} \in S$ *mit*

$$f(\mathbf{b}) - f(\mathbf{a}) = \nabla f(\boldsymbol{\xi}) \bullet (\mathbf{b} - \mathbf{a}) \;.$$

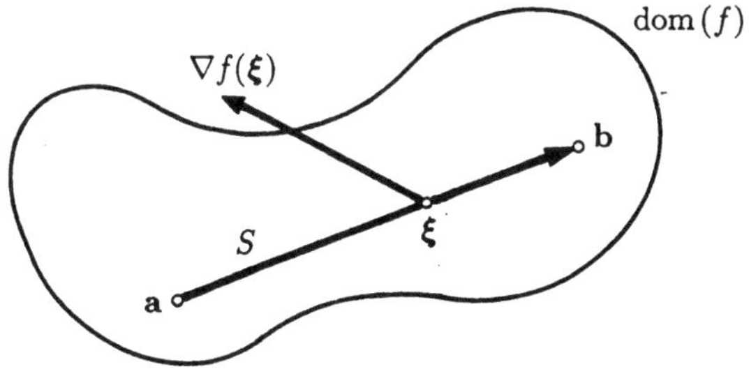

Fig. 12.4.1

⌜ Die S produzierende Funktion

$$\mathbf{x}(\cdot): \quad [0,1] \to \mathbb{R}^n, \qquad t \mapsto \mathbf{x}(t) := \mathbf{a} + t(\mathbf{b} - \mathbf{a})$$

ist differenzierbar, und zwar gilt $\mathbf{x}'(t) = \mathbf{b} - \mathbf{a}$ für alle t. Nach Voraussetzung über S ist dann auch die Funktion

$$F(t) := f(\mathbf{x}(t)) = f(\mathbf{a} + t(\mathbf{b} - \mathbf{a})) \qquad (0 \le t \le 1)$$

differenzierbar. F ist eine reellwertige Funktion der reellen Variablen t, somit können wir auf F den Mittelwertsatz der Differentialrechnung **(7.12)** anwenden: Es gibt ein $\tau \in]0,1[$ mit

$$F(1) - F(0) = F'(\tau) \cdot 1 = F'(\tau) .$$

Hier ist die linke Seite gleich $f(\mathbf{b}) - f(\mathbf{a})$, die rechte nach der Kettenregel **(12.13′)** gleich

$$\nabla f(\mathbf{x}(\tau)) \bullet \mathbf{x}'(\tau) = \nabla f(\boldsymbol{\xi}) \bullet (\mathbf{b} - \mathbf{a}) ,$$

wobei $\mathbf{x}(\tau) =: \boldsymbol{\xi}$ gesetzt wurde. ⌟

Bei vektorwertigen Funktionen gibt es in der analogen Situation nur noch eine Abschätzung für den Differenzbetrag; man betrachte hierzu nocheinmal das Beispiel 7.3.①.

(12.17) *Es sei* $\mathbf{f} : \mathbb{R}^n \curvearrowright \mathbb{R}^m$ *eine differenzierbare Funktion. Die Strecke* $S := [\mathbf{a}, \mathbf{b}]$ *liege in* $\mathrm{dom}(\mathbf{f})$, *und für alle* $\mathbf{x} \in S$ *gelte* $\|d\mathbf{f}(\mathbf{x})\| \le M$. *Dann ist*

$$|\mathbf{f}(\mathbf{b}) - \mathbf{f}(\mathbf{a})| \le M\,|\mathbf{b} - \mathbf{a}| .$$

⌜ Wie im vorangehenden Beweis betrachten wir die aus $\mathbf{f}$ und $\mathbf{x}(\cdot) : t \mapsto \mathbf{a} + t(\mathbf{b} - \mathbf{a})$ zusammengesetzte Funktion

$$\mathbf{F}(t) := \mathbf{f}(\mathbf{a} + t(\mathbf{b} - \mathbf{a})) \qquad (0 \le t \le 1) .$$

Nach der Kettenregel in der Form **(12.14)** gilt $\mathbf{F}'(t) = d\mathbf{f}.\mathbf{x}'(t)$, wobei $d\mathbf{f}$ im Punkt $\mathbf{x}(t) \in S$ zu nehmen ist. Nach **(12.1)** und nach Voraussetzung über $\mathbf{f}$ haben wir daher für alle $t \in [0,1]$ die Abschätzung

$$|\mathbf{F}'(t)| \le \|d\mathbf{f}(\mathbf{x}(t))\|\,|\mathbf{x}'(t)| \le M\,|\mathbf{b} - \mathbf{a}| .$$

Aufgrund von **(7.15)**, angewandt auf $\mathbf{F}$, gilt folglich

$$|\mathbf{f}(\mathbf{b}) - \mathbf{f}(\mathbf{a})| = |\mathbf{F}(1) - \mathbf{F}(0)| \le \sup_{0 \le t \le 1} |\mathbf{F}'(t)| \cdot 1 \le M\,|\mathbf{b} - \mathbf{a}| .$$ ⌟

③ Wir haben in Abschnitt 11.6 behauptet, die rechte Seite einer Differentialgleichung $\mathbf{y}' = \mathbf{f}(t, \mathbf{y})$ sei zulässig, sobald sie stetig ist und stetige partielle Ableitungen nach den Koordinatenvariablen y_k besitzt. Hier nun der Beweis:

⌜ Betrachte einen festen Punkt $(t_0, \mathbf{y}_0) \in \Omega := \mathrm{dom}(\mathbf{f})$. Nach Voraussetzung über $\mathbf{f}$ gibt es einen $(n+1)$-dimensionalen Würfel $Q = Q' \times Q'' \subset \Omega$ der Seitenlänge $2h > 0$ mit Mittelpunkt $(t_0, \mathbf{y}_0)$ und eine Zahl C mit

$$\left|\frac{\partial f_i}{\partial y_k}(t, \mathbf{y})\right| \leq C \qquad \forall (t, \mathbf{y}) \in Q, \quad \forall i, k \; . \tag{1}$$

Wir halten $t \in Q'$ für den Moment fest und argumentieren über die partielle Funktion $\mathbf{g}(\mathbf{y}) := \mathbf{f}(t, \mathbf{y})$. Mit **(12.1)** folgt aus (1) die Abschätzung

$$\|d\mathbf{g}(\mathbf{y})\| \leq nC \qquad \forall \mathbf{y} \in Q'' ,$$

somit ergibt sich mit **(12.17)**:

$$|\mathbf{f}(t, \mathbf{y}_1) - \mathbf{f}(t, \mathbf{y}_2)| = |\mathbf{g}(\mathbf{y}_1) - \mathbf{g}(\mathbf{y}_2)| \leq nC\,|\mathbf{y}_1 - \mathbf{y}_2| \qquad \forall \mathbf{y}_1 , \mathbf{y}_2 \in Q'' .$$

Da $L := nC$ von $t \in Q'$ nicht abhängt, ist hiermit bewiesen, daß $\mathbf{f}$ auf Q lipstetig ist bezüglich $\mathbf{y}$. ⌟

○

Ein Korollar des Mittelwertsatzes **(12.17)** ist die folgende mehrdimensionale Version des "Integralsatzes" **(7.16)**:

(12.18) *Ist $\nabla f(\mathbf{x}) \equiv \mathbf{0}$ auf der zusammenhängenden offenen Menge $\Omega \subset \mathbb{R}^n$, so ist f konstant auf Ω. Analog: Ist $d\mathbf{f}(\mathbf{x}) = 0$ (die Nullabbildung) für alle $\mathbf{x} \in \Omega$, so ist $\mathbf{f}$ konstant.*

Hier gilt es, eine Definition nachzuholen: Eine offene Menge $\Omega \subset \mathbb{R}^n$ heißt *zusammenhängend*, wenn sich je zwei Punkte $\mathbf{a}$, $\mathbf{b} \in \Omega$ durch einen in Ω gelegenen *Streckenzug* miteinander verbinden lassen. Damit ist folgendes gemeint (Fig. 12.4.2): Es gibt endlich viele Punkte $\mathbf{p}_0 := \mathbf{a}$, $\mathbf{p}_1, \ldots, \mathbf{p}_{N-1}$, $\mathbf{p}_N := \mathbf{b}$, so daß sämtliche N Strecken $[\mathbf{p}_{k-1}, \mathbf{p}_k]$ $(1 \leq k \leq N)$ in Ω liegen.

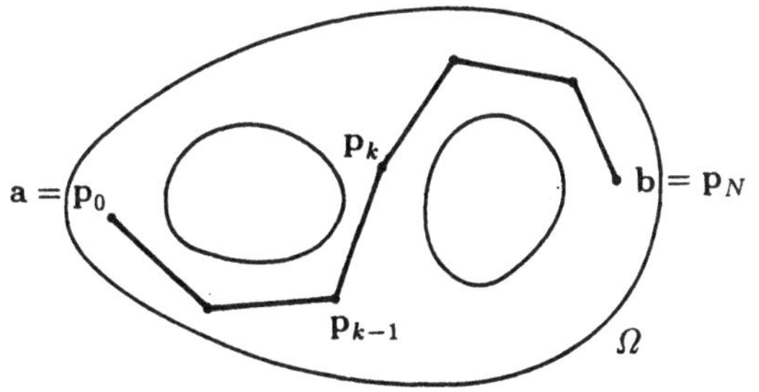

Fig. 12.4.2

⌜ Es seien **a** und **b** zwei beliebige Punkte von Ω. Die Funktion **f** genügt auf jeder Teilstrecke eines von **a** nach **b** laufenden Streckenzuges den Voraussetzungen von Satz **(12.17)** mit $M := 0$. Hieraus folgt

$$\mathbf{f}(\mathbf{p}_k) - \mathbf{f}(\mathbf{p}_{k-1}) = \mathbf{0} \qquad (1 \le k \le N),$$

und durch Addition dieser N Gleichungen ergibt sich $\mathbf{f}(\mathbf{b}) - \mathbf{f}(\mathbf{a}) = \mathbf{0}$, was zu beweisen war. ⌟

Die folgende Version des Mittelwertsatzes wird sich als besonders handlich erweisen:

(12.19) *Es sei* $\mathbf{f} : \mathbb{R}^n \curvearrowright \mathbb{R}^m$ *eine differenzierbare Funktion. Die Strecke* $S := [\,\mathbf{p}, \mathbf{p} + \mathbf{X}\,]$ *liege in* $\operatorname{dom}(\mathbf{f})$, *und für alle* $\mathbf{x} \in S$ *gelte* $\|d\mathbf{f}(\mathbf{x}) - L\| \le \varepsilon$. *Dann ist*

$$\mathbf{f}(\mathbf{p} + \mathbf{X}) - \mathbf{f}(\mathbf{p}) = L.\mathbf{X} + \varepsilon |\mathbf{X}| \Theta,$$

wobei Θ *einen gewissen Vektor vom Betrag* ≤ 1 *bezeichnet.*

⌜ Die Hilfsfunktion

$$\mathbf{g}(\mathbf{x}) := \mathbf{f}(\mathbf{x}) - L.\mathbf{x}$$

besitzt die Ableitung $d\mathbf{g}(\mathbf{x}) = d\mathbf{f}(\mathbf{x}) - L$; nach Voraussetzung über $d\mathbf{f}$ gilt daher $\|d\mathbf{g}(\mathbf{x})\| \le \varepsilon$ für alle $\mathbf{x} \in S$. Mit **(12.18)** ergibt sich somit

$$\big|\mathbf{f}(\mathbf{p} + \mathbf{X}) - \mathbf{f}(\mathbf{p}) - L.\mathbf{X}\big| = |\mathbf{g}(\mathbf{p} + \mathbf{X}) - \mathbf{g}(\mathbf{p})| \le \varepsilon |\mathbf{X}|,$$

was zu beweisen war. ⌟

Anhang: Die Theta-Vereinbarung

Anmerkung: Es wird empfohlen, die folgenden Ausführungen erst dann zu studieren, wenn die Theta-Vereinbarung zum ersten Mal tatsächlich angerufen wird.

Um auszudrücken, daß ein mehr oder weniger variables Objekt x (reelle Zahl, Vektor, Funktion, Differenzenquotient, Riemannsche Summe, ...) unter gegebenen Bedingungen in der Nähe eines bestimmten Objekts a liegt, haben wir bis jetzt immer Formeln der Art

$$|x - a| \le \rho \tag{2}$$

benützt. Es liegt im Wesen des $(\varepsilon \rightsquigarrow \delta)$-Mechanismus, daß sehr viele Sätze in diesem Buch durch intensive Manipulation derartiger Formeln bewiesen werden.

Da uns in den folgenden Kapiteln noch einiges von dem bevorsteht, präsentieren wir hier eine andere Art, den Sachverhalt (2) auszudrücken(vgl. die Formulierung von Satz **(12.19)**):

$$x = a + \rho\Theta, \qquad |\Theta| \leq 1; \tag{3}$$

dabei ist der genaue Wert von $\rho\Theta$ durch ebendiese Gleichung definiert. Diesbezüglich treffen wir hier die folgende *Theta-Vereinbarung*:

Ein Term der Form $\rho\,\Theta$, $\rho \geq 0$, heißt ein *Thetaterm*; dabei kann Θ noch mit einem Index oder einem anderen Attribut versehen sein. Ein Thetaterm wird immer durch eine Gleichung der Form (3) eingeführt und bezeichnet von da ab das Objekt $x - a$. (Diese Interpretation der betreffenden Gleichung kann durch die Verwendung des Zeichens '$=:$' unterstützt werden.) Dabei suggeriert der Buchstabe Θ ein Objekt (reelle Zahl, komplexe Zahl, Vektor, Funktion, ...) vom Betrag ≤ 1. Jedenfalls benutzen wir die Schreibweise

$$x = a + \rho\,\Theta$$

nur dann, wenn aus dem Zusammenhang hervorgeht, daß $|x - a| \leq \rho$ ist.

Für die Einführung von Thetatermen gelten die folgenden Rechenregeln:

(a) $$x =: |x|\,\Theta,$$

(b) $$\alpha_1\,\Theta_1 + \alpha_2\,\Theta_2 =: (\alpha_1 + \alpha_2)\,\Theta,$$

(c) $$|x + \varepsilon\,\Theta'| =: |x| + \varepsilon\,\Theta,$$

(d) $$\alpha_1\,\Theta_1 * \alpha_2\,\Theta_2 =: \alpha_1\alpha_2\,\Theta,$$

(e) $$x * \alpha\Theta' =: \alpha|x|\,\Theta.$$

In (d) und (e) bezeichnet der '$*$' irgendeines der in den Grundstrukturen vorhandenen Produkte. — Die Stetigkeitseigenschaften eines Thetaterms sind an der Gleichung abzulesen, in der er eingeführt wurde. In den meisten Fällen ist demnach auch der folgende Schluß zulässig:

(f) $$\int_a^b (\rho\,\Theta_1)\,dt = (b - a)\rho\,\Theta.$$

Wir werden uns erlauben, neu eingeführte Θ's gleich zu bezeichnen wie schon vorhandene, wenn die alten nicht mehr gebraucht werden oder auch so kein Mißverständnis zu befürchten ist. Die Regel (c) zum Beispiel vereinfacht sich damit zu

(c') $$|x + \varepsilon\Theta| =: |x| + \varepsilon\Theta.$$

Wir beweisen die Regel (c) und überlassen den Rest dem Leser.

⌜ Der Ausdruck $x + \varepsilon\,\Theta'$ bezeichnet ein Objekt x' mit

$$|x' - x| \le \varepsilon\ .$$

Dann gilt aber nach der Dreiecksungleichung erst recht

$$\big|\,|x'| - |x|\,\big| \le \varepsilon\,,$$

was nach Vereinbarung mit

$$(\,|x + \varepsilon\Theta'| = \,) \qquad |x'| = |x| + \varepsilon\,\Theta$$

ausgedrückt werden darf. ⌟

12.5. Höhere partielle Ableitungen

Dieser Abschnitt handelt von reellwertigen Funktionen $f : \mathbb{R}^n \curvearrowright \mathbb{R}$ von mehreren Variablen. Wir schreiben wieder $f_{.k}$ für die partielle Ableitung $\partial f/\partial x_k$ und weiter $f_{.kl}$ für $\partial(\partial f/\partial x_k)/\partial x_l$. In dieser Weise formal fortfahrend erhalten wir zunächst n^r formal verschiedene partielle Ableitungen r-ter Ordnung, zum Beispiel im Fall $n = 2$, $r = 3$ die 8 Ableitungen $f_{.111}$, $f_{.112}$, $f_{.121}$, $\ldots$, $f_{.222}$. "Bekanntlich" kommt es auf die Reihenfolge der Differentiationen in Wirklichkeit nicht an, insbesondere gilt $f_{.12} = f_{.21}$. Das ist aber intuitiv gar nicht evident, und das folgende Beispiel zeigt, daß die eben aufgestellte Behauptung ohne weitergehende Voraussetzungen über die fraglichen partiellen Ableitungen falsch ist.

① Die Funktion

$$f(x,y) := \begin{cases} \dfrac{x^3y - xy^3}{x^2 + y^2} & (x^2 + y^2 \neq 0) \\ 0 & (x = y = 0) \end{cases}$$

besitzt die partiellen Ableitungen

$$f_{.1}(x,y) = \frac{x^4y + 4x^2y^3 - y^5}{(x^2+y^2)^2}\,, \qquad f_{.2}(x,y) = \frac{x^5 - 4x^3y^2 - xy^4}{(x^2+y^2)^2}$$

in den Punkten $(x,y) \neq (0,0)$ und

$$f_{.1}(0,0) = \lim_{h\to 0} \frac{f(h,0) - f(0,0)}{h} = 0\,, \qquad f_{.2}(0,0) = \ldots = 0$$

im Ursprung. Hieraus ergibt sich weiter

$$f_{.12}(0,0) = \lim_{h\to 0} \frac{f_{.1}(0,h) - f_{.1}(0,0)}{h} = \lim_{h\to 0} \frac{-h^5/h^4}{h} = -1$$

und analog

$$f_{.21}(0,0) = \lim_{h\to 0} \frac{f_{.2}(h,0) - f_{.2}(0,0)}{h} = \lim_{h\to 0} \frac{h^5/h^4}{h} = 1\ .$$

○

Daß partielle Ableitungen nach verschiedenen Variablen unter geeigneten Voraussetzungen vertauschbar sind, läßt sich auf den folgenden Satz zurückführen:

(12.20) *Es sei $U \subset \mathbb{R}^2$ eine Umgebung des Ursprungs und $f : U \to \mathbb{R}$ eine Funktion, die auf U partielle Ableitungen $f_{.1}$, $f_{.2}$ und $f_{.12}$ besitzt, wobei $f_{.12}$ im Ursprung als stetig vorausgesetzt wird. Dann existiert auch $f_{.21}(0,0)$, und es gilt*

$$f_{.21}(0,0) = f_{.12}(0,0) .$$

⌈ Es sei $f_{.12}(0,0) =: \alpha$. Wir betrachten anstelle von f die Funktion

$$g(x,y) := f(x,y) - \alpha\, xy ;$$

dann ist $g_{.12}(0,0) = 0$, und wir haben

$$g_{.21}(0,0) := \lim_{x \to 0} \frac{g_{.2}(x,0) - g_{.2}(0,0)}{x} = 0 \tag{1}$$

zu beweisen.

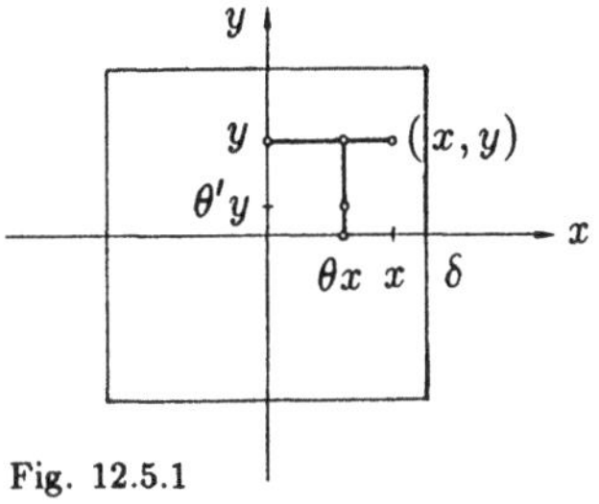

Fig. 12.5.1

Es sei ein $\varepsilon > 0$ vorgegeben. Nach Voraussetzung über $f_{.12}$ gibt es ein positives δ, so daß für alle (x,y) in dem Quadrat $|x| < \delta$, $|y| < \delta$ (siehe die Fig. 12.5.1) gilt:

$$|g_{.12}(x,y)| \le \varepsilon . \tag{2}$$

Wir führen die Hilfsfunktionen

$$\begin{aligned} &\phi(x,y) := g(x,y) - g(x,0) , \qquad \psi(x,y) := g(x,y) - g(0,y) , \\ &A(x,y) := g(x,y) - g(x,0) - g(0,y) + g(0,0) \end{aligned}$$

ein und erhalten durch zweimalige Anwendung des Mittelwertsatzes **(7.12)** die folgende Kette von Gleichungen:

$$\begin{aligned} A(x,y) &= \phi(x,y) - \phi(0,y) = x\, \phi_{.1}(\theta x, y) \\ &= x\Big(g_{.1}(\theta x, y) - g_{.1}(\theta x, 0)\Big) \\ &= x\, y\, g_{.12}(\theta x, \theta' y) , \end{aligned}$$

dabei liegen θ und θ' zwischen 0 und 1. Nach (2) hat man daher für alle x, y mit $0 < |x| < \delta$ und $0 < |y| < \delta$ die Abschätzung

$$\left|\frac{A(x,y)}{x\,y}\right| \le \varepsilon\,. \tag{3}$$

Nun gilt aber auch $A(x,y) = \psi(x,y) - \psi(x,0)$; folglich können wir (3) ersetzen durch

$$\left|\frac{1}{x}\,\frac{\psi(x,y)-\psi(x,0)}{y}\right| \le \varepsilon\,.$$

Führen wir hier für festes $x \neq 0$ den Grenzübergang $y \to 0$ durch, so ergibt sich

$$\left|\frac{\psi_{.2}(x,0)}{x}\right| \le \varepsilon \qquad (0 < |x| < \delta)\,.$$

Wegen $\psi_{.2}(x,0) = g_{.2}(x,0) - g_{.2}(0,0)$ folgt hieraus die Behauptung (1). ┘

Mit vollständiger Induktion (wir überlassen die Details dem Leser) folgt nun als Korollar:

(12.21) *Besitzt die Funktion $f : \mathbb{R}^n \curvearrowright \mathbb{R}$ stetige partielle Ableitungen bis zur r-ten Ordnung, so stimmen je zwei Ableitungen, bei denen gleich oft nach den gleichen Variablen differenziert wird, überein.*

Eine Funktion $f : \mathbb{R}^n \curvearrowright \mathbb{R}$, $\operatorname{dom}(f) =: \Omega$, mit stetigen partiellen Ableitungen bis zur r-ten Ordnung heißt *r-mal stetig differenzierbar*; wir schreiben dafür $f \in C^r$ bzw. $f \in C^r(\Omega)$.

Taylor-Entwicklung

Für die Taylor-Entwicklung von Funktionen mehrerer Variablen stützen wir uns auf Satz **(7.34)** über Funktionen von einer Variablen. Für eine $(N+1)$-mal differenzierbare Funktion $\phi : [0,1] \to \mathbb{R}$ besagt er: Es gibt ein $\tau \in\,]0,1[$ mit

$$\phi(1) = \sum_{r=0}^{N} \frac{\phi^{(r)}(0)}{r!} + \frac{\phi^{(N+1)}(\tau)}{(N+1)!}\,. \tag{4}$$

Es seien jetzt $f \in C^{N+1}(\Omega)$, $\mathbf{p}$ ein fester Punkt von Ω und $\mathbf{X}$ ein Zuwachsvektor derart, daß die Strecke $[\mathbf{p}, \mathbf{p}+\mathbf{X}]$ noch ganz in der (offenen) Menge Ω liegt. Dann ist die Hilfsfunktion

$$\phi(t) := f(\mathbf{p} + t\mathbf{X}) = f(p_1 + tX_1, \ldots, p_n + tX_n) \qquad (0 \le t \le 1)$$

wohldefiniert. Wir behaupten: ϕ ist $(N+1)$-mal stetig nach t differenzierbar.

⌜ Wir berechnen sukzessive die Ableitungen $\phi'(t)$, $\phi''(t)$, … . Aufgrund von Satz **(12.8)** dürfen wir dabei die Kettenregel solange anwenden, wie die auftretenden partiellen Ableitungen stetig sind. Als erstes ergibt sich mit **(12.13)**:

$$\phi'(t) = \sum_{k=1}^{n} \frac{\partial f}{\partial x_k} \cdot \frac{d}{dt}(p_k + tX_k) = \sum_{k=1}^{n} f_{.k}(\mathbf{p} + t\mathbf{X})\, X_k \, ;$$

analog folgt weiter

$$\phi''(t) = \sum_{k,l=1}^{n} f_{.kl}(\mathbf{p} + t\mathbf{X})\, X_k X_l \, ,$$

so daß wir allgemein erhalten:

$$\phi^{(r)}(t) = \sum_{k_1,\ldots,k_r} f_{.k_1\ldots k_r}(\mathbf{p} + t\mathbf{X})\, X_{k_1} \cdot \ldots \cdot X_{k_r} \, . \tag{5}$$

(Hier sind k_1, …, k_r nicht etwa feste Werte eines Index k, sondern r verschiedene Indexvariablen, die unabhängig voneinander von 1 bis n laufen.) Die rechte Seite von (5) ist nach Voraussetzung über f für jedes $r \leq N+1$ eine stetige Funktion von t. ⌟

Wir setzen zur Abkürzung

$$\sum_{k_1,\ldots,k_r} f_{.k_1\ldots k_r}(\mathbf{x})\, X_{k_1} \cdot \ldots \cdot X_{k_r} =: d^r f(\mathbf{x})(\mathbf{X}) \qquad (\mathbf{X} \in T_{\mathbf{x}}) \, .$$

Für festes $\mathbf{x} \in \Omega$ ist $d^r f(\mathbf{x})$ ein homogenes Polynom r-ten Grades (auch: eine *lineare, quadratische, ternäre, … Form*) in den n Zuwachsvariablen X_1, …, X_n und wird als *r-tes Differential von f an der Stelle* $\mathbf{x}$ bezeichnet; $d^0 f(\mathbf{x})$ ist (als Funktion von $\mathbf{X}$) definitionsgemäß die Konstante $f(\mathbf{x})$. Mit Hilfe dieser Bezeichnung geht (5) über in

$$\phi^{(r)}(t) = d^r f(\mathbf{p} + t\mathbf{X})(\mathbf{X}) \qquad (0 \leq r \leq N+1) \, . \tag{6}$$

Nun ist $\phi(1) = f(\mathbf{p} + \mathbf{X})$. Setzen wir dies und (6) in die Formel (4) ein, so ergibt sich die gesuchte Taylor-Entwicklung einer Funktion von n Variablen in der folgenden kondensierten Gestalt:

(12.22) *Ist $f \in C^{N+1}(\Omega)$ und liegt die Strecke $[\mathbf{p}, \mathbf{p} + \mathbf{X}]$ in Ω, so gilt*

$$f(\mathbf{p} + \mathbf{X}) = \sum_{r=0}^{N} \frac{1}{r!} d^r f(\mathbf{p})(\mathbf{X}) \; + \; R_N \, ; \tag{7}$$

dabei ist

$$R_N = \frac{1}{(N+1)!} d^{N+1} f(\mathbf{p} + \tau\mathbf{X})(\mathbf{X})$$

für ein geeignetes $\tau \in \,]0,1[$.

Der auf der rechten Seite von (7) erscheinende Ausdruck

$$\sum_{r=0}^{N} \frac{1}{r!} d^r f(\mathbf{p})(\mathbf{X}) =: j_{\mathbf{p}}^N f(\mathbf{X}) ,$$

ein Polynom vom Grad $\leq N$ in den Zuwachsvariablen $X_1, \ldots, X_n$, heißt *N-Jet* oder *N-tes Taylorsches Approximationspolynom von f an der Stelle* $\mathbf{p}$.

Die zweite, "qualitative", Fassung des Satzes von Taylor bezieht sich auf den Grenzübergang $\mathbf{X} \to \mathbf{0}$ (vgl. den Satz **(7.36′)**):

(12.23) *Es sei $f \in C^N(\Omega)$ und $\mathbf{p} \in \Omega$. Dann gilt*

$$f(\mathbf{p} + \mathbf{X}) = j_{\mathbf{p}}^N f(\mathbf{X}) \; + \; o(|\mathbf{X}|^N) \qquad (\mathbf{X} \to \mathbf{0}) .$$

⌜ Für hinreichend kleine $|\mathbf{X}|$ sind die Voraussetzungen von Satz **(12.22)** mit $N - 1$ anstelle von N erfüllt. Für derartige $\mathbf{X}$ gilt daher

$$\begin{aligned} f(\mathbf{p} + \mathbf{X}) &= j_{\mathbf{p}}^{N-1} f(\mathbf{X}) + \frac{1}{N!} d^N f(\mathbf{p} + \tau \mathbf{X})(\mathbf{X}) \\ &= j_{\mathbf{p}}^N f(\mathbf{X}) \; + \; \tilde{R}_N(\mathbf{X}) \end{aligned}$$

mit

$$\tilde{R}_N(\mathbf{X}) := \frac{1}{N!} \left(d^N f(\mathbf{p} + \tau \mathbf{X})(\mathbf{X}) - d^N f(\mathbf{p})(\mathbf{X}) \right) .$$

Nach Definition von $d^N f(\mathbf{x})$ ist $\tilde{R}_N(\mathbf{X})$ gegeben durch

$$\tilde{R}_N(\mathbf{X}) = \frac{1}{N!} \sum_{k_1, \ldots, k_N} \left(f_{.k_1 \ldots k_N}(\mathbf{p} + \tau \mathbf{X}) - f_{.k_1 \ldots k_N}(\mathbf{p}) \right) X_{k_1} \cdot \ldots \cdot X_{k_N} .$$

Nun sind alle $|X_k| \leq |\mathbf{X}|$, somit läßt sich $\tilde{R}_N(\mathbf{X})$ wie folgt abschätzen:

$$|\tilde{R}_N(\mathbf{X})| \leq |\mathbf{X}|^N \frac{1}{N!} \sum_{k_1, \ldots, k_N} |f_{.k_1 \ldots k_N}(\mathbf{p} + \tau \mathbf{X}) - f_{.k_1 \ldots k_N}(\mathbf{p})| .$$

Wegen $f \in C^N$ strebt hier mit $\mathbf{X} \to \mathbf{0}$ jeder einzelne Term in der großen Summe gegen 0, womit $\tilde{R}_N(\mathbf{X})$ als $o(|\mathbf{X}|^N)$ erwiesen ist. ⌟

② Wir behandeln zur Abwechslung die folgende kombinatorische Aufgabe: Wieviele partielle Ableitungen der Ordnung $\leq N$ muß man bei einer Funktion von n Variablen veranschlagen? Dieses Problem ist von praktischer Bedeutung, wenn es darum geht, in einem Computer Speicherplätze für die Koeffizienten von N-Jets zu reservieren.

Jede der genannten partiellen Ableitungen läßt sich wie folgt durch ein Wort der Länge $N + n$, bestehend aus genau n Nullen und N Einsen, repräsentieren: Die n Nullen stehen als Trennstriche zwischen $n+1$ Gruppen von Einsen (einige dieser Gruppen können auch leer sein). Die Länge der k-ten derartigen Gruppe, $0 \leq k \leq n$, gibt an, wie oft nach der Variablen x_k differenziert werden soll. Die Variable x_0 ist eine "Phantomvariable"; die Ableitungen von f der Ordnung $< N$ werden dann automatisch mitgezählt.

Beispiel: Das Wort

$$10110100111$$

gehört zu $n = 4$ und $N = 7$; es repräsentiert die partielle Ableitung

$$\frac{\partial^6 f}{\partial x_1^2 \partial x_2 \partial x_4^3} .$$

Es ist ziemlich klar, daß auf diese Weise die genannte Kollektion von partiellen Ableitungen bijektiv auf die Menge der 0–1-Folgen der Länge $N+n$ mit genau n Nullen abgebildet wird. Die Anzahl dieser Folgen beträgt $\binom{N+n}{n}$, und dies ist auch die gesuchte Anzahl von Ableitungen. ○

Wir wollen die Taylor-Entwicklung (7) im Fall $n = 2$ auch noch in "ausgepackter" Form anschreiben und betrachten dazu eine Funktion f der zwei Variablen x und y in der Umgebung eines festen Punktes $(x_0, y_0) \in \mathbb{R}^2$. Das r-te Differential $d^r f(x_0, y_0)$ besitzt formal 2^r Summanden (die Indexvariablen $k_1, \ldots, k_r$ laufen unabhängig voneinander von 1 bis 2), darunter aber nur $r+1$ verschiedene: Für jedes feste $q \in [0\,..\,r]$ gibt es genau $\binom{r}{q}$ Summanden, bei denen f im ganzen $(r-q)$-mal nach x und q-mal nach y differenziert wurde, und alle diese Summanden sind gleich

$$f_{x^{r-q}y^q} X^{r-q} Y^q ,$$

wobei wir zur Abkürzung

$$\left.\frac{\partial^r f}{(\partial x)^{r-q}(\partial y)^q}\right|_{(x_0,y_0)} =: f_{x^{r-q}y^q}$$

gesetzt haben. Damit wird

$$d^r f(x_0, y_0)(X, Y) = \sum_{q=0}^{r} \binom{r}{q} f_{x^{r-q}y^q} X^{r-q} Y^q ,$$

und für die Taylor-Entwicklung von f an der Stelle (x_0, y_0) erhalten wir

$$\begin{aligned} f(x_0 + X, y_0 + Y) = f(x_0, y_0) &+ (f_x X + f_y Y) \\ &+ \frac{1}{2}(f_{xx} X^2 + 2 f_{xy} XY + f_{yy} Y^2) \\ &+ \frac{1}{6}(f_{xxx} X^3 + 3 f_{xxy} X^2 Y + 3 f_{xyy} XY^2 + f_{yyy} Y^3) \\ &+ \ldots + R_N ; \end{aligned}$$

dabei sind die partiellen Ableitungen von f an der Stelle (x_0, y_0) zu nehmen, die $f_{...}$ sind also *Konstante*.

Stationäre Punkte

Es sei $f : \Omega \to \mathbb{R}$ eine hinreichend oft stetig differenzierbare Funktion auf der offenen Menge $\Omega \subset \mathbb{R}^n$. Ein Punkt $\mathbf{p} \in \Omega$ heißt ein *regulärer Punkt* von f, wenn $\nabla f(\mathbf{p}) \neq \mathbf{0}$ ist. Bezüglich allfälliger lokaler Extrema von f gilt wie im eindimensionalen Fall (Satz **(7.9)**):

(12.24) *Ist* $\mathbf{p}$ *ein regulärer Punkt von* f*, das heißt: Gilt* $\nabla f(\mathbf{p}) \neq \mathbf{0}$*, so ist* f *an der Stelle* $\mathbf{p}$ *nicht lokal extremal.*

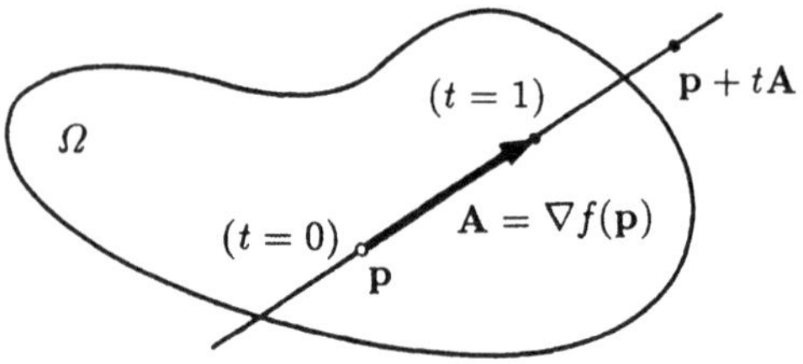

Fig. 12.5.2

⌜ Es sei $\nabla f(\mathbf{p}) =: \mathbf{A} \neq \mathbf{0}$. Wir betrachten die Funktion f längs der Geraden in Richtung $\mathbf{A}$ durch den Punkt $\mathbf{p}$ (Fig. 12.5.2). Die Hilfsfunktion $\phi(t) := f(\mathbf{p} + t\mathbf{A})$ besitzt nach **(12.5)** an der Stelle $t = 0$ die Ableitung

$$\phi'(0) = df(\mathbf{p}).\mathbf{A} = \nabla f(\mathbf{p}) \bullet \mathbf{A} = |\mathbf{A}|^2 \neq 0 \; .$$

Nach **(7.9)** ist daher ϕ im Ursprung nicht lokal extremal, und hieraus folgt weiter, daß $f(\mathbf{x}) - f(\mathbf{p})$ in beliebig kleinen Umgebungen von $\mathbf{p}$ sowohl positive wie negative Werte annimmt. ⌟

Damit werden die Nullstellen des Gradienten interessant. Ist $\nabla f(\mathbf{p}) = \mathbf{0}$, so heißt $\mathbf{p}$ ein *stationärer* oder *kritischer Punkt* von f. Die Gleichung $\nabla f(\mathbf{x}) = \mathbf{0}$ ist äquivalent mit dem folgenden System von n Gleichungen in n Unbekannten:

$$\left.\begin{array}{r} f_1(x_1, \ldots, x_n) = 0 \\ f_2(x_1, \ldots, x_n) = 0 \\ \vdots \\ f_n(x_1, \ldots, x_n) = 0 \end{array}\right\} ,$$

und die kritischen Punkte werden durch Auflösung dieses Systems zum Vorschein gebracht. Wie wir später sehen werden (Satz **(12.30)**), läßt sich über die Lösungsmenge folgendes sagen: Ist $\mathbf{p}$ ein kritischer Punkt von f und ist die Determinante $\det\bigl[f_{.kl}(\mathbf{p})\bigr] \neq 0$, so gibt es in einer gewissen Umgebung von $\mathbf{p}$ keine weiteren kritischen Punkte. In anderen Worten: Kritische Punkte liegen im allgemeinen isoliert.

Um hinreichende Bedingungen für lokale Extrema zu erhalten, mußten wir schon im eindimensionalen Fall die höheren Ableitungen von f zu Hilfe nehmen. Diese "höheren Ableitungen" sind bei einer Funktion von n Variablen nicht einfach Zahlen, die positiv, null oder negativ sind, sondern sie erscheinen in der Gestalt von homogenen Polynomen in den Variablen $X_1, \ldots, X_n$. (Ist $n = 1$, so hat man $d^r f(p)(X) = f^{(r)}(p)\, X^r$ — es paßt schon alles zusammen!) Wir benötigen die folgenden Definitionen: Ein homogenes Polynom $P(\cdot)$ in den Variablen $X_1, \ldots, X_n$ heißt *positiv (negativ) definit*, wenn $P(\mathbf{X}) > 0$ $\bigl(P(\mathbf{X}) < 0\bigr)$ ist für alle $\mathbf{X} \neq \mathbf{0}$, und *indefinit*, falls $P(\cdot)$ beiderlei Vorzeichen annimmt. Gilt wenigstens $P(\mathbf{X}) \geq 0$ $\bigl(P(\mathbf{X}) \leq 0\bigr)$ für alle $\mathbf{X}$, so heißt $P(\cdot)$ *positiv (negativ) semidefinit*.

Beispiele:	$P_1(X,Y) := X^2 + Y^2$	positiv definit,
	$P_2(X,Y) := -X^2 - Y^2$	negativ definit,
	$P_3(X,Y) := 2XY$	indefinit,
	$P_4(X,Y) := (X+Y)^2$	positiv semidefinit.

Damit sind wir in der Lage, hinreichende Bedingungen für lokale Extrema bei mehreren Variablen zu formulieren:

(12.25) *Es sei $f \in C^r(\Omega)$ und $d^r f(\mathbf{p}) =: P$ das erste nicht identisch verschwindende Differential von f an der Stelle $\mathbf{p}$ — abgesehen von $d^0 f(\mathbf{p})$. Dann gilt:*

(a) *Ist P positiv (negativ) definit, so besitzt f an der Stelle $\mathbf{p}$ ein lokales Minimum (Maximum).*

(b) *Ist P indefinit, so besitzt f an der Stelle $\mathbf{p}$ kein lokales Extremum.*

⌜ Ist P positiv definit, so nimmt P auf der Einheitssphäre $S^{n-1} \subset T_{\mathbf{p}}$ ein positives Minimum μ an. Wenden wir **(12.23)** auf die vorliegende Situation an, so ergibt sich zunächst

$$f(\mathbf{p}+\mathbf{X}) = f(\mathbf{p}) + \frac{1}{r!}P(\mathbf{X}) + o(|\mathbf{X}|^r) \qquad (\mathbf{X} \to \mathbf{0})\,.$$

Da P homogen ist vom Grad r, gilt folglich

$$\begin{aligned} f(\mathbf{p}+\mathbf{X}) - f(\mathbf{p}) &= \frac{1}{r!}\,|\mathbf{X}|^r \left(P\left(\frac{\mathbf{X}}{|\mathbf{X}|}\right) + o(1)\right) \\ &\geq \frac{1}{r!}\,|\mathbf{X}|^r (\mu + o(1)) \qquad (\mathbf{X} \to \mathbf{0})\,. \end{aligned}$$

Wegen $\mu > 0$ ist hiernach $f(\mathbf{p}+\mathbf{X})-f(\mathbf{p})$ für alle hinreichend kleinen $|\mathbf{X}|$ $(\neq 0)$ positiv, das heißt: An der Stelle $\mathbf{p}$ liegt ein ("strenges") lokales Minimum vor. — Die übrigen Behauptungen werden analog bewiesen. ┘

Ist hier die Zahl r ungerade, so ist P jedenfalls indefinit. Im allgemeinen hat man natürlich $r = 2$, das heißt:

$$d^2f(\mathbf{p})(\mathbf{X}) := \sum_{k,l} f_{.kl}(\mathbf{p})\, X_k X_l$$

ist das erste nicht identisch verschwindende Differential. Diese quadratische Form in den Variablen $X_1, \ldots, X_n$ wird auch *Hessesche Form* von f in dem kritischen Punkt $\mathbf{p}$ genannt und dann mit $H(\cdot)$ bezeichnet. Die Analyse derartiger quadratischer Formen gehört zur linearen Algebra. Der kritische Punkt $\mathbf{p}$ heißt *nichtentartet*, wenn

$$\det H := \det\left[f_{.kl}(\mathbf{p})\right] \neq 0$$

ist. In diesem Fall kann durch alleinige Betrachtung des 2-Jets

$$j^2_{\mathbf{p}} f(\mathbf{X}) = f(\mathbf{p}) + \frac{1}{2} \sum_{k,l} f_{.kl}(\mathbf{p})\, X_k X_l$$

entschieden werden, ob an der Stelle $\mathbf{p}$ ein lokales Extremum vorliegt oder nicht (und mehr). Ist $H(\cdot)$ indefinit, so nennt man $\mathbf{p}$ einen *Sattelpunkt* von f. Um einen kleinen Eindruck von diesen Dingen zu vermitteln, betrachten wir wieder Funktionen f von zwei Variablen x und y.

(12.26) *Es sei* $\mathbf{p} := (x_0, y_0)$ *ein nichtentarteter kritischer Punkt der Funktion* $f : \mathbb{R}^2 \curvearrowright \mathbb{R}$, *es seien* f_{xx}, f_{xy} *und* f_{yy} *die an der Stelle* $\mathbf{p}$ *evaluierten zweiten partiellen Ableitungen von* f *und*

$$\det H = f_{xx} f_{yy} - (f_{xy})^2$$

die Determinante der Hesseschen Form an der Stelle $\mathbf{p}$. *Dann besitzt* f *an der Stelle* $\mathbf{p}$ *im Fall*

(a) $\det H > 0$ *und* $f_{xx} > 0$ *ein lokales Minimum,*

(b) $\det H > 0$ *und* $f_{xx} < 0$ *ein lokales Maximum,*

(c) $\det H < 0$ *kein lokales Extremum, sondern einen Sattelpunkt.*

┌ Den Fall $f_{xx} = 0$ überlassen wir dem Leser. Ist $f_{xx} \neq 0$, so läßt sich die Hessesche Form folgendermaßen schreiben:

$$\begin{aligned} H(X,Y) &:= f_{xx}X^2 + 2f_{xy}XY + f_{yy}Y^2 \\ &= \frac{1}{f_{xx}}\Big((f_{xx}X + f_{xy}Y)^2 + (f_{xx}f_{yy} - f_{xy}^2)\,Y^2\Big)\,. \end{aligned}$$

Es sei zunächst $\det H > 0$. Dann ist die große Klammer für alle Werte der Variablen X und Y positiv, außer für $X = Y = 0$. Hieraus folgt: Ist $f_{xx} > 0$, so ist H positiv definit, und ist $f_{xx} < 0$, so ist H negativ definit. Ist jedoch $\det H < 0$, so enthält die große Klammer einen Plus- und einen Minusterm und kann somit beiderlei Vorzeichen annehmen. In diesem Fall ist H indefinit.

Die Behauptungen über f folgen nun unmittelbar aus dem allgemeinen Satz **(12.25)**. ┘

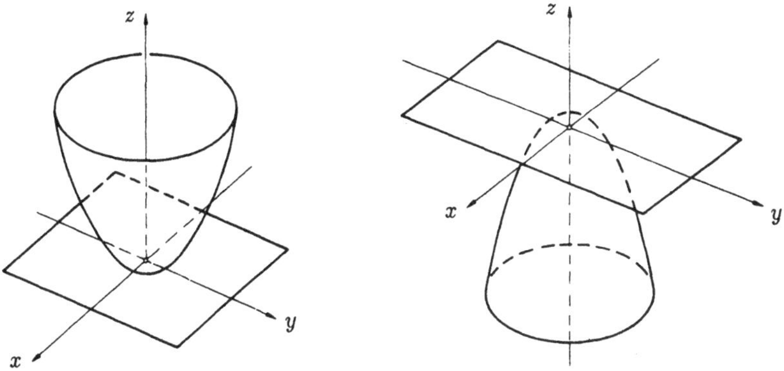

Fig. 12.5.3–4

Hiernach gibt es bei zwei Variablen genau drei verschiedene Typen von nichtentarteten kritischen Punkten. Zu diesen drei Typen gehören drei charakteristische Gestalten des Graphen von f in der Umgebung eines derartigen Punktes, siehe die Figuren 12.5.3–5. Die dritte Figur zeigt nun auch, warum man im indefiniten Fall von einem "Sattelpunkt" spricht.

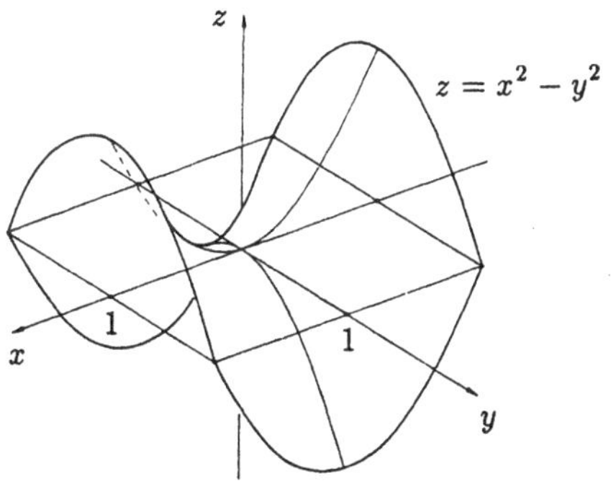

Fig. 12.5.5

③ Es sollen die kritischen Punkte der Funktion

$$f(x, y) := \cos(x + 2y) + \cos(2x + 3y)$$

bestimmt und diskutiert werden. Hierzu haben wir zuerst das Gleichungssystem

$$\left.\begin{aligned} (f_x =) \qquad & -\sin(x+2y) - 2\sin(2x+3y) = 0 \\ (f_y =) \qquad & -2\sin(x+2y) - 3\sin(2x+3y) = 0 \end{aligned}\right\} \tag{8}$$

aufzulösen. Es folgt sofort

$$\text{(a)} \quad \sin(x+2y) = 0 \qquad \wedge \qquad \text{(b)} \quad \sin(2x+3y) = 0 \ .$$

Mit (a) gilt auch $\sin(2x+4y) = 0$, und dies ist nur dann mit (b) verträglich, wenn y ein ganzzahliges Vielfaches von π ist. Aus (a) folgt hieraus weiter: $\sin x = 0$, das heißt: Auch x ist notwendigerweise ein ganzzahliges Vielfaches von π. Als kritische Punkte kommen daher nur die Punkte

$$\mathbf{z}_{kl} := (k\pi, l\pi) \qquad (k, l \in \mathbb{Z})$$

in Frage. Man sieht sofort, daß alle diese Punkte die Gleichungen (8) erfüllen; die Menge $S_{\text{krit}}(f)$ besteht also genau aus den $\mathbf{z}_{kl}$.

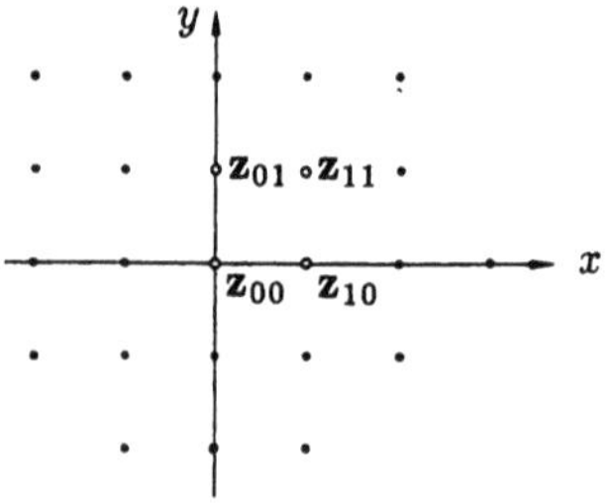

Fig. 12.5.6

Da f in beiden Variablen 2π-periodisch ist, braucht man nur die vier kritischen Punkte $\mathbf{z}_{00} = \mathbf{0}$, $\mathbf{z}_{01}$, $\mathbf{z}_{10}$ und $\mathbf{z}_{11}$ zu analysieren (Fig. 12.5.6). Wir beschränken uns auf den Ursprung und berechnen zunächst

$$\begin{aligned} f_{xx}(x,y) &= -\cos(x+2y) - 4\cos(2x+3y) \ , \\ f_{xy}(x,y) &= -2\cos(x+2y) - 6\cos(2x+3y) \ , \\ f_{yy}(x,y) &= -4\cos(x+2y) - 9\cos(2x+3y) \ . \end{aligned}$$

Es folgt

$$f_{xx}(\mathbf{0}) = -5 \ , \qquad f_{xy}(\mathbf{0}) = -8 \ , \qquad f_{yy}(\mathbf{0}) = -13 \ ;$$

somit ist

$$\left(f_{xx}f_{yy} - f_{xy}^2\right)_{\mathbf{0}} = 65 - 64 = 1 > 0 \ , \qquad f_{xx}(\mathbf{0}) < 0 \ .$$

Aufgrund von Satz **(12.26)** liegt daher im Ursprung ein lokales Maximum vor (was man natürlich auch ohne alle Rechnung einsehen kann: Die Funktion hat dort den Maximalwert 2). ○

④ Die Funktion

$$f(x,y) := \frac{x^2}{2} + \alpha y^4$$

ist ein Polynom und somit ihre eigene Taylor-Entwicklung im Ursprung. Da lineare Glieder fehlen, ist der Ursprung ein kritischer Punkt. Die zugehörige Hessesche Form läßt sich direkt ablesen:

$$H(x,y) = x^2 .$$

(Wird im Ursprung entwickelt, so benötigt man keine Hilfsvariablen X und Y.) Die Determinante dieser Form ist $1 \cdot 0 - 0^2 = 0$, somit ist der kritische Punkt entartet, und der 2-Jet $j_{\mathbf{0}}^2 f$ bzw. Satz **(12.26)** gibt keinen definitiven Aufschluß über das qualitative Verhalten von f in der Umgebung von $\mathbf{0}$.

Der Definition von f entnimmt man, daß dieses Verhalten wesentlich vom Vorzeichen von α abhängt, also erst an $j_{\mathbf{0}}^4 f$ abgelesen werden kann: Ist $\alpha \geq 0$, so ist f im Ursprung lokal minimal; ist $\alpha < 0$, so nimmt f in jeder Umgebung des Ursprungs beiderlei Vorzeichen an. ○

12.6. Hauptsätze

In diesem Abschnitt wird untersucht, inwiefern die linear-algebraischen Eigenschaften der Tangentialabbildung $d\mathbf{f}(\mathbf{p})$ das qualitative Verhalten der Abbildung $\mathbf{f}$ in der Umgebung von $\mathbf{p}$ beeinflussen. Den eindimensionalen Fall haben wir im ersten Band ausführlich behandelt. Aufgrund der Sätze **(4.24)**, **(7.7)** und **(7.19)** kann man zum Beispiel folgendes sagen: Ist $f : \mathbb{R} \curvearrowright \mathbb{R}$ stetig differenzierbar und ist $f'(p) \neq 0$, so bildet f eine Umgebung U von p streng monoton und damit bijektiv auf eine Umgebung V des Punktes $q := f(p)$ ab, und die Umkehrfunktion $f^{-1} : V \to U$ ist selbst wieder stetig differenzierbar.

Im mehrdimensionalen Fall läßt sich zwar nicht mehr mit der Monotonie argumentieren, aber es wird ein analoger Sachverhalt bewiesen werden, ja mehr noch: Besitzt $d\mathbf{f}(\mathbf{p})$ Maximalrang, so hat $\mathbf{f}$ in der Umgebung von $\mathbf{p}$ genau die qualitativen Eigenschaften, die man bei den betreffenden Dimensionszahlen erhofft und von linearen Abbildungen gewohnt ist.

Um auch im mehrdimensionalen Fall bequem mit stetiger Differenzierbarkeit umgehen zu können, versehen wir die Menge $\mathcal{L}(\mathbb{R}^n, \mathbb{R}^m)$ aller linearen Abbildungen $L : \mathbb{R}^n \to \mathbb{R}^m$ mit der von der Norm $\|\cdot\|$ induzierten Metrik

$$d(L,M) := \|L - M\| .$$

Damit wird $\mathcal{L}(\mathbb{R}^n, \mathbb{R}^m)$ zu einem metrischen Raum.

⌜ (M1) und (M2) sind klar. Zum Beweis von (M3) betrachten wir drei lineare Abbildungen L, M, N. Für beliebige Einheitsvektoren $\mathbf{x} \in \mathbb{R}^n$ gilt

$$|(L-N)\mathbf{x}| = |L\mathbf{x} - N\mathbf{x}| \leq |L\mathbf{x} - M\mathbf{x}| + |M\mathbf{x} - N\mathbf{x}| \leq \|L-M\| + \|M-N\|,$$

somit ist auch

$$\|L-N\| := \sup\{|(L-N)\mathbf{x}| \mid |\mathbf{x}| = 1\} \leq \|L-M\| + \|M-N\|.$$ ⌟

(12.27) *Eine Funktion $\phi : \mathbf{x} \mapsto L_\mathbf{x}$ mit Werten in $\mathcal{L}(\mathbb{R}^n, \mathbb{R}^m)$ ist genau dann stetig, wenn alle Elemente $l_{ik}(\mathbf{x})$ der Matrix $[L_\mathbf{x}]$ stetige Funktionen von $\mathbf{x}$ sind.*

⌜ Die Behauptung ergibt sich aus den beiden folgenden Ungleichungen (1) und (2). — Sind L und $M \in \mathcal{L}(\mathbb{R}^n, \mathbb{R}^m)$ zwei beliebige lineare Abbildungen mit Matrizen $[l_{ik}]$ und $[m_{ik}]$, so gilt einerseits nach **(12.1)**:

$$\|L-M\| \leq \left(\sum_{i,k}(l_{ik} - m_{ik})^2\right)^{1/2}; \tag{1}$$

anderseits folgt aus $|l_{ik}| \leq |L\mathbf{e}_k| \leq \|L\|$ für jedes Indexpaar (i,k) die Abschätzung

$$|l_{ik} - m_{ik}| \leq \|L-M\|. \tag{2}$$

⌟

Eine differenzierbare Funktion $\mathbf{f} : \mathbb{R}^n \curvearrowright \mathbb{R}^m$ mit offenem Definitionsbereich Ω heißt *stetig differenzierbar*, wenn die Ableitung $d\mathbf{f}$, aufgefaßt als Abbildung

$$d\mathbf{f} : \quad \Omega \to \mathcal{L}(\mathbb{R}^n, \mathbb{R}^m), \qquad \mathbf{x} \mapsto d\mathbf{f}(\mathbf{x})$$

stetig ist. Satz **(12.7)** und die obige Proposition **(12.27)** ergeben zusammen das folgende einfache Kriterium: Eine Funktion $\mathbf{f} : \mathbb{R}^n \curvearrowright \mathbb{R}^m$ ist genau dann stetig differenzierbar, wenn $\mathbf{f}$ stetige partielle Ableitungen $f_{i.k}$ besitzt. Hiernach ist die eben gegebene Definition eine Verallgemeinerung von früheren Erklärungen.

Wir betrachten nun speziell den Fall $m = n$ und bezeichnen die Menge aller linearen Abbildungen $L : \mathbb{R}^n \to \mathbb{R}^n$ mit $\mathcal{L}(\mathbb{R}^n)$. Eine Abbildung $L \in \mathcal{L}(\mathbb{R}^n)$ heißt *regulär*, wenn sie eine Inverse L^{-1} besitzt; andernfalls heißt L *singulär*. Die Gesamtheit der regulären Abbildungen $L : \mathbb{R}^n \to \mathbb{R}^n$ wird üblicherweise mit $GL(\mathbb{R}^n)$ (für *general linear group*) bezeichnet. Wir beweisen darüber:

(12.28) (a) *$GL(\mathbb{R}^n)$ ist eine offene Teilmenge von $\mathcal{L}(\mathbb{R}^n)$.*

(b) *Die Inversionsabbildung*

$$\iota : \quad GL(\mathbb{R}^n) \to GL(\mathbb{R}^n), \qquad L \mapsto L^{-1}$$

ist stetig.

⌜ (a) Betrachte ein festes $L_0 \in GL(\mathbb{R}^n)$ und setze zur Abkürzung

$$\frac{1}{\|L_0^{-1}\|} =: \lambda \quad (> 0) .$$

Wir zeigen: Jedes L in der λ-Umgebung von L_0, das heißt: jedes $L \in \mathcal{L}(\mathbb{R}^n)$ mit $\|L - L_0\| < \lambda$, ist regulär.

Für beliebige $\mathbf{x}$ gilt

$$|\mathbf{x}| = \left|L_0^{-1}(L_0\mathbf{x})\right| \leq \|L_0^{-1}\|\;|L_0\mathbf{x}| = \frac{1}{\lambda}|L_0\mathbf{x}|$$

und folglich $|L_0\mathbf{x}| \geq \lambda|\mathbf{x}|$. Ist jetzt $\|L - L_0\| =: \mu < \lambda$, so ergibt sich mit der Dreiecksungleichung:

$$|L\mathbf{x}| \geq |L_0\mathbf{x}| - |(L - L_0)\mathbf{x}| \geq \lambda|\mathbf{x}| - \mu|\mathbf{x}| = (\lambda - \mu)|\mathbf{x}| . \tag{3}$$

Insbesondere ist $L\mathbf{x} \neq \mathbf{0}$ für alle $\mathbf{x} \neq \mathbf{0}$, und hieraus folgt nach einem bekannten Satz der linearen Algebra, daß L regulär ist.

(b) Um die Stetigkeit von ι an der Stelle L_0 zu beweisen, brauchen wir nur Abbildungen $L \in GL(\mathbb{R}^n)$ im Abstand $\mu \leq \lambda/2$ von L_0 zu betrachten. Für ein derartiges L gilt nach (3):

$$|L\mathbf{x}| \geq \frac{\lambda}{2}|\mathbf{x}| \qquad \forall \mathbf{x} ,$$

und mit $\mathbf{x} := L^{-1}\mathbf{y}$ folgt weiter

$$|L^{-1}\mathbf{y}| \leq \frac{2}{\lambda}\left|L(L^{-1}\mathbf{y})\right| = \frac{2}{\lambda}|\mathbf{y}| \qquad \forall \mathbf{y} .$$

Hiernach gilt für diese L die Abschätzung $\|L^{-1}\| \leq 2/\lambda$.

Nach diesen Vorbereitungen wenden wir auf die Gleichung

$$L^{-1} - L_0^{-1} = L^{-1}\,(L_0 - L)\,L_0^{-1}$$

die Formel **(12.2)** an und erhalten

$$\|L^{-1} - L_0^{-1}\| \leq \|L^{-1}\|\;\|L_0 - L\|\;\|L_0^{-1}\| \leq \frac{2}{\lambda^2}\|L - L_0\| .$$

Hier ist λ eine Konstante; somit ist ι sogar lipstetig an der Stelle L_0. ⌟

Der Satz über die Umkehrabbildung

Wir sind damit in der Lage, den folgenden Hauptsatz über die lokale Umkehrbarkeit einer Funktion $\mathbf{f}: \mathbb{R}^n \curvearrowright \mathbb{R}^n$ zu beweisen:

(12.29) *Es sei* $\mathbf{f}: \mathbb{R}^n \curvearrowright \mathbb{R}^n$ *eine stetig differenzierbare Funktion mit offenem Definitionsbereich* Ω, *und es sei* $d\mathbf{f}$ *an der Stelle* $\mathbf{p} \in \Omega$ *regulär. Dann trifft für jede hinreichend kleine offene Umgebung* U *von* $\mathbf{p}$ *das folgende zu:*

(a) $\mathbf{f}$ *(bzw.* $\mathbf{f}\restriction U$*) bildet* U *bijektiv auf eine offene Umgebung* V *des Punktes* $\mathbf{q} := \mathbf{f}(\mathbf{p})$ *ab;*

(b) $d\mathbf{f}(\mathbf{x})$ *ist regulär in allen Punkten* $\mathbf{x} \in U$*;*

(c) *die Umkehrabbildung*

$$\mathbf{g} := (\mathbf{f}\restriction U)^{-1}: \quad V \to U$$

ist stetig differenzierbar, und zwar gilt

$$d\mathbf{g}(\mathbf{q}) = \bigl(d\mathbf{f}(\mathbf{p})\bigr)^{-1}$$

⌜ Der zentrale Sachverhalt (a) wird sich aus dem folgenden Satz über kleine Deformationen eines Würfels Q mit Zentrum $\mathbf{0}$ ergeben. Im Hinblick auf die Volumenmessung (Abschnitt 13.4) benötigen wir eine quantitative Version von (a); dabei bezeichnet λQ den mit dem Faktor $\lambda > 0$ von $\mathbf{0}$ aus gestreckten Würfel Q.

(12.30) *Es sei* $\mathbf{h}: \mathbb{R}^n \curvearrowright \mathbb{R}^n$ *eine stetig differenzierbare Abbildung mit*

$$\mathbf{h}(\mathbf{0}) = \mathbf{0}\,, \qquad d\mathbf{h}(\mathbf{0}) = \mathrm{id}\,, \tag{4}$$

und es sei $Q \subset \mathrm{dom}(\mathbf{h})$ *ein achsenparalleler Würfel der Kantenlänge* $2a > 0$ *mit Zentrum* $\mathbf{0}$. *Gilt*

$$\|d\mathbf{h}(\mathbf{x}) - \mathrm{id}\| \le \rho \quad \forall \mathbf{x} \in Q\,, \qquad \rho\sqrt{n} < 1\,,$$

so ist $\mathbf{h}\restriction Q$ *injektiv, und die Bildmenge* $B := \mathbf{h}(Q)$ *läßt sich wie folgt zwischen eine Verkleinerung und eine Vergrößerung von* Q *eingabeln:*

$$(1 - \rho\sqrt{n})\,Q \subset B \subset (1 + \rho\sqrt{n})\,Q\,. \tag{5}$$

⌜ Die Voraussetzungen (4) legen nahe, die Abbildung $\mathbf{h}$ in der Form

$$\mathbf{h}(\mathbf{x}) = \mathbf{x} + \boldsymbol{\phi}(\mathbf{x}) \tag{6}$$

anzusetzen, wobei die stetig differenzierbare Funktion $\boldsymbol{\phi}$ dem folgenden genügt:

$$\boldsymbol{\phi}(\mathbf{0}) = \mathbf{0}\,, \quad d\boldsymbol{\phi}(\mathbf{0}) = 0\,, \qquad \|d\boldsymbol{\phi}(\mathbf{x})\| \le \rho \quad (\mathbf{x} \in Q)\,. \tag{7}$$

Nach dem Mittelwertsatz **(12.17)** gilt daher für je zwei Punkte $\mathbf{x}_1, \mathbf{x}_2 \in Q$ die Abschätzung

$$|\boldsymbol{\phi}(\mathbf{x}_1) - \boldsymbol{\phi}(\mathbf{x}_2)| \le \rho\,|\mathbf{x}_1 - \mathbf{x}_2|\,. \tag{8}$$

Hieraus ergibt sich einerseits

$$|\mathbf{h}(\mathbf{x}_1) - \mathbf{h}(\mathbf{x}_2)| \ge |\mathbf{x}_1 - \mathbf{x}_2| - |\boldsymbol{\phi}(\mathbf{x}_1) - \boldsymbol{\phi}(\mathbf{x}_2)| \ge (1-\rho)\,|\mathbf{x}_1 - \mathbf{x}_2| \tag{9}$$

für alle $\mathbf{x}_1, \mathbf{x}_2 \in Q$; wegen $\rho < 1$ ist daher $\mathbf{h}\restriction Q$ injektiv. Anderseits gilt

$$|\mathbf{h}(\mathbf{x}) - \mathbf{x}| = |\boldsymbol{\phi}(\mathbf{x})| = |\boldsymbol{\phi}(\mathbf{x}) - \boldsymbol{\phi}(\mathbf{0})| \le \rho|\mathbf{x}| \le \rho\sqrt{n}\,a \qquad (\mathbf{x} \in Q)\,.$$

Hiernach wird jeder Punkt $\mathbf{x} \in Q$ durch $\mathbf{h}$ um höchstens $\rho\sqrt{n}\,a$ verschoben, und ein Blick auf die Figur 12.6.1 zeigt, daß damit $B \subset (1+\rho\sqrt{n})\,Q$ garantiert ist.

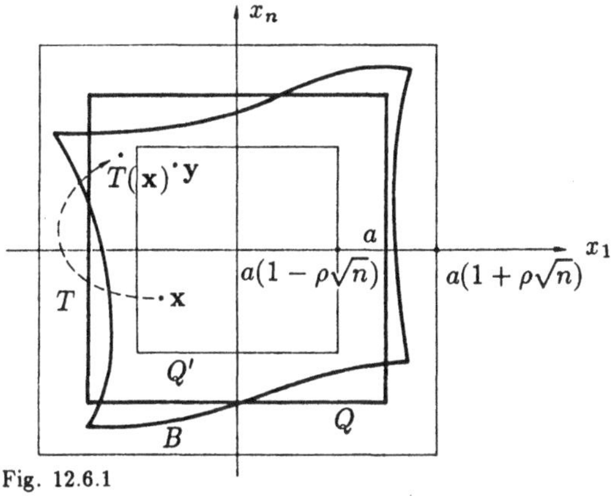

Fig. 12.6.1

Die erste Inklusion (5) bildet den eigentlichen Kern von Satz **(12.29)**. Hier ist ein Existenzbeweis verlangt: Es gilt, für ein beliebig vorgegebenes

$$\mathbf{y} \in Q' := (1-\rho\sqrt{n})\,Q$$

ein $\mathbf{x} \in Q$ zu finden mit

$$\mathbf{h}(\mathbf{x}) = \mathbf{y} \qquad \text{bzw.} \qquad \mathbf{x} = \mathbf{y} - \boldsymbol{\phi}(\mathbf{x})\,.$$

Ein derartiges $\mathbf{x}$ läßt sich als Fixpunkt der Abbildung

$$T: \quad Q \to \mathbb{R}^n\,, \qquad \mathbf{x} \mapsto T(\mathbf{x}) := \mathbf{y} - \boldsymbol{\phi}(\mathbf{x})$$

auffassen ($\mathbf{y}$ ist im Augenblick fest). Wir müssen es daher so einrichten, daß wir den allgemeinen Fixpunktsatz **(11.25)** anwenden können.

Ist $\mathbf{y} \in Q'$, so gilt für alle $\mathbf{x} \in Q$ die Abschätzung

$$|T(\mathbf{x}) - \mathbf{y}| = |\boldsymbol{\phi}(\mathbf{x})| \leq \rho|\mathbf{x}| \leq \rho\sqrt{n}\, a\,,$$

und ein Blick auf die Figur 12.6.1 zeigt, daß damit $T(\mathbf{x}) \in Q$ garantiert ist. Somit können wir T als Abbildung $T: Q \to Q$ auffassen. Mit (8) erhalten wir aber auch

$$|T(\mathbf{x}_1) - T(\mathbf{x}_2)| = |\boldsymbol{\phi}(\mathbf{x}_1) - \boldsymbol{\phi}(\mathbf{x}_2)| \leq \rho\,|\mathbf{x}_1 - \mathbf{x}_2| \qquad \forall \mathbf{x}_1, \mathbf{x}_2 \in Q\,.$$

Da Q ein vollständiger metrischer Raum und $\rho < 1$ ist, besitzt T nach dem allgemeinen Fixpunktsatz einen Fixpunkt $\mathbf{x} \in Q$. Für diesen Punkt gilt $T(\mathbf{x}) = \mathbf{x}$ und somit $\mathbf{h}(\mathbf{x}) = \mathbf{y}$. ┘

Wir bleiben noch einen Moment bei der für **(12.30)** getroffenen Disposition. Die Menge B ist eine Umgebung von $\mathbf{0}$. Wir betrachten nun die Umkehrfunktion

$$\mathbf{k} := (\mathbf{h}\restriction Q)^{-1}: \qquad B \to Q$$

genauer. Aus (9) ergibt sich mit $\mathbf{x}_i := \mathbf{k}(\mathbf{y}_i)$ die Abschätzung

$$|\mathbf{y}_1 - \mathbf{y}_2| \geq (1-\rho)\,|\mathbf{k}(\mathbf{y}_1) - \mathbf{k}(\mathbf{y}_2)| \qquad \forall \mathbf{y}_1, \mathbf{y}_2 \in B\,;$$

insbesondere ist

$$(1-\rho)\,|\mathbf{k}(\mathbf{y})| \leq |\mathbf{y}| \qquad (\mathbf{y} \in B)\,. \tag{10}$$

Die Formel (6) geht mit $\mathbf{x} := \mathbf{k}(\mathbf{y})$ über in die Identität

$$\mathbf{y} = \mathbf{k}(\mathbf{y}) + \boldsymbol{\phi}\big(\mathbf{k}(\mathbf{y})\big) \qquad (\mathbf{y} \in B)\,,$$

und hieraus folgt wegen (7):

$$\begin{aligned} \mathbf{k}(\mathbf{y}) - \mathbf{k}(\mathbf{0}) &= \mathbf{y} - \boldsymbol{\phi}\big(\mathbf{k}(\mathbf{y})\big) = \mathbf{y} + o\big(|\mathbf{k}(\mathbf{y})|\big) \\ &= \mathbf{y} + o\big((1-\rho)|\mathbf{k}(\mathbf{y})|\big) \\ &= \mathbf{y} + o\big(|\mathbf{y}|\big) \qquad\qquad (\mathbf{y} \to \mathbf{0})\,; \end{aligned}$$

dabei haben wir zum Schluß (10) benutzt. Hiernach ist $\mathbf{k}(\cdot)$ an der Stelle $\mathbf{0}$ differenzierbar, und zwar ist

$$d\mathbf{k}(\mathbf{0}) = \mathrm{id}\,. \tag{11}$$

Wir kommen nun zum Beweis von **(12.29)**. Es ist ziemlich klar, daß wir ohne weiteres $\mathbf{p} = \mathbf{q} = \mathbf{0}$ annehmen dürfen. Wir schreiben aber weiterhin $\mathbf{p}$ und $\mathbf{q}$, um Punkt und Bildpunkt auseinanderzuhalten. Es sei $d\mathbf{f}(\mathbf{p}) =: L$. Die Hilfsabbildung

$$\mathbf{h} := L^{-1} \circ \mathbf{f}: \qquad \mathbf{x} \mapsto L^{-1}.\mathbf{f}(\mathbf{x})$$

ist stetig differenzierbar und realisiert an der Stelle $\mathbf{p} = \mathbf{0}$ die Daten (4). Es gibt daher einen Würfel $Q \subset \operatorname{dom}(\mathbf{f})$ der Kantenlänge $2a > 0$ mit Zentrum $\mathbf{0}$, so daß für alle $\mathbf{x} \in Q$ gilt:

$$\|d\mathbf{h}(\mathbf{x}) - \mathrm{id}\| \leq \rho := \frac{1}{2\sqrt{n}} .$$

Da hiernach alle Voraussetzungen von **(12.30)** erfüllt sind, bildet $\mathbf{h}$ den Würfel Q bijektiv auf eine Menge $B \supset \frac{1}{2}Q$ ab, und hieraus folgt, daß $\mathbf{f} = L \circ \mathbf{h}$ den Würfel Q bijektiv auf die Menge $B' := L(B) \supset L(\frac{1}{2}Q)$ abbildet. Da B' ein Parallelepiped mit Zentrum $\mathbf{q} = \mathbf{0}$ umfaßt, ist B' eine Umgebung von $\mathbf{q}$. Die Umkehrabbildung

$$\mathbf{g} := (\mathbf{f}\restriction Q)^{-1} = \mathbf{k} \circ L^{-1} : \qquad B' \to Q$$

ist an der Stelle $\mathbf{q} = \mathbf{0}$ differenzierbar, und mit (11) folgt

$$d\mathbf{g}(\mathbf{q}) = d\mathbf{k}(\mathbf{0}) \circ L^{-1} = \bigl(d\mathbf{f}(\mathbf{p})\bigr)^{-1} ,$$

wie behauptet.

Wir kommen zum Schluß. Nach **(12.28)**(a) ist $GL(\mathbb{R}^n)$ eine Umgebung von $d\mathbf{f}(\mathbf{p})$. Da

$$d\mathbf{f} : \quad \Omega \to \mathcal{L}(\mathbb{R}^n) , \qquad \mathbf{x} \mapsto d\mathbf{f}(\mathbf{x})$$

stetig ist, gibt es eine Umgebung U_0 von $\mathbf{p}$ mit

$$d\mathbf{f}(\mathbf{x}) \in GL(\mathbb{R}^n) \qquad \forall \mathbf{x} \in U_0 .$$

Es sei nun $U \subset Q \cap U_0$ eine beliebige offene Umgebung von $\mathbf{p}$. Dann bildet $\mathbf{f}$ die Menge U bijektiv auf eine Menge V ab, und $d\mathbf{f}(\mathbf{x})$ ist in allen Punkten von U regulär. Da also die Voraussetzungen des Satzes auf jeden Punkt $\mathbf{x} \in U$ (anstelle von $\mathbf{p}$) zutreffen, gibt es zu jedem Punkt $\mathbf{y} := \mathbf{f}(\mathbf{x}) \in V$ ein Parallelepiped P mit Zentrum $\mathbf{y}$, das noch ganz in V liegt. Somit ist V offen.

Die Umkehrabbildung $\mathbf{g}$ ist in jedem Punkt $\mathbf{y} \in V$ differenzierbar (erst recht stetig), und es gilt

$$d\mathbf{g}(\mathbf{y}) = \Bigl(d\mathbf{f}\bigl(\mathbf{g}(\mathbf{y})\bigr)\Bigr)^{-1} \qquad (\mathbf{y} \in V) .$$

Die Abbildung $d\mathbf{g} : V \to \mathcal{L}(\mathbb{R}^n)$ läßt sich daher folgendermaßen schreiben:

$$d\mathbf{g} = \iota \circ d\mathbf{f} \circ \mathbf{g} ;$$

dabei stellt ι die in **(12.28)**(b) betrachtete Inversionsabbildung dar. Hier sind alle drei "Faktoren" stetig, somit ist $\mathbf{g}$ in der Tat stetig differenzierbar. ⌟

Die entscheidende Voraussetzung dieses Satzes war die Regularität von $d\mathbf{f}(\mathbf{p})$. Aus den folgenden Beispielen geht hervor, daß darauf im allgemeinen nicht verzichtet werden kann.

Es gilt zu betonen, daß es sich bei dem Satz um einen *lokalen* Satz handelt: Unter gewissen Voraussetzungen bildet $\mathbf{f}$ eine (unter Umständen kleine) Umgebung U des Punktes $\mathbf{p}$ bijektiv auf eine Umgebung V von $\mathbf{q} := \mathbf{f}(\mathbf{p})$ ab. Außerhalb von U kann es aber ohne weiteres noch Punkte geben, die ebenfalls auf $\mathbf{q}$ abgebildet werden; eine *globale* Umkehrfunktion braucht also nicht zu existieren. Auch dieser Sachverhalt tritt in den folgenden Beispielen zutage.

Wie in der linearen Algebra gezeigt wird, ist eine Abbildung $L \in \mathcal{L}(\mathbb{R}^n)$ mit Matrix $[l_{ik}]$ genau dann regulär, wenn ihre Determinante $\det L = \det[l_{ik}]$ nicht verschwindet. Dieses Kriterium führt uns im Verein mit **(12.7)** dazu, die Determinante

$$\det d\mathbf{f}(\mathbf{p}) = \det \left[\frac{\partial(f_1, \ldots, f_n)}{\partial(x_1, \ldots, x_n)}\right]_{\mathbf{p}}$$

zu betrachten; sie heißt *Funktionaldeterminante* oder auch *Jacobische Determinante von* $\mathbf{f}$ *im Punkt* $\mathbf{p}$ und wird auch mit $J_{\mathbf{f}}(\mathbf{p})$ bezeichnet. Wir können dann den Satz **(12.29)** folgendermaßen formulieren:

(12.29′) *Ist* $\mathbf{f} : \mathbb{R}^n \curvearrowright \mathbb{R}^n$ *stetig differenzierbar und ist*

$$\det \left[\frac{\partial(f_1, \ldots, f_n)}{\partial(x_1, \ldots, x_n)}\right]_{\mathbf{p}} \neq 0,$$

so gelten die Behauptungen von **(12.29)**.

① Es sei

$$f: \quad \mathbb{C} \curvearrowright \mathbb{C}, \qquad z \mapsto w := f(z)$$

eine komplex-analytische Funktion. Ist $f'(z_0) = A + iB$, so besitzt f (als Abbildung $\mathbb{R}^2 \curvearrowright \mathbb{R}^2$ aufgefaßt) an der Stelle z_0 die Funktionalmatrix

$$\begin{bmatrix} A & -B \\ B & A \end{bmatrix}$$

(siehe **(12.9)**) und damit die Funktionaldeterminante

$$J_f(z_0) = A^2 + B^2 = |f'(z_0)|^2;$$

in Worten: Die Funktionaldeterminante ist gleich dem Betragsquadrat der (komplexen) Ableitung von f. In der komplexen Analysis wird gezeigt, daß die Nullstellen einer analytischen Funktion (also auch von f') *isoliert* liegen. Es liegt nahe, die Nullstellen von f' als *kritische Punkte* von f zu bezeichnen; in diesen Punkten ist die zugehörige Tangentialabbildung df wegen $A = B = 0$ nicht nur singulär, sondern sogar $= 0$. Alle übrigen Punkte $z \in \operatorname{dom}(f)$ sind *reguläre Punkte*. Wenn wir die Stetigkeit von f' als gegeben hinnehmen, so können wir aufgrund von **(12.29')** folgendes sagen: Jeder reguläre Punkt z einer analytischen Funktion f besitzt eine Umgebung U, die durch f bijektiv auf eine Umgebung V des Punktes $w := f(z)$ abgebildet wird.

Beispiel: Die Funktion $f(z) := z^2$ besitzt die Ableitung $f'(z) = 2z$ und damit einen einzigen kritischen Punkt, nämlich 0. Da nun für alle z gilt: $f(z) = f(-z)$, ist f tatsächlich in keiner noch so kleinen Umgebung von 0 injektiv.

Jetzt kommt das Dessert: Wir verwenden das über komplex-analytische Funktionen zusammengetragene Material für einen Beweis des Fundamentalsatzes der Algebra (nach einer Idee von Smale):

Es sei

$$p(z) := z^n + a_{n-1}z^{n-1} + \ldots + a_0\,, \qquad a_k \in \mathbb{C} \quad (0 \le k \le n-1)\,,$$

ein Polynom vom Grad $n \geq 1$. Die Behauptung lautet:

$$0 \in \Omega := p(\mathbb{C})\,.$$

Die Ableitung p' ist ein Polynom vom Grad $n-1$ und besitzt daher höchstens $n-1$ verschiedene Nullstellen ζ_j; somit gibt es höchstens $n-1$ "kritische Werte" $\eta_j := p(\zeta_j)$. Ist ein $\eta_j = 0$, so sind wir fertig. Andernfalls läßt sich ein Wert $w_0 = p(z_0) \in \Omega$ finden, so daß die Verbindungsstrecke $[0, w_0] \subset \mathbb{C}$ (siehe die Fig. 12.6.2) keinen kritischen Wert enthält.

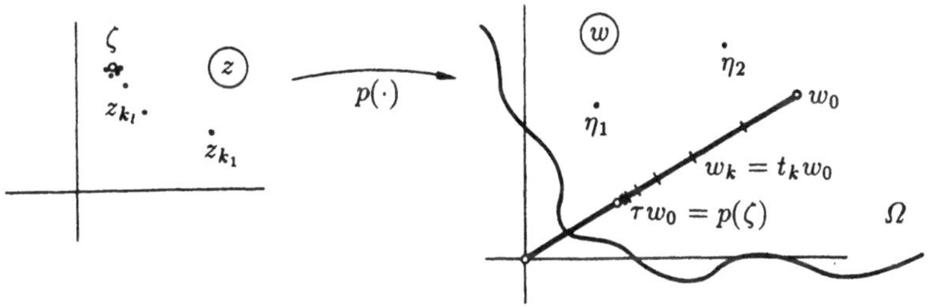

Fig. 12.6.2

Bekanntlich wächst $|p(z)|$ für $|z| \to \infty$ im wesentlichen wie $|z|^n$ gegen ∞. Genau: Es ist

$$|p(z)| \;=\; |z|^n \left|1 + \frac{a_{n-1}}{z} + \ldots + \frac{a_0}{z^n}\right|\,,$$

und hier strebt der zweite Faktor mit $|z| \to \infty$ gegen 1. Insbesondere gibt es daher ein M, so daß folgendes sichergestellt ist:

$$|p(z)| > |w_0| \qquad (|z| > M)\,. \tag{12}$$

Setze jetzt

$$\tau := \inf\{t \mid t \geq 0,\ tw_0 \in \Omega\} .$$

Es gibt dann eine Folge $(t_k)_{k\geq 0}$ mit $\lim_{k\to\infty} t_k = \tau$ und

$$w_k := t_k w_0 \in \Omega \qquad \forall k .$$

Zu jedem w_k gehört mindestens ein z_k mit $p(z_k) = w_k$; wegen $|w_k| \leq |w_0|$ und (12) haben alle diese z_k einen Betrag $\leq M$. Nach dem Satz von Bolzano-Weierstraß **(4.7)** gibt es daher eine konvergente Teilfolge

$$z_{k_l} \to \zeta \in \mathbb{C} \qquad (l \to \infty) .$$

Wegen

$$p(\zeta) = \lim_{l\to\infty} p(z_{k_l}) = \lim_{l\to\infty} w_{k_l} = \lim_{l\to\infty} t_{k_l} w_0 = \tau w_0$$

liegt τw_0 in Ω, und zwar ist $\tau w_0 \in [0, w_0]$ ein regulärer Wert. Es gibt daher eine ganze Umgebung V dieses Punktes, die noch in Ω liegt. Wäre $\tau > 0$, so gäbe es dann Punkte

$$(\tau - h)w_0 \in \Omega\,, \qquad 0 < h < \tau\,,$$

entgegen der Definition von τ. Es folgt $\tau = 0$ und damit $0 \in \Omega$. ○

② Komplex-analytische Funktionen sind sehr besondere Wesen und für Funktionen $\mathbf{f} : \mathbb{R}^2 \curvearrowright \mathbb{R}^2$ nicht "typisch". Die Menge der Stellen $(x, y) \in \operatorname{dom}(\mathbf{f})$, wo $d\mathbf{f}(x, y)$ singulär ist, wird ja beschrieben durch die eine Gleichung

$$J_{\mathbf{f}}(x, y) = 0$$

in den beiden Variablen x, y und ist damit "typischerweise" eine Kurve γ in der (x, y)-Ebene — und nicht eine Menge von isolierten Punkten. Was längs einer derartigen Kurve passiert, soll an dem folgenden Beispiel gezeigt werden (Fig. 12.6.3).

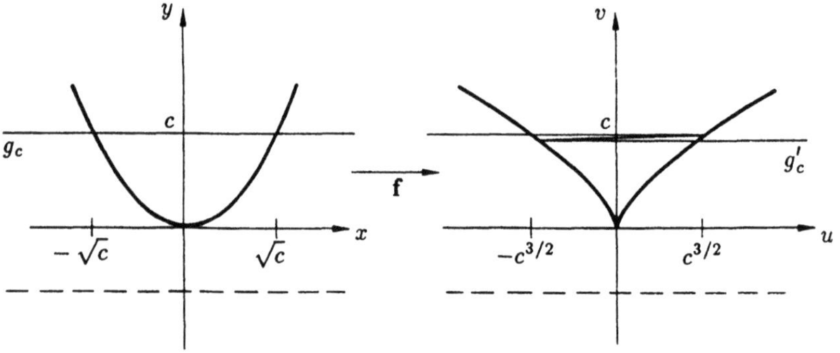

Fig. 12.6.3

Betrachte die Funktion

$$\mathbf{f}: \quad (x,y) \mapsto \begin{cases} u(x,y) := \dfrac{1}{2}(x^3 - 3xy) \\ v(x,y) := y \end{cases} .$$

Die Rechnung liefert

$$\begin{bmatrix} u_x & u_y \\ v_x & v_y \end{bmatrix} = \begin{bmatrix} \frac{3}{2}(x^2 - y) & -\frac{3}{2}x \\ 0 & 1 \end{bmatrix}, \qquad J_{\mathbf{f}}(x,y) = \frac{3}{2}(x^2 - y) .$$

Hiernach ist $d\mathbf{f}(x,y)$ in allen Punkten $(x,y) \in \mathbb{R}^2$ regulär, ausgenommen in den Punkten der Parabel

$$\gamma: \quad y = x^2 .$$

Nach Satz **(12.29)** werden hinreichend kleine ε-Umgebungen von regulären Punkten (x_0, y_0) durch $\mathbf{f}$ verzerrt, im übrigen aber bijektiv auf kleine Scheibchen in der (u,v)-Ebene abgebildet. Das vorliegende Beispiel ist nun so eingerichtet, daß wir die Wirkung von $\mathbf{f}$ sogar global visualisieren können; insbesondere wird dann auch sichtbar, was längs γ geschieht.

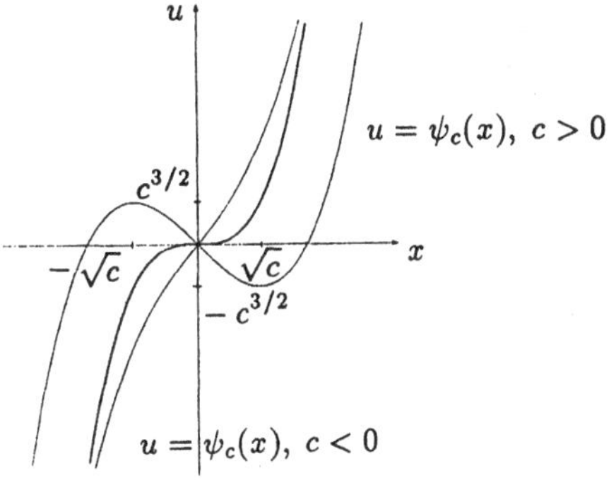

Fig. 12.6.4

Betrachte eine feste Horizontale $g_c := \{(x,c) \mid -\infty < x < \infty\}$ in der (x,y)-Ebene. Wegen $v(x,y) = y$ bildet $\mathbf{f}$ diese Horizontale in die Horizontale $g'_c := \{(u,c) \mid -\infty < u < \infty\}$ der (u,v)-Ebene ab; dabei geht der Punkt (x,c) in den Punkt $(u(x,c),c)$ über. Zum Verständnis der partiellen Abbildung $\mathbf{f}\restriction g_c$ müssen wir die Funktion

$$\psi_c(x) := u(x,c) = \frac{1}{2}(x^3 - 3cx)$$

betrachten (Fig. 12.6.4). Es ergibt sich: Ist $c < 0$, so wächst ψ_c längs der ganzen x-Achse streng monoton; die Horizontale g_c wird also verzerrt, im übrigen aber bijektiv auf g'_c abgebildet; dasselbe gilt auch noch im Fall $c = 0$. Ist $c > 0$, so wächst ψ_c auf dem x-Intervall $]-\infty, -\sqrt{c}]$ streng monoton von $-\infty$ nach

$c^{3/2}$, fällt anschließend auf dem Intervall $[-\sqrt{c}, \sqrt{c}\,]$ streng monoton nach $-c^{3/2}$ und wächst von da ab wieder monoton nach ∞. Die Horizontale g_c wird also an den beiden Stellen $x = -\sqrt{c}$ und $x = \sqrt{c}$ geknickt, und ihr Bild überdeckt die Gerade g'_c zum Teil einmal, zwischen $-c^{3/2}$ und $c^{3/2}$ dreimal. Da dieser Sachverhalt für jedes $c > 0$ zutrifft, können wir nunmehr die Wirkung von $\mathbf{f}$ folgendermaßen beschreiben: Die (x, y)-Ebene wird durch $\mathbf{f}$ entlang den beiden Halbparabeln

$$\gamma_- \quad (\gamma_+): \quad \mathbb{R}_{>0} \to \mathbb{R}^2, \qquad c \mapsto \begin{cases} x := -\sqrt{c} & (+\sqrt{c}\,) \\ y := c \end{cases}$$

"gefaltet", und im Ursprung besitzt $\mathbf{f}$ eine ganz besondere "Singularität", die *Kuspe* genannt wird. Man bemerkt die Beziehung

$$\gamma = \gamma_- \cup \{\mathbf{0}\} \cup \gamma_+ ;$$

in Worten: Das Verschwinden der Funktionaldeterminante hat genau diejenigen Punkte angezeigt, wo etwas Besonderes passiert.

Die beiden Falten gehen über in die Kurven

$$\mathbf{f}(\gamma_-) \quad \big(\mathbf{f}(\gamma_+)\big): \quad c \mapsto \begin{cases} u := c^{3/2} & (-c^{3/2}) \\ v := c \end{cases} ,$$

und das Bild der (x, y)-Ebene überdeckt den oberhalb von

$$\mathbf{f}(\gamma) = f(\gamma_-) \cup \mathbf{f}(\gamma_+) \cup \mathbf{f}(\mathbf{0}) = \big\{(u, v) \in \mathbb{R}^2 \bigm| v = |u|^{2/3}\big\}$$

gelegenen Teil der (u, v)-Ebene dreimal, den restlichen Teil einmal. ○

③ Wir wenden Satz **(12.29)** noch auf den Zusammenhang zwischen kartesischen und Polarkoordinaten an, indem wir die Koordinatentransformation als Abbildung

$$\mathbf{f}: \quad \mathbb{R}^2 \curvearrowright \mathbb{R}^2, \qquad (r, \phi) \mapsto \begin{cases} x := r\cos\phi \\ y := r\sin\phi \end{cases}$$

interpretieren. Man berechnet

$$\big[d\mathbf{f}(r, \phi)\big] = \left[\frac{\partial(x, y)}{\partial(r, \phi)}\right] = \begin{bmatrix} \cos\phi & -r\sin\phi \\ \sin\phi & r\cos\phi \end{bmatrix} ; \tag{13}$$

somit ist

$$J_{\mathbf{f}}(r, \phi) = r ,$$

und dies verschwindet längs der Achse $r = 0$ der (r, ϕ)-Ebene, das heißt: genau in denjenigen Punkten, die unter $\mathbf{f}$ in den Ursprung der (x, y)-Ebene übergehen.

Betrachten wir also einen Punkt $(x_0, y_0) \neq (0,0)$, so genügt $\mathbf{f}$ in jedem zugehörigen Urbildpunkt (r_0, ϕ_0) den Voraussetzungen von Satz **(12.29)**. Es gibt daher Umgebungen U und V von (r_0, ϕ_0) bzw. (x_0, y_0) und eine stetig differenzierbare lokale Umkehrfunktion

$$\mathbf{g}: \quad V \to U\,, \qquad (x,y) \mapsto \begin{cases} r := r(x,y) \\ \phi := \phi(x,y) \end{cases}$$

mit $\mathbf{g}(x_0, y_0) = (r_0, \phi_0)$.

Satz **(12.29)** liefert aber noch mehr, nämlich die Funktionalmatrix der Abbildung $\mathbf{g}$:

$$[d\mathbf{g}(x,y)] = \left[d\mathbf{f}\big(\mathbf{g}(x,y)\big)\right]^{-1}.$$

Wie man leicht verifiziert, ist die Inverse der Matrix (13) gegeben durch

$$\begin{bmatrix} \cos\phi & \sin\phi \\ -\dfrac{1}{r}\sin\phi & \dfrac{1}{r}\cos\phi \end{bmatrix}.$$

Wir erhalten daher

$$[d\mathbf{g}(x,y)] = \begin{bmatrix} \cos\phi & \sin\phi \\ -\dfrac{1}{r}\sin\phi & \dfrac{1}{r}\cos\phi \end{bmatrix}_{(r,\phi):=\mathbf{g}(x,y)}$$

Um nun auf der rechten Seite r und ϕ wie verlangt durch x und y auszudrücken, benützen wir die Relationen

$$\cos\phi = \frac{x}{r}\,, \qquad \sin\phi = \frac{y}{r}\,, \qquad r = \sqrt{x^2+y^2}$$

und erhalten damit definitiv

$$[d\mathbf{g}(x,y)] = \begin{bmatrix} \dfrac{x}{\sqrt{x^2+y^2}} & \dfrac{y}{\sqrt{x^2+y^2}} \\ -\dfrac{y}{x^2+y^2} & \dfrac{x}{x^2+y^2} \end{bmatrix}.$$

In der letzten Matrix stehen die partiellen Ableitungen der beiden Koordinatenfunktionen $r(\cdot,\cdot)$ und $\phi(\cdot,\cdot)$ von $\mathbf{g}$. In unserem speziellen Beispiel können wir aber diese Funktionen explizit angeben: Nach **(6.34)** ist

$$r(x,y) = \sqrt{x^2+y^2}\,, \qquad \phi(x,y) = \phi_0 + \arctan\frac{x_0 y - y_0 x}{x_0 x + y_0 y}\,.$$

Man verifiziert leicht, daß die partiellen Ableitungen dieser Funktionen mit den Angaben in der obigen Matrix übereinstimmen (die partiellen Ableitungen von $\phi(\cdot,\cdot)$ wurden bereits in Beispiel 12.2.② berechnet). ○

Satz **(12.29′)** läßt sich auch als Satz über die Auflösung von Gleichungssystemen formulieren:

(12.29″) *Es sei*

$$\left.\begin{aligned} f_1(x_1,\ldots,x_n) &= y_1 \\ f_2(x_1,\ldots,x_n) &= y_2 \\ &\vdots \\ f_n(x_1,\ldots,x_n) &= y_n \end{aligned}\right\}$$

ein System von n Gleichungen in n Unbekannten x_k; dabei sind die f_i $(1 \le i \le n)$ gegebene C^1-Funktionen und die y_i reelle Variable. Besitzt das System für $\mathbf{y} := \mathbf{q}$ eine Lösung $\mathbf{x} = \mathbf{p}$ und ist

$$\det\left[\frac{\partial(f_1,\ldots,f_n)}{\partial(x_1,\ldots,x_n)}\right]_{\mathbf{p}} \ne 0\,,$$

so gibt es Umgebungen V von $\mathbf{q}$ und U von $\mathbf{p}$ derart, daß das System für jedes $\mathbf{y} \in V$ in U genau eine Lösung $\mathbf{x}$ $\bigl(=: \mathbf{g}(\mathbf{y})\bigr)$ besitzt, und diese Lösung hängt stetig differenzierbar ab von $\mathbf{y}$.

Wohlgemerkt: Dieser Satz macht nur eine Existenzaussage; er liefert keine "Formel" für den gesuchten Punkt $\mathbf{x}$. — Wir geben gleich eine Anwendung:

(12.31) *Ist $\mathbf{p}$ ein nichtentarteter kritischer Punkt der C^1-Funktion $f : \mathbb{R}^n \curvearrowright \mathbb{R}$, so gibt es eine Umgebung U von $\mathbf{p}$, die keine weiteren kritischen Punkte enthält.*

⌜ Der Punkt $\mathbf{p}$ ist eine Lösung des Gleichungssystems

$$f_{.k}(x_1,\ldots,x_n) = 0 \qquad (1 \le k \le n)\,. \tag{14}$$

Die zugehörige Funktionaldeterminante hat an der Stelle $\mathbf{p}$ den Wert

$$\det\left[\frac{\partial(f_{.1},\ldots,f_{.n})}{\partial(x_1,\ldots,x_n)}\right]_{\mathbf{p}} = \det\bigl[f_{.kl}(\mathbf{p})\bigr]\,,$$

und hier ist die rechte Seite nach Voraussetzung über $\mathbf{p}$ ungleich 0. Aufgrund von Satz **(12.29″)** gibt es daher in einer geeigneten Umgebung U von $\mathbf{p}$ außer $\mathbf{p}$ selbst keine weitere Lösung des Systems (14). ⌟

Implizite Funktionen

Die Idee des Auflösens von Gleichungen soll nun wesentlich verallgemeinert werden. Wir gehen aus von der Vorstellung, daß sich r Gleichungen in N Variablen nach r geeignet gewählten Variablen auflösen lassen sollten; diese

r Variablen erscheinen dann als Funktionen der $d := N - r$ übrigen, wie in Satz **(12.29″)** mit n Gleichungen in $2n$ Variablen die n Variablen x_k als Funktionen der n Variablen y_i. Im allgemeinen ist es nicht möglich, diese Auflösung formelmäßig durchzuführen. Man muß sich dann mit Existenzaussagen begnügen und erklärt, das betreffende Gleichungssystem definiere gewisse Variablen *implizit* als Funktionen der übrigen.

Der folgende *Satz über implizite Funktionen* handelt also von dem Gleichungssystem

$$\left.\begin{aligned} f_1(x_1,\ldots,x_d,\, y_1,\ldots,y_r) &= 0 \\ f_2(x_1,\ldots,x_d,\, y_1,\ldots,y_r) &= 0 \\ &\vdots \\ f_r(x_1,\ldots,x_d,\, y_1,\ldots,y_r) &= 0 \end{aligned}\right\} , \tag{15}$$

das nach den (irgendwie ausgewählten) Variablen y_i $(1 \le i \le r)$ aufgelöst werden soll. Wir setzen $d + r =: n$ und bezeichnen die Punkte

$$(x_1,\ldots,x_d,\, y_1,\ldots,y_r) \in \mathbb{R}^d \times \mathbb{R}^r = \mathbb{R}^n$$

zur Abkürzung mit $(\mathbf{x},\mathbf{y})$.

(12.32) *Es sei*

$$\mathbf{f}: \quad \mathbb{R}^d \times \mathbb{R}^r \curvearrowright \mathbb{R}^r, \qquad (\mathbf{x},\mathbf{y}) \mapsto \mathbf{f}(\mathbf{x},\mathbf{y})$$

eine C^1-Funktion, und es sei $\mathbf{f}(\mathbf{p},\mathbf{q}) = \mathbf{0}$. Ist dann die Determinante

$$\det \left[\frac{\partial(f_1,\ldots,f_r)}{\partial(y_1,\ldots,y_r)}\right]_{(\mathbf{p},\mathbf{q})} \neq 0\,,$$

so gibt es Umgebungen U von $\mathbf{p}$ und V von $\mathbf{q}$ und eine C^1-Funktion

$$\boldsymbol{\phi}: \quad U \to V\,, \qquad \mathbf{x} \mapsto \mathbf{y} := \boldsymbol{\phi}(\mathbf{x})$$

derart, daß der in $U \times V$ gelegene Teil der Lösungsmenge

$$S := \{(\mathbf{x},\mathbf{y}) \in \mathbb{R}^n \mid \mathbf{f}(\mathbf{x},\mathbf{y}) = \mathbf{0}\}$$

mit dem Graphen von $\boldsymbol{\phi}$ übereinstimmt. Im Fall $r = d = 1$ gilt folgende Formel für die Ableitung von ϕ:

$$\phi'(x) = -\left.\frac{\partial f/\partial x}{\partial f/\partial y}\right|_{(x,\phi(x))} . \tag{16}$$

In anderen Worten: Unter den angegebenen Voraussetzungen definiert das Gleichungssystem (15) innerhalb des "Fensters" $U \times V$ die Variablen y_i als differenzierbare Funktionen

$$y_i := \phi_i(x_1,\ldots,x_d) \qquad (1 \le i \le r)$$

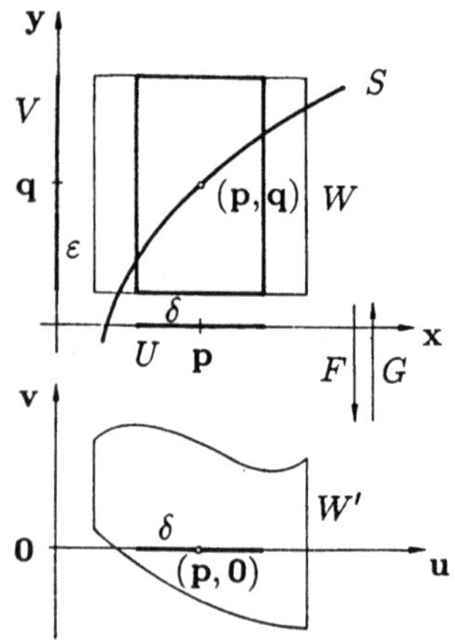

Fig. 12.6.5

der x_k. — Wir bemerken noch, daß (16) zu einer für beliebige r, $d \geq 1$ gültigen Formel für $[d\boldsymbol{\phi}(\mathbf{x})]$ verallgemeinert werden kann.

⌈ Um den Satz **(12.29)** anwenden zu können, benötigen wir eine Abbildung zwischen gleichdimensionalen Räumen. Wir definieren daher die Hilfsabbildung

$$\mathbf{F}: \quad \mathbb{R}^d \times \mathbb{R}^r \curvearrowright \mathbb{R}^d \times \mathbb{R}^r, \qquad (\mathbf{x}, \mathbf{y}) \mapsto \begin{cases} \mathbf{u} := \mathbf{x} \\ \mathbf{v} := \mathbf{f}(\mathbf{x}, \mathbf{y}) \end{cases} \tag{17}$$

(Fig. 12.6.5). Wegen $\mathbf{f}(\mathbf{p}, \mathbf{q}) = \mathbf{0}$ führt $\mathbf{F}$ den Punkt $(\mathbf{p}, \mathbf{q})$ in $(\mathbf{p}, \mathbf{0})$ über. Weiter besitzt $\mathbf{F}$ die Funktionalmatrix

$$\left[\frac{\partial(u_1, \ldots, u_d, v_1, \ldots, v_r)}{\partial(x_1, \ldots, x_d, y_1, \ldots, y_r)}\right] = \begin{bmatrix} \begin{bmatrix} 1 & & & \\ & 1 & & \\ & & \ddots & \\ & & & 1 \end{bmatrix} & 0 \\ \left[\dfrac{\partial(f_1, \ldots, f_r)}{\partial(x_1, \ldots, x_d)}\right] & \left[\dfrac{\partial(f_1, \ldots, f_r)}{\partial(y_1, \ldots, y_r)}\right] \end{bmatrix},$$

folglich gilt nach den Regeln über das Rechnen mit Determinanten:

$$\det d\mathbf{F}(\mathbf{p}, \mathbf{q}) = \det \left[\frac{\partial(f_1, \ldots, f_r)}{\partial(y_1, \ldots, y_r)}\right]_{(\mathbf{p}, \mathbf{q})} \neq 0 .$$

Hieraus folgt mit Satz **(12.29′)**: $\mathbf{F}$ bildet eine geeignete Umgebung $W := U_\varepsilon(\mathbf{p}) \times U_\varepsilon(\mathbf{q})$ von $(\mathbf{p}, \mathbf{q})$ bijektiv auf eine Umgebung W' von $(\mathbf{p}, \mathbf{0})$ ab, $d\mathbf{F}$ ist in allen Punkten von W regulär, und die Umkehrabbildung $\mathbf{G} : W' \to W$

von $\mathbf{F}\restriction W$ ist stetig differenzierbar. Wegen (17) hat $\mathbf{G}$ die folgende spezielle Gestalt:

$$G: \quad (\mathbf{u},\mathbf{v}) \mapsto \begin{cases} \mathbf{x} := \mathbf{u} \\ \mathbf{y} := \mathbf{g}(\mathbf{u},\mathbf{v}) \end{cases}$$

Unser Interesse gilt den Punkten $(\mathbf{x},\mathbf{y})$ mit $\mathbf{f}(\mathbf{x},\mathbf{y}) = \mathbf{0}$. Ein derartiger Punkt wird durch $\mathbf{F}$ in $(\mathbf{x},\mathbf{0})$ übergeführt. Die Umkehrfunktion $\mathbf{G}$ liefert den zu $(\mathbf{x},\mathbf{0})$ gehörigen Punkt $(\mathbf{x},\mathbf{y})$ wieder zurück und damit insbesondere zu gegebenem $\mathbf{x}$ ein $\mathbf{y}$ mit $(\mathbf{x},\mathbf{y}) \in S$. Die gesuchte Funktion $\boldsymbol{\phi}$ ist daher gegeben durch

$$\boldsymbol{\phi}(\mathbf{x}) := \mathbf{g}(\mathbf{x},\mathbf{0})\,. \tag{18}$$

Im einzelnen sieht das folgendermaßen aus: Es gibt ein $\delta > 0$, so daß die "Strecke" $U_\delta(\mathbf{p}) \times \{\mathbf{0}\}$ in W' liegt. Setzt man $U := U_\delta(\mathbf{p})$ und $V := U_\epsilon(\mathbf{q})$, so ist $U \times V \subset W$, vor allem aber definiert (18) eine stetig differenzierbare Funktion $\boldsymbol{\phi}: U \to V$.

Betrachte jetzt einen beliebigen Punkt $(\mathbf{x},\mathbf{y}) \in U \times V$. Dieser Punkt gehört genau dann zu S, wenn

$$\mathbf{F}(\mathbf{x},\mathbf{y}) = \bigl(\mathbf{x},\mathbf{f}(\mathbf{x},\mathbf{y})\bigr) = (\mathbf{x},\mathbf{0})$$

ist. Wegen $(\mathbf{x},\mathbf{y}) \in W$ trifft dies genau dann zu, wenn $\mathbf{G}(\mathbf{x},\mathbf{0}) = (\mathbf{x},\mathbf{y})$ ist, und das letzte ist äquivalent mit $\mathbf{y} = \mathbf{g}(\mathbf{x},\mathbf{0}) = \boldsymbol{\phi}(\mathbf{x})$.

Im Fall $r = d = 1$ gilt $f\bigl(x,\phi(x)\bigr) \equiv 0 \ (x \in U)$, und mit der Kettenregel folgt

$$\frac{\partial f}{\partial x} \cdot 1 + \frac{\partial f}{\partial y}\phi'(x) = 0 \qquad (x \in U)\,. \tag{19}$$

Nach Vereinbarung über W bzw. U ist

$$\left.\frac{\partial f}{\partial y}\right|_{(x,\phi(x))} \neq 0 \qquad \forall x \in U\,,$$

somit können wir (19) nach $\phi'(x)$ auflösen und erhalten die behauptete Formel (16). ┘

④ Die Gleichung

$$\bigl(\,f(x,y) := \bigr) \qquad e^{2x-3y} + 3x - 5y = 0$$

läßt sich nicht in Formeln nach x oder nach y auflösen. Man findet jedoch, daß zum Beispiel der Punkt $(3,2)$ die Gleichung befriedigt. Aus

$$f_x = 2e^{2x-3y} + 3\,, \qquad f_y = -3e^{2x-3y} - 5$$

folgt $f_y(3,2) = -8 \neq 0$. Nach dem eben bewiesenen Satz definiert daher die betrachtete Gleichung in der Umgebung des Punktes $(3,2)$ eine stetig differenzierbare Funktion $y = \phi(x)$ mit $\phi(3) = 2$ und

$$\phi'(3) = -\frac{f_x(3,2)}{f_y(3,2)} = \frac{5}{8}\,.$$

○

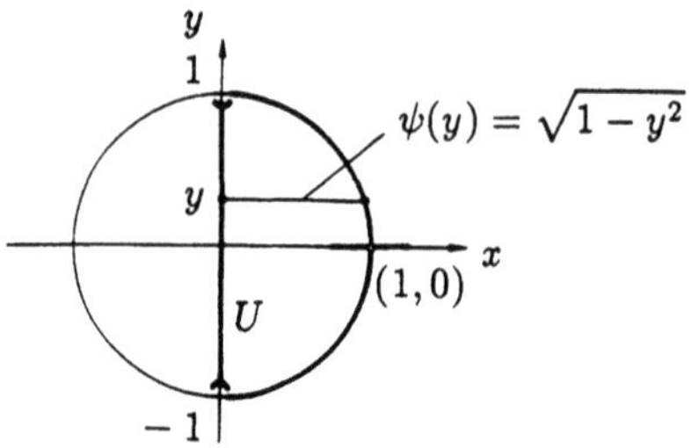

Fig. 12.6.6

⑤ Der Punkt $(1,0)$ gehört zur Lösungsmenge der Gleichung

$$(\,f(x,y) :=) \qquad x^2 + y^2 - 1 = 0\ .$$

Nun ist $f_y = 2y$ in diesem Punkt gleich 0; die entscheidende Voraussetzung von Satz **(12.32)** ist daher in diesem Punkt verletzt. Tatsächlich läßt sich die Lösungsmenge in der Umgebung von $(1,0)$ nicht als Graph einer Funktion $y = \phi(x)$ auffassen, wie die Fig. 12.6.6 zeigt. Hingegen ist $f_x(1,0) = 2 \neq 0$; nach dem Satz gibt es daher eine Umgebung U von 0 und eine in U stetig differenzierbare Funktion $x = \psi(y)$ mit $\psi(0) = 1$, die das Gewünschte leistet. Hier ist natürlich $\psi(y) = \sqrt{1-y^2}$, und dies ist in der Tat auf $U :=]-1,1[$ stetig differenzierbar. ○

12.7. Kurven und Flächen im $\mathbb{R}^n$

Kurven

Wir haben bis jetzt drei Arten kennengelernt, eine "Kurve" γ in der (x,y)-Ebene zu präsentieren:

(a) als Graph einer Funktion $y = \phi(x)$,

(b) als Lösungsmenge einer Gleichung $f(x,y) = 0$,

(c) mit Hilfe einer Parameterdarstellung $t \mapsto \bigl(x(t), y(t)\bigr)$.

Was ist überhaupt eine "Kurve"? Die wenigsten Kurven können global als Graph einer Funktion aufgefaßt werden: Schon eine Kreislinie verletzt die Bedingung, daß zu jedem x höchstens ein Kurvenpunkt $\bigl(x, \phi(x)\bigr)$ gehören soll. Die Form (b) beschreibt eine Kurve als "geometrischen Ort". In vielen Fällen ist die Gleichung $f(x,y) = 0$ als eine *Nebenbedingung* zu interpretieren, die die gleichberechtigten und an sich unabhängigen Variablen x und y aneinander bindet und in ihrer Variabilität einschränkt. Die Gleichungsform hilft allerdings nichts, wenn es darum geht, Längen oder umfahrene Flächeninhalte usw. auszurechnen. Parameterdarstellungen (c) sind am flexibelsten. Sie modellieren die Vorstellung, daß sich eine Kurve "in einem Zuge zeichnen" läßt, und "in einem Zuge zeichnen" heißt: ein Zeitintervall stetig in die Ebene abbilden. In der betreffenden Abbildung inbegriffen ist der genaue Fahrplan, nach dem die Kurve durchlaufen werden soll. Nun stellt man sich unter einer "Kurve" im allgemeinen etwas "Gezeichnetes" und nicht etwas "Gezeichnet-Werdendes" vor. Wir sollten daher den mehr oder weniger zufälligen Fahrplan wieder vergessen, in anderen Worten: zwei Parameterdarstellungen, die sich nur durch diesen Fahrplan unterscheiden, als Repräsentanten ein- und derselben Kurve betrachten. Aufgrund dieser Bemerkungen treffen wir die folgenden Vereinbarungen: Es sei I ein Intervall, das mindestens zwei Punkte enthält. Eine stetige Abbildung

$$\mathbf{x}(\cdot): \quad I \to \mathbf{X}, \qquad t \mapsto \mathbf{x}(t) \tag{1}$$

heißt eine *parametrisierte Kurve*. Zwei parametrisierte Kurven $\mathbf{x}_1(\cdot) : I_1 \to \mathbf{X}$ und $\mathbf{x}_2(\cdot) : I_2 \to \mathbf{X}$ sind *äquivalent*, wenn es eine *Parametertransformation*

$$\psi: \quad I_2 \to I_1, \qquad \bar{t} \mapsto t := \psi(\bar{t})$$

gibt, die das Intervall I_2 streng monoton wachsend und stetig auf I_1 abbildet, so daß gilt:

$$\mathbf{x}_2 = \mathbf{x}_1 \circ \psi, \qquad \text{d.h.} \qquad \mathbf{x}_2(\bar{t}) = \mathbf{x}_1(\psi(\bar{t})) \quad \forall \bar{t} \in I_2 .$$

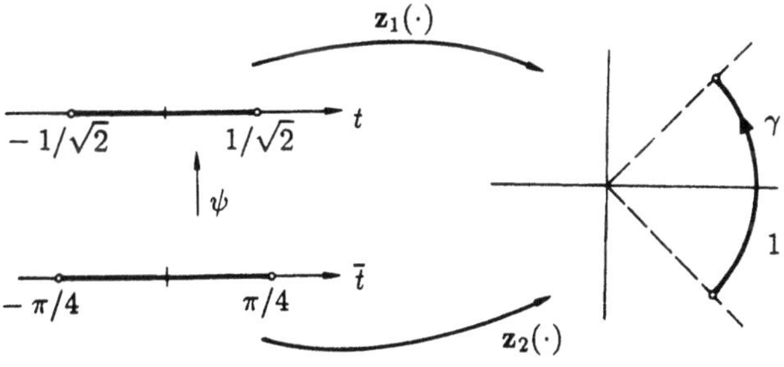

Fig. 12.7.1

① Die beiden Abbildungen

$$\mathbf{z}_1(\cdot): \quad t \mapsto (\sqrt{1-t^2}, t) \qquad \left(-\frac{1}{\sqrt{2}} \le t \le \frac{1}{\sqrt{2}}\right),$$

$$\mathbf{z}_2(\cdot): \quad \bar{t} \mapsto (\cos \bar{t}, \sin \bar{t}) \qquad \left(-\frac{\pi}{4} \le \bar{t} \le \frac{\pi}{4}\right)$$

produzieren denselben Bogen γ (Fig. 12.7.1) in der $\mathbf{z}$-Ebene und gehen ineinander über durch die Parametertransformation

$$\psi: \quad \left[-\frac{\pi}{4}, \frac{\pi}{4}\right] \to \left[-\frac{1}{\sqrt{2}}, \frac{1}{\sqrt{2}}\right], \qquad \bar{t} \mapsto t := \sin \bar{t} \, .$$

denn für alle $\bar{t} \in \left[-\frac{\pi}{4}, \frac{\pi}{4}\right]$ gilt $\mathbf{z}_1(\psi(\bar{t})) = (\sqrt{1-\sin^2 \bar{t}}, \sin \bar{t}) = \mathbf{z}_2(\bar{t})$. ○

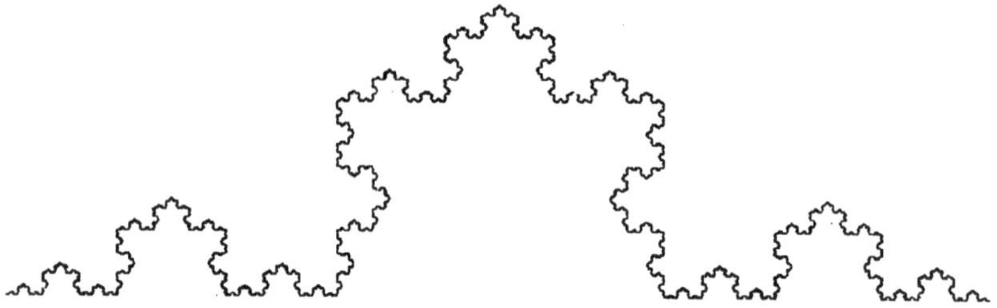

Fig. 12.7.2

Es ist leicht einzusehen, daß damit auf der Menge aller parametrisierten Kurven eine Äquivalenzrelation (=: '$\sim$') definiert wurde. Eine Äquivalenzklasse bezüglich '$\sim$' heißt eine *(stetige) Kurve*. Unter diesen Begriff fallen zum Beispiel auch eine *konstante Kurve* $\mathbf{x}(t) \equiv \mathbf{p}$ $(t \in I)$, die berühmte *Kochsche Kurve* (Fig. 12.7.2) oder die Kurve

$$\gamma: \quad t \mapsto (t^3, t^2) \qquad (-\infty < t < \infty)$$

(Fig. 12.7.3), die im Ursprung einen sogenannten *Rückkehrpunkt* besitzt.

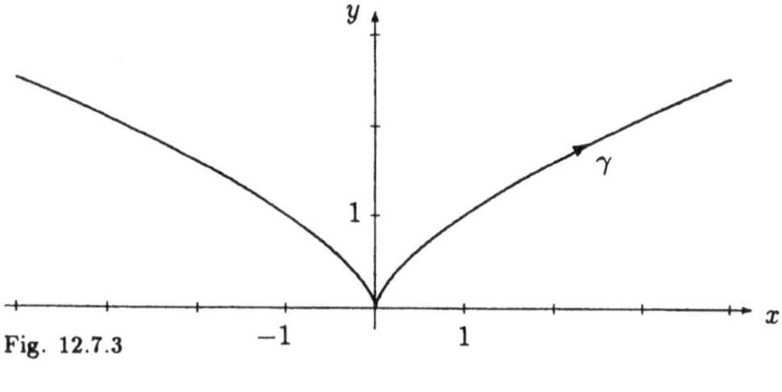

Fig. 12.7.3

Die folgenden Attribute einer Kurve γ sind von dem gewählten Repräsentanten unabhängig: Die (ebenfalls mit γ bezeichnete) *Spur*, gemeint ist die Punktmenge

$$\{\mathbf{x}(t) \mid t \in I\} \subset \mathbf{X},$$

ferner im Fall $I = [a, b]$ der *Anfangspunkt* $\mathbf{x}(a)$ und der *Endpunkt* $\mathbf{x}(b)$. Ist $\mathbf{x}(a) = \mathbf{x}(b)$, so heißt die Kurve γ *geschlossen.*

Die Repräsentanten (1) einer Kurve γ heißen weiterhin auch *Parameterdarstellungen* von γ. Der Einfachheit halber sprechen wir gelegentlich etwas ungenau von der "Kurve $\gamma : t \mapsto \mathbf{x}(t) \quad (t \in I)$". Wenn allerdings weitere Attribute von γ, wie zum Beispiel die Länge, mit Hilfe eines Repräsentanten definiert werden, so hat man sich jedesmal zu vergewissern, daß es sich wirklich um ein Attribut der Kurve handelt.

Flächen

Was hier über Kurven gesagt wurde, gilt sinngemäß für "d-dimensionale Flächen im $\mathbb{R}^n$", zu denen wir nun kommen. Das zentrale Anliegen dieses Abschnitts ist nämlich, die drei angegebenen Formen (a)–(c) der Präsentation von ebenen Kurven auf geometrische Objekte beliebiger Dimension zu übertragen und zu analysieren. Im Zuge dessen werden dann auch weitere Konstrukte, wie Tangentialebenen oder Flächennormalen, eingeführt und berechnet.

Im weiteren werden wir in erster Linie (hinreichend oft) stetig differenzierbare Kurven und Flächen betrachten. Nun zum nächsten Problem: Wie die Fig. 12.7.3 zeigt, kann auch eine stetig differenzierbare Parameterdarstellung durchaus "Singularitäten" produzieren. Wenn wir das vermeiden wollen, braucht es eine "Regularitätsbedingung" von anderer Art als $\mathbf{x}(\cdot) \in C^1$; und auch $\mathbf{x}(\cdot) \in C^\infty$ ist nicht die richtige Medizin. Um hier weiterzukommen, benötigen wir zusätzliches Material aus der linearen Algebra.

Es sei $L : \mathbb{R}^d \to \mathbb{R}^n$, $d \leq n$, eine lineare Abbildung. Die Menge

$$\operatorname{im}(L) := \{L\mathbf{x} \mid \mathbf{x} \in \mathbb{R}^d\} \subset \mathbb{R}^n$$

der Bildvektoren ist ein Unterraum von $\mathbb{R}^n$, seine Dimension heißt der *Rang* der Abbildung L und wird mit $\operatorname{rang}(L)$ bezeichnet. Der Rang ist gleich der Ordnung der größten nicht verschwindenden Unterdeterminanten der Matrix $[L]$ und ist jedenfalls $\leq d$. Ist $\operatorname{rang}(L) = d$, so hat L *Maximalrang* und wird auch *regulär* genannt.

Die Menge

$$\ker(L) := \{\mathbf{x} \in \mathbb{R}^d \mid L\mathbf{x} = \mathbf{0}\} \subset \mathbb{R}^d$$

der Vektoren, die durch L in $\mathbf{0}$ übergeführt werden, heißt der *Kern* von L und ist ein Unterraum von $\mathbb{R}^d$. Die Abbildung L ist genau dann injektiv, wenn $\ker(L) = \{\mathbf{0}\}$, das heißt: $\dim(\ker(L)) = 0$ ist. Aufgrund der fundamentalen Beziehung

$$\dim(\ker(L)) = d - \operatorname{rang}(L)$$

ergibt sich der folgende Sachverhalt: Ist $d \leq n$ und ist $L : \mathbb{R}^d \to \mathbb{R}^n$ eine reguläre lineare Abbildung, so führt L den $\mathbb{R}^d$ bijektiv in einen d-dimensionalen Unterraum des $\mathbb{R}^n$ über.

Sind d und n gegeben, so bezeichnen wir die Orthogonalprojektion

$$(x_1, \ldots, x_d, x_{d+1}, \ldots, x_n) \mapsto (x_1, \ldots, x_d, 0, \ldots, 0)$$

des $\mathbb{R}^n$ auf die d-dimensionale Koordinatenebene

$$\mathbb{R}^{d(n)} := \left\{ \mathbf{x} \in \mathbb{R}^n \;\middle|\; x_{d+1} = \ldots = x_n = 0 \right\}$$

mit π. Die Abbildung π ist linear und damit stetig differenzierbar. Wird die Koordinatenebene $\mathbb{R}^{d(n)}$ kurzerhand mit $\mathbb{R}^d$ identifiziert, so erscheint die Abbildung π als

$$\pi: \quad \mathbb{R}^n \to \mathbb{R}^d, \qquad (x_1, \ldots, x_d, x_{d+1}, \ldots, x_n) \mapsto (x_1, \ldots, x_d) .$$

Eine Menge $S \subset \mathbb{R}^n$ liegt *schlicht* über der Menge $V \subset \mathbb{R}^{d(n)}$, wenn $\pi \restriction S$ eine bijektive Abbildung von S auf V ist. Dann liegt über jedem Punkt $(x_1, \ldots, x_d, 0, \ldots, 0) \in V$ genau ein Punkt von S und über jedem Punkt des Komplements von V kein Punkt von S. Beispiel: Der Graph einer Funktion $y = \phi(x)$ liegt schlicht über $\operatorname{dom}(\phi)$.

Nach diesen Vorbereitungen kommen wir zu den Parameterdarstellungen von d-dimensionalen Flächen im $\mathbb{R}^n$. Wir werden folgendes zeigen (vgl. (a) und (c) am Anfang dieses Abschnitts): Ist $\mathbf{f}: \mathbb{R}^d \curvearrowright \mathbb{R}^n$ eine stetig differenzierbare Abbildung, so ist die Bildmenge $S \subset \mathbb{R}^n$ einerseits bijektiv und in beiden Richtungen stetig auf den d-dimensionalen Definitionsbereich von $\mathbf{f}$ bezogen; anderseits liegt S schlicht über einer Menge $V \subset \mathbb{R}^{d(n)}$ und kann als Graph einer stetig differenzierbaren Funktion $\boldsymbol{\phi}: \mathbb{R}^d \curvearrowright \mathbb{R}^{n-d}$ aufgefaßt werden — dies alles unter der entscheidenden Voraussetzung, daß $d\mathbf{f}$ in den betrachteten Punkten den Rang d besitzt. Die beschriebenen Sachverhalte liegen zugrunde, wenn eine derartige Menge S als d-dimensionale Fläche bezeichnet wird (für die genaue Definition s.u.). Im einzelnen lautet der sogenannte *Immersionssatz* wie folgt:

(12.33) *Es sei*

$$\mathbf{f}: \quad \mathbb{R}^d \curvearrowright \mathbb{R}^n, \qquad \mathbf{u} \mapsto \mathbf{x} := \mathbf{f}(\mathbf{u})$$

eine stetig differenzierbare Abbildung, und im Punkt $\mathbf{p}$ *mit Bildpunkt* $\mathbf{f}(\mathbf{p}) =: \mathbf{q}$ *sei*

$$\operatorname{rang} d\mathbf{f}(\mathbf{p}) = d .$$

Dann gibt es (bei geeigneter Numerierung der Koordinaten im $\mathbb{R}^n$*) Umgebungen* U *von* $\mathbf{p}$ *und* V *von* $\pi(\mathbf{q}) =: \mathbf{q}'$*, so daß folgendes zutrifft:*

(a) *Die Einschränkung* $\mathbf{f} \restriction U$ *bildet* U *bijektiv auf eine Menge* $S \subset \mathbb{R}^n$ *ab, und die Umkehrabbildung* $(\mathbf{f} \restriction U)^{-1}: S \to U$ *ist stetig.*

(b) $S = \mathbf{f}(U)$ *liegt schlicht über* V*.*

(c) *Es gibt eine* C^1*-Funktion* $\boldsymbol{\phi}: V \to \mathbb{R}^{n-d}$ *mit*

$$S = \left\{ \mathbf{x} \in \mathbb{R}^n \;\middle|\; (x_1, \ldots, x_d) \in V, \quad x_i = \phi_i(x_1, \ldots, x_d) \;\; (d+1 \le i \le n) \right\} .$$

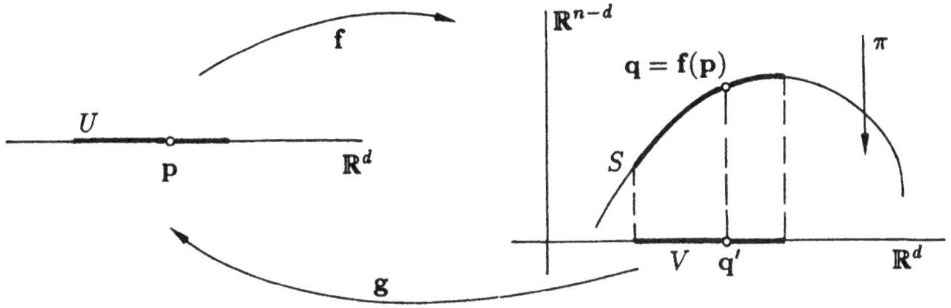

Fig. 12.7.4

Kurz: Bildet $d\mathbf{f}(\mathbf{p})$ den Tangentialraum $T_\mathbf{p}$ bijektiv auf einen d-dimensionalen Unterraum von $T_\mathbf{q}$ ab, so bildet $\mathbf{f}$ eine Umgebung von $\mathbf{p}$ bijektiv auf ein d-dimensionales " Flächenstück" im $\mathbb{R}^n$ ab.

⌈ (Siehe die Fig. 12.7.4) Die Funktionalmatrix $[d\mathbf{f}(\mathbf{p})]$, eine $(n \times d)$-Matrix, besitzt eine nichtverschwindende Unterdeterminante der Ordnung d; wir dürfen annehmen, es sei

$$\det\left[\frac{\partial(f_1,\ldots,f_d)}{\partial(u_1,\ldots u_d)}\right] \neq 0\,.$$

Wir können diese Unterdeterminante von $[d\mathbf{f}(\mathbf{p})]$ als Funktionaldeterminante der Abbildung

$$\mathbf{h} := \pi\circ\mathbf{f}: \quad \mathbb{R}^d \curvearrowright \mathbb{R}^d, \qquad (u_1,\ldots,u_d)\mapsto\begin{cases} x_1 := f_1(u_1,\ldots,u_d) \\ \quad\vdots \\ x_d := f_d(u_1,\ldots,u_d)\end{cases}$$

an der Stelle $\mathbf{p}$ auffassen; $d\mathbf{h}(\mathbf{p})$ ist hiernach regulär. Nach dem Hauptsatz **(12.29)** gibt es daher eine Umgebung U von $\mathbf{p}$, die durch $\mathbf{h}$ bijektiv und in beiden Richtungen stetig differenzierbar auf eine Umgebung V von $\mathbf{h}(\mathbf{p}) = \mathbf{q}'$ abgebildet wird.

Setze $\mathbf{f}(U) =: S$; dann ist $V = \pi(S)$, und es gilt

$$\mathbf{h}\restriction U = (\pi\restriction S)\circ(\mathbf{f}\restriction U)\,.$$

Da $\mathbf{h}\restriction U$ injektiv ist, muß das auch auf die beiden Faktoren $\mathbf{f}\restriction U$ und $\pi\restriction S$ zutreffen. Somit bildet $\mathbf{f}\restriction U$ die Menge U bijektiv auf S ab, und S liegt schlicht über der Menge V.

Bezeichnet $\mathbf{g} : V \to U$ die Umkehrabbildung von $\mathbf{h}\restriction U$, so gelten die Beziehungen

$$\mathbf{g}\circ(\pi\restriction S)\circ(\mathbf{f}\restriction U) = \mathrm{id}_U\,, \qquad (\pi\restriction S)\circ(\mathbf{f}\restriction U)\circ\mathbf{g} = \mathrm{id}_V\,, \tag{2}$$

und alle hier auftretenden Abbildungen sind bijektiv. Der ersten Gleichung (2) entnimmt man

$$(\mathbf{f}\restriction U)^{-1} = \mathbf{g} \circ (\pi \restriction S)\,,$$

womit $(\mathbf{f}\restriction U)^{-1}$ als stetig erwiesen ist. Gemäß der zweiten Gleichung (2) ist $\pi\restriction S$ die Umkehrabbildung der Abbildung $(\mathbf{f}\restriction U)\circ\mathbf{g} : V \to S$. Da π die ersten d Koordinaten festhält, muß dies auch für $\mathbf{f}\circ\mathbf{g}$ zutreffen. Somit ist $\mathbf{f}\circ\mathbf{g}$ von der Form

$$\mathbf{f}\circ\mathbf{g}: \quad (x_1,\ldots,x_d) \mapsto (x_1,\ldots,x_d,\, \phi_{d+1}(x_1,\ldots,x_d),\ldots,\phi_n(x_1,\ldots,x_d))$$

mit stetig differenzierbaren Funktionen ϕ_i. Wegen $S = \mathbf{f}\circ\mathbf{g}(V)$ folgt hieraus (c). ┘

② Ist $d = 1$, so stellt $\mathbf{f} : I \to \mathbb{R}^n$ eine Kurve γ dar. Die Ableitung $d\mathbf{f}(t_0)$ besitzt an einer Stelle $t_0 \in I$ genau dann den Rang 1, wenn

$$d\mathbf{f}(t_0).\mathbf{e} = \mathbf{f}'(t_0) \neq \mathbf{0}$$

ist. Ist zum Beispiel $f_1'(t_0) \neq 0$, so besagt unser Satz: Das zu einem geeigneten Intervall $]\,t_0 - \delta, t_0 + \delta\,[$ gehörige Stück von γ liegt schlicht über einem Intervall der x_1-Achse und kann als Graph einer stetig differenzierbaren $\mathbb{R}^{n-1}$-wertigen Funktion von x_1 betrachtet werden. — Bei der Kurve $\gamma : t \mapsto (t^3, t^2)$ (Fig. 12.7.3) ist die Regularitätsbedingung an der Stelle $t_0 := 0$ verletzt, und prompt hat sich eine "Singularität" eingestellt. ○

③ Die Funktion $\mathrm{cis} : t \mapsto e^{it}$ läßt sich auffassen als

$$\mathbf{f}: \quad \mathbb{R} \to \mathbb{R}^2\,, \qquad t \mapsto \begin{cases} x(t) := \cos t \\ y(t) := \sin t \end{cases}.$$

Der Ableitungsvektor $\mathbf{f}'(t) = (-\sin t, \cos t)$ ist für alle t ein Einheitsvektor, also $\neq \mathbf{0}$. Nach unserem Satz bildet daher die cis-Funktion jedes hinreichend kleine Intervall $]\,t_0 - \delta, t_0 + \delta\,[$ injektiv und in beiden Richtungen stetig ab — ein Sachverhalt, den wir bereits in Kapitel 6 (mit einigem Aufwand) bewiesen haben. Weiter: Da zum Beispiel $y'(0) \neq 0$ ist, läßt sich der Bogen $\gamma := \mathrm{cis}(U_\delta(0))$ als Graph einer C^1-Funktion $x = \psi(y)$ auffassen (im vorliegenden Fall der Funktion $\psi(y) := \sqrt{1-y^2}$). Wegen $x'(0) = 0$ liefert unser Satz keine Darstellung von γ der Form $y = \phi(x)$; es gibt auch gar keine (vgl. Beispiel 12.6.⑤). ○

Satz **(12.33)** legt folgende Definition nahe: Es sei $d \leq n$. Eine Funktion

$$\mathbf{f}: \quad \Omega \to \mathbb{R}^n, \qquad \mathbf{u} \mapsto \mathbf{x} := \mathbf{f}(\mathbf{u}) \tag{3}$$

mit offenem Definitionsbereich $\Omega \subset \mathbb{R}^d$ heißt *regulär* (auch: eine *Immersion*), wenn sie stetig differenzierbar ist und wenn $d\mathbf{f}(\mathbf{u})$ in allen Punkten $\mathbf{u} \in \Omega$ Maximalrang, also den Rang d besitzt. Im Fall $d = 1$ bedeutet dies, daß $\mathbf{f}'(t) \neq \mathbf{0}$ ist für alle t, und allgemein, daß die d Vektoren

$$\mathbf{f}_{.k}(\mathbf{u}) = d\mathbf{f}(\mathbf{u}).\mathbf{e}_k \qquad (1 \leq k \leq d)$$

für alle $\mathbf{u} \in \Omega$ linear unabhängig sind.

④ In der Elementargeometrie wird gezeigt: Zwei Vektoren $\mathbf{a}$, $\mathbf{b} \in \mathbb{R}^3$ sind genau dann linear unabhängig, wenn ihr Vektorprodukt $\mathbf{a} \times \mathbf{b}$ nicht verschwindet. Für Parameterdarstellungen

$$\mathbf{f}: \quad \mathbb{R}^2 \curvearrowright \mathbb{R}^3, \qquad (u,v) \mapsto \begin{cases} x := x(u,v) \\ y := y(u,v) \\ z := z(u,v) \end{cases}$$

von "gewöhnlichen Flächen im $\mathbb{R}^3$" erhalten wir damit die folgende Regularitätsbedingung:

$$\mathbf{f}_u \times \mathbf{f}_v \neq \mathbf{0} \qquad \forall (u,v) \in \operatorname{dom}(\mathbf{f}) .$$

Betrachte etwa die bekannte Darstellung

$$\mathbf{f}: \quad (\phi,\theta) \mapsto \begin{cases} x := \cos\theta\cos\phi \\ y := \cos\theta\sin\phi \\ z := \sin\theta \end{cases} \qquad \left(0 \leq \phi \leq 2\pi,\ -\frac{\pi}{2} \leq \theta \leq \frac{\pi}{2}\right) \tag{4}$$

(Fig. 3.1.18) der 2-Sphäre

$$S^2 := \left\{(x,y,z) \in \mathbb{R}^3 \;\middle|\; x^2+y^2+z^2 = 1\right\} .$$

Einmal abgesehen davon, daß $\operatorname{dom}(\mathbf{f})$ nicht offen ist: Man berechnet

$$\mathbf{f}_\phi = (-\cos\theta\sin\phi, \cos\theta\cos\phi, 0), \qquad \mathbf{f}_\theta = (-\sin\theta\cos\phi, -\sin\theta\sin\phi, \cos\theta)$$

und hieraus nach den Rechenregeln für das Vektorprodukt:

$$\mathbf{f}_\phi \times \mathbf{f}_\theta = \cos\theta\,(\cos\theta\cos\phi, \cos\theta\sin\phi, \sin\theta) = \cos\theta \cdot \mathbf{f}(\phi,\theta) \neq \mathbf{0}$$
$$\left(-\tfrac{\pi}{2} < \theta < \tfrac{\pi}{2}\right) .$$

Die beiden Kanten $\theta = \pm\frac{\pi}{2}$ des Parameterrechtecks werden durch $\mathbf{f}$ auf je einen einzigen Punkt abgebildet; in den betreffenden Punkten ist $\mathbf{f}$ natürlich nicht regulär. Außerdem zeichnet $\mathbf{f}$ eine künstliche Nahtlinie auf S^2. Für die Zwecke der Integralrechnung (s.u.) können diese Mängel der Darstellung (4) akzeptiert werden. ○

In dem folgenden Spezialfall ist die Regularität fast evident:

(12.34) *Ist* $\boldsymbol{\phi} : \mathbb{R}^d \to \mathbb{R}^n$ *eine Funktion der Form*

$$\boldsymbol{\phi} : \quad (x_1, \ldots, x_d) \mapsto \bigl(x_1, \ldots, x_d, \phi_{d+1}(x_1, \ldots, x_d), \ldots, \phi_n(x_1, \ldots, x_d)\bigr)\,, \tag{5}$$

so ist $\boldsymbol{\phi}$ *regulär.*

⌜ Die Funktionalmatrix

$$[d\boldsymbol{\phi}(\mathbf{x})] = \begin{bmatrix} \begin{bmatrix} 1 & & & \\ & 1 & & \\ & & \ddots & \\ & & & 1 \end{bmatrix} \\ \left[\dfrac{\partial(\phi_{d+1}, \ldots, \phi_n)}{\partial(x_1, \ldots, x_d)}\right] \end{bmatrix}$$

besitzt eine nirgends verschwindende Unterdeterminante der Ordnung d. ⌟

Eine reguläre Funktion (3) ist nach dem Immersionssatz **(12.33)** *lokal injektiv*: Jeder Punkt $\mathbf{u} \in \Omega$ besitzt eine d-dimensionale Umgebung U, die durch $\mathbf{f}$ injektiv abgebildet wird. Eine derartige Abbildung braucht natürlich nicht *global*, das heißt: auf ganz Ω, injektiv zu sein; so ist zum Beispiel $\operatorname{cis}(0) = \operatorname{cis}(2\pi)$. In anderen Worten: Das durch $\mathbf{f}$ produzierte Gebilde $S := \mathbf{f}(\Omega)$ kann *Selbstdurchdringungen* aufweisen. Wir wollen aber auf diesen Punkt nicht weiter eingehen und werden die betrachteten Funktionen (3), wenn nötig, einfach als global injektiv voraussetzen.

Man kann eine reguläre Abbildung (3) als *parametrisierte d-dimensionale Fläche im* $\mathbb{R}^n$ bezeichnen. Wie bei der Darstellung von Kurven wollen wir zwei derartige Abbildungen $\mathbf{f}_i : \Omega_i \to \mathbb{R}^n$ als *äquivalent* bzw. als *Parameterdarstellungen* ein und desselben Objekts S betrachten, wenn es eine bijektive und reguläre *Parametertransformation* $\boldsymbol{\psi} : \Omega_2 \to \Omega_1$ gibt, so daß gilt:

$$\mathbf{f}_2 = \mathbf{f}_1 \circ \boldsymbol{\psi}\,, \qquad \text{d.h.} \qquad \mathbf{f}_2(\bar{\mathbf{u}}) = \mathbf{f}_1\bigl(\boldsymbol{\psi}(\bar{\mathbf{u}})\bigr) \quad \forall \bar{\mathbf{u}} \in \Omega_2\,.$$

Wir überlassen die Verifikation der Axiome (A1)–(A3) dem Leser (die Parametertransformationen genügen in allen Punkten den Voraussetzungen von Satz **(12.29)**). Eine Äquivalenzklasse von regulären Funktionen (3) nennen wir kurz eine *(offene) d-Fläche im* $\mathbb{R}^n$; etwas ungenau werden wir auch die (vom gewählten Repräsentanten unabhängige) Punktmenge $S := \mathbf{f}(\Omega) \subset \mathbb{R}^n$ als *d-Fläche* bezeichnen. Wir wollen das gleich noch ein wenig verallgemeinern und eine Punktmenge $S \subset \mathbb{R}^n$ bereits dann als *d-Fläche im* $\mathbb{R}^n$ ansprechen, wenn jeder Punkt $\mathbf{q} \in S$ eine (n-dimensionale) Umgebung W besitzt, so daß sich der in W gelegene Teil von S durch reguläre Funktionen (3) oder in der Art (5) darstellen läßt. Es ist also nicht nötig (und meist auch gar nicht möglich), die ganze d-Fläche mit einem einzigen "Koordinatenpflaster" zu produzieren.

④ (Forts.) Die 2-Sphäre wird insgesamt produziert durch

$$\boldsymbol{\phi}_1 : \quad (x,y) \mapsto \left(x, y, \sqrt{1-x^2-y^2}\right) \qquad (x^2+y^2<1)$$

und fünf weitere Funktionen $\boldsymbol{\phi}_2, \ldots, \boldsymbol{\phi}_6$ derselben Art. ○

Tangentialebene

Es sei S eine d-Fläche im $\mathbb{R}^n$ und (3) eine reguläre Parameterdarstellung von S. Betrachte einen festen Punkt $\mathbf{q} \in S$; es sei etwa $\mathbf{q} = \mathbf{f}(\mathbf{p})$. Die Tangentialabbildung $d\mathbf{f}(\mathbf{p}) : T_\mathbf{p} \to T_\mathbf{q}$ bildet $T_\mathbf{p}$ bijektiv auf einen d-dimensionalen Unterraum $S_\mathbf{q}$ von $T_\mathbf{q}$ ab (Fig. 12.7.5). Dieser Unterraum wird aufgespannt von den d Vektoren $\mathbf{f}_{.1}(\mathbf{p}), \ldots, \mathbf{f}_{.d}(\mathbf{p})$ und heißt *Tangentialebene an S im Punkt* $\mathbf{q}$. Die Tangentialebene im Punkt $\mathbf{q} \in S$ ist von der gewählten Parameterdarstellung unabhängig.

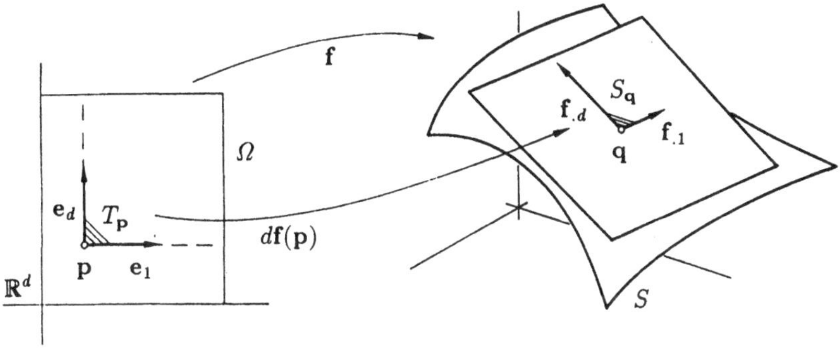

Fig. 12.7.5

⌈ Ist eine zweite Parameterdarstellung $\mathbf{g}$ mit $\mathbf{f}$ verknüpft durch eine Parametertransformation $\boldsymbol{\psi}$:

$$\mathbf{g}(\bar{\mathbf{u}}) \equiv \mathbf{f}\left(\boldsymbol{\psi}(\bar{\mathbf{u}})\right), \qquad \boldsymbol{\psi}(\bar{\mathbf{p}}) = \mathbf{p},$$

so gilt nach der Kettenregel $d\mathbf{g}(\bar{\mathbf{p}}) = d\mathbf{f}(\mathbf{p}) \circ d\boldsymbol{\psi}(\bar{p})$. Hieraus folgt

$$\operatorname{im}\left(d\mathbf{g}(\bar{\mathbf{p}})\right) \subset \operatorname{im}\left(d\mathbf{f}(\mathbf{p})\right),$$

und aus Symmetriegründen gilt dann auch die umgekehrte Inklusion. ⌋

Die Tangentialebene $S_\mathbf{q}$ läßt sich, wie erwartet, folgendermaßen geometrisch charakterisieren:

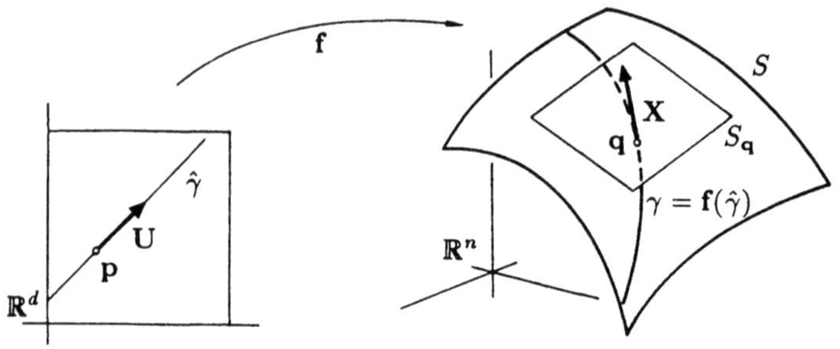

Fig. 12.7.6

(12.35) *$S_\mathbf{q}$ wird erzeugt von den Tangenten an die regulären Flächenkurven durch $\mathbf{q}$.*

⌈ Unter einer *Flächenkurve* verstehen wir natürlich eine Kurve γ, deren Spur in S liegt. — Es sei $\mathbf{X} \in S_\mathbf{q}$ ein beliebiger Einheitsvektor. Nach Definition von $S_\mathbf{q}$ gibt es einen Vektor $\mathbf{U} \in T_\mathbf{p}$ mit $d\mathbf{f}(\mathbf{p}).\mathbf{U} = \mathbf{X}$. Betrachte die "Phantomkurve"

$$\hat\gamma: \quad t \mapsto \mathbf{u}(t) := \mathbf{p} + t\mathbf{U} \qquad (-\delta < t < \delta)$$

im $\mathbf{u}$-Raum (Fig. 12.7.6). Ihr $\mathbf{f}$-Bild

$$\gamma := \mathbf{f}(\hat\gamma): \quad t \mapsto \mathbf{x}(t) := \mathbf{f}\big(\mathbf{u}(t)\big) \qquad (-\delta < t < \delta)$$

ist eine Flächenkurve durch den Punkt $\mathbf{q} = \mathbf{x}(0)$. Die Kettenregel **(12.14)** liefert

$$\mathbf{x}'(t) = d\mathbf{f}\big(\mathbf{u}(t)\big).\mathbf{u}'(t) = d\mathbf{f}\big(\mathbf{u}(t)\big).\mathbf{U} \neq \mathbf{0}\ .$$

Hiernach ist γ regulär und besitzt im Punkt $\mathbf{q}$ die Tangentenrichtung $d\mathbf{f}(\mathbf{p}).\mathbf{U} = \mathbf{X}$, wie gewünscht.

Umgekehrt: Es sei

$$\gamma: \quad t \mapsto \mathbf{x}(t)\,, \qquad \mathbf{x}(0) = \mathbf{q}\,,$$

eine reguläre Flächenkurve durch $\mathbf{q}$. Mit den im Beweis von Satz **(12.33)** eingeführten Bezeichnungen gilt

$$(\mathbf{f}\restriction U) \circ \mathbf{g} \circ (\pi \restriction S) = \mathrm{id}_S\,;$$

folglich ist

$$\mathbf{x}(t) = \mathbf{f} \circ \mathbf{g} \circ \pi \circ \mathbf{x}(t) \qquad \forall t\,,$$

was zeigt, daß sich die Flächenkurve γ als $\mathbf{f}$-Bild der "Phantomkurve"

$$\hat\gamma: \quad t \mapsto \mathbf{u}(t) := \mathbf{g} \circ \pi \circ \mathbf{x}\,(t)$$

im **u**-Raum auffassen läßt. Hieraus ergibt sich mit der Kettenregel **(12.14)**:

$$\mathbf{x}'(0) = d\mathbf{f}(\mathbf{p}).\mathbf{u}'(0) \in S_{\mathbf{q}}\,,$$

wie behauptet. ┘

Durch Gleichungen definierte Flächen

Sind die n an sich unabhängigen reellen Variablen $x_1, \ldots, x_n$ durch r Gleichungen

$$\left.\begin{aligned} F_1(x_1, \ldots, x_n) &= 0 \\ &\vdots \\ F_r(x_1, \ldots, x_n) &= 0 \end{aligned}\right\} \tag{6}$$

aneinander gebunden, so hat ein im **x**-Raum beweglicher Punkt anstelle der ursprünglichen n nur noch $d := n - r$ "Freiheitsgrade". Jedenfalls definiert das System (6) eine Teilmenge $S \subset \mathbb{R}^n$, nämlich den "geometrischen Ort" aller Punkte $\mathbf{x} \in \mathbb{R}^n$, die die gegebenen Gleichungen erfüllen. Die x_k können aber auch verschiedene physikalische Größen, wie Druck, Volumen usw., bezeichnen, die in dem betrachteten Zusammenhang den *Nebenbedingungen* (6) unterworfen sind.

Beispiele: $S^{n-1} := \{\mathbf{x} \in \mathbb{R}^n \mid x_1^2 + \ldots + x_n^2 = 1\}$,
genannt die $(n-1)$-*dimensionale Sphäre* im $\mathbb{R}^n$;

$S := \{(x, y, z) \in \mathbb{R}^3 \mid x^2 + y^2 + z^2 = 16\,,\ x + 2y - 4z = 1\}$
(ein gewisser Kreis im $\mathbb{R}^3$).

Wie wir gleich zeigen werden, ist die Menge S unter geeigneten Voraussetzungen tatsächlich eine d-dimensionale Fläche. Die Anzahl $r = n - d$ der Gleichungen (bzw. allgemein: die Differenz $n - d$) heißt *Kodimension* der d-Fläche S.

Wir beginnen mit *einer* Gleichung

$$F(x_1, \ldots, x_n) = 0 \qquad \text{bzw.} \quad = C, \quad C \in \mathbb{R} \ \textit{fest};$$

dabei ist $F : \mathbb{R}^n \curvearrowright \mathbb{R}$ eine gegebene stetig differenzierbare Funktion. Ist die Kodimension (wie bei einer gewöhnlichen Fläche im $\mathbb{R}^3$) gleich 1, so nennt man die betreffende Fläche eine *Hyperfläche*. In diesem Fall besitzt auch jede Tangentialebene $S_{\mathbf{q}}$ die Kodimension 1 in $T_{\mathbf{q}}$, und das orthogonale Komplement von $S_{\mathbf{q}}$ ist ein eindimensionaler Unteraum von $T_{\mathbf{q}}$, also eine Gerade durch $\mathbf{q}$. Diese Gerade ist die *Flächennormale* von S im Punkt $\mathbf{q}$.

Für einen gegebenen Punkt $\mathbf{q} \in \mathrm{dom}(F)$ heißt die Punktmenge

$$\{\mathbf{x} \in \mathrm{dom}(F) \mid F(\mathbf{x}) = F(\mathbf{q})\}$$

die *Niveaumenge von F durch den Punkt* $\mathbf{q}$, und für ein festes $C \in \mathbb{R}$ heißt

$$\{\mathbf{x} \in \mathrm{dom}(F) \mid F(\mathbf{x}) = C\}$$

die *Niveaumenge von F zum Wert C*. Wir beweisen darüber:

(12.36) *Die Funktion $F : \mathbb{R}^n \curvearrowright \mathbb{R}$ sei stetig differenzierbar, und es sei S die Niveaumenge von F durch den Punkt $\mathbf{q}$. Ist $\nabla F(\mathbf{q}) \neq \mathbf{0}$, so ist S in der Umgebung von $\mathbf{q}$ eine Hyperfläche, und $\nabla F(\mathbf{q})$ erzeugt die Flächennormale von S in $\mathbf{q}$, das heißt: Es gilt*

$$\langle \nabla F(\mathbf{q}) \rangle = S_{\mathbf{q}}^{\perp} . \tag{7}$$

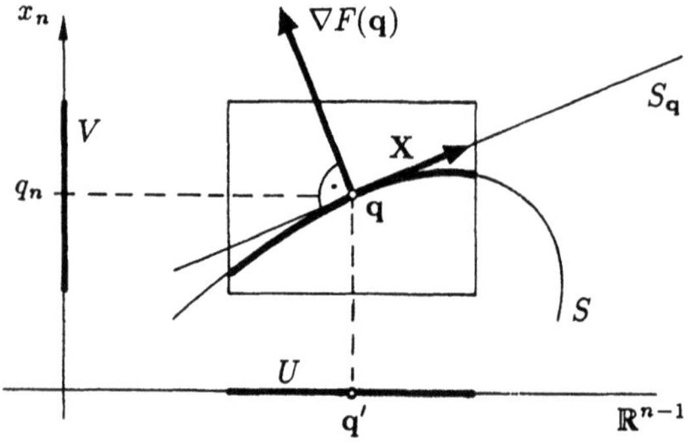

Fig. 12.7.7

⌈ (Siehe die Fig. 12.7.7) Ist $\nabla F(\mathbf{q}) \neq \mathbf{0}$, so ist zum Beispiel

$$\frac{\partial F}{\partial x_n}(\mathbf{q}) \neq 0 .$$

Nach dem Satz über implizite Funktionen **(12.32)** gibt es daher Umgebungen U von $\mathbf{q}' := (q_1, \ldots, q_{n-1})$ und V von q_n sowie eine C^1-Funktion

$$\phi : \quad U \to V , \qquad (x_1, \ldots, x_{n-1}) \mapsto \phi(x_1, \ldots, x_{n-1}) ,$$

so daß der in $U \times V$ gelegene Teil von S mit dem Graphen von ϕ übereinstimmt. Das Fenster $U \times V$ ist eine Umgebung von $\mathbf{q}$. Vor allem aber besitzt $\mathcal{G}(\phi)$ die nach **(12.34)** reguläre Parameterdarstellung

$$(x_1, \ldots, x_{n-1}) \mapsto (x_1, \ldots, x_{n-1}, \phi(x_1, \ldots, x_{n-1}))$$

und ist folglich eine $(n-1)$-Fläche.

Betrachte jetzt einen beliebigen Vektor $\mathbf{X}$ in der Tangentialebene $S_{\mathbf{q}}$. Nach **(12.35)** gibt es eine Flächenkurve

$$\gamma : \quad t \mapsto \mathbf{x}(t)$$

mit $\mathbf{x}(0) = \mathbf{q}$ und $\mathbf{x}'(0) = \mathbf{X}$. Die Hilfsfunktion $\psi(t) := F(\mathbf{x}(t))$ ist konstant $(\equiv F(\mathbf{q}))$; mit der Kettenregel **(12.13')** ergibt sich daher

$$0 = \psi'(0) = \nabla F(\mathbf{q}) \bullet \mathbf{x}'(0) = \nabla F(\mathbf{q}) \bullet \mathbf{X} .$$

Da $\mathbf{X} \in S_\mathbf{q}$ beliebig war, folgt $\nabla F(\mathbf{q}) \in S_\mathbf{p}^\perp$ und somit aus Dimensionsgründen (7). ┘

⑤ Die $(n-1)$-dimensionale Sphäre S^{n-1} läßt sich als Niveaumenge zum Wert 1 der Funktion

$$F(\mathbf{x}) := x_1^2 + x_2^2 + \ldots + x_n^2$$

auffassen. In allen Punkten $\mathbf{x} \in S^{n-1}$ ist $\nabla F(\mathbf{x}) = 2\mathbf{x} \neq \mathbf{0}$. Folglich ist erstens S^{n-1} eine Hyperfläche im R^n, und zweitens ist die Flächennormale in jedem Punkt $\mathbf{x} \in S^{n-1}$ parallel zum Ortsvektor $\mathbf{x}$.

Die Funktion

$$F(x, y, z) := x^2 + y^2 - z^2$$

besitzt den Gradienten $\nabla F(x, y, z) = (2x, 2y, -2z)$, und der verschwindet nur im Ursprung O. Somit sind von vorneherein alle nicht durch O gehenden Niveaumengen 2-dimensionale Flächen im $\mathbb{R}^3$ (es handelt sich um ein- bzw. zweischalige Hyperboloide, siehe die Fig. 12.7.8). Die Niveaumenge durch O ist ein Doppelkegel mit Spitze in O, ihr "Flächencharakter" ist dort tatsächlich defekt. ○

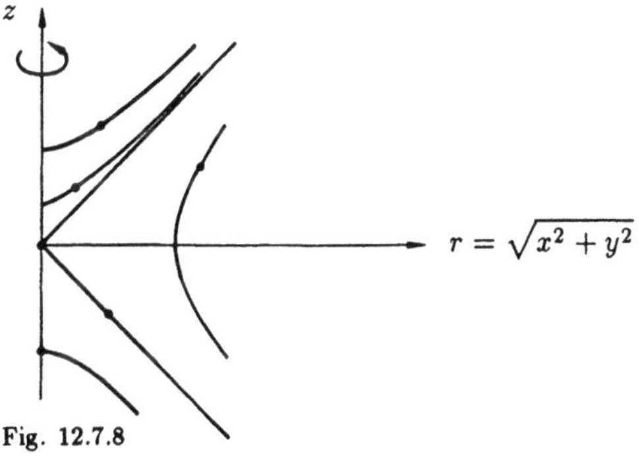

Fig. 12.7.8

Wir verallgemeinern nun Satz **(12.36)** auf r Gleichungen:

(12.37) *Die r Funktionen*

$$F_i : \quad \mathbb{R}^n \curvearrowright \mathbb{R}, \quad (x_1, \ldots, x_n) \mapsto F_i(x_1, \ldots, x_n) \qquad (1 \leq i \leq r)$$

seien stetig differenzierbar, und es sei $\mathbf{q}$ ein Punkt der Menge

$$S := \{\mathbf{x} \in \mathbb{R}^n \mid F_i(\mathbf{x}) = 0 \; (1 \leq i \leq r)\} .$$

Besitzt die $(r \times n)$-Matrix

$$\left[\frac{\partial(F_1,\ldots,F_r)}{\partial(x_1,\ldots x_n)}\right]_{\mathbf{q}} \tag{8}$$

den Rang r, so ist S in der Umgebung von $\mathbf{q}$ eine $(n-r)$-dimensionale Fläche, und die Gradienten der F_i an der Stelle $\mathbf{q}$ erzeugen zusammen das orthogonale Komplement von $S_{\mathbf{q}}$, das heißt: Es gilt

$$\langle \nabla F_1(\mathbf{q}),\ldots,\nabla F_r(\mathbf{q})\rangle = S_{\mathbf{q}}^{\perp}\,. \tag{9}$$

(Siehe die Fig. 12.7.9) Die Rangbedingung bedeutet, daß die r Gradienten $\nabla F_i(\mathbf{q})$ linear unabhängig sind. Liegt dieser Sachverhalt vor, so nennen wir $\mathbf{q}$ einen *regulären Punkt* von S. Die r Hyperflächen $F_i(\mathbf{x}) = 0$ schneiden sich dann im Punkt $\mathbf{q}$, wie man sagt: *transversal*, und die Schnittmenge S hat in der Umgebung von $\mathbf{q}$ die erwarteten Eigenschaften.

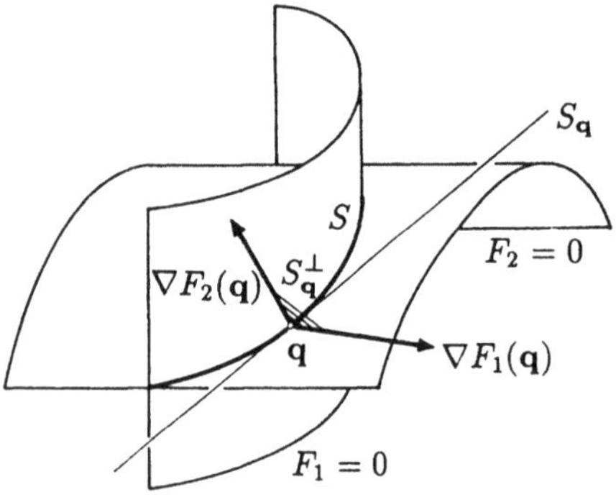

Fig. 12.7.9

⌈ Die Matrix (8) besitzt eine nichtverschwindende Unterdeterminante der Ordnung r; es sei etwa

$$\det\left[\frac{\partial(F_1,\ldots,F_r)}{\partial(x_{n-r+1},\ldots,x_n)}\right]_{\mathbf{q}} \neq 0\,.$$

Nach dem Satz über implizite Funktionen gibt es dann Umgebungen U von $\mathbf{q}' := (q_1,\ldots,q_{n-r})$ und V von $\mathbf{q}'' := (q_{n-r+1},\ldots,q_n)$ sowie eine C^1-Funktion $\boldsymbol{\phi} : U \to V$ — undsoweiter, wie im Beweis von Satz **(12.36)**. Somit ist $S \cap (U \times V)$ eine $(n-r)$-Fläche, wie behauptet.

Die r Gradienten $\nabla F_i(\mathbf{q})$ sind die Zeilenvektoren der Matrix (8) und somit linear unabhängig. Wie im vorangehenden Satz zeigt man, daß sie einzeln auf $S_{\mathbf{q}}$ senkrecht stehen. Wegen

$$\dim S_{\mathbf{q}}^{\perp} = n - \dim S_{\mathbf{q}} = n - (n-r) = r$$

folgt die Behauptung (9). ⌋

⑥ Wir betrachten die Schnittmenge $S := Z_1 \cap Z_2$ der beiden Kreiszylinder

$$Z_1 := \left\{(x,y,z) \in \mathbb{R}^3 \mid x^2 + z^2 = 1\right\}, \quad Z_2 := \left\{(x,y,z) \in \mathbb{R}^3 \mid y^2 + z^2 = 1\right\}.$$

Z_1 und Z_2 sind Niveaumengen zum Niveau 0 der Funktionen

$$F_1(x,y,z) := x^2 + z^2 - 1 \qquad \text{bzw.} \qquad F_2(x,y,z) := y^2 + z^2 - 1$$

mit Gradienten

$$\nabla F_1(x,y,z) = (2x, 0, 2z), \qquad \nabla F_2(x,y,z) = (0, 2y, 2z).$$

In allen Punkten von Z_1 ist $|\nabla F_1|^2 = 4x^2 + 4z^2 \neq 0$, somit ist Z_1 global eine Hyperfläche, und dasselbe gilt für Z_2.

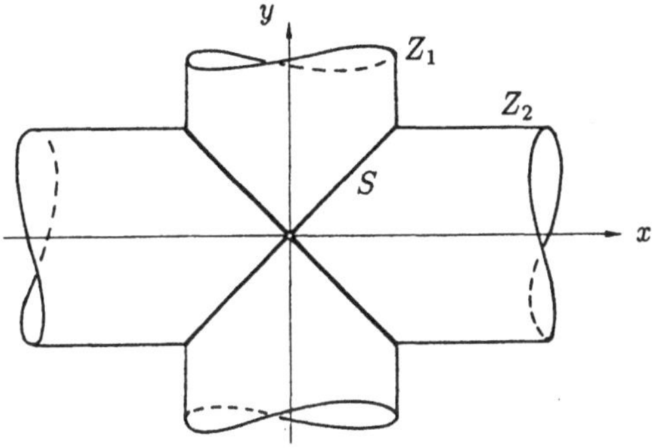

Fig. 12.7.10

Um sicherzustellen, daß die Schnittmenge S eine 1-Fläche, das heißt: eine disjunkte Vereinigung von regulären Kurven ist, müssen wir überprüfen, ob die Gradienten ∇F_1 und ∇F_2 in allen Punkten von S linear unabhängig sind. Wir berechnen also das Vektorprodukt

$$\nabla F_1 \times \nabla F_2 = (2x, 0, 2z) \times (0, 2y, 2z) = (-4yz, -4xz, 4xy)$$

und sehen, daß $\nabla F_1(x,y,z)$ und $\nabla F_2(x,y,z)$ linear unabhängig sind, sobald mindestens eines der drei Produkte yz, xz, xy ungleich 0 ist, und das heißt: in allen Punkten $(x,y,z) \in \mathbb{R}^3$, ausgenommen die drei Koordinatenachsen. Insbesondere sind die Voraussetzungen von Satz **(12.37)** in allen Punkten von S erfüllt, ausgenommen die beiden Punkte $(0,0,\pm 1) \in S$. Die Figur 12.7.10 zeigt, daß in diesen beiden Punkten tatsächlich etwas Besonderes los ist. ○

12.8. Extrema

Die folgende Situation tritt immer wieder auf: Eine reellwertige Funktion f ist zwar auf einer offenen Menge $\Omega \subset \mathbb{R}^n$ definiert, man interessiert sich aber nur für die Werte von f auf einer gewissen Teilmenge $S \subset \Omega$ und vergleicht nur diese Werte untereinander. Die Menge S kann eine parametrisierte oder durch Gleichungen gegebene d-dimensionale Fläche, aber auch ein komplizierteres Objekt, zum Beispiel der im ersten Oktanten gelegene Teil der Einheitskugel, sein.

Die Funktion f ist im Punkt $\mathbf{q} \in S$ *bedingt lokal minimal bezüglich* S, wenn es ein $\delta > 0$ gibt mit

$$f(\mathbf{q}) \leq f(\mathbf{x}) \qquad \forall \mathbf{x} \in S \cap U_\delta(\mathbf{q}) .$$

Es ist dann auch klar, was *bedingt lokal maximal* heißt. — Ist f an der Stelle $\mathbf{q}$ *voll lokal minimal*, gemeint ist: lokal minimal bezüglich Ω, so ist f dort auch bedingt lokal minimal bezüglich S (klar), aber nicht umgekehrt.

① Es sei $\Omega := \mathbb{R}^2$, $f(x, y) := x^2 + y$ und S die x-Achse. Dann ist f im Ursprung bedingt minimal bezüglich S, denn der “Pullback” (s.u.)

$$\tilde{f}(x) := f(x, 0) = x^2$$

ist an der Stelle $x = 0$ minimal. Bewegt man sich aber von $(0, 0)$ aus senkrecht nach unten, so nimmt f ab. Somit ist f im Ursprung nicht voll lokal minimal.

○

Volle lokale Extremalstellen geben sich nach Satz **(12.24)** leicht zu erkennen: Man muß die Nullstellen von ∇f bestimmen. Die Suche nach bedingten Extremalstellen ist daher am einfachsten, wenn die Menge S als Bild einer offenen Menge $U \subset \mathbb{R}^d$ vorliegt. Man kann dann die Funktion f auf den Parameterbereich U “zurückziehen” und erhält damit ein “volles” Extremalproblem. Dabei ist der folgende Begriff nützlich: Ist

$$\mathbf{x}(\cdot): \quad U \to \operatorname{dom}(f), \qquad \mathbf{u} \mapsto \mathbf{x}(\mathbf{u})$$

eine beliebige Abbildung, so heißt die zusammengesetzte Funktion

$$\tilde{f}: \quad U \to \mathbb{R}, \qquad \mathbf{u} \mapsto \tilde{f}(\mathbf{u}) := f(\mathbf{x}(\mathbf{u}))$$

der *Pullback* von f auf U. Wir beweisen darüber, was fast selbstverständlich ist:

(12.38) *Es seien eine reellwertige Funktion* $f : \mathbb{R}^n \curvearrowright \mathbb{R}$ *sowie eine beliebige Menge* $S \subset \operatorname{dom}(f)$ *gegeben. Weiter seien* $U \subset \mathbb{R}^d$ *eine offene Menge und* $\mathbf{x}(\cdot) : U \to \mathbb{R}^n$ *eine stetige Abbildung mit* $\mathbf{x}(U) = S$, $\mathbf{x}(\mathbf{p}) = \mathbf{q}$*; endlich* *bezeichne* $\tilde{f}(\mathbf{u}) := f(\mathbf{x}(\mathbf{u}))$ *den Pullback von* f *auf* U. *Dann trifft folgendes zu:*

Ist f *im Punkt* $\mathbf{q}$ *bedingt lokal minimal bezüglich* S, *so ist der Pullback* $\tilde{f}$ *im Punkt* $\mathbf{p}$ *voll lokal minimal. Ist* S *eine* d*-Fläche und* $\mathbf{x}(\cdot)$ *eine reguläre Parameterdarstellung von* S, *so gilt hiervon auch die Umkehrung.*

⌜ Es gibt ein $\varepsilon > 0$ mit

$$f(\mathbf{x}) \geq f(\mathbf{q}) \qquad \forall \mathbf{x} \in S \cap U_\varepsilon(\mathbf{q})$$

und weiter ein $\delta > 0$ mit

$$\mathbf{x}(\mathbf{u}) \in S \cap U_\varepsilon(\mathbf{q}) \qquad \forall \mathbf{u} \in U_\delta(\mathbf{p}),$$

denn $\mathbf{x}(\cdot)$ ist stetig und produziert nur Punkte in S. Zusammen ergibt sich

$$\tilde{f}(\mathbf{u}) = f(\mathbf{x}(\mathbf{u})) \geq f(\mathbf{q}) = \tilde{f}(\mathbf{p}) \qquad \forall \mathbf{u} \in U_\delta(\mathbf{p}),$$

und das heißt: Der Pullback besitzt an der Stelle $\mathbf{p}$ ein volles lokales Minimum.

Unter der Zusatzannahme läßt sich der Beweis umkehren, denn nach dem Immersionssatz **(12.33)** sind U und S in der Nähe der Punkte $\mathbf{p}$ bzw. $\mathbf{q}$ bijektiv und bistetig aufeinander bezogen. Wir überlassen die Details dem Leser. ⌟

Sind die Funktionen f und $\mathbf{x}(\cdot)$ differenzierbar, so auch $\tilde{f}$, und die Sätze **(12.38)** und **(12.24)** liefern zusammen die folgende notwendige Bedingung für ein bedingtes lokales Extremum von f im Punkt $\mathbf{q} = \mathbf{x}(\mathbf{p})$:

$$\nabla \tilde{f}(\mathbf{p}) = \mathbf{0}. \tag{1}$$

Somit kommen die sämtlichen bedingten lokalen Extrema bei der Auflösung des Gleichungssystems

$$\nabla \tilde{f}(\mathbf{u}) = \mathbf{0}$$

(d Gleichungen in den d Unbekannten $u_1, \ldots, u_d$) zum Vorschein.

② Es sollen die bedingten lokalen Extrema der Funktion

$$f(x, y) := x + y^2$$

auf dem Einheitskreis $S^1 \subset \mathbb{R}^2$ bestimmt werden. Hierzu benützen wir die reguläre Parameterdarstellung

$$t \mapsto \mathbf{z}(t) := (\cos t, \sin t) \qquad (-\infty < t < \infty)$$

von S^1 und erhalten den Pullback

$$\psi(t) := f(\mathbf{z}(t)) = \cos t + \sin^2 t\,.$$

Die lokalen Extrema von ψ sind unter den Nullstellen der Ableitung
$$\psi'(t) = -\sin t + 2\sin t\cos t = \sin t(2\cos t - 1)$$
zu suchen; es ergeben sich (modulo 2π) die Werte
$$t_1 := 0, \quad t_2 := \pi, \quad t_3 := \frac{\pi}{3}, \quad t_4 := -\frac{\pi}{3}\ .$$
Weiter ist $\psi''(t) = -\cos t + 2\cos(2t)$ und somit
$$\psi''(t_1) = 1, \quad \psi''(t_2) = 3, \quad \psi''(t_3) = \psi''(t_4) = -\frac{3}{2}\ .$$
Aufgrund von Satz **(7.37)** und der Proposition **(12.38)** besitzt daher f in den Punkten $\mathbf{z}(t_1) = (1,0)$ und $\mathbf{z}(t_2) = (-1,0)$ ein bedingtes lokales Minimum und in den beiden Punkten $\mathbf{z}(t_3) = (\frac{1}{2}, \frac{\sqrt{3}}{2})$ und $\mathbf{z}(t_4) = (\frac{1}{2}, -\frac{\sqrt{3}}{2})$ ein bedingtes lokales Maximum bezüglich S^1. ○

③ (Nicht allzu ernst zu nehmen) Es sollen die globalen Extrema der Funktion $f(x) := x - x^2$ auf dem Intervall $Q := [-1,1]$ bestimmt werden. Die Menge Q wird produziert durch die Abbildung $\sin : \mathbb{R} \to \mathbb{R}$ mit dem offenen Definitionsbereich $\mathbb{R}$. Die globalen Extremalstellen von $f\restriction Q$ sind erst recht lokale Extremalstellen und werden daher durch Betrachtung des Pullbacks
$$\tilde{f}(t) := f(\sin t) = \sin t - \sin^2 t$$
zum Vorschein gebracht. Es ist $\tilde{f}'(t) = \cos t(1 - 2\sin t)$, und dies verschwindet erstens, wenn $\cos t = 0$, also $x = \sin t \in \{-1, 1\}$ ist, und zweitens, wenn $x = \sin t = \frac{1}{2}$ ist. Der Wertvergleich offenbart $f(-1) = -2$ als globales Minimum und $f(\frac{1}{2}) = \frac{1}{4}$ als globales Maximum. ○

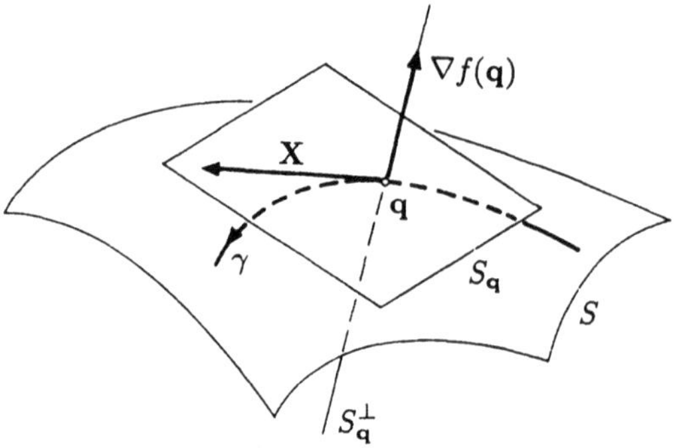

Fig. 12.8.1

Wir leiten nun eine notwendige Bedingung für bedingte lokale Extrema her, die nicht auf eine gegebene Darstellung der Menge S Bezug nimmt; dabei setzen wir $S \subset \mathrm{dom}(f)$ als offene d-Fläche voraus. Betrachte einen Punkt $\mathbf{q} \in S$ und einen beliebigen Tangentialvektor $\mathbf{X} \in S_\mathbf{q}$ (Fig. 12.8.1). Es gibt eine C^1-Flächenkurve
$$\gamma : \quad t \mapsto \mathbf{x}(t) \qquad (-h < t < h)$$

mit $\mathbf{x}(0) = \mathbf{p}$ und $\mathbf{x}'(0) = \mathbf{X}$. Ist f an der Stelle $\mathbf{q}$ bedingt lokal extremal bezüglich S, so ist die Hilfsfunktion

$$\psi(t) := f\big(\mathbf{x}(t)\big)$$

an der Stelle $t = 0$ lokal extremal, folglich gilt nach der Kettenregel:

$$0 = \psi'(0) = \nabla f(\mathbf{q}) \bullet \mathbf{x}'(0) = \nabla f(\mathbf{q}) \bullet \mathbf{X} .$$

Da dies für jeden Vektor $\mathbf{X} \in S_{\mathbf{q}}$ zutrifft, haben wir hiermit die folgende "bedingte Version" von Satz **(12.24)** bewiesen:

(12.39) *Ist die C^1-Funktion $f : \mathbb{R}^n \curvearrowright \mathbb{R}$ im Punkt $\mathbf{q}$ bedingt lokal extremal bezüglich der d-Fläche $S \subset \operatorname{dom}(f)$, so steht $\nabla f(\mathbf{q})$ senkrecht auf der Tangentialebene $S_{\mathbf{q}}$, das heißt, es gilt*

$$\nabla f(\mathbf{q}) \in S_{\mathbf{q}}^{\perp} . \tag{2}$$

Liegt der Sachverhalt (2) vor, so heißt $\mathbf{q}$ ein *(bezüglich S) bedingt stationärer Punkt von f*. Nebenbei: Ist $\mathbf{x}(\cdot)$ eine reguläre Parameterdarstellung von S, so charakterisiert die Bedingung (1) genau diejenigen Punkte $\mathbf{p} \in U$, deren Bildpunkte $\mathbf{q} := \mathbf{x}(\mathbf{p})$ bedingt stationär sind:

⌜ Aus $\tilde{f} = f \circ \mathbf{x}(\cdot)$ folgt mit der Kettenregel

$$d\tilde{f}(\mathbf{p}) = df(\mathbf{q}) \circ d\mathbf{x}(\mathbf{p}) . \tag{3}$$

Die Bedingung (1) besagt, daß $d\tilde{f}(\mathbf{p})$ die Nullabbildung ist. Aufgrund von (3) trifft dies genau dann zu, wenn $df(\mathbf{q})$ alle Vektoren des Bildraums $\operatorname{im} d\mathbf{x}(\mathbf{p}) = S_{\mathbf{q}}$ zu $\mathbf{0}$ macht. Das heißt aber: Der Vektor $\nabla f(\mathbf{q})$ steht senkrecht auf der Tangentialebene $S_{\mathbf{q}}$. ⌟

① (Forts.) Der Gradient $\nabla f(x, y) = (2x, 1)$ zeigt im Ursprung senkrecht nach oben und steht damit senkrecht auf $S_{\mathbf{0}} = S$. ○

Lagrangesche Multiplikatoren

Ist die d-Fläche S, auf der bedingte lokale Extrema oder eben bedingt stationäre Punkte gesucht werden, nicht durch eine Parameterdarstellung, sondern durch $r = n - d$ Gleichungen in den Variablen $x_1, \ldots, x_n$ gegeben, so könnte man "prinzipiell" diese Gleichungen nach r geeignet gewählten Variablen auflösen und würde damit eine Parameterdarstellung von S im Sinn von Satz **(12.34)** erhalten. Diese Auflösung wird in den seltensten Fällen formelmäßig zu bewerkstelligen sein. Es ist nun bemerkenswert, daß sich die bedingt stationären

Punkte von f auf eine Weise charakterisieren lassen, die keine explizite Darstellung von S mit d unabhängigen Variablen $u_1, \ldots, u_d$ benötigt. Satz **(12.37)** bildet dazu die Grundlage: Liegt der dort betrachtete Sachverhalt vor, so ist die geometrische Bedingung (2) mit dem folgenden äquivalent: Es gibt r Zahlen $\lambda_1, \ldots, \lambda_r$ mit

$$\nabla f(\mathbf{q}) = \sum_{i=1}^{r} \lambda_i \nabla F_i(\mathbf{q}) .$$

Diese "implizite" Charakterisierung der bedingt stationären Punkte ist der Schlüssel zu dem eigenartigen Satz über *Extrema mit Nebenbedingungen*:

(12.40) *Die $r+1$ Funktionen $F_i: \mathbb{R}^n \curvearrowright \mathbb{R}$ $(1 \le i \le r)$ und $f: \mathbb{R}^n \curvearrowright \mathbb{R}$ seien stetig differenzierbar, es sei $\mathbf{q}$ ein regulärer Punkt der Menge*

$$S := \{\mathbf{x} \in \mathbb{R}^n \mid F_i(x_1, \ldots, x_n) = 0 \ (1 \le i \le r)\} \subset \operatorname{dom}(f),$$

und es sei f im Punkt $\mathbf{q}$ bedingt lokal extremal bezüglich S. Dann besitzen die $n+r$ Gleichungen

$$\left.\begin{aligned} F_i(x_1, \ldots, x_n) &= 0 \qquad (1 \le i \le r) \\ \frac{\partial f}{\partial x_k} &= \sum_{i=1}^{r} \lambda_i \frac{\partial F_i}{\partial x_k} \qquad (1 \le k \le n) \end{aligned}\right\} \tag{4}$$

in den $n+r$ Variablen $x_1, \ldots, x_n, \lambda_1, \ldots, \lambda_r$ eine Lösung der Form

$$(q_1, \ldots, q_n, \lambda_1, \ldots, \lambda_r) .$$

In anderen Worten: Die sämtlichen regulären bedingten Extremalstellen kommen bei der Auflösung des Systems (4) zum Vorschein. Welche der dabei gefundenen Punkte $\mathbf{q}$ tatsächlich bedingte Minimal- oder Maximalstellen von f sind, bleibt natürlich weiterer Untersuchung vorbehalten. Die jeweiligen Werte der sogenannten *Lagrangeschen Multiplikatoren* λ_i werden im allgemeinen nicht benötigt und scheinen ziemlich überflüssig. In vielen Anwendungen lassen sich aber auch die λ_i geeignet interpretieren, zum Beispiel als "Zwangskräfte" oder als "Schattenpreise".

In der Praxis ist es oft bequem, die sogenannte *Lagrangesche Prinzipalfunktion*

$$\Phi(x_1, \ldots x_n, \lambda_1, \ldots, \lambda_r) := f(x_1, \ldots, x_n) - \sum_{i=1}^{r} \lambda_i F_i(x_1, \ldots, x_n)$$

der $n+r$ Variablen x_k, λ_i zu definieren (ein rein formales Konstrukt ohne geometrische Interpretation). Damit erhält das Gleichungssystem (4) die Form

$$\frac{\partial \Phi}{\partial x_k} = 0 \quad (1 \le k \le n), \qquad \frac{\partial \Phi}{\partial \lambda_i} = 0 \quad (1 \le i \le r) .$$

Wir geben nun einige Beispiele.

④ Es sollen die globalen Extrema der Funktion

$$f(x,y,z) := x - y - z$$

auf der Menge

$$S: \quad \begin{cases} Z(x,y,z) := & x^2 + 2y^2 - 1 & = 0 \\ E(x,y,z) := & 3x - 4z & = 0 \end{cases}$$

bestimmt werden. S ist Schnitt eines aufrechten elliptischen Zylinders mit einer schiefen Ebene, also eine Ellipse. Somit ist S kompakt, und f nimmt auf S in der Tat globale Extrema an.

Die beiden Flächen schneiden sich überall "transversal", das heißt: Die Rangbedingung ist in allen Punkten von S erfüllt. Will man auf die geometrische Anschauung verzichten, so hat man die Matrix

$$\left[\frac{\partial(Z,E)}{\partial(x,y,z)}\right] = \begin{bmatrix} 2x & 4y & 0 \\ 3 & 0 & -4 \end{bmatrix}$$

zu betrachten. Diese Matrix besitzt überall den Rang 2, ausgenommen in den Punkten mit $x = y = 0$. In den Punkten von S gilt aber $x^2 + 2y^2 = 1$.

Die globalen Extremalstellen von f auf S sind bedingte lokale Extrema und geben sich daher mit Hilfe von Satz **(12.40)** zu erkennen. Wir bilden die Prinzipalfunktion

$$\Phi(x,y,z,\lambda,\mu) := x - y - z - \lambda(x^2 + 2y^2 - 1) - \mu(3x - 4z)$$

und erhalten die drei Gleichungen

$$\left.\begin{aligned} \Phi_x &= \quad 1 - 2\lambda x - 3\mu &= 0 \\ \Phi_y &= \quad -1 - 4\lambda y &= 0 \\ \Phi_z &= \quad -1 \qquad + 4\mu &= 0 \end{aligned}\right\} .$$

Werden diese Gleichungen bzw. mit $4y$, $-2x$ und $3y$ multipliziert und aufaddiert, so heben sich λ und μ heraus, und es ergibt sich

$$y + 2x = 0 .$$

Hiermit läßt sich y aus der Zylindergleichung eliminieren, und man findet $x = \pm\frac{1}{3}$. Wegen $y = -2x$ und der Ebenengleichung erhalten wir damit die beiden bedingt stationären Punkte $\pm(\frac{1}{3}, -\frac{2}{3}, \frac{1}{4})$. Nach dem zu Beginn Gesagten muß die Funktion in dem einen Punkt ihr (globales) Minimum bezüglich S, in dem andern ihr Maximum annehmen. Die damit noch bestehende Alternative wird durch den Wertvergleich

$$f\left(\frac{1}{3}, -\frac{2}{3}, \frac{1}{4}\right) = \frac{3}{4}, \qquad f\left(-\frac{1}{3}, \frac{2}{3}, -\frac{1}{4}\right) = -\frac{3}{4}$$

beseitigt. ○

⑤ Es soll das Minimum der Funktion

$$f(x,y,z) := y$$

unter den Nebenbedingungen

$$\left.\begin{array}{ll} F(x,y,z) := & x^6 - z = 0 \\ G(x,y,z) := & y^3 - z = 0 \end{array}\right\} \qquad (5)$$

bestimmt werden. Aus (5) folgt $y^3 = x^6$, das heißt: $y = x^2$. Gilt umgekehrt $x^6 - z = 0$ und $y = x^2$, so gilt auch $y^3 - z = 0$. Das System (5) beschreibt daher genau die Menge

$$S := \{(x,y,z) \in \mathbb{R}^3 \mid x \in \mathbb{R},\ y = x^2,\ z = x^6\}$$

(siehe die Fig. 12.8.2). S besitzt die Parameterdarstellung

$$x \mapsto (x, x^2, x^6) \qquad (-\infty < x < \infty),$$

so daß wir das Minimum von f mit Hilfe des Pullbacks

$$\tilde{f}(x) := f(x, x^2, x^6) = x^2$$

bestimmen können. Wie aufgrund der Figur zu erwarten, ergibt sich, daß das gesuchte Minimum im Ursprung angenommen wird. Somit ist f im Ursprung bedingt stationär bezüglich S.

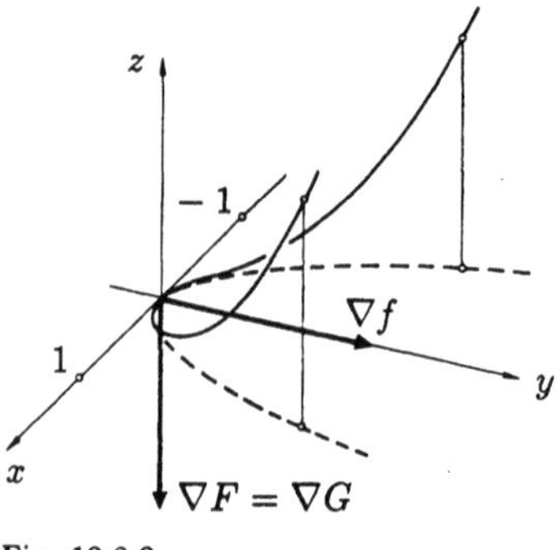

Fig. 12.8.2

Wir berechnen nunmehr die Gradienten der beteiligten Funktionen in diesem Punkt:

$$\nabla f(0,0,0) = (0,1,0)\,; \qquad \nabla F(0,0,0) = \nabla G(0,0,0) = (0,0,-1)\,.$$

Wir sehen: ∇f ist keine Linearkombination von ∇F und ∇G; in anderen Worten: Der Ursprung wäre bei Anwendung der Lagrangeschen Methode nicht zum Vorschein gekommen. Grund dieses "Versagens" ist natürlich die Tatsache, daß ∇F und ∇G im Ursprung linear abhängig sind und damit nicht das ganze orthogonale Komplement der Tangentialebene (hier: Tangente) S_0 aufspannen.

○

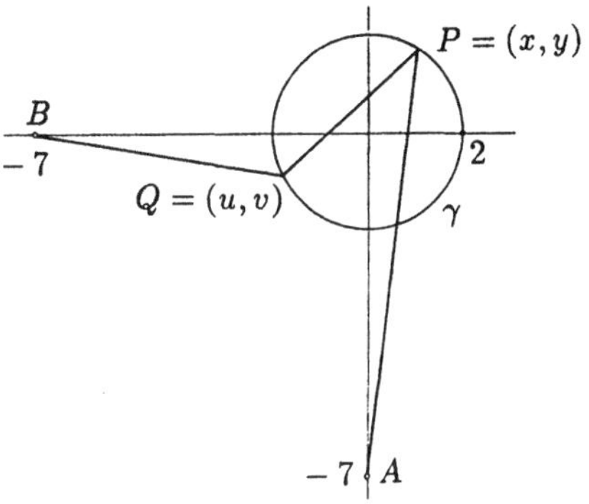

Fig. 12.8.3

⑥ Gegeben sind die Punkte $A := (0, -7)$ und $B := (-7, 0)$ sowie der Kreis γ vom Radius 2 um O (Fig. 12.8.3). Es sollen zwei Punkte $P,\ Q \in \gamma$ so bestimmt werden, daß die Größe

$$d := |AP|^2 + |PQ|^2 + |QB|^2$$

maximal (minimal) wird. Mit $P := (x, y)$, $Q := (u, v)$ wird d eine Funktion der vier Variablen x, y, u, v, wobei diese vier Variablen den zwei Nebenbedingungen

$$\left.\begin{aligned} F(x,y) &:= x^2 + y^2 - 4 = 0 \\ G(u,v) &:= u^2 + v^2 - 4 = 0 \end{aligned}\right\} \qquad (6)$$

unterworfen sind. (Die Nebenbedingungen legen eine zweidimensionale Fläche $S \subset \mathbb{R}^4$ fest. Da P und Q unabhängig voneinander auf dem Kreis γ gewählt werden können, ist S das kartesische Produkt von zwei Kreisen, also eine Torusfläche.) Wir bilden die Prinzipalfunktion

$$\begin{aligned} \Phi(x,y,u,v,\lambda,\mu) &:= d(x,y,u,v) - \lambda F(x,y) - \mu G(u,v) \\ &= x^2 + (y+7)^2 + (x-u)^2 + (y-v)^2 + (u+7)^2 + v^2 \\ &\quad - \lambda(x^2 + y^2 - 4) - \mu(u^2 + v^2 - 4) \end{aligned}$$

und erhalten neben (6) die folgenden Gleichungen für die bedingt stationären Punkte:

$$\left.\begin{aligned} (\Phi_x =)&\quad 2x + 2(x-u) &-2\lambda x &= 0 \\ (\Phi_y =)&\quad 2(y+7) + 2(y-v) &-2\lambda y &= 0 \\ (\Phi_u =)&\quad 2(u-x) + 2(u+7) &-2\mu u &= 0 \\ (\Phi_v =)&\quad 2(v-y) + 2v &-2\mu v &= 0 \end{aligned}\right\}.$$

Multipliziert man hier die erste Gleichung mit $-y$, die zweite mit x und addiert, so hebt sich einiges heraus, und es ergibt sich

$$2(uy - vx) + 14x = 0\,. \qquad (7)$$

Analog: Multipliziert man die dritte Gleichung mit v und die vierte mit $-u$, so erhält man nach Vereinfachung

$$2(uy - vx) + 14v = 0 ,$$

zusammen mit (7) also

$$v = x . \tag{8}$$

Hieraus ergibt sich weiter wegen (6) die Relation

$$u^2 = 4 - v^2 = 4 - x^2 = y^2$$

und somit (a): $u = y$, oder (b): $u = -y$.

Wir können nun u und v aus (7) eliminieren. Im Fall (a) erhalten wir die Gleichung $2(y^2 - x^2) + 14x = 0$, zusammen mit $x^2 + y^2 = 4$ also

$$2x^2 - 7x - 4 = 0$$

mit den beiden Lösungen $x = 4$ und $x = -1/2$. Die erste ist wegen $|x| > 2$ zu verwerfen; zu der zweiten gehören die y-Werte $y = \pm\sqrt{15}/2$. Aufgrund von (8) und (a) erhalten wir damit die beiden folgenden Punktepaare (P, Q):

$$P_1 = \left(-\frac{1}{2}, \frac{\sqrt{15}}{2}\right), \quad Q_1 = \left(\frac{\sqrt{15}}{2}, -\frac{1}{2}\right) ;$$
$$P_2 = \left(-\frac{1}{2}, -\frac{\sqrt{15}}{2}\right), \quad Q_2 = \left(-\frac{\sqrt{15}}{2}, -\frac{1}{2}\right) .$$

Im Fall (b) hingegen liefert die Elimination von u und v aus (7) zunächst $-2(y^2 + x^2) + 14x = 0$, und dies führt im Verein mit $x^2 + y^2 = 4$ auf eine lineare Gleichung für x mit der Lösung $x = 4/7$. Hierzu gehören die y-Werte $y = \pm 6\sqrt{5}/7$, und wir erhalten mit Hilfe von (8) und (b) die beiden weiteren Punktepaare

$$P_3 = \left(\frac{4}{7}, \frac{6}{7}\sqrt{5}\right), \quad Q_3 = \left(-\frac{6}{7}\sqrt{5}, \frac{4}{7}\right) ;$$
$$P_4 = \left(\frac{4}{7}, -\frac{6}{7}\sqrt{5}\right), \quad Q_4 = \left(\frac{6}{7}\sqrt{5}, \frac{4}{7}\right) .$$

Die Funktion $d(\cdot)$ besitzt also auf der Torusfläche $S \subset \mathbb{R}^4$ vier bedingt stationäre Punkte

$$(x_k, y_k, u_k, v_k) \qquad (1 \le k \le 4) .$$

Zeichnen wir die zugehörigen Streckenzüge in die Ausgangsfigur ein, so sehen wir (Fig. 12.8.4), daß d für (P_1, Q_1) maximal und für (P_2, Q_2) minimal wird. Die Punktepaare (P_3, Q_3) und (P_4, Q_4) gehören zu Sattelpunkten der Funktion $d(\cdot)$ auf S. Man kann beweisen, daß es bei einer C^1-Funktion auf einer Torusfläche notwendigerweise derartige Sattelpunkte gibt. ○

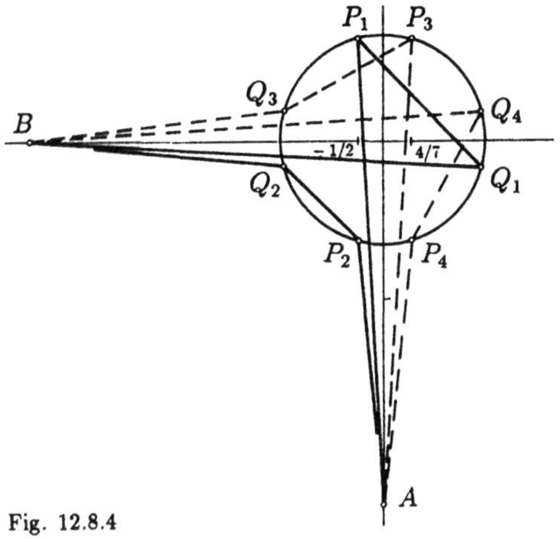

Fig. 12.8.4

⑦ Wir betrachten die Determinante einer n-reihigen quadratischen Matrix $[A] := [a_{ik}]$ als Funktion der Kolonnenvektoren

$$\mathbf{a}_k := (a_{1k}, a_{2k}, \ldots, a_{nk}) \qquad (1 \le k \le n).$$

Diese *Determinantenfunktion*

$$\varepsilon(\mathbf{a}_1, \ldots, \mathbf{a}_n) := \det \begin{bmatrix} a_{11} & \cdots & a_{1n} \\ \vdots & & \vdots \\ a_{n1} & \cdots & a_{nn} \end{bmatrix}$$

ist eine reellwertige Funktion von n Vektorvariablen. Sie besitzt übrigens eine interessante geometrische Interpretation: Der Wert von $\varepsilon(\cdot)$ ist bis aufs Vorzeichen gleich dem Volumen des von den n Vektoren $\mathbf{a}_1, \ldots, \mathbf{a}_n$ aufgespannten Parallelepipeds (siehe Abschnitt 13.3). An dieser Stelle wollen wir die sogenannte *Hadamardsche Ungleichung* beweisen:

(12.41) *Für beliebige Vektoren* $\mathbf{a}_1, \ldots, \mathbf{a}_n \in \mathbb{R}^n$ *ist*

$$|\varepsilon(\mathbf{a}_1, \ldots, \mathbf{a}_n)| \le |\mathbf{a}_1| \cdot |\mathbf{a}_2| \cdot \ldots \cdot |\mathbf{a}_n|, \tag{9}$$

und zwar gilt das Gleichheitszeichen genau dann, wenn ein $\mathbf{a}_k$ *verschwindet oder wenn die* $\mathbf{a}_k$ *paarweise aufeinander senkrecht stehen.*

In Worten: Der Betrag einer Determinante ist höchstens gleich dem Produkt der Beträge der Kolonnenvektoren (oder der Zeilenvektoren). — Die Determinante der Matrix $[A]$ ist eine lineare Funktion der einzelnen Kolonnenvektoren $\mathbf{a}_k$; somit genügt es, anstelle von (9) das folgende zu beweisen:

$(*)$ *Für beliebige Einheitsvektoren* $\mathbf{a}_1, \ldots, \mathbf{a}_n \in \mathbb{R}^n$ *gilt*

$$-1 \le \varepsilon(\mathbf{a}_1, \ldots, \mathbf{a}_n) \le 1\,.$$

⌈ Wir fassen $\varepsilon(\cdot)$ wahlweise auch als Funktion der n^2 reellen Variablen a_{ik} auf. Da die $\mathbf{a}_k$ jetzt Einheitsvektoren sein müssen, sind die (zunächst freien) Variablen a_{ik} nunmehr den n Nebenbedingungen

$$a_{11}^2 + a_{21}^2 + \ldots + a_{n1}^2 = 1\,, \qquad \ldots, \qquad a_{1n}^2 + a_{2n}^2 + \ldots + a_{nn}^2 = 1 \tag{10}$$

unterworfen, die zusammen eine gewisse Menge $S \subset \mathbb{R}^n \times \ldots \times \mathbb{R}^n$ festlegen. (S ist ein kartesisches Produkt von n $(n-1)$-dimensionalen Einheitssphären.) Die Menge S ist beschränkt und aufgrund von **(4.9)** abgeschlossen, also kompakt. Somit nimmt die stetige Funktion $\varepsilon(\cdot)$ auf S ein globales Maximum an, und die betreffenden Maximalstellen sind dann auch lokale Maxima von $\varepsilon(\cdot)\restriction S$. Es genügt daher, die bedingten lokalen Maximalwerte von $\varepsilon(\cdot)$ bezüglich S zu bestimmen.

Differenzieren wir die n Nebenbedingungen (10) bzw. die Funktionen

$$F_k := \frac{1}{2}\left(a_{1k}^2 + a_{2k}^2 + \ldots + a_{nk}^2 - 1\right) \qquad (1 \le k \le n)$$

nach den einzelnen Variablen in der Reihenfolge, in der sie in (10) auftreten, so erhalten wir die $(n \times n^2)$-Matrix

$$\begin{bmatrix} a_{11} & a_{21} & \cdots & a_{n1} & & & & & & & & \\ & & & & a_{12} & a_{22} & \cdots & a_{n2} & & & & \\ & & & & & & & & \ddots & & & \\ & & & & & & & & & a_{1n} & a_{2n} & \cdots & a_{nn} \end{bmatrix}$$

(Leerstellen bezeichnen Nullen), die in den Punkten von S ersichtlich den geforderten Rang n aufweist. Dann geben sich aber alle bedingten Extrema mit Hilfe von Satz **(12.40)** zu erkennen, und wir dürfen die Prinzipalfunktion

$$\Phi := \varepsilon(\cdot) - \sum_{k=1}^{n} \lambda_k F_k$$

ansetzen. Wir müssen Φ nach den n^2 Variablen a_{ik} differenzieren. Da jedes einzelne a_{ik} nur in einer einzigen Nebenbedingung auftritt, erhalten wir die folgenden n^2 Gleichungen:

$$\left(\frac{\partial \Phi}{\partial a_{ik}} = \right) \qquad A_{ik} - \lambda_k a_{ik} = 0 \qquad (\text{alle } i,\, k)\,; \tag{11}$$

dabei bezeichnet A_{ik} den Kofaktor des Elements a_{ik} in $\det[A]$.

Multiplizieren wir (11) mit a_{ir}, so ergibt sich nach Summation über i:

$$\sum_{i=1}^{n} a_{ir} A_{ik} - \lambda_k \sum_{i=1}^{n} a_{ir} a_{ik} = 0 \qquad (\text{alle } r,\, k)\,.$$

Nach einem bekannten Satz über Kofaktoren haben wir daher

$$\lambda_k \, \mathbf{a}_r \bullet \mathbf{a}_k = \begin{cases} \det[A] & (r = k) \\ 0 & (r \neq k) \end{cases} . \tag{12}$$

Setzen wir hier zunächst $r := k$, so erhalten wir wegen (10):

$$\lambda_k = \det[A] = \varepsilon(\mathbf{a}_1, \ldots, \mathbf{a}_n) \qquad (1 \leq k \leq n),$$

und das heißt: In jedem bedingt stationären Punkt der Funktion $\varepsilon(\cdot)$ sind alle λ_k gleich dem Wert von $\varepsilon(\cdot)$ in diesem Punkt. Uns interessieren hier nur solche bedingt stationären Punkte, wo $\varepsilon(\cdot)$ und damit die λ_k von 0 verschieden sind. Der unteren Alternative von (12) ist zu entnehmen, daß die zu solchen Punkten gehörigen Kolonnenvektoren $\mathbf{a}_k$ paarweise aufeinander senkrecht stehen. Das letzte besagt zusammen mit den Nebenbedingungen (10) gerade, daß $[A]$ der Matrizengleichung

$$[A]'\,[A] \;=\; [I] \qquad (:= \text{Einheitsmatrix})$$

genügt. Hieraus folgt aber für den Wert von $\varepsilon(\cdot)$ in den betreffenden Punkten:

$$\varepsilon^2 = \left(\det[A]\right)^2 = 1,$$

das heißt: $\varepsilon = \pm 1$. Damit ist $(*)$ verifiziert, und die Behauptungen bezüglich des Gleichheitszeichens haben sich ebenfalls als zutreffend erwiesen. ○

Globale Extrema

Die folgende Situation ist typisch und tritt in der Praxis immer wieder auf: Gesucht ist das globale Maximum einer differenzierbaren Funktion $f : \mathbb{R}^n \curvearrowright \mathbb{R}$ auf einer durch Gleichungen und Ungleichungen definierten kompakten Menge $K \subset \operatorname{dom}(f)$.

Beispiele:

$$K_1 := \left\{(x,y,z) \mid x \geq 0,\ y \geq 0,\ z \geq 0,\ x^2 + y^2 + z^2 \leq 1\right\},$$
$$K_2 := \left\{(x,y,z) \mid x^2 + y^2 = 1,\ -4 + 2x - y \leq z \leq 4 + x + y\right\},$$
$$K_3 := \left\{\mathbf{x} \in \mathbb{R}^n \mid x_k \geq 0\ (1 \leq k \leq n),\ \textstyle\sum_{k=1}^n x_k = 1\right\}.$$

Die Lösung einer derartigen Extremalaufgabe erfolgt wie seinerzeit im eindimensionalen Fall (Satz **(7.10)**) mit Hilfe einer "Kandidatenliste".

Vorweg wollen wir die Klasse der zugelassenen geometrischen Objekte K geeignet festlegen. Die obigen Beispiele legen folgende Definition nahe: Eine Menge $A \subset \mathbb{R}^n$ heißt *stratifiziert*, wenn sie sich in der folgenden Weise darstellen läßt:

$$A = \bigcup_{d=0}^{n} S_d;$$

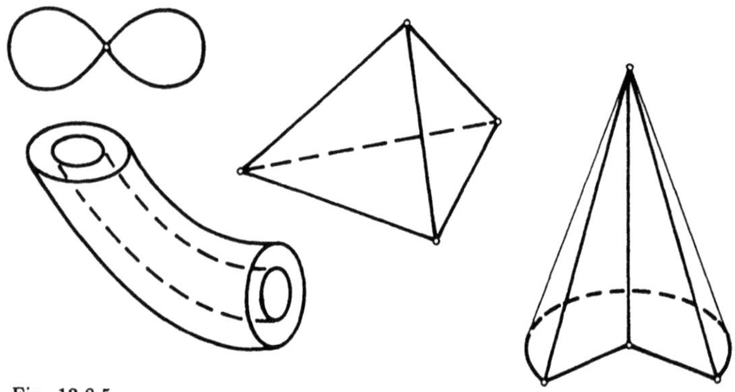

Fig. 12.8.5

dabei bezeichnen

S_0 eine Menge von isolierten Punkten,

S_d $(1 \leq d \leq n-1)$ eine offene d-Fläche im $\mathbb{R}^n$,

S_n das offene Innere von A.

Die S_d können aus mehreren getrennten Teilstücken bestehen und auch leer sein. Die Fig. 12.8.5 zeigt einige Beispiele. Bei dem Tetraeder besteht S_0 aus 4 Punkten, S_1 aus 6 offenen Strecken, S_2 aus 4 offenen Dreiecksflächen, und S_3 ist das Innere des im $\mathbb{R}^3$ gedachten Tetraeders. In dem nun folgenden Satz ist entscheidend, daß die einzelnen *Strata* S_d, $d \geq 1$, der betrachteten Menge K *offen* (bzw. "relativ offen") sind; denn nur unter dieser Voraussetzung kommen die (bedingten) lokalen Extremalstellen mit Hilfe der Differentialrechnung zum Vorschein.

(12.42) *Es sei* $f : \mathbb{R}^n \curvearrowright \mathbb{R}$ *eine stetig differenzierbare Funktion und*

$$K = \bigcup_{d=0}^{n} S_d \tag{13}$$

eine stratifizierte kompakte Menge im Definitionsbereich von f. *Die Funktion* f *besitze auf jedem Stratum* S_d, $d \geq 1$, *eine endliche Menge* C_d *von bedingt (bzw. voll) stationären Punkten, und es sei* $C_0 := S_0$ *die (endliche) Menge der "Eckpunkte" von* K. *Dann kommt jeder Punkt* $\mathbf{p} \in K$, *in dem* $f \restriction K$ *lokal maximal ist, in der "Kandidatenliste"*

$$C := \bigcup_{d=0}^{n} C_d$$

vor, und es gilt

$$\max\{f(\mathbf{x}) \mid \mathbf{x} \in K\} = \max\{f(\mathbf{x}) \mid \mathbf{x} \in C\} . \tag{14}$$

⌜ Es sei $f \restriction K$ an der Stelle $\mathbf{p} \in K$ lokal maximal. Wegen (13) gibt es ein $d \in [0\,..\,n]$ mit $\mathbf{p} \in S_d$. Ist $d = 0$, so erscheint $\mathbf{p}$ wegen $C_0 := S_0$ auf der Liste. Ist $d > 0$, so ist f im Punkt $\mathbf{p}$ *a fortiori* bedingt bzw. voll lokal maximal bezüglich $S_d \subset K$ und somit nach **(12.39)** bzw. **(12.24)** bedingt bzw. voll stationär bezüglich S_d. Hiernach ist $\mathbf{p} \in C_d$, und $\mathbf{p}$ ist Kandidat.

Da jede globale Maximalstelle von $f \restriction K$ auch eine lokale Maximalstelle ist, kommt der globale Maximalwert von $f \restriction K$ unter den endlich vielen Zahlen $f(\mathbf{x})$, $\mathbf{x} \in C$, vor und ist dann natürlich die größte unter ihnen. Dies beweist (14). ⌟

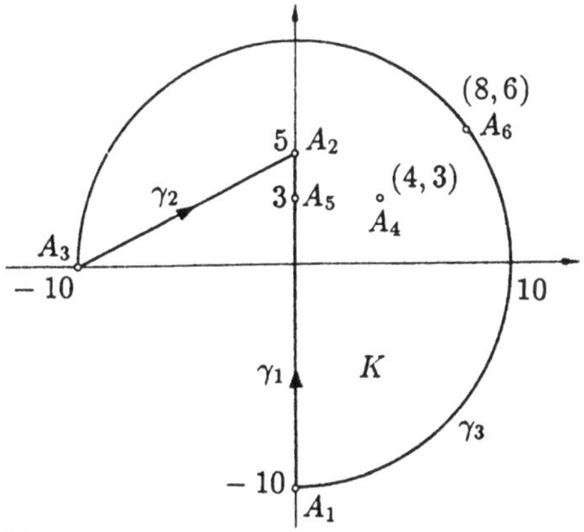

Fig. 12.8.6

⑧ Es sollen die globalen Extrema der Funktion

$$f(x,y) := x^2 + y^2 - 8x - 6y \qquad \left(= (x-4)^2 + (y-3)^2 - 25 \right)$$

auf der in Fig. 12.8.6 dargestellten Menge K bestimmt werden. — *Vorbemerkung:* Der zweite für f angegebene Ausdruck erweist $f(x,y)$ im wesentlichen als Quadrat des Abstands zwischen (x,y) und dem Punkt $(4,3)$, so daß die gesuchten Extrema unmittelbar an der Figur abgelesen werden könnten. So einfach wollen wir es uns aber nicht machen.

Die Menge K setzt sich zusammen aus drei Eckpunkten $P_1 := (0,-10)$, $P_2 := (0,5)$, $P_3 := (-10,0)$, drei Randbögen γ_1, γ_2, γ_3 und dem Inneren K°.

Um die voll stationären Punkte von f in K° zu finden, haben wir das Gleichungssystem

$$\left.\begin{array}{ll} (f_x =) & 2x - 8 = 0 \\ (f_y =) & 2y - 6 = 0 \end{array}\right\}$$

aufzulösen und erhalten den Punkt $P_4 := (4,3)$.

Längs γ_1 ist $x = 0$ und $-10 < y < 5$. Die bedingt stationären Punkte von f auf γ_1 ergeben sich daher durch Betrachtung des Pullbacks

$$\tilde{f}_1(y) := f(0,y) = y^2 - 6y \qquad (-10 < y < 5)\,.$$

Die Gleichung $\tilde{f}_1'(y) = 2y - 6 = 0$ liefert $y = 3$ und damit den Punkt $P_5 := (0,3)$. Längs γ_2 ist $x = -10 + 2y$ und $0 < y < 5$; es gilt daher, die stationären Punkte der Funktion

$$\tilde{f}_2(y) := f(-10 + 2y,\, y) = 5y^2 - 62y + 180 \qquad (0 < y < 5)$$

zu bestimmen. Die Gleichung $\tilde{f}_2'(y) = 10y - 62 = 0$ liefert keinen derartigen Punkt.

Für γ_3 schließlich benutzen wir die Lagrangesche Prinzipalfunktion

$$\Phi(x, y, \lambda) := x^2 + y^2 - 8x - 6y - \lambda(x^2 + y^2 - 100)$$

und werden damit auf das Gleichungssystem

$$\left.\begin{array}{ll} (\Phi_x =) & 2x(1-\lambda) - 8 = 0 \\ (\Phi_y =) & 2y(1-\lambda) - 6 = 0 \end{array}\right\}$$

geführt. Hiernach verhält sich x zu y wie $8:6$, was im Verein mit der Nebenbedingung $x^2 + y^2 = 100$ die beiden Lösungen $\pm(8,6)$ liefert, von denen aber nur der Punkt $P_6 := (8,6)$ auf γ_3 liegt.

Damit sind alle Punkte bestimmt, die als globale Extremalstellen von f auf K in Frage kommen. Nach (14) gilt

$$\begin{aligned} \max\{f(x,y) \mid (x,y) \in K\} &= \max_{1 \le k \le 6} f(P_k) = \max\{160, -5, 180, -25, -9, 0\} \\ &= 180\,, \end{aligned}$$

und derselben Liste nimmt man auch den Minimalwert -25. Das Maximum wird im Punkt P_3 angenommen, das Minimum im Punkt P_4, in Übereinstimmung mit dem, was in der Vorbemerkung angedeutet wurde. ○

12.9. Aufgaben

1. Die Funktion $f : \mathbb{R}^2 \to \mathbb{R}$ sei definiert durch

$$f(x,y) := \begin{cases} (x^2 + y^2) \sin \dfrac{1}{\sqrt{x^2 + y^2}} & ((x,y) \neq \mathbf{0}) \\ 0 & ((x,y) = \mathbf{0}) \end{cases}.$$

(a) Zeige: Die Funktion f ist in der ganzen Ebene differenzierbar.

(b) Besitzt f überall stetige partielle Ableitungen?

2. Es sei P der im ersten Quadranten liegende Schnittpunkt der beiden Kurven $x^2 = y^3$ und $x^4 + y^4 = 1$ (Figur!). Ausgehend von dem nahe bei P gelegenen Punkt $\mathbf{z}_0 := (1,1)$ führe man einen Newtonschritt aus, um eine bessere Näherung $\mathbf{z}_1$ für P zu gewinnen. Damit ist folgendes gemeint: Betrachte die Funktion
$$\mathbf{f}: \quad (x,y) \mapsto (x^2 - y^3,\ x^4 + y^4 - 1)$$
und bestimme einen Zuwachsvektor $\mathbf{Z}$ so, daß $\mathbf{f}(\mathbf{z}_0) + d\mathbf{f}(\mathbf{z}_0).\mathbf{Z} = \mathbf{0}$ wird. Setze dann $\mathbf{z}_1 := \mathbf{z}_0 + \mathbf{Z}$.

3. Finde und beweise dabei eine koordinatenfreie Identität der Form
$$\nabla(f \cdot g) = \ldots .$$

4. Die Funktion
$$f(x,y,z) := \int_{\cos x}^{\sin y} e^{zt}\,dt$$
(integriert wird nach t; x, y, z sind Parameter!) ist im ganzen (x,y,z)-Raum erklärt. Berechne $\nabla f\left(\frac{\pi}{2}, \frac{\pi}{3}, 0\right)$.

5. Betrachte eine Funktion $f : \mathbb{R}^n \curvearrowright \mathbb{R}$, einen Punkt $\mathbf{p} \in \operatorname{dom}(f)$ sowie einen beliebigen Einheitsvektor $\mathbf{e} \in T_\mathbf{p}$. Ist $f(\mathbf{p} + t\mathbf{e})$ für alle hinreichend kleinen $t > 0$ definiert und existiert der Grenzwert
$$\lim_{t \to 0+} \frac{f(\mathbf{p} + t\mathbf{e}) - f(\mathbf{p})}{t} =: D_\mathbf{e} f(\mathbf{p})\,,$$
so heißt $D_\mathbf{e} f(\mathbf{p})$ die *Richtungsableitung* von f im Punkt $\mathbf{p}$ in Richtung $\mathbf{e}$.
   (a) Ist f an der Stelle $\mathbf{p}$ differenzierbar, so gilt $D_\mathbf{e} f(\mathbf{p}) = \nabla f(\mathbf{p}) \bullet \mathbf{e}$ und insbesondere $D_{\mathbf{e}_k} f(\mathbf{p}) = \dfrac{\partial f}{\partial x_k}(\mathbf{p})$.
   (b) Die Richtungsableitung der Funktion $f : \mathbb{R}^2 \curvearrowright \mathbb{R}$ im Punkt $\mathbf{p}$ betrage 3 in nördlicher Richtung und $1/\sqrt{2}$ in südwestlicher Richtung. Bestimme $\nabla f(\mathbf{p})$.
   (c) Die Funktion $f(\mathbf{x}) := |\mathbf{x}|$ ist im Ursprung nicht differenzierbar, besitzt dort aber Richtungsableitungen.

6. Es sei $f : \mathbb{R}^2 \curvearrowright \mathbb{R}$, $(x,y) \mapsto f(x,y)$ eine C^2-Funktion mit $f_y \equiv 0$. Beweise und (!) widerlege: Ein derartiges f *hängt nur von* x *ab*, das heißt: Es gibt eine C^1-Funktion $u : x \mapsto u(x)$ mit $f(x,y) \equiv u(x)$. Zeige durch ein Gegenbeispiel, daß der behauptete Sachverhalt nur unter einer gewissen Zusatzvoraussetzung über $\operatorname{dom}(f)$ sichergestellt ist.

7. Bestimme die allgemeinste C^2-Funktion $f : \mathbb{R}^2 \to \mathbb{R}$, für die $f_{xy} \equiv 0$ ist.

8. Es seien f und g zweimal stetig differenzierbare Funktionen einer Variablen, und es sei c (> 0) eine Konstante. Zeige: Die Funktion
$$u(x,t) := f(x + ct) + g(x - ct)$$

genügt der sogenannten *Wellengleichung* $\frac{\partial^2 u}{\partial t^2} = c^2 \frac{\partial^2 u}{\partial x^2}$. (Die Graphen der Funktionen $g_t(x) := g(x - ct)$ stellen eine mit Geschwindigkeit c nach rechts laufende Welle auf der x-Achse dar.)

9. Es seien $p(z) := a_n z^n + \ldots + a_1 z + a_0$ ein Polynom mit komplexen Koeffizienten a_k und $f : \mathbb{R} \curvearrowright \mathbb{C}$ eine differenzierbare Funktion. Dann gilt

$$\frac{d}{dt}\, p\big(f(t)\big) = p'\big(f(t)\big)\, f'(t) ,$$

wobei $p'(z) := n a_n z^{n-1} + \ldots + a_1$ die komplexe Ableitung von $p(\cdot)$ darstellt.

10. Es sei $\mathbf{a} \in \mathbb{R}^n$ ein gegebener Vektor $\neq \mathbf{0}$ und $f : \mathbb{R}^n \to \mathbb{R}$ definiert durch

$$f(\mathbf{x}) := \frac{\mathbf{a} \bullet \mathbf{x}}{|\mathbf{x}|^2 + 1} .$$

(a) Beweise, daß f auf $\mathbb{R}^n$ ein globales Maximum und ein globales Minimum annimmt.

(b) Berechne die globalen Extremalwerte von f.

11. Es seien $n \geq 1$ eine natürliche Zahl und A, B, a, b, c, d reelle Zahlen. Man diskutiere die kritischen Punkte der Funktion

$$f(x, y) := A(ax + by)^n + B(cx + dy)^n$$

in Abhängigkeit von den Werten der Parameter n, A, ..., d. (*Hinweis:* Ein homogenes lineares Gleichungssystem besitzt genau dann nichttriviale Lösungen, wenn seine Determinante verschwindet.)

12. Untersuche, ob die folgenden Funktionen im Ursprung ein lokales Extremum besitzen:

(a) $f(x, y) := \cos(3x - 2y) - \cos(5x + y)$,

(b) $g(x, y) := x^4 - 3x^3y^2 + 2x^2y^2 - 3x^2y^3 + y^4$,

(c) $h(x, y, z) := \sin(x^2 + y^2 + z^2) + 2(\cos x + \cos y + \cos z)$.

(*Hinweis:* Umständliche Rechnungen nach Möglichkeit vermeiden!)

13. Berechne die Norm der linearen Abbildung $L : \mathbb{R}^2 \to \mathbb{R}^2$ mit der Matrix

$$[L] := \begin{bmatrix} 6 & -4 \\ 2 & -3 \end{bmatrix} .$$

(*Hinweis:* Bestimme $\max |L\mathbf{z}|^2$ auf der Menge der Einheitsvektoren $\mathbf{z} = (\cos\phi, \sin\phi)$.)

14. Die Abbildung $\mathbf{f} : \mathbf{x} \mapsto \mathbf{y}$ sei definiert durch

$$y_i := \frac{x_i}{1 - x_1 - x_2 - x_3} \qquad (1 \leq i \leq 3) .$$

Berechne die Funktionaldeterminante $J_{\mathbf{f}}(\mathbf{x})$.

15. (a) Betrachte die komplex differenzierbare Funktion $f(z) := (1+z)(i-z)$ bzw. die zugehörige Abbildung $\mathbf{f} : \mathbb{R}^2 \to \mathbb{R}^2$. In welchen Punkten ist $d\mathbf{f}$ nicht regulär? Welchen Rang hat dort $d\mathbf{f}$?

(b) Dasselbe für die Funktion $g(z) := \cosh z := \dfrac{e^z + e^{-z}}{2}$. Zeige, daß g keine Umgebung des Ursprungs injektiv abbildet.

16. Es sei $\mathbf{f} : \mathbb{R}^n \curvearrowright \mathbb{R}^n$ eine C^1-Abbildung und $\mathbf{p}_0 \in \operatorname{dom}(\mathbf{f})$. Betrachte die Iterationsfolge

$$\mathbf{p}_k := \mathbf{f}(\mathbf{p}_{k-1}) \qquad (k \geq 1)\ .$$

Gibt es ein $N \geq 1$ mit $\mathbf{p}_N = \mathbf{p}_0$, so heißt $\mathbf{p}_0$ ein *periodischer Punkt* und die Menge $\{\mathbf{p}_0, \mathbf{p}_1, \ldots, \mathbf{p}_{N-1}\}$ eine *periodische Bahn* von $\mathbf{f}$. Die $\mathbf{p}_k$ sind dann Fixpunkte der Abbildung $\mathbf{g} := \mathbf{f} \circ \mathbf{f} \circ \ldots \circ \mathbf{f}$ (N Faktoren).

(a) Produziere ein Beispiel mit $n = 1$, $N = 3$ und einem nichtlinearen $\mathbf{f}$.

(b) Zeige: Die Funktionaldeterminante $J_{\mathbf{g}}(\mathbf{p}_k)$ hat für jedes k denselben Wert.

17. Verifiziere: Die Gleichung

$$2x^2 - 4xy + y^2 - 3x + 4y = 0$$

definiert implizit eine Funktion $y = g(x)$ mit $g(1) = 1$. Berechne den Wert $g'(1)$, (a) mit Hilfe einer expliziten Darstellung von g und (b) mit Hilfe der Formel für die Ableitung einer implizit gegebenen Funktion. Bestimme auch ein maximales Intervall, auf dem g stetig differenzierbar ist.

18. (a) Betrachte die Funktionenschar

$$f_\alpha(t) := t^3 - 3t(t + \alpha)\,,$$

α ein reeller Parameter. Für gewisse α besitzt f_α kritische Punkte $t_i = c_i(\alpha)$, $1 \leq i \leq r$. Zeichne die Graphen einiger f_α's als Funktionen von t sowie in einer weiteren Figur die Graphen der $c_i(\alpha)$ als Funktionen von α. Man stellt fest, daß die kritischen Punkte $c_i(\alpha)$ differenzierbar von α abhängen, ausgenommen eine einzige singuläre Stelle, wo zwei kritische Punkte "verschmelzen".

(b) Betrachte jetzt eine allgemeine Funktionenschar

$$f_\alpha(t) := F(t, \alpha)\,, \qquad F : \mathbb{R}^2 \curvearrowright \mathbb{R}\ .$$

Es sei t_0 ein kritischer Punkt der Funktion f_{α_0}. Formuliere eine Bedingung, die folgendes garantiert: Ist α nahe bei α_0, so besitzt f_α einen kritischen Punkt $c_0(\alpha)$ in der Nähe von t_0, wobei $c_0(\alpha)$ differenzierbar von α abhängt.

19. Es sei

$$\mathbf{f}: \quad (u,v) \mapsto \begin{cases} x := u + \sin v \\ y := v + \cos u \\ z := e^{uv} \end{cases}$$

die Parameterdarstellung einer Fläche $S \subset \mathbb{R}^3$. Bestimme (a) eine Parameterdarstellung und (b) eine Gleichung der Tangentialebene $S_\mathbf{p}$ in dem zu $u = v = 0$ gehörigen Flächenpunkt $\mathbf{p}$. (*Hinweis:* Eine Gleichung erhält man mit Hilfe des Normalenvektors $\mathbf{f}_u \times \mathbf{f}_v$.)

20. Die Fläche S: $z = xy$ modelliert einen Gebirgspaß. Zu einem bestimmten Zeitpunkt sendet die unendlich ferne untergehende Sonne ihre letzten Strahlen aus der Richtung $\mathbf{s} := (-4, 1, -1)$. Bestimme die Schattengrenze γ auf S; erwünscht ist eine Parameterdarstellung. Um was für eine Kurve handelt es sich? Figur!

21. Man gebe eine Parameterdarstellung einer Fläche vom Typ des Möbiusbandes (siehe die Fig. 14.5.4). Das Band muß sich nicht verzerrungsfrei aus Papier herstellen lassen; es darf aber keine Knicke und Selbstdurchdringungen aufweisen.

22. In welchen Punkten der (u,v)-Ebene ist die Abbildung

$$\mathbf{f}: \quad \mathbb{R}^2 \to \mathbb{R}^3, \qquad (u,v) \mapsto (u^2 + 2v, 2v^2 - u, u + v)$$

nicht regulär?

23. Zeige: Die Tangentialebenen an die Fläche

$$S: \quad \sqrt{x}_1 + \sqrt{x}_2 + \sqrt{x}_3 = \sqrt{a} \qquad (a > 0 \text{ fest})$$

schneiden die drei Koordinatenachsen in Punkten $t_k \mathbf{e}_k$, wobei die Summe $s := t_1 + t_2 + t_3$ für alle diese Ebenen denselben Wert hat.

24. Die Ungleichung

$$(3x - z)^2 + (6y - z)^2 + z^2 \leq 36$$

beschreibt ein frei im Raume schwebendes Ellipsoid E mit Zentrum im Ursprung. (In geeigneten schiefwinkligen Koordinaten ξ, η, ζ ist E gegeben durch $\xi^2 + \eta^2 + \zeta^2 \leq 36$.) Dieses Ellipsoid wird nun senkrecht von oben beleuchtet und wirft einen Schatten E' auf die darunterliegende horizontale Ebene $z = -8$. Bestimme und zeichne E'. (*Hinweis:* Wie läßt sich die Schattengrenze auf der Oberfläche von E charakterisieren?)

25. Im (x,y,z)-Raum werden die beiden Flächen $S_1: \ z = y^2$ und $S_2: \ z = x^3$ betrachtet. Ihre Schnittkurve γ besitzt im Ursprung eine Singularität.
   (a) Stelle eine instruktive Figur dieser Situation her.
   (b) Mit dem Auftreten einer Singularität mußte von vorneherein gerechnet werden. Warum?

26. Es seien $x_1, x_2, \ldots, x_n$ reelle nichtnegative Zahlen mit Summe na. Dann gilt

$$\sum_{i<k} x_i x_k \leq \frac{n(n-1)}{2} a^2 .$$

27. Angenommen, Sie müßten an dem folgenden Spiel teilnehmen: Sie geben eine reelle Zahl x bekannt; hierauf wählt Ihr Gegner eine reelle Zahl y und gewinnt von Ihnen den Betrag

$$f(x,y) := (x^2 - 4)y^2 + 2(x+4)y .$$

Welches x würden Sie wählen, und welches y hierauf Ihr Gegner?

28. Stelle eine anschauliche Skizze der Menge

$$C := \{(x,y,z) \in \mathbb{R}^3 \mid x+y+z = 5\,,\ yz + zx + xy = 8\}$$

her und diskutiere die bezüglich C bedingt stationären Punkte der Funktion $f(x,y,z) := xyz$.

29. Betrachte die Funktion

$$f(x,y) := 3x + 2(x^2 + y^2)$$

auf der Kreisscheibe B der Fig 12.9.1 und bestimme die maximale Schwankung von f auf irgendeinem Durchmesser d. Gemeint ist das Maximum über alle d der Größe

$$|\Delta f|_d := \max_{(x,y)\in d} f(x,y) - \min_{(x,y)\in d} f(x,y) .$$

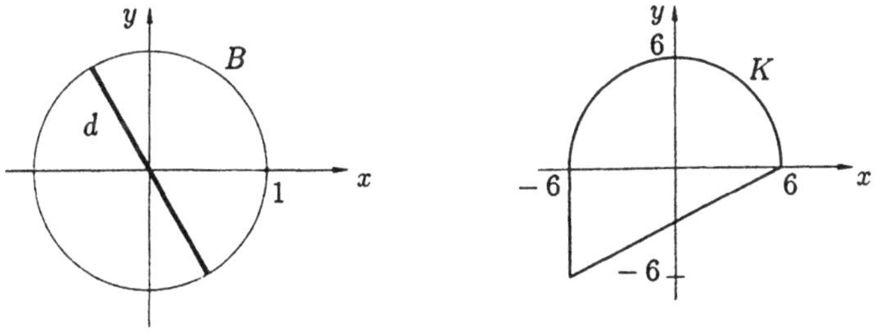

Fig. 12.9.1–2

30. Bestimme die globalen Extrema der folgenden Funktionen f auf den angegebenen Bereichen B.

(a) $f(x,y) := \sin x \, \sin y \, \sin(x+y)$,
$B := [0,\pi] \times [0,\pi]$;

(b) $f(x,y,z) := x - y - 2z$,
$B := \{(x,y,z) \mid x \geq 0,\ y \geq 0,\ z \geq 0,\ x^2 + y^2 + z^2 \leq 1\}$;

(c) $f(x,y,z) := 3x - 4y + 15z$,
$B := \{(x,y,z) \mid z^3 = x^2 + y^2 \leq 1\}$ (Figur!)

31. Bestimme die globalen Extrema der Funktion

$$f(x,y) := x^2 - xy + y^2$$

auf dem Bereich K der Fig. 12.9.2 sowie die Punkte, in denen diese Extremalwerte angenommen werden.

32. (a) Es sei S eine (offene) d-Fläche im $\mathbb{R}^n$, und es sei $\mathbf{a} \notin S$ ein fester Punkt. Beweise den folgenden (intuitiv einleuchtenden) Sachverhalt: Ist die Distanzfunktion $d_\mathbf{a} : \mathbf{x} \mapsto |\mathbf{x} - \mathbf{a}|$ im Punkt $\mathbf{p} \in S$ bedingt lokal extremal bezüglich S, so steht die Strecke von $\mathbf{a}$ nach $\mathbf{p}$ senkrecht auf der Tangentialebene $S_\mathbf{p}$. (*Hinweis:* Betrachte die Funktion $g(\mathbf{x}) := |\mathbf{x} - \mathbf{a}|^2$.)

(b) Bestimme den Durchmesser des in der Fig. 12.9.3 dargestellten herzförmigen Bereiches B in der (x,y)-Ebene. (*Hinweis:* Hierfür wird nur ganz wenig Rechnung benötigt.)

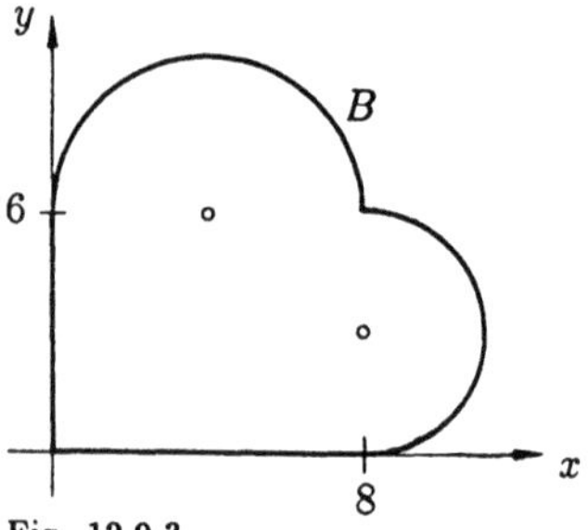

Fig. 12.9.3

13. Mehrfache Integrale

13.1. Definition und Grundeigenschaften

Was die Idee des "Integrals" betrifft, verweisen wir ausdrücklich auf die Ausführungen zu Beginn von Abschnitt 9.1. Es sei also $B \subset \mathbb{R}^n$ eine durch $\leq$-Ungleichungen definierte kompakte Menge, zum Beispiel der im ersten Oktanten gelegene Teil der Einheitskugel im $\mathbb{R}^3$, und $f : B \to \mathbf{X}$ eine Funktion, die über B integriert werden soll. Wie in 9.1 dargestellt, wird man dazu geführt, Zerlegungen von B in kleine Teilbereiche B_k zu betrachten, wobei sich diese B_k berühren, aber nicht überlappen dürfen (Fig. 13.1.1), und das Integral als Grenzwert von Riemannschen Summen zu erklären:

$$\text{“} \int_B f(\mathbf{x})\, d\mu(\mathbf{x}) = \lim_{\cdots} \sum_{k=1}^{N} f(\boldsymbol{\xi}_k)\, \mu(B_k) \text{''} .$$

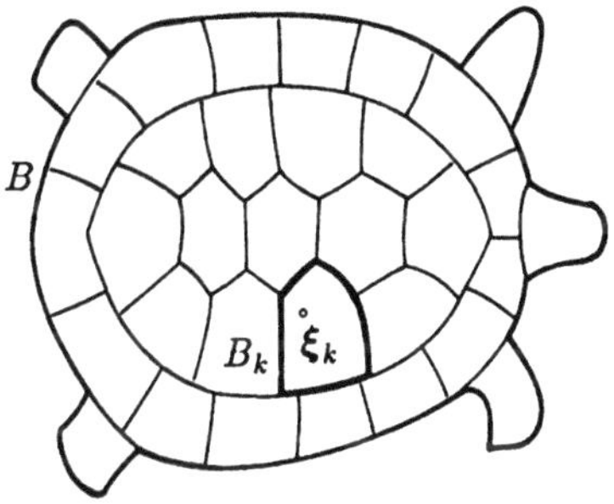

Fig. 13.1.1

Bei der Ausarbeitung dieser Ideen stellen sich in der mehrdimensionalen Situation einige Fragen, die in Kapitel 9 noch nicht dringend waren. Wir listen sie hier auf und schreiben gleich die Antworten hin, die wir in den folgenden Abschnitten erarbeiten werden.

— Was ist überhaupt $\mu(B_k)$ bzw. $\mu(B)$, wenn B nicht gerade ein Quader ist?

Antwort: $\mu(B) := \int_B 1\, d\mu$ (*sic*!).

— Wie finden wir den Anschluß an den Kalkül mit Stammfunktionen?

Antwort: Durch rekursive Erniedrigung der Dimension und sukzessive Berechnung von 1-fachen Integralen.

— Der Wert des Integrals hängt nicht nur von f, sondern auch von der genauen Gestalt von B ab. Wie wird die Information über B in den Rechenprozeß eingebracht?

Antwort: Die Gestalt von B bestimmt die "fließenden Integrationsgrenzen" der im Laufe des Reduktionsprozesses zu berechnenden "inneren Integrale".

In diesem Abschnitt geht es um den Integralbegriff und seine Grundeigenschaften; der Kalkül folgt im nächsten Abschnitt. Wir beginnen mit Funktionen, die auf einem Quader $Q \subset \mathbb{R}^n$ definiert sind, und treffen die folgenden Dispositionen, wobei wir soviel wie möglich aus Abschnitt 9.1 kopieren (im Fall $n = 1$ stimmt alles mit den Vereinbarungen von 9.1 überein):

Ein *Quader* im $\mathbb{R}^n$ ist eine Menge der Form

$$Q := \{\mathbf{x} \in \mathbb{R}^n \mid a_i \le x_i \le b_i \ (1 \le i \le n)\} = \prod_{i=1}^{n} [a_i, b_i]; \qquad (1)$$

dabei sind a_i, b_i gegebene reelle Zahlen mit $a_i < b_i$ $(1 \le i \le n)$. Die positive Zahl

$$\mu(Q) := \prod_{i=1}^{n} (b_i - a_i)$$

ist das *Maß* (auch: *Volumen*) des Quaders Q.

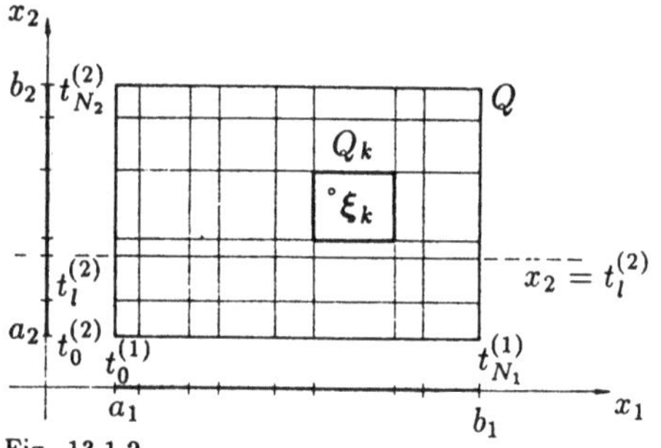

Fig. 13.1.2

Wir halten einen derartigen Quader (1) für den Moment fest. Man erhält eine *Teilung* T dieses Quaders, indem man für jedes $i \in [1..n]$ eine Teilung

$$T^{(i)}: \qquad a_i = t_0^{(i)} < t_1^{(i)} < \ldots < t_{N_i}^{(i)} = b_i$$

des Intervalls $[a_i, b_i]$ wählt und das kartesische Produkt dieser Teilungen bildet. Damit ist folgendes gemeint (Fig. 13.1.2): Die $N_1 + \ldots + N_n + n$ Hyperebenen

$$\{\mathbf{x} \in \mathbb{R}^n \mid x_i = t_l^{(i)}\} \qquad (0 \le l \le N_i, \ 1 \le i \le n)$$

zerlegen Q in insgesamt $N := N_1 \cdot N_2 \cdot \ldots \cdot N_n$ Teilquader Q_k, die wir uns in geeigneter Weise von 1 bis N numeriert denken. Ein zu T gehöriger *Satz von Meßpunkten* ist ein N-Tupel

$$\boldsymbol{\xi}. = (\boldsymbol{\xi}_1, \boldsymbol{\xi}_2, \ldots, \boldsymbol{\xi}_N), \qquad \boldsymbol{\xi}_k \in Q_k \quad (1 \le k \le N).$$

Mit vollständiger Induktion zeigt man, was intuitiv einleuchtet:

$$\mu(Q) = \sum_{k=1}^{N} \mu(Q_k).$$

Es seien jetzt $f : Q \to \mathbf{X}$ eine beschränkte Funktion, T eine Teilung von Q und $\boldsymbol{\xi}.$ ein zu T gehöriger Satz von Meßpunkten. Dann heißt

$$R(f) := \sum_{k=1}^{n} f(\boldsymbol{\xi}_k)\mu(Q_k) \qquad (\in \mathbf{X})$$

eine (zu f, T und $\boldsymbol{\xi}.$ gehörige) *Riemannsche Summe*. Wenn nötig, wird die benutzte Teilung in der Bezeichnung ausgewiesen, und wir schreiben $R_T(f)$ oder ähnlich. Weiter ist

$$D_T(f) := \sum_{k=1}^{N} |\Delta f|_{Q_k}\, \mu(Q_k)$$

die zu f und T gehörige *Schwankungssumme*, dabei bezeichnet wieder

$$|\Delta f|_B := \sup\{|f(\mathbf{x}) - f(\mathbf{x}')| \mid \mathbf{x}, \mathbf{x}' \in B\}$$

die *Schwankung* von f auf der beliebigen Teilmenge $B \subset \operatorname{dom}(f)$. Die Funktion f heißt *(Riemann-)integrierbar über* Q, wenn sich die Schwankungssummen beliebig klein machen lassen, das heißt: wenn es zu jedem $\varepsilon > 0$ eine Teilung T von Q gibt mit

$$D_T(f) \le \varepsilon.$$

Besteht eine Funktion diesen einfachen Test, so existiert das Integral:

(13.1) *Ist $f : \mathbb{R}^n \curvearrowright \mathbf{X}$ über Q integrierbar, so gibt es ein wohlbestimmtes Element $S \in \mathbf{X}$ mit der folgenden Eigenschaft: Für jede Teilung T von Q und jede zu T gehörige Riemannsche Summe $R_T(f)$ gilt*

$$|R_T(f) - S| \le D_T(f).$$

⌜ Man überlegt sich, daß je zwei Teilungen T_1 und T_2 von Q eine gemeinsame Verfeinerung T' besitzen. Die Hilfssätze **(9.1)**(a) und **(9.2)** lassen sich wörtlich übernehmen; somit gilt dann für beliebige zu T_1 bzw. T_2 gehörige Riemannsche Summen die entscheidende Ungleichung

$$|R_1(f) - R_2(f)| \le D_{T_1}(f) + D_{T_2}(f).$$

Hieraus folgt die Existenz von S wie im Beweis von Satz **(9.5)**. ⌟

Dieses S heißt *(Riemannsches) Integral von f über Q*; wir verwenden dafür die folgenden Bezeichnungen:

$$\int_Q f\,d\mu\,, \qquad \int_Q f(\mathbf{x})\,d\mu(\mathbf{x})\,.$$

Das Integral genügt natürlich den erwarteten Rechenregeln:

(13.2) *Für eine vektorwertige Funktion $\mathbf{f} = (f_1, \ldots, f_m)$ gilt*

$$\int_Q \mathbf{f}\,d\mu = \mathbf{s} \quad\Longleftrightarrow\quad \int_Q f_i\,d\mu = s_i \quad (1 \le i \le m)\,.$$

(13.3) *Sind f und g integrierbar über Q und ist $\alpha \in \mathbf{X}$ eine beliebige Konstante, so sind auch die Funktionen*

$$f+g\,,\quad \alpha f\,,\quad |f|\,,\quad f\cdot g$$

über Q integrierbar, und zwar gilt

(a)
$$\int_Q (f+g)\,d\mu = \int_Q f\,d\mu + \int_Q g\,d\mu\,,$$

(b)
$$\int_Q (\alpha f)\,d\mu = \alpha \int_Q f\,d\mu\,,$$

(c)
$$f(\mathbf{x}) \ge 0 \quad \forall \mathbf{x} \in Q \qquad\Longrightarrow\qquad \int_Q f\,d\mu \ge 0\,,$$

(d)
$$\left|\int_Q f\,d\mu\right| \le \int_Q |f|\,d\mu\,,$$

(e)
$$\int_Q 1\,d\mu = \mu(Q)\,.$$

⌜ Nur (e) ist neu. Ist $f(\mathbf{x}) \equiv 1$, so haben alle Riemannschen Summen den Wert $\sum_{k=1}^N \mu(Q_k) = \mu(Q)$. ⌟

Wie **(9.12)** beweist man, daß sich die Integrale addieren, wenn zwei Quader passend aneinanderstoßen:

(13.4) *Es sei $a < b < c$, und es sei Q' ein Quader im R^{n-1}. Dann gilt*

$$\int_{[a,c]\times Q'} f\,d\mu \;=\; \int_{[a,b]\times Q'} f\,d\mu \;+\; \int_{[b,c]\times Q'} f\,d\mu\,,$$

sobald die Existenz der linken oder der rechten Seite dieser Gleichung sichergestellt ist.

Wie bei einer Variablen sind Nullmengen für Existenz und Wert des Integrals ohne Belang. Um bequem damit umgehen zu können, überdecken wir sie mit *offenen* achsenparallelen Würfeln $W \subset \mathbb{R}^n$. Das Volumen $\mu(W)$ eines derartigen Würfels ist definitionsgemäß das Produkt der Seitenlängen. Es sei jetzt $A \subset \mathbb{R}^n$ eine beliebige beschränkte Menge (Fig. 13.1.3). Die Größe

$$\bar{\mu}(A) := \inf\left\{ \sum_{l=1}^{r} \mu(W_l) \,\middle|\, r \in \mathbb{N}\,,\ A \subset \bigcup_{l=1}^{r} W_l \right\}$$

ist das *äußere (Jordansche) Maß* der Menge A. Ist

$$\bar{\mu}(A) = 0\,, \tag{2}$$

so heißt A eine *n-dimensionale Nullmenge*. Der Sachverhalt (2) ist gleichbedeutend mit dem folgenden: Zu jedem $\varepsilon > 0$ gibt es endlich viele offene Würfel W_l $(1 \leq l \leq r)$ mit

$$A \subset \bigcup_{l=1}^{r} W_l\,, \qquad \sum_{l=1}^{r} \mu(W_l) < \varepsilon\,. \tag{3}$$

Ohne weiteres verifiziert man: Jede Teilmenge einer Nullmenge ist eine Nullmenge, und die Vereinigung von endlich vielen Nullmengen ist eine Nullmenge.

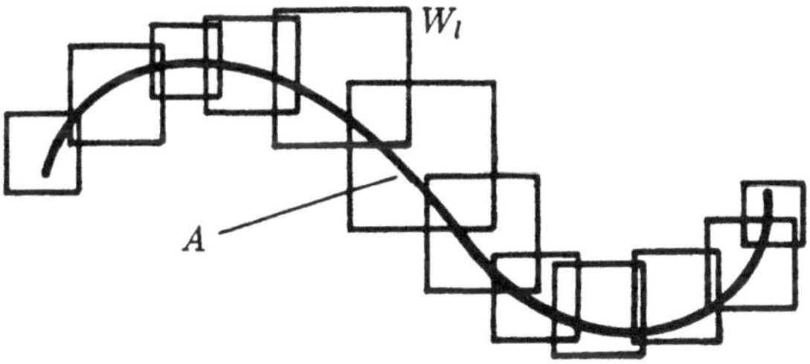

Fig. 13.1.3

In Analogie zu **(9.13)** beweisen wir:

(13.5) *Es seien Q ein Quader und A eine beliebige Nullmenge im $\mathbb{R}^n$. Dann gibt es zu jedem $\varepsilon > 0$ eine Teilung T von Q mit*

$$\sum_{Q_k \between A} \mu(Q_k) < \varepsilon\,.$$

⌜ Es sei (3) eine Überdeckung von A durch r Würfel W_l mit einer Volumensumme $< \varepsilon$. Jedes W_l besitzt $2n$ "Seitenflächen" und bestimmt damit $2n$

Hyperebenen, die aber keinen Punkt des betreffenden W_l enthalten. Diese insgesamt $2rn$ Hyperebenen zerlegen Q in höchstens $(2r+1)^n$ Teilquader Q_k. Ein Teilquader Q_k, der die Menge A schneidet, schneidet wenigstens ein W_l, und die Q_k, die ein vorgegebenes W_l schneiden, haben ein Gesamtvolumen $\leq \mu(W_l)$. Hieraus folgt

$$\sum_{Q_k \amalg A} \mu(Q_k) \leq \sum_l \left(\sum_{Q_k \amalg W_l} \mu(Q_k) \right) \leq \sum_l \mu(W_l) < \varepsilon \, . \qquad \lrcorner$$

Wie **(9.14)** beweist man:

(13.6) *Ist $f : Q \to \mathbf{X}$ beschränkt und fast überall $= 0$, so ist $\int_Q f \, d\mu = 0$;*

und damit trifft dann auch das folgende zu: Wird eine integrierbare Funktion auf einer Nullmenge abgeändert, so bleibt sie integrierbar, und der Wert des Integrals ändert sich nicht. — Nun zur Hauptsache:

(13.7) *Ist die Funktion $f : Q \to \mathbf{X}$ beschränkt und fast überall stetig, so ist f über Q integrierbar.*

Wenn es nachher darum geht, eine Funktion über einen beliebigen Bereich B (anstelle des Quaders Q) zu integrieren, so haben wir an der Oberfläche von B einen sprunghaften Abfall des Funktionswerts auf 0, auch wenn die Funktion sonst noch so schön ist. Die obige Formulierung garantiert, daß das Integral existiert, falls B nicht allzu ausgefranst ist (s.u.).

$\ulcorner$ Es sei $|f(\mathbf{x})| \leq M$, $M > 0$, und es sei A die Menge der Unstetigkeitspunkte von f. Zu vorgegebenem ε gibt es nach **(13.5)** eine Teilung T von Q mit

$$\sum_{Q_k \amalg A} \mu(Q_k) < \frac{\varepsilon}{4M} \, .$$

Wir fassen die "schlechten" Q_k zusammen in der Menge K_s und die "guten" in der Menge K_g:

$$K_s := \bigcup_{Q_k \amalg A} Q_k \, , \qquad K_g := \bigcup_{Q_k \supset\subset A} Q_k \, .$$

Die Menge K_g ist kompakt, und f ist auf K_g stetig, nach Satz **(4.20)** also gleichmäßig stetig. Es gibt daher ein $\delta > 0$ mit

$$\mathbf{x}, \mathbf{x}' \in K_g \ \wedge \ |\mathbf{x} - \mathbf{x}'| \leq \delta \qquad \Longrightarrow \qquad |f(\mathbf{x}) - f(\mathbf{x}')| \leq \frac{\varepsilon}{2\mu(Q)} \, .$$

Die Teilung T werde nun durch zusätzliche Hyperebenen so verfeinert, daß alle entstehenden Quader einen Durchmesser $\leq \delta$ haben. Bezeichnen wir diese feinere Teilung wieder mit T und ihre Quader mit Q_k, so können wir dann folgende Rechnung aufmachen (vgl. die Fig. 9.1.7):

$$\begin{aligned} D_T(f) &= \sum_{Q_k \subset K_s} |\Delta f|_{Q_k} \mu(Q_k) + \sum_{Q_k \subset K_g} |\Delta f|_{Q_k} \mu(Q_k) \\ &\le 2M \sum_{Q_k \subset K_s} \mu(Q_k) + \frac{\varepsilon}{2\mu(Q)} \sum_{Q_k \subset K_g} \mu(Q_k) \\ &\le 2M \frac{\varepsilon}{4M} + \frac{\varepsilon}{2} = \varepsilon \,. \end{aligned}$$

┘

Meßbare Mengen

Wir müssen uns nun mit den Bereichen B befassen, über die wir integrieren wollen. Ein derartiger Bereich sollte eine "klare Grenze" haben. Es sei $B \subset \mathbb{R}^n$ eine beliebige Menge. Die *Randmenge* von B ist die Menge

$$\partial B := \left\{ \mathbf{x} \in \mathbb{R}^n \,\middle|\, \text{jede Umgebung von } \mathbf{x} \text{ schneidet sowohl } B \text{ wie } \complement B \right\} .$$

Beispiele: $\partial([a,b]) = \partial(]a,b[) = \{a,b\}$,
$\partial(U_1(\mathbf{0})) = S^{n-1}$,
$\partial(\mathbb{Q}) = \mathbb{R}$.

Den einfachen Beweis der folgenden Regeln dürfen wir dem Leser überlassen:

(a) B ist abgeschlossen $\Leftrightarrow$ $\partial B \subset B$;
(b) ∂B ist abgeschlossen;
(c) $\partial(A \cup B) \subset \partial A \cup \partial B$, $\partial(A \cap B) \subset \partial A \cup \partial B$;
(d) $\partial(\complement B) = \partial B$.

Wir nennen eine beschränkte Menge $B \subset \mathbb{R}^n$ *meßbar*, wenn ihre Randmenge ∂B eine n-dimensionale Nullmenge ist. Die meßbaren Mengen bilden eine "Algebra" in dem folgenden Sinn: Sind A und B meßbar, so sind auch die Mengen

$$A \cup B, \quad A \cap B, \quad A \setminus B$$

meßbar. Dies folgt unmittelbar aus den obigen Regeln (c) und (d). Nullmengen sind jedenfalls meßbar:

┌ Es sei (3) eine Überdeckung der Nullmenge A. Werden die W_l von ihrem Mittelpunkt aus um den Faktor $\sqrt[n]{2} > 1$ gestreckt, so überdecken sie zusammen auch die Randmenge ∂A und haben erst die Volumensumme 2ε. ┘

Hieraus ergibt sich noch das folgende Prinzip: Ist A meßbar und ist die symmetrische Differenz $A \Delta B$ eine Nullmenge, so ist auch B meßbar.

Alle "in der Praxis vorkommenden" Integrationsbereiche $B \subset \mathbb{R}^n$ sind meßbar. Die Randmenge eines derartigen Bereiches ist nämlich typischerweise eine Vereinigung von $(n-1)$-dimensionalen Flächenstücken, und derartige Flächenstücke sind, wie wir gleich zeigen werden, n-dimensionale Nullmengen. Wir beginnen mit der folgenden besonders einfachen Situation:

(13.8) *Ist $d < n$, so ist das Einheitsquadrat in der Koordinatenebene $\mathbb{R}^{d(n)}$, gemeint ist die Menge*

$$E := \left\{ (\mathbf{x}', \mathbf{0}) \in \mathbb{R}^n \mid \mathbf{x}' \in [0,1]^d ,\ \mathbf{0} \in \mathbb{R}^{n-d} \right\} ,$$

eine n-dimensionale Nullmenge.

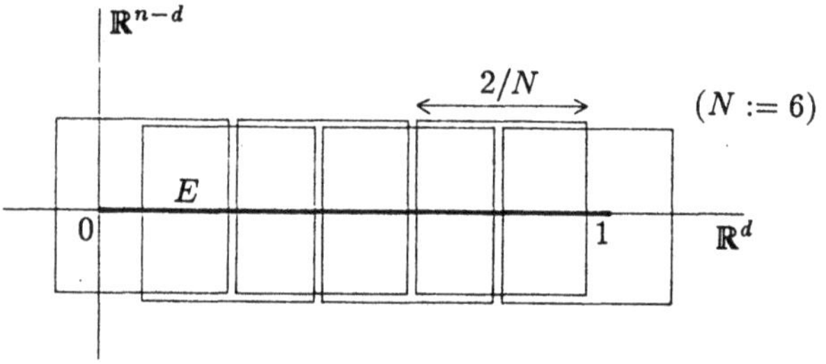

Fig. 13.1.4

⌜ (Fig. 13.1.4) Die Menge E läßt sich bequem mit N^d offenen Würfeln der Seitenlänge $2/N$ überdecken. Das (n-dimensionale!) Totalvolumen dieser Würfel beträgt

$$N^d \cdot \left(\frac{2}{N}\right)^n = \frac{2^n}{N^{n-d}}$$

und kann wegen $d < n$ durch geeignete Wahl von N beliebig klein gemacht werden. ⌟

Die Seitenflächen unserer Integrationsbereiche besitzen im allgemeinen C^1-Parameterdarstellungen. Wir beweisen darüber:

(13.9) *Ist $\mathbf{g} : \mathbb{R}^d \curvearrowright \mathbb{R}^n$ eine C^1-Abbildung und $K \subset \operatorname{dom}(\mathbf{g})$ kompakt, so ist $\mathbf{g}$ lipstetig auf K.*

⌜ Sind die Quotienten

$$\frac{|\mathbf{g}(\mathbf{x}) - \mathbf{g}(\mathbf{y})|}{|\mathbf{x} - \mathbf{y}|} , \qquad \mathbf{x}, \mathbf{y} \in K , \quad \mathbf{x} \neq \mathbf{y} ,$$

unbeschränkt, so gibt es zwei Folgen $\mathbf{x}_.$ und $\mathbf{y}_.$ auf K mit $\mathbf{x}_k \neq \mathbf{y}_k$ und

$$\lim_{k \to \infty} \frac{|\mathbf{g}(\mathbf{x}_k) - \mathbf{g}(\mathbf{y}_k)|}{|\mathbf{x}_k - \mathbf{y}_k|} = \infty . \tag{4}$$

Da K kompakt ist, bleiben hier die Zähler beschränkt, somit folgt

$$\lim_{k\to\infty}(\mathbf{x}_k-\mathbf{y}_k)=\mathbf{0}\,. \tag{5}$$

Ferner besitzen die $\mathbf{x}_k$ auf K einen Häufungspunkt $\mathbf{a}$; nach allfälliger Siebung dürfen wir sogar $\lim_{k\to\infty}\mathbf{x}_k = \mathbf{a}$ annehmen, und wegen (5) ist dann auch $\lim_{k\to\infty}\mathbf{y}_k=\mathbf{a}$.

Nach Voraussetzung über $\mathbf{g}$ gibt es einen Würfel Q der Seitenlänge $2h>0$ mit Mittelpunkt $\mathbf{a}$ und eine Zahl C mit

$$\|d\mathbf{g}(\mathbf{x})\|\le C \qquad \forall\mathbf{x}\in Q\,.$$

Für alle hinreichend großen k liegen $\mathbf{x}_k$ und $\mathbf{y}_k$ in Q. Nach dem Mittelwertsatz **(12.17)** gilt daher für alle diese k die Abschätzung

$$\frac{|\mathbf{g}(\mathbf{x}_k)-\mathbf{g}(\mathbf{y}_k)|}{|\mathbf{x}_k-\mathbf{y}_k|}\le C\,,$$

im Widerspruch zu (4). ┘

(13.10) *Es sei* $\mathbf{g}$ *eine Abbildung, die die beschränkte Menge* $A\subset\mathbb{R}^n$ *lipstetig auf die Menge* $B\subset\mathbb{R}^n$ *abbildet:*

$$|\mathbf{g}(\mathbf{x})-\mathbf{g}(\mathbf{y})|\le C\,|\mathbf{x}-\mathbf{y}| \quad \forall\mathbf{x},\mathbf{y}\in A\,, \qquad \mathbf{g}(A)=B\,.$$

Dann gilt

$$\bar\mu(B)\;\le\;(C\sqrt{n})^n\,\bar\mu(A)\,.$$

┌ Es sei ein $\varepsilon>0$ vorgegeben. Nach Definition von $\bar\mu$ gibt es endlich viele offene Würfel W_l $(1\le l\le r)$ mit

$$A\subset\bigcup_{l=1}^r W_l\,, \qquad \sum_{l=1}^r\mu(W_l)\le\bar\mu(A)+\varepsilon\,.$$

Betrachte die Mengen $A_l:=A\cap W_l$. Besitzt W_l die Seitenlänge s, so gilt

$$|\mathbf{x}-\mathbf{y}|\le\sqrt{n}\,s \qquad \forall\mathbf{x},\mathbf{y}\in A_l$$

und folglich

$$|\mathbf{g}(\mathbf{x})-\mathbf{g}(\mathbf{y})|\le C\sqrt{n}\,s \qquad \forall\mathbf{x},\mathbf{y}\in A_l\,.$$

Hiernach läßt sich $\mathbf{g}(A_l)$ bequem überdecken mit einem offenen achsenparallelen Würfel W_l' der Seitenlänge $(1+\varepsilon)C\sqrt{n}\,s$. Es folgt

$$\mu(W_l')=\bigl((1+\varepsilon)C\sqrt{n}\bigr)^n s^n=\bigl((1+\varepsilon)C\sqrt{n}\bigr)^n\,\mu(W_l)\,.$$

Wegen $B \subset \bigcup_{l=1}^{r} W_l'$ erhalten wir daher die Abschätzung

$$\begin{aligned}\bar{\mu}(B) &\le \sum_{l=1}^{r} \mu(W_l') = \left((1+\varepsilon)C\sqrt{n}\right)^n \sum_{l=1}^{r} \mu(W_l) \\ &\le \left((1+\varepsilon)C\sqrt{n}\right)^n \left(\bar{\mu}(A)+\varepsilon\right) .\end{aligned}$$

Da $\varepsilon > 0$ beliebig war, folgt hieraus die Behauptung. ┘

Damit kommen wir zu dem angekündigten Satz über niedrigerdimensionale Flächenstücke:

(13.11) *Es sei* $\mathbf{g} : \mathbb{R}^d \curvearrowright \mathbb{R}^n$ *eine* C^1*-Abbildung und* K *eine kompakte Menge in* dom$(\mathbf{g})$. *Ist* $d < n$, *so ist die Bildmenge* $S := \mathbf{g}(K)$ *eine* n*-dimensionale Nullmenge.*

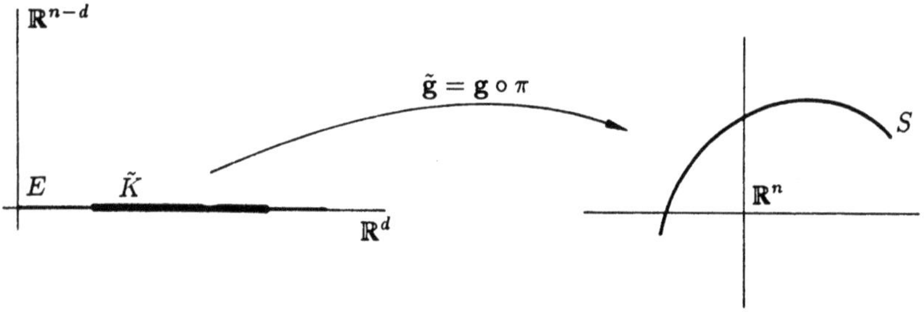

Fig. 13.1.5

┌ (Fig. 13.1.5) Wir dürfen annehmen, die Menge K liege im d-dimensionalen Einheitswürfel $[0,1]^d$. Dann ist die Menge

$$\tilde{K} := \left\{(\mathbf{x}', \mathbf{0}) \in \mathbb{R}^n \mid \mathbf{x}' \in K\,,\ \mathbf{0} \in \mathbb{R}^{n-d}\right\}$$

eine Teilmenge der in Proposition **(13.8)** betrachteten Menge E und somit eine n-dimensionale Nullmenge; ferner ist $\tilde{K}$ kompakt. Die C^1-Abbildung

$$\tilde{\mathbf{g}} := \mathbf{g} \circ \pi : \qquad (\mathbf{x}', \mathbf{x}'') \mapsto \mathbf{g}(\mathbf{x}')$$

ist daher nach **(13.9)** lipstetig, und mit **(13.10)** folgt: Die Bildmenge $S = \tilde{\mathbf{g}}(\tilde{K})$ ist ebenfalls eine n-dimensionale Nullmenge. ┘

Hiernach sind alle Mengen $B \subset \mathbb{R}^n$ meßbar, deren Randmenge ∂B als endliche Vereinigung von kompakten Flächenstücken im Sinn dieses Satzes dargestellt werden kann.

Beispiele: Vollkugel, Parallelepiped, Kurbelwelle eines Motors.

Wir treffen daher die folgende Vereinbarung: Alle angesetzten Integrationsbereiche B sind meßbar.

Integrale über beliebige Bereiche

Wir benötigen ein kleines Hilfsmittel: Ist X eine vereinbarte "Grundmenge", so gehört zu jeder Teilmenge $A \subset X$ ihre *charakteristische Funktion* $1_A : X \to \mathbb{B}$, die naheliegenderweise wie folgt definiert ist:

$$1_A(x) := \begin{cases} 1 & (x \in A) \\ 0 & (x \notin A) \end{cases} .$$

Die Grundmenge bei uns ist $\mathbb{R}^n$. Die charakteristische Funktion einer Menge $B \subset \mathbb{R}^n$ ist unstetig in den Randpunkten von B, da sie in beliebig kleinen Umgebungen eines derartigen Punktes sowohl den Wert 1 wie den Wert 0 annimmt, und ist stetig in allen übrigen Punkten des $\mathbb{R}^n$.

Wir treffen noch die folgende Vereinbarung: Ist $B \subset \operatorname{dom}(f) \subset \mathbb{R}^n$, so ist $1_B f$ im ganzen Raum definiert durch

$$1_B f(\mathbf{x}) := \begin{cases} f(\mathbf{x}) & (\mathbf{x} \in B) \\ 0 & (\mathbf{x} \notin B) \end{cases} .$$

Das Integral einer Funktion $f : \mathbb{R}^n \curvearrowright \mathbf{X}$ über einen beliebigen (meßbaren) Bereich B wird nun kurzer Hand wie folgt definiert: Man wählt einen beliebigen Quader Q, der B enthält, und setzt

$$\int_B f\, d\mu := \int_Q 1_B f\, d\mu ,$$

sofern die rechte Seite existiert. Ist das der Fall, so heißt f *über B integrierbar*, und der erhaltene Wert ist das *Integral von f über B*.

Der Wert des Integrals ist natürlich von dem gewählten Q unabhängig (und ist der "alte Wert", wenn B zufällig ein Quader ist):

⌜ Zu zwei Quadern Q und Q' gibt es immer einen Quader Q'', der beide enthält. Es genügt also, den Fall $B \subset Q \subset Q'$ zu betrachten. Wir dürfen f, wenn nötig, auf der Nullmenge ∂Q abändern und im weiteren annehmen, daß f auf ∂Q verschwindet. Die Behauptung folgt nun, indem man unter mehrmaliger Anwendung von **(13.4)** von Q zu Q' übergeht. ⌟

Die Verifikation der Rechenregeln **(13.2)** und **(13.3)**(a)–(d) mit B anstelle von Q überlassen wir dem Leser. Auf $\int_B 1\, d\mu$ kommen wir noch. Weiter ergibt sich als Korollar von **(13.6)**:

(13.12) *Ist f beschränkt und fast überall $= 0$ auf der Menge B, so gilt $\int_B f\, d\mu = 0$.*

Vor allem haben wir nun den folgenden Existenzsatz:

(13.13) *Ist $B \subset \mathbb{R}^n$ eine beschränkte meßbare Menge und $f : B \to \mathbf{X}$ eine beschränkte und und fast überall stetige Funktion, so ist f über B integrierbar.*

⌜ Es sei N die Menge der Unstetigkeitspunkte von f. Das Produkt $1_B f$ ist höchstens in den Punkten der Nullmenge $N \cup \partial B$ unstetig; somit existiert das Integral $\int_Q 1_B f\,d\mu$ nach Satz **(13.7)**. ⌟

Wir haben in Abschnitt 9.1 postuliert, daß das Integral $\int_B f\,d\mu$ linear sein sollte bezüglich f und zweitens additiv bezüglich B. Das erste ist bereits verifiziert (Regeln **(13.3)**(a)–(b)), das zweite wird nun durch den folgenden Satz bestätigt. Wir nennen zwei meßbare Mengen A und B *fast disjunkt*, falls ihr Durchschnitt $A \cap B$ eine Nullmenge ist.

(13.14) *Die beiden Mengen A, $B \subset \mathbb{R}^n$ seien meßbar und fast disjunkt. Dann gilt*

$$\int_{A\cup B} f\,d\mu = \int_A f\,d\mu + \int_B f\,d\mu\,,$$

sobald die Existenz der linken oder der rechten Seite dieser Gleichung garantiert ist.

⌜ Wähle einen Quader $Q \supset A \cup B$. Auf Q gilt

$$1_{A\cup B} = 1_A + 1_B - 1_{A\cap B}$$

(dies ist eine Gleichung zwischen Funktionen!), und nach **(13.6)** ist

$$\int_Q 1_{A\cap B} f\,d\mu = 0\,.$$

Die Behauptung ist damit auf **(13.3)**(a) zurückgeführt. ⌟

Der Integralbegriff ermöglicht, für beliebige meßbare Bereiche $B \subset \mathbb{R}^n$ ein "Volumen" zu definieren und derartige Volumina rekursiv zu berechnen (siehe Abschnitt 13.2). Als *n-dimensionales (Jordansches) Maß* oder *Volumen* von B erklären wir (vgl. **(13.3)**(e)) die Größe

$$\mu(B) := \int_B 1\,d\mu \qquad \left(:= \int_Q 1_B\,d\mu\right), \tag{6}$$

wobei Q einen hinreichend großen Quader darstellt. Für Quader war schon früher ein Volumen definiert. Die Formel **(13.3)**(e) besagt, daß (6) für Quader den alten Wert liefert, so daß wir (6) als eine Fortsetzung der elementargeometrischen Volumendefinition auf eine reichhaltigere Klasse von Mengen auffassen können.

Aus **(13.3)**(c) und **(13.14)** ergeben sich unmittelbar die nachstehenden Grundeigenschaften des Maßes. Weitere, wie Translationsinvarianz und andere, werden später besprochen.

(13.15) (a) *Monotonie: Sind A und B meßbar und ist $A \subset B$, so gilt*

$$\mu(A) \leq \mu(B) .$$

(b) *Additivität: Sind A und B meßbar und fast disjunkt, so gilt*

$$\mu(A \cup B) = \mu(A) + \mu(B) .$$

Es ist vielleicht gut, sich zu vergegenwärtigen, was in (6) überhaupt ausgerechnet wird. Wir führen dazu die folgende Redeweise ein: Eine endliche Vereinigung von paarweise fast disjunkten achsenparallelen Quadern Q_k heißt ein *Quadergebäude*. Ist $G = \bigcup_k Q_k$ ein Quadergebäude, so stimmt $\mu(G)$ nach **(13.15)**(b) mit dem "elementargeometrischen Volumen" dieses Gebäudes, das heißt: mit der Summe $\sum_k \mu(Q_k)$, überein. Damit erhalten wir die folgende anschauliche Charakterisierung des Maßes:

(13.16) *Es sei $B \subset \mathbb{R}^n$ eine beliebige meßbare Menge. Dann gibt es zu jedem $\varepsilon > 0$ zwei Quadergebäude $B_\square$ und $B^\square$ mit*

$$B_\square \subset B \subset B^\square \tag{7}$$

und

$$\mu(B^\square) - \mu(B_\square) < \varepsilon .$$

Zusatz: Wenn nötig, läßt es sich so einrichten, daß die Eckpunkte aller auftretenden Quader in $\mathbb{D}^n$ liegen.

In anderen Worten: $\mu(B)$ ist der Grenzwert der "elementargeometrischen Volumina" von Quadergebäuden $B_\square$ und $B^\square$, die B von innen bzw. von außen approximieren.

⌜ Bette B in einen hinreichend großen Quader Q ein. Da ∂B eine Nullmenge ist, gibt es nach **(13.5)** eine Teilung T von Q in Teilquader Q_k $(1 \leq k \leq N)$ mit

$$\sum_{Q_k \sqcap\!\!\!\!\sqcup \partial B} \mu(Q_k) < \varepsilon .$$

Die beiden Quadergebäude

$$B_\square := \bigcup_{Q_k \subset B} Q_k , \qquad B^\square := \bigcup_{Q_k \sqcap\!\!\!\!\sqcup B} Q_k$$

stehen zu B in der verlangten Relation (7). Weiter: Ein Q_k, das in $B^\square$ vorkommt, in $B_\square$ aber nicht, enthält sowohl Punkte von B wie von $\complement B$. Ein

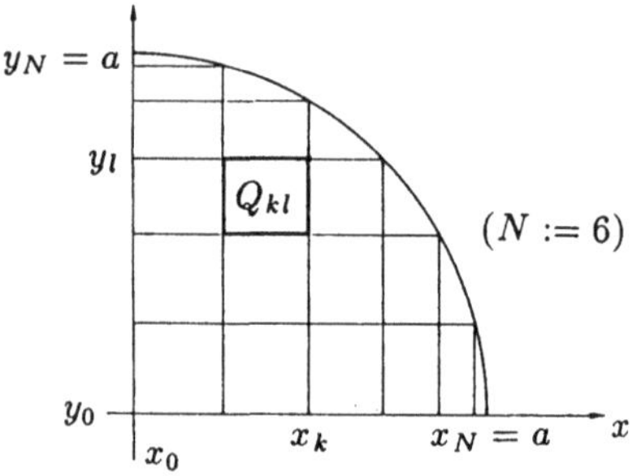

Fig. 13.1.6

derartiges Q_k muß auch ∂B schneiden (Beweis als Übungsaufgabe), und hieraus folgt:

$$\mu(B^{\square}) - \mu(B_{\square}) = \sum_{Q_k \subset B^{\square} \,\wedge\, Q_k \not\subset B_{\square}} \mu(Q_k) \leq \sum_{Q_k \pitchfork \partial B} \mu(Q_k) < \varepsilon\ .$$

— Die Verifikation des Zusatzes überlassen wir dem Leser. ┘

① Wir berechnen den Flächeninhalt des Kreissektors

$$B := \left\{ (x, y) \in \mathbb{R}^2 \;\middle|\; x \geq 0\,,\ y \geq 0\,,\ x^2 + y^2 \leq a^2 \right\}, \qquad a > 0\ .$$

Hierzu betten wir B in das Quadrat $Q := [\,0, a\,]^2$ ein und wählen auf den Achsen Teilungspunkte

$$x_k := a \sin \frac{k\pi}{2N} \quad (0 \leq k \leq N)\,, \qquad y_l := a \sin \frac{l\pi}{2N} \quad (0 \leq l \leq N)$$

(Fig. 13.1.6). Damit wird Q zerlegt in die Teilquadrate

$$Q_{kl} := [\,x_{k-1}, x_k\,] \times [\,y_{l-1}, y_l\,] \qquad (1 \leq k \leq N\,,\ 1 \leq l \leq N)$$

vom Flächeninhalt $\mu(Q_{kl}) = (x_k - x_{k-1})(y_l - y_{l-1})$. Der Figur entnimmt man

$$\begin{aligned} Q_{kl} \subset B \iff x_k^2 + y_l^2 \leq a^2 &\iff \sin^2 \frac{k\pi}{2N} + \sin^2 \frac{l\pi}{2N} \leq 1 \\ &\iff \sin \frac{l\pi}{2N} \leq \cos \frac{k\pi}{2N} = \sin \frac{(N-k)\pi}{2N} \\ &\iff l \leq N - k\ . \end{aligned}$$

Damit erhalten wir für das Volumen des Quadergebäudes $B_\square$ den Wert

$$\begin{aligned}\mu(B_\square) &= \sum_{k=1}^{N}\sum_{l=1}^{N-k}\mu(Q_{kl}) = \sum_{k=1}^{N}\left((x_k - x_{k-1})\sum_{l=1}^{N-k}(y_l - y_{l-1})\right)\\ &= \sum_{k=1}^{N}(x_k - x_{k-1})y_{N-k} = a^2\sum_{k=1}^{N}\left(\sin\frac{k\pi}{2N} - \sin\frac{(k-1)\pi}{2N}\right)\cos\frac{k\pi}{2N}\\ &= a^2\sum_{k=1}^{N}\left(\sin\frac{k\pi}{2N}\left(1-\cos\frac{\pi}{2N}\right) + \cos\frac{k\pi}{2N}\sin\frac{\pi}{2N}\right)\cos\frac{k\pi}{2N}\\ &= a^2\left(1-\cos\frac{\pi}{2N}\right)\sum_{k=1}^{N}\sin\frac{k\pi}{2N}\cos\frac{k\pi}{2N} \quad + \quad a^2\sin\frac{\pi}{2N}\sum_{k=1}^{N}\cos^2\frac{k\pi}{2N}\,.\end{aligned}$$

Bezeichnen wir hier den ersten Hauptterm rechter Hand mit Δ_N, so gilt

$$|\Delta_N| \le a^2\cdot 2\sin^2\frac{\pi}{4N}\cdot N \le 2a^2\,\frac{\pi^2}{16N^2}\,N$$

und folglich $\lim_{N\to\infty}\Delta_N = 0$. Weiter ist

$$\sum_{k=1}^{N}\cos^2\frac{k\pi}{2N} = \frac{1}{2}\sum_{k=1}^{N-1}\left(\cos^2\frac{k\pi}{2N} + \cos^2\frac{(N-k)\pi}{2N}\right) = \frac{N-1}{2}\,,$$

dabei haben wir benutzt, daß $\cos\dfrac{(N-k)\pi}{2N}$ durch $\sin\dfrac{k\pi}{2N}$ ersetzt werden kann. Wir erhalten daher

$$\lim_{N\to\infty}\mu(B_\square) = \lim_{N\to\infty}\left(a^2\sin\frac{\pi}{2N}\cdot\frac{N-1}{2}\right) = \frac{\pi a^2}{4}\,,$$

wie erwartet. ○

Die Verifikation der folgenden Mittelwert- und Konvergenzsätze für Bereichsintegrale überlassen wir dem Leser.

(13.17) *Es sei $f : B \to \mathbb{R}$ über B integrierbar und*

$$\inf_{\mathbf{x}\in B} f(\mathbf{x}) =: \underline{f}\,, \qquad \sup_{\mathbf{x}\in B} f(\mathbf{x}) =: \overline{f}\,.$$

Dann gilt

$$\underline{f}\,\mu(B) \le \int_B f\,d\mu \le \overline{f}\,\mu(B)\,.$$

Nimmt f auf B jeden Wert zwischen $\underline{f}$ und $\overline{f}$ tatsächlich an, so gibt es einen Punkt $\boldsymbol{\xi} \in B$ mit

$$\int_B f\,d\mu = f(\boldsymbol{\xi})\,\mu(B)\,.$$

(13.18) *Ist $f : B \to \mathbf{X}$ über B integrierbar und ist $|f(\mathbf{x})| \le M$ auf B, so gilt*

$$\left|\int_B f\,d\mu\right| \le M\,\mu(B)\,.$$

(13.19) *Konvergieren die integrierbaren Funktionen $f_n : B \to \mathbf{X}$ $(n \ge 0)$ auf B gleichmäßig gegen eine Funktion $f : B \to \mathbf{X}$, so ist f über B integrierbar, und es gilt*

$$\int_B f\,d\mu = \lim_{n\to\infty} \int_B f_n\,d\mu\,.$$

Ein analoger Satz gilt für gleichmäßig konvergente Reihen.

Mit den folgenden Betrachtungen kehren wir zurück zu den einleitenden Bemerkungen in Abschnitt 9.1 und bringen das dort entwickelte Programm zu einem gewissen Abschluß.

Da nun auch für allgemeinere Mengen als Quader ein Volumen erklärt ist, können wir auch allgemeinere Riemannsche Summen ins Auge fassen. Ist $B \subset \mathbb{R}^n$ eine meßbare Menge, so verstehen wir unter einer *Zerlegung* Z von B eine Darstellung der Form

$$B = \bigcup_{k=1}^{N} B_k$$

(Fig. 13.1.1) mit meßbaren und paarweise fast disjunkten B_k $(1 \le k \le N)$. Die "metrische Feinheit" einer Zerlegung Z wird angegeben durch ihr *Korn*

$$\|Z\| := \max_{1\le k\le N} \operatorname{diam} B_k\,.$$

Ein zu Z gehöriger *Satz von Meßpunkten* ist ein N-Tupel

$$\boldsymbol{\xi}_{\cdot} = (\boldsymbol{\xi}_1, \boldsymbol{\xi}_2, \ldots, \boldsymbol{\xi}_N)\,, \qquad \boldsymbol{\xi}_k \in B_k \ (1 \le k \le N)\,.$$

Es sei jetzt $f : B \to \mathbf{X}$ eine beschränkte Funktion. Dann ist

$$R(f) := \sum_{k=1}^{N} f(\boldsymbol{\xi}_k)\,\mu(B_k)$$

eine (zu f, Z und $\boldsymbol{\xi}_{\cdot}$ gehörige) *Riemannsche Summe*, und

$$D_Z(f) := \sum_{k=1}^{N} |\Delta f|_{B_k}\,\mu(B_k)$$

ist die zu f und Z gehörige *Schwankungssumme*. Mit diesen Bezeichnungen haben wir den folgenden Satz:

(13.20) *Ist f über B integrierbar, Z eine beliebige Zerlegung von B und $R_Z(f)$ eine zugehörige Riemannsche Summe, so gilt*

$$\left| R_Z(f) - \int_B f\, d\mu \right| \le D_Z(f) .$$

⌜ Nach **(13.14)** und nach Annahme über Z ist

$$\int_B f\, d\mu = \sum_{k=1}^{N} \int_{B_k} f\, d\mu .$$

Somit gilt

$$R_Z(f) - \int_B f\, d\mu = \sum_{k=1}^{N} \Delta_k \tag{8}$$

mit

$$\Delta_k := f(\boldsymbol{\xi}_k)\, \mu(B_k) - \int_{B_k} f\, d\mu = \int_{B_k} \bigl(f(\boldsymbol{\xi}_k) - f(\mathbf{x})\bigr)\, d\mu(\mathbf{x}) .$$

Nach **(13.18)** ist daher $|\Delta_k| \le |\Delta f|_{B_k}\, \mu(B_k)$, und mit (8) folgt

$$\left| R_Z(f) - \int_B f\, d\mu \right| \le \sum_{k=1}^{N} |\Delta_k| \le \sum_{k=1}^{N} |\Delta f|_{B_k}\, \mu(B_k) = D_T(f) .$$ ⌟

Daß auch die hier betrachteten "allgemeinen" Riemannschen Summen unter geeigneten Voraussetzungen gegen das Integral konvergieren, ergibt sich nun aus dem folgenden Satz (vgl. **(9.6)**):

(13.21) *Es sei $B \subset \mathbb{R}^n$ eine kompakte meßbare Menge und $f : B \to \mathbf{X}$ stetig auf B. Dann gilt*

$$\lim_{\|Z\| \to 0} R_Z(f) = \int_B f\, d\mu ;$$

gemeint ist: Zu jedem $\varepsilon > 0$ gibt es ein $\delta > 0$ mit

$$\left| R_Z(f) - \int_B f\, d\mu \right| < \varepsilon$$

für alle Zerlegungen Z von B mit $\|Z\| \le \delta$.

⌜ Wegen **(13.20)** müssen wir nur zeigen, daß $D_Z(f)$ in der angegebenen Weise unter Kontrolle gehalten werden kann. — Die Funktion f ist auf der kompakten Menge B von selbst gleichmäßig stetig. Zu vorgegebenem $\varepsilon > 0$ gibt es daher ein $\delta > 0$ mit

$$|\mathbf{x} - \mathbf{x}'| \le \delta \quad \Longrightarrow \quad |f(\mathbf{x}) - f(\mathbf{x}')| \le \varepsilon' := \frac{\varepsilon}{\mu(B) + 1} .$$

Besitzt also die Zerlegung Z ein Korn $\le \delta$, so gilt $|\Delta f|_{B_k} \le \varepsilon'$ für jedes einzelne k und folglich

$$D_Z(f) := \sum_{k=1}^{N} |\Delta f|_{B_k}\, \mu(B_k) \le \varepsilon' \sum_{k=1}^{N} \mu(B_k) = \varepsilon' \mu(B) < \varepsilon ,$$

wie behauptet. ⌟

13.2. Der "Satz von Fubini"

Wir haben erst ein einziges mehrfaches Integral berechnet, nämlich (auf ziemlich qualvolle Weise) den Flächeninhalt eines Viertelkreises. Für die praktische Berechnung von weniger speziellen Integralen $\int_B f\,d\mu$ benötigen wir aber einen universell verwendbaren "Algorithmus", der beliebige f und B als Input akzeptiert und nach endlich vielen Rechenschritten den Wert des Integrals ausgibt. Den Schlüssel dazu bildet die folgende Version des sogenannten *"Satzes von Fubini"*. Durch wiederholte Anwendung dieses Satzes läßt sich die Integration im $\mathbb{R}^n$ auf 1-fache Integrationen und damit auf den Kalkül mit Stammfunktionen zurückführen.

Wir legen folgende Notation fest: Es sei $p \geq 1$, $q \geq 1$ und $n = p + q$. Wir schreiben

$$\mathbb{R}^n = \mathbb{R}^p \times \mathbb{R}^q = \{(\mathbf{x},\mathbf{y}) \mid \mathbf{x} \in \mathbb{R}^p\,,\ \mathbf{y} \in \mathbb{R}^q\}$$

und betrachten zwei achsenparallele Quader $P \subset \mathbb{R}^p$, $Q \subset \mathbb{R}^q$. Es geht darum, ein Integral

$$\int_{P\times Q} f(\mathbf{x},\mathbf{y})\,d\mu(\mathbf{x},\mathbf{y}) \tag{1}$$

mit Hilfe von Integralen über P bzw. über Q darzustellen. Der folgende Spezialfall ist auch an sich interessant:

(13.22) *Ist $g : P \to \mathbf{X}$ integrierbar über P und $h : Q \to \mathbf{X}$ integrierbar über Q, so ist das Produkt $f(\mathbf{x},\mathbf{y}) := g(\mathbf{x}) \cdot h(\mathbf{y})$ integrierbar über $P \times Q$, und es gilt*

$$\int_{P\times Q} g(\mathbf{x}) \cdot h(\mathbf{y})\,d\mu(\mathbf{x},\mathbf{y}) = \int_P g(\mathbf{x})\,d\mu(\mathbf{x}) \cdot \int_Q h(\mathbf{y})\,d\mu(\mathbf{y})\,. \tag{2}$$

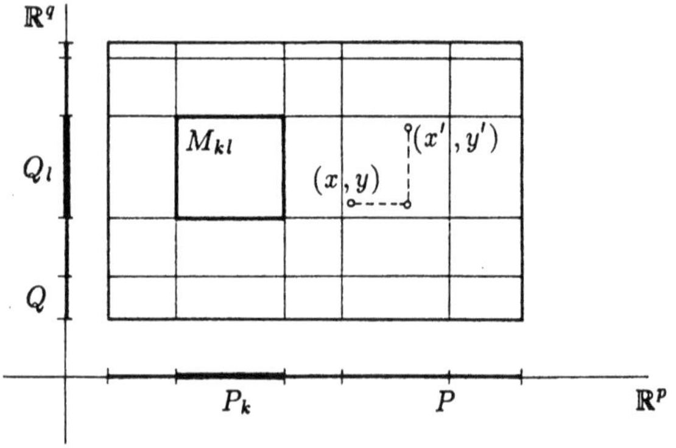

Fig. 13.2.1

⌈ Es gibt ein M mit

$$|g(\mathbf{x})| \leq M \quad \forall \mathbf{x} \in P\,, \qquad |h(\mathbf{y})| \leq M \quad \forall \mathbf{y} \in Q\,.$$

Dann gilt für beliebige zwei Punkte $(\mathbf{x},\mathbf{y})$, $(\mathbf{x}',\mathbf{y}') \in P \times Q$ die Abschätzung

$$|f(\mathbf{x},\mathbf{y}) - f(\mathbf{x}',\mathbf{y}')| \leq M\left(|g(\mathbf{x}) - g(\mathbf{x}')| + |h(\mathbf{y}) - h(\mathbf{y}')|\right) . \tag{3}$$

Es seien jetzt T' und T'' beliebige Teilungen von P bzw. Q, und es sei T die durch T' und T'' induzierte Teilung von $P \times Q$ (siehe die Fig. 13.2.1). Mit Hilfe von (3) beweist man dann leicht die Ungleichung

$$D_T(f) \leq M\big(\mu(Q)\, D_{T'}(g) + \mu(P)\, D_{T''}(h)\big) ,$$

und hieraus folgt, daß f über $P \times Q$ integrierbar ist. Für alle Riemannschen Summen $R_T(f)$ mit Meßpunkten der Form

$$(\boldsymbol{\xi}_k, \boldsymbol{\eta}_l) \in P_k \times Q_l\,, \qquad \boldsymbol{\xi}_k \in P_k\,, \quad \boldsymbol{\eta}_l \in Q_l\,,$$

gilt aber wegen der totalen Produktstruktur der hier vorliegenden Situation die Gleichung

$$R_T(f) = R_{T'}(g) \cdot R_{T''}(h) .$$

Im Limes ergibt sich daher die behauptete Formel (2). ┘

Der "Satz von Fubini" besagt, daß man zur Berechnung des Integrals (1) in einem ersten Schritt für festes $\mathbf{x}$ nach $\mathbf{y}$ integrieren soll, dies ist das *innere Integral*

$$F(\mathbf{x}) := \int_Q f(\mathbf{x},\mathbf{y})\, d\mu(\mathbf{y}) ,$$

und anschließend das (von $\mathbf{x}$ abhängige) Zwischenresultat $F(\mathbf{x})$ nach $\mathbf{x}$, dies ist das *äußere Integral* — auf die gewählte Reihenfolge kommt es natürlich nicht an. Der Satz lautet:

(13.23) *Die Funktion f sei über $P \times Q$ integrierbar, und für jedes feste $\mathbf{x} \in P$ existiere das Integral*

$$F(\mathbf{x}) := \int_Q f(\mathbf{x},\mathbf{y})\, d\mu(\mathbf{y}) .$$

Dann gilt

$$\int_{P\times Q} f(\mathbf{x},\mathbf{y})\, d\mu(\mathbf{x},\mathbf{y}) = \int_P \left(\int_Q f(\mathbf{x},\mathbf{y})\, d\mu(\mathbf{y})\right) d\mu(\mathbf{x}) \\ \left(= \int_P F(\mathbf{x})\, d\mu(\mathbf{x}) \right) . \tag{4}$$

┌ Wir verwenden weiter die Bezeichnungen des vorangehenden Beweises und setzen noch zur Abkürzung $P_k \times Q_l =: M_{kl}$. — Für beliebige zwei Punkte $\mathbf{x}$, $\mathbf{x}' \in P_k$ gilt

$$F(\mathbf{x}) - F(\mathbf{x}') = \sum_l \int_{Q_l} \big(f(\mathbf{x},\mathbf{y}) - f(\mathbf{x}',\mathbf{y})\big)\, d\mu(\mathbf{y}) ,$$

und hieraus folgt mit **(13.18)**, angewandt auf jedes einzelne Integral $\int_{Q_l}$:

$$|\Delta F|_{P_k} \le \sum_l |\Delta f|_{M_{kl}}\, \mu(Q_l)\ .$$

Damit ergibt sich

$$D_{T'}(F) := \sum_k |\Delta F|_{P_k}\, \mu(P_k) \le \sum_{k,\,l} |\Delta f|_{M_{kl}}\, \mu(Q_l)\, \mu(P_k) = D_T(f)\ .$$

Da $D_T(f)$ beliebig klein gemacht werden kann, ist hiernach F über P integrierbar, und nach **(13.1)** gilt

$$\left| R_{T'}(F) - \int_P F(\mathbf{x})\, d\mu(\mathbf{x}) \right| \le D_{T'}(F) \le D_T(f)\ . \tag{5}$$

Nun zum Beweis von (4): Der vorangehende Satz (mit $g(\mathbf{x}) :\equiv 1$ und $h(\mathbf{y}) := f(\boldsymbol{\xi}_k, \mathbf{y})$) liefert die Formel

$$\int_{P_k \times Q} f(\boldsymbol{\xi}_k, \mathbf{y})\, d\mu(\mathbf{x}, \mathbf{y}) = \mu(P_k) \int_Q f(\boldsymbol{\xi}_k, \mathbf{y})\, d\mu(\mathbf{y}) = F(\boldsymbol{\xi}_k)\, \mu(P_k)\ .$$

Wird dies von rechts nach links gelesen und über k summiert, so ergibt sich

$$R_{T'}(F) = \sum_k \int_{P_k \times Q} f(\boldsymbol{\xi}_k, \mathbf{y})\, d\mu(\mathbf{x}, \mathbf{y}) = \sum_{k,\,l} \int_{M_{kl}} f(\boldsymbol{\xi}_k, \mathbf{y})\, d\mu(\mathbf{x}, \mathbf{y})\ .$$

Vergleichen wir das mit

$$\int_{P \times Q} f(\mathbf{x}, \mathbf{y})\, d\mu(\mathbf{x}, \mathbf{y}) = \sum_{k,\,l} \int_{M_{kl}} f(\mathbf{x}, \mathbf{y})\, d\mu(\mathbf{x}, \mathbf{y})\,,$$

so erhalten wir die weitere Abschätzung

$$\begin{aligned} \left| R_{T'}(F) - \int_{P \times Q} f\, d\mu \right| &\le \sum_{k,\,l} \int_{M_{kl}} |f(\boldsymbol{\xi}_k, \mathbf{y}) - f(\mathbf{x}, \mathbf{y})|\, d\mu(\mathbf{x}, \mathbf{y}) \\ &\le \sum_{k,\,l} |\Delta f|_{M_{kl}}\, \mu(M_{kl}) = D_T(f)\ . \end{aligned} \tag{6}$$

Wegen (5) und (6) müssen die beiden Seiten von (4) denselben Wert haben.

┘

Ist der Quader $Q := [\,a, b\,]$ eindimensional und f zum Beispiel stetig, so gilt natürlich

$$\int_{[\,a,b\,]} f(x)\, d\mu(x) = \int_a^b f(x)\, dx\,, \tag{7}$$

wobei die rechte Seite eine Differenz von Stammfunktionen bezeichnet. Damit erhalten wir die folgende Regel für die Berechnung von Rechtecksintegralen in der (x, y)-Ebene:

$$\int_{[a,b]\times[c,d]} f(x,y)\,d\mu(x,y) = \int_a^b \Bigl(\int_c^d f(x,y)\,dy\Bigr)\,dx\ .$$

① Es soll die Funktion

$$f(x,y,z) := \cos(x+y+z)$$

über den Würfel

$$Q := \Bigl[-\frac{\pi}{2}, \frac{\pi}{2}\Bigr]^3 \subset \mathbb{R}^3$$

integriert werden. Durch zweimalige Anwendung von **(13.23)** verwandelt sich das Integral $\int_Q f\,d\mu$ in drei ineinandergeschachtelte 1-fache Integrale. Es bezeichne Q' das Quadrat $[-\frac{\pi}{2}, \frac{\pi}{2}]^2$ in der (x, y)-Ebene. Dann gilt

$$\begin{aligned}\int_Q f\,d\mu &= \int_{Q'} \Bigl(\int_{-\pi/2}^{\pi/2} f(x,y,z)\,dz\Bigr)\,d\mu(x,y)\\ &= \int_{-\pi/2}^{\pi/2} \Bigl(\int_{-\pi/2}^{\pi/2} \Bigl(\int_{-\pi/2}^{\pi/2} f(x,y,z)\,dz\Bigr)\,dy\Bigr)\,dx\ ,\end{aligned}$$

wie erwartet. Bei der Auswertung der inneren Integrale benutzen wir dreimal die Identität

$$\sin\Bigl(\alpha+\frac{\pi}{2}\Bigr) - \sin\Bigl(\alpha-\frac{\pi}{2}\Bigr) = 2\cos\alpha\ .$$

Es ergibt sich

$$\begin{aligned}\int_Q f\,d\mu &= \int_{-\pi/2}^{\pi/2}\int_{-\pi/2}^{\pi/2}\int_{-\pi/2}^{\pi/2} \cos(x+y+z)\,dz\,dy\,dx\\ &= \int_{-\pi/2}^{\pi/2}\int_{-\pi/2}^{\pi/2} 2\cos(x+y)\,dy\,dx\\ &= \int_{-\pi/2}^{\pi/2} 4\cos x\,dx = 8\cos 0\\ &= 8\ .\end{aligned}$$

○

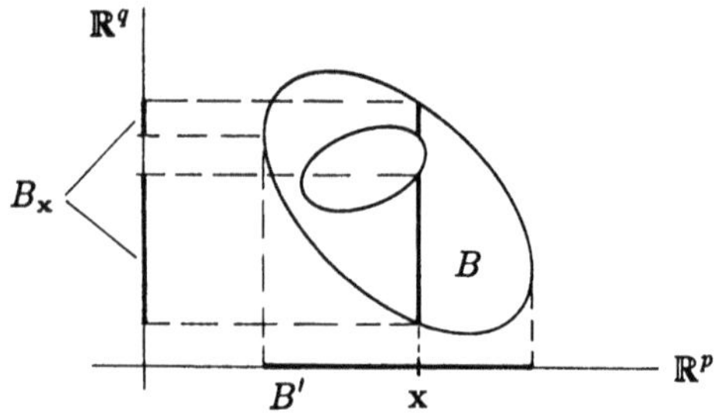

Fig. 13.2.2

Wir werden die großen Klammern um die inneren Integrale im allgemeinen weglassen (das ist im obigen Beispiel schon ganz von selbst passiert). Bei der Evaluation dieser Integrale "von innen nach außen" ergibt sich nämlich die richtige Paarung der einzelnen Integralzeichen und ihrer Endsymbole $d\mu$ bzw. dx_k von selbst.

Es sei jetzt $B \subset \mathbb{R}^n = \mathbb{R}^p \times \mathbb{R}^q$ eine beliebige Menge. Wir bezeichnen erstens mit B' die Projektion von B in den $\mathbf{x}$-Raum $\mathbb{R}^p$:

$$B' := \left\{\mathbf{x} \in \mathbb{R}^p \mid \exists \mathbf{y} \in \mathbb{R}^q : (\mathbf{x}, \mathbf{y}) \in B\right\} \quad \subset \mathbb{R}^p ,$$

und zweitens mit $B_{\mathbf{x}}$, $\mathbf{x} \in \mathbb{R}^p$, den Schnitt von B mit der im Punkt $\mathbf{x}$ errichteten "Ordinate" (Fig. 13.2.2). Genauer: $B_{\mathbf{x}}$ ist die Menge

$$B_{\mathbf{x}} := \left\{\mathbf{y} \in \mathbb{R}^q \mid (\mathbf{x}, \mathbf{y}) \in B\right\} \quad \subset \mathbb{R}^q .$$

② Eine Menge B in der (x, y)-Ebene ist ein *y-einfacher Bereich*, wenn es ein Intervall $[a, b]$ auf der x-Achse und zwei Funktionen

$$\phi(\cdot), \quad \psi(\cdot): \quad [a, b] \to \mathbb{R}$$

gibt mit

$$B = \left\{(x, y) \in \mathbb{R}^2 \mid a \le x \le b, \ \phi(x) \le y \le \psi(x)\right\} .$$

In diesem Fall ist $B' = [a, b]$ und

$$B_x = \begin{cases} [\phi(x), \psi(x)] & (a \le x \le b), \\ \emptyset & (\text{sonst}). \end{cases}$$

○

Damit sind wir in der Lage, Integrale über beliebige Bereiche mit Hilfe des Satzes von Fubini zu "reduzieren":

(13.24) *Es sei* $f : B \to \mathbf{X}$ *integrierbar über den Bereich* $B \subset \mathbb{R}^p \times \mathbb{R}^q$, *und für jedes feste* $\mathbf{x} \in B'$ *existiere das Integral*

$$\int_{B_\mathbf{x}} f(\mathbf{x},\mathbf{y})\, d\mu(\mathbf{y}) .$$

Dann gilt

$$\int_B f(\mathbf{x},\mathbf{y})\, d\mu(\mathbf{x},\mathbf{y}) = \int_{B'} \Bigl(\int_{B_\mathbf{x}} f(\mathbf{x},\mathbf{y})\, d\mu(\mathbf{y})\Bigr)\, d\mu(\mathbf{x}) .$$

⌜ Die leicht zu verifizierende Identität

$$1_B(\mathbf{x},\mathbf{y}) = 1_{B'}(\mathbf{x}) \cdot 1_{B_\mathbf{x}}(\mathbf{y}) \qquad \forall (\mathbf{x},\mathbf{y}) \in \mathbb{R}^n$$

ist das ganze Geheimnis. Bette B in einen Quader $P \times Q$ ein. Dann ergibt sich mit Hilfe von **(13.23)**:

$$\begin{aligned}\int_{P\times Q} 1_B(\mathbf{x},\mathbf{y}) f(\mathbf{x},\mathbf{y})\, d\mu(\mathbf{x},\mathbf{y}) &= \int_P \Bigl(\int_Q 1_{B'}(\mathbf{x})\, 1_{B_\mathbf{x}}(\mathbf{y}) f(\mathbf{x},\mathbf{y})\, d\mu(\mathbf{y})\Bigr)\, d\mu(\mathbf{x}) \\ &= \int_P 1_{B'}(\mathbf{x}) \Bigl(\int_Q 1_{B_\mathbf{x}}(\mathbf{y}) f(\mathbf{x},\mathbf{y})\, d\mu(\mathbf{y})\Bigr)\, d\mu(\mathbf{x}) \\ &= \int_{B'} \Bigl(\int_{B_\mathbf{x}} f(\mathbf{x},\mathbf{y})\, d\mu(\mathbf{y})\Bigr)\, d\mu(\mathbf{x}) .\end{aligned}$$ ⌟

Im allgemeinen wird man $q := 1$ wählen. Ist die Menge $B_\mathbf{x} \subset \mathbb{R}$ ein Intervall $[\,\phi(\mathbf{x}), \psi(\mathbf{x})\,]$, so kann das innere Integral nach (7) evaluiert werden. Man erhält

$$\int_{B_\mathbf{x}} f(\mathbf{x},y)\, d\mu(y) = \int_{\phi(\mathbf{x})}^{\psi(\mathbf{x})} f(\mathbf{x},y)\, dy =: F(\mathbf{x}) ,$$

und es bleibt die Berechnung des $(n-1)$-fachen Integrals

$$\int_{B'} F(\mathbf{x})\, d\mu(\mathbf{x})$$

übrig. So fortfahrend erhält man nach $(n-1)$ Schritten ein letztes 1-faches Integral über einen gewissen Bereich $B^{(n-1)} \subset \mathbb{R}$, das dann auch noch auszurechnen ist. Man kann es auch so ausdrücken: Es ergeben sich n ineinandergeschachtelte 1-fache Integrale, die "von innen nach außen" nacheinander zu evaluieren sind. Die nachstehenden Beispiele zeigen, wie das im einzelnen vor sich geht.

② (Forts.) Für einen y-einfachen Bereich $B \subset \mathbb{R}^2$ haben wir demnach die folgende Integrationsregel:

$$\int_B f(x,y)\,d\mu(x,y) = \int_a^b \int_{\phi(x)}^{\psi(x)} f(x,y)\,dy\,dx\;.$$

Der Flächeninhalt des Kreises

$$B_R := \left\{(x,y) \mid x^2 + y^2 = R^2\right\}$$

berechnet sich dann folgendermaßen:

$$\mu(B_R) = \int_{B_R} 1\,d\mu(x,y) = \int_{-R}^{R} \int_{-\sqrt{R^2-x^2}}^{\sqrt{R^2-x^2}} 1\,dy\,dx\;.$$

Das innere Integral hat den Wert $2\sqrt{R^2 - x^2}$, und es ergibt sich weiter

$$\mu(B_R) = 2\int_{-R}^{R} \sqrt{R^2 - x^2}\,dx = 2R^2 \int_{-\pi/2}^{\pi/2} \cos^2 t\,dt = \pi R^2\;,$$

wie erwartet. — Merke: Die Integrationsgrenzen der inneren Integrale hängen im allgemeinen von den "weiter außen" behandelten Variablen ab. ○

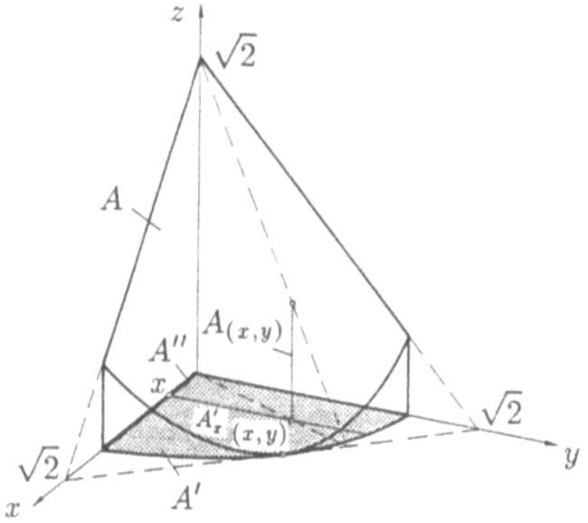

Fig. 13.2.3

③ Es soll das Volumen $\mu(B) = \int_B 1\,d\mu$ der Menge

$$B := \left\{(x,y,z) \mid x \geq 0,\; y \geq 0,\; z \geq 0,\; x + y + z \leq \sqrt{2},\; x^2 + y^2 \leq 1\right\}$$

(siehe die Fig. 13.2.3) berechnet werden.

Bei der ersten Reduktion ("nach z") ist

$$B' = \left\{(x,y) \mid x \geq 0,\; y \geq 0,\; x^2 + y^2 \leq 1\right\}, \qquad B_{(x,y)} = \left[0, \sqrt{2} - x - y\right].$$

Wir erhalten daher

$$\mu(B) = \int_{B'} \int_0^{\sqrt{2}-x-y} dz\, d\mu(x,y) = \int_{B'} (\sqrt{2} - x - y)\, d\mu(x,y) \ .$$

Der Figur entnimmt man für die zweite Reduktion ("nach y") die Mengen

$$B'' = [\,0,1\,]\,, \qquad B'_x = \left[\,0, \sqrt{1-x^2}\,\right] \ .$$

Damit ergibt sich weiter

$$\mu(B) = \int_0^1 \int_0^{\sqrt{1-x^2}} (\sqrt{2}-x-y)\, dy\, dx = \int_0^1 \Bigl((\sqrt{2}-x)\sqrt{1-x^2} - \frac{1}{2}(1-x^2)\Bigr)\, dx \ .$$

Wie man weiß bzw. leicht nachrechnet, ist

$$\int_0^1 \sqrt{1-x^2}\, dx = \frac{\pi}{4}\,, \qquad \int_0^1 x\sqrt{1-x^2}\, dx = \frac{1}{3}\,, \qquad \int_0^1 (1-x^2)\, dx = \frac{2}{3} \ .$$

Das gesuchte Volumen hat daher den Wert

$$\mu(B) = \sqrt{2}\,\frac{\pi}{4} - \frac{1}{3} - \frac{1}{2}\cdot\frac{2}{3} = \frac{\pi}{2\sqrt{2}} - \frac{2}{3} \ .$$

○

Für die beiden nächsten Beispiele benötigen wir den folgenden nützlichen Hilfssatz:

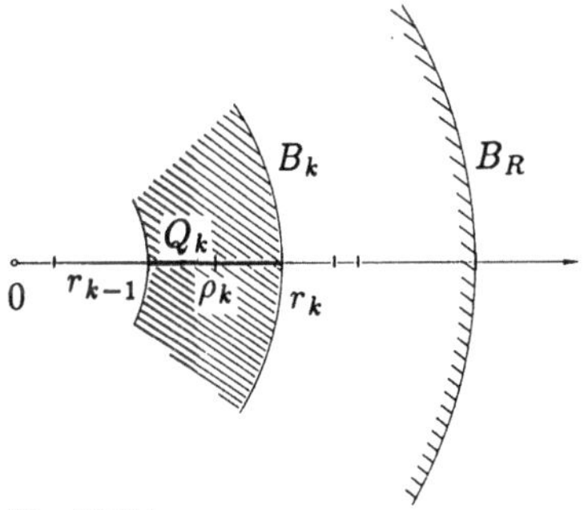

Fig. 13.2.4

(13.25) *Es bezeichne B_R die Kreisscheibe vom Radius R. Ist $f : B_R \to \mathbb{X}$ eine stetige Funktion, die in Wirklichkeit nur von $r := \sqrt{x^2+y^2}$ abhängt, so gilt*

$$\int_{B_R} f\, d\mu = 2\pi \int_0^R f(r)\, r\, dr \ .$$

⌜ (Fig. 13.2.4) Zerlege das Intervall $[0, R]$ in Teilintervalle $Q_k := [r_{k-1}, r_k]$ und wähle Meßpunkte

$$\rho_k := \frac{r_{k-1} + r_k}{2} \in Q_k .$$

Hierzu gehört eine Zerlegung von B_R in Kreisringe

$$B_k := \left\{(x, y) \mid r_{k-1} \le \sqrt{x^2 + y^2} \le r_k\right\}$$

vom Flächeninhalt

$$\mu(B_k) = \pi(r_k^2 - r_{k-1}^2) = 2\pi\rho_k(r_k - r_{k-1}) .$$

Nach **(13.21)** gelten dann mit beliebig kleinem Fehler die Näherungen

$$\int_{B_R} f\,d\mu \doteq \sum_{k=1}^{N} f(\rho_k)\,\mu(B_k) = 2\pi \sum_{k=1}^{N} f(\rho_k)\,\rho_k\,\mu(Q_k) \doteq 2\pi \int_0^R f(r)\,r\,dr ;$$

folglich müssen die beiden Integrale denselben Wert haben. ⌟

④ Wir integrieren die Funktion

$$f(x, y) := e^{-x^2} \cdot e^{-y^2} = e^{-(x^2+y^2)} = e^{-r^2}$$

über Quadrate $Q_R := [-R, R]^2$ und über Kreisscheiben B_R. Es gilt

$$\int_{B_R} f\,d\mu \le \int_{Q_R} f\,d\mu \le \int_{B_{\sqrt{2}R}} f\,d\mu . \tag{8}$$

Das erste Integral berechnen wir mit **(13.25)**; es ergibt sich

$$\int_{B_R} f\,d\mu = 2\pi \int_0^R e^{-r^2}\,r\,dr = -\pi\,e^{-r^2}\Big|_0^R = \pi\left(1 - e^{-R^2}\right) .$$

Das dritte Integral in (8) hat folglich den Wert $\pi\left(1 - e^{-2R^2}\right)$. Das mittlere Integral in (8) ist aber nach **(13.22)** gleich

$$\left(\int_{-R}^{R} e^{-x^2}\,dx\right)^2 ,$$

so daß wir insgesamt die Eingabelung

$$\sqrt{\pi\,\left(1 - e^{-R^2}\right)} \le \int_{-R}^{R} e^{-x^2}\,dx \le \sqrt{\pi\,\left(1 - e^{-2R^2}\right)}$$

erhalten. Mit $R \to \infty$ folgt hieraus

$$\int_{-\infty}^{\infty} e^{-x^2}\,dx = \sqrt{\pi}\ .$$

Es ist uns also gelungen, dieses (uneigentliche) Integral auszurechnen, ohne im Besitz einer Stammfunktion von e^{-x^2} zu sein.

Damit sind wir auch instandgesetzt, den seinerzeit versprochenen Wert $\Gamma(\frac{1}{2})$ nachzuliefern:

$$\begin{aligned}\Gamma\left(\frac{1}{2}\right) &:= \int_0^{\infty} t^{-1/2}\,e^{-t}\,dt = \int_0^{\infty} \frac{1}{u}\,e^{-u^2}\,2u\,du = 2\int_0^{\infty} e^{-u^2}\,du \\ &= \int_{-\infty}^{\infty} e^{-u^2}\,du = \sqrt{\pi}\ .\end{aligned}$$

○

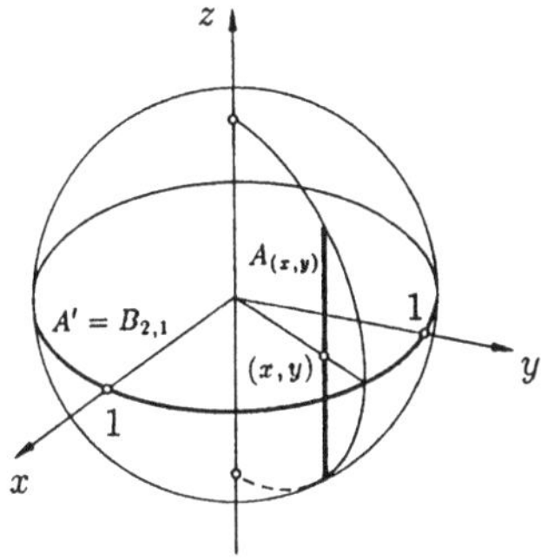

Fig. 13.2.5

⑤ Wir berechnen das Volumen der n-dimensionalen Vollkugel

$$B_{n,R} := \left\{\mathbf{x} \in \mathbb{R}^n \;\middle|\; |\mathbf{x}| \le R\right\}\ .$$

Es ist

$$\mu(B_{1,R}) = 2R\,, \qquad \mu(B_{2,R}) = \pi R^2\ ,$$

und allgemein hat man

$$\mu(B_{n,R}) = \kappa_n\,R^n\ , \tag{9}$$

wobei κ_n das Volumen der n-dimensionalen Einheitskugel bezeichnet. Daß eine Formel vom Typ (9) gilt, ist anschaulich klar und ergibt sich im übrigen aus dem später zu beweisenden Satz **(13.30)**. Hier geht es in erster Linie um die Werte der Konstanten

$$\kappa_n := \mu(B_{n,1})\ .$$

Es sei $n \ge 3$. Wir wollen den Satz **(13.24)** mit $p := 2$ und $q := n-2$ anwenden und bezeichnen hierzu den allgemeinen Punkt des $\mathbb{R}^n$ mit

$$(x,y,\mathbf{z})\,, \qquad (x,y) \in \mathbb{R}^2, \quad \mathbf{z} \in \mathbb{R}^{n-2}\ .$$

Setzen wir zur Abkürzung $B_{n,1} =: B$, so gilt dann

$$B' = B_{2,1} \qquad (\subset (x,y)\text{–Ebene})$$

und

$$\begin{aligned} B_{(x,y)} &= \{\mathbf{z} \in \mathbb{R}^{n-2} \mid x^2 + y^2 + |\mathbf{z}|^2 \le 1\} = \{\mathbf{z} \in \mathbb{R}^{n-2} \mid |\mathbf{z}| \le \sqrt{1-r^2}\} \\ &= B_{n-2,\sqrt{1-r^2}} , \end{aligned}$$

wobei wir wieder $x^2 + y^2 =: r^2$ gesetzt haben (Fig. 13.2.5). Wir können nun **(13.24)** anwenden und erhalten

$$\kappa_n = \int_B 1\, d\mu(x,y,\mathbf{z}) = \int_{B_{2,1}} \int_{B_{n-2,\sqrt{1-r^2}}} 1\, d\mu(\mathbf{z})\, d\mu(x,y) .$$

Das innere Integral hat den Wert

$$\kappa_{n-2}(1-r^2)^{(n-2)/2} ,$$

so daß wir das äußere Integral mit Hilfe von **(13.25)** evaluieren können:

$$\kappa_n = \kappa_{n-2}\, 2\pi \int_0^1 (1-r^2)^{(n-2)/2}\, r\, dr .$$

Die Substitution $1 - r^2 := u$ führt auf

$$\int_0^1 (1-r^2)^{(n-2)/2}\, r\, dr = -\frac{1}{2} \int_1^0 u^{(n-2)/2}\, du = \frac{1}{2} \cdot \frac{2}{n} \cdot u^{n/2}\Big|_0^1 = \frac{1}{n} ,$$

so daß wir schließlich für die κ_n die folgende Rekursionsformel erhalten:

$$\kappa_n = \frac{2\pi}{n}\, \kappa_{n-2} . \tag{10}$$

Insbesondere ergibt sich für das Volumen der dreidimensionalen Einheitskugel der Wert $\kappa_3 = (2\pi/3)\kappa_1 = 4\pi/3$, wie erwartet. — Wir beweisen noch die folgende geschlossene Formel für κ_n:

$$\kappa_n = \frac{\pi^{n/2}}{\Gamma(\frac{n}{2}+1)} \qquad (n \ge 1) . \tag{11}$$

⌈ Es gilt $\Gamma(\frac{1}{2}+1) = \frac{1}{2}\Gamma(\frac{1}{2}) = \frac{1}{2}\sqrt{\pi}$, und hieraus folgt

$$\frac{\pi^{1/2}}{\Gamma(\frac{1}{2}+1)} = 2 = \kappa_1 .$$

Weiter ist $\Gamma(\frac{2}{2}+1) = \Gamma(2) = 1$; somit gilt auch

$$\frac{\pi^{2/2}}{\Gamma(\frac{2}{2}+1)} = \pi = \kappa_2 ,$$

wie behauptet. Wir dürfen daher (11) für $n-2$ als richtig annehmen. Für den Induktionsschluß benötigen wir die Rekursionsformel (10) sowie die Funktionalgleichung **(9.34)**(a) der Gammafunktion:

$$\kappa_n = \frac{2\pi}{n}\kappa_{n-2} = \frac{2\pi}{n}\frac{\pi^{(n-2)/2}}{\Gamma(\frac{n-2}{2}+1)} = \frac{\pi^{n/2}}{\frac{n}{2}\Gamma(\frac{n}{2})} = \frac{\pi^{n/2}}{\Gamma(\frac{n}{2}+1)} \; . \qquad \lrcorner$$

○

Wir schließen diesen Abschnitt mit einer Bemerkung betreffend die Vertauschbarkeit der Integrationsreihenfolge bei uneigentlichen mehrfachen Integralen. Im Reduktionssatz **(13.23)** ist ja implizite enthalten, daß es nicht darauf ankommt, in welcher Reihenfolge nach den verschiedenen Variablen reduziert wird. Das Ergebnis ist jedesmal gleich dem wohlbestimmten Integral über einen gewissen mehrdimensionalen Bereich. Insbesondere gilt

$$\int_a^b \int_c^d f(x,y)\,dy\,dx = \int_c^d \int_a^b f(x,y)\,dx\,dy \; .$$

Das folgende Beispiel zeigt, daß derartige Vertauschungen bei uneigentlichen Integralen nicht unbedacht vorgenommen werden dürfen.

⑥ Die beiden Integrale

$$I := \int_1^\infty \int_1^\infty \frac{y-x}{(x+y)^3}\,dy\,dx \; , \qquad J := \int_1^\infty \int_1^\infty \frac{y-x}{(x+y)^3}\,dx\,dy$$

unterscheiden sich nur in der Integrationsreihenfolge und müßten "aus Symmetriegründen" beide den Wert 0 haben. Nun ist

$$\int_1^\infty \frac{y-x}{(x+y)^3}\,dy = \frac{-y}{(x+y)^2}\bigg|_{y:=1}^{\infty} = \frac{1}{(x+1)^2} \; ,$$

denn die angeschriebene Stammfunktion hat für $y \to \infty$ den Grenzwert 0. Damit ergibt sich weiter

$$I = \int_1^\infty \frac{dx}{(x+1)^2} = \frac{-1}{x+1}\bigg|_{x:=1}^{\infty} = \frac{1}{2} \; .$$

Aus Symmetriegründen ist dann $J = -\frac{1}{2} \neq I$. ○

Es hat keinen Sinn, hier eine mehr oder weniger vollständige Theorie der mehrfachen uneigentlichen Integrale zu entwickeln, denn wir stoßen hier einmal mehr mit unserem Riemannschen Integralbegriff an die Decke. Den definitiven "Satz von Fubini" liefert erst die Theorie des Lebesgueschen Integrals, in deren Rahmen sich die Frage der mehrfachen uneigentlichen Integrale von selbst erledigt.

13.3. Weitere Eigenschaften des Maßes

Für die Variablentransformation bei mehrfachen Integralen sowie für die Flächenberechnung benötigen wir genaue Zahlen über das Verhalten des Maßes unter C^1-Abbildungen $\mathbf{g} : \mathbb{R}^d \curvearrowright \mathbb{R}^n$; die viel zu pauschalen Abschätzungen **(13.10)** und **(13.11)** genügen hierzu nicht. Da das Maß mit Hilfe von Quadergebäuden erklärt werden kann und im übrigen "zerlegungsadditiv" ist, müssen wir untersuchen, wie sich das Volumen eines sehr kleinen Quaders Q mit Mittelpunkt $\mathbf{u}_0$ unter einer derartigen Abbildung verändert. Nun läßt sich $\mathbf{g}$ auf Q mit guter Genauigkeit linear approximieren durch

$$\mathbf{g}(\mathbf{u}) \doteq \mathbf{g}(\mathbf{u}_0) + d\mathbf{g}(\mathbf{u}_0).(\mathbf{u} - \mathbf{u}_0)\,;$$

somit stimmt die Bildmenge $\mathbf{g}(Q)$ fast überein mit dem affinen Bild eines Quaders, und das ist ein Parallelepiped. Dies bringt uns dazu, zunächst einmal das Verhalten des Maßes unter Translationen und linearen Abbildungen zu untersuchen oder, was auf dasselbe hinausläuft: das Volumen von Parallelepipeden zu bestimmen.

Ist $B \subset \mathbb{R}^n$ eine beliebige (meßbare) Menge und $\mathbf{c} \in \mathbb{R}^n$ ein Vektor, so bezeichnet $B + \mathbf{c}$ "die um den Vektor $\mathbf{c}$ verschobene Menge B", gemeint ist:

$$B + \mathbf{c} := \{\mathbf{x} \in \mathbb{R}^n \mid \mathbf{x} - \mathbf{c} \in B\}\,.$$

Für Quader Q gilt natürlich $\mu(Q+\mathbf{c}) = \mu(Q)$, und hieraus folgt $\mu(G+\mathbf{c}) = \mu(G)$ für beliebige Quadergebäude G. Es sei jetzt B eine beliebige meßbare Menge. Nach **(13.15)** gibt es zu jedem $\varepsilon > 0$ zwei Quadergebäude $B_\square$, $B^\square$ mit

$$B_\square \subset B \subset B^\square$$

und $\mu(B^\square) - \mu(B_\square) < \varepsilon$. Dann gilt aber auch

$$B_\square + \mathbf{c} \;\subset\; B + \mathbf{c} \;\subset\; B^\square + \mathbf{c}\,,$$

und man erhält die folgende Kette von Ungleichungen:

$$\mu(B + \mathbf{c}) \le \mu(B^\square + \mathbf{c}) = \mu(B^\square) < \mu(B_\square) + \varepsilon \le \mu(B) + \varepsilon\,.$$

Analog zeigt man $\mu(B+\mathbf{c}) > \mu(B) - \varepsilon$. Da $\varepsilon > 0$ beliebig war, muß $\mu(B+\mathbf{c}) = \mu(B)$ sein. Alles in allem haben wir damit folgendes bewiesen:

(13.26) *Das Jordansche Maß $\mu(\cdot)$ ist translationsinvariant.*

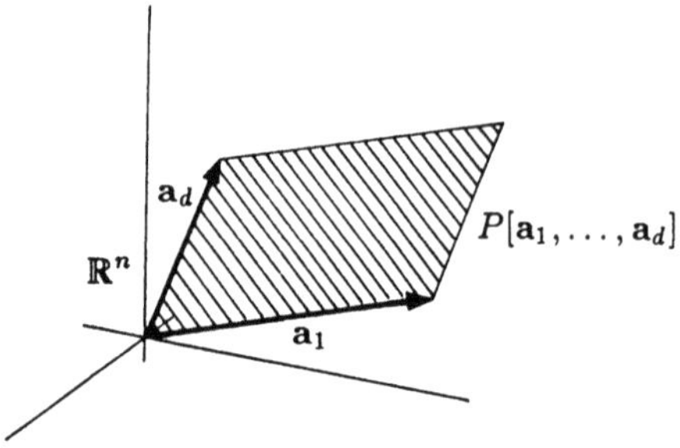

Fig. 13.3.1

In diesem Abschnitt wird verschiedentlich von Parallelepipeden die Rede sein. Wir vereinbaren darüber, was folgt (Fig. 13.3.1): Es seien $d \leq n$ Vektoren $\mathbf{a}_1, \ldots, \mathbf{a}_d \in \mathbb{R}^n$ gegeben. Dann bezeichnet $P[\mathbf{a}_1, \ldots, \mathbf{a}_d]$ den von diesen Vektoren aufgespannten *d-Spat*, gemeint ist die Menge

$$\left\{\mathbf{x} \in \mathbb{R}^n \,\middle|\, \mathbf{x} = \sum_{j=1}^{d} u_j \mathbf{a}_j\,, \quad 0 \leq u_j \leq 1 \ (1 \leq j \leq d)\right\}.$$

Ist $d = n$, so sprechen wir von einem *Parallelepiped*. Für den Einheitswürfel $P[\mathbf{e}_1, \ldots, \mathbf{e}_n]$ verwenden wir das Zeichen $\square$.

Es sei $L : \mathbb{R}^n \to \mathbb{R}^n$ eine lineare Abbildung. Zur Abkürzung bezeichnen wir die Bildmenge $L(B)$ einer Menge $B \subset \mathbb{R}^n$ mit B^L. Es gilt

$$\square^L = P[L\mathbf{e}_1, \ldots, L\mathbf{e}_n]\,.$$

Ist L regulär, so ist $\square^L$ ein "echt" n-dimensionales Parallelepiped und jedenfalls meßbar. Die Zahl

$$\chi_L := \mu(\square^L)$$

läßt sich auffassen als Volumendilatation, die der Einheitswürfel unter L erfährt. Ist L singulär, so drückt L alle Mengen $B \subset \mathbb{R}^n$ platt; somit ist dann $\mu(B^L) = 0$ für jedes beschränkte B, und man hat $\chi_L = 0$. Wir beweisen:

(13.27) (a) *Für jede meßbare Menge $B \subset \mathbb{R}^n$ gilt*

$$\mu(B^L) = \chi_L\, \mu(B)\,; \tag{1}$$

in Worten: Alle Volumina multiplizieren sich mit demselben Faktor.

(b) *Für beliebige lineare Abbildungen L, $M \in \mathcal{L}(\mathbb{R}^n)$ gilt*

$$\chi_{LM} = \chi_L \cdot \chi_M\,.$$

⌜ (a) Wir dürfen annehmen, daß L regulär und folglich bijektiv ist. Die Formel (1) gilt jedenfalls für beliebige Würfel der Seitenlänge 2^{-r}, denn 2^{nr} derartige Würfel füllen zusammen $\square$, und ihre 2^{nr} translationsgleichen Bilder die Menge $\square^L$. Die Formel (1) ist damit auch richtig für beliebige Quader, die sich als Gebäude aus derartigen Würfeln auffassen lassen. Weiter: Ist Q ein beliebiger Quader, so gibt es zu jedem $\varepsilon > 0$ zwei Quader Q_* und Q^* mit Eckpunkten in $\mathbb{D}^n$ und

$$Q_* \subset Q \subset Q^*\,, \qquad \mu(Q^*) - \mu(Q_*) < \varepsilon\,.$$

Somit gilt (1) für beliebige Quader Q, und mit **(13.15)** folgt schließlich die Behauptung für beliebige meßbare Mengen B. (Wir überlassen die Details dem Leser, vgl. den Beweis von **(13.26)**.)

Die Multiplikativität (b) ist evident. ⌟

Eine Abbildung $T : \mathbb{R}^n \to \mathbb{R}^n$, die die Distanz zwischen je zwei Punkten unverändert läßt, heißt eine *Bewegung*. Wie in der Geometrie gezeigt wird, ist jede Bewegung von der Form $T : \mathbf{x} \mapsto L\mathbf{x} + \mathbf{c}$ mit einer orthogonalen (s.u.), jedenfalls: linearen Abbildung L. Da T die Einheitskugel $B_{n,1}$ in eine translationsgleiche Menge überführt und $\mu(B_{n,1}) > 0$ ist, muß in diesem Fall $\chi_L = 1$ sein. Damit ergibt sich:

(13.28) *Das Jordansche Maß $\mu(\cdot)$ ist bewegungsinvariant.*

Um weiteren Aufschluß über die Größe χ_L zu erhalten, betrachten wir einen Moment die dreidimensionale Situation. Es sei $[L] = [l_{ik}]$. Die Abbildung L führt den Einheitswürfel $\square$ über in das von den drei Vektoren

$$L\mathbf{e}_k = (l_{1k}, l_{2k}, l_{3k}) \qquad (1 \le k \le 3)$$

aufgespannte Parallelepiped P. Wie in der Elementargeometrie gezeigt wird, ist dessen Volumen bis aufs Vorzeichen gleich dem Spatprodukt der drei Vektoren $L\mathbf{e}_k$ oder, in Koordinaten ausgedrückt, gleich der Determinante der Matrix $[l_{ik}]$. Allgemein gilt:

(13.29) $$\chi_L = \left|\det L\right| .$$

⌈ Es ist eine Grundtatsache der linearen Algebra, daß sich jedes $L \in \mathcal{L}(\mathbb{R}^n)$ als Produkt von Abbildungen mit besonders einfachen Matrizen (sogenannten *Elementarmatrizen*, siehe unten) darstellen läßt. Da sowohl χ_L wie $|\det L|$ bezüglich L multiplikativ sind, genügt es, die behauptete Formel für derartige spezielle Abbildungen zu beweisen.

(a) Permutationsmatrizen (in jeder Zeile und in jeder Kolonne genau eine 1, sonst alles Nullen):

Ist $[L]$ eine Permutationsmatrix, so ist $\square^L = \square$ und somit

$$\chi_L = 1 = |\det L| .$$

(b) Diagonalmatrizen:

Ist $L = \operatorname{diag}(\lambda_1, \lambda_2, \ldots, \lambda_n)$, so ist $\square^L$ translationsgleich zum Quader

$$\prod_{k=1}^{n} [0, |\lambda_k|] .$$

Folglich ist

$$\chi_L = \prod_{k=1}^{n} |\lambda_k| = |\lambda_1 \cdot \ldots \cdot \lambda_n| = |\det L| .$$

(c) Matrizen der Form $\begin{bmatrix} 1 & \lambda & & & \\ 0 & 1 & & & \\ & & 1 & & \\ & & & \ddots & \\ & & & & 1 \end{bmatrix}$:

Wegen **(13.22)** genügt es, die Wirkung von $L := \begin{bmatrix} 1 & \lambda \\ 0 & 1 \end{bmatrix}$ zu betrachten. Wir nehmen $\lambda > 0$ an und verweisen auf die Figur 13.3.2. Es gilt

$$\mu(OAEB) = \begin{cases} \mu(ODB) + \mu(\square^L)\,, \\ \mu(\square) + \mu(AEC)\,. \end{cases}$$

Da die beiden Dreiecke ODB und AEC translationsgleich sind, folgt hieraus $\mu(\square^L) = \mu(\square)$ und somit $\chi_L = 1 = |\det L|$. ┘

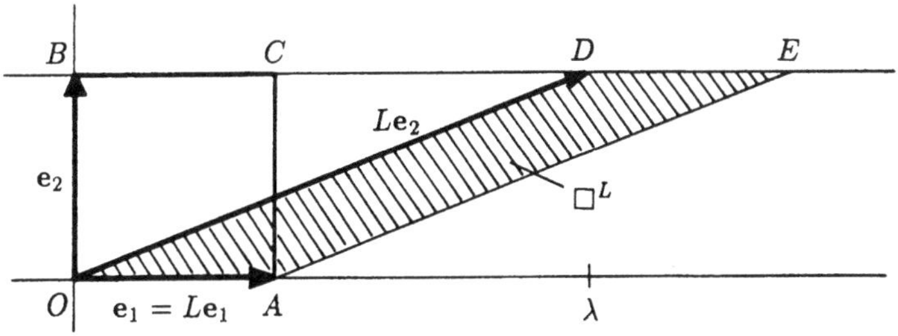

Fig. 13.3.2

Die Sätze **(13.28)** und **(13.29)** lassen sich zusammenfassen zu

(13.30) *Es sei $B \subset \mathbb{R}^n$ eine meßbare Menge und $L \in \mathcal{L}(\mathbb{R}^n)$ eine lineare Abbildung. Dann gilt*

$$\mu(B^L) = |\det L|\,\mu(B)\,.$$

Als Korollar ergibt sich noch:

(13.31) *Das Parallelepiped $P := P[\mathbf{a}_1, \ldots, \mathbf{a}_n] \subset \mathbb{R}^n$ besitzt das Volumen*

$$\mu(P) = |\varepsilon(\mathbf{a}_1, \ldots, \mathbf{a}_n)| = \big|\det[a_{ik}]\big|\,.$$

┌ Durch

$$A\mathbf{e}_k := \mathbf{a}_k \qquad (1 \le k \le n)$$

wird eine lineare Abbildung A definiert, dabei ist gerade $\square^A = P$. Hieraus folgt

$$\mu(P) = \chi_A = |\det A| = \big||\det[a_{ik}]\big|\,.$$ ┘

Das Volumen des eben betrachteten Parallelepipeds P läßt sich nun mit Hilfe des Skalarprodukts auf eine Art ausdrücken, die nicht auf die Standardbasis $(\mathbf{e}_1, \ldots, \mathbf{e}_n)$ Bezug nimmt. Bezeichnen wir die Matrix $[a_{ik}]$ kurzer Hand ebenfalls mit A, so gilt

$$\bigl(\mu(P)\bigr)^2 = (\det A)^2 = \det A' \det A = \det(A'A) . \tag{2}$$

Nach den Regeln der Matrizenrechnung läßt sich aber die Matrix $A'A$ als Matrix von Skalarprodukten interpretieren:

$$(A'A)_{ik} = \sum_{j=1}^{n} a'_{ij}\, a_{jk} = \sum_{j=1}^{n} a_{ji}\, a_{jk} \underset{*}{=} \mathbf{a}_i \bullet \mathbf{a}_k ; \tag{3}$$

dabei wurde an der Stelle $*$ stillschweigend benutzt, daß die Standardbasis orthonormiert ist. Dies bringt uns auf den folgenden Begriff: Es seien $d \leq n$ Vektoren $\mathbf{a}_1$, $\mathbf{a}_2$, …, $\mathbf{a}_d$ im $\mathbb{R}^n$ gegeben. Dann heißt

$$\operatorname{gram}(\mathbf{a}_1, \ldots, \mathbf{a}_d) := \det[\mathbf{a}_i \bullet \mathbf{a}_k] = \det \begin{bmatrix} \mathbf{a}_1 \bullet \mathbf{a}_1 & \cdots & \mathbf{a}_1 \bullet \mathbf{a}_d \\ \vdots & & \vdots \\ \mathbf{a}_d \bullet \mathbf{a}_1 & \cdots & \mathbf{a}_d \bullet \mathbf{a}_d \end{bmatrix}$$

die *Gramsche Determinante* dieser d Vektoren. Im Augenblick ist $d = n$, und wir haben aufgrund von (2) und (3) die folgende schöne Formel für $\mu(P)$:

(13.32) $$\mu(P) = \sqrt{\operatorname{gram}(\mathbf{a}_1, \ldots, \mathbf{a}_n)} .$$

Eine d-Fläche im $\mathbb{R}^n$, $d < n$, besitzt das n-dimensionale Volumen 0, im allgemeinen aber einen interessanten d-dimensionalen Flächeninhalt. Speziell: Eine Kurve im $\mathbb{R}^n$ besitzt (unter geeigneten Voraussetzungen, natürlich) eine Länge. Von diesen Dingen betrachten wir hier vorerst den linearen Aspekt.

Es sei also E^d eine d-dimensionale Ebene im $\mathbb{R}^n$. Wählt man einen Punkt $\mathbf{p} \in E^d$ als "Ursprung", so läßt sich E^d als d-dimensionaler Unterraum von $T_\mathbf{p}$ betrachten. Wählt man weiter d paarweise orthogonale Einheitsvektoren $\bar{\mathbf{e}}_1$, …, $\bar{\mathbf{e}}_d \in E^d$, so wird E^d zu einer Kopie von $\mathbb{R}^d$, und die Konstruktionen dieses Kapitels liefern grundsätzlich ein d-dimensionales Maß $\mu^{(d)}$ in E^d, mit dem sich d-dimensionale Volumina von Mengen $S \subset E^d$ bestimmen lassen. Dabei ist

$$\mu^{(d)}\bigl(P[\bar{\mathbf{e}}_1, \ldots, \bar{\mathbf{e}}_d]\bigr) = 1 ,$$

und aus **(13.28)** folgt leicht, daß $\mu^{(d)}$ weder von dem gewählten Punkt $\mathbf{p}$ noch von der gewählten Basis $(\bar{\mathbf{e}}_1, \ldots, \bar{\mathbf{e}}_d)$ abhängt. In anderen Worten: Die euklidische Struktur des Grundraums $\mathbb{R}^n$ induziert in beliebigen d-dimensionalen Ebenen ein d-dimensionales Maß, und dieses Maß ist sogar $\mathbb{R}^n$-bewegungsinvariant.

Nun kommt der Clou: Betrachte einen beliebigen d-Spat

$$P := P[\mathbf{a}_1, \ldots, \mathbf{a}_d] \subset \mathbb{R}^n .$$

Es gibt eine d-dimensionale Ebene E^d durch $\mathbf{0}$ mit $P \subset E^d$. Da P in E^d ein Parallelepiped ist, können wir **(13.32)** anwenden und erhalten damit die folgende Formel für das d-dimensionale Volumen des d-Spates P:

(13.33) *Der d-Spat $P := P[\mathbf{a}_1, \ldots, \mathbf{a}_d]$ besitzt das d-dimensionale Volumen*

$$\mu^{(d)}(P) = \sqrt{\operatorname{gram}(\mathbf{a}_1, \ldots, \mathbf{a}_d)}\ .$$

Zur Korroboration dieser Formel betrachten wir zwei Spezialfälle:

(a) $d = 1,\ n \geq 1$ beliebig:

Hier ist ein einziger Vektor $\mathbf{a} \in \mathbb{R}^n$ gegeben, und $P := P[\mathbf{a}]$ ist die Verbindungsstrecke der Punkte $\mathbf{0}$ und $\mathbf{a}$. Die Gramsche Determinante ist einreihig und hat den Wert

$$\operatorname{gram}(\mathbf{a}) = \det[\mathbf{a} \bullet \mathbf{a}] = |\mathbf{a}|^2\ .$$

Damit ergibt sich $\mu^{(1)}(P) = |\mathbf{a}|$, wie erwartet.

(b) $d = 2,\ n = 3$:

In diesem Fall sind zwei Vektoren $\mathbf{a}, \mathbf{b} \in \mathbb{R}^3$ gegeben, die zusammen das Parallelogramm $P := P[\mathbf{a}, \mathbf{b}]$ aufspannen. Die Gramsche Determinante hat hier den Wert

$$\operatorname{gram}(\mathbf{a}, \mathbf{b}) = \det \begin{bmatrix} \mathbf{a} \bullet \mathbf{a} & \mathbf{a} \bullet \mathbf{b} \\ \mathbf{b} \bullet \mathbf{a} & \mathbf{b} \bullet \mathbf{b} \end{bmatrix} = |\mathbf{a}|^2\, |\mathbf{b}|^2 - (\mathbf{a} \bullet \mathbf{b})^2 = |\mathbf{a} \times \mathbf{b}|^2\ , \qquad (4)$$

wobei wir zuletzt eine bekannte Formel aus der Vektorrechnung verwendet haben. Damit ergibt sich

$$\mu^{(2)}(P) = |\mathbf{a} \times \mathbf{b}|\ ,$$

im Einklang mit der "geometrischen Definition" des Vektorprodukts.

Die Formel **(13.33)** läßt sich auch folgendermaßen interpretieren:

(13.33') *Ist $A : \mathbb{R}^d \to \mathbb{R}^n$ eine lineare Abbildung mit $A\mathbf{e}_k =: \mathbf{a}_k$ $(1 \leq k \leq d)$, so multipliziert A die d-dimensionalen Volumina von beliebigen Teilmengen $B \subset \mathbb{R}^d$ mit dem Faktor $\sqrt{\operatorname{gram}(\mathbf{a}_1, \ldots, \mathbf{a}_d)}$.*

13.4. Variablentransformation

Die besonderen Symmetrien eines vorgelegten Problems kommen am besten zum Ausdruck, wenn das Problem in den richtigen Koordinaten beschrieben wird. Das brauchen nicht kartesische Koordinaten zu sein: In der Ebene sind oft Polarkoordinaten das System der Wahl, im dreidimensionalen Raum *Kugelkoordinaten* (r, ϕ, θ), die mit (x, y, z) verknüpft sind durch

$$\left.\begin{aligned} x &= r\cos\phi\cos\theta \\ y &= r\sin\phi\cos\theta \\ z &= r\sin\theta \end{aligned}\right\} \tag{1}$$

bzw. in der umgekehrten Richtung:

$$\left.\begin{aligned} r &= \sqrt{x^2+y^2+z^2} \\ \phi &= \arg(x,y) \\ \theta &= \arg(\sqrt{x^2+y^2}, z)\,, \qquad -\frac{\pi}{2} \le \theta \le \frac{\pi}{2} \end{aligned}\right\},$$

oder *Zylinderkoordinaten* (r, ϕ, z) mit den zugehörigen Formeln

$$\left.\begin{aligned} x &= r\cos\phi \\ y &= r\sin\phi \\ z &= z \end{aligned}\right\} \qquad \text{bzw.} \qquad \left.\begin{aligned} r &= \sqrt{x^2+y^2} \\ \phi &= \arg(x,y) \\ z &= z \end{aligned}\right\}.$$

Man kann die Formeln (1) und entsprechende für andere Arten von Koordinaten zur Parameterdarstellung von Objekten im (x, y, z)-Raum benutzen. Dabei ist zum Beispiel der Quader

$$Q := [0, R] \times [-\pi, \pi] \times [-\tfrac{\pi}{2}, \tfrac{\pi}{2}] \tag{2}$$

im (r, ϕ, θ)-Raum Parameterbereich für die dreidimensionale Vollkugel vom Radius R im (x, y, z)-Raum. Die Darstellung ist surjektiv und im Innern von Q injektiv. Die Randmenge ∂Q (eine dreidimensionale Nullmenge!) wird hingegen nicht injektiv abgebildet; so geht zum Beispiel die ganze Seitenfläche $r = 0$ von Q in den einen Punkt $(0, 0, 0)$ über.

Für die Integralrechnung ergibt sich mit der Einführung neuer Koordinaten folgende Situation: Gegeben ist zum Beispiel eine Funktion $f : B_{3,R} \to \mathbb{R}$, und zwar ausgedrückt in Kugelkoordinaten, das heißt in der Form $\tilde{f}(r, \phi, \theta)$, und es soll das Integral

$$\int_{B_{3,R}} f\, d\mu \tag{3}$$

berechnet werden. Dieses Integral ist *per definitionem* und nach Satz **(13.24)** gleich

$$\int_{-R}^{R} \int_{-\sqrt{R^2-x^2}}^{\sqrt{R^2-x^2}} \int_{-\sqrt{R^2-x^2-y^2}}^{\sqrt{R^2-x^2-y^2}} \tilde{f}\big(r(x,y,z), \phi(x,y,z), \theta(x,y,z)\big)\, dz\, dy\, dx\,.$$

Gelingt es stattdessen, die Integration in den (r, ϕ, θ)-Raum zu verlegen, so entfällt erstens die Umrechnung des Integranden auf (x, y, z), und zweitens vereinfacht sich die Reduktion des Integrals, denn der Integrationsbereich ist dann ein Quader. Dieser zweite Vorteil legt es sogar nahe, einen in kartesischen Koordinaten gegebenen Integranden $f(x,y,z)$ mit Hilfe der Formeln (1) durch r, ϕ und θ auszudrücken, in andern Worten: zum Pullback $\tilde{f}(r,\phi,\theta)$ überzugehen.

Wir bemerken vorweg, daß (3) jedenfalls verschieden ist von dem (naiverweise hingeschriebenen) Integral

$$\int_Q \tilde{f}(r,\phi,\theta)\, d\mu(r,\phi,\theta)\ . \tag{4}$$

Für die Funktion $f(x,y,z) :\equiv 1$ zum Beispiel hat (3) den Wert $(4\pi/3)R^3$, das Integral (4) aber den Wert $2\pi^2 R$.

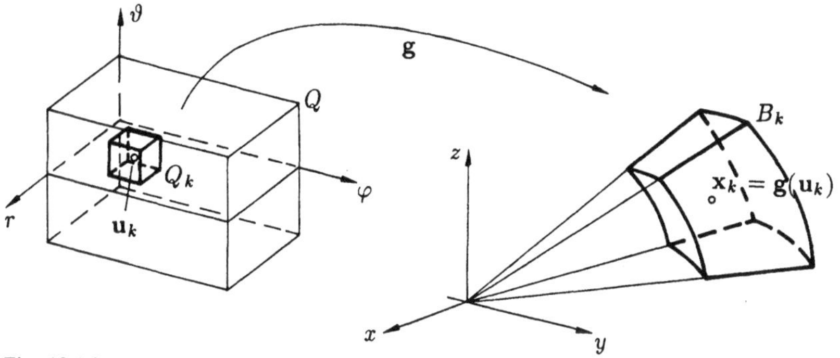

Fig. 13.4.1

Um den wahren Sachverhalt zu ergründen, zerlegen wir Q in kleine Teilquader Q_k mit Mittelpunkten $\mathbf{u}_k = (r_k, \phi_k, \theta_k)$. Die durch (1) definierte Abbildung

$$\mathbf{g}: \quad \mathbf{u} := (r,\phi,\theta) \ \mapsto \ \mathbf{x} := (x,y,z)$$

führt jedes einzelne Q_k in ein kleines "krummlinig begrenztes" Klötzchen $B_k \subset B_{3,R}$ über (siehe die Fig. 13.4.1), und diese Klötzchen realisieren zusammen die Kugel $B_{3,R}$ als Klötzchengebäude. Auf Q_k ist

$$\mathbf{g}(\mathbf{u}) \doteq \mathbf{g}(\mathbf{u}_k) + d\mathbf{g}(\mathbf{u}_k) \,.\, (\mathbf{u} - \mathbf{u}_k)$$

eine gute Approximation. Hiernach ist B_k in erster Näherung ein Parallelepiped, das durch Anwendung der linearen Abbildung $d\mathbf{g}(\mathbf{u}_k)$ auf Q_k entstanden ist. Aufgrund von Satz **(13.27)**(a) gilt daher

$$\mu(B_k) \doteq \left|\det\bigl(d\mathbf{g}(\mathbf{u}_k)\bigr)\right| \mu(Q_k) = |J_{\mathbf{g}}(\mathbf{u}_k)|\, \mu(Q_k)$$

mit einem kleinen relativen Fehler. Für jedes k liegt der Punkt $\mathbf{x}_k := \mathbf{g}(\mathbf{u}_k)$ in B_k, und es ist $f(\mathbf{x}_k) = \tilde{f}(\mathbf{u}_k)$. Gestützt auf Satz **(13.21)** (über allgemeine Riemannsche Summen) können wir daher folgendermaßen argumentieren:

$$\begin{aligned}\int_{B_{3,R}} f(\mathbf{x})\,d\mu(\mathbf{x}) &\doteq \sum_k f(\mathbf{x}_k)\,\mu(B_k) \doteq \sum_k \tilde{f}(\mathbf{u}_k)\,|J_{\mathbf{g}}(\mathbf{u}_k)|\mu(Q_k) \\ &\doteq \int_Q \tilde{f}(\mathbf{u})\,|J_{\mathbf{g}}(\mathbf{u})|\,d\mu(\mathbf{u})\,.\end{aligned}$$

Wir vermuten daher, daß in Wahrheit die Gleichung

$$\int_{B_{3,R}} f(\mathbf{x})\,d\mu(\mathbf{x}) \;=\; \int_Q \tilde{f}(\mathbf{u})\,|J_{\mathbf{g}}(\mathbf{u})|\,d\mu(\mathbf{u})$$

zutrifft. Dies ist tatsächlich die gesuchte Transformationsformel, und zwar gilt sie sinngemäß für beliebige Koordinatentransformationen $\mathbf{g}$. Der Beweis folgt im wesentlichen den eben angestellten heuristischen Überlegungen. — Wir beginnen mit zwei Hilfssätzen.

Hilfssätze

Ist $P \subset \mathbb{R}^n$ ein Parallelepiped mit Zentrum $\mathbf{p}$, so bezeichnet λP das mit dem Faktor $\lambda > 0$ von $\mathbf{p}$ aus gestreckte Parallelepiped P.

(13.34) *Es sei $Q \subset \mathbb{R}^n$ ein achsenparalleler Würfel mit Zentrum im Ursprung; ferner sei $\mathbf{g} : Q \to \mathbb{R}^n$ eine stetig differenzierbare Abbildung mit*

$$\mathbf{g}(\mathbf{0}) = \mathbf{0}\,, \qquad d\mathbf{g}(\mathbf{0}) =: L\,, \qquad \|L^{-1}\| \le p$$

und

$$\|d\mathbf{g}(\mathbf{u}) - L\| \le \sigma \quad \forall\, \mathbf{u} \in Q\,, \qquad p\sigma\sqrt{n} < 1\,.$$

Dann läßt sich die Bildmenge $B := \mathbf{g}(Q)$ wie folgt zwischen zwei ähnliche Parallelepipede eingabeln:

$$(1 - p\sigma\sqrt{n})\,Q^L \subset B \subset (1 + p\sigma\sqrt{n})\,Q^L\,.$$

⌜ Die Hilfsabbildung $\mathbf{h} := L^{-1} \circ \mathbf{g}$ führt den Ursprung in sich über und besitzt die Ableitung $d\mathbf{h}(\mathbf{u}) = L^{-1} \circ d\mathbf{g}(\mathbf{u})$. Hieraus folgt

$$d\mathbf{h}(\mathbf{u}) - \mathrm{id} = L^{-1}\big(d\mathbf{g}(\mathbf{u}) - L\big)\,,$$

und wir erhalten die Abschätzung

$$\|d\mathbf{h}(\mathbf{u}) - \mathrm{id}\| \le \|L^{-1}\|\,\|d\mathbf{g}(\mathbf{u}) - L\| \le p\sigma \qquad \forall\, \mathbf{u} \in Q\,.$$

Hiernach genügt $\mathbf{h}$ den Voraussetzungen des Satzes **(12.30)** mit $\rho := p\sigma$, und es folgt

$$(1 - p\sigma\sqrt{n})\,Q \;\subset\; \mathbf{h}(Q) \;\subset\; (1 + p\sigma\sqrt{n})\,Q\;.$$

Wenden wir hier auf alle Glieder die Abbildung L an, so ergibt sich wegen $L \circ \mathbf{h} = \mathbf{g}$ die Behauptung. ┘

Im zweiten Hilfssatz wird nun das Volumen unserer "parallelepipedoiden Klötzchen" approximativ berechnet.

(13.35) *Es sei $K \subset \mathbb{R}^n$ kompakt und $\mathbf{g} : K \to \mathbb{R}^n$ eine durchwegs reguläre C^1-Abbildung, und es sei ein $\varepsilon > 0$ vorgegeben. Dann gilt für alle hinreichend kleinen achsenparallelen Würfel $Q \subset K$ die Abschätzung*

$$\bigl|\,\mu(\mathbf{g}(Q)) \;-\; |J_{\mathbf{g}}(\mathbf{u}_0)|\,\mu(Q)\,\bigr| \;\le\; \varepsilon\,\mu(Q)\,; \tag{5}$$

dabei bezeichnet $J_{\mathbf{g}}(\mathbf{u}_0)$ die Funktionaldeterminante von $\mathbf{g}$ im Zentrum $\mathbf{u}_0$ von Q.

┌ Nach Voraussetzung über $\mathbf{g}$ und **(12.28)**(b) hängt $\bigl(d\mathbf{g}(\mathbf{u})\bigr)^{-1}$ stetig ab von $\mathbf{u}$; es gibt daher eine Zahl p mit

$$\bigl\|\bigl(d\mathbf{g}(\mathbf{u})\bigr)^{-1}\bigr\| \le p \qquad \forall\,\mathbf{u} \in K\,.$$

Weiter gibt es ein C' mit

$$|J_{\mathbf{g}}(\mathbf{u})| \le C' \qquad \forall\,\mathbf{u} \in K\,,$$

und schließlich läßt sich ein σ finden mit $p\sigma\sqrt{n} < 1$ und

$$\bigl(1 + p\sigma\sqrt{n}\bigr)^n - \bigl(1 - p\sigma\sqrt{n}\bigr)^n \le \frac{\varepsilon}{C'}\,.$$

Nach Satz **(4.20)** ist die Ableitung $d\mathbf{g} : K \to \mathcal{L}(\mathbb{R}^n)$ sogar gleichmäßig stetig. Es gibt daher ein $\delta > 0$, so daß für alle $\mathbf{u}$, $\mathbf{u}_0 \in K$ mit

$$|\mathbf{u} - \mathbf{u}_0| \le \frac{\delta}{2}\sqrt{n} \tag{6}$$

gilt:

$$\|d\mathbf{g}(\mathbf{u}) - d\mathbf{g}(\mathbf{u}_0)\| \le \sigma\,. \tag{7}$$

Hiermit ist alles angerichtet: Wir zeigen, daß (5) für beliebige Würfel $Q \subset K$ der Kantenlänge $\le \delta$ zutrifft.

Ist Q ein derartiger Würfel und $\mathbf{u}_0$ sein Zentrum , so gilt (6) und damit (7) für alle $\mathbf{u} \in Q$; ferner genügt die Ableitung $L := d\mathbf{g}(\mathbf{u}_0)$ der Bedingung

$\|L^{-1}\| \leq p$. Damit sind die Voraussetzungen des vorangehenden Hilfssatzes (bis auf Translationen) erfüllt, und wir erhalten

$$(1 - p\sigma\sqrt{n})Q^L \subset \mathbf{g}(Q) \subset (1 + p\sigma\sqrt{n})Q^L . \tag{8}$$

Die Menge $\mathbf{g}(Q)$ ist offensichtlich meßbar. Mit Hilfe von **(13.27)**(a) ergibt sich daher aus (8) die numerische Eingabelung

$$(1 - p\sigma\sqrt{n})^n \,|\det L|\, \mu(Q) \leq \mu\big(\mathbf{g}(Q)\big) \leq (1 + p\sigma\sqrt{n})^n \,|\det L|\, \mu(Q) .$$

Da sich die Zahl $|\det L|\,\mu(Q)$ trivialerweise zwischen dieselben Grenzen einschließen läßt, unterscheidet sie sich von $\mu\big(\mathbf{g}(Q)\big)$ um höchstens

$$\Big((1 + p\sigma\sqrt{n})^n - (1 - p\sigma\sqrt{n})^n\Big) \,|\det L|\, \mu(Q) \leq \frac{\varepsilon}{C'}\, C'\, \mu(Q) = \varepsilon\, \mu(Q) ,$$

was zu beweisen war. ┘

Die Transformationsformel

Nach diesen Vorbereitungen kommen wir endlich zu dem angekündigten Satz über die Variablentransformation:

(13.36) *A und B seien kompakte meßbare Mengen im $\mathbf{u}$-Raum bzw. im $\mathbf{x}$-Raum $\mathbb{R}^n$, und*

$$\mathbf{g}: \quad \mathbb{R}^n \curvearrowright \mathbb{R}^n \qquad \mathbf{u} \mapsto \mathbf{x} := \mathbf{g}(\mathbf{u})$$

sei eine stetig differenzierbare Abbildung, für die die folgenden Sachverhalte zutreffen:

(a) *Es ist $\mathbf{g}(A) = B$.*

(b) *Es gibt eine Nullmenge $N \subset A$, so daß $\mathbf{g}$ die Menge $A' := A \setminus N$ injektiv abbildet.*

(c) *Die Ableitung $d\mathbf{g}(\mathbf{u})$ ist in allen Punkten $\mathbf{u} \in A'$ regulär.*

Ferner seien $f : B \to \mathbf{X}$ eine stetige Funktion und $\tilde{f}(\mathbf{u}) := f\big(\mathbf{g}(\mathbf{u})\big)$ der Pullback von f auf A. Dann gilt

$$\int_B f(\mathbf{x})\, d\mu(\mathbf{x}) = \int_A \tilde{f}(\mathbf{u})\, |J_{\mathbf{g}}(\mathbf{u})|\, d\mu(\mathbf{u}) .$$

┌ Wir zeigen, daß sich die beiden angeschriebenen Integrale beliebig wenig unterscheiden. Dann sind sie in Wirklichkeit gleich. Es sei also ein $\varepsilon > 0$ vorgegeben.

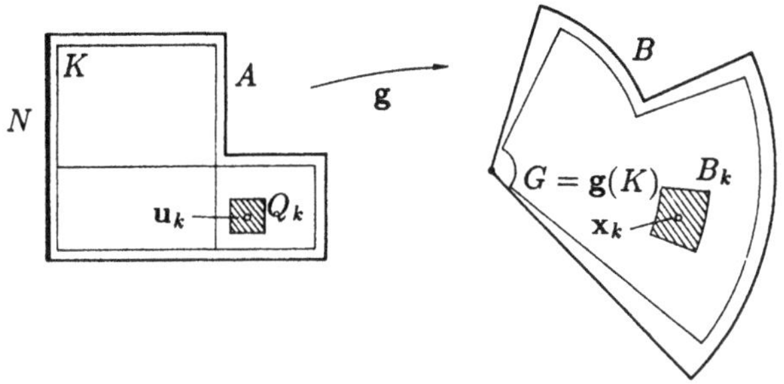

Fig. 13.4.2

Nach **(13.9)** ist $\mathbf{g}$ lipstetig auf A; es sei C eine passende Lipschitzkonstante. Weiter gibt es Zahlen M und C' mit

$$|f(\mathbf{x})| \leq M \quad \forall \mathbf{x} \in B, \qquad |J_{\mathbf{g}}(\mathbf{u})| \leq C' \quad \forall \mathbf{u} \in A.$$

Die Menge A' ist meßbar. Nach **(13.16)** gibt es ein Quadergebäude $K \subset A'$ mit $\mu(A' \setminus K) \leq \varepsilon$ (Fig. 13.4.2); dabei dürfen wir annehmen, daß die Eckpunkte sämtlicher $Q_k \subset K$ in $\mathbb{D}^n$ liegen. Da N eine Nullmenge ist, gilt dann auch $\mu(A \setminus K) \leq \varepsilon$; somit läßt sich die Differenz der beiden Integrale

$$S_A := \int_A \tilde{f}(\mathbf{u})\,|J_{\mathbf{g}}(\mathbf{u})|\,d\mu(\mathbf{u}), \qquad S_K := \int_K \tilde{f}(\mathbf{u})\,|J_{\mathbf{g}}(\mathbf{u})|\,d\mu(\mathbf{u})$$

wie folgt abschätzen:

$$|S_A - S_K| = \left|\int_{A\setminus K} \tilde{f}(\mathbf{u})\,|J_{\mathbf{g}}(\mathbf{u})|\,d\mu(\mathbf{u})\right| \leq MC'\,\mu(A \setminus K) \leq MC'\,\varepsilon.$$

Auf der andern Seite macht die Bildmenge $G := \mathbf{g}(K)$ den größten Teil von B aus: Da $\mathbf{g}: A \to B$ surjektiv ist, gilt $B \setminus G \subset \mathbf{g}(A \setminus K)$. Nach **(13.16)** lässt sich $A \setminus K$ mit einem Quadergebäude vom Volumen $\leq 2\varepsilon$ überdecken und somit auch mit endlich vielen offenen Würfeln vom Gesamtvolumen $\leq 3\varepsilon$. Mit **(13.10)** folgt

$$\mu(B \setminus G) \leq \bar{\mu}(B \setminus G) \leq \left(C\sqrt{n}\right)^n \bar{\mu}(A \setminus K) \leq 3\varepsilon\left(C\sqrt{n}\right)^n.$$

Die Differenz der beiden Integrale

$$S_B := \int_B f(\mathbf{x})\,d\mu(\mathbf{x}), \qquad S_G := \int_G f(\mathbf{x})\,d\mu(\mathbf{x})$$

läßt sich daher wie folgt abschätzen:

$$|S_B - S_G| = \left|\int_{B\setminus G} f(\mathbf{x})\,d\mu(\mathbf{x})\right| \leq M\,\mu(B \setminus G) \leq 3M\left(C\sqrt{n}\right)^n \varepsilon.$$

Wir müssen nun die beiden Integrale S_K und S_G miteinander vergleichen. Hierzu verfeinern wir die schon vorhandene Zerlegung von K zu einer Zerlegung in lauter gleichgroße Würfel Q_k der Kantenlänge $\delta := 2^{-r}$, wobei wir über δ noch geeignet verfügen können. Da $\mathbf{g}$ auf K regulär und injektiv ist, bilden die Bilder $B_k := \mathbf{g}(Q_k)$ eine Zerlegung von G. Wir bezeichnen das Zentrum von Q_k wieder mit $\mathbf{u}_k$ und setzen $\mathbf{g}(\mathbf{u}_k) =: \mathbf{x}_k$. Dann ist $\mathbf{x}_k \in B_k$, und es gilt $\tilde{f}(\mathbf{u}_k) = f(\mathbf{x}_k)$.

Da $\mathbf{g}$ lipstetig ist, besitzen die B_k einen Durchmesser $\leq C\sqrt{n}\,\delta$. Aufgrund von Satz **(13.21)** können wir daher δ von vorneherein so klein wählen, daß sich das Integral S_K um weniger als ε von der Riemannschen Summe

$$R_K := \sum_k \tilde{f}(\mathbf{u}_k)|J_{\mathbf{g}}(\mathbf{u}_k)|\,\mu(Q_k)$$

unterscheidet und gleichzeitig das Integral S_G um weniger als ε von der Riemannschen Summe

$$R_G := \sum_k f(\mathbf{x}_k)\,\mu(B_k)\ .$$

Vor allem aber soll δ so klein sein, daß der in Hilfssatz **(13.35)** beschriebene Sachverhalt zutrifft. Hier sind wir nun am zentralen Punkt angelangt: **(13.35)** liefert wegen

$$R_G - R_K = \sum_k f(\mathbf{x}_k)\Big(\mu(B_k) - |J_{\mathbf{g}}(\mathbf{u}_k)|\,\mu(Q_k)\Big)$$

die Abschätzung

$$|R_G - R_K| \leq \sum_k |f(\mathbf{x}_k)|\,\Big|\mu(B_k) - |J_{\mathbf{g}}(\mathbf{u}_k)|\,\mu(Q_k)\Big| \leq \sum_k M\varepsilon\,\mu(Q_k) \leq M\,\mu(A)\varepsilon.$$

Alles in allem haben wir

$$|S_A - S_B| \leq \Big(MC' + 1 + M\,\mu(A) + 1 + 3M\big(C\sqrt{n}\big)^n\Big)\,\varepsilon\ ,$$

was zu beweisen war. ┘

① Wir betrachten als einfachstes Beispiel Polarkoordinaten in der Ebene. Die Abbildung $\mathbf{g}$ des Satzes ist hier gegeben durch

$$\mathbf{g}:\quad (r,\phi) \mapsto \begin{cases} x := r\cos\phi \\ y := r\sin\phi \end{cases}\ ;$$

ihre Funktionaldeterminante haben wir bereits in Beispiel 12.6.③ berechnet zu

$$J_{\mathbf{g}}(r,\phi) = r\ .$$

Mit $Q := [0,R] \times [0,2\pi]$ genügt $\mathbf{g} : Q \to B_{2,R}$ den Voraussetzungen unseres Satzes, und wir erhalten

$$\int_{B_{2,R}} f(x,y)\,d\mu(x,y) = \int_Q \tilde{f}(r,\phi)\,r\,d\mu(r,\phi) = \int_0^R r\left(\int_0^{2\pi} \tilde{f}(r,\phi)\,d\phi\right) dr\ .$$

Hängt $\tilde{f}$ in Wirklichkeit nur von r ab, so hat hier das innere Integral rechter Hand den Wert $2\pi\,\tilde{f}(r)$, in anderen Worten: Eine Integration ist gratis. Dieser Fall wurde schon in der Proposition **(13.25)** betrachtet. ○

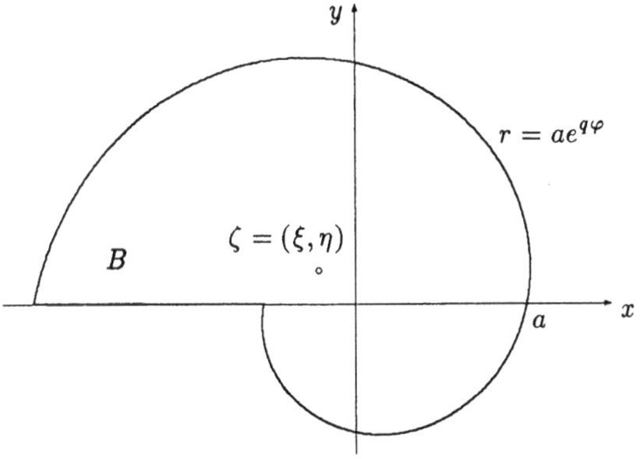

Fig. 13.4.3

② Wir bestimmen den Schwerpunkt (ξ,η) des Bereichs B (Fig. 13.4.3), der in Polarkoordinaten folgendermaßen beschrieben wird:

$$\tilde{B} = \left\{(r,\phi) \mid -\pi \le \phi \le \pi\,,\ 0 \le r \le ae^{q\phi}\right\}\ .$$

Zur Vereinfachung der Rechnung setzen wir

$$x + iy =: z\,, \qquad \xi + i\eta =: \zeta$$

und erhalten folgende komplexe Version der den Schwerpunkt definierenden *Momentengleichung*:

$$\zeta \int_B d\mu(x,y) = \int_B z\,d\mu(x,y)\ .$$

Somit ist

$$\zeta = \frac{S_1}{S_0} \tag{9}$$

mit

$$S_0 := \int_B d\mu(x,y) = \int_{\tilde{B}} r\,d\mu(r,\phi) = \int_{-\pi}^{\pi}\int_0^{ae^{q\phi}} r\,dr\,d\phi\,,$$

$$S_1 := \int_B z\,d\mu(x,y) = \int_{\tilde{B}} re^{i\phi}\,r\,d\mu(r,\phi) = \int_{-\pi}^{\pi} e^{i\phi}\left(\int_0^{ae^{q\phi}} r^2\,dr\right) d\phi\,,$$

wobei wir die beiden Integrale gerade auf Polarkoordinaten umgeschrieben haben.

Das innere Integral von S_0 hat den Wert $\frac{r^2}{2}\Big|_{r:=0}^{ae^{q\phi}} = \frac{a^2}{2}e^{2q\phi}$; somit ergibt sich

$$S_0 = \frac{a^2}{2}\int_{-\pi}^{\pi} e^{2q\phi}\,d\phi = \frac{a^2}{4q}e^{2q\phi}\Big|_{-\pi}^{\pi} = \frac{a^2}{2q}\sinh(2q\pi)\ .$$

Das innere Integral von S_1 hat den Wert $\frac{r^3}{3}\Big|_0^{ae^{q\phi}} = \frac{a^3}{3}e^{3q\phi}$, und es ergibt sich weiter

$$\begin{aligned} S_1 &= \frac{a^3}{3}\int_{-\pi}^{\pi} e^{(3q+i)\phi}\,d\phi = \frac{a^3}{3(3q+i)}e^{(3q+i)\phi}\Big|_{-\pi}^{\pi} \\ &= \frac{a^3(3q-i)}{3(9q^2+1)}\left(-e^{3q\pi}+e^{-3q\pi}\right) = \frac{2a^3\sinh(3q\pi)}{3(9q^2+1)}(-3q+i)\ . \end{aligned}$$

Setzen wir die für S_0 und S_1 erhaltenen Werte in (9) ein, so folgt

$$\zeta = \frac{4aq}{3(9q^2+1)}\,\frac{\sinh(3q\pi)}{\sinh(2q\pi)}(-3q+i)\ .$$

Die reellen Koordinaten ξ, η des Schwerpunkts lassen sich hier unmittelbar ablesen. ○

③ Wir betrachten jetzt Kugelkoordinaten im $\mathbb{R}^3$. Aus den Formeln (1) ergibt sich

$$\left[\frac{\partial(x,y,z)}{\partial(r,\phi,\theta)}\right] = \begin{bmatrix} \cos\theta\cos\phi & -r\cos\theta\sin\phi & -r\sin\theta\cos\phi \\ \cos\theta\sin\phi & r\cos\theta\cos\phi & -r\sin\theta\sin\phi \\ \sin\theta & 0 & r\cos\theta \end{bmatrix}\ .$$

Zur Berechnung der Funktionaldeterminante entwickeln wir nach der letzten Zeile und erhalten

$$\begin{aligned} J(r,\phi,\theta) &= \sin\theta\; r^2\sin\theta\cos\theta(\sin^2\phi+\cos^2\phi) \\ &\quad + r\cos\theta\; r\cos^2\theta(\cos^2\phi+\sin^2\phi) \\ &= r^2\,\cos\theta\ . \end{aligned}$$

Hiernach ist J im Innern des Quaders (2) durchwegs von 0 verschieden, und es ergibt sich im weiteren, daß die Voraussetzungen von Satz **(13.36)** für die hier betrachtete Abbildung $\mathbf{g}: Q \to B_{3,R}$ erfüllt sind. Wir erhalten damit die folgende Transformationsformel:

$$\begin{aligned} \int_{B_{3,R}} f(x,y,z)\,d\mu(x,y,z) &= \int_Q \tilde f(r,\phi,\theta)\,r^2\cos\theta\,d\mu(r,\phi,\theta) \\ &= \int_0^R\int_{-\pi}^{\pi}\int_{-\pi/2}^{\pi/2} \tilde f(r,\phi,\theta)\,r^2\cos\theta\,d\theta\,d\phi\,dr\ . \end{aligned}$$ ○

13.5. Längen und Flächeninhalte

In diesem Abschnitt geht es um das d-dimensionale Volumen von d-Flächen $S \subset \mathbb{R}^n$. Bei unseren Dispositionen können wir etwas großzügiger sein als in Abschnitt 12.7, da Nullmengen, wo zum Beispiel die Regularitätsbedingung verletzt ist, vom Integral übersehen werden. Wir betrachten also C^1-Parameterdarstellungen

$$\mathbf{f}: \quad \mathbb{R}^d \curvearrowright \mathbb{R}^n, \qquad \mathbf{u} \mapsto \mathbf{x} := \mathbf{f}(\mathbf{u})$$

und kompakte meßbare Parameterbereiche $B \subset \operatorname{dom}(\mathbf{f})$. Wir nennen die Bildmenge $S := \mathbf{f}(B)$ eine *kompakte d-Fläche im $\mathbb{R}^n$*, wenn es eine Nullmenge $N \subset B$ gibt, so daß bezüglich des "Löwenanteils" $B' := B \setminus N$ die folgenden Voraussetzungen erfüllt sind:

(a) B' wird durch $\mathbf{f}$ injektiv abgebildet.

(b) Die Ableitung $d\mathbf{f}(\mathbf{u})$ besitzt in allen Punkten $\mathbf{u} \in B'$ den Rang d.

Hiernach besitzt eine kompakte d-Fläche S in den meisten Punkten eine wohlbestimmte Tangentialebene.

Im gleichen Zug lassen wir beliebige Parametertransformationen

$$\boldsymbol{\psi}: \quad A \to B, \qquad \bar{\mathbf{u}} \mapsto \mathbf{u} \tag{1}$$

zu, die den Voraussetzungen von Satz **(13.36)** genügen:

(a) Es ist $\boldsymbol{\psi}(A) = B$.

(b) Es gibt eine Nullmenge $N \subset A$, so daß $\boldsymbol{\psi}$ die Menge $A' := A \setminus N$ injektiv abbildet.

(c) Die Ableitung $d\boldsymbol{\psi}(\bar{\mathbf{u}})$ ist in allen Punkten $\bar{\mathbf{u}} \in A'$ regulär.

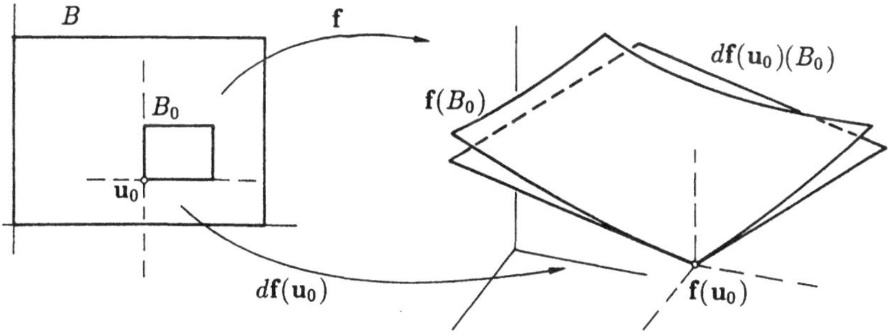

Fig. 13.5.1

Um eine Formel für das d-dimensionale Volumen bzw. den d-dimensionalen Flächeninhalt der kompakten d-Fläche $S = \mathbf{f}(B)$ zu bekommen, betrachten wir einen sehr kleinen Teilbereich $B_0 \subset B$ (es braucht sich nicht um einen Quader zu handeln, siehe die Fig. 13.5.1) und wählen darin einen Meßpunkt $\mathbf{u}_0$. Auf B_0 läßt sich $\mathbf{f}$ mit guter Genauigkeit approximieren durch

$$\mathbf{f}(\mathbf{u}) \doteq \mathbf{f}(\mathbf{u}_0) + L.(\mathbf{u} - \mathbf{u}_0), \qquad L := d\mathbf{f}(\mathbf{u}_0).$$

Nun ist $L\mathbf{e}_k = \mathbf{f}_{.k}(\mathbf{u}_0)$; folglich multipliziert L nach **(13.33')** das d-dimensionale Volumen von B_0 mit dem Faktor

$$\sqrt{\operatorname{gram}(\mathbf{f}_{.1}(\mathbf{u}_0), \ldots, \mathbf{f}_{.d}(\mathbf{u}_0))}.$$

Wir setzen zur Abkürzung

$$\operatorname{gram}(\mathbf{f}_{.1}(\mathbf{u}), \ldots, \mathbf{f}_{.d}(\mathbf{u})) = \det \begin{bmatrix} \mathbf{f}_{.1} \bullet \mathbf{f}_{.1} & \cdots & \mathbf{f}_{.1} \bullet \mathbf{f}_{.d} \\ \vdots & & \vdots \\ \mathbf{f}_{.d} \bullet \mathbf{f}_{.1} & \cdots & \mathbf{f}_{.d} \bullet \mathbf{f}_{.d} \end{bmatrix}_{\mathbf{u}} =: G_{\mathbf{f}}(\mathbf{u})$$

und haben dann

$$\mu^{(d)}(B_0^L) = \sqrt{G_{\mathbf{f}}(\mathbf{u}_0)}\,\mu(B_0).$$

Bezogen auf eine Zerlegung des Parameterbereichs B in kleine Teilbereiche B_k mit Meßpunkten $\mathbf{u}_k \in B_k$ wird man daher das d-dimensionale Gesamtvolumen der Bildmenge mit

$$\sum_k \sqrt{G_{\mathbf{f}}(\mathbf{u}_k)}\,\mu(B_k) \doteq \int_B \sqrt{G_{\mathbf{f}}(\mathbf{u})}\,d\mu(\mathbf{u})$$

veranschlagen. Diese Überlegungen bringen uns dazu, definitiv die Größe

$$\omega(S) := \int_B \sqrt{G_{\mathbf{f}}(\mathbf{u})}\,d\mu(\mathbf{u}) \tag{2}$$

als *d-dimensionales Volumen von S* zu definieren. Ist $d = 1$, so sprechen wir von der *Länge*, im Fall $d \geq 2$ auch einfach vom *Flächeninhalt*.

(13.37) *Das d-dimensionale Volumen ist invariant gegenüber Parametertransformationen (1) sowie gegenüber Bewegungen im $\mathbb{R}^n$.*

⌜ Die beiden Parameterdarstellungen

$$\mathbf{f}: B \to S, \quad \mathbf{u} \mapsto \mathbf{f}(\mathbf{u}), \qquad \bar{\mathbf{f}}: A \to S, \quad \bar{\mathbf{u}} \mapsto \bar{\mathbf{f}}(\bar{\mathbf{u}})$$

derselben Fläche seien miteinander verknüpft durch (1), das heißt: Es gelte

$$\bar{\mathbf{f}}(\bar{\mathbf{u}}) = \mathbf{f}(\boldsymbol{\psi}(\bar{\mathbf{u}})) \qquad \forall \bar{\mathbf{u}} \in A.$$

Bezeichnen $\omega(S)$ und $\bar{\omega}(S)$ die mit $\mathbf{f}$ bzw. $\bar{\mathbf{f}}$ berechneten Flächeninhalte (2), so gilt aufgrund von Satz **(13.36)**:

$$\omega(S) = \int_B \sqrt{G_{\mathbf{f}}(\mathbf{u})}\, d\mu(\mathbf{u}) = \int_A \sqrt{G_{\mathbf{f}}(\boldsymbol{\psi}(\bar{\mathbf{u}}))}\, \left|J_{\boldsymbol{\psi}}(\bar{\mathbf{u}})\right| d\mu(\bar{\mathbf{u}})\ .$$

Wir setzen zur Abkürzung

$$[d\mathbf{f}(\boldsymbol{\psi}(\bar{\mathbf{u}}))] =: L\,, \qquad [d\boldsymbol{\psi}(\bar{\mathbf{u}})] =: \Psi \qquad \text{und} \qquad [d\bar{\mathbf{f}}(\bar{\mathbf{u}})] =: M\,;$$

nach der Kettenregel ist dann $M = L\Psi$. Der letzte Integrand hat somit folgenden Wert:

$$\sqrt{\det(L'L)} \cdot |\det \Psi| = \sqrt{\det(\Psi' L' L \Psi)} = \sqrt{\det(M'M)} = \sqrt{G_{\bar{\mathbf{f}}}(\bar{\mathbf{u}})}\ .$$

Damit wird

$$\omega(S) = \int_A \sqrt{G_{\bar{\mathbf{f}}}(\bar{\mathbf{u}})}\, d\mu(\bar{\mathbf{u}}) = \bar{\omega}(S)\,,$$

wie behauptet.

Jede Bewegung des $\mathbb{R}^n$ hat die Form $\mathbf{x} \mapsto T\mathbf{x} + \mathbf{c}$; dabei ist T eine *orthogonale* lineare Abbildung, das heißt: Es gilt

$$T\mathbf{x} \bullet T\mathbf{y} = \mathbf{x} \bullet \mathbf{y} \qquad \forall \mathbf{x}, \mathbf{y} \in \mathbb{R}^n\ . \tag{3}$$

Stellt nun $\mathbf{f} : \mathbf{u} \mapsto \mathbf{f}(\mathbf{u})$ die gegebene und $\mathbf{g} : \mathbf{u} \mapsto T(\mathbf{f}(\mathbf{u})) + \mathbf{c}$ die bewegte Fläche dar, so gilt $\mathbf{g}_{.k}(\mathbf{u}) = T\,\mathbf{f}_{.k}(\mathbf{u})$ für alle k und alle $\mathbf{u}$, und hieraus folgt mit (3), daß $G_{\mathbf{g}}(\mathbf{u})$ und $G_{\mathbf{f}}(\mathbf{u})$ übereinstimmen. ⌟

Für die gewöhnliche Geometrie sind natürlich die folgenden Spezialfälle von Bedeutung:

(a) Längen von Kurven im $\mathbb{R}^n$,

(b) Flächeninhalte von 2-Flächen im $\mathbb{R}^3$.

Längen von Kurven

Stellt die C^1-Funktion

$$\mathbf{f}: \quad [a,b] \to \mathbb{R}^n\,, \qquad t \mapsto \mathbf{x}(t)$$

eine Kurve γ dar, so ist

$$G_{\mathbf{f}}(t) = \det[\,\mathbf{x}'(t) \bullet \mathbf{x}'(t)\,] = |\mathbf{x}'(t)|^2\,,$$

und aus der allgemeinen Formel (2) ergibt sich die folgende Formel für die Länge $L(\gamma)$ dieser Kurve:

$$L(\gamma) := \int_a^b |\mathbf{x}'(t)|\,dt = \int_a^b \sqrt{x_1'^2(t) + \ldots + x_n'^2(t)}\,dt\,. \tag{4}$$

Das formale Objekt (genau genommen ist es ein gewisser Pullback)

$$ds := |\mathbf{x}'(t)|\,dt = \sqrt{x_1'^2(t) + \ldots + x_n'^2(t)}\,dt \tag{5}$$

wird als *(euklidisches) Längenelement im* $\mathbb{R}^n$ bezeichnet. Die Invarianz der Länge gegenüber Parametertransformationen gibt der Formel

$$L(\gamma) = \int_\gamma ds$$

einen invarianten Sinn: Wird ds "*at runtime*" (gemeint ist: in dem Moment, wo die betreffende Länge tatsächlich ausgerechnet werden soll) durch den Ausdruck (5) und $\int_\gamma$ durch $\int_a^b$ ersetzt, so hat das entstehende Integral, unabhängig von der gewählten Parameterdarstellung, den richtigen Wert.

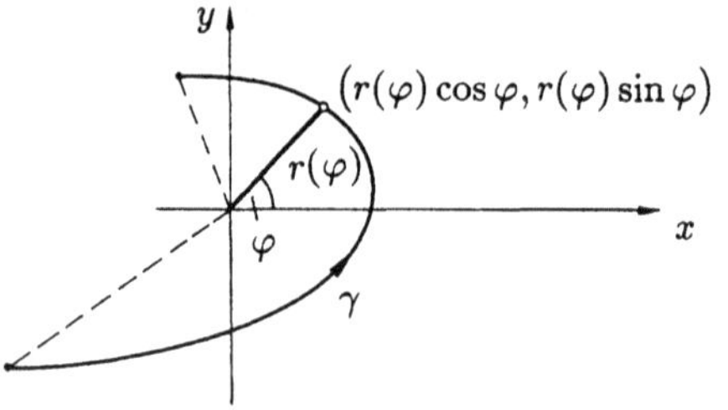

Fig. 13.5.2

Speziell: Ist

$$\gamma: \quad x \mapsto (x, f(x)) \qquad (a \le x \le b)$$

der Graph der Funktion $y = f(x)$ in der (x,y)-Ebene, so gilt

$$L(\gamma) = \int_a^b \sqrt{1 + f'^2(x)}\,dx\,.$$

Oft ist es bequem, eine ebene Kurve γ *in Polarkoordinaten darzustellen*, das heißt: den Betrag r des laufenden Punktes als Funktion $r(\phi)$ des Arguments ϕ anzugeben (siehe die Fig. 13.5.2):

$$\gamma: \quad r = r(\phi) \qquad (\alpha \le \phi \le \beta)\,. \tag{6}$$

Damit ist im Grunde genommen die Parameterdarstellung

$$\mathbf{f}: \quad [\alpha,\beta] \mapsto \mathbb{R}^2, \qquad \phi \mapsto \begin{cases} x := r(\phi)\cos\phi \\ y := r(\phi)\sin\phi \end{cases}$$

gemeint. Aus

$$x'(\phi) = r'\cos\phi - r\sin\phi\,, \qquad y'(\phi) = r'\sin\phi + r\cos\phi$$

folgt $x'^2(\phi) + y'^2(\phi) = r'^2(\phi) + r^2(\phi)$. Die Kurve (6) besitzt daher die Länge

$$L(\gamma) = \int_\alpha^\beta \sqrt{r^2(\phi) + r'^2(\phi)}\, d\phi\,. \tag{7}$$

① Die Polardarstellung des Kreises vom Radius R lautet

$$r(\phi) :\equiv R \qquad (0 \le \phi \le 2\pi)\,;$$

somit besitzt dieser Kreis den Umfang

$$U = \int_0^{2\pi} \sqrt{R^2 + 0}\, d\phi = 2\pi R\,.$$

○

② Betrachte eine Ellipse mit Halbachsen a und b, $a \ge b$. Ihre beiden Brennpunkte liegen im Abstand $\sqrt{a^2 - b^2}$ vom Zentrum; die dimensionslose Größe

$$k := \frac{\sqrt{a^2 - b^2}}{a}$$

wird *numerische Exzentrizität* genannt. Eine Parameterdarstellung dieser Ellipse ist gegeben durch

$$\left.\begin{aligned} x(t) &:= a\cos t \\ y(t) &:= b\sin t \end{aligned}\right\} \qquad (0 \le t \le 2\pi)$$

(siehe die Fig. 3.1.10); ihr Umfang U berechnet sich hiernach folgendermaßen:

$$\begin{aligned} U &= \int_0^{2\pi} \sqrt{x'^2(t) + y'^2(t)}\, dt = \int_0^{2\pi} \sqrt{a^2\sin^2 t + b^2\cos^2 t}\, dt \\ &= \int_0^{2\pi} \sqrt{a^2 - (a^2 - b^2)\cos^2 t}\, dt = a \int_0^{2\pi} \sqrt{1 - k^2\cos^2 t}\, dt \\ &= 4a \int_0^{\pi/2} \sqrt{1 - k^2\sin^2 t}\, dt\,. \end{aligned}$$

Das Integral

$$E(k) := \int_0^{\pi/2} \sqrt{1 - k^2\sin^2 t}\, dt$$

heißt *vollständiges elliptisches Integral zweiter Gattung* und läßt sich nicht mit elementaren Funktionen ausdrücken. Elliptische Integrale sind uns zum ersten Mal im Zusammenhang mit dem arithmetisch-geometrischen Mittel (Abschnitt 10.3) begegnet. Für die Funktion $E(k)$ gibt es natürlich numerische Tabellen.

○

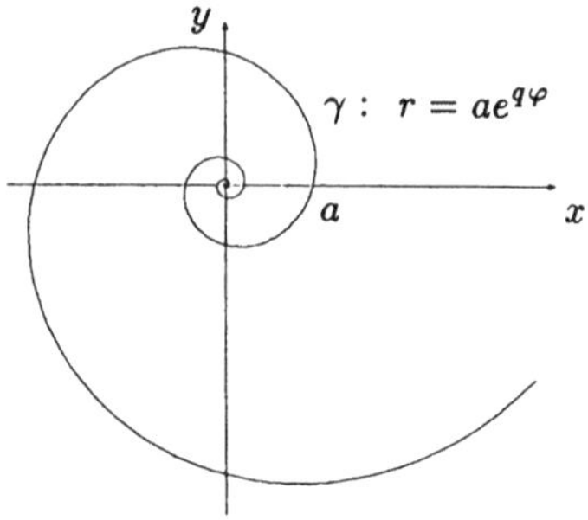

Fig. 13.5.3

③ Es sei $q > 0$ und $a > 0$. Dann stellt

$$\gamma: \quad r(\phi) := ae^{q\phi} \qquad (-\infty < \phi < \infty)$$

eine (unendliche) *logarithmische Spirale* dar (Fig. 13.5.3). Die Länge $L_{[\alpha,\beta]}$ des zum Argumentintervall $[\alpha, \beta]$ gehörigen Spiralenbogens ist nach (7) gegeben durch

$$\begin{aligned} L_{[\alpha,\beta]} &= \int_\alpha^\beta a\sqrt{e^{2q\phi} + q^2 e^{2q\phi}}\, d\phi = a\sqrt{1+q^2}\int_\alpha^\beta e^{q\phi}\, d\phi \\ &= \frac{\sqrt{1+q^2}}{q}\, a\left(e^{q\beta} - e^{q\alpha}\right) = \frac{\sqrt{1+q^2}}{q}\bigl(r(\beta) - r(\alpha)\bigr) \end{aligned}$$

und ist somit proportional zum Betragszuwachs zwischen Anfangs- und Endpunkt. Insbesondere erhält man

$$L_{[-\infty,0]} := \lim_{\alpha\to-\infty} L_{[\alpha,0]} = \frac{\sqrt{1+q^2}}{q}\, a\,;$$

das "innere Ende" der Spirale besitzt also endliche Länge. ○

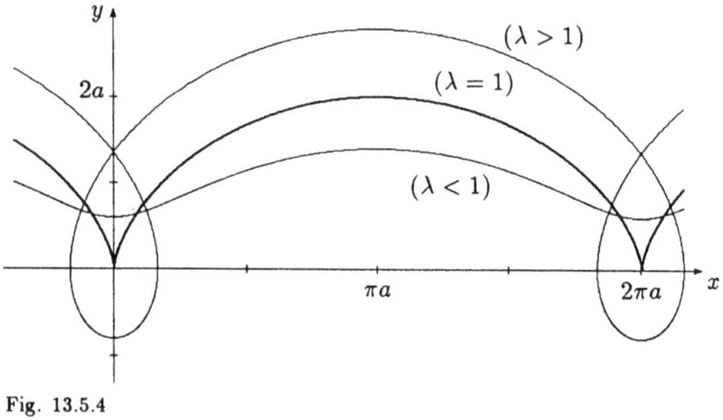

Fig. 13.5.4

④ Rollt ein Kreis vom Radius $a > 0$ auf der x-Achse ab, so beschreibt ein mit dem Kreis starr verbundener Punkt P eine *Zykloide*. Der Punkt P besitze den Abstand λa vom Zentrum des Kreises. Je nachdem, ob $\lambda > 1$, $\lambda = 1$ oder $\lambda < 1$ ist, spricht man von einer *verlängerten*, einer *gemeinen* oder einer *verkürzten* Zykloide (Fig. 13.5.4). Die Bewegung des Punktes P läßt sich als "Superposition" einer horizontalen Translation und einer Drehung im Uhrzeigersinn auffassen. Wählen wir als Parameter t den Drehwinkel, wobei dem Parameterwert $t = 0$ die Lage $\bigl(0, (1 - \lambda)a\bigr)$ des Punktes P entsprechen soll, so erhalten wir daher für unsere Zykloide die folgende Parameterdarstellung:

$$\left.\begin{aligned} x(t) &:= a(t - \lambda \sin t) \\ y(t) &:= a(1 - \lambda \cos t) \end{aligned}\right\} \qquad (-\infty < t < \infty) . \tag{8}$$

Die Kurve ist periodisch. Man berechnet

$$x'(t) = a(1 - \lambda \cos t) , \qquad y'(t) = a\lambda \sin t$$

und erhält damit für die Länge eines Umgangs:

$$L_\lambda = a \int_0^{2\pi} \sqrt{1 - 2\lambda \cos t + \lambda^2}\, dt .$$

Substituiert man hier $t := \pi + 2u$ $(-\frac{\pi}{2} \le u \le \frac{\pi}{2})$, so ergibt sich weiter

$$\begin{aligned} L_\lambda &= 2a \int_{-\pi/2}^{\pi/2} \sqrt{1 + 2\lambda \cos(2u) + \lambda^2}\, du = 2a \int_{-\pi/2}^{\pi/2} \sqrt{(1+\lambda)^2 - 4\lambda \sin^2 u}\, du \\ &= 4a(1+\lambda) \int_0^{\pi/2} \sqrt{1 - \frac{4\lambda}{(1+\lambda)^2} \sin^2 u}\, du \end{aligned} \tag{9}$$

und damit endlich

$$L_\lambda = 4a(1+\lambda)\, E\Bigl(\frac{2\sqrt{\lambda}}{1+\lambda}\Bigr) .$$

Wir betrachten die gemeine Zykloide, das heißt: den Fall $\lambda = 1$, noch etwas genauer. Hier ist das Integral (9) elementar; es ergibt sich das überraschende Resultat

$$L_1 = 8a \int_0^{\pi/2} \sqrt{1 - \sin^2 u}\, du = 8a \int_0^{\pi/2} \cos u\, du = 8a .$$

Ist $\lambda = 1$, so ist $\bigl(x'(0), y'(0)\bigr) = (0,0)$ — in Worten: Die Darstellung (8) ist an der Stelle $t = 0$ nicht regulär. In der Tat besitzt die gemeine Zykloide im Ursprung einen *Rückkehrpunkt* mit vertikaler Spitzentangente. Um dies einzusehen, betrachten wir das Tangentenargument

$$\begin{aligned} \vartheta(t) &:= \arg\bigl(x'(t), y'(t)\bigr) = \arg(1 - \cos t,\, \sin t) = \arctan \frac{\sin t}{1 - \cos t} \\ &= \arctan \frac{1 + \cos t}{\sin t} \end{aligned}$$

und finden

$$\lim_{t \to 0-} \vartheta(t) = -\frac{\pi}{2} , \qquad \lim_{t \to 0+} \vartheta(t) = \frac{\pi}{2} . \qquad \bigcirc$$

Totale Variation

Unsere Herleitung der Längenformel (4) ist vielleicht allzu *sophisticated.* In der Tat gibt es einen wesentlich einfacheren Zugang zur Länge — wir hätten ihn schon in Kapitel 10 behandeln können. Das soll hier nachgeholt werden.

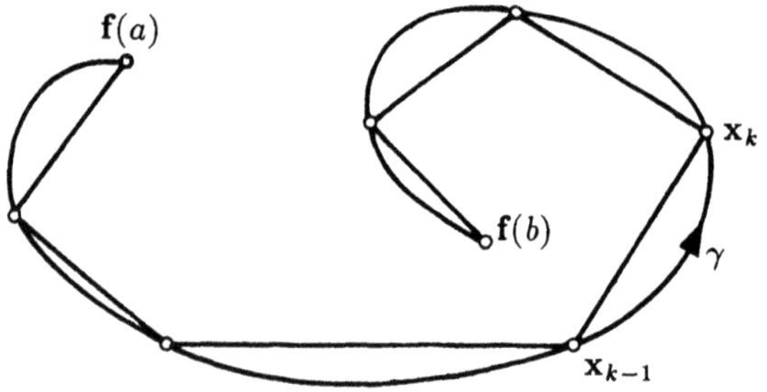

Fig. 13.5.5

Betrachte also eine Kurve γ im $\mathbb{R}^n$ mit der Parameterdarstellung

$$\mathbf{f}: \quad [a,b] \to \mathbb{R}^n, \qquad t \mapsto \mathbf{x} := \mathbf{f}(t);$$

vorläufig braucht $\mathbf{f}$ nur stetig zu sein. Ist

$$T: \quad a = t_0 < t_1 < \ldots < t_N = b$$

eine beliebige Teilung des Intervalls $[a, b]$, so bestimmen die Punkte $\mathbf{x}_k := \mathbf{f}(t_k)$ $(0 \le k \le N)$ einen der Kurve γ einbeschriebenen Streckenzug γ_T (siehe die Fig. 13.5.5). Dieser Streckenzug besitzt die elementargeometrische Länge

$$L(\gamma_T) = \sum_{k=1}^{N} |\mathbf{x}_k - \mathbf{x}_{k-1}| = \sum_{k=1}^{N} |\mathbf{f}(t_k) - \mathbf{f}(t_{k-1})| =: V_T(\mathbf{f}).$$

Wird T durch Einfügen zusätzlicher Teilungspunkte verfeinert zu einer Teilung T', so gilt ersichtlich

$$V_{T'}(\mathbf{f}) \ge V_T(\mathbf{f}).$$

In anderen Worten: Je besser ein Streckenzug die Kurve γ approximiert, desto größer ist seine Länge. Die "wahre Länge" von γ wäre hiernach das Supremum der Längen aller einbeschriebenen Streckenzüge. Wir bezeichnen daher die Gesamtheit aller Teilungen T des Intervalls $[a, b]$ mit $\mathcal{T}$ und bilden die Größe

$$V_{[a,b]}(\mathbf{f}) := \sup\{V_T(\mathbf{f}) \mid T \in \mathcal{T}\} \qquad (\le \infty),$$

genannt *totale Variation von* $\mathbf{f}$ *auf dem Intervall* $[a, b]$. Diese Größe ist auch unabhängig von dem aktuellen geometrischen Problem von Interesse und wird

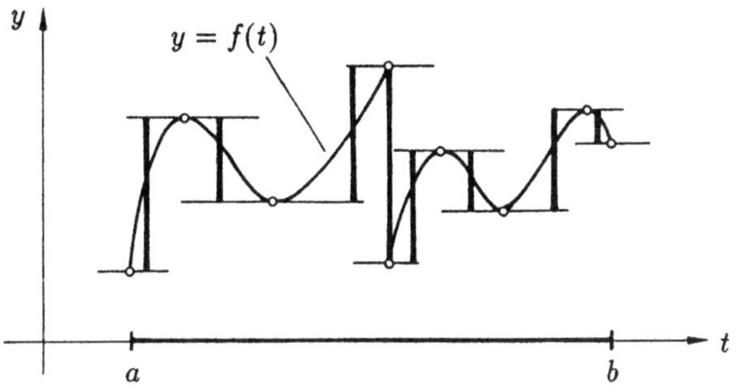

Fig. 13.5.6

in Kapitel 15 noch eine wichtige Rolle spielen. Jedenfalls ist $V_{[a,b]}(\mathbf{f})$ für beliebige, auch unstetige, Funktionen $\mathbf{f} : [a,b] \to \mathbf{X}$ definiert. Für eine reellwertige Funktion f ist $V_{[a,b]}(f)$ die Summe der in Fig. 13.5.6 fett eingezeichneten Strecken: Alle Änderungen Δf des Funktionswerts belasten $V_{[a,b]}(f)$ mit ihrem absoluten Betrag $|\Delta f|$. Ist $V_{[a,b]}(\mathbf{f}) < \infty$, so heißt $\mathbf{f}$ *von beschränkter Variation* auf $[a,b]$.

⑤ Die Funktion

$$f(t) := \begin{cases} 1 & (t = 0) \\ 0 & (t \neq 0) \end{cases}$$

ist auf $[-1,1]$ unstetig, aber von beschränkter Variation ($= 2$). — Die Funktion

$$g(t) := \begin{cases} t\left|\cos\dfrac{\pi}{t}\right| & (t > 0) \\ 0 & (t = 0) \end{cases}$$

hingegen ist auf $[0,2]$ stetig, aber von unbeschränkter Variation.

⌜ Betrachte für ein $N \geq 1$ die Teilung T mit den von rechts nach links numerierten Teilungspunkten

$$t_k := \frac{2}{k+1} \quad (0 \leq k \leq 2N-1), \qquad t_{2N} := 0 .$$

Aus

$$g(t_k) = \frac{2}{k+1}\left|\cos\frac{(k+1)\pi}{2}\right| = \begin{cases} 0 & (k < 2N \text{ und gerade}), \\ \dfrac{2}{k+1} & (k \text{ ungerade}), \end{cases}$$

und $g(t_{2N}) = 0$ folgt

$$V_T(g) = 2\sum_{j=1}^{N} \frac{2}{2j} .$$

Hier kann die Summe rechter Hand durch geeignete Wahl von N beliebig groß gemacht werden; somit ist $V_{[0,2]}(g) = \infty$. ⌟

○

Die totale Variation besitzt die folgenden einfachen Eigenschaften, deren Beweis wir dem Leser überlassen:

(13.38) (a) *Ist die Funktion* $f : [a,b] \to \mathbb{R}$ *monoton wachsend, so gilt*

$$V_{[a,b]}(f) = f(b) - f(a) .$$

(b) *Die Funktion* $\mathbf{f} = (f_1, \ldots, f_n)$ *ist genau dann von beschränkter Variation auf dem Intervall* $[a,b]$, *wenn die einzelnen Koordinatenfunktionen* f_i *von beschränkter Variation sind.*

(c) *Ist* $a < b < c$, *so gilt*

$$V_{[a,c]}(\mathbf{f}) = V_{[a,b]}(\mathbf{f}) + V_{[b,c]}(\mathbf{f}) .$$

Wir kehren nun zu unserer Kurve γ zurück. Nach allem Gesagten drängt sich auf, die *Länge* $\tilde{L}(\gamma)$ dieser Kurve zu definieren als

$$\tilde{L}(\gamma) := V_{[a,b]}(\mathbf{f}) .$$

Ist $\tilde{L}(\gamma) < \infty$, so heißt γ *rektifizierbar.*

⑤ (Forts.) Der Graph der Funktion g ist nicht rektifizierbar. ○

Diese neue Länge hat gegenüber der früheren den Vorzug, daß sie auch für nicht differenzierbare Kurven definiert ist; allerdings bleibt unklar, wie man sie im konkreten Fall ausrechnet. In Wirklichkeit ist natürlich $\tilde{L}(\cdot)$ eine Fortsetzung von $L(\cdot)$ auf eine größere Klasse von Kurven; die Tilde ist demnach gar nicht nötig:

(13.39) *Ist die Funktion*

$$\mathbf{f}: \quad [a,b] \to \mathbb{R}^n , \qquad t \mapsto \mathbf{f}(t)$$

stetig differenzierbar, so gilt

$$V_{[a,b]}(\mathbf{f}) = \int_a^b |\mathbf{f}'(t)|\, dt .$$

⌜ Es sei T eine beliebige Teilung des Intervalls $[a,b]$. Wir betrachten zunächst ein einziges Teilintervall, zum Beispiel $[t_0, t_1] =: Q$, und berufen uns im weiteren auf die Theta-Vereinbarung: Θ bezeichnet immer ein Objekt vom Betrag ≤ 1, aber nicht immer dasselbe. Nach dem Mittelwertsatz **(12.19)** gilt für jedes $t \in Q$ die Abschätzung

$$\mathbf{f}(t_1) - \mathbf{f}(t_0) = \mathbf{f}'(t)(t_1 - t_0) + |\Delta \mathbf{f}'|_Q (t_1 - t_0)\, \Theta ,$$

und hieraus folgt

$$\big|\mathbf{f}(t_1) - \mathbf{f}(t_0)\big| = (t_1 - t_0)\,|\mathbf{f}'(t)| + |\Delta\mathbf{f}'|_Q(t_1 - t_0)\,\Theta \qquad (t \in Q)\,.$$

Wird dies nach t von t_0 bis t_1 integriert, so erhält man

$$\big|\mathbf{f}(t_1) - \mathbf{f}(t_0)\big|(t_1 - t_0) = (t_1 - t_0)\int_{t_0}^{t_1} |\mathbf{f}'(t)|\,dt + |\Delta\mathbf{f}'|_Q(t_1 - t_0)^2\,\Theta\,,$$

das heißt:

$$|\mathbf{f}(t_1) - \mathbf{f}(t_0)| = \int_{t_0}^{t_1} |\mathbf{f}'(t)|\,dt \;+\; |\Delta\mathbf{f}'|_Q\,\mu(Q)\,\Theta\,,$$

und zwar gilt für jedes Teilintervall $Q := Q_k$ von T eine derartige Abschätzung. Durch Summation über k ergibt sich daher

$$V_T(\mathbf{f}) = \int_a^b |\mathbf{f}'(t)|\,dt + D_T(\mathbf{f}')\,\Theta\,. \tag{10}$$

Wir schreiben zur Abkürzung

$$V_{[a,b]}(\mathbf{f}) =: V\,, \qquad \int_a^b |\mathbf{f}'(t)|\,dt =: \textstyle\int\,.$$

Es sei nun ein beliebiges $\varepsilon > 0$ vorgegeben. Die betrachtete Teilung T läßt sich verfeinern zu einer Teilung T' mit $D_{T'}(\mathbf{f}') < \varepsilon$. Hieraus ergibt sich mit (10):

$$V_T(\mathbf{f}) \le V_{T'}(\mathbf{f}) \le \textstyle\int + \varepsilon\,.$$

Da dies für jede Teilung T zutrifft, ist auch noch $V \le \int + \varepsilon$. Die eben benutzte Teilung T' liefert aber auch

$$V \ge V_{T'}(\mathbf{f}) \ge \textstyle\int - \varepsilon\,.$$

Da $\varepsilon > 0$ beliebig war, müssen folglich V und $\int$ übereinstimmen. ⌟

2-Flächen im $\mathbb{R}^3$

Wir betrachten eine 2-Fläche $S \subset \mathbb{R}^3$, gegeben durch eine Parameterdarstellung

$$\mathbf{f}: \quad B \to \mathbb{R}^3\,, \qquad (u_1, u_2) \mapsto \mathbf{f}(u_1, u_2)\,.$$

Die allgemeine Flächenformel (2) und 13.3.(4) liefern im vorliegenden Fall den folgenden Wert für den Flächeninhalt von S:

$$\omega(S) = \int_B \sqrt{\mathrm{gram}(\mathbf{f}_{.1}, \mathbf{f}_{.2})}\,d\mu(\mathbf{u}) = \int_B |\,\mathbf{f}_{.1} \times \mathbf{f}_{.2}\,|_{\mathbf{u}}\,d\mu(\mathbf{u})\,. \tag{11}$$

Das formale Objekt

$$d\omega := |\mathbf{f}_{.1} \times \mathbf{f}_{.2}|_{\mathbf{u}}\, d\mu(\mathbf{u})$$

wird als *(skalares) Oberflächenelement* bezeichnet. Es ist erlaubt, zu schreiben:

$$\omega(S) = \int_S d\omega\,,$$

und die im Zusammenhang mit ds gemachten Bemerkungen gelten sinngemäß.

Speziell: Ist die Fläche S gegeben als Graph einer C^1-Funktion $z := \phi(x,y)$ über einem Bereich B der (x,y)-Ebene, so können wir die durchwegs reguläre Parameterdarstellung

$$\mathbf{f}: \quad B \to \mathbb{R}^3\,, \qquad (x,y) \mapsto \bigl(x, y, \phi(x,y)\bigr)$$

zugrundelegen und erhalten nacheinander

$$\mathbf{f}_x = (1, 0, \phi_x)\,, \qquad \mathbf{f}_y = (0, 1, \phi_y)\,, \qquad \mathbf{f}_x \times \mathbf{f}_y = (-\phi_x, -\phi_y, 1)\;.$$

Damit ergibt sich für $\omega(S)$ die Formel

$$\omega(S) = \int_B \sqrt{1 + \phi_x^2 + \phi_y^2}\, d\mu(x,y)\;.$$

⑥ Betrachte die Parameterdarstellung

$$\mathbf{f}: \quad (\phi, \theta) \mapsto \begin{cases} x := R\cos\theta\cos\phi \\ y := R\cos\theta\sin\phi \\ z := R\sin\theta \end{cases}$$

der 2-Sphäre vom Radius R; Parameterbereich ist das Rechteck

$$Q := [0, 2\pi] \times \left[-\tfrac{\pi}{2}, \tfrac{\pi}{2}\right]$$

in der (ϕ,θ)-Ebene. Es gilt (siehe Beispiel 12.7.④)

$$|\mathbf{f}_\phi \times \mathbf{f}_\theta| = R^2\cos\theta\;;$$

unsere Sphäre hat daher den Flächeninhalt

$$\omega(S_R^2) = \int_Q R^2\cos\theta\, d\mu(\phi,\theta) = \int_0^{2\pi}\int_{-\pi/2}^{\pi/2} R^2\cos\theta\, d\theta\, d\phi = 4\pi R^2\,,$$

wie erwartet. ○

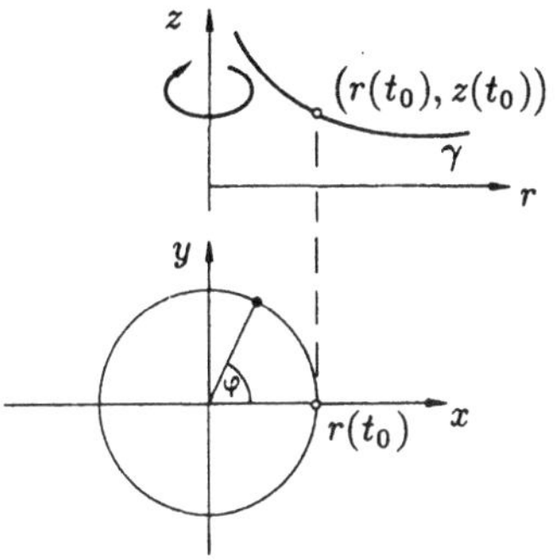

Fig. 13.5.7

⑦ Es sei S eine Rotationsfläche bezüglich der z-Achse mit dem Meridian

$$\gamma: \quad t \mapsto \begin{cases} r := r(t) \\ z := z(t) \end{cases} \qquad (a \le t \le b) \tag{12}$$

in der (r, z)-Halbebene (siehe die Fig. 13.5.7). Eine Parameterdarstellung der 2-Fläche S benötigt 2 Parametervariablen: das schon vorhandene t und zusätzlich die "Rotationsvariable" ϕ. Wird der Meridianpunkt $\bigl(r(t_0), z(t_0)\bigr)$ um die z-Achse rotiert, so beschreibt er den Breitenreis

$$\phi \mapsto \bigl(r(t_0)\cos\phi, r(t_0)\sin\phi, z(t_0)\bigr) .$$

Im ganzen erhalten wir daher für S die Parameterdarstellung

$$\mathbf{f}: \quad (\phi, t) \mapsto \bigl(r(t)\cos\phi, r(t)\sin\phi, z(t)\bigr) \tag{13}$$

mit dem Parameterbereich $B := [\,0, 2\pi\,] \times [\,a, b\,]$ in der (ϕ, t)-Ebene. Man berechnet

$$\mathbf{f}_\phi = (-r\sin\phi, r\cos\phi, 0)\,, \qquad \mathbf{f}_t = (r'\cos\phi, r'\sin\phi, z')\,,$$

wobei der $'$ die Ableitung nach t bezeichnet, und hieraus weiter

$$\mathbf{f}_\phi \times \mathbf{f}_t = r\,(z'\cos\phi, z'\sin\phi, -r')\,, \qquad |\mathbf{f}_\phi \times \mathbf{f}_t|^2 = r^2\bigl(r'^2 + z'^2\bigr) \tag{14}$$

(r und z sind Funktionen von t !). Ist die Darstellung (12) der Meridiankurve regulär, so ist also auch die Darstellung (13) von S regulär, ausgenommen in allfälligen "Polen" von S, das heißt: in Punkten (ϕ, t) mit $r(t) = 0$. Weiter ergibt sich für den Flächeninhalt die Formel

$$\omega(S) = \int_B r(t)\sqrt{r'^2(t) + z'^2(t)}\,d\mu(\phi, t) = 2\pi \int_a^b r(t)\sqrt{r'^2(t) + z'^2(t)}\,dt .$$

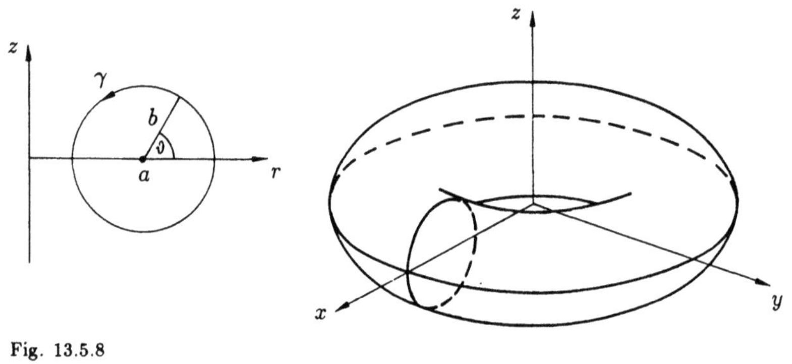

Fig. 13.5.8

Wir nehmen als Beispiel den Kreis

$$\gamma: \quad \theta \mapsto \begin{cases} r(\theta) := a + b\cos\theta \\ z(\theta) := b\sin\theta \end{cases} \qquad (0 \le \theta \le 2\pi)$$

in der (r, z)-Halbebene; dabei seien a und b fest, $a > b > 0$. Wird dieser Kreis um die z-Achse rotiert, so entsteht eine sogenannte *Torusfläche*, kurz: ein *Torus*. Aufgrund von (13) besitzt dieser Torus T die Parameterdarstellung

$$\mathbf{f}: \quad [0, 2\pi] \times [0, 2\pi] \to \mathbb{R}^3, \qquad (\phi, \theta) \mapsto \begin{cases} x := (a + b\cos\theta)\cos\phi \\ y := (a + b\cos\theta)\sin\phi \\ z := b\sin\theta\,; \end{cases} \tag{15}$$

die allerdings auf T zwei künstliche Nähte produziert (Fig. 13.5.8). Von rechts wegen müßte man die Menge $\mathbb{R}/2\pi \times \mathbb{R}/2\pi$ als Parameterbereich nehmen.

Die Formeln (14) liefern im vorliegenden Fall

$$\begin{aligned} \mathbf{f}_\phi \times \mathbf{f}_\theta &= (a + b\cos\theta)\big(b\cos\theta\cos\phi, b\cos\theta\sin\phi, b\sin\theta\big), \\ |\mathbf{f}_\phi \times \mathbf{f}_\theta| &= b(a + b\cos\theta). \end{aligned} \tag{16}$$

Damit berechnet sich der Flächeninhalt von T wie folgt:

$$\omega(T) = \int_0^{2\pi}\int_0^{2\pi} b(a + b\cos\theta)\,d\theta\,d\phi = 4\pi^2\,a\,b\,.$$

○

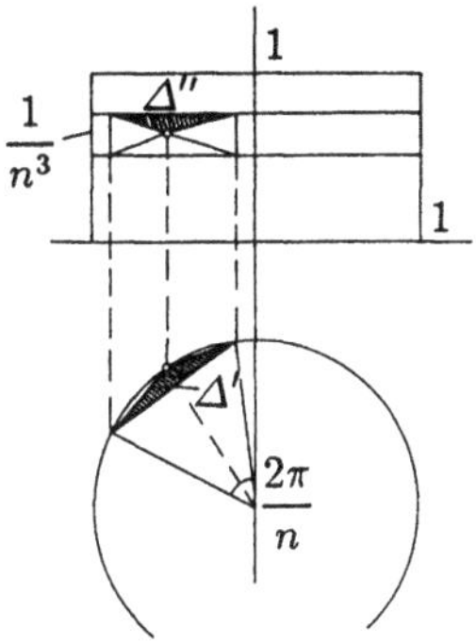

Fig. 13.5.9

Der Flächeninhalt $\omega(S)$ einer krummen Fläche $S \subset \mathbb{R}^3$ ist ein gewisses Analogon zur Länge $L(\gamma)$ einer krummen Kurve γ. Im Hinblick auf die Längenmessung mit Hilfe von einbeschriebenen Streckenzügen liegt es daher nahe, den Flächeninhalt versuchsweise zu definieren als

$$\tilde{\omega}(S) := \sup\{\omega(P) \mid P \in \mathcal{P}\},$$

wobei das Supremum über alle polyedrischen Triangulationen der Fläche zu nehmen wäre. Dieser Ansatz erweist sich leider als zu optimistisch; es gibt nämlich das berühmte *Beispiel von Schwarz:*

⑧ Ein Kreiszylinder S vom Radius 1 und der Höhe 1 (Fig. 13.5.9) besitzt nach bürgerlichen Maßstäben den Flächeninhalt 2π. — Für ein beliebiges $n \geq 3$ werde nun diesem Zylinder ein Polyeder P_n, bestehend aus $4n^4$ Dreiecken einbeschrieben (die Figur zeigt vier dieser Dreiecke). Die Fläche eines Dreiecks Δ ist wenigstens gleich der Fläche des zugehörigen Grundrisses Δ', es gilt daher

$$\begin{aligned}\omega(\Delta) \geq \omega(\Delta') &= \sin\frac{\pi}{n}\cdot\left(1-\cos\frac{\pi}{n}\right) = 2\sin\frac{\pi}{n}\cdot\sin^2\frac{\pi}{2n} \\ &\geq 2\cdot\frac{2}{n}\cdot\left(\frac{1}{n}\right)^2 \geq \frac{4}{n^3},\end{aligned}$$

wobei wir die für $0 \leq t \leq \frac{\pi}{2}$ gültige Abschätzung $\sin t \geq \frac{2}{\pi}t$ benutzt haben. P_n enthält im ganzen $2n^4$ Dreiecke Δ; damit wird

$$\omega(P_n) > 2n^4\,\omega(\Delta) \geq 2n^4\cdot\frac{4}{n^3} = 8n,$$

und es folgt $\sup_{\mathcal{P}} \omega(P) = \infty$. ○

Mit der nötigen Vorsicht kann man aber trotzdem über einbeschriebene Dreiecke zum richtigen Flächeninhalt kommen: Man muß nur dafür sorgen, daß die verwendeten Dreiecke nicht "beliebig stumpfwinklig" werden.

Ist $\mathbf{f} : \mathbb{R}^2 \curvearrowright \mathbb{R}^3$ eine Abbildung und $\Delta \subset \operatorname{dom}(\mathbf{f})$ ein Dreieck mit Ecken $\mathbf{u}_i$ $(0 \leq i \leq 2)$, so bezeichnet $\Delta^{\mathbf{f}} \subset \mathbb{R}^3$ das ebene Dreieck mit Ecken $\mathbf{f}(\mathbf{u}_i)$ und $\omega(\Delta^{\mathbf{f}})$ den elementargeometrischen Flächeninhalt dieses Dreiecks. Wir beweisen zum Schluß den folgenden Satz:

(13.40) *Es sei $B \subset \mathbb{R}^2$ ein kompaktes Polygon und $\mathbf{f} : B \to \mathbb{R}^3$ eine stetig differenzierbare Parameterdarstellung der Fläche S; ferner sei $\frac{2\pi}{3} < \phi_0 < \pi$. Dann gibt es zu jedem $\varepsilon > 0$ ein $\delta > 0$, so daß folgendes zutrifft: Für alle Zerlegungen von B in Dreiecke Δ_k mit Seitenlängen $\leq \delta$ und Winkeln $\leq \phi_0$ gilt*

$$\left| \sum_k \omega(\Delta_k^{\mathbf{f}}) \;-\; \omega(S) \right| \leq \varepsilon \;.$$

⌜ Nach Voraussetzung über $\mathbf{f}$ gibt es erstens ein M mit

$$\|d\mathbf{f}(\mathbf{u})\| \leq M \qquad (\mathbf{u} \in B)\;.$$

Zweitens gibt es zu jedem $\eta > 0$ (die Größe η ist eine "Puffervariable", deren Wert erst am Schluß festgelegt wird) ein $\delta > 0$ mit

$$\|d\mathbf{f}(\mathbf{u}) - d\mathbf{f}(\mathbf{u}_0)\| \leq \eta \qquad \Big(|\mathbf{u} - \mathbf{u}_0| \leq \delta;\;\; \mathbf{u}, \mathbf{u}_0 \in B \Big)\;.$$

Nach dem Mittelwertsatz **(12.19)** gilt daher

$$\mathbf{f}(\mathbf{u}_0 + \mathbf{h}) - \mathbf{f}(\mathbf{u}_0) = d\mathbf{f}(\mathbf{u}_0).\,\mathbf{h} \;+\; \eta|\mathbf{h}|\Theta \qquad (|\mathbf{h}| \leq \delta,\;\mathbf{u}_0 \in B)\,,$$

wobei wir uns hier und im weiteren auf die Theta-Vereinbarung berufen: Θ bezeichnet immer ein gewisses Objekt vom Betrag ≤ 1, allerdings nicht immer dasselbe.

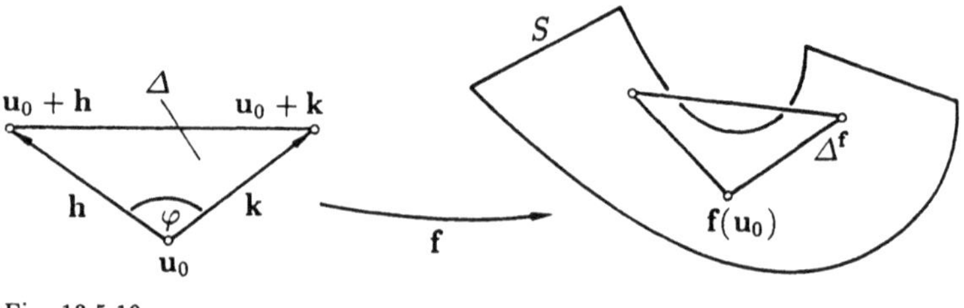

Fig. 13.5.10

Betrachte jetzt ein Dreieck $\Delta \subset B$ mit Ecken $\mathbf{u}_0$, $\mathbf{u}_0 + \mathbf{h}$, $\mathbf{u}_0 + \mathbf{k}$; dabei seien $|\mathbf{h}|$ und $|\mathbf{k}|$ beide $\leq \delta$, und der Winkel ϕ bei $\mathbf{u}_0$ sei der größte von den dreien (Fig. 13.5.10). Somit ist $\frac{\pi}{3} \leq \phi \leq \phi_0$, und es gilt $\sin\phi \geq \sin\phi_0$. Der Flächeninhalt des Bilddreiecks läßt sich dann folgendermaßen veranschlagen, wobei wir stillschweigend die Rechenregeln betreffend die Θ-Notation benutzen:

$$\begin{aligned}
\omega(\Delta^{\mathbf{f}}) &= \frac{1}{2}\Big|\big(\mathbf{f}(\mathbf{u}_0+\mathbf{h}) - \mathbf{f}(\mathbf{u}_0)\big) \times \big(\mathbf{f}(\mathbf{u}_0+\mathbf{k}) - \mathbf{f}(\mathbf{u}_0)\big)\Big| \\
&= \frac{1}{2}\Big|\big(d\mathbf{f}(\mathbf{u}_0).\,\mathbf{h} + \eta|\mathbf{h}|\Theta\big) \times \big(d\mathbf{f}(\mathbf{u}_0).\,\mathbf{k} + \eta|\mathbf{k}|\Theta\big)\Big| \\
&= \frac{1}{2}\Big|d\mathbf{f}(\mathbf{u}_0).\,\mathbf{h} \;\times\; d\mathbf{f}(u_0).\,\mathbf{k}\Big| \;+\; \frac{1}{2}(2\eta M + \eta^2)\,|\mathbf{h}|\,|\mathbf{k}|\,\Theta\,.
\end{aligned}$$

Mit $\mathbf{h} = h_1\mathbf{e}_1 + h_2\mathbf{e}_2$ und $\mathbf{k} = k_1\mathbf{e}_1 + k_2\mathbf{e}_2$ erhält man

$$d\mathbf{f}(\mathbf{u}_0).\,\mathbf{h} \times d\mathbf{f}(u_0).\,\mathbf{k} = (h_1\mathbf{f}_{.1} + h_2\mathbf{f}_{.2}) \times (k_1\mathbf{f}_{.1} + k_2\mathbf{f}_{.2}) = (h_1k_2 - h_2k_1)\,(\mathbf{f}_{.1} \times \mathbf{f}_{.2});$$

folglich ist

$$\omega(\Delta^{\mathbf{f}}) = \big|\mathbf{f}_{.1} \times \mathbf{f}_{.2}\big|_{\mathbf{u}_0}\,\mu(\Delta) \;+\; \frac{2\eta M + \eta^2}{\sin\phi}\,\mu(\Delta)\Theta\,.$$

Schreiben wir zur Abkürzung $\big|\mathbf{f}_{.1} \times \mathbf{f}_{.2}\big|_{\mathbf{u}} =: \Lambda(\mathbf{u})$, so ergibt sich hieraus durch Summation über alle Dreiecke Δ_k der betrachteten Zerlegung die folgende Abschätzung:

$$\sum_k \omega(\Delta_k^{\mathbf{f}}) = \sum_k \Lambda(\mathbf{u}_k)\,\mu(\boldsymbol{\Delta}_k) \;+\; \eta\,\frac{2M+\eta}{\sin\phi_0}\,\mu(B)\,\Theta\,.$$

Hier ist der erste Term rechter Hand eine Riemannsche Summe für $\omega(S)$ und unterscheidet sich von diesem Wert um weniger als $\varepsilon/2$, sobald δ klein genug ist; der zweite hat einen Betrag $< \varepsilon/2$, falls η geeignet gewählt wurde. ┘

Eine dritte "Herleitung" der Formel (11) wird in Aufgabe 13.34 betrachtet.

13.6. Aufgaben

1. Es sei $\mathbf{x}_{.} : \mathbb{N} \to \mathbf{X}$ eine konvergente Punktfolge. Dann ist $\mathbf{x}(\mathbb{N})$ eine Nullmenge.

2. Entfernt man aus dem Intervall $[\,0,1\,]$ das offene mittlere Drittel, aus jedem der verbliebenen Teilintervalle wieder das offene mittlere Drittel und so fort *ad infinitum*, so bleibt am Schluß die berühmte *Cantor-Menge* C übrig. C ist überabzählbar. Zeige: C ist eine Jordansche Nullmenge.

3. Betrachte das Einheitsgitter $\mathbb{Z}^2 \subset \mathbb{R}^2$. Es sei B eine Vereinigung von Gitterquadraten, die i Gitterpunkte im Innern enthält und von einem doppelpunktfreien Streckenzug der Länge r berandet wird. Dann gilt
$$\mu(B) = i + \frac{r}{2} - 1 .$$

4. Bei den folgenden Integralen ist die Reihenfolge der Integrationen umzukehren: Die innerste Variable soll zur äußersten werden. Wie lautet jeweils das neue Integral? Figuren!

(a) $\displaystyle\int_{-1}^{2}\int_{-x}^{2-x^2} f(x,y)\,dy\,dx$, (b) $\displaystyle\int_{0}^{2}\int_{y^3}^{4\sqrt{2y}} f(x,y)\,dx\,dy$,

(c) $\displaystyle\int_{-4}^{4}\int_{-\sqrt{4-|z|}}^{\sqrt{4-|z|}}\int_{-\sqrt{4-y^2-|z|}}^{\sqrt{4-y^2-|z|}} f(x,y,z)\,dx\,dy\,dz$.

5. Skizziere zwei wesentlich verschiedene (möglichst einfache) Objekte, die im Grundriß als Quadrat der Seitenlänge a, im Aufriß als Kreisscheibe und im Seitenriß als gleichschenkliges Dreieck erscheinen. Berechne deren Volumina.

6. (a) Der Graph der Funktion
$$x \mapsto f(x) \qquad (a \le x \le b) \tag{1}$$
werde im (x,y,z)-Raum um die x-Achse rotiert. Berechne das Volumen des entstehenden Rotationskörpers B.

(b) Für gegebenes $h \in [a,b]$ bezeichne $A(h)$ den Flächeninhalt des Querschnitts $\{(x,y,z) \in B \mid x = h\}$. Die *Keplersche Faßregel* besagt, daß das Volumen von B näherungsweise gegeben ist durch
$$\mu(B) \doteq \frac{b-a}{6}\bigl(A(a) + A(m) + A(b)\bigr) , \qquad m := \frac{a+b}{2} .$$
Beschreibe eine möglichst große Klasse von Faßprofilen (1), für die diese Formel den richtigen Volumenwert liefert.

7. Durch das Zentrum einer Kugel wurde ein zylindrisches Loch der Länge a gebohrt. Berechne das Volumen des Restkörpers.

8. Es sei $W := [0,2]^3$. Bestimme den Schwerpunkt des Körpers
$$K := \{(x,y,z) \in W \mid xyz \le 1\} .$$
Figur! Zur Vereinfachung der Rechnung betrachte man K als Restkörper $K = W \setminus B$ mit $B := \{(x,y,z) \in W \mid xyz > 1\}$. Die Momentengleichung für die x-Koordinate ξ des Schwerpunkts lautet dann
$$\xi\Bigl(\int_W d\mu - \int_B d\mu\Bigr) = \int_W x\,d\mu - \int_B x\,d\mu .$$

9. Der Bereich $B \subset \mathbb{R}^4$ ist gegeben durch die Ungleichungen
$$x_1^2 + x_2^2 \le x_3^2 + x_4^2 \le 1 .$$
Berechne $\mu(B)$.

10. Berechne die folgenden Integrale:

(a) $\int_A x^2\, d\mu(x,y)\,, \qquad A := \{(x,y) \mid |x| + |y| \le 1\}$;

(b) $\int_B xyz\, d\mu(x,y,z)\,, \qquad B := \{(x,y,z) \mid 0 \le x \le y \le z \le 1\}$;

(c) $\int_C e^{y^2}\, d\mu(x,y)\,, \qquad C := \{(x,y) \mid |x| \le y \le 1\}$

(Integrationsreihenfolge geeignet wählen!);

(d) $\int_Q \frac{y}{\sqrt{4 - x^2y^2}}\, d\mu(x,y)\,, \qquad Q := [0,1]^2$.

11. (a) Das sogenannte *n-dimensionale Standardsimplex* ist die Menge

$$S_n := \{\mathbf{x} \in \mathbb{R}^n \mid x_i \ge 0\ (1 \le i \le n)\,,\ x_1 + x_2 + \ldots + x_n \le 1\}\,.$$

Berechne die Zahlen $\alpha_n := \mu(S_n)$. (*Hinweis:* Durch geeignete Anwendung des Reduktionssatzes erhält man eine Rekursionsformel für die α_n.)

(b) Berechne auch die Größen

$$\beta_n := \int_{S_n} e^{x_1 + x_2 + \ldots + x_n}\, d\mu(\mathbf{x})\,.$$

12. Zeige: Das Tetraeder $T \subset \mathbb{R}^3$ mit den vier Eckpunkten $\mathbf{0}$, $\mathbf{a}_i$ $(1 \le i \le 3)$ besitzt das Volumen

$$\mu(T) = \frac{1}{6}\left|\varepsilon(\mathbf{a}_1, \mathbf{a}_2, \mathbf{a}_3)\right|\,.$$

13. Berechne das Volumen eines regulären Pentaeders der Seitenlänge a im $\mathbb{R}^4$.

14. Formuliere und beweise einen zu **(13.25)** analogen Satz für Funktionen $f : B_{3,R} \to \mathbf{X}$, die nur von $r := \sqrt{x^2 + y^2 + z^2}$ abhängen.

15. Wähle eine Parameterdarstellung des Dreiecks $S_2 := \{(x,y) \mid 0 \le x \le 1 - y \le 1\}$ mit dem Quadrat $Q := [0,1]^2$ als Parameterbereich und rechne hierauf den Flächeninhalt von S_2 mit Hilfe der Transformationsformel für mehrfache Integrale aus.

16. In der nachstehenden Formel bezeichnen (r, ϕ) Polarkoordinaten. Was hat man an den offen gelassenen Stellen einzusetzen?

$$\int_0^2 \int_0^x f(\sqrt{x^2 + y^2})\, dy\, dx = \int_?^? \int_?^? ?\, dr\, d\phi\,.$$

17. Man zeige, daß eine homogene Vollkugelrinde auf einen in ihrem Innern gelegenen Massenpunkt keine Gravitationskraft ausübt. (*Hinweis:* Wähle den Massenpunkt auf der z-Achse und verwende Kugelkoordinaten.)

18. Der Körper $B \subset \mathbb{R}^3$ entsteht durch eine geringfügige Deformation der Einheitskugel, und zwar trifft der von $\mathbf{0}$ ausgehende Strahl mit geographischen Daten (ϕ, θ) die Oberfläche von B im Abstand

$$r(\phi,\theta) := 1 + \varepsilon \sin\phi\cos\theta \qquad \left(\phi \in \mathbb{R}/2\pi\,,\ \theta \in \left[-\tfrac{\pi}{2}, \tfrac{\pi}{2}\right]\right),$$

ε eine sehr kleine positive Zahl. Berechne das Volumen von B.

19. Berechne den von der *Astroide*

$$|x|^{2/3} + |y|^{2/3} = a^{2/3}\,, \qquad a > 0\,,$$

eingeschlossenen Flächeninhalt. (*Hinweis:* Stelle den im ersten Quadranten liegenden Teil der Fläche in naheliegender Weise als Bild eines Kreissektors dar.)

20. Bestimme das Volumen des Bereichs

$$B := \left\{(x,y,z) \,\middle|\, x \geq 0,\ y \geq 0,\ z \geq 0,\ \sqrt{x} + \sqrt{y} + \sqrt{z} \leq 1\right\}.$$

21. Ein sechskantiger Bleistift wird kegelförmig angespitzt. Der Abstand zwischen zwei parallelen Seitenflächen des Bleistifts beträgt 2 und der Fräswinkel $\pi/4$. Berechne das weggefräste Volumen. (*Hinweis:* Wähle die z-Achse in Richtung der Bleistiftachse und benütze Zylinderkoordinaten.)

22. (a) Die Zahlen a, b, c, $d \in \mathbb{R}$ seien gegeben. Bestimme den Flächeninhalt des ebenen Bereichs

$$B := \left\{(x,y) \,\middle|\, 0 \leq ax + by \leq 1\,,\ 0 \leq cx + dy \leq 1\right\}.$$

(*Hinweis:* Stelle B, wenn möglich, als Bild des Einheitsquadrats dar.)

(b) Berechne das Integral

$$\int_P \sqrt{x+y}\, d\mu(x,y), \qquad P := \left\{(x,y) \,\middle|\, 0 \leq x+y \leq 1,\ 0 \leq 2x-3y \leq 4\right\}.$$

23. Es sei $0 < a < b < c < d$. Zeichne den Bereich

$$B := \left\{(x,y) \,\middle|\, a \leq ye^{-x} \leq b\,,\ c \leq y \leq e^x \leq d\right\}$$

und berechne seinen Flächeninhalt.

24. Die Aufgabe von Viviani: Aus der Kugel $B_{3,R}$ werden die zwei Kreiszylinder

$$\left(x \pm \frac{R}{2}\right)^2 + y^2 \leq \left(\frac{R}{2}\right)^2$$

herausgebohrt. Wie groß ist das Restvolumen der Kugel?

25. Man berechne das *polare Trägheitsmoment* der Ellipse

$$B := \{(x,y) \mid 25x^2 - 20xy + 13y^2 \le 225\}$$

bezüglich des Ursprungs; gemeint ist das Integral

$$\int_B (x^2 + y^2)\, d\mu(x,y)\ .$$

(*Hinweis:* Man verschaffe sich den zur x-Achse konjugierten Durchmesser und verwende eine geeignete Variablentransformation.)

26. Ein Kreis vom Radius a rollt auf der Innenseite eines Kreises vom Radius $3a$.

    (a) Bestimme die Bahn eines Punktes P, der auf der Peripherie des inneren Kreis liegt und mit diesem Kreis fest verbunden ist.

    (b) Die Bahnkurve besitzt charakteristische Spitzen. Bestimme dort die Tangentenrichtungen.

    (c) Bestimme die zu einem vollen Umlauf des kleinen Kreises gehörige Länge der Bahnkurve.

27. Eine Kurve γ im Raum besitzt in Zylinderkoordinaten (r, ϕ, z) die Darstellung

$$\gamma: \qquad t \mapsto \begin{cases} r(t) := 2 + \cos\dfrac{3t}{2} \\ \phi(t) := t \\ z(t) := \dfrac{\sqrt{21}}{5}\sin\dfrac{3t}{2} \end{cases} \qquad (0 \le t \le 4\pi)\ .$$

    (a) Stelle eine dreidimensionale Figur dieser Kurve her. Die Kurve sowie die Koordinatenachsen gelten als undurchsichtig. (*Hinweis:* Betrachte zunächst die Projektion von γ in die (x,y)-Ebene.)

    (b) Berechne die Länge $L(\gamma)$.

28. Rotiert die Kurve

$$\gamma: \quad z = \cosh(r-2) \qquad (1 \le r \le 3)$$

um die z-Achse, so entsteht eine Puddingform. Man berechne deren Flächeninhalt.

29. Welchen Flächeninhalt hat der Bereich $x^2 + y^2 \le 1$ auf der Sattelfläche $z = xy$?

30. Berechne den Flächeninhalt des Rotationsellipsoids mit den Halbachsen a, a und b.

31. Es seien B ein Bereich bzw. γ eine Kurve in der (r, z)-Halbebene, $r := \sqrt{x^2 + y^2}$. Wird B bzw. γ um die z-Achse rotiert, so entsteht ein Rotationskörper K bzw. eine Rotationsfläche S. Beweise die beiden *Guldinschen Regeln*:
    (a) Das Volumen von K ist gleich dem Flächeninhalt von B mal dem Weg, den der Schwerpunkt von B bei der Rotation zurücklegt.
    (b) Der Flächeninhalt von S ist gleich der Länge von γ mal dem Weg, den der Schwerpunkt von γ bei der Rotation zurücklegt.
    (c) Wende die beiden Regeln auf einen Torus an.

32. (a) Bestimme die Polardarstellung der Lemniskate.
    (b) Die Lemniskate geht zweimal durch den Ursprung. Bestimme dort die Tangentenrichtungen.
    (c) Läßt sich die Länge der Lemniskate elementar berechnen?

33. Für welche Werte des Parameters $\lambda > 0$ besitzt die Spirale γ mit der Polardarstellung
$$\gamma : \quad r(\phi) := 1/\phi^\lambda \qquad (\pi \le \phi < \infty)$$
endliche Länge? Berechne diese Länge insbesondere für $\lambda := 2$.

34. Es sei $B \subset \mathbb{R}^2$ ein kompakter meßbarer Parameterbereich und $\mathbf{f} : B \to \mathbb{R}^3$ eine reguläre und injektive Parameterdarstellung der Fläche $S := \mathbf{f}(B)$. Setze
$$\mathbf{n}(\mathbf{u}) := \frac{\mathbf{f}_{.1}(\mathbf{u}) \times \mathbf{f}_{.2}(\mathbf{u})}{|\mathbf{f}_{.1}(\mathbf{u}) \times \mathbf{f}_{.2}(\mathbf{u})|}$$
und betrachte anhand einer Figur die Abbildung
$$\mathbf{g} : \quad B \times \mathbb{R} \to \mathbb{R}^3 , \qquad (\mathbf{u}, t) \mapsto \mathbf{g}(\mathbf{u}, t) := \mathbf{f}(\mathbf{u}) + t\mathbf{n}(\mathbf{u}) .$$
    (a) Zeige: Für hinreichend kleines $\varepsilon > 0$ bildet $\mathbf{g}$ die Menge $B \times [0, \varepsilon]$ injektiv ab. (*Hinweis:* Wenn nicht, so gäbe es zwei Folgen $(\mathbf{u}_k, t_k)$ und $(\mathbf{u}'_k, t'_k)$ mit $(\mathbf{u}_k, t_k) \neq (\mathbf{u}'_k, t'_k)$, $\mathbf{g}(\mathbf{u}_k, t_k) = \mathbf{g}(\mathbf{u}'_k, t'_k)$ und $t_k \to 0$, $t'_k \to 0$. Damit läßt sich ein Widerspruch produzieren.)
    (b) Berechne das Volumen der "Schalen" $S_\varepsilon := \mathbf{g}(B \times [0, \varepsilon])$ und beweise, was folgt:
$$\lim_{\varepsilon \to 0} \frac{\mu(S_\varepsilon)}{\varepsilon} = \frac{d}{d\varepsilon}\mu(S_\varepsilon)\Big|_{0+} = \omega(S) .$$
    (*Hinweis:* Äußere Integration nach t, Ableitung des Integrals nach der oberen Grenze.)

35. Berechne die "Oberfläche" der dreidimensionalen Einheitssphäre $S^3 \subset \mathbb{R}^4$
    (a) mit Hilfe einer Parameterdarstellung,
    (b) durch Betrachtung der Volumina von Kugelrinden und Grenzübergang (vgl. Aufgabe 34).

36. Die Formeln 13.5.(14) stellen den Torus

$$T = \left\{(x,y,z) \mid \left(\sqrt{x^2+y^2}-a\right)^2 + z^2 = b^2\right\} \qquad (\sim S^1 \times S^1)$$

im $\mathbb{R}^3$ dar; dabei ist $a > b > 0$ vorausgesetzt. Analog stellt

$$\mathbf{g}: \qquad (\phi,\theta,\psi,\eta) \mapsto \begin{cases} x := (a + b\sin\eta)\cos\theta\cos\phi \\ y := (a + b\sin\eta)\cos\theta\sin\phi \\ z := (a + b\sin\eta)\sin\theta \\ u := b\cos\eta\cos\psi \\ v := b\cos\eta\sin\psi \end{cases}$$

$$\left(\phi,\psi \in \mathbb{R}/2\pi\,; \quad \theta,\eta \in \left[-\tfrac{\pi}{2},\tfrac{\pi}{2}\right]\right)$$

die Hyperfläche

$$S = \left\{(x,y,z,u,v) \mid \left(\sqrt{x^2+y^2+z^2}-a\right)^2 + u^2 + v^2 = b^2\right\} \qquad (\sim S^2 \times S^2)$$

im $\mathbb{R}^5$ dar. Berechne die vierdimensionale “Oberfläche” von S.

14. Vektoranalysis

14.1. Vektorfelder, Linienintegrale

In diesem Kapitel geht es um Wechselbeziehungen zwischen geometrischen Objekten und Operationen einerseits und analytischen Objekten und Operationen anderseits. Die geometrischen Objekte sind Kurven oder Flächen im $\mathbb{R}^n$, allgemeiner: sogenannte Ketten (s.u.); die wesentliche geometrische Operation ist die Randbildung, die zum Beispiel der Kreisscheibe $B_{2,1}$ die im Gegenuhrzeigersinn durchlaufene Kreislinie S^1 als Randzyklus zuweist. Die analytischen Objekte sind sogenannte Felder. Ein *Feld* ist eine skalar- oder vektorwertige Funktion im $\mathbb{R}^n$, die aber nicht als Abbildung irgendwohin, geschweige denn als Graph interpretiert wird. Vielmehr stellt man sich vor, daß der Funktionswert $f(\mathbf{x})$ oder $\mathbf{K}(\mathbf{x})$ direkt am jeweiligen Punkt $\mathbf{x}$ angeschrieben oder angeheftet ist. Die wesentliche analytische Operation ist die (räumliche) Ableitung; je nach Art des betrachteten Feldes kann sie verschiedene Gestalten (Gradient, Rotation, Divergenz) annehmen.

Zum Teil bleiben wir in der Ebene oder im $\mathbb{R}^3$. Diese Beschränkung kommt der Anschauung entgegen und ermöglicht einige Konstruktionen, die vor allem im Hinblick auf physikalische Anwendungen erdacht worden sind. Vom mathematischen Standpunkt aus hat aber die hier vorgestellte Theorie nur vorläufigen Charakter. Die zentralen Ergebnisse dieses Kapitels sind die klassischen Integralsätze von Green, Gauß und Stokes. Diese Sätze lassen sich in Wirklichkeit auf einen einzigen und für Ketten beliebiger Dimension gültigen Satz, die sogenannte allgemeine Formel von Stokes

$$\int_A d\omega = \int_{\partial A} \omega\,, \tag{1}$$

zurückführen. Hier bezeichnet A eine Kette und ∂A ihren Rand. Das Feld erscheint als Differentialform ω (s.u.) und seine Ableitung als $d\omega$. Diese Formel bringt eine tiefliegende Dualität zwischen Randbildung und Ableitung zum Ausdruck. Der Prototyp von (1) ist die vertraute Formel

$$\int_a^b f'(t)\,dt = f(b) - f(a)\ .$$

Hier steht links das Integral von f' über die 1-Kette $\sigma := [a, b]$, rechts das "Integral" von f über $\partial\sigma$. Der "Rand" von σ ist hiernach die aus dem positiv gezählten Endpunkt b und dem negativ gezählten Anfangspunkt a bestehende nulldimensionale Kette.

Vereinbarungen und Definitionen

Um die Buchstaben $\mathbf{e}_1, \ldots, \mathbf{e}_n$ für einen allgemeineren Zweck freizubekommen, bezeichnen wir die Standardbasis des $\mathbb{R}^n$ für einen Augenblick mit $(\mathbf{e}_1^*, \ldots, \mathbf{e}_n^*)$, die Standardkoordinaten mit $(x_1^*, \ldots, x_n^*)$. Dies vorausgeschickt nennen wir eine beliebige Basis $(\mathbf{e}_1, \ldots, \mathbf{e}_n)$ und die zugehörigen Koordinaten $(x_1, \ldots, x_n)$ *zulässig*, wenn die $\mathbf{e}_i$ orthonormiert sind:

$$\mathbf{e}_i \bullet \mathbf{e}_k = \delta_{ik} \qquad \forall i, k ,$$

und zusätzlich gilt: $\varepsilon(\mathbf{e}_1, \ldots, \mathbf{e}_n) = +1$. Es gibt dann eine orthogonale Matrix $[S] = [s_{ik}]$ mit $\det[S] = 1$ derart, daß die Basis $(\mathbf{e}_1, \ldots, \mathbf{e}_n)$ mit der Standardbasis verknüpft ist durch

$$\text{(a)} \quad \mathbf{e}_k = \sum_{i=1}^n s_{ik}\mathbf{e}_i^* \quad (1 \le k \le n), \qquad \text{(b)} \quad \mathbf{e}_i^* = \sum_{k=1}^n s_{ik}\mathbf{e}_k \quad (1 \le i \le n) .$$

Als Merkregel diene: In den Kolonnen von $[S]$ stehen die "neuen" Basisvektoren $\mathbf{e}_k$, ausgedrückt mit Hilfe der "alten" Basisvektoren $\mathbf{e}_i^*$. Für die Umrechnung der Koordinaten gelten dann folgende Formeln:

$$\text{(a)} \quad x_i^* = \sum_{k=1}^n s_{ik}x_k \quad (1 \le i \le n), \qquad \text{(b)} \quad x_k = \sum_{i=1}^n s_{ik}x_i^* \quad (1 \le k \le n) .$$

Das Symbol $\mathbf{x}$ (analog: $\mathbf{y}$, $\mathbf{p}$ usw.) bezeichnet in diesem Kapitel nicht nur das n-Tupel $(x_1^*, \ldots, x_n^*) \in \mathbb{R}^n$, sondern in erster Linie den Vektor $\mathbf{x}$ als "geometrisches Objekt", das bezüglich jeder zulässigen Basis bestimmte Koordinaten $(x_1, \ldots, x_n)$ annimmt. Dabei gelten die folgenden Rechenregeln, deren Verifikation wir dem Leser überlassen:

(a) $$\mathbf{x} \bullet \mathbf{y} = \sum_{k=1}^n x_k y_k ;$$

(b) $$x_k = \mathbf{e}_k \bullet \mathbf{x} \qquad (1 \le k \le n) ;$$

(c) $$\varepsilon(\mathbf{a}_1, \ldots, \mathbf{a}_n) = \det \begin{bmatrix} a_{11} & a_{12} & \cdots & a_{1n} \\ a_{21} & & & \vdots \\ \vdots & & & \\ a_{n1} & \cdots & & a_{nn} \end{bmatrix} .$$

(d) *Für die partiellen Ableitungen einer Funktion* $\mathbf{f} : \mathbb{R}^n \curvearrowright \mathbb{R}^m$ *gilt*

$$f_{i.k}(\mathbf{p}) = \mathbf{e}_i \bullet \mathbf{f}_{.k} = \mathbf{e}_i \bullet (d\mathbf{f}(\mathbf{p}).\mathbf{e}_k) .$$

Hiernach sind alle zulässigen Koordinatensysteme formal gleichwertig. Von nun an bezeichnen daher $(\mathbf{e}_1, \ldots, \mathbf{e}_n)$ eine beliebige zulässige Basis des $\mathbb{R}^n$ und $(x_1 \ldots, x_n)$ die zugehörigen Koordinaten der Vektoren $\mathbf{x}$. Im Fall $n = 2$ werden wir auch (x, y) schreiben anstelle von (x_1, x_2), analog im dreidimensionalen Fall (x, y, z) anstelle von (x_1, x_2, x_3). Der Buchstabe $\mathbf{u}$ bezeichnet ein Paar (u_1, u_2) bzw. (u, v) und dient als Parameter für die Darstellung von Flächen.

In der Differentialgeometrie bezeichnet man die Familie $(T_\mathbf{x})_{\mathbf{x} \in M}$ der Tangentialräume einer Mannigfaltigkeit M als Tangentialbündel von M. Für uns genügt hier die folgende Definition: Das *Tangentialbündel* einer offenen Menge $\Omega \subset \mathbb{R}^n$ ist die Menge

$$T_\Omega := \left\{(\mathbf{x}, \mathbf{X}) \,\middle|\, \mathbf{x} \in \Omega,\ \mathbf{X} \in T_\mathbf{x}\right\} .$$

In diesem einfachen Fall ist also das Tangentialbündel "kanonisch isomorph" zum kartesischen Produkt $\Omega \times \mathbb{R}^n$. Eine Funktion $\mathbf{K}(\cdot)$, genau:

$$(\mathrm{id}, \mathbf{K}) : \quad \Omega \to T_\Omega , \qquad \mathbf{x} \mapsto (\mathbf{x}, \mathbf{K}(\mathbf{x})) ,$$

die in jedem Punkt $\mathbf{x} \in \Omega$ einen Vektor $\mathbf{K}(\mathbf{x})$ "anheftet", heißt ein *Vektorfeld* auf Ω. Typische Beispiele für Vektorfelder sind die Felder der Elektrostatik und -dynamik, das Gravitationsfeld eines Himmelskörpers, das Geschwindigkeitsfeld einer strömenden Flüssigkeit, die Massenstromdichte eines Gases (Bewegungen der Atmosphäre!), das Gradientenfeld eines Skalarfelds (s.u.). Für Vektorfelder verwenden wir im allgemeinen große halbfette lateinische Buchstaben, zum Beispiel $\mathbf{K}$, wenn wir eher an ein Kraftfeld denken, und kleine halbfette Buchstaben, zum Beispiel $\mathbf{v}$, wenn wir eher an ein Strömungsfeld denken. In Wirklichkeit besteht zwischen diesen beiden Arten von Feldern ein subtiler mathematischer Unterschied: Kraftfelder werden längs Kurven integriert; das Resultat stellt geleistete Arbeit, eventuell eine Potentialdifferenz dar. Strömungsfelder werden über orientierte Hyperflächen integriert; der Wert des Integrals ist die Flüssigkeitsmenge, die pro Zeiteinheit durch die betreffende Fläche strömt.

Diese Dinge kommen noch besser heraus, wenn man die Vektoranalysis von vorneherein in der Sprache der Differentialformen ausdrückt. Ein Kraftfeld $\mathbf{K} = (P, Q, R)$ im $\mathbb{R}^3$ erscheint dann als 1-Form

$$\omega = P dx + Q dy + R dz$$

und wird über 1-Ketten integriert. Zu einem Strömungsfeld $\mathbf{v}$ im $\mathbb{R}^3$ gehört eine 2-Form, die über 2-Ketten integriert wird. Solange man sich strikt an zulässige Koordinaten hält, sind beide Formulierungen der Theorie gleichwertig. Es läßt sich aber nicht leugnen, daß Differentialformen einen logischeren und einheitlicheren Aufbau der Theorie ermöglichen.

Ein Vektorfeld $\mathbf{K} : \Omega \to T_\Omega$ im $\mathbb{R}^n$ ist *stetig differenzierbar*, wenn die Funktion

$$\mathbf{x} \to \mathbf{K}(\mathbf{x}) = \left(K_1(x_1, \ldots, x_n), \ldots, K_n(x_1, \ldots, x_n)\right)$$

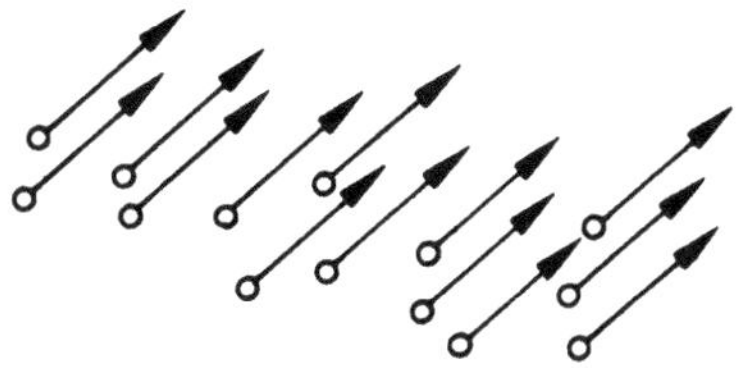

Fig. 14.1.1

stetig differenzierbar ist, und dies trifft genau dann zu, wenn die einzelnen Komponentenfunktionen $K_i(\cdot)$ stetig differenzierbar sind. Ein C^r-Vektorfeld ist sinngemäß erklärt.

Ist $\mathbf{K}(\mathbf{x}) = \text{const.}$, so heißt das Feld $\mathbf{K}$ *homogen* (Fig. 14.1.1). — Ist $\mathbf{K}$ von der Form

$$\mathbf{K}(\mathbf{x}) = K(r)\frac{\mathbf{x}}{r}, \qquad r := |\mathbf{x}| \neq 0,$$

mit einer reellwertigen Funktion $K(\cdot)$, so spricht man von einem *Zentralfeld* (Fig. 14.1.2): In jedem Punkt $\mathbf{x}$ zeigt der Feldvektor $\mathbf{K}(\mathbf{x})$ gegen den Ursprung oder in die dazu entgegengesetzte Richtung — je nachdem, ob $K(r) < 0$ oder $K(r) > 0$ ist; ferner hängt die *Feldstärke* $|\mathbf{K}(\mathbf{x})| = K(r)$ nur von $r = |\mathbf{x}|$ ab.

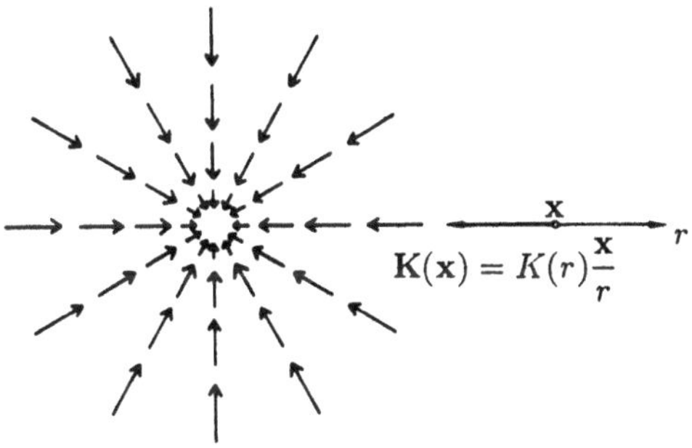

Fig. 14.1.2

① Das im punktierten Raum $\mathbf{R}^3 \setminus \{\mathbf{0}\}$ definierte Feld

$$\mathbf{K}(\mathbf{x}) := \frac{C}{r^2}\frac{\mathbf{x}}{r} \qquad (\mathbf{x} \neq \mathbf{0}),$$

C eine positive oder negative Konstante, heißt *Coulombfeld*. Die von Punktladungen im Ursprung erzeugten elektrischen Felder sowie das Gravitationsfeld einer Punktmasse sind von diesem Typ. ○

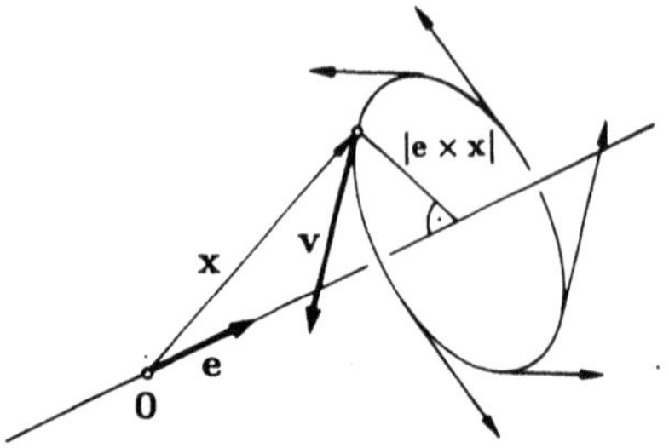

Fig. 14.1.3

② Es sei $\mathbf{e} \in \mathbb{R}_0^3$ ein Einheitsvektor. Rotiert der "Weltäther" mit Winkelgeschwindigkeit ω um die Achse $\mathbf{e}$, so entsteht ein Strömungsfeld $\mathbf{v}$ (Fig. 14.1.3), und zwar ist $\mathbf{v}(\mathbf{x})$ nach den Regeln der Vektorrechnung gegeben durch

$$\mathbf{v}(\mathbf{x}) = \omega\mathbf{e} \times \mathbf{x} = \vec{\omega} \times \mathbf{x}\,,$$

wobei $\vec{\omega} := \omega\mathbf{e}$ den sogenannten *Winkelgeschwindigkeitsvektor* bezeichnet. In Koordinaten ausgeschrieben sieht das folgendermaßen aus:

$$\mathbf{v}(x_1, x_2, x_3) = (\omega_2 x_3 - \omega_3 x_2,\ \omega_3 x_1 - \omega_1 x_3,\ \omega_1 x_2 - \omega_2 x_1)\,. \qquad \bigcirc$$

Zu jeder differenzierbaren Funktion $f : \Omega \to \mathbb{R}$, in dem vorliegenden Zusammenhang als *Skalarfeld* bezeichnet, gehört ihr *Gradientenfeld*

$$\nabla f : \quad \mathbf{x} \mapsto \big(\mathbf{x}, \nabla f(\mathbf{x})\big)$$

mit der Komponentendarstellung $\nabla f = (f_{.1}, \ldots, f_{.n})$. Die Feldvektoren stehen überall senkrecht auf den Niveauflächen von f. Viele Vektorfelder $\mathbf{K}$ lassen sich als Gradientenfeld eines geeigneten f auffassen, aber nicht alle.

① (Forts.) Das Coulombfeld kann als Gradientenfeld der Funktion

$$f(\mathbf{x}) := -\frac{C}{r} \qquad (\mathbf{x} \neq \mathbf{0})$$

aufgefaßt werden . (Wie man darauf kommt, werden wir später sehen.) Zum Beweis setzen wir $-C/r =: \phi(r)$; ferner benutzen wir die bequemen Formeln

$$\frac{\partial r}{\partial x_k} = \frac{\partial}{\partial x_k}\sqrt{x_1^2 + \ldots + x_n^2} = \frac{2x_k}{2\sqrt{x_1^2 + \ldots + x_n^2}} = \frac{x_k}{r}\,.$$

Damit ergibt sich nach der Kettenregel

$$\frac{\partial f}{\partial x_k} = \phi'(r)\,\frac{\partial r}{\partial x_k} = \frac{C}{r^2} \cdot \frac{x_k}{r}$$

und folglich

$$\nabla f(\mathbf{x}) = \Big(\frac{\partial f}{\partial x_1}, \frac{\partial f}{\partial x_2}, \frac{\partial f}{\partial x_3}\Big) = \frac{C}{r^2}\,\frac{\mathbf{x}}{r} = \mathbf{K}(\mathbf{x})\,,$$

wie behauptet. — Man nennt f ein *Potential* des Feldes $\mathbf{K}$. $\bigcirc$

Die Nullstellen eines Vektorfeldes $\mathbf{v}$ heißen *singuläre Punkte* von $\mathbf{v}$; sie liegen im allgemeinen isoliert. Alle übrigen Punkte heißen *regulär*.

③ In den Bereichen, wo $\mathbf{v}(\mathbf{x}) \neq \mathbf{0}$ ist, liegen die Feldvektoren und damit auch die Feldlinien (s.u.) brav nebeneinander. Die geometrisch interessanten Dinge passieren in den singulären Punkten eines Feldes (Fig. 14.1.4).

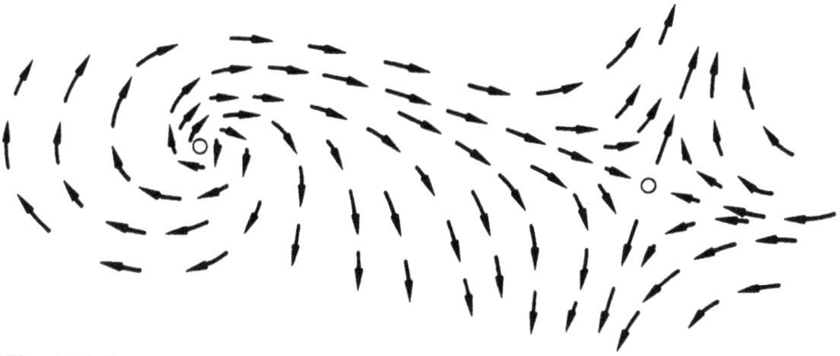

Fig. 14.1.4

Auf einer offenen Menge $\Omega \subset \mathbb{R}^n$ läßt sich leicht ein singularitätenfreies Feld konstruieren: Man nehme ein homogenes Feld $\neq \mathbf{0}$. Dem gegenüber steht der folgende tiefliegende und schwer zu beweisende Satz: *Jedes stetige Tangentialfeld auf der 2-Sphäre S^2 besitzt wenigstens eine Nullstelle.* "Ein Igel läßt sich nicht bürsten, ohne daß es Probleme gibt." ○

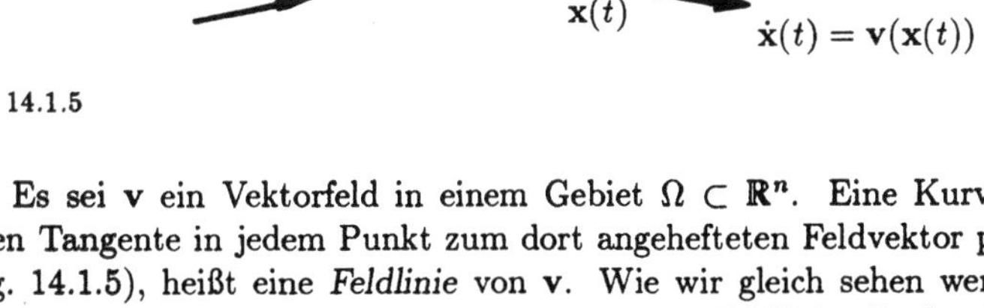

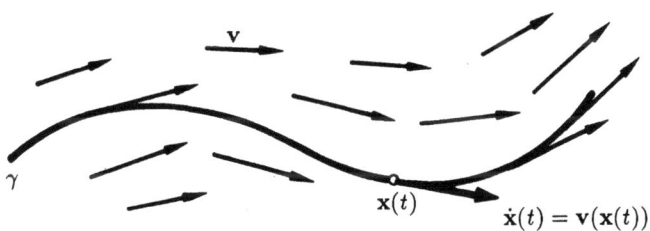

Fig. 14.1.5

Es sei $\mathbf{v}$ ein Vektorfeld in einem Gebiet $\Omega \subset \mathbb{R}^n$. Eine Kurve γ in Ω, deren Tangente in jedem Punkt zum dort angehefteten Feldvektor parallel ist (Fig. 14.1.5), heißt eine *Feldlinie* von $\mathbf{v}$. Wie wir gleich sehen werden, geht durch jeden regulären Punkt $\mathbf{a}$ von $\mathbf{v}$ genau eine Feldlinie. In den Beispielen ① und ② sowie bei einem homogenen Feld ist unmittelbar evident, welches die Feldlinien sind. Die Feldlinien eines Gradientenfeldes ∇f sind die Orthogonaltrajektorien der Niveaulinien (Niveauflächen) von f.

Die Feldlinien γ eines Vektorfeldes $\mathbf{v}$ besitzen eine natürliche Parameterdarstellung

$$\gamma: \qquad t \mapsto \mathbf{x}(t) . \tag{2}$$

Wir verlangen dabei, daß der Geschwindigkeitsvektor $\dot{\mathbf{x}}(t)$ jederzeit *gleich* dem (und nicht nur parallel zum) Feldvektor an der Stelle $\mathbf{x}(t)$ ist, in Formeln:

$$\dot{\mathbf{x}}(t) \equiv \mathbf{v}\big(\mathbf{x}(t)\big) .$$

Diese Identität läßt sich folgendermaßen interpretieren: Die Funktion (2) ist Lösung der (t-freien) Differentialgleichung

$$\dot{\mathbf{x}} = \mathbf{v}(\mathbf{x}) . \tag{3}$$

In Koordinaten ausgeschrieben wird daraus ein System

$$\left.\begin{array}{l} \dot{x}_1 = v_1(x_1, \ldots, x_n) \\ \quad\vdots \\ \dot{x}_n = v_n(x_1, \ldots, x_n) \end{array}\right\}$$

von n Differentialgleichungen für die n unbekannten Funktionen $t \mapsto x_i(t)$. Der Satz **(11.26)** über die Existenz von Lösungen eines derartigen Systems garantiert, daß zu einer vorgegebenen Anfangsbedingung

$$\mathbf{x}(0) = \mathbf{a} \tag{4}$$

genau eine Lösung $\mathbf{x}(\cdot)$ von (3) existiert, und zwar ist $t \mapsto \mathbf{x}(t)$ tatsächlich eine Kurve, falls $\mathbf{a}$ ein regulärer Punkt von $\mathbf{v}$ ist. (Ist $\mathbf{v}(\mathbf{a}) = \mathbf{0}$, so lautet die Lösung des Anfangswertproblems (3)$\wedge$(4) einfach $\mathbf{x}(t) \equiv \mathbf{a}$.)

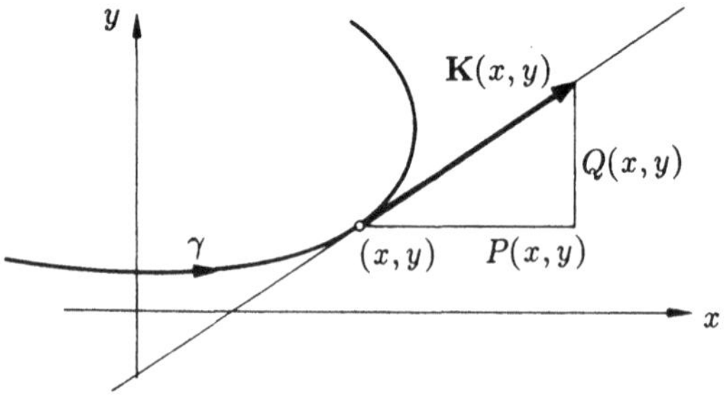

Fig. 14.1.6

Die Feldlinien eines Vektorfeldes $\mathbf{K} = (P, Q)$ in der (x, y)-Ebene lassen sich schon mit Hilfe einer einzigen Differentialgleichung bestimmen, wobei allerdings der "natürliche" Parameter t gar nicht ins Spiel kommt. Wie man der

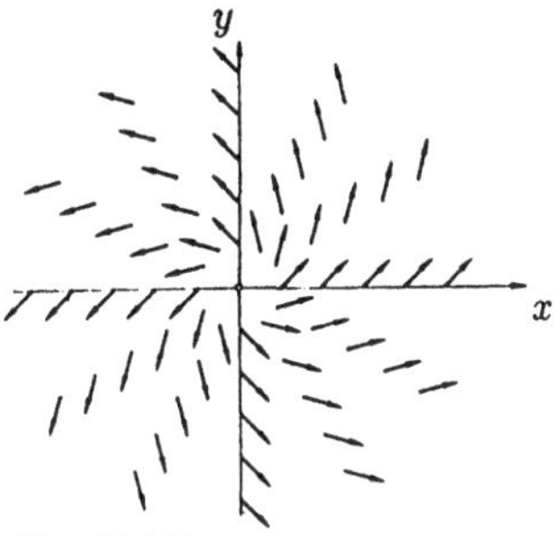

Fig. 14.1.7

Figur 14.1.6 entnimmt, ist nämlich die Steigung y' der durch den Punkt (x, y) gehenden Feldlinie gegeben durch

$$y' = \frac{Q(x,y)}{P(x,y)} .$$

Das ist auch schon die angesagte Differentialgleichung.

④ Die Feldlinien des Vektorfeldes

$$\mathbf{v}(x,y) := \left(\frac{x-y}{\sqrt{x^2+y^2}}, \frac{x+y}{\sqrt{x^2+y^2}}\right) \qquad ((x,y) \neq (0,0))$$

(Fig. 14.1.7) vom konstanten Betrag $|\mathbf{v}(x,y)| \equiv \sqrt{2}$ genügen der homogenen Differentialgleichung

$$y' = \frac{x+y}{x-y} ,$$

jedenfalls abseits der Geraden $x = y$. Wie wir in Beispiel 10.1.⑧ gesehen haben, sind die Lösungskurven dieser Differentialgleichung die logarithmischen Spiralen

$$r(\phi) = C\, e^{\phi} \qquad (-\infty < \phi < \infty)$$

(Polarkoordinaten). Die "natürliche" Parameterdarstellung würde diese Spiralen mit konstanter Absolutgeschwindigkeit $\sqrt{2}$ abfahren. ○

Linienintegrale

Wie bereits angedeutet, handelt die Vektoranalysis von den Möglichkeiten und Wirkungen des Differenzierens und Integrierens im Zusammenhang mit Skalar- und Vektorfeldern. Ein Beispiel dafür haben wir schon kennengelernt: Der "Operator" ∇ liefert zu jedem Skalarfeld f ein Vektorfeld ∇f, das mit f in

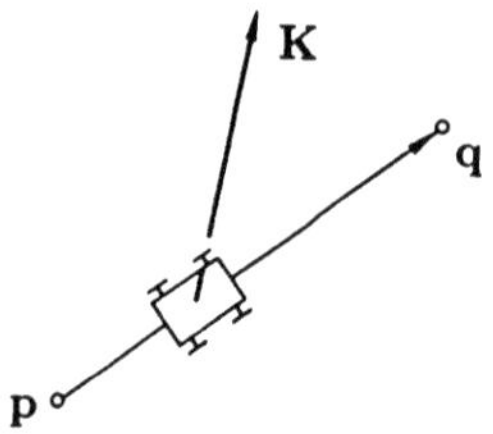

Fig. 14.1.8

einem bestimmten geometrisch oder physikalisch interpretierbaren Zusammenhang steht. Weitere derartige *Differentialoperatoren* (div, **rot**, Δ), werden wir in den folgenden Abschnitten einführen und beschreiben.

An dieser Stelle behandeln wir eine Weise zu integrieren, die in gewissem Sinn die Gradientenbildung rückgängig macht. Es geht um den Begriff des Linienintegrals.

Schiebt ein homogenes Kraftfeld $\mathbf{K}$ ein Wägelchen auf gerader Bahn von $\mathbf{p}$ nach $\mathbf{q}$ (Fig. 14.1.8), so leistet es dabei bekanntlich die Arbeit

$$W = \mathbf{K} \bullet (\mathbf{q} - \mathbf{p}) . \tag{5}$$

Diese Arbeit verwandelt sich — je nach Versuchsanordnung — zum Beispiel in Wärme oder in potentielle Energie des Gefährts. Ist das Kraftfeld $\mathbf{K}$ variabel und anstelle der geraden Bahn eine stetig differenzierbare Kurve

$$\gamma: \quad t \mapsto \mathbf{x}(t) \qquad (a \le t \le b) \tag{6}$$

gegeben, so liegt es nahe, eine hinreichend feine Teilung

$$T: \quad a = t_0 < t_1 < \ldots < t_N = b$$

des Intervalls $[a, b]$ zu betrachten. Setzt man $\mathbf{x}(t_k) =: \mathbf{x}_k$ $(0 \le k \le N)$, so läßt sich die längs γ geleistete Arbeit W nach (5) wie folgt approximieren (siehe die Fig. 14.1.9):

$$W \doteq \sum_{k=0}^{N-1} \mathbf{K}(\mathbf{x}_k) \bullet (\mathbf{x}_{k+1} - \mathbf{x}_k) \doteq \sum_{k=0}^{N-1} \mathbf{K}(\mathbf{x}_k) \bullet \mathbf{x}'(t_k)(t_{k+1} - t_k) .$$

Wir werden offenbar dazu geführt, die Arbeit in dem betrachteten Fall mit

$$W = \int_a^b \mathbf{K}\big(\mathbf{x}(t)\big) \bullet \mathbf{x}'(t)\, dt$$

zu veranschlagen; das angeschriebene Integral wird daher auch als *Arbeitsintegral* bezeichnet.

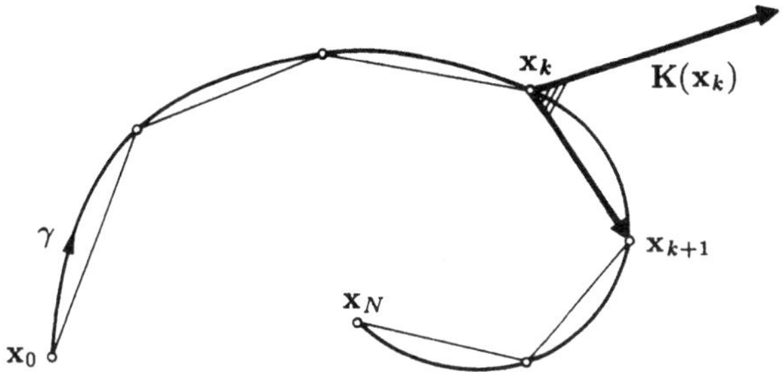

Fig. 14.1.9

Diese physikalischen Überlegungen motivieren die folgende Definition: Es seien $\mathbf{K} = (K_1, \ldots, K_n)$ ein stetiges Vektorfeld auf der offenen Menge $\Omega \subset \mathbb{R}^n$ und (6) eine stetig differenzierbare Kurve in Ω. Dann heißt

$$\begin{aligned} \int_\gamma \mathbf{K} \bullet d\mathbf{x} &:= \int_a^b \mathbf{K}\big(\mathbf{x}(t)\big) \bullet \mathbf{x}'(t)\,dt \\ &= \int_a^b \Big(K_1\big(\mathbf{x}(t)\big)x_1'(t) + \ldots + K_n\big(\mathbf{x}(t)\big)x_n'(t)\Big)\,dt \end{aligned} \tag{7}$$

das *Linienintegral von* **K** *längs* γ. Das formale Objekt

$$d\mathbf{x} := \mathbf{x}'(t)\,dt$$

wird als *vektorielles Linienelement* bezeichnet; in ähnlicher Weise schreibt man

$$dx_k := x_k'(t)\,dt\,, \quad dx := x'(t)\,dt\,, \quad dy := y'(t)\,dt \quad \text{usw.}$$

Die suggestiven Schreibweisen

$$\int_\gamma \mathbf{K} \bullet d\mathbf{x}\,, \qquad \int_\gamma (P\,dx + Q\,dy)$$

— die zweite bezieht sich auf den Fall $n = 2$, $\mathbf{K} = (P, Q)$ — vermitteln alle zur Festlegung eines bestimmten Linienintegrals nötige Information, denn der Wert der rechten Seite von (7) ist gegenüber Parametertransformationen invariant.

⌈ Ist eine weitere Parameterdarstellung

$$\gamma: \quad \bar{t} \mapsto \bar{\mathbf{x}}(\bar{t}) \qquad (\bar{a} \le \bar{t} \le \bar{b})$$

mit (6) verknüpft durch die Parametertransformation $t = \psi(\bar{t})$, so gilt

$$\bar{\mathbf{x}}(\bar{t}) = \mathbf{x}\big(\psi(\bar{t})\big) \qquad (\bar{a} \le \bar{t} \le \bar{b})$$

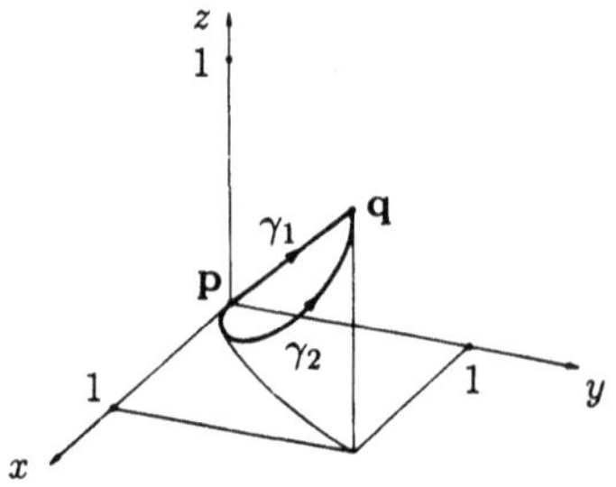

Fig. 14.1.10

und folglich

$$\begin{aligned}\int_{\bar a}^{\bar b} \mathbf{K}(\bar{\mathbf{x}}(\bar t)) \bullet \bar x'(\bar t)\,d\bar t &= \int_{\bar a}^{\bar b} \mathbf{K}(\mathbf{x}(\psi(\bar t))) \bullet \mathbf{x}'(\psi(\bar t))\,\psi'(\bar t)\,d\bar t \\ &= \int_a^b \mathbf{K}(\mathbf{x}(t)) \bullet \mathbf{x}'(t)\,dt\,;\end{aligned}$$

dabei wurde zuerst die Kettenregel, dann die Substitutionsregel **(9.26)**(b) benutzt. ⌟

⑤ Wir betrachten im (x, y, z)-Raum das Feld

$$\mathbf{K}(x, y, z) := (y^2, xz, 1)\,,$$

ferner die zwei Kurven

$$\begin{aligned}\gamma_1: &\quad t \mapsto (t,\, t,\, t) \qquad (0 \le t \le 1)\,,\\ \gamma_2: &\quad t \mapsto (t, t^2, t^3) \qquad (0 \le t \le 1)\,,\end{aligned}$$

die beide den Punkt $\mathbf{p} := (0, 0, 0)$ mit dem Punkt $\mathbf{q} := (1, 1, 1)$ verbinden (siehe die Fig. 14.1.10). Für das Linienintegral von $\mathbf{K}$ längs γ_i $(i = 1,\, 2)$ erhalten wir aufgrund von (7):

$$\int_{\gamma_i} \mathbf{K} \bullet d\mathbf{x} = \int_0^1 \bigl(y^2(t)x'(t) + x(t)z(t)y'(t) + 1 \cdot z'(t)\bigr)\,dt\,;$$

dabei sind rechter Hand die Parameterdarstellungen der γ_i einzusetzen. Es ergibt sich

$$\begin{aligned}\int_{\gamma_1} \mathbf{K} \bullet d\mathbf{x} &= \int_0^1 \bigl(t^2 \cdot 1 + t^2 \cdot 1 + 1 \cdot 1\bigr)\,dt = \frac{1}{3} + \frac{1}{3} + 1 = \frac{5}{3}\,,\\ \int_{\gamma_2} \mathbf{K} \bullet d\mathbf{x} &= \int_0^1 \bigl(t^4 \cdot 1 + t^4 \cdot 2t + 1 \cdot 3t^2\bigr)\,dt = \frac{1}{5} + \frac{2}{6} + \frac{3}{3} = \frac{23}{15}\,.\end{aligned}$$

Wir sehen: Der Wert eines Linienintegrals hängt nicht nur von den beiden Endpunkten der betrachteten Kurve ab, sondern von dem genauen Weg, der dabei zurückgelegt wurde. ○

Das Linienintegral ist additiv bezüglich einer Zerlegung von γ in Teilkurven: Werden im Anschluß an (6) für ein $c \in [a, b]$ die beiden Kurven

$$\gamma_1: \quad t \mapsto \mathbf{x}(t) \quad (a \le t \le c), \qquad \gamma_2: \quad t \mapsto \mathbf{x}(t) \quad (c \le t \le b)$$

eingeführt, so gilt

$$\int_\gamma \mathbf{K} \bullet d\mathbf{x} = \int_{\gamma_1} \mathbf{K} \bullet d\mathbf{x} + \int_{\gamma_2} \mathbf{K} \bullet d\mathbf{x}\,. \tag{8}$$

Dies folgt unmittelbar aus der Definition (7). — Wir beweisen noch die folgende Abschätzung:

(14.1) *Die Kurve γ besitze die Länge $L(\gamma)$, und für alle Punkte $\mathbf{x}$ auf der Kurve gelte $|\mathbf{K}(\mathbf{x})| \le M$. Dann ist*

$$\left|\int_\gamma \mathbf{K} \bullet d\mathbf{x}\right| \le M \cdot L(\gamma)\,.$$

⌜ Mit Hilfe der Schwarzschen Ungleichung ergibt sich nacheinander

$$\begin{aligned}\left|\int_a^b \mathbf{K}(\mathbf{x}(t)) \bullet \mathbf{x}'(t)\,dt\right| &\le \int_a^b \left|\mathbf{K}(\mathbf{x}(t)) \bullet \mathbf{x}'(t)\right| dt \le \int_a^b \left|\mathbf{K}(\mathbf{x}(t))\right| \cdot \left|\mathbf{x}'(t)\right| dt \\ &\le M \int_a^b \left|\mathbf{x}'(t)\right| dt = M \cdot L(\gamma)\,.\end{aligned}$$ ⌟

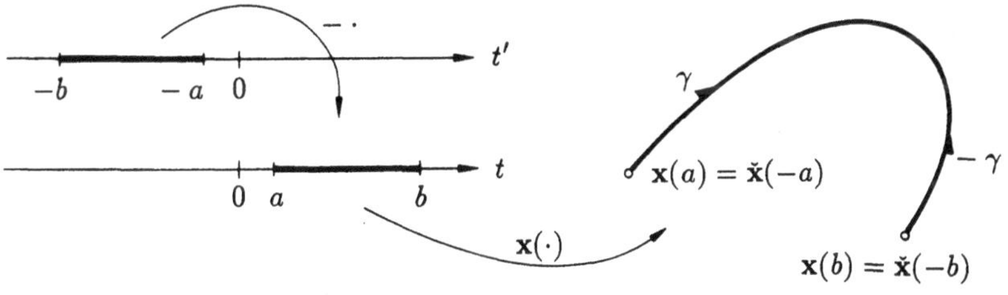

Fig. 14.1.11

Betrachte wieder die Kurve (6) mit dem Parameterintervall $[a, b]$. Die Funktion

$$t' \mapsto \check{\mathbf{x}}(t') := \mathbf{x}(-t') \qquad (-b \le t' \le -a)$$

repräsentiert die *zu γ inverse Kurve*. Anschaulich gesprochen ist das "die in umgekehrter Richtung durchlaufene Kurve γ" (siehe die Fig. 14.1.11); wir bezeichnen sie mit $-\gamma$. Man verifiziert leicht, daß die Beziehung $\gamma \mapsto -\gamma$ parameterunabhängig ist. Vor allem gilt natürlich die von der physikalischen Interpretation her naheliegende Formel

$$(14.2) \qquad \int_{-\gamma} \mathbf{K} \bullet d\mathbf{x} = -\int_{\gamma} \mathbf{K} \bullet d\mathbf{x} \,.$$

⌜ Man hat

$$\int_{-b}^{-a} \mathbf{K}(\check{\mathbf{x}}(t')) \bullet \check{\mathbf{x}}'(t')\,dt' = \int_{-b}^{-a} \mathbf{K}(\mathbf{x}(-t')) \bullet \mathbf{x}'(-t') \cdot (-1)\,dt'$$
$$= \int_{b}^{a} \mathbf{K}(\mathbf{x}(t)) \bullet \mathbf{x}'(t)\,dt = -\int_{a}^{b} \mathbf{K}(\mathbf{x}(t)) \bullet \mathbf{x}'(t)\,dt \,.$$ ⌟

Wir kommen zu einer wesentlichen Verallgemeinerung des Kurvenbegriffs, die sich aus der physikalischen Interpretation, der Zerlegungsadditivität (8) und der Regel **(14.2)** ergibt. Hierzu betrachten wir formale Summen

$$\sum_{j=1}^{s} \gamma_j \tag{9}$$

von endlich vielen stetig differenzierbaren Kurven γ_j. Zwei derartige Ausdrücke werden als *äquivalent* angesehen, wenn sie die gleichen Kurven gleich oft enthalten; gemeint ist: wenn sie sich durch endlich viele Operationen der folgenden Art ineinander überführen lassen:

(a) Permutation der γ_j,

(b) Zerlegen eines γ_j in Teilkurven bzw. die umgekehrte Operation,

(c) Entfernen bzw. Hinzufügen zweier Summanden γ, $-\gamma$,

(d) Entfernen bzw. Hinzufügen einer konstanten Kurve.

Äquivalenzklassen derartiger Summen nennen wir 1-*Ketten* oder einfach *Ketten*. Der Einfachheit halber werden wir gelegentlich auch die repräsentierenden Summen (9) als *Ketten* bezeichnen und für Ketten ebenfalls kleine griechische Buchstaben verwenden. Die *Spur* einer Kette läßt sich am besten negativ definieren: Ein Punkt $\mathbf{x} \in \mathbb{R}^n$ gehört *nicht* zur Spur von γ, wenn γ eine Darstellung (9) besitzt, bei der alle γ_j an $\mathbf{x}$ vorbeigehen. — Aufgrund dieser Definition bilden die in einer offenen Menge $\Omega \subset \mathbb{R}^n$ gelegenen Ketten eine additive Gruppe.

Mit Rücksicht auf (8) und **(14.2)** ist nun das *Linienintegral eines Vektorfeldes* **K** *längs einer Kette* γ durch folgende Vorschrift wohldefiniert: Man wählt eine beliebige Darstellung (9) von γ und setzt

$$\int_{\gamma} \mathbf{K} \bullet d\mathbf{x} := \sum_{j=1}^{s} \int_{\gamma_j} \mathbf{K} \bullet d\mathbf{x} \,.$$

Zwischen den stetig differenzierbaren Kurven (6) und den allgemeinsten Ketten (9) stehen die stückweise stetig differenzierbaren Kurven. Eine stetige Kurve

$$\gamma: \quad t \mapsto \mathbf{x}(t) \qquad (a \le t \le b)$$

heißt *stückweise stetig differenzierbar*, wenn es endlich viele Teilungspunkte t_j gibt mit

$$a = t_0 < t_1 < \ldots < t_s = b\,,$$

derart, daß die Teilkurven

$$\gamma_j: \quad t \mapsto \mathbf{x}(t) \quad (t_{j-1} \le t \le t_j) \qquad (1 \le j \le s)$$

stetig differenzierbar sind (siehe die Fig. 14.1.12). Die Teilkurven γ_j bilden zusammen die Kette $\sum_{j=1}^{s} \gamma_j$; es liegt nahe, diese Kette ebenfalls mit γ zu bezeichnen.

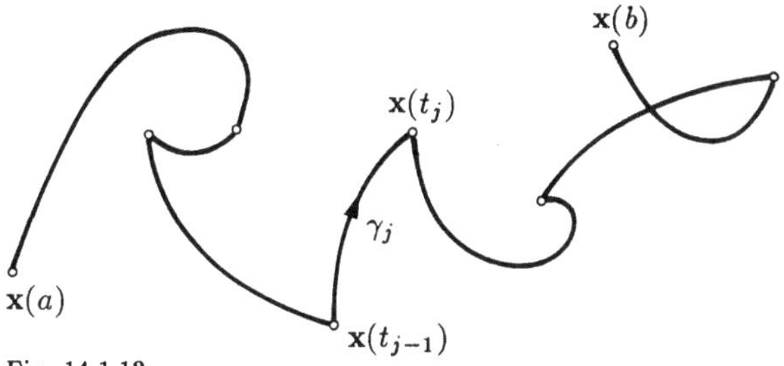

Fig. 14.1.12

Unter einer *Kurve* verstehen wir im folgenden, wenn nichts anderes gesagt ist, immer eine stückweise stetig differenzierbare Kurve. Eine Summe von geschlossenen Kurven heißt ein *Zyklus*. Man kann leicht folgendes zeigen: Eine Kette (9) ist genau dann ein Zyklus, wenn jeder Punkt $\mathbf{x} \in \mathbb{R}^n$ gleich oft als Anfangspunkt wie als Endpunkt eines γ_j auftritt.

14.2. Konservative Felder

Wir haben in Beispiel 14.1.⑤ gesehen, daß das Linienintegral eines Vektorfeldes längs verschiedenen Kurven von $\mathbf{p}$ nach $\mathbf{q}$ verschiedene Werte annehmen kann. Ein stetiges Vektorfeld $\mathbf{K}$ auf der offenen Menge $\Omega \subset \mathbb{R}^n$ heißt *konservativ* oder *exakt* (genau: *exakt modulo* Ω), wenn dieses Phänomen *nicht* auftritt, in anderen Worten, wenn die folgende Bedingung erfüllt ist:

(a) Für je zwei Kurven γ_1, γ_2 in Ω mit denselben Anfangs- und Endpunkten gilt

$$\int_{\gamma_1} \mathbf{K} \bullet d\mathbf{x} = \int_{\gamma_2} \mathbf{K} \bullet d\mathbf{x}\,.$$

Der Name "konservativ" steht mit der physikalischen Interpretation in Zusammenhang: Für konservative Vektorfelder gilt der Satz von der Erhaltung der Energie. — Die Bedingung (a) ist äquivalent mit

(b) Für alle in Ω gelegenen Zyklen γ ist

$$\int_\gamma \mathbf{K} \bullet d\mathbf{x} = 0 \,.$$

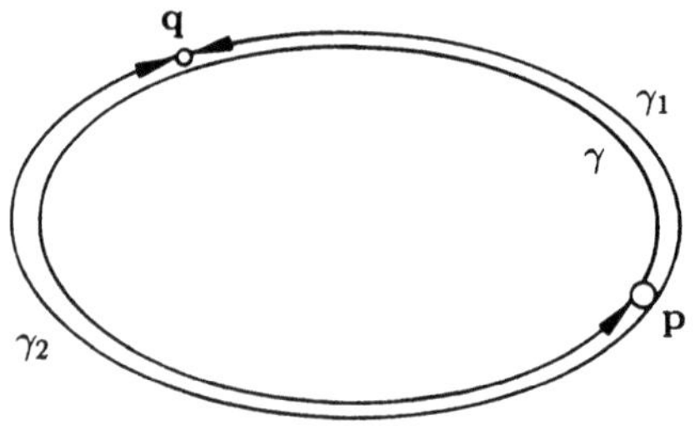

Fig. 14.2.1

⌜ (Siehe die Fig. 14.2.1.) Gilt (b) und sind γ_1, γ_2 zwei Kurven von $\mathbf{p}$ nach $\mathbf{q}$, so ist $\gamma := \gamma_1 - \gamma_2$ ein Zyklus, und aus (b) folgt aufgrund der Rechenregeln

$$\int_{\gamma_1} \mathbf{K} \bullet d\mathbf{x} - \int_{\gamma_2} \mathbf{K} \bullet d\mathbf{x} = 0 \,,$$

was zu beweisen war. — Umgekehrt: Gilt (a) und ist γ eine beliebige geschlossene Kurve in Ω, so läßt sich γ als Differenz $\gamma_1 - \gamma_2$ von zwei Verbindungskurven geeignet gewählter Punkte $\mathbf{p}$ und $\mathbf{q}$ auffassen, und mit (a) folgt

$$\int_\gamma \mathbf{K} \bullet d\mathbf{x} = \int_{\gamma_1} \mathbf{K} \bullet d\mathbf{x} - \int_{\gamma_2} \mathbf{K} \bullet d\mathbf{x} = 0 \,.$$

Hiernach verschwindet das Integral auch längs beliebigen Zyklen in Ω; somit gilt (b). ⌟

Wir kommen nun zu unserem ersten Integralsatz:

(14.3) *Es sei $f : \Omega \to \mathbb{R}$ ein C^1-Skalarfeld auf der offenen Menge $\Omega \subset \mathbb{R}^n$, und es sei γ eine beliebige Kurve in Ω mit Anfangspunkt $\mathbf{p}$ und Endpunkt $\mathbf{q}$. Dann gilt*

$$\int_\gamma \nabla f \bullet d\mathbf{x} = f(\mathbf{q}) - f(\mathbf{p}) \,.$$

In Worten: Das Linienintegral eines Gradientenfeldes längs einer beliebigen Kurve γ ist gleich der zugehörigen "Potentialdifferenz" zwischen Anfangspunkt und Endpunkt der Kurve.

⌈ Es sei zunächst

$$\gamma_1: \quad t \mapsto \mathbf{x}(t) \qquad (t_0 \le t \le t_1)$$

eine stetig differenzierbare Kurve von $\mathbf{p}_0$ nach $\mathbf{p}_1$. Der für das Linienintegral $\int_{\gamma_1} \nabla f \bullet d\mathbf{x}$ herzustellende Ausdruck $\nabla f(\mathbf{x}(t)) \bullet \mathbf{x}'(t)$ läßt sich auffassen als Ableitung der Hilfsfunktion $\phi(t) := f(\mathbf{x}(t))$. Man erhält daher

$$\begin{aligned}\int_{\gamma_1} \nabla f \bullet d\mathbf{x} &= \int_{t_0}^{t_1} \nabla f(\mathbf{x}(t)) \bullet \mathbf{x}'(t)\, dt = \int_{t_0}^{t_1} \phi'(t)\, dt = \phi(t_1) - \phi(t_0) \\ &= f(\mathbf{p}_1) - f(\mathbf{p}_0),\end{aligned}$$

und durch Summation folgt für beliebige Kurven $\gamma = \sum_{j=1}^{s} \gamma_j$ mit Anfangspunkt $\mathbf{p} =: \mathbf{p}_0$ und Endpunkt $\mathbf{q} =: \mathbf{p}_s$ die behauptete Formel:

$$\int_{\gamma} \nabla f \bullet d\mathbf{x} = \sum_{j=1}^{s} \big(f(\mathbf{p}_j) - f(\mathbf{p}_{j-1})\big) = f(\mathbf{p}_s) - f(\mathbf{p}_0) = f(\mathbf{q}) - f(\mathbf{p})\,. \quad ⌋$$

Damit ergibt sich unmittelbar das folgende Korollar:

(14.4) *Gradientenfelder von C^1-Funktionen sind konservativ.*

Als Beispiel und Anwendung beweisen wir (Fig. 14.1.2):

(14.5) *Es sei*

$$\mathbf{K}(\mathbf{x}) := K(r)\frac{\mathbf{x}}{r} \qquad (r := |\mathbf{x}| \ne 0)$$

ein stetiges Zentralfeld im $\mathbb{R}^n$. Dann ist $\mathbf{K}$ konservativ.

⌈ Es sei $V(r)$ eine Stammfunktion von $K(r)$. Wir behaupten: Die Funktion

$$f(\mathbf{x}) := V(|\mathbf{x}|)$$

ist ein *Potential* von $\mathbf{K}$, das heißt: Es gilt $\mathbf{K} = \nabla f$. Man hat nämlich

$$\frac{\partial f}{\partial x_k} = V'(r)\frac{\partial r}{\partial x_k} = K(r)\frac{x_k}{r}$$

und somit

$$\nabla f(\mathbf{x}) = K(r)\frac{\mathbf{x}}{r} = \mathbf{K}(\mathbf{x})\,. \quad ⌋$$

Von Satz **(14.4)** gilt nun auch die Umkehrung:

(14.6) *Ist* $\mathbf{K}$ *ein stetiges konservatives Vektorfeld auf der offenen Menge* $\Omega \subset \mathbb{R}^n$, *so besitzt* $\mathbf{K}$ *ein Potential, das heißt: Es gibt eine* C^1*-Funktion* $f : \Omega \to \mathbb{R}$ *mit* $\mathbf{K} = \nabla f$.

Wir werden nämlich folgendes beweisen:

(14.7) (a) *Es sei* $\mathbf{K}$ *ein stetiges konservatives Vektorfeld auf der zusammenhängenden offenen Menge* $\Omega \subset \mathbb{R}^n$, *und es sei* $\mathbf{p}_0$ *ein beliebiger, aber fester Punkt von* Ω. *Dann ist*

$$f(\mathbf{p}) := \int_{\mathbf{p}_0}^{\mathbf{p}} \mathbf{K} \cdot d\mathbf{x} \qquad (\mathbf{p} \in \Omega) \tag{1}$$

ein Potential von $\mathbf{K}$; *dabei bezeichnet* $\int_{\mathbf{p}_0}^{\mathbf{p}}$ *das Integral längs irgendeiner in* Ω *gelegenen Kurve von* $\mathbf{p}_0$ *nach* $\mathbf{p}$.

(b) *Die sämtlichen Potentiale von* $\mathbf{K}$ *auf* Ω *sind die Funktionen* $f +$ const.

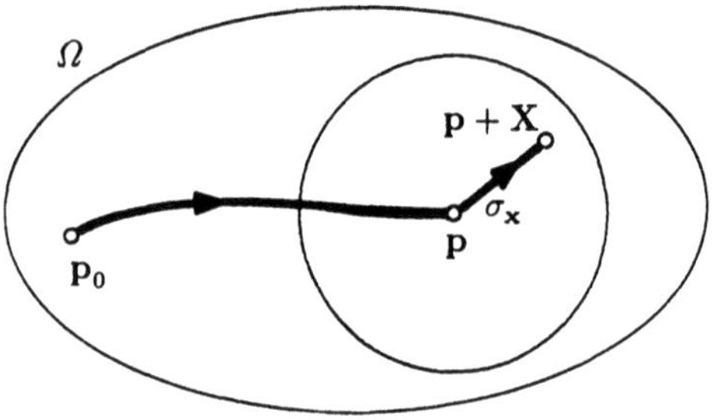

Fig. 14.2.2

⌜ Die Funktion f ist durch (1) wohldefiniert: Es gibt immer eine in Ω liegende Kurve (sogar einen Streckenzug) von $\mathbf{p}_0$ nach $\mathbf{p}$, und verschiedene solche Kurven liefern nach Voraussetzung über $\mathbf{K}$ dasselbe Integral.

Wir betrachten jetzt einen festen Punkt $\mathbf{p} \in \Omega$. Es gibt ein $\delta > 0$ derart, daß für alle $\mathbf{X}$ mit $|\mathbf{X}| < \delta$ die Verbindungsstrecke

$$\sigma_{\mathbf{X}}: \quad t \mapsto \mathbf{p} + t\mathbf{X} \qquad (0 \leq t \leq 1)$$

der Punkte $\mathbf{p}$ und $\mathbf{p} + \mathbf{X}$ ganz in Ω liegt (Fig. 14.2.2). Für solche $\mathbf{X}$ gilt nach Definition von f die Beziehung

$$f(\mathbf{p} + \mathbf{X}) = \int_{\mathbf{p}_0}^{\mathbf{p}} \mathbf{K} \cdot d\mathbf{x} + \int_{\sigma_{\mathbf{X}}} \mathbf{K} \cdot d\mathbf{x}\,;$$

wir haben daher

$$f(\mathbf{p}+\mathbf{X}) = f(\mathbf{p}) + \int_{\sigma_{\mathbf{X}}} \mathbf{K} \bullet d\mathbf{x} \qquad (|\mathbf{X}| < \delta)\,. \tag{2}$$

Die Behauptung (a) ergibt sich nun aus dem folgenden Lemma, und (b) ist eine unmittelbare Konsequenz von **(12.18)**. ┘

(14.8) *(Lemma) Gilt (2), so ist f an der Stelle $\mathbf{p}$ differenzierbar, und es ist*

$$\nabla f(\mathbf{p}) = \mathbf{K}(\mathbf{p})\,.$$

┌ Wir schreiben

$$\int_{\sigma_{\mathbf{X}}} \mathbf{K} \bullet d\mathbf{x} = \mathbf{K}(\mathbf{p}) \bullet \mathbf{X} + R(\mathbf{X})$$

und haben nun die Restgröße

$$R(\mathbf{X}) := \int_0^1 \bigl(\mathbf{K}(\mathbf{p}+t\mathbf{X}) - \mathbf{K}(\mathbf{p})\bigr) \bullet \mathbf{X}\, dt$$

zu betrachten. Nach dem Mittelwertsatz der Integralrechnung gibt es ein (von $\mathbf{X}$ abhängiges) $\tau \in [\,0,1\,]$ mit

$$R(\mathbf{X}) = \bigl(\mathbf{K}(\mathbf{p}+\tau\mathbf{X}) - \mathbf{K}(\mathbf{p})\bigr) \bullet \mathbf{X}\,,$$

und hieraus folgt nach der Schwarzschen Ungleichung

$$\frac{|R(\mathbf{X})|}{|\mathbf{X}|} \le \bigl|\mathbf{K}(\mathbf{p}+\tau\mathbf{X}) - \mathbf{K}(\mathbf{p})\bigr| \qquad (\mathbf{X} \ne \mathbf{0})\,.$$

Wegen der Stetigkeit von $\mathbf{K}$ beweist dies

$$R(\mathbf{X}) = o(|\mathbf{X}|) \qquad (\mathbf{X} \to \mathbf{0})\,;$$

wir haben daher

$$\int_{\sigma_{\mathbf{X}}} \mathbf{K} \bullet d\mathbf{x} = \mathbf{K}(\mathbf{p}) \bullet \mathbf{X} + o(|\mathbf{X}|) \qquad (\mathbf{X} \to \mathbf{0})\,.$$

Tragen wir dies in (2) ein, so ergibt sich

$$f(\mathbf{p}+\mathbf{X}) - f(\mathbf{p}) = \mathbf{K}(\mathbf{p}) \bullet \mathbf{X} + o(|\mathbf{X}|) \qquad (\mathbf{X} \to \mathbf{0})$$

und damit nach Definition des Gradienten die Behauptung des Lemmas. ┘

Für **(14.6)** müssen wir uns noch von der Voraussetzung befreien, daß Ω zusammenhängend ist. Es sei also $\Omega \subset \mathbb{R}^n$ eine beliebige offene Menge. Durch die Festsetzung

$$\mathbf{p} \sim \mathbf{q} \quad :\Leftrightarrow \quad \begin{cases} \text{Es gibt einen Streckenzug in } \Omega \text{ mit} \\ \text{Anfangspunkt } \mathbf{p} \text{ und Endpunkt } \mathbf{q} \end{cases}$$

wird auf Ω eine Äquivalenzrelation erklärt, die Ω in paarweise disjunkte *Zusammenhangskomponenten* zerlegt. Die Zusammenhangskomponenten sind zusammenhängende offene Mengen (ist $\mathbf{p}$ mit $\mathbf{q}$ verbindbar, so ist jeder Punkt einer ganzen Umgebung von $\mathbf{p}$ via $\mathbf{p}$ mit $\mathbf{q}$ verbindbar), und zwar gibt es höchstens abzählbar viele davon, da jede offene Menge Punkte mit rationalen Koordinaten enthält. — Zu jeder Zusammenhangskomponente Ω_k von Ω gibt es jetzt nach **(14.7)** ein $f_k : \Omega_k \to \mathbb{R}$ mit $\nabla f_k = \mathbf{K}{\restriction}\Omega_k$. Durch "Zusammenlegen" der f_k erhält man eine Funktion $f : \Omega \to \mathbb{R}$ mit $\nabla f = \mathbf{K}$. Damit ist **(14.6)** vollständig bewiesen.

Besteht Ω aus mehreren Komponenten, so gilt die Eindeutigkeitsaussage (b) von Satz **(14.7)** nicht mehr. Folgendes trifft hingegen zu und ist derAnfang einer langen Geschichte: Die Lösungen der homogenen ("partiellen") Differentialgleichung

$$\nabla f = 0$$

bilden einen Vektorraum $\mathcal{L}$ von (lokal konstanten) Funktionen $f : \Omega \to \mathbb{R}$. Die Dimension von $\mathcal{L}$ ist gleich der Anzahl der Zusammenhangskomponenten von Ω.

14.3. Rotation

Es sei $\mathbf{K} : \Omega \to T_\Omega$ ein C^1-Vektorfeld auf der offenen Menge $\Omega \subset \mathbb{R}^n$, und es sei γ eine geschlossene Kurve in Ω. Man nennt das Integral

$$\int_\gamma \mathbf{K} \bullet d\mathbf{x}$$

auch *Zirkulation von* $\mathbf{K}$ *längs* γ. Die Zirkulation ist besonders groß, wenn $\mathbf{K}$ längs γ durchwegs fast dieselbe Richtung wie $\mathbf{x}'(t)$ hat, so daß sich die von den einzelnen "Kurvenelementen" $d\mathbf{x}$ herrührenden Beiträge laufend kumulieren (Fig. 14.3.1). Dies ist zum Beispiel der Fall bei dem Feld

$$\mathbf{A}(x,y) := \nabla \arg(x,y) = \left(-\frac{y}{x^2+y^2}, \frac{x}{x^2+y^2}\right)$$

in der (x,y)-Ebene und einem Kreis um $(0,0)$ herum (siehe Beispiel ②). Ist $\mathbf{K}$ konservativ, so ist natürlich die Zirkulation für beliebige Zyklen γ gleich 0.

Fig. 14.3.1

Betrachte für einen Moment den Fall $n = 2$. Es sei $B \subset \Omega$ ein Rechtecksgebäude,

$$B = \bigcup_{j=1}^{N} Q_j ,$$

die Q_j fast disjunkt. Der Fig. 14.3.2 entnimmt man

$$Z(B) := \int_{\partial B} \mathbf{K} \bullet d\mathbf{x} = \sum_{j=1}^{N} \int_{\partial Q_j} \mathbf{K} \bullet d\mathbf{x} =: \sum_{j=1}^{N} Z(Q_j) ; \tag{1}$$

denn die Beiträge der im Innern von B gelegenen Kanten der Q_j heben sich heraus. Die Beziehung (1) besagt offenbar, daß sich die Gesamtzirkulation um B herum additiv auf die einzelnen Q_j verteilen läßt. Der Beitrag $Z(Q_j)$ hängt nur vom Verhalten von $\mathbf{K}$ auf Q_j ab. Ist $\mathbf{K}$ zum Beispiel homogen (das heißt: konstant) auf Q_j, so ist trivialerweise $Z(Q_j) = 0$. Hieraus folgt: $Z(Q_j)$ hängt mit der Inhomogenität von $\mathbf{K}$ auf Q_j zusammen, und diese wiederum kommt in den "Ableitungen" von $\mathbf{K}$ zum Vorschein. Alles in allem erwarten wir eine Formel der folgenden Art:

$$\int_{\partial B} \mathbf{K} \bullet d\mathbf{x} = \int_B \text{"Wirbeldichte von } \mathbf{K}\text{"}\, d\mu .$$

Wir wenden uns zunächst der "Wirbeldichte" zu. Im folgenden ist wieder $n \geq 2$ beliebig.

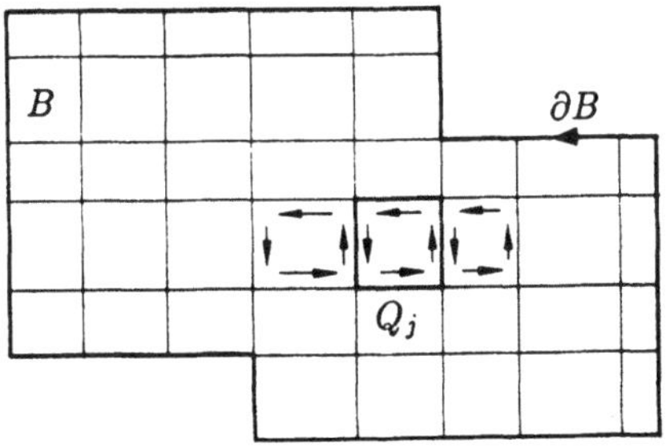

Fig. 14.3.2

Betrachte einen festen Punkt $\mathbf{p} \in \Omega$ und ein kleines, von den Vektoren $\mathbf{X}$ und $\mathbf{Y}$ aufgespanntes Parallelogramm $P \subset T_\mathbf{p}$ mit Mittelpunkt $\mathbf{p}$ (Fig. 14.3.3). Um Vorstellungen zu fixieren, denken wir uns ein $\varepsilon > 0$ vorgegeben und wählen P so klein, daß für alle Punkte $\mathbf{x} \in P$ die Abschätzung

$$\|d\mathbf{K}(\mathbf{x}) - L\| \leq \varepsilon\,, \qquad L := d\mathbf{K}(\mathbf{p}),$$

zutrifft. Nach dem Mittelwertsatz **(12.19)** gilt dann

$$\mathbf{K}(\mathbf{x}+\mathbf{X}) - \mathbf{K}(\mathbf{x}) = L.\mathbf{X} + \varepsilon|\mathbf{X}|\Theta\,,$$

sobald die beiden Punkte $\mathbf{x}$ und $\mathbf{x}+\mathbf{X}$ in P liegen; dabei berufen wir uns für den Rest der laufenden Überlegung auf die Θ-Vereinbarung: Θ bezeichnet immer ein Objekt vom Betrag ≤ 1, allerdings nicht immer dasselbe.

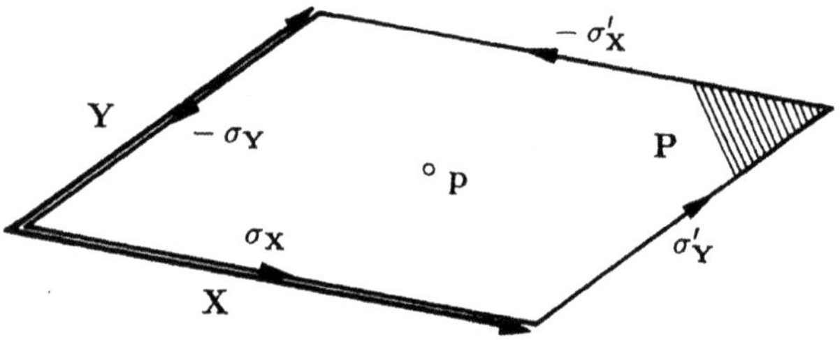

Fig. 14.3.3

Das Parallelogramm P besitzt den *Randzyklus*

$$\partial P := \sigma_\mathbf{X} + \sigma'_\mathbf{Y} - \sigma'_\mathbf{X} - \sigma_\mathbf{Y}\,. \tag{2}$$

Die Zirkulation von $\mathbf{K}$ längs ∂P berechnet sich nun folgendermaßen:

$$\begin{aligned}\int_{\partial P} \mathbf{K} \bullet d\mathbf{x} &= \int_{\sigma'_\mathbf{Y}} \mathbf{K} \bullet d\mathbf{x} - \int_{\sigma_\mathbf{Y}} \mathbf{K} \bullet d\mathbf{x} - \int_{\sigma'_\mathbf{X}} \mathbf{K} \bullet d\mathbf{x} + \int_{\sigma_\mathbf{X}} \mathbf{K} \bullet d\mathbf{x} \\ &= \int_{\sigma_\mathbf{Y}} (\mathbf{K}(\mathbf{x}+\mathbf{X}) - \mathbf{K}(\mathbf{x})) \bullet d\mathbf{x} - \int_{\sigma_\mathbf{X}} (\mathbf{K}(\mathbf{x}+\mathbf{Y}) - \mathbf{K}(\mathbf{x})) \bullet d\mathbf{x} \\ &= \int_{\sigma_\mathbf{Y}} (L.\mathbf{X} + \varepsilon|\mathbf{X}|\Theta) \bullet d\mathbf{x} - \int_{\sigma_\mathbf{X}} (L.\mathbf{Y} + \varepsilon|\mathbf{Y}|\Theta) \bullet d\mathbf{x} \\ &= (L.\mathbf{X}) \bullet \mathbf{Y} - (L.\mathbf{Y}) \bullet \mathbf{X} + 2\varepsilon|\mathbf{X}|\,|\mathbf{Y}|\,\Theta\,. \end{aligned} \tag{3}$$

Die beiden Seitenlängen $|\mathbf{X}|$ und $|\mathbf{Y}|$ sind höchstens gleich dem Durchmesser $|P|$ des betrachteten Parallelogramms. Da $\varepsilon > 0$ beliebig war, können wir daher aus (3) den folgenden Schluß ziehen:

$$\int_{\partial P} \mathbf{K} \bullet d\mathbf{x} = (L.\mathbf{X}) \bullet \mathbf{Y} - (L.\mathbf{Y}) \bullet \mathbf{X} + o(|P|^2) \qquad (|P| \to 0)\,. \tag{4}$$

Hiernach ist die Zirkulation von **K** um ein "kleines" Parallelogramm P mit Mittelpunkt **p** "in erster Näherung" eine schiefe bilineare Funktion der beiden Vektoren **X** und **Y**, die das Parallelogramm aufspannen. Diese bilineare Funktion wird im folgenden noch eine wichtige Rolle spielen. Wir nennen sie die *infinitesimale Zirkulation* oder die *Rotation* von **K** im Punkt **p** und bezeichnen sie mit Rot **K**(**p**) oder einfach mit R, wenn **K** und **p** vereinbart sind:

$$\operatorname{Rot}\mathbf{K}(\mathbf{p}):\quad \begin{cases} T_\mathbf{p}\times T_\mathbf{p} \;\to\; \mathbb{R}\,, \\ (\mathbf{X},\mathbf{Y}) \;\mapsto\; (d\mathbf{K}(\mathbf{p}).\mathbf{X})\bullet\mathbf{Y} - (d\mathbf{K}(\mathbf{p}).\mathbf{Y})\bullet\mathbf{X}\,. \end{cases}$$

Mit dieser neuen Bezeichnung haben wir anstelle von (4) die suggestive Formel

$$\textbf{(14.9)}\qquad \int_{\partial P}\mathbf{K}\bullet d\mathbf{x} = \operatorname{Rot}\mathbf{K}(\mathbf{p}).(\mathbf{X},\mathbf{Y}) + o(|P|^2)\qquad (|P|\to 0)\,.$$

Die Bilinearform R besitzt eine Matrix $[R_{ik}]$, die folgendermaßen erhalten wird:

$$\begin{aligned} R_{ik} &:= R(\mathbf{e}_i,\mathbf{e}_k) = (d\mathbf{K}.\mathbf{e}_i)\bullet\mathbf{e}_k - (d\mathbf{K}.\mathbf{e}_k)\bullet\mathbf{e}_i = \mathbf{K}_{.i}\bullet\mathbf{e}_k - \mathbf{K}_{.k}\bullet\mathbf{e}_i \\ &= K_{k.i} - K_{i.k}\,. \end{aligned}\qquad (5)$$

Ist Rot **K**(**p**) $= 0$ für alle $\mathbf{p}\in\Omega$ — gemeint ist: Gilt

$$\operatorname{Rot}\mathbf{K}(\mathbf{p}).(\mathbf{X},\mathbf{Y}) = 0 \qquad \forall\mathbf{p}\in\operatorname{dom}(\mathbf{K}),\ \forall\mathbf{X},\ \forall\mathbf{Y}\,,$$

so heißt das Feld **K** *wirbelfrei* oder *geschlossen.*

(14.10) *Ist* **K** *ein konservatives C^1-Feld auf Ω, so ist*

$$\operatorname{Rot}\mathbf{K}(\mathbf{p}) \equiv 0$$

auf Ω. In anderen Worten: Konservative Felder (= Gradientenfelder) sind wirbelfrei.

⌜ Ist **K** konservativ, so gibt es nach Satz **(14.6)** ein $f:\Omega\to\mathbb{R}$ mit $\mathbf{K} = \nabla f$, das heißt

$$K_k = \frac{\partial f}{\partial x_k}\qquad (1\le k\le n)\,.$$

Dieses f ist nach Voraussetzung über **K** von selbst zweimal stetig differenzierbar; somit gilt nach **(12.20)**

$$K_{k.i} - K_{i.k} = \frac{\partial}{\partial x_i}\Bigl(\frac{\partial f}{\partial x_k}\Bigr) - \frac{\partial}{\partial x_k}\Bigl(\frac{\partial f}{\partial x_i}\Bigr) \equiv 0\,,$$

was zu beweisen war.

Wir geben nun noch einen koordinatenfreien Beweis, der sich auf (3) stützt. Betrachte einen festen Punkt $\mathbf{p}\in\Omega$ sowie zwei beliebige, aber feste Vektoren

$\mathbf{X}$, $\mathbf{Y} \in T_\mathbf{p}$. Für beliebiges $\lambda > 0$ sei P_λ das von den Vektoren $\lambda\mathbf{X}$ und $\lambda\mathbf{Y}$ aufgespannte Parallelogramm mit Mittelpunkt $\mathbf{p}$. Da $\mathbf{K}$ konservativ ist, ergibt sich aus (3), daß für alle hinreichend kleinen λ das folgende zutrifft:

$$0 = \int_{\partial P_\lambda} \mathbf{K} \bullet d\mathbf{x} = R(\lambda\mathbf{X}, \lambda\mathbf{Y}) + \varepsilon|\lambda\mathbf{X}|\,|\lambda\mathbf{Y}|\Theta = \lambda^2\big(R(\mathbf{X}, \mathbf{Y}) + 2\varepsilon|\mathbf{X}|\,|\mathbf{Y}|\Theta\big)\ .$$

Dies ist nur möglich, wenn $|R(\mathbf{X}, \mathbf{Y})| \leq 2\varepsilon|\mathbf{X}|\,|\mathbf{Y}|$ ist; und da $\varepsilon > 0$ beliebig war, muß $R(\mathbf{X}, \mathbf{Y}) = 0$ sein. ┘

Die Umkehrung dieses Satzes wird in Abschnitt 14.8 behandelt.

Der Fall $n = 2$

In den beiden Fällen $n = 2$ und $n = 3$ gelingt es, die infinitesimale Zirkulation in besonders einfacher und "konkreter" Weise darzustellen. Hierzu benötigen wir allerdings weitere Hilfsmittel aus der linearen Algebra.

Ist der Grundraum $\mathbf{X}$ zweidimensional, so ist jede schiefe bilineare Funktion auf $\mathbf{X}$, also insbesondere die Rotation $\operatorname{Rot}\mathbf{K}(\mathbf{p}) =: R$, nach einem bekannten Satz über die Determinante ein konstantes Vielfaches der Determinantenfunktion $\varepsilon(\cdot,\cdot)$. Der konstante Faktor, der sich bei R einstellt, heißt *Wirbeldichte* oder ebenfalls *Rotation* von $\mathbf{K}$ im Punkt $\mathbf{p}$ und wird mit $\operatorname{rot}\mathbf{K}(\mathbf{p})$ bezeichnet. Es gilt also identisch in $\mathbf{X}$ und $\mathbf{Y}$:

$$R(\mathbf{X}, \mathbf{Y}) = \operatorname{rot}\mathbf{K}(\mathbf{p})\,\varepsilon(\mathbf{X}, \mathbf{Y})\,, \tag{6}$$

und **(14.9)** geht über in die die Formel

$$\int_{\partial P} \mathbf{K} \bullet d\mathbf{x} = \operatorname{rot}\mathbf{K}(\mathbf{p})\,\varepsilon(\mathbf{X}, \mathbf{Y}) + o(|P|^2) \qquad (|P| \to 0)\ . \tag{7}$$

Nun ist $|\varepsilon(\mathbf{X}, \mathbf{Y})|$ nach **(13.31)** gleich der Fläche des von $\mathbf{X}$ und $\mathbf{Y}$ aufgespannten Parallelogramms P. Die Formel (7) läßt sich daher folgendermaßen interpretieren: Für "kleine" Parallelogrammwege ∂P ist die Zirkulation

$$\int_{\partial P} \mathbf{K} \bullet d\mathbf{x}$$

in erster Näherung proportional zur umfahrenen Fläche; der Proportionalitätsfaktor ist im wesentlichen (das heißt: bis aufs Vorzeichen) die Wirbeldichte $\operatorname{rot}\mathbf{K}$.

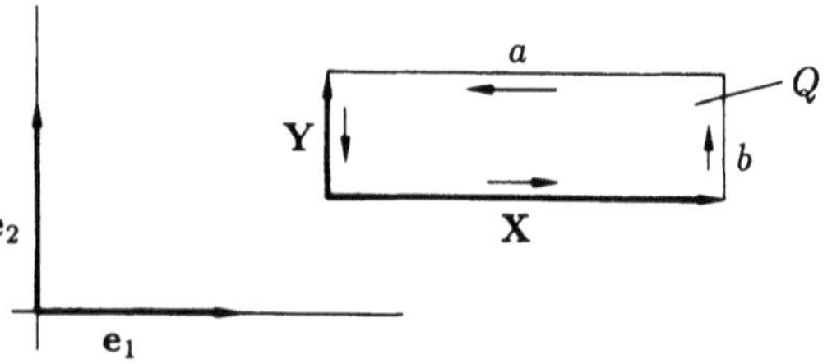

Fig. 14.3.4

An dieser Stelle kehren wir für einen Moment zu den heuristischen Betrachtungen am Anfang dieses Abschnitts, speziell zu der Formel (1), zurück. Ein achsenparalleles Rechteck Q wird aufgespannt von den beiden Vektoren $\mathbf{X} = a\,\mathbf{e}_1$ und $\mathbf{Y} = b\,\mathbf{e}_2$. Damit liefert (2) den gewünschten Umlaufssinn von ∂Q (Fig. 14.3.4); gleichzeitig ist $\varepsilon(\mathbf{X},\mathbf{Y}) = a \cdot b = \mu(Q)$. Sind die in (1) betrachteten Rechtecke Q_j hinreichend klein, so können wir (7) anwenden und erhalten die Näherung

$$Z(Q_j) := \int_{\partial Q_j} \mathbf{K} \bullet d\mathbf{x} \doteq \operatorname{rot} \mathbf{K}(\boldsymbol{\xi}_j)\, \mu(Q_j)\,,$$

wobei $\boldsymbol{\xi}_j$ einen Meßpunkt in Q_j darstellt. Hieraus folgt

$$\int_{\partial B} \mathbf{K} \bullet d\mathbf{x} = \sum_{j=1}^{N} Z(Q_j) \doteq \sum_{j=1}^{N} \operatorname{rot} \mathbf{K}(\boldsymbol{\xi}_j)\, \mu(Q_j) \doteq \int_B \operatorname{rot} \mathbf{K}\, d\mu\,,$$

so daß wir definitiv die folgende Formel vermuten:

$$\int_{\partial B} \mathbf{K} \bullet d\mathbf{x} = \int_B \operatorname{rot} \mathbf{K}\, d\mu\,.$$

Daraus müßte man nun einen richtiggehenden Satz machen. Dies wird im nächsten Abschnitt geschehen.

Für das praktische Rechnen müssen wir die Rotation durch die partiellen Ableitungen der Komponenten von $\mathbf{K}$ ausdrücken. Wir beweisen:

(14.11) *Sind (x_1, x_2) bzw. (x, y) zulässige Koordinaten in der Ebene, so ist die Rotation eines C^1-Vektorfeldes*

$$\mathbf{K}(\mathbf{x}) = \bigl(K_1(x_1,x_2), K_2(x_1,x_2)\bigr) \qquad \text{bzw.} \qquad \mathbf{K}(x,y) = \bigl(P(x,y), Q(x,y)\bigr)$$

gegeben durch

$$\operatorname{rot} \mathbf{K}(\mathbf{x}) = \frac{\partial K_2}{\partial x_1} - \frac{\partial K_1}{\partial x_2} \qquad \text{bzw.} \qquad \operatorname{rot} \mathbf{K}(x,y) = \frac{\partial Q}{\partial x} - \frac{\partial P}{\partial y}\,.$$

⌜ Für jede zulässige Basis gilt $\varepsilon(\mathbf{e}_1, \mathbf{e}_2) = 1$. Mit Hilfe von (5) und (4) erhält man daher nacheinander

$$\operatorname{rot} \mathbf{K}(\mathbf{p}) = \operatorname{rot} \mathbf{K}(\mathbf{p})\, \varepsilon(\mathbf{e}_1, \mathbf{e}_2) = R(\mathbf{e}_1, \mathbf{e}_2) = K_{2.1} - K_{1.2}\,.$$ ⌟

① Wir betrachten eine mit Winkelgeschwindigkeit $\omega > 0$ um den Ursprung rotierende zweidimensionale "Flüssigkeit". Die Absolutgeschwindigkeit eines Flüssigkeitsteilchens im Abstand r vom Ursprung beträgt ωr, das Geschwindigkeitsfeld $\mathbf{v}$ dieser Strömung ist daher gegeben durch

$$\mathbf{v}(x,y) = \omega r \Bigl(-\frac{y}{r}, \frac{x}{r}\Bigr) = \omega(-y, x)\,.$$

Hieraus folgt mit **(14.11)**:

$$\operatorname{rot} \mathbf{v}(x,y) \equiv 2\omega\,.$$

Die Wirbeldichte dieses Feldes ist also in allen Punkten (x,y) gleich groß (und ist nicht etwa im Ursprung konzentriert!). ○

Als Korollar der Sätze **(14.10)** und **(14.4)** notieren wir noch

(14.12) (a) *Ist* $\mathbf{K}$ *ein konservatives* C^1*-Feld auf einer offenen Menge* $\Omega \subset \mathbb{R}^2$*, so gilt*

$$\operatorname{rot} \mathbf{K}(\mathbf{x}) = \frac{\partial K_2}{\partial x_1} - \frac{\partial K_1}{\partial x_2} \equiv 0 \ .$$

(b) *Für jede* C^2*-Funktion* $f : \Omega \to \mathbb{R}$ *gilt*

$$\operatorname{rot} \nabla f(\mathbf{x}) \equiv 0 \ .$$

Die Aussage (b) drückt natürlich nur auf verklausulierte Weise die Vertauschbarkeit der gemischten Ableitungen aus.

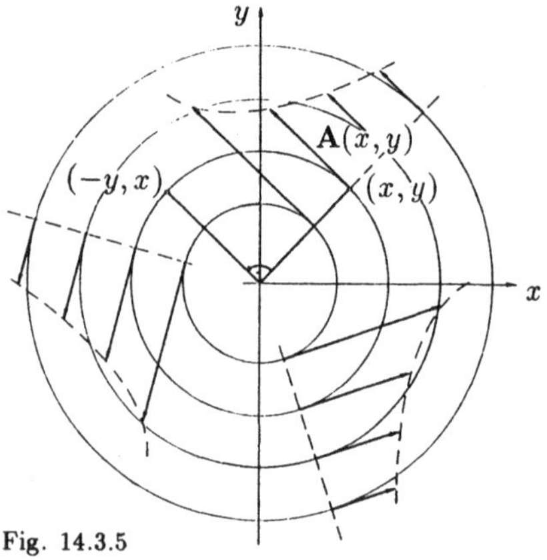

Fig. 14.3.5

② Man kann die Rotation des Feldes

$$\mathbf{A}(x,y) := \Bigl(-\frac{y}{x^2+y^2}, \frac{x}{x^2+y^2}\Bigr) \qquad \bigl((x,y) \neq (0,0)\bigr)$$

nach **(14.11)** ausrechnen und erhält $\equiv 0$. Nun ist dieses Feld (Fig. 14.3.5) nichts anderes als $\nabla \arg$ und damit in jeder offenen Halbebene

$$U := \bigl\{(x,y) \bigm| x_0 x + y_0 y > 0\bigr\}\,, \qquad (x_0, y_0) \neq (0,0)\,,$$

das Gradientenfeld einer richtiggehenden C^2-Funktion $\phi : U \to \mathbb{R}$. Dann ist aber von vorneherein klar, daß $\operatorname{rot} \mathbf{A} \equiv 0$ ist. ○

Der Fall n=3

Bei Vektorfeldern im dreidimensionalen Raum gibt **(14.9)** zu ähnlichen Konstruktionen Anlaß. Zunächst benötigen wir einen der Formel (6) entsprechenden Satz für den $\mathbb{R}^3$. Die "universelle Eigenschaft" der Funktion $\varepsilon(\cdot,\cdot)$ kommt hier dem Vektorprodukt zu:

(14.13) *Zu jeder schiefen bilinearen Funktion*

$$R: \quad \mathbb{R}^3 \times \mathbb{R}^3 \to \mathbb{R}, \qquad (\mathbf{x},\mathbf{y}) \mapsto R(\mathbf{x},\mathbf{y})$$

gibt es einen wohlbestimmten Vektor $\mathbf{r} \in \mathbb{R}^3$ *mit*

$$R(\mathbf{x},\mathbf{y}) = \mathbf{r} \bullet (\mathbf{x} \times \mathbf{y}) \qquad \forall \mathbf{x}, \forall \mathbf{y}, \tag{8}$$

und zwar ist

$$\mathbf{r} = \sum_i R(\mathbf{e}_{i+1}, \mathbf{e}_{i+2})\, \mathbf{e}_i \; .$$

(In diesem Zusammenhang gilt als vereinbart, den Index "modulo 3" zu nehmen. Es ist also $\mathbf{e}_4 := \mathbf{e}_1$ usf., und die Summe erstreckt sich über die Indexmenge $\mathbb{Z}_3$.)

⌜ Es gibt höchstens einen Vektor $\mathbf{r}$, für den die Identität (8) zutrifft. Es sei also $\mathbf{r}$ der angegebene Vektor. Aus Linearitätsgründen genügt es, zu zeigen, daß für alle k, $l \in \mathbb{Z}_3$ gilt:

$$R(\mathbf{e}_k, \mathbf{e}_l) = \mathbf{r} \bullet (\mathbf{e}_k \times \mathbf{e}_l) \; .$$

Ist $k = l$, so haben beide Seiten dieser Gleichung den Wert 0. Ferner hat man nach den Regeln der Vektorrechnung für beliebiges $j \in \mathbb{Z}_3$ die Beziehung

$$R(\mathbf{e}_{j+1}, \mathbf{e}_{j+2}) = \mathbf{r} \bullet \mathbf{e}_j = \mathbf{r} \bullet (\mathbf{e}_{j+1} \times \mathbf{e}_{j+2}) \; .$$

Aus Symmetriegründen sind damit alle Fälle erledigt. ⌟

Wir kehren nun wieder zu der Formel **(14.9)** zurück, die die Zirkulation des Feldes $\mathbf{K}$ längs eines kleinen Parallelogrammweges ∂P angibt. Der wohlbestimmte, von $\mathbf{p}$ abhängige Vektor $\mathbf{r} \in \mathbb{R}^3$, der die Funktion $\operatorname{Rot} \mathbf{K}(\mathbf{p})$ in der Form (7) darzustellen gestattet, heißt ebenfalls *Rotation von* $\mathbf{K}$ *im Punkt* $\mathbf{p}$ und wird mit $\mathbf{rot}\, \mathbf{K}(\mathbf{p})$ bezeichnet. Es gilt also identisch in $\mathbf{X}$ und $\mathbf{Y}$:

$$\operatorname{Rot} \mathbf{K}(\mathbf{p}).(\mathbf{X},\mathbf{Y}) = \mathbf{rot}\, \mathbf{K}(\mathbf{p}) \bullet (\mathbf{X} \times \mathbf{Y}) , \tag{9}$$

und **(14.9)** geht über in

$$\int_{\partial P} \mathbf{K} \bullet d\mathbf{x} = \mathbf{rot}\, \mathbf{K}(\mathbf{p}) \bullet (\mathbf{X} \times \mathbf{Y}) + o(|P|^2) \qquad (|P| \to 0) \; . \tag{10}$$

Sind $\mathbf{X}$ und $\mathbf{Y}$ linear unabhängig, so stellt

$$\mathbf{n} := \frac{\mathbf{X} \times \mathbf{Y}}{|\mathbf{X} \times \mathbf{Y}|}$$

den Normaleneinheitsvektor der von $\mathbf{X}$ und $\mathbf{Y}$ aufgespannten Ebene dar, und zwar bildet $\mathbf{n}$ mit dem vereinbarten Umlaufssinn von ∂P eine Rechtsschraube (Fig. 14.3.6). Es folgt

$$\mathbf{X} \times \mathbf{Y} = |\mathbf{X} \times \mathbf{Y}|\, \mathbf{n} = \omega(P)\, \mathbf{n}\,,$$

wobei $\omega(P)$ den Flächeninhalt des Parallelogramms P bezeichnet. Tragen wir dies in (10) ein, so ergibt sich

$$\int_{\partial P} \mathbf{K} \bullet d\mathbf{x} = \mathbf{rot}\, \mathbf{K}(\mathbf{p}) \bullet \mathbf{n}\, \omega(P) + o(|P|^2) \qquad (|P| \to 0)\,;$$

in Worten: Für einen kleinen Parallelogrammweg ∂P ist die Zirkulation in erster Näherung proportional zur umfahrenen Fläche, und der Proportionalitätsfaktor ist gleich der Komponente von $\mathbf{rot}\, \mathbf{K}(\mathbf{p})$ in Richtung der Flächennormalen.

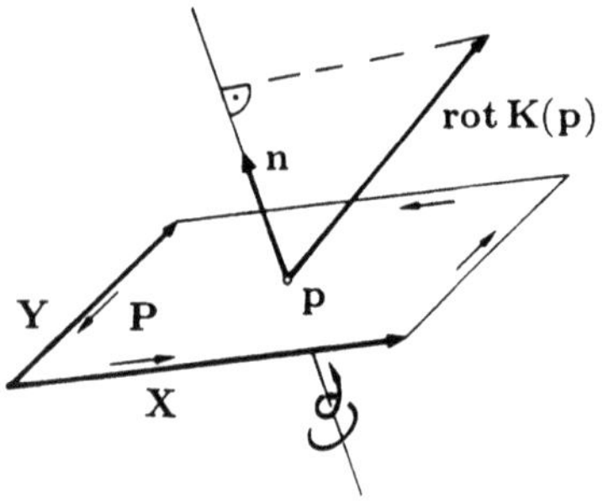

Fig. 14.3.6

③ Wir betrachten wieder das Geschwindigkeitsfeld einer um die Achse $\mathbf{e}$ durch den Ursprung rotierenden Flüssigkeit (Beispiel 14.1.②). Aus

$$\mathbf{v}(\mathbf{x}) = \vec{\omega} \times \mathbf{x}$$

folgt mit **(12.11)**(c): Für alle $\mathbf{p} \in \mathbb{R}^3$ gilt

$$d\mathbf{v}(\mathbf{p}).\mathbf{X} = \vec{\omega} \times \mathbf{X}\,.$$

Damit ergibt sich

$$\begin{aligned} R(\mathbf{X}, \mathbf{Y}) &= (d\mathbf{v}.\mathbf{X}) \bullet \mathbf{Y} - (d\mathbf{v}.\mathbf{Y}) \bullet \mathbf{X} \\ &= (\vec{\omega} \times \mathbf{X}) \bullet \mathbf{Y} - (\vec{\omega} \times \mathbf{Y}) \bullet \mathbf{X} = 2\,\varepsilon(\vec{\omega}, \mathbf{X}, \mathbf{Y}) \\ &= 2\vec{\omega} \bullet (\mathbf{X} \times \mathbf{Y})\,, \end{aligned}$$

und hieraus zieht man den folgenden Schluß:

$$\mathbf{rot}\, \mathbf{v}(\mathbf{p}) = 2\vec{\omega} \qquad \forall \mathbf{p} \in \mathbb{R}^3$$

(vgl. Beispiel ①). ○

Wie im Fall $n = 2$ die skalare Rotation wollen wir nun den Vektor $\mathbf{rot\,K}$ durch die partiellen Ableitungen der Komponenten von $\mathbf{K}$ ausdrücken:

(14.14) *Sind (x_1, x_2, x_3) bzw. (x, y, z) zulässige Koordinaten im dreidimensionalen Raum, so ist die Rotation eines C^1-Vektorfeldes*

$$\mathbf{K}(\mathbf{x}) = \big(K_1(x_1,x_2,x_3), K_2(x_1,x_2,x_3), K_3(x_1,x_2,x_3)\big)$$

bzw.

$$\mathbf{K}(x,y,z) = \big(P(x,y,z), Q(x,y,z), R(x,y,z)\big)$$

gegeben durch

$$\mathbf{rot\,K}(\mathbf{x}) = \left(\frac{\partial K_3}{\partial x_2} - \frac{\partial K_2}{\partial x_3}, \frac{\partial K_1}{\partial x_3} - \frac{\partial K_3}{\partial x_1}, \frac{\partial K_2}{\partial x_1} - \frac{\partial K_1}{\partial x_2}\right)$$

bzw.

$$\mathbf{rot\,K}(x,y,z) = \left(\frac{\partial R}{\partial y} - \frac{\partial Q}{\partial z}, \frac{\partial P}{\partial z} - \frac{\partial R}{\partial x}, \frac{\partial Q}{\partial x} - \frac{\partial P}{\partial y}\right).$$

⌜ Aufgrund von **(14.13)** und (5) erhält man für die i-te Koordinate von $\mathbf{rot\,K}(\mathbf{p})$ den Wert

$$\big(\mathbf{rotK}(\mathbf{p})\big)_i = R(\mathbf{e}_{i+1}, \mathbf{e}_{i+2}) = \frac{\partial K_{i+2}}{\partial x_{i+1}} - \frac{\partial K_{i+1}}{\partial x_{i+2}},$$

wie behauptet. ⌟

Bis jetzt war $\mathbf{p} \in \Omega$ fest. Läßt man auch $\mathbf{p}$ variieren, so wird $\mathbf{rot\,K}$ ein (von $\mathbf{K}$ "abgeleitetes") Vektorfeld. Wie wir noch sehen werden, mißt das Feld $\mathbf{rot\,K}$ in gewisser Weise die "Nichtkonservativität" von $\mathbf{K}$. Jedenfalls hat man das folgende dreidimensionale Analogon zu **(14.12)**:

(14.15) (a) *Ist $\mathbf{K}$ ein konservatives C^1-Feld auf einer offenen Menge $\Omega \subset \mathbb{R}^3$, so gilt*

$$\mathbf{rot\,K}(\mathbf{x}) \equiv \mathbf{0}.$$

(b) *Für jede C^2-Funktion $f : \Omega \to \mathbb{R}$ gilt*

$$\mathbf{rot}\,\nabla f(\mathbf{x}) \equiv \mathbf{0}.$$

Anders ausgedrückt: Es ist $\mathbf{rot} \circ \nabla = 0$.

④ Wir berechnen die Rotation eines Zentralfeldes

$$\mathbf{K}(\mathbf{x}) := K(r)\frac{\mathbf{x}}{r} \qquad (r := |\mathbf{x}| \neq 0)$$

mit stetig differenzierbarer Feldstärke $K(r)$. — Setzt man

$$\frac{K(r)}{r} =: \phi(r) \qquad (r \neq 0),$$

so besitzt $\mathbf{K}$ die Komponenten $K_i(\mathbf{x}) = \phi(r)\, x_i \ (i \in \mathbb{Z}_3)$. Hieraus ergibt sich

$$\begin{aligned} \frac{\partial K_{i+2}}{\partial x_{i+1}} - \frac{\partial K_{i+1}}{\partial x_{i+2}} &= \frac{\partial}{\partial x_{i+1}}\big(\phi(r)\, x_{i+2}\big) - \frac{\partial}{\partial x_{i+2}}\big(\phi(r)\, x_{i+1}\big) \\ &= \phi'(r)\frac{x_{i+1}}{r}\, x_{i+2} - \phi'(r)\frac{x_{i+2}}{r}\, x_{i+1} \ = 0 \end{aligned}$$

und folglich wegen **(14.14)**: $\mathbf{rot\,K} \equiv \mathbf{0}$. Dies war aufgrund von **(14.5)** und **(14.15)** zu erwarten. ○

14.4. Die Greensche Formel für ebene Bereiche

Die Formeln 14.3.(6) und (9) verknüpfen die Zirkulation eines Feldes $\mathbf{K}$ um ein "infinitesimales" Parallelogramm mit dem Wert von $\operatorname{rot}\mathbf{K}$ bzw. $\mathbf{rot\,K}$ im Innern dieses Parallelogramms. Diesen Zusammenhang wollen wir nun auch in "integraler" Form darstellen, und zwar für möglichst allgemeine zweidimensionale Bereiche B mit Randzyklus ∂B. Um derartige Bereiche, die ja ziemlich verwickelt aussehen können (Fig. 14.4.1), beweistechnisch in den Griff zu bekommen, bedienen wir uns eines von Dieudonné ersonnenen Tricks. Er bewirkt, daß wir für die Integration jeweils nur den Inhalt eines kleinen "Fensters" ins Auge fassen müssen und uns um die globale Gestalt von B und ∂B gar nicht zu kümmern brauchen.

Fig. 14.4.1

Zerlegung der Einheit

(14.16) *Es sei $B \subset \mathbb{R}^n$ eine kompakte Menge und $\big(V(\mathbf{x})\big)_{\mathbf{x}\in B}$ ein Umgebungsfeld auf B. Dann gibt es eine endliche Teilfamilie $(V_k)_{1\le k\le N}$ dieser Umgebungen und zu jedem V_k eine C^∞-Funktion $\psi_k : \mathbb{R}^n \to \mathbb{R}$, so daß folgendes zutrifft:*

(a) $0 \le \psi_k(\mathbf{x}) \le 1 \qquad (\mathbf{x} \in V_k)$,

(b) $\psi_k(\mathbf{x}) = 0 \qquad (\mathbf{x} \notin V_k)$.

(c) *Es gibt eine Umgebung Ω von B mit* $\sum_{k=1}^N \psi_k(\mathbf{x}) \equiv 1$ *auf* Ω.

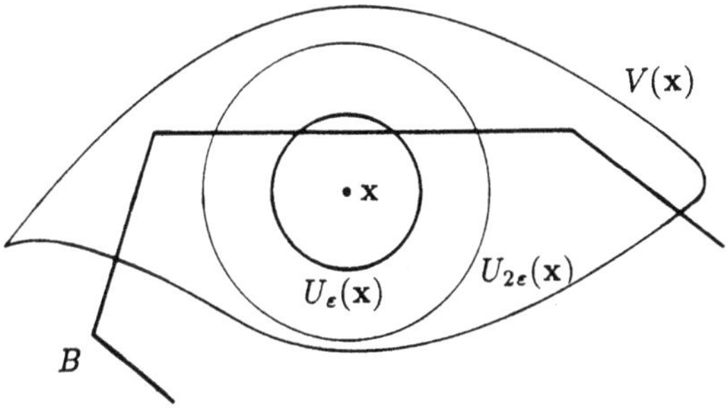

Fig. 14.4.2

⌈ Zu jedem $\mathbf{x} \in B$ gibt es ein $\varepsilon > 0$ (ε hängt von $\mathbf{x}$ ab) mit $U_{2\varepsilon}(\mathbf{x}) \subset V(\mathbf{x})$ (Fig. 14.4.2). Das Umgebungsfeld $\big(U_\varepsilon(\mathbf{x})\big)_{\mathbf{x}\in B}$ enthält nach Satz **(4.13)** eine endliche Überdeckung von B: Es gibt endlich viele Punkte $\mathbf{x}_1, \ldots, \mathbf{x}_N \in B$ mit

$$B \subset \bigcup_{k=1}^{N} U_{\varepsilon_k}(\mathbf{x}_k)$$

(das zu $\mathbf{x}_k$ gehörige ε haben wir mit ε_k bezeichnet). Setze

$$V_k := V(\mathbf{x}_k) \qquad (1 \le k \le N)\ .$$

Wir verwenden die in Beispiel 7.6.③ betrachtete C^∞-Funktion

$$f(t) := \begin{cases} e^{-1/t} & (t > 0) \\ 0 & (t \le 0) \end{cases},$$

um zunächst eine C^∞-Funktion g zu konstruieren, die zwischen $t = 1$ und $t = 2$ von 1 auf 0 abfällt und im übrigen konstant ist (Fig. 14.4.3):

$$g(t) := \frac{f(2-t)}{f(2-t) + f(t-1)}\ .$$

Mit Hilfe von g bilden wir anschließend die in derselben Figur dargestellten "Buckelfunktionen"

$$\rho_\varepsilon : \quad \mathbb{R}^n \to [0,1], \qquad \rho_\varepsilon(\mathbf{x}) := g(|\mathbf{x}|/\varepsilon) .$$

Die C^∞-Funktionen

$$\phi_k(\mathbf{x}) := \rho_{\varepsilon_k}(\mathbf{x} - \mathbf{x}_k)$$

nehmen somit nur Werte im Intervall $[0,1]$ an, und zwar ist $\phi_k(\mathbf{x}) \equiv 1$ auf $U_{\varepsilon_k}(\mathbf{x}_k)$ und $\equiv 0$ außerhalb $V_k \supset U_{2\varepsilon_k}(\mathbf{x}_k)$.

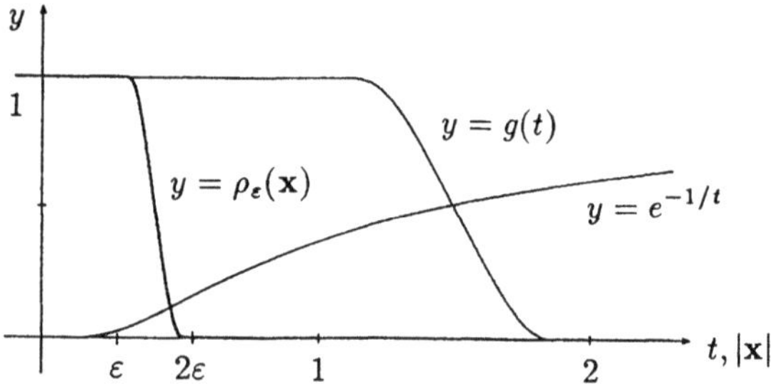

Fig. 14.4.3

Wir benötigen noch die weitere Hilfsfunktion

$$\phi_*(\mathbf{x}) := \prod_{k=1}^{N} (1 - \phi_k(\mathbf{x}))$$

mit den folgenden Eigenschaften:

— Für alle $\mathbf{x} \in \mathbb{R}^n$ gilt $0 \leq \phi_*(\mathbf{x}) \leq 1$.

— Auf der offenen Menge $\Omega := \bigcup_{k=1}^N U_{\varepsilon_k}(\mathbf{x}_k) \supset B$ gilt $\phi_*(\mathbf{x}) \equiv 0$.

— In den Punkten $\mathbf{x} \in \mathbb{R}^n$, wo alle $\phi_k(\mathbf{x})$ verschwinden, gilt $\phi_*(\mathbf{x}) = 1$.

Man überzeugt sich nun leicht davon, daß die Funktionen

$$\psi_k(\mathbf{x}) := \frac{\phi_k(\mathbf{x})}{\phi_*(\mathbf{x}) + \sum_{l=1}^N \phi_l(\mathbf{x})} \qquad (1 \leq k \leq N)$$

die gestellten Anforderungen (a)–(c) erfüllen. ┘

Das in diesem Satz konstruierte Funktionensystem $(\psi_k)_{1\leq k\leq n}$ heißt eine zur Überdeckung $\big(V(\mathbf{x})\big)_{\mathbf{x}\in B}$ gehörige *Zerlegung der Einheit*.

Glatt berandete Bereiche

Eine kompakte Menge $B \subset \mathbb{R}^2$ heißt ein *glatt berandeter Bereich*, wenn es eine Kette $\gamma = \sum_{j=1}^{s} \gamma_j$ gibt, so daß folgendes zutrifft (siehe die Fig. 14.4.4):

(I) Die Spuren der γ_j haben höchstens Anfangs- bzw. Endpunkte gemeinsam und bilden zusammen die Randmenge ∂B.

(II) Zu jedem Randpunkt $\mathbf{p}$ von B gibt es zulässige Koordinaten (x, y) mit Ursprung in $\mathbf{p}$, ein rechteckiges Fenster $W := [-a, a] \times [-b, b]$ und eine C^1-Funktion $\phi : [-a, a] \to [-b, b]$ derart, daß (a) der in W liegende Teil von B gegeben ist durch

$$B \cap W = \{(x, y) \mid -a \le x \le a\,,\ \phi(x) \le y \le b\}$$

und (b) der in W liegende Teil von γ durch

$$\gamma_W : \quad x \mapsto (x, \phi(x)) \qquad (-a \le x \le a)\,.$$

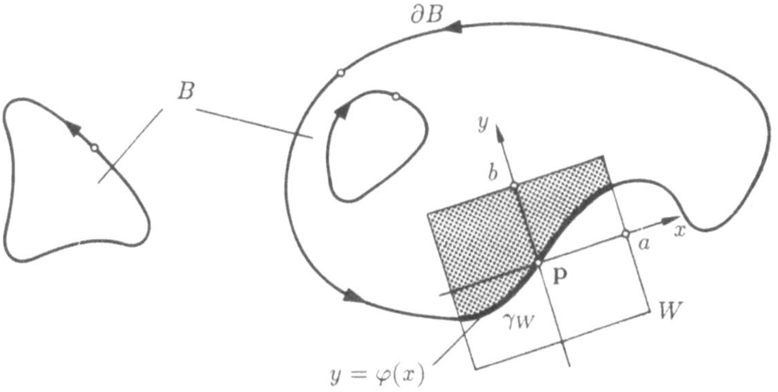

Fig. 14.4.4

Die Bedingung (b) ist eine anschauliche Umschreibung des eigentlich intendierten Sachverhalts (b′): Für Vektorfelder $\mathbf{K}$ auf B, die außerhalb W identisch verschwinden, gilt

$$\int_\gamma \mathbf{K} \cdot d\mathbf{z} = \int_{\gamma_W} \mathbf{K} \cdot d\mathbf{z}\,. \tag{1}$$

Ist $\mathbf{p}$ Endpunkt von γ_j, so muß $\mathbf{p}$ gleichzeitig Anfangspunkt genau eines $\gamma_{j'}$ sein, wenn anders (I) gelten soll. Hieraus schließt man, daß γ ein Zyklus ist. Man nennt γ den *Randzyklus* von B und bezeichnet ihn ebenfalls mit ∂B. Der Randzyklus geht, anschaulich gesprochen, einmal in positivem Sinn um B herum (siehe Satz **(14.19)**); das Innere von B liegt zur Linken von ∂B.

Wir kommen nun zu der *Greenschen Formel*, zunächst für glatt berandete Bereiche:

(14.17) *Es sei* $\mathbf{K} = (P, Q)$ *ein* C^1*-Vektorfeld auf der offenen Menge* $\Omega \subset \mathbb{R}^2$, *und es sei* $B \subset \Omega$ *ein glatt berandeter Bereich mit Randzyklus* ∂B. *Dann gilt*

$$\int_{\partial B} \mathbf{K} \bullet d\mathbf{z} = \int_B \operatorname{rot} \mathbf{K}\, d\mu$$

oder, in Koordinaten ausgedrückt:

$$\int_{\partial B} (P\, dx + Q\, dy) = \int_B (Q_x - P_y)\, d\mu\ .$$

⌈ Das Innere einer Menge $A \subset \mathbb{R}^n$ bezeichnen wir im folgenden mit A°. — Jeder innere Punkt von B ist Mittelpunkt eines rechteckigen Fensters, das noch ganz in B° liegt, und jeder Randpunkt von B ist Mittelpunkt eines Fensters gemäß (II), das noch ganz in Ω liegt. Wir denken uns für jeden Punkt $\mathbf{z} \in B$ ein Fenster $W_\mathbf{z}$ des einen oder andern Typs festgelegt. Die Familie $(W_\mathbf{z}^\circ)_{\mathbf{z} \in B}$ ist ein Umgebungsfeld auf B. Nach Satz **(14.16)** gibt es daher endlich viele Fenster $W_k := W_{\mathbf{z}_k}$ $(1 \leq k \leq N)$ mit

$$B \subset \bigcup_{k=1}^N W_k^\circ$$

und eine zugehörige Zerlegung der Einheit $(\psi_k)_{1 \leq k \leq N}$. Setzen wir

$$\psi_k \mathbf{K} =: \mathbf{K}_k \qquad (1 \leq k \leq N)\,,$$

so gilt in einer Umgebung von B die Identität

$$\mathbf{K}(\mathbf{z}) \equiv \sum_{k=1}^N \mathbf{K}_k(\mathbf{z})\ .$$

Es genügt daher, die behauptete Formel für jedes einzelne $\mathbf{K}_k$ zu beweisen. Da $\mathbf{K}_k$ außerhalb des Fensters W_k identisch verschwindet, gilt

$$\int_{\partial B} \mathbf{K}_k \bullet d\mathbf{z} = \begin{cases} \displaystyle\int_{\gamma W_k} \mathbf{K}_k \bullet d\mathbf{z} & (W_k \text{ ein Randfenster}) \\ 0 & (W_k \text{ ein inneres Fenster}) \end{cases}$$

(vgl. (b′)) und

$$\int_B \operatorname{rot} \mathbf{K}_k\, d\mu = \int_{B \cap W_k} \operatorname{rot} \mathbf{K}_k\, d\mu\ .$$

Wir können den Index k im weiteren unterdrücken und haben demnach folgendes zu beweisen:

$$\int_{B \cap W} \operatorname{rot} \mathbf{K}\, d\mu = \begin{cases} \int_{\gamma W} \mathbf{K} \bullet d\mathbf{z} & (W \text{ ein Randfenster}) \\ 0 & (W \text{ ein inneres Fenster}); \end{cases} \tag{2}$$

dabei dürfen wir voraussetzen, daß $\mathbf{K}$ auf ∂W identisch verschwindet. Ist W ein inneres Fenster, so setzen wir $\phi(x) :\equiv -b$. Dann gilt in jedem Fall

$$B \cap W = \{(x,y) \mid -a \le x \le a\,,\ \phi(x) \le y \le b\}\ .$$

Wegen $\operatorname{rot}\mathbf{K} = Q_x - P_y$ haben wir daher

$$\int_{B\cap W} \operatorname{rot}\mathbf{K}\,d\mu = \int_{-a}^{a}\int_{\phi(x)}^{b} Q_x\,dy\,dx - \int_{-a}^{a}\int_{\phi(x)}^{b} P_y\,dy\,dx\ . \tag{3}$$

Die beiden Summanden rechts müssen getrennt behandelt werden. Einerseits ist

$$-\int_{\phi(x)}^{b} P_y\,dy = -P(x,b) + P\big(x,\phi(x)\big) = P\big(x,\phi(x)\big)\ ,$$

da P auf ∂W verschwindet. Damit wird

$$-\int_{-a}^{a}\int_{\phi(x)}^{b} P_y\,dy\,dx = \int_{-a}^{a} P\big(x,\phi(x)\big)\,dx\ .$$

Anderseits liefert die Leibnizsche Regel "mit Extras" **(12.15)**:

$$\int_{\phi(x)}^{b} Q_x(x,y)\,dy = \frac{d}{dx}\Big(\int_{\phi(x)}^{b} Q(x,y)\,dy\Big) + Q\big(x,\phi(x)\big)\phi'(x)\ .$$

Integrieren wir dies nach x von $-a$ bis a, so ergibt sich

$$\begin{aligned}\int_{-a}^{a}\int_{\phi(x)}^{b} Q_x\,dy\,dx &= \int_{\phi(a)}^{b} Q(a,y)\,dy - \int_{\phi(-a)}^{b} Q(-a,y)\,dy\\ &\quad + \int_{-a}^{a} Q\big(x,\phi(x)\big)\phi'(x)\,dx\ .\end{aligned}$$

Da $\mathbf{K}$ auf ∂W verschwindet, sind hier die beiden ersten Summanden rechter Hand gleich 0. — Setzen wir die erhaltenen Teilergebnisse in (3) ein, so ergibt sich insgesamt:

$$\begin{aligned}\int_{B\cap W} \operatorname{rot}\mathbf{K}\,d\mu &= \int_{-a}^{a} \Big(P\big(x,\phi(x)\big)\cdot 1 + Q\big(x,\phi(x)\big)\phi'(x)\Big)\,dx\\ &= \int_{\gamma_W} \mathbf{K}\bullet d\mathbf{z}\ .\end{aligned}$$

Für ein Randfenster ist das schon (2). Ist W ein inneres Fenster, so ist $\mathbf{K}$ längs $\gamma_W : x \mapsto (x,-b)$ identisch 0, und die rechte Seite ist trivialerweise gleich 0. ⌟

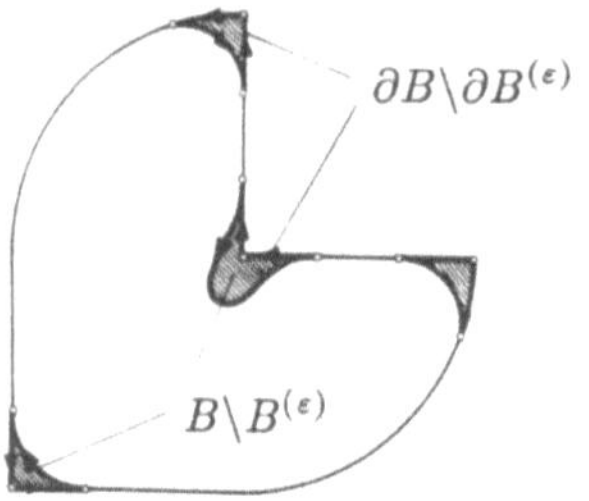

Fig. 14.4.5

Zulässige Bereiche

Mit **(14.17)** ist die Greensche Formel zum Beispiel für eine Ellipse mit zwei kreisförmigen Löchern oder den Bereich der Fig. 14.4.1 bewiesen, nicht aber für einen so einfachen Bereich wie ein Rechteck. Für die Gültigkeit der Greenschen Formel ist es nun in Wirklichkeit nicht notwendig, daß B glatt berandet ist: Es genügt, wenn sich B durch glatt berandete Bereiche approximieren läßt.

Eine kompakte Menge $B \subset \mathbb{R}^2$ heißt ein *zulässiger Bereich*, und der Zyklus $\sum_{j=1}^{s} \gamma_j =: \partial B$ heißt *Randzyklus* von B, wenn der folgende Sachverhalt zutrifft (siehe die Fig. 14.4.5):

(I) Die Spuren der γ_j bilden zusammen die Randmenge von B.

(II) Zu jedem $\varepsilon > 0$ gibt es einen glatt berandeten Bereich $B^{(\varepsilon)} \subset B$ mit Randzyklus $\partial B^{(\varepsilon)}$ derart, daß das Maß der Differenz $B \setminus B^{(\varepsilon)}$ und die totale Länge der in die Differenz $\partial B - \partial B^{(\varepsilon)}$ eingehenden Kurven je $< \varepsilon$ sind.

Hiernach sind zum Beispiel beliebige polygonale Bereiche zulässig und besitzen einen Randzyklus, da sich die Ecken eines derartigen Bereiches durch die approximierenden $B^{(\varepsilon)}$ abrunden lassen.

① Der von den beiden logarithmischen Spiralen γ_+, γ_- und dem Kreisbogen γ begrenzte Bereich der Fig. 14.10.3 besitzt den Randzyklus $\partial B = \gamma - \gamma_+ + \gamma_-$. ○

Die endgültige Fassung des Greenschen Satzes für ebene Bereiche lautet nunmehr:

(14.18) *Es sei* $\mathbf{K} = (P, Q)$ *ein* C^1*-Vektorfeld auf der offenen Menge* $\Omega \subset \mathbb{R}^2$, *und es sei* $B \subset \Omega$ *ein zulässiger Bereich mit Randzyklus* ∂B. *Dann gilt*

$$\int_{\partial B} \mathbf{K} \bullet d\mathbf{z} = \int_B \operatorname{rot} \mathbf{K}\, d\mu$$

oder, in Koordinaten ausgeschrieben:

$$\int_{\partial B} (P\,dx + Q\,dy) = \int_B (Q_x - P_y)\, d\mu\,.$$

In Worten: Die Zirkulation von **K** *längs* ∂B *ist gleich dem Integral der Wirbeldichte von* **K** *über* B.

⌜ Es gibt eine Konstante $M > 0$ mit

$$|\mathbf{K}(\mathbf{z})| \le M\,, \quad |\operatorname{rot}\mathbf{K}(\mathbf{z})| \le M \qquad (\mathbf{z} \in B)\,.$$

Ist jetzt ein $\varepsilon > 0$ vorgegeben und $B^{(\varepsilon)}$ ein glatt berandeter Bereich, der B wie verlangt approximiert, so gelten nach **(14.1)** und **(13.18)** die beiden Abschätzungen

$$\left|\int_{\partial B} \mathbf{K} \bullet d\mathbf{z} - \int_{\partial B^{(\varepsilon)}} \mathbf{K} \bullet d\mathbf{z}\right| \le M \cdot L\bigl(\partial B - \partial B^{(\varepsilon)}\bigr) < M\varepsilon$$

und

$$\left|\int_{B} \operatorname{rot}\mathbf{K}\,d\mu - \int_{B^{(\varepsilon)}} \operatorname{rot}\mathbf{K}\,d\mu\right| \le M\,\mu\bigl(B \setminus B^{(\varepsilon)}\bigr) < M\varepsilon\,.$$

Da die beiden auf $B^{(\varepsilon)}$ bezüglichen Integrale nach **(14.17)** übereinstimmen, folgt hieraus

$$\left|\int_{\partial B} \mathbf{K} \bullet d\mathbf{z} - \int_{B} \operatorname{rot}\mathbf{K}\,d\mu\right| < 2M\varepsilon\,;$$

und da $\varepsilon > 0$ beliebig war, ergibt sich die Behauptung. ⌟

② Es soll die Zirkulation des Feldes

$$\mathbf{K}(x,y) := (-x^2y + x^3, xy^2 - y^3)$$

um das Dreieck

$$\Delta := \bigl\{(x,y) \bigm| x \ge 0,\ y \ge 0,\ x + y \le 2\bigr\}$$

herum berechnet werden. — Es ist

$$\operatorname{rot}\mathbf{K} = Q_x - P_y = y^2 + x^2\,;$$

mit **(14.18)** und unter Ausnutzung der Symmetrie folgt daher

$$\begin{aligned}\int_{\partial\Delta} \mathbf{K} \bullet d\mathbf{z} &= \int_\Delta (x^2 + y^2)\,d\mu = 2\int_\Delta x^2\,d\mu = 2\int_0^2 \int_0^{2-x} x^2\,dy\,dx \\ &= 2\int_0^2 (2x^2 - x^3)\,dx = \frac{8}{3}\,.\end{aligned}$$

○

Anwendungen der Greenschen Formel

Wir betrachten das Gradientenfeld der Argumentfunktion:

$$\mathbf{A}(x,y) := \left(-\frac{y}{x^2+y^2}, \frac{x}{x^2+y^2}\right) \qquad \bigl((x,y) \neq (0,0)\bigr)\ .$$

Ist $U := \bigl\{(x,y) \bigm| x_0 x + y_0 y > 0\bigr\}$ eine beliebige offene Halbebene, $\phi(\cdot) : U \to \mathbb{R}$ ein stetiges Argument auf U und

$$\gamma : t \mapsto \mathbf{z}(t) \qquad (a \leq t \leq b)$$

eine beliebige Kurve in U mit Anfangspunkt $\mathbf{p}$ und Endpunkt $\mathbf{q}$, so folgt aus Satz **(14.3)**:

$$\int_\gamma \mathbf{A} \bullet d\mathbf{z} = \phi(\mathbf{q}) - \phi(\mathbf{p})\ ;$$

in Worten: Das Integral

$$\int_\gamma \mathbf{A} \bullet d\mathbf{z} \tag{4}$$

mißt die Zunahme des Arguments längs γ.

Es sei nun $\gamma = \sum_{j=1}^{s} \gamma_j$ eine beliebige Kurve oder gar Kette, die nicht durch den Ursprung geht. Wir dürfen annehmen, daß jedes

$$\gamma_j : \quad t \mapsto \mathbf{z}_j(t) \qquad (a_j \leq t \leq b_j)$$

in einer Halbebene U_j liegt. Dann gilt

$$\int_\gamma \mathbf{A} \bullet d\mathbf{z} = \sum_{j=1}^{s} \int_{\gamma_j} \mathbf{A} \bullet d\mathbf{z} = \sum_{j=1}^{s} \Bigl(\phi_j(\mathbf{z}(b_j)) - \phi_j(\mathbf{z}(a_j))\Bigr)\ , \tag{5}$$

wobei $\phi_j : U_j \to \mathbb{R}$ ein stetiges Argument auf U_j darstellt. Wir sehen, daß sich das Integral (4) auch in diesem allgemeineren Fall als totale Zunahme des Arguments längs γ auffassen läßt.

Ist γ speziell ein Zyklus, so gibt es eine Permutation

$$\sigma : \quad [1..s] \to [1..s]\ , \qquad j \mapsto j' := \sigma(j)$$

mit $\mathbf{z}_j(b_j) = \mathbf{z}_{j'}(a_{j'})$. Für die zugehörigen Posten in der Summe (5) gilt daher

$$\phi_j\bigl(\mathbf{z}(b_j)\bigr) - \phi_{j'}\bigl(\mathbf{z}(a_{j'})\bigr) \ \in\ 2\pi\,\mathbb{Z}\ ;$$

und folglich ist dann auch die Summe (5) ein ganzzahliges Vielfaches von 2π. Diese Feststellung legt folgende Definition nahe: Es sei γ ein beliebiger Zyklus in der Ebene, der nicht durch den Ursprung geht. Dann heißt die ganze Zahl

$$N(\gamma, \mathbf{0}) := \frac{1}{2\pi} \int_\gamma \mathbf{A} \bullet d\mathbf{z}$$

die *Umlaufszahl von* γ *um* $\mathbf{0}$. Die Umlaufszahl um einen beliebigen Punkt $\mathbf{c} = (a, b)$, der nicht auf γ liegt, ist sinngemäß erklärt: Man definiert das Feld

$$\mathbf{A_c}(x,y) := \left(-\frac{y-b}{(x-a)^2+(y-b)^2}, \frac{x-a}{(x-a)^2+(y-b)^2} \right)$$

und setzt

$$N(\gamma, \mathbf{c}) := \frac{1}{2\pi} \int_\gamma \mathbf{A_c} \bullet d\mathbf{z} \; . \tag{6}$$

Wir beweisen:

(14.19) *Der Randzyklus* ∂B *eines zulässigen Bereiches* $B \subset \mathbb{R}^2$ *hat um jeden inneren Punkt von* B *die Umlaufszahl* 1, *um jeden Punkt außerhalb* B *die Umlaufszahl* 0.

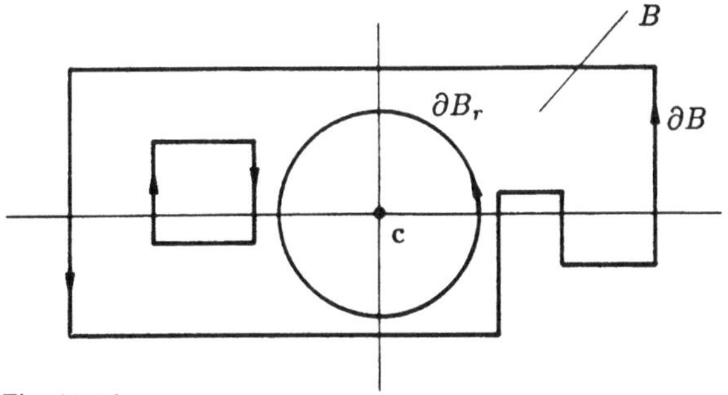

Fig. 14.4.6

⌜ Es sei zunächst $\mathbf{c}$ ein Punkt im Äußeren von B; wir können ohne Einschränkung der Allgemeinheit annehmen: $\mathbf{c} := \mathbf{0}$. Dann ist das Feld $\mathbf{A}$ in einer ganzen Umgebung von B stetig differenzierbar und überdies wirbelfrei, siehe Beispiel 14.3.②. Damit ergibt sich ohne weiteres

$$N(\partial B, \mathbf{c}) = \frac{1}{2\pi} \int_{\partial B} \mathbf{A} \bullet d\mathbf{z} = \frac{1}{2\pi} \int_B \operatorname{rot} \mathbf{A} \, d\mu = 0 \; .$$

Es sei jetzt $\mathbf{c} := \mathbf{0}$ ein innerer Punkt von B. Dann gibt es ein $r > 0$, so daß die abgeschlossene Kreisscheibe B_r um $\mathbf{0}$ noch ganz in B° liegt (Fig. 14.4.6). Die Differenzmenge $B' := B \setminus B_r^\circ$ ist ein zulässiger Bereich mit Randzyklus $\partial B' = \partial B - \partial B_r$, und der Nullpunkt liegt im Äußeren von B'. Nach dem schon Bewiesenen ist daher

$$N(\partial B, \mathbf{0}) = \frac{1}{2\pi} \int_{\partial B} \mathbf{A} \bullet d\mathbf{z} = \frac{1}{2\pi} \left(\int_{\partial B'} \mathbf{A} \bullet d\mathbf{z} + \int_{\partial B_r} \mathbf{A} \bullet d\mathbf{z} \right) = 0 + 1 = 1 \, ,$$

wobei $N(\partial B_r, \mathbf{0}) = 1$ wohl unbestritten ist. ⌟

Die Umlaufszahl ist ein überaus wichtiges Instrument in der komplexen Analysis. Sie erscheint dort in der Form

$$N(\gamma, c) = \frac{1}{2\pi i}\int_\gamma \frac{dz}{z-c} .$$

Zu zeigen, daß dies mit (6) äquivalent ist, überlassen wir dem Leser als Aufgabe 14.15. — Wir werden in Abschnitt 14.9 auf die Umlaufszahl zurückkommen.

Als nächstes behandeln wir die sogenannten *Flächenformeln*, die den Flächeninhalt eines zulässigen Bereiches B als Umlaufsintegral darstellen. Diese Formeln sind vor allem dann hilfreich, wenn B durch eine Parameterdarstellung von ∂B festgelegt ist.

(14.20) *Ist B ein zulässiger Bereich in der (x,y)-Ebene, so gilt*

$$\mu(B) = \begin{cases} \displaystyle\int_{\partial B} x\,dy , \\ \displaystyle -\int_{\partial B} y\,dx , \\ \displaystyle \frac{1}{2}\int_{\partial B} (x\,dy - y\,dx) . \end{cases}$$

⌜ Betrachte für ein festes $\alpha \in \mathbb{R}$ das Feld

$$\big(P(x,y), Q(x,y)\big) := \big(-\alpha y,\ (1-\alpha)x\big)$$

mit der konstanten Rotation $\operatorname{rot}(P,Q) = Q_x - P_y \equiv 1$. Die Greensche Formel **(14.18)** liefert in diesem Fall

$$\begin{aligned}\mu(B) &= \int_B \operatorname{rot}(P,Q)\,d\mu = \int_{\partial B} (P\,dx + Q\,dy) \\ &= -\alpha \int_{\partial B} y\,dx \,+\, (1-\alpha)\int_{\partial B} x\,dy .\end{aligned}$$

Setzt man rechter Hand nacheinander $\alpha := 0,\ 1,\ \frac{1}{2}$, so entstehen gerade die drei behaupteten Formeln. ⌟

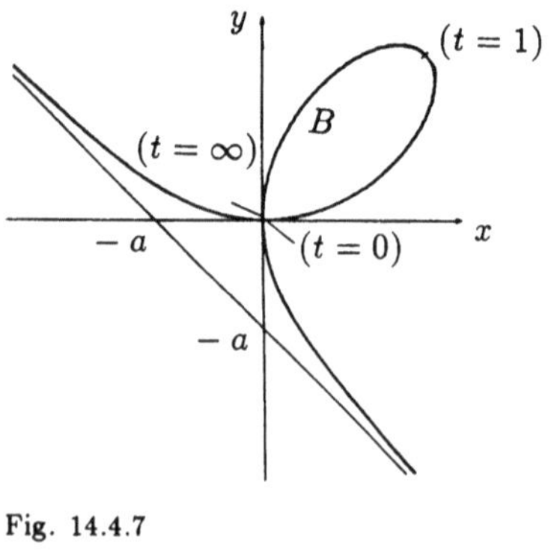

Fig. 14.4.7

③ Die in der Fig. 14.4.7 dargestellte Kurve heißt *Descartessches Blatt*; ihre Punkte genügen der Gleichung $x^3+y^3 = 3axy$. Die Kurve läßt sich produzieren mit Hilfe der Parameterdarstellung

$$\left.\begin{aligned} x(t) &:= \frac{3at}{t^3+1} \\ y(t) &:= \frac{3at^2}{t^3+1} \end{aligned}\right\} \qquad (-\infty \le t \le \infty),$$

wobei natürlich $x(\pm\infty) = y(\pm\infty) := 0$ gesetzt wird. Um den Flächeninhalt der zum Parameterintervall $[0,\infty]$ gehörigen Schleife B zu bestimmen, berechnen wir zunächst

$$x(t)y'(t) - x'(t)y(t) = x^2(t)\Bigl(\frac{y(t)}{x(t)}\Bigr)' = \frac{9a^2t^2}{(t^3+1)^2}\cdot 1 .$$

Mit Hilfe der dritten Formel **(14.20)** erhalten wir dann

$$\begin{aligned} \mu(B) &= \frac{1}{2}\int_0^\infty \bigl(x(t)y'(t) - x'(t)y(t)\bigr)\,dt = \frac{3a^2}{2}\int_0^\infty \frac{3t^2}{(t^3+1)^2}\,dt \\ &= \frac{3a^2}{2}\int_1^\infty \frac{1}{u^2}\,du = \frac{3a^2}{2} . \end{aligned}$$

(Wenn wir hier ein unendliches Parameterintervall verwendet haben, so diente das nur zur Vereinfachung der Rechnung. Die Parametertransformation $t := (1+\bar t)/(1-\bar t)$ macht die Schleife zum Bild des $\bar t$-Intervalles $[-1,1]$.) ○

Unsere nächste Anwendung der Greenschen Formel gehört eigentlich zur Theorie der komplex differenzierbaren Funktionen in der z-Ebene, $z = x + iy$, und ist durch Trennung von Real- und Imaginärteil künstlich in die Vektoranalysis hinübergezogen worden. Es geht um den Wert von gewissen uneigentlichen Integralen, die in Kapitel 16 eine wichtige Rolle spielen. In Beispiel 13.2.④ haben wir das Integral $\int_{-\infty}^{\infty} e^{-x^2}\,dx$ berechnet zu $\sqrt{\pi}$. Hieraus folgt ohne weiteres

$$\int_{-\infty}^{\infty} e^{-x^2/2}\,dx = \sqrt{2\pi}\,, \tag{7}$$

und dies ist der Fall $\lambda = 0$ der viel allgemeineren Formel

(14.21)
$$\int_{-\infty}^{\infty} e^{-x^2/2}\cos(\lambda x)\,dx = \sqrt{2\pi}e^{-\lambda^2/2} \qquad (\lambda\in\mathbb{R}),$$

die nun bewiesen werden soll.

⌜ Wir betrachten das Feld

$$(P,Q) := e^{(y^2-x^2)/2}\bigl(\cos(xy),\ \sin(xy)\bigr)$$

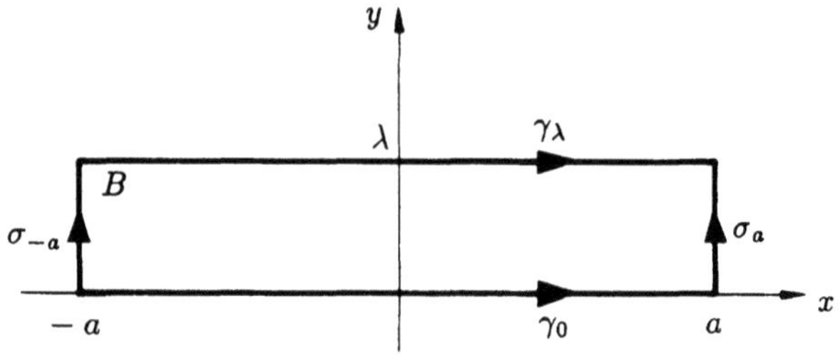

Fig. 14.4.8

in der (x, y)-Ebene. Wie man leicht verifiziert, ist

$$Q_x = P_y = \bigl(-x\sin(xy) + y\cos(xy)\bigr)e^{(y^2-x^2)/2}$$

und somit $\operatorname{rot}(P, Q) \equiv 0$. Weiter fassen wir den Bereich B der Fig. 14.4.8 mit dem Randzyklus

$$\partial B = \gamma_0 + \sigma_a - \gamma_\lambda - \sigma_{-a}$$

ins Auge, wobei wir stillschweigend $a > 0$ und $\lambda \geq 0$ angenommen haben. Nach der Greenschen Formel ist

$$\int_{\partial B} (P\,dx + Q\,dy) = \int_B \operatorname{rot}(P, Q)\,d\mu = 0$$

und folglich

$$\int_{\gamma_\lambda} P\,dx - \int_{\gamma_0} P\,dx = \int_{\sigma_a} Q\,dy - \int_{\sigma_{-a}} Q\,dy\,; \tag{8}$$

dabei haben wir Terme, die ohnehin keinen Beitrag liefern, unterdrückt: Längs

$$\gamma_\lambda : \quad x \mapsto (x, \lambda) \qquad (-a \leq x \leq a) \tag{9}$$

ist $dy = 0$, und längs den beiden Strecken

$$\sigma_{\pm a} : \quad y \mapsto (\pm a, y) \qquad (0 \leq y \leq \lambda) \tag{10}$$

ist $dx = 0$. Im weiteren benötigen wir von (8) nur die Abschätzung

$$\left|\int_{\gamma_\lambda} P\,dx - \int_{\gamma_0} P\,dx\right| \leq \left|\int_{\sigma_a} Q\,dy\right| + \left|\int_{\sigma_{-a}} Q\,dy\right|. \tag{11}$$

Die Darstellung (9) von γ_λ liefert

$$\int_{\gamma_\lambda} P\,dx = \int_{-a}^{a} e^{(\lambda^2-x^2)/2}\cos(\lambda x)\,dx = e^{\lambda^2/2}\int_{-a}^{a} e^{-x^2/2}\cos(\lambda x)\,dx$$

(gilt auch für $\lambda = 0$). In ähnlicher Weise ergibt sich mit Hilfe von (10):

$$\int_{\sigma_{\pm a}} Q\,dy = \int_0^\lambda e^{(y^2-a^2)/2} \sin(\pm ay)\,dy$$

und folglich

$$\left|\int_{\sigma_{\pm a}} Q\,dy\right| \le \lambda\, e^{(\lambda^2-a^2)/2}\,.$$

Damit erhalten wir anstelle von (11) die Abschätzung

$$\left|e^{\lambda^2/2}\int_{-a}^{a} e^{-x^2/2}\cos(\lambda x)\,dx - \int_{-a}^{a} e^{-x^2/2}\,dx\right| \le 2\lambda\, e^{\lambda^2/2}\, e^{-a^2/2}$$

bzw.

$$\left|\int_{-a}^{a} e^{-x^2/2}\cos(\lambda x)\,dx - e^{-\lambda^2/2}\int_{-a}^{a} e^{-x^2/2}\,dx\right| \le 2\lambda\, e^{-a^2/2}\,.$$

Wegen (7) folgt hieraus mit $a \to \infty$ die Behauptung. ┘

14.5. Fluß und Divergenz

Wir beginnen unsere Betrachtungen mit einem homogenen Strömungsfeld $\mathbf{v} = (P, Q)$ in der Ebene. Die Flüssigkeitsmenge, die pro Zeiteinheit die Verbindungsstrecke σ der beiden Punkte $\mathbf{a}$ und $\mathbf{b} := \mathbf{a} + \mathbf{Z}$ in der einen oder in der anderen Richtung überströmt, füllt gerade das von $\mathbf{v}$ und $\mathbf{Z} = (X, Y)$ aufgespannte Parallelogramm (Fig. 14.5.1) und besitzt demnach das (zweidimensionale) Volumen $|\varepsilon(\mathbf{v}, \mathbf{Z})|$. In der Folge nennt man die Größe

$$\Phi := \varepsilon(\mathbf{v}, \mathbf{Z}) = \det\begin{bmatrix} P & X \\ Q & Y \end{bmatrix} = PY - QX \tag{1}$$

den *Fluß* von $\mathbf{v}$ über σ. Der Fluß ist positiv, wenn $\mathbf{v}$ die gerichtete Strecke σ *von links nach rechts* überquert, andernfalls negativ. Wir führen nun formal (das heißt: ohne physikalische Interpretation) den Vektor

$$*\mathbf{v} := (-Q, P)$$

ein, der gegenüber $\mathbf{v}$ um 90° im Gegenuhrzeigersinn gedreht ist. Wir können damit den Fluß (1) auch wie folgt darstellen:

$$\Phi = *\mathbf{v} \bullet \mathbf{Z}\,. \tag{2}$$

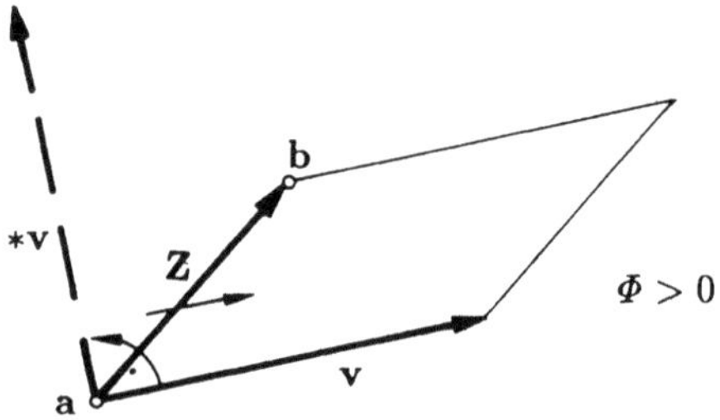

Fig. 14.5.1

Das Strömungsfeld $\mathbf{v} = (P, Q)$ sei jetzt variabel. Werden sämtliche Feldvektoren um 90° im Gegenuhrzeigersinn gedreht, so erhält man das *adjungierte Feld* $*\mathbf{v} := (-Q, P)$ mit demselben Definitionsbereich. Weiter sei eine C^1-Kurve

$$\gamma: \quad t \mapsto \mathbf{z}(t) = \big(x(t), y(t)\big) \qquad (a \le t \le b) \tag{3}$$

in dom$(\mathbf{v})$ gegeben. Um eine Formel für den Fluß Φ von $\mathbf{v}$ über die Kurve γ zu erhalten, betrachten wir eine hinreichend feine Teilung

$$T: \quad a = t_0 < t_1 < \ldots < t_N = b$$

des Intervalls $[a, b]$ und setzen $\mathbf{z}(t_k) =: \mathbf{z}_k$ $(0 \le k \le N)$. Dann läßt sich der fragliche Fluß nach (2) wie folgt approximieren (vgl. die Fig. 14.1.9):

$$\Phi \doteq \sum_{k=0}^{N-1} *\mathbf{v}(\mathbf{z}_k) \bullet (\mathbf{z}_{k+1} - \mathbf{z}_k) \doteq \sum_{k=0}^{N-1} *\mathbf{v}(\mathbf{z}_k) \bullet \mathbf{z}'(t_k)(t_{k+1} - t_k) \; .$$

Wir werden offenbar dazu geführt, diesen Fluß mit

$$\Phi := \int_a^b *\mathbf{v}\big(\mathbf{z}(t)\big) \bullet \mathbf{z}'(t)\, dt = \int_\gamma *\mathbf{v} \bullet d\mathbf{z}$$

zu veranschlagen.

Diese Überlegungen motivieren die folgende Definition: Es sei $\mathbf{v} = (P, Q)$ ein stetiges Vektorfeld auf der offenen Menge $\Omega \subset \mathbb{R}^2$ und γ eine beliebige 1-Kette in Ω. Dann heißt die (parameterunabhängige) Größe

$$\Phi := \int_\gamma *\mathbf{v} \bullet d\mathbf{z} = \int_\gamma (-Q\, dx + P\, dy)$$

der *Fluß von* $\mathbf{v}$ *über die Kette* γ. Die konkrete Berechnung dieses Flusses für eine Kurve (3) gestaltet sich demnach wie folgt:

$$\Phi = \int_a^b \Big(-Q\big(x(t), y(t)\big)x'(t) + P\big(x(t), y(t)\big)y'(t)\Big)\, dt \; .$$

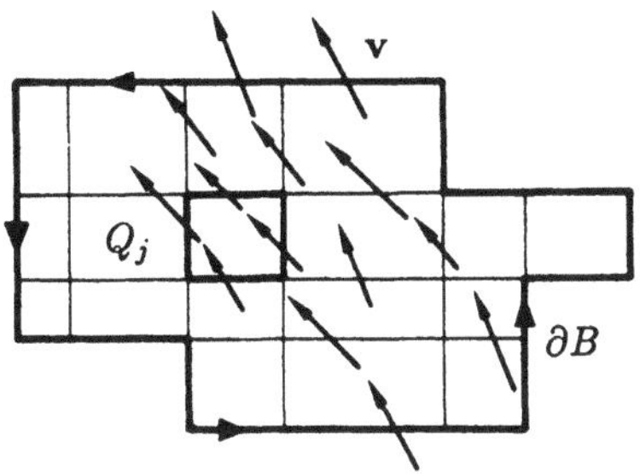

Fig. 14.5.2

Ist γ der Randzyklus eines zulässigen Bereiches $B \subset \Omega$, so stellt Φ aufgrund der getroffenen Vorzeichenvereinbarungen den totalen aus B *heraustretenden* Fluß dar. Hieran schließen sich die folgenden weiteren Überlegungen: Es sei $B \subset \Omega$ ein Rechtecksgebäude,

$$B := \bigcup_{j=1}^{N} Q_j ,$$

die Q_j fast disjunkt. Der Fig. 14.5.2 entnimmt man

$$\Phi := \int_{\partial B} *\mathbf{v} \bullet d\mathbf{z} = \sum_{j=1}^{N} \int_{\partial Q_j} *\mathbf{v} \bullet d\mathbf{z} =: \sum_{j=1}^{N} \Phi(Q_j) , \tag{4}$$

denn die Beiträge der im Innern von B gelegenen Kanten der Q_j heben sich heraus. Die Beziehung (4) besagt, daß sich der gesamte aus B heraustretende Fluß additiv auf die einzelnen Q_j verteilen läßt. Physikalisch läßt sich das so interpretieren, daß in jedem Q_j pro Zeiteinheit eine gewisse Menge Flüssigkeit "produziert" oder "vernichtet" wird. Der von Q_j herrührende Beitrag $\Phi(Q_j)$ an den Gesamtfluß hängt nur vom Verhalten von $\mathbf{v}$ auf Q_j ab. Ist $\mathbf{v}$ zum Beispiel homogen (das heißt: konstant) auf Q_j, so ist trivialerweise $\Phi(Q_j) = 0$. Hieraus folgt: $\Phi(Q_j)$ hängt mit der Inhomogenität von $\mathbf{v}$ auf Q_j zusammen, und diese wiederum kommt in den "Ableitungen" von $\mathbf{v}$ zum Vorschein. Alles in allem erwarten wir eine Formel der folgenden Art:

$$\Phi := \int_{\partial B} *\mathbf{v} \bullet d\mathbf{z} = \int_{B} \text{"Quellstärke von } \mathbf{v}\text{"}\, d\mu .$$

Nun gibt es aber schon eine derartige Formel, und zwar gilt sie für beliebige zulässige Bereiche B! Wir haben ja den Fluß Φ des Strömungsfeldes $\mathbf{v}$ als Zirkulation des adjungierten Feldes $*\mathbf{v}$ dargestellt, und das erlaubt, die Greensche Formel **(14.18)** ins Spiel zu bringen:

$$\Phi := \int_{\partial B} *\mathbf{v} \bullet d\mathbf{z} = \int_{B} \operatorname{rot}(*\mathbf{v})\, d\mu . \tag{5}$$

Nach Definition von $*\mathbf{v}$ und **(14.11)** ist aber

$$\operatorname{rot}(*\mathbf{v}) = (P)_x - (-Q)_y = P_x + Q_y\,,$$

so daß wir für die angekündigte *Quellstärke* oder *Divergenz* des Feldes $\mathbf{v}$ die folgende Formel erhalten:

$$\operatorname{div}\mathbf{v} := P_x + Q_y \qquad \left(= \frac{\partial v_1}{\partial x_1} + \frac{\partial v_2}{\partial x_2} \right).$$

Die Divergenz $\operatorname{div}\mathbf{v}$ ist ein Skalarfeld auf Ω. Der Wert $\operatorname{div}\mathbf{v}(x,y)$ stellt die lokale Produktionsintensität des Feldes $\mathbf{v}$ an der Stelle (x,y) dar. Das ist, anschaulich ausgedrückt, die in der unmittelbaren Umgebung von (x,y) pro Zeiteinheit und Flächeneinheit produzierte bzw. vernichtete Flüssigkeitsmenge. — Alles in allem haben wir mit (5) den *Satz von Gauß für Vektorfelder in der Ebene* bewiesen. Er lautet:

(14.22) *Es sei* $\mathbf{v}$ *ein* C^1*-Vektorfeld auf der offenen Menge* $\Omega \subset \mathbb{R}^2$, *und es sei* $B \subset \Omega$ *ein zulässiger Bereich mit Randzyklus* ∂B. *Dann gilt*

$$\int_{\partial B} *\mathbf{v} \bullet d\mathbf{z} = \int_B \operatorname{div}\mathbf{v}\, d\mu\,.$$

In Worten: Der aus B *heraustretende Gesamtfluß ist gleich dem Integral der Quellstärke von* $\mathbf{v}$ *über* B.

Rein formal bringt der Satz von Gauß für die Ebene gegenüber der Greenschen Formel nichts Neues; nur die physikalische Interpretation ist anders. — Soviel zum zweidimensionalen Fall. Im Hinblick auf physikalische Anwendungen ist natürlich in erster Linie der dreidimensionale Fall von Interesse. Das weitere Programm ist nach dem Bisherigen vorgezeichnet: Wir benötigen

(a) eine Formel für den Fluß eines Vektorfeldes durch eine (orientierte) Fläche im $\mathbb{R}^3$,

(b) den Divergenzbegriff sowie eine Formel für $\operatorname{div}\mathbf{v}$ im $\mathbb{R}^3$.

Damit werden wir dann (im nächsten Abschnitt) den zugehörigen Integralsatz, eben den eigentlichen Satz von Gauß, beweisen.

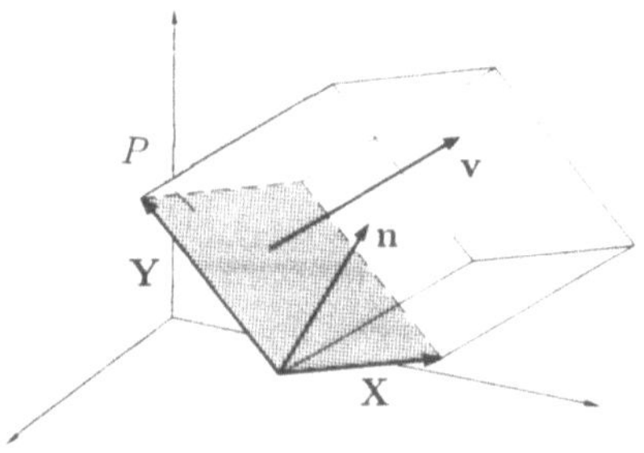

Fig. 14.5.3

Es sei zunächst $\mathbf{v}$ ein homogenes Strömungsfeld im $\mathbb{R}^3$. Weiter betrachten wir ein von den beiden Vektoren $\mathbf{X}$ und $\mathbf{Y}$ aufgespanntes Parallelogramm P (siehe die Fig. 14.5.3). Die Flüssigkeitsmenge, die pro Zeiteinheit in der einen oder in der anderen Richtung durch das Parallelogramm strömt, füllt gerade das von den drei Vektoren $\mathbf{X}$, $\mathbf{Y}$ und $\mathbf{v}$ aufgespannte Parallelepiped und besitzt demnach das Volumen $|\varepsilon(\mathbf{X},\mathbf{Y},\mathbf{v})|$. Wir zählen die betrachtete Flüssigkeitsmenge positiv, wenn die beiden Vektoren $\mathbf{X}$ und $\mathbf{Y}$ (in dieser Reihenfolge) mit $\mathbf{v}$ eine Rechtsschraube bilden, in anderen Worten: wenn $\mathbf{v}$ in denselben Halbraum bezüglich der Ebene von P zeigt wie der Normalenvektor

$$\mathbf{n} := \frac{\mathbf{X}\times\mathbf{Y}}{|\mathbf{X}\times\mathbf{Y}|},$$

und negativ im andern Fall. Dieser Vorzeichenregelung entspricht folgende endgültige Formel für den Fluß Φ des Feldes $\mathbf{v}$ durch das (orientierte, s.u.) Parallelogramm P:

$$\Phi := \varepsilon(\mathbf{v},\mathbf{X},\mathbf{Y}) = \mathbf{v}\bullet(\mathbf{X}\times\mathbf{Y}) = \mathbf{v}\bullet\mathbf{n}\ \omega(P)\,, \tag{6}$$

wobei $\omega(P)$ den Flächeninhalt von P bezeichnet.

Das Strömungsfeld $\mathbf{v}$ sei jetzt variabel, und anstelle des Parallelogramms P sei eine kompakte 2-Fläche $S \subset \operatorname{dom}(\mathbf{v})$ gegeben. In jedem regulären Flächenpunkt $\mathbf{x}$ gibt es eine wohlbestimmte Flächennormale $S_{\mathbf{x}}^{\perp}$ und damit genau zwei (entgegengesetzt gleiche) Normaleneinheitsvektoren $\mathbf{n}'$, $\mathbf{n}'' \in T_{\mathbf{x}}$. Ist in allen diesen Punkten $\mathbf{x} \in S$ ein Vektor $\mathbf{n} := \mathbf{n}(\mathbf{x}) \in \{\mathbf{n}',\mathbf{n}''\}$ so ausgewählt, daß $\mathbf{n}$ stetig von $\mathbf{x}$ abhängt (und nicht plötzlich umschlägt), so heißt S *orientiert*. Man kann sich dann auf Parameterdarstellungen

$$\mathbf{f}:\quad B \to S\,,\qquad (u_1,u_2)\mapsto \mathbf{x} := \mathbf{f}(u_1,u_2) \tag{7}$$

(bzw. "Koordinatenpflaster") beschränken, für die gilt:

$$\mathbf{n} = \mathbf{n}(\mathbf{u}) := \frac{\mathbf{f}_{.1}\times\mathbf{f}_{.2}}{|\mathbf{f}_{.1}\times\mathbf{f}_{.2}|}\,. \tag{8}$$

Es gibt auch *nichtorientierbare Flächen*; am bekanntesten ist das sogenannte *Möbiusband* (Fig. 14.5.4). Wird ein Normalenvektor $\mathbf{n}$, ausgehend von der Lage $\mathbf{n}(\mathbf{x}_0) =: \mathbf{n}_0$, als Vektor $\mathbf{n}(\mathbf{x})$ längs einer Kurve stetig dem Band entlang bewegt, so ist die Endlage nach einem vollen Umlauf gleich $-\mathbf{n}_0$. Nichtorientierbare Flächen müssen von den folgenden Betrachtungen ausgeschlossen werden.

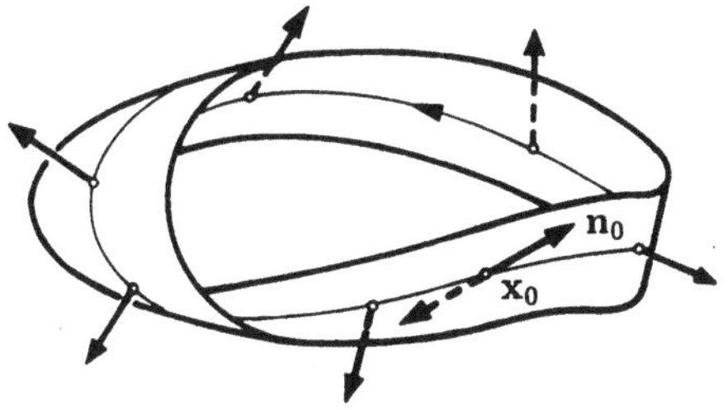

Fig. 14.5.4

Wir nehmen also an, die Fläche S (Fig. 14.5.5) sei gegeben durch (7) und orientiert durch (8). Einem kleinen, von den beiden Vektoren $\rho\,\mathbf{e}_1$, $\rho\,\mathbf{e}_2$ aufgespannten Quadrat $Q \subset B$ entspricht auf S ein kleines, schwach gekrümmtes "Parallelogramm" mit Zentrum $\mathbf{f}(\mathbf{p})$, das von den beiden Vektoren

$$\mathbf{X} := d\mathbf{f}(\mathbf{p}).(\rho\,\mathbf{e}_1) = \rho\,\mathbf{f}_{.1}(\mathbf{p})\,, \qquad \mathbf{Y} := d\mathbf{f}(\mathbf{p}).(\rho\,\mathbf{e}_2) = \rho\,\mathbf{f}_{.2}(\mathbf{p})$$

aufgespannt wird. Aufgrund von (6) beträgt der Fluß von $\mathbf{v}$ durch dieses "Parallelogramm" ungefähr

$$\varepsilon(\mathbf{v},\, \rho\,\mathbf{f}_{.1},\, \rho\,\mathbf{f}_{.2}) = \varepsilon(\mathbf{v},\, \mathbf{f}_{.1},\, \mathbf{f}_{.2})\,\mu(Q)\,,$$

und damit erhalten wir für den Fluß von $\mathbf{v}$ durch die ganze Fläche S den Näherungswert

$$\sum_{j=1}^{N} \varepsilon\big(\mathbf{v}(\mathbf{f}(\mathbf{p}_j)),\, \mathbf{f}_{.1}(\mathbf{p}_j),\, \mathbf{f}_{.2}(\mathbf{p}_j)\big)\,\mu(Q_j)\,;$$

dabei ist $\bigcup_{j=1}^{N} Q_j$ ein Quadratgebäude, das den Parameterbereich B in geeigneter Weise approximiert.

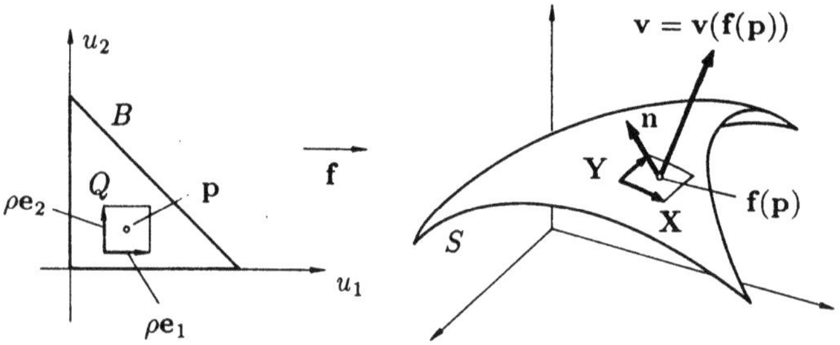

Fig. 14.5.5

Das Resultat unserer Überlegungen rechtfertigt die folgende Definition: Es seien $\mathbf{v}$ ein stetiges Vektorfeld auf der offenen Menge $\Omega \subset \mathbb{R}^3$ und S eine kompakte orientierte Fläche in Ω. Ist S dargestellt durch (7) und orientiert durch (8), so heißt das Integral

$$\begin{aligned}\Phi &:= \int_B \varepsilon\big(\mathbf{v}(\mathbf{f}(\mathbf{u})),\, \mathbf{f}_{.1}(\mathbf{u}),\, \mathbf{f}_{.2}(\mathbf{u})\big)\,d\mu(\mathbf{u}) \\ &= \int_B \mathbf{v}(\mathbf{f}(\mathbf{u}))\bullet(\mathbf{f}_{.1}\times\mathbf{f}_{.2})_{\mathbf{u}}\,d\mu(\mathbf{u})\end{aligned} \tag{9}$$

der *Fluß von* $\mathbf{v}$ *durch die orientierte Fläche* S. Für den so definierten Fluß verwenden wir die suggestiven Schreibweisen

$$\int_S \mathbf{v}\bullet\mathbf{n}\,d\omega\,, \qquad \int_S \mathbf{v}\bullet d\boldsymbol{\omega}\,,$$

(vgl. (6)), die nicht auf eine bestimmte Parameterdarstellung von S Bezug nehmen. Dabei bezeichnet wiederum

$$d\omega := |\mathbf{f}_{.1}(\mathbf{u}) \times \mathbf{f}_{.2}(\mathbf{u})|\, d\mu(\mathbf{u})$$

das schon in Abschnitt 13.5 eingeführte skalare Oberflächenelement und weiter

$$d\boldsymbol{\omega} := \mathbf{n}\, d\omega = \big(\mathbf{f}_{.1}(\mathbf{u}) \times \mathbf{f}_{.2}(\mathbf{u})\big)\, d\mu(\mathbf{u})$$

das sogenannte *vektorielle Oberflächenelement*.Wie erwartet, ist nämlich das Flußintegral gegenüber zulässigen Parametertransformationen 13.5.(1) invariant, wobei in dem vorliegenden Zusammenhang nur Parametertransformationen

$$\boldsymbol{\psi}: \quad A \to B\,, \qquad \bar{\mathbf{u}} \mapsto \mathbf{u} := \boldsymbol{\psi}(\bar{\mathbf{u}})$$

mit nichtnegativer Funktionaldeterminante zugelassen sind.

⌈ Ist die weitere Darstellung $\bar{\mathbf{f}} : A \to S$ mit $\mathbf{f}$ verknüpft durch

$$\bar{\mathbf{f}}(\bar{\mathbf{u}}) = \mathbf{f}\big(\boldsymbol{\psi}(\bar{\mathbf{u}})\big) \qquad (\bar{\mathbf{u}} \in A)\,,$$

so folgt mit der Kettenregel **(12.13)**:

$$\bar{\mathbf{f}}_{.1} = \mathbf{f}_{.1}\psi_{1.1} + \mathbf{f}_{.2}\psi_{2.1}\,, \qquad \bar{\mathbf{f}}_{.2} = \mathbf{f}_{.1}\psi_{1.2} + \mathbf{f}_{.2}\psi_{2.2}$$

und hieraus nach den Rechenregeln für das Vektorprodukt:

$$\bar{\mathbf{f}}_{.1} \times \bar{\mathbf{f}}_{.2} = (\psi_{1.1}\psi_{2.2} - \psi_{2.1}\psi_{1.2})(\mathbf{f}_{.1} \times \mathbf{f}_{.2}) = J_{\boldsymbol{\psi}}\,(\mathbf{f}_{.1} \times \mathbf{f}_{.2})\,. \tag{10}$$

Bezeichnet also $\bar{\Phi}$ den mit $\bar{\mathbf{f}}$ berechneten Fluß, so erhält man mit Satz **(13.36)** und nach Voraussetzung über das Vorzeichen von $J_{\boldsymbol{\psi}}$:

$$\begin{aligned}
\bar{\Phi} &= \int_A \mathbf{v}\big(\bar{\mathbf{f}}(\bar{\mathbf{u}})\big) \bullet (\bar{\mathbf{f}}_{.1} \times \bar{\mathbf{f}}_{.2})_{\bar{\mathbf{u}}}\, d\mu(\bar{\mathbf{u}}) \\
&= \int_A \mathbf{v}\big(\mathbf{f}(\boldsymbol{\psi}(\bar{\mathbf{u}}))\big) \bullet (\mathbf{f}_{.1} \times \mathbf{f}_{.2})_{\boldsymbol{\psi}(\bar{\mathbf{u}})}\, J_{\boldsymbol{\psi}}(\bar{\mathbf{u}})\, d\mu(\bar{\mathbf{u}}) \\
&= \int_B \mathbf{v}\big(\mathbf{f}(\mathbf{u})\big) \bullet (\mathbf{f}_{.1} \times \mathbf{f}_{.2})_{\mathbf{u}}\, d\mu(\mathbf{u}) = \Phi\,.
\end{aligned}$$ ⌋

Die Voraussetzung über das Vorzeichen von $J_{\boldsymbol{\psi}}$ ist wesentlich. Der Gleichung (10) entnimmt man, daß $\bar{\mathbf{f}}_{.1} \times \bar{\mathbf{f}}_{.2}$ die zu $\mathbf{f}_{.1} \times \mathbf{f}_{.2}$ entgegengesetzte Orientierung induziert, falls $J_{\boldsymbol{\psi}}$ negativ ist. Der mit $\bar{\mathbf{f}}$ berechnete Fluß erhält dann das falsche Vorzeichen.

Wir beweisen noch die folgende Abschätzung:

(14.23) *Besitzt die kompakte Fläche $S \subset \mathbb{R}^3$ den Flächeninhalt $\omega(S)$ und ist $|\mathbf{v}(\mathbf{x})| \le M$ für alle $\mathbf{x} \in S$, so gilt*

$$\left|\int_S \mathbf{v} \bullet d\boldsymbol{\omega}\right| \le M \cdot \omega(S) .$$

⌜ Mit Hilfe der Schwarzschen Ungleichung ergibt sich nacheinander

$$\begin{aligned}\left|\int_S \mathbf{v} \bullet d\boldsymbol{\omega}\right| &\le \int_B \left|\mathbf{v}(\mathbf{f}(\mathbf{u})) \bullet (\mathbf{f}_{.1} \times \mathbf{f}_{.2})_{\mathbf{u}}\right| d\mu(\mathbf{u}) \\ &\le \int_B \left|\mathbf{v}(\mathbf{f}(\mathbf{u}))\right| \cdot \left|(\mathbf{f}_{.1} \times \mathbf{f}_{.2})_{\mathbf{u}}\right| d\mu(\mathbf{u}) \\ &\le M \int_B \left|\mathbf{f}_{.1}(\mathbf{u}) \times \mathbf{f}_{.2}(\mathbf{u})\right| d\mu(\mathbf{u}) = M \cdot \omega(S) .\end{aligned}$$ ⌟

① Die konkrete Berechnung eines Flußintegrals (9) ist im allgemeinen ziemlich aufwendig: Man muß die Parameterdarstellung $\mathbf{f}$ von S in das gegebene Vektorfeld $\mathbf{v}$ einsetzen, weiter das Vektorprodukt $\mathbf{f}_{.1}(\mathbf{u}) \times \mathbf{f}_{.2}(\mathbf{u})$ bilden und schließlich ein zweifaches Integral ausrechnen. In vielen Fällen liegt aber eine geometrische Situation vor, die eine wesentliche Vereinfachung der Rechnung erlaubt — so in dem folgenden Beispiel:

Es soll der Fluß des Feldes

$$\mathbf{v}(x, y, z) := (y^2 - 2xz, x^2 + yz, x^2 + y^2 - z^2)$$

durch den von unten nach oben orientierten Einheitskreis der (x, y)-Ebene berechnet werden. Diese Fläche besitzt die "natürliche" Parameterdarstellung

$$\mathbf{f}: \quad B_{2,1} \to \mathbb{R}^3 , \qquad (x, y) \mapsto (x, y, 0)$$

mit dem anschaulich evidenten Oberflächenelement

$$d\boldsymbol{\omega} = \mathbf{n}\, d\omega = (0, 0, 1)\, d\mu(x, y) .$$

Weiter ist $\mathbf{v}(\mathbf{f}(x, y)) = (y^2, x^2, x^2 + y^2)$, so daß sich insgesamt der folgende Rechenablauf ergibt:

$$\int_S \mathbf{v} \bullet d\boldsymbol{\omega} = \int_{B_{2,1}} (0 + 0 + (x^2 + y^2))\, d\mu(x, y) = \int_{B_{2,1}} r^2\, d\mu = 2\pi \int_0^1 r^3\, dr = \frac{\pi}{2} .$$

○

Wir wenden uns nunmehr der Divergenz zu. Es sei also $\mathbf{v}$ ein C^1-Vektorfeld auf der offenen Menge $\Omega \subset \mathbb{R}^3$. Betrachte einen festen Punkt $\mathbf{p} \in \Omega$ und ein kleines, von den Vektoren $\mathbf{X}_1$, $\mathbf{X}_2$, $\mathbf{X}_3$ aufgespanntes Parallelepiped $P \subset T_\mathbf{p}$ mit Mittelpunkt $\mathbf{p}$ (Fig. 14.5.6); dabei wollen wir

$$\varepsilon(\mathbf{X}_1, \mathbf{X}_2, \mathbf{X}_3) = \mu(P) > 0 \tag{11}$$

annehmen. Um Vorstellungen zu fixieren, denken wir uns ein $\varepsilon > 0$ vorgegeben und wählen P so klein, daß für alle Punkte $\mathbf{x} \in P$ die Abschätzung

$$\|d\mathbf{v}(\mathbf{x}) - L\| \leq \varepsilon\,, \qquad L := d\mathbf{v}(\mathbf{p})\,,$$

zutrifft. Nach dem Mittelwertsatz **(12.19)** gilt dann

$$\mathbf{v}(\mathbf{x} + \mathbf{X}) - \mathbf{v}(\mathbf{x}) = L.\mathbf{X} \;+\; \varepsilon|\mathbf{X}|\Theta\,,$$

sobald die beiden Punkte $\mathbf{x}$ und $\mathbf{x}+\mathbf{X}$ in P liegen; dabei berufen wir uns auf die Θ-Vereinbarung: Θ bezeichnet immer ein Objekt vom Betrag ≤ 1, allerdings nicht immer dasselbe. — Die auftretenden Indexvariablen sind modulo 3 zu verstehen und durchlaufen die Menge $\mathbb{Z}_3$.

Es soll nun der gesamte durch die Oberfläche ∂P aus P heraustretende Fluß von $\mathbf{v}$ berechnet werden. Hierzu bezeichne S_k die von $\mathbf{X}_{k+1}$ und $\mathbf{X}_{k+2}$ aufgespannte "Bodenfläche" und S'_k die zugehörige "Deckfläche". Auf S'_k ist die Orientierung von ∂P gegeben durch

$$\mathbf{n}_k := \frac{\mathbf{X}_{k+1} \times \mathbf{X}_{k+2}}{|\mathbf{X}_{k+1} \times \mathbf{X}_{k+2}|}\,,$$

auf S_k durch $-\mathbf{n}_k$ (siehe die Figur). Wir können dann folgende Rechnung aufmachen:

$$\begin{aligned}
\int_{\partial P} \mathbf{v} \bullet d\boldsymbol{\omega} &= \sum_k \int_{S'_k} \mathbf{v} \bullet \mathbf{n}_k \, d\omega - \sum_k \int_{S_k} \mathbf{v} \bullet \mathbf{n}_k \, d\omega \\
&= \sum_k \int_{S_k} \bigl(\mathbf{v}(\mathbf{x} + \mathbf{X}_k) - \mathbf{v}(\mathbf{x})\bigr) \bullet \mathbf{n}_k \, d\omega \\
&= \sum_k \int_{S_k} \bigl(L.\mathbf{X}_k + \varepsilon|\mathbf{X}_k|\Theta\bigr) \bullet \mathbf{n}_k \, d\omega \\
&= \sum_k \Bigl(\varepsilon(L.\mathbf{X}_k, \mathbf{X}_{k+1}, \mathbf{X}_{k+2}) + \varepsilon|\mathbf{X}_k|\,\omega(S_k)\Theta\Bigr) \\
&= \sum_k \varepsilon(L.\mathbf{X}_k, \mathbf{X}_{k+1}, \mathbf{X}_{k+2}) \;+\; 3\varepsilon|X_1|\,|\mathbf{X}_2|\,|\mathbf{X}_3|\,\Theta\,.
\end{aligned} \tag{12}$$

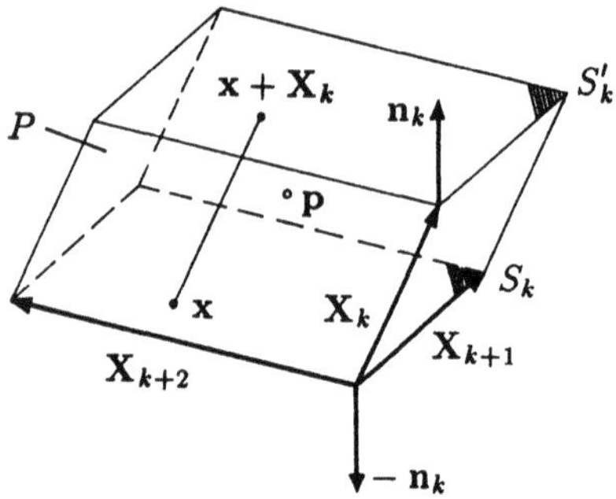

Fig. 14.5.6

Die drei Kantenlängen $|\mathbf{X}_k|$ sind höchstens gleich dem Durchmesser $|P|$ des betrachteten Parallelepipeds. Da $\varepsilon > 0$ beliebig war, können wir daher aus (12) den folgenden Schluß ziehen:

$$\int_{\partial P} \mathbf{v} \bullet d\omega = \sum_k \varepsilon(L.\mathbf{X}_k, \mathbf{X}_{k+1}, \mathbf{X}_{k+2}) + o(|P|^3) \qquad (|P| \to 0) . \tag{13}$$

Hier ist der "Hauptteil" eine gewisse schiefe trilineare Funktion der drei Vektorvariablen $\mathbf{X}_1$, $\mathbf{X}_2$, $\mathbf{X}_3$ und somit ein konstantes Vielfaches der Determinantenfunktion $\varepsilon(\cdot,\cdot,\cdot)$. Die betreffende Konstante wird mit $\operatorname{div}\mathbf{v}(\mathbf{p})$ bezeichnet und heißt *Divergenz* oder *Quellstärke* von $\mathbf{v}$ an der Stelle $\mathbf{p}$. Es gilt also identisch in $\mathbf{X}_1$, $\mathbf{X}_2$, $\mathbf{X}_3$ die Gleichung

$$\sum_k \varepsilon(d\mathbf{v}(\mathbf{p}).\mathbf{X}_k, \mathbf{X}_{k+1}, \mathbf{X}_{k+2}) = \operatorname{div}\mathbf{v}(\mathbf{p})\, \varepsilon(\mathbf{X}_1, \mathbf{X}_2, \mathbf{X}_3) . \tag{14}$$

Wegen (11) verwandelt sich damit (13) in die suggestive Formel

(14.24)
$$\int_{\partial P} \mathbf{v} \bullet d\omega = \operatorname{div}\mathbf{v}(\mathbf{p})\, \mu(P) + o(|P|^3) \qquad (|P| \to 0) .$$

In Worten: Für kleine Parallelepipede P mit Mittelpunkt $\mathbf{p}$ ist der Fluß von $\mathbf{v}$ aus P heraus in erster Näherung proportional zum Volumen von P. Der Proportionalitätsfaktor (die lokale "Produktionsintensität") ist die Quellstärke $\operatorname{div}\mathbf{v}(\mathbf{p})$.

Für das praktische Rechnen müssen wir die Divergenz durch die partiellen Ableitungen der Komponenten von $\mathbf{v}$ ausdrücken. Wir beweisen:

(14.25) *Sind (x_1, x_2, x_3) bzw. (x, y, z) beliebige zulässige Koordinaten im $\mathbb{R}^3$, so ist die Divergenz eines C^1-Vektorfeldes*

$$\mathbf{v}(\mathbf{x}) = \big(v_1(x_1, x_2, x_3), v_2(x_1, x_2, x_3), v_3(x_1, x_2, x_3)\big)$$

bzw. $\mathbf{v}(x,y,z) = \big(P(x,y,z), Q(x,y,z), R(x,y,z)\big)$ *gegeben durch*

$$\operatorname{div}\mathbf{v}(\mathbf{x}) = \frac{\partial v_1}{\partial x_1} + \frac{\partial v_2}{\partial x_2} + \frac{\partial v_3}{\partial x_3} \qquad \text{bzw.} \qquad \operatorname{div}\mathbf{v} = \frac{\partial P}{\partial x} + \frac{\partial Q}{\partial y} + \frac{\partial R}{\partial z}\ .$$

⌜ Wegen (14) erhält man nacheinander

$$\begin{aligned}\operatorname{div}\mathbf{v} &= \operatorname{div}\mathbf{v}\cdot\varepsilon(\mathbf{e}_1,\mathbf{e}_2,\mathbf{e}_3) = \sum_k \varepsilon(d\mathbf{v}.\mathbf{e}_k,\ \mathbf{e}_{k+1},\ \mathbf{e}_{k+2}) \\ &= \sum_k \mathbf{v}_{.k}\bullet(\mathbf{e}_{k+1}\times\mathbf{e}_{k+2}) = \sum_k \mathbf{v}_{.k}\bullet\mathbf{e}_k = \sum_k v_{k.k}\ .\end{aligned}$$ ⌟

Wie wir in **(14.10)** bzw. **(14.15)**(b) gesehen haben, sind Gradientenfelder wirbelfrei. Man kann das auch mit den Operatoren ausdrücken: $\mathbf{rot}\circ\nabla = 0$. "Dual" dazu ist die folgende Aussage:

(14.26) *Ist* $\mathbf{K}$ *ein* C^2*-Vektorfeld auf der offenen Menge* $\Omega\subset\mathbb{R}^3$*, so gilt*

$$\operatorname{div}\mathbf{rot}\,\mathbf{K}(\mathbf{x}) \equiv 0\ .$$

Anders ausgedrückt: Es ist $\operatorname{div}\circ\,\mathbf{rot} = 0$.

⌜ Man hat

$$(\mathbf{rot}\,\mathbf{K})_i = \frac{\partial K_{i+2}}{\partial x_{i+1}} - \frac{\partial K_{i+1}}{\partial x_{i+2}}$$

und folglich

$$\operatorname{div}\mathbf{rot}\,\mathbf{K} = \sum_i \frac{\partial}{\partial x_i}(\mathbf{rot}\,\mathbf{K})_i = \sum_i\Big(\frac{\partial^2 K_{i+2}}{\partial x_i\partial x_{i+1}} - \frac{\partial^2 K_{i+1}}{\partial x_{i+2}\partial x_i}\Big) = 0\ .$$ ⌟

14.6. Der Satz von Gauß

Die Formel **(14.24)** verknüpft den Fluß eines Feldes $\mathbf{v}$ aus einem "infinitesimalen" Parallelepiped heraus mit dem Wert von $\operatorname{div}\mathbf{v}$ im Innern dieses Parallelepipeds. Diesen Zusammenhang wollen wir nun auch in "integraler" Form darstellen, und zwar für möglichst allgemeine dreidimensionale Bereiche. Als Leitfaden benutzen wir die Herleitung der Greenschen Formel **(14.18)**. Insbesondere verwenden wir wieder eine Zerlegung der Einheit, um die globale Gestalt der betrachteten Bereiche nicht im einzelnen beschreiben und rechnerisch erfassen zu müssen.

Glatt berandete Bereiche

Wir definieren zunächst: Eine kompakte Menge $B \subset \mathbb{R}^3$ heißt ein *glatt berandeter Bereich*, wenn es eine orientierte Fläche S gibt, so daß folgendes zutrifft (siehe die Fig. 14.6.1):

(I) Als Punktmenge stimmt S überein mit der Randmenge von B.

(II) Zu jedem Randpunkt $\mathbf{p}$ von B gibt es zulässige Koordinaten (x, y, z) mit Ursprung in $\mathbf{p}$, einen Quader $W := [-a, a] \times [-b, b] \times [-c, c]$ mit Grundfläche $W' := [-a, a] \times [-b, b]$ und eine C^1-Funktion $\phi : W' \to [-c, c]$ derart, daß (a) der in W liegende Teil von B gegeben ist durch

$$B \cap W = \{(x, y, z) \mid (x, y) \in W', \ -c \leq z \leq \phi(x, y)\}$$

und (b) der in W liegende Teil von S übereinstimmt mit dem nach oben orientierten Graphen von ϕ.

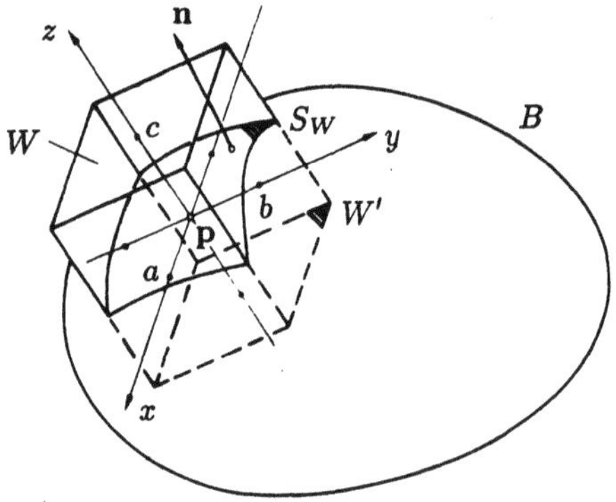

Fig. 14.6.1

Die Bedingung (b) ist eine anschauliche Umschreibung des eigentlich intendierten Sachverhalts (b′): Für Vektorfelder $\mathbf{v}$ auf B, die außerhalb W identisch verschwinden, gilt

$$\int_S \mathbf{v} \bullet d\omega = \int_{S_W} \mathbf{v} \bullet d\omega$$

wobei sich S_W in der Form

$$\mathbf{f}: \quad W' \to W, \qquad (x, y) \mapsto (x, y, \phi(x, y)) \tag{1}$$

darstellen läßt und durch

$$\mathbf{f}_x \times \mathbf{f}_y = (1, 0, \phi_x) \times (0, 1, \phi_y) = (-\phi_x, -\phi_y, 1) \tag{2}$$

nach oben orientiert ist. Wir nennen S die *Oberfläche* des Bereiches B und schreiben dafür ∂B. Die Oberfläche ist definitionsgemäß *nach außen* orientiert.

① Die Vollkugel

$$B_{3,R} := \left\{(x,y,z) \in \mathbb{R}^3 \mid x^2+y^2+z^2 \le R^2\right\}$$

ist ein glatt berandeter Bereich. Ihre Oberfläche ist die nach außen orientierte 2-Sphäre S_R^2 (vgl. Beispiel 12.7.④).

Ist $a > b > 0$, so stellt

$$B := \left\{(x,y,z) \in \mathbb{R}^3 \;\middle|\; \left(\sqrt{x^2+y^2}-a\right)^2 + z^2 \le b^2\right\} \tag{3}$$

einen *Volltorus* dar (Fig. 13.5.8 rechts). Dieser Volltorus ist glatt berandet, und zwar ist 13.5.(15) eine reguläre Parameterdarstellung der Oberfläche $\partial B = T$. Aus 13.5.(16) ergibt sich, daß $\mathbf{f}_{.\phi} \times \mathbf{f}_{.\theta}$ nach außen zeigt; somit induziert die gewählte Reihenfolge der Variablen ϕ und θ gerade die hier verlangte Orientierung. ○

Wir kommen damit zum Satz von Gauß, zunächst für glatt berandete Bereiche:

(14.27) *Es sei* $\mathbf{v}$ *ein* C^1*-Vektorfeld auf der offenen Menge* $\Omega \subset \mathbb{R}^3$*, und es sei* $B \subset \Omega$ *ein glatt berandeter Bereich mit nach außen orientierter Oberfläche* ∂B*. Dann gilt*

$$\int_{\partial B} \mathbf{v} \bullet d\omega = \int_B \operatorname{div} \mathbf{v}\, d\mu\ .$$

⌜ Jeder innere Punkt von B ist Mittelpunkt eines Quaders, der noch ganz in B° liegt, und jeder Randpunkt von B ist Mittelpunkt eines Quaders gemäß (II), der noch ganz in Ω liegt. Wir denken uns für jeden Punkt $\mathbf{x} \in B$ einen Quader $W_\mathbf{x}$ des einen oder andern Typs festgelegt. Die Familie $(W_\mathbf{x}^\circ)_{\mathbf{x}\in B}$ ist ein Umgebungsfeld auf B. Nach Satz **(14.16)** gibt es daher endlich viele Quader $W_j := W_{\mathbf{x}_j}$ $(1 \le j \le N)$ mit

$$B \subset \bigcup_{j=1}^N W_j^\circ$$

und eine zugehörige Zerlegung der Einheit $(\psi_j)_{1\le j\le N}$. Setzen wir

$$\psi_j\, \mathbf{v} =: \mathbf{v}_j \qquad (1 \le j \le N)\,,$$

so gilt in einer Umgebung von B die Identität

$$\mathbf{v}(\mathbf{x}) \equiv \sum_{j=1}^N \mathbf{v}_j(\mathbf{x})\ .$$

Es genügt daher, die behauptete Formel für jedes einzelne $\mathbf{v}_j$ zu beweisen. Da $\mathbf{v}_j$ außerhalb des Quaders W_j identisch verschwindet, gilt

$$\int_{\partial B} \mathbf{v}_j \bullet d\omega = \begin{cases} \int_{S_{W_j}} \mathbf{v}_j \bullet d\omega & (W_j \text{ ein Randquader}) \\ 0 & (W_j \text{ ein innerer Quader}) \end{cases}$$

(vgl. (b′)) und

$$\int_B \operatorname{div} \mathbf{v}_j \, d\mu = \int_{B \cap W_j} \operatorname{div} \mathbf{v}_j \, d\mu \, .$$

Wir können den Index j im weiteren unterdrücken und haben demnach folgendes zu beweisen:

$$\int_{B \cap W} \operatorname{div} \mathbf{v} \, d\mu = \begin{cases} \int_{S_W} \mathbf{v} \bullet d\omega & (W \text{ ein Randquader}) \\ 0 & (W \text{ ein innerer Quader}); \end{cases} \tag{4}$$

dabei dürfen wir voraussetzen, daß $\mathbf{v}$ auf ∂W identisch verschwindet. Ist W ein innerer Quader, so setzen wir $\phi(x, y) :\equiv c$. Dann gilt in jedem Fall

$$B \cap W = \{(x, y, z) \mid (x, y) \in W' \, , \; -c \le z \le \phi(x, y)\} \, .$$

Wir schreiben $\mathbf{v} = (P, Q, R)$; dann ist $\operatorname{div} \mathbf{v} = P_x + Q_y + R_z$ und folglich

$$\int_{B \cap W} \operatorname{div} \mathbf{v} \, d\mu = \int_{W'} \int_{-c}^{\phi(x,y)} (P_x + Q_y + R_z) \, dz \, d\mu(x, y) \, . \tag{5}$$

Die drei Summanden rechts müssen einzeln behandelt werden. Einerseits ist

$$\int_{-c}^{\phi(x,y)} R_z \, dz = R(x, y, \phi(x, y)) - R(x, y, -c) = R(x, y, \phi(x, y)) \, ,$$

da R auf ∂W verschwindet. Wegen (1) ergibt sich daher

$$\begin{aligned} \int_{W'} \int_{-c}^{\phi(x,y)} R_z \, dz \, d\mu(x, y) &= \int_{W'} R(x, y, \phi(x, y)) \, d\mu(x, y) \\ &= \int_{W'} R(\mathbf{f}(x, y)) \, d\mu(x, y) \, . \end{aligned}$$

Anderseits liefert die Leibnizsche Regel “mit Extras” **(12.15)**:

$$\int_{-c}^{\phi(x,y)} P_x(x, y, z) \, dz = \frac{d}{dx} \left(\int_{-c}^{\phi(x,y)} P(x, y, z) \, dz \right) - P(x, y, \phi(x, y)) \cdot \phi_x \, .$$

Integrieren wir dies nach x von $-a$ bis a und berücksichtigen wir, daß P auf ∂W verschwindet, so ergibt sich

$$\begin{aligned}\int_{-a}^{a}\int_{-c}^{\phi(x,y)} P_x(x,y,z)\,dz\,dx &= \int_{-c}^{\phi(a,y)} P(a,y,z)\,dz - \int_{-c}^{\phi(-a,y)} P(-a,y,z)\,dz \\ &\quad - \int_{-a}^{a} P\bigl(x,y,\phi(x,y)\bigr)\cdot\phi_x\,dx \\ &= \int_{-a}^{a} P\bigl(x,y,\phi(x,y)\bigr)\cdot(-\phi_x)\,dx\ .\end{aligned}$$

Dies integrieren wir zum Schluß nach y von $-b$ bis b und erhalten

$$\begin{aligned}\int_{W'}\int_{-c}^{\phi(x,y)} P_x(x,y,z)\,dz\,d\mu(x,y) &= \int_{W'} P\bigl(x,y,\phi(x,y)\bigr)\cdot(-\phi_x)\,d\mu(x,y) \\ &= \int_{W'} P\bigl(\mathbf{f}(x,y)\bigr)\cdot(-\phi_x)\,d\mu(x,y)\ .\end{aligned}$$

Eine ganz analoge Formel ergibt sich für den Beitrag von Q_y. — Tragen wir die erhaltenen Teilergebnisse in (5) ein, so ergibt sich unter Berücksichtigung von (2):

$$\begin{aligned}&\int_{B\cap W} \operatorname{div}\mathbf{v}\,d\mu \\ &= \int_{W'} \Bigl(P\bigl(\mathbf{f}(x,y)\bigr)\cdot(-\phi_x) + Q\bigl(\mathbf{f}(x,y)\bigr)\cdot(-\phi_y) + R\bigl(\mathbf{f}(x,y)\bigr)\cdot 1\Bigr)\,d\mu(x,y) \\ &= \int_{W'} \mathbf{v}\bigl(\mathbf{f}(x,y)\bigr)\bullet(\mathbf{f}_x\times\mathbf{f}_y)_{(x,y)}\,d\mu(x,y) \\ &= \int_{S_W} \mathbf{v}\bullet d\omega\ .\end{aligned}$$

Für einen Randquader ist das schon (4). Ist W ein innerer Quader, so ist $\mathbf{v}$ auf $S_W : (x,y)\mapsto(x,y,c)$ identisch $\mathbf{0}$, und die rechte Seite hat trivialerweise den Wert 0. ┘

Zulässige Bereiche

Mit **(14.27)** ist der Satz von Gauß für eine Kugel oder einen Volltorus (siehe Beispiel ①) bewiesen, nicht aber für einen so einfachen Bereich wie einen Quader. (Für Quader gibt es natürlich einen besonders einfachen direkten Beweis.) In Wirklichkeit ist es wie bei der Greenschen Formel nicht notwendig, daß B glatt berandet ist: Es genügt, wenn sich B durch glatt berandete Bereiche approximieren läßt.

Eine kompakte Menge $B \subset \mathbb{R}^3$ heißt ein *zulässiger Bereich*, und die orientierte kompakte Fläche ∂B heißt *Oberfläche von* B, wenn ∂B als Punktmenge mit der Randmenge von B übereinstimmt und wenn es zu jedem $\varepsilon > 0$ einen glatt berandeten Bereich $B^{(\varepsilon)} \subset B$ mit nach außen orientierter Oberfläche $\partial B^{(\varepsilon)}$ gibt, so daß der folgende Sachverhalt zutrifft:

(I) Das Maß der Differenz $B \setminus B^{(\varepsilon)}$ ist $< \varepsilon$.

(II) Die Flächen ∂B und $\partial B^{(\varepsilon)}$ unterscheiden sich um eine Fläche $S^{(\varepsilon)}$ vom Inhalt $\omega(S^{(\varepsilon)}) < \varepsilon$ und sind im übrigen gleich orientiert.

Hiernach sind zum Beispiel beliebige Polyeder zulässige Bereiche, da sich ihre Kanten und Ecken durch die approximierenden $B^{(\varepsilon)}$ abrunden lassen. Die Oberfläche eines zulässigen Bereiches besitzt in "fast allen" Punkten eine wohlbestimmte Tangentialebene und eine nach außen weisende Normale.

Die endgültige Fassung des *Satzes von Gauß für räumliche Bereiche* lautet nunmehr:

(14.28) *Es sei* $\mathbf{v}$ *ein* C^1*-Vektorfeld auf der offenen Menge* $\Omega \subset \mathbb{R}^3$, *und es sei* $B \subset \Omega$ *ein zulässiger Bereich mit nach außen orientierter Oberfläche* ∂B. *Dann gilt*

$$\int_{\partial B} \mathbf{v} \bullet d\omega = \int_B \operatorname{div} \mathbf{v} \, d\mu \, .$$

In Worten: Der insgesamt durch die Oberfläche ∂B *heraustretende Fluß ist gleich dem Integral der Quellstärke über* B.

⌈ Es gibt eine Konstante $M > 0$ mit

$$|\mathbf{v}(\mathbf{x})| \leq M \, , \quad |\operatorname{div} \mathbf{v}(\mathbf{x})| \leq M \qquad (\mathbf{x} \in B) \, .$$

Ist jetzt ein $\varepsilon > 0$ vorgegeben und $B^{(\varepsilon)} \subset B$ ein glatt berandeter Bereich, der B wie verlangt approximiert, so gelten nach **(14.23)** und **(13.18)** die beiden Abschätzungen

$$\left| \int_{\partial B} \mathbf{v} \bullet d\omega - \int_{\partial B^{(\varepsilon)}} \mathbf{v} \bullet d\omega \right| \leq M \, \omega(S^{(\varepsilon)}) < M \varepsilon$$

und

$$\left| \int_B \operatorname{div} \mathbf{v} \, d\mu - \int_{B^{(\varepsilon)}} \operatorname{div} \mathbf{v} \, d\mu \right| \leq M \, \mu(B \setminus B^{(\varepsilon)}) < M \varepsilon \, .$$

Da die beiden auf $B^{(\varepsilon)}$ bezüglichen Integrale nach **(14.27)** übereinstimmen, folgt hieraus

$$\left| \int_{\partial B} \mathbf{v} \bullet d\omega - \int_B \operatorname{div} \mathbf{v} \, d\mu \right| < 2M \varepsilon \, ;$$

und da $\varepsilon > 0$ beliebig war, ergibt sich die Behauptung. ⌋

② Es gibt eine zu **(14.20)** analoge Formel für das Volumen eines dreidimensionalen Bereiches:

$$\mu(B) = \frac{1}{3}\int_{\partial B} \mathbf{x} \bullet d\omega .$$

Zum Beweis genügt es, den Satz von Gauß auf das spezielle Feld $\mathbf{v}(\mathbf{x}) := \mathbf{x}$ anzuwenden. Für dieses Feld ist $\operatorname{div}\mathbf{v}(\mathbf{x}) \equiv 3$.

Um das Volumen des in Beispiel ① betrachteten Volltorus (3) zu berechnen, wenden wir den Satz von Gauß auf das Feld $\mathbf{v}(x,y,z) := (0,0,z)$ an. Es ist $\operatorname{div}\mathbf{v} \equiv 1$; somit ergibt sich

$$\mu(B) = \int_B \operatorname{div}\mathbf{v}\, d\mu = \int_{\partial B} \mathbf{v} \bullet d\omega .$$

Zur Berechnung des Flußintegrals verwenden wir die Darstellung 13.5.(15) der Torusfläche und erhalten wegen 13.5.(16):

$$\begin{aligned}\mu(B) &= \int_{[0,2\pi]\times[0,2\pi]} \bigl(0,0,z(\phi,\theta)\bigr) \bullet (\mathbf{f}_\phi \times \mathbf{f}_\theta)\, d\mu(\phi,\theta) \\ &= \int_0^{2\pi}\int_0^{2\pi} b\sin\theta \cdot (a + b\sin\theta)\, b\sin\theta\, d\theta\, d\phi \\ &= 2\pi^2\, a\, b^2 .\end{aligned}$$

○

③ Die Abläufe in einem strömenden Medium (Flüssigkeit oder Gas) lassen sich mit Hilfe von zwei Funktionen ρ und $\mathbf{v}$ beschreiben: $\rho(\mathbf{x},t)$ bezeichnet die Dichte des Mediums an der Stelle $\mathbf{x} = (x_1,x_2,x_3)$ zur Zeit t und $\mathbf{v}(\mathbf{x},t)$ die Geschwindigkeit der Masseteilchen an der Stelle $\mathbf{x}$ zur Zeit t. Die räumlichen und zeitlichen Änderungsraten dieser Funktionen sind aneinander gekoppelt durch eine gewisse partielle Differentialgleichung, die wir nun herleiten wollen.

Wir gehen davon aus, daß in dem strömenden Medium weder Masse produziert noch Masse vernichtet wird. Wenn also insgesamt Masse aus einem Raumbereich herausströmt, so muß dabei die Dichte ρ im Inneren dieses Bereiches entsprechend abnehmen. Es geht nun darum, diesen Sachverhalt auch quantitativ richtig zu erfassen und in einer prägnanten Formel zum Ausdruck zu bringen.

Das strömende Medium erfüllt ein Gebiet $\Omega \subset \mathbb{R}^3$. Es sei $B \subset \Omega$ ein "Probebereich", der für den Moment festgehalten wird und sich nicht mit der Strömung mitbewegt. Die gesamte zur Zeit t in B enthaltene Masse $M(t)$ ist gegeben durch

$$M(t) = \int_B \rho(\mathbf{x},t)\, d\mu(\mathbf{x}) .$$

Die Leibnizsche Regel **(11.14)** gilt natürlich auch für mehrfache Integrale. Die zeitliche Änderungsrate dieser Masse berechnet sich daher folgendermaßen:

$$M'(t) = \int_B \rho_t(\mathbf{x},t)\, d\mu(\mathbf{x}) . \tag{6}$$

Die Veränderung der in B enthaltenen Masse ergibt sich aus dem Zu- und Wegströmen von Masseteilchen durch die Oberfläche ∂B. Quantitativ ausgedrückt: Die Änderungsrate von $M(\cdot)$ ist gleich dem "Massenfluß" durch ∂B:

$$-M'(t) = \int_{\partial B} (\rho\,\mathbf{v}) \bullet d\boldsymbol{\omega}\ ;$$

dabei haben wir berücksichtigt, daß nach außen fließende Masse eine Abnahme von M zur Folge hat. Wenden wir auf das letzte Integral den Satz von Gauß an, so ergibt sich

$$-M'(t) = \int_B \operatorname{div}(\rho\,\mathbf{v})\, d\mu\,,$$

zusammen mit (6) also:

$$\int_B (\rho_t + \operatorname{div}(\rho\,\mathbf{v}))\, d\mu \ = \ 0\ . \tag{7}$$

Diese Beziehung gilt für jeden Probebereich $B \subset \Omega$. Stellen wir uns B als transportables kleines Kügelchen vor, so kommen wir auf die Vermutung, daß der Integrand notwendigerweise identisch verschwindet. Dies ist in der Tat der Fall; es gilt nämlich das folgende Lemma:

(14.29) *Ist $f : \Omega \to \mathbb{R}$ eine stetige Funktion auf der offenen Menge $\Omega \subset \mathbb{R}^n$ und ist das Integral $\int_B f\, d\mu$ für jede Vollkugel $B \subset \Omega$ gleich 0, so ist $f(\mathbf{x}) \equiv 0$ auf Ω.*

⌜ Betrachte einen festen Punkt $\mathbf{p} \in \Omega$. Zu vorgegebenem $\varepsilon > 0$ gibt es eine Kugel $B \subset \Omega$ mit Mittelpunkt $\mathbf{p}$ und positivem Radius, so daß für alle $\mathbf{x} \in B$ gilt: $|f(\mathbf{x}) - f(\mathbf{p})| \le \varepsilon$. Nach Voraussetzung über f ist

$$f(\mathbf{p})\mu(B) = \int_B (f(\mathbf{p}) - f(\mathbf{x}))\, d\mu(\mathbf{x})\,;$$

wir haben daher

$$|f(\mathbf{p})|\, \mu(B) \le \int_B |f(\mathbf{p}) - f(\mathbf{x})|\, d\mu(\mathbf{x}) \le \varepsilon\, \mu(B)\ .$$

Hieraus folgt $|f(\mathbf{p})| \le \varepsilon$; und da sowohl $\varepsilon > 0$ wie $\mathbf{p} \in \Omega$ beliebig waren, ergibt sich die Behauptung. ⌟

Wir können daher aus (7) den folgenden Schluß ziehen:

$$\forall \mathbf{x},\ \forall t: \qquad \rho_t + \operatorname{div}(\rho\,\mathbf{v}) \ = \ 0\ . \tag{8}$$

Dies ist das erste Grundgesetz der Hydrodynamik, die sogenannte *Kontinuitätsgleichung*. Ist das Medium inkompressibel, was bei Flüssigkeiten im allgemeinen angenommen werden darf, so ist ρ räumlich und zeitlich konstant. Die Gleichung (8) lautet dann einfach

$$\forall \mathbf{x}, \forall t: \qquad \operatorname{div} \mathbf{v} \ = \ 0\ .$$

In Worten: Das Strömungsfeld einer inkompressiblen Flüssigkeit ist divergenzfrei. (*Hinweis:* Die Operatoren ∇, div, **rot** und Δ (s.u.) wirken nur auf die Raumvariablen.) ○

Der Laplace-Operator

Nach Satz **(14.15)**(b) ist $\mathbf{rot}\,\nabla f \equiv \mathbf{0}$ für jede C^2-Funktion f, und nach Satz **(14.26)** ist $\operatorname{div}\mathbf{rot}\,\mathbf{K} \equiv 0$ für jedes C^2-Vektorfeld $\mathbf{K}$. Die Zusammensetzung

$$\operatorname{div} \circ \nabla =: \Delta \tag{9}$$

hingegen ist nicht trivial, im Gegenteil: Der *Laplace-Operator* Δ ist eigentlich der wichtigste von allen und für die ganze Analysis fundamental. Allgemein ist Δf für zweimal stetig differenzierbare Funktionen $f : \mathbb{R}^n \curvearrowright \mathbb{R}$ definiert durch

$$\Delta f := \frac{\partial^2 f}{\partial x_1^2} + \frac{\partial^2 f}{\partial x_2^2} + \ldots + \frac{\partial^2 f}{\partial x_n^2} .$$

Dies stimmt für $n = 3$ überein mit (9); in der (x,y)-Ebene ist natürlich

$$\Delta f := f_{xx} + f_{yy} .$$

Ist $\Delta f \equiv 0$, so heißt die betrachtete Funktion f *harmonisch*.

④ Die nur von $r := |\mathbf{x}|$ abhängige Funktion

$$g(\mathbf{x}) := \begin{cases} -\log r & (n = 2) \\ \dfrac{1}{r^{n-2}} & (n > 2) \end{cases}$$

ist (kugelsymmetrisch und) harmonisch im punktierten Raum $\dot{\mathbb{R}}^n$.

⌜ Wir betrachten nur den Fall $n > 2$. Mit Hilfe der Ableitungsregel

$$\frac{\partial r}{\partial x_k} = \frac{x_k}{r} \qquad (1 \le k \le n)$$

ergibt sich nacheinander

$$\begin{aligned} \frac{\partial g}{\partial x_k} &= \frac{-(n-2)}{r^{n-1}}\,\frac{x_k}{r} = -(n-2)x_k\,r^{-n} , \\ \frac{\partial^2 g}{\partial x_k^2} &= -(n-2)\Bigl(r^{-n} + x_k(-n)r^{-n-1}\frac{x_k}{r}\Bigr) = -\frac{n-2}{r^{n+2}}(r^2 - n\,x_k^2) . \end{aligned}$$

Dies ist nun über k zu summieren. Dabei liefert die letzte Klammer den Wert $n\,r^2 - n\sum_{k=1}^n x_k^2 = 0$, wie behauptet. ⌟

Welche Information über die gegebene Funktion f wird durch Δf ausgedrückt? In anderen Worten: Welches ist die intuitive (geometrische, physikalische, ...) Interpretation von Δf? Um dieser Frage nachzugehen, bezeichnen wir mit B_r die n-dimensionale Vollkugel vom Radius r und mit S_r deren

$(n-1)$-dimensionale Oberfläche. Es ist $\mu(B_r) = \kappa_n r^n$, wobei κ_n das in Beispiel 13.2.⑤ berechnete Volumen der n-dimensionalen Einheitskugel darstellt. Wir bezeichnen den Flächeninhalt von S_r mit $\omega(S_r)$ und haben dann aufgrund geometrischer Anschauung die für kleine positive h gültige Näherung

$$\mu(B_{r+h}) - \mu(B_r) = \mu(B_{r+h} \setminus B_r) \doteq \omega(S_r) \cdot h \,.$$

Hieraus ergibt sich (vgl. auch die Aufgabe 13.34):

$$\omega(S_r) \doteq \frac{d}{dr}\,\mu(B_r) = n\kappa_n r^{n-1} \,. \tag{10}$$

Wir beweisen nunmehr:

(14.30) *Die Funktion* $f : \mathbb{R}^n \curvearrowright \mathbb{R}$ *sei in der Umgebung des Punktes* $\mathbf{p}$ *zweimal stetig differenzierbar. Dann gilt*

$$\Delta f(\mathbf{p}) = \lim_{r\to 0} \frac{2n}{r^2} \frac{1}{\omega(S_r)} \int_{S_r} (f(\mathbf{p}+\mathbf{X}) - f(\mathbf{p}))\, d\omega(\mathbf{X}) \,.$$

In Worten: $\Delta f(\mathbf{p})$ *ist bis auf einen Skalierungsfaktor gleich dem mittleren Mehrwert von* f *in den Punkten rund um* $\mathbf{p}$ *gegenüber dem Wert von* f *an der Stelle* $\mathbf{p}$.

⌜ Nach Satz **(12.23)** gilt für $\mathbf{X} \to \mathbf{0}$ die Approximation

$$f(\mathbf{p}+\mathbf{X}) - f(\mathbf{p}) = \sum_i f_{.i} X_i + \frac{1}{2} \sum_{i,\,k} f_{.ik} X_i X_k \;+\; o(|X|^2)\,; \tag{11}$$

dabei bezeichnen $f_{.i}$ und $f_{.ik}$ partielle Ableitungen an der Stelle $\mathbf{p}$, sind also Konstante. Wird (11) über die Sphäre $S_r \subset T_{\mathbf{p}}$ integriert, so ergibt sich unter Berücksichtigung von (10) die Formel

$$\int_{S_r} (f(\mathbf{p}+\mathbf{X}) - f(\mathbf{p}))\, d\omega(\mathbf{X}) = \frac{1}{2} \sum_i f_{.ii} \int_{S_r} X_i^2\, d\omega(\mathbf{X}) \;+\; o\big(r^{2+(n-1)}\big)$$

$$(r \to 0)\,;$$

denn alle anderen Terme in (11) sind bezüglich mindestens einer Variablen ungerade und liefern daher aus Symmetriegründen keinen Beitrag ans Integral. Die Integrale $\int_{S_r} X_i^2\, d\omega(\mathbf{X})$ haben alle denselben Wert

$$\int_{S_r} X_i^2\, d\omega(\mathbf{X}) = \frac{1}{n} \int_{S_r} \sum_{k=1}^{n} X_k^2\, d\omega(\mathbf{X}) = \frac{r^2}{n}\,\omega(S_r) \qquad (1 \le i \le n)\,.$$

Damit erhalten wir

$$\int_{S_r} (f(\mathbf{p}+\mathbf{X}) - f(\mathbf{p}))\, d\omega(\mathbf{X}) = \frac{r^2}{2n}\omega(S_r)\,\Delta f(\mathbf{p}) \;+\; o(r^{n+1}) \qquad (r \to 0)\,.$$

Wird dies nach $\Delta f(\mathbf{p})$ aufgelöst, so ergibt sich wegen $r^2\omega(S_r) = n\kappa_n r^{n+1}$ die behauptete Formel

$$\Delta f(\mathbf{p}) = \frac{2n}{r^2}\frac{1}{\omega(S_r)}\int_{S_r}(f(\mathbf{p}+\mathbf{X}) - f(\mathbf{p}))\,d\omega(\mathbf{X}) \;+\; o(1) \qquad (r \to 0)\,. \quad \lrcorner$$

⑤ Im folgenden geht es um die Wärmeleitung in einem homogenen ruhenden Medium. Das Medium erfülle ein gewisses Gebiet $\Omega \subset \mathbb{R}^3$, wobei wir annehmen, daß sich im Innern von Ω keine wärmeerzeugenden oder wärmevernichtenden Vorgänge abspielen. Hingegen wird durch Wärmeleitung Wärme innerhalb Ω verschoben, was mit der Zeit zu einem Ausgleich der Temperatur führt, wenn nicht durch thermische Einwirkung von außen (das heißt: durch die Oberfläche von Ω) ein Temperaturgradient aufrechterhalten wird. Da aber nichts Sichtbares mit wohldefinierter Geschwindigkeit strömt, liegt *a priori* kein Strömungsfeld $\mathbf{v}$ vor, und wir müssen neuartige Überlegungen anstellen, um den "Wärmestrom" in den Griff zu bekommen.

Das Temperaturgeschehen in dem betrachteten Medium läßt sich mit einer einzigen Funktion u erfassen: Der Funktionswert $u(\mathbf{x}, t)$ stellt die Temperatur an der Stelle $\mathbf{x} = (x_1, x_2, x_3)$ zur Zeit t dar. Oft beschränkt man sich auf den *stationären* Fall, bei dem die Temperatur nur von $\mathbf{x}$ abhängt. Die unter dem Regime der Wärmeleitung sich einstellenden räumlichen und zeitlichen Änderungsraten der Funktion u sind aneinander gekoppelt durch eine gewisse partielle Differentialgleichung, die wir nun herleiten wollen.

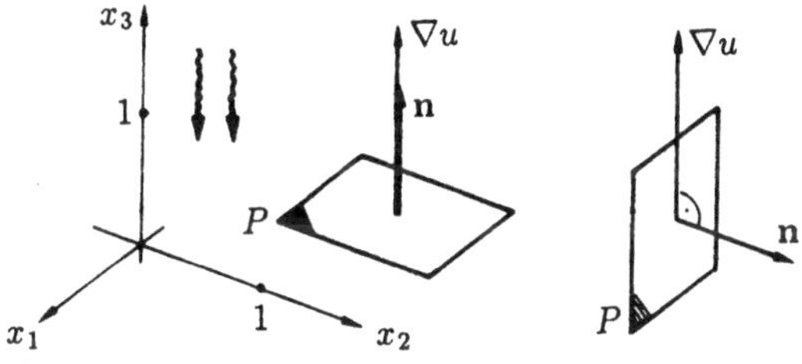

Fig. 14.6.2

Wir betrachten zunächst eine besonders einfache Modellsituation, siehe die Fig. 14.6.2: Die Temperatur hänge nur von x_3 ab und nehme linear mit x_3 zu:

$$u(\mathbf{x}, t) := u_0 + \eta x_3\,.$$

Die Konstante $\eta > 0$ stellt die Temperaturzunahme pro Längeneinheit dar und ist gleich dem Betrag des Temperaturgradienten $\nabla u = (0, 0, \eta)$. Es sei $P \subset \mathbb{R}^3$ eine zunächst horizontale Parallelogrammfläche, die wir uns nach oben orientiert denken. Es liegt nahe, den *Wärmefluß* $\Phi(P)$ — gemeint ist die Wärmemenge, die pro Zeiteinheit das Parallelogramm in Richtung $\mathbf{n} = (0, 0, 1)$ durchströmt — wie folgt zu veranschlagen:

$$\Phi(P) = -k\,\eta\,\omega(P)\,.$$

Dabei ist k eine Materialkonstante, die *Wärmeleitzahl* des betreffenden Mediums. Ein großer k-Wert bedeutet große Wärmeleitfähigkeit. Das Minuszeichen drückt aus, daß die Wärme von oben nach unten strömt, wenn die Temperatur von unten nach oben zunimmt.

Wird nun das Parallelogramm P gekippt, so verändert sich auch der Fluß $\Phi(P)$, und in dem Grenzfall, wo P parallel zur x_3-Achse ist, wird $\Phi(P) = 0$. Die Intuition sagt uns, daß die Formel

$$\Phi(P) = -k\,(\nabla u \bullet \mathbf{n})\,\omega(P)$$

den fraglichen Fluß für beliebiges P richtig wiedergibt.

Es sei jetzt u eine beliebige Temperaturverteilung in dem Gebiet Ω und $P \subset \Omega$ ein kleines orientiertes Parallelogramm mit Mittelpunkt $\mathbf{p}$. Für die Wärmemenge, die in einem sehr kurzen Zeitintervall $[\,t_0-h, t_0+h\,]$ durch dieses Parallelogramm fließt, kommt es nur auf die Verhältnisse in der unmittelbaren Nähe des "Weltpunktes" $(\mathbf{p}, t_0)$ an. Mit Mikroskop und Zeitlupe betrachtet sind aber diese Verhältnisse von der Art, wie wir sie eben diskutiert haben: homogen und stationär. Hieraus folgt: Der Wärmefluß durch das betrachtete Parallelogramm hat zur Zeit t_0 den Wert

$$\Phi(P) \doteq -k\,\bigl(\nabla u(\mathbf{p}, t_0) \bullet \mathbf{n}\bigr)\,\omega(P)\,,$$

und der Wärmefluß durch eine makroskopische orientierte Fläche $S \subset \Omega$ hat folglich zu jeder Zeit t den (von t abhängigen) Wert

$$\Phi(S) = -\int_S k\,\nabla u \bullet \mathbf{n}\,d\omega\,. \tag{12}$$

Wie in Beispiel ③ führen wir jetzt einen Probebereich $B \subset \Omega$ ein, den wir für den Moment festhalten. Die gesamte zur Zeit t in dem Bereich B gespeicherte Wärmemenge $W(t)$ ist gegeben durch

$$W(t) = \int_B c\rho\,u(\mathbf{x}, t)\,d\mu(\mathbf{x})\,. \tag{13}$$

Dabei sind c und ρ Materialkonstanten: c ist die sogenannte Wärmekapazität des betreffenden Mediums und ρ dessen Dichte. Aus (13) ergibt sich wie in Beispiel ③ die folgende zeitliche Änderungsrate von $W(\cdot)$:

$$W'(t) = \int_B c\rho\,u_t(\mathbf{x}, t)\,d\mu(\mathbf{x})\,. \tag{14}$$

Die momentane Änderungsrate $W'(t)$ ist anderseits gleich dem zur Zeit t vorhandenen Wärmefluß durch ∂B; dabei ist zu berücksichtigen, daß abfließende Wärme eine Abnahme von W zur Folge hat. Aufgrund von (12) und nach dem Satz von Gauß gilt daher

$$W'(t) = -\Phi(\partial B) = \int_{\partial B} k\,\nabla u \bullet \mathbf{n}\,d\boldsymbol{\omega} = \int_B k\,\mathrm{div}(\nabla u)\,d\mu = \int_B k\,\Delta u\,d\mu\,.$$

Zusammen mit (14) ergibt sich somit

$$\int_B (c\rho\, u_t - k\,\Delta u)\, d\mu = 0\,,$$

und zwar gilt das für alle t und jeden Probebereich $B \subset \Omega$. Mit Hilfe von Lemma **(14.29)** können wir daher den folgenden Schluß ziehen:

$$\forall \mathbf{x},\ \forall t: \qquad c\rho\, u_t - k\,\Delta u = 0\,.$$

Mit der Abkürzung

$$\frac{k}{c\rho} =: a^2$$

erhalten wir definitiv für u die partielle Differentialgleichung

$$\frac{\partial u}{\partial t} = a^2\,\Delta u\,. \tag{15}$$

Dies ist die sogenannte *Wärmeleitungsgleichung*. Der Stofftransport durch Diffusion in einem ruhenden Trägermedium erfolgt übrigens nach demselben Gesetz; dabei stellt $u(\mathbf{x}, t)$ die Konzentration des diffundierenden Stoffes an der Stelle $\mathbf{x}$ zu Zeit t dar.

Im Licht von **(14.30)** läßt sich die Gleichung (15) wie folgt interpretieren: Wenn es in den Punkten rund um $\mathbf{p}$ zur Zeit t im Schnitt wärmer ist als an der Stelle $\mathbf{p}$, so wird die Temperatur an der Stelle $\mathbf{p}$ in der nächsten Sekunde zunehmen, und zwar mit einer Geschwindigkeit, die im wesentlichen proportional ist zu der mittleren von $\mathbf{p}$ aus gemessenen Temperaturzunahme. Im stationären Fall ($\Delta u \equiv 0$) ist die Temperatur an jeder Stelle $\mathbf{x}$ "innerlich ausgewogen", und $u(\mathbf{x})$ wird von den Temperaturwerten rund um $\mathbf{x}$ *per saldo* weder nach oben noch nach unten gezogen. ○

14.7. Der Satz von Stokes

Die Greensche Formel **(14.18)** bezieht sich auf Vektorfelder $\mathbf{K}$ und Bereiche B mit Randzyklus ∂B in der Ebene. In diesem Abschnitt geht es darum, eine analoge Formel für Vektorfelder $\mathbf{K}$ und orientierte Flächen S mit Randzyklus ∂S im Raum, speziell im $\mathbb{R}^3$, herzuleiten.

Zulässige Flächen

Es seien A eine offene Menge im $\mathbb{R}^d$ und Ω eine offene Menge im $\mathbb{R}^n$. Eine C^1-Abbildung $\mathbf{f}: A \to \Omega$ erzeugt von jeder in A liegenden C^1-Kurve

$$\gamma: \quad t \mapsto \mathbf{u}(t) \qquad (a \le t \le b) \tag{1}$$

eine ebenfalls stetig differenzierbare *Bildkurve*

$$\mathbf{f}(\gamma): \quad t \mapsto \mathbf{f}(\mathbf{u}(t)) \qquad (a \le t \le b) \tag{2}$$

in Ω. In der Folge besitzt jede in A liegende Kette $\gamma := \sum_{j=1}^{s} \gamma_j$ eine wohlbestimmte *Bildkette*

$$\mathbf{f}(\gamma) := \sum_{j=1}^{s} \mathbf{f}(\gamma_j)$$

in Ω. Sind nämlich zwei formale Summen $\sum_j \gamma_j$ und $\sum_l \gamma'_l$ äquivalent, so sind auch $\sum_j \mathbf{f}(\gamma_j)$ und $\sum_l \mathbf{f}(\gamma'_l)$ äquivalent.

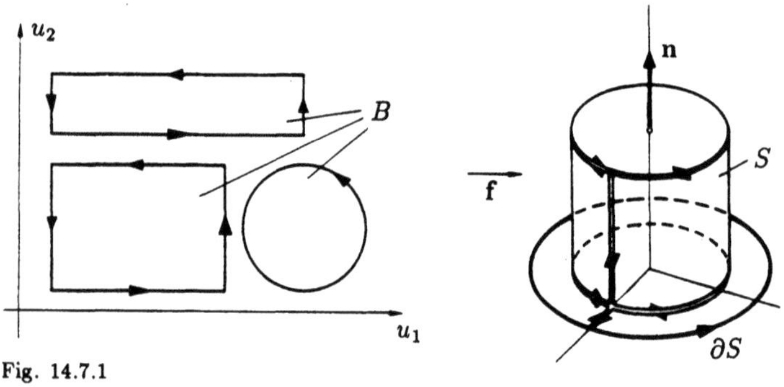

Fig. 14.7.1

Dies vorausgeschickt, nennen wir eine orientierte kompakte Fläche $S \subset \mathbb{R}^3$ *zulässig*, wenn folgende Bedingungen erfüllt sind (siehe die Fig. 14.7.1): Es gibt einen zulässigen Bereich $B \subset \mathbb{R}^2$ mit Randzyklus ∂B und eine C^2-Parameterdarstellung

$$\mathbf{f}: \quad B \to \mathbb{R}^3, \qquad \mathbf{u} \mapsto \mathbf{x} := \mathbf{f}(\mathbf{u}) \tag{3}$$

der Fläche S, die bis auf eine Nullmenge regulär und injektiv ist und via $\mathbf{f}_{.1} \times \mathbf{f}_{.2}$ die auf S gegebene Orientierung erzeugt.

Der Zyklus $\partial S := \mathbf{f}(\partial B)$ heißt *Randzyklus* von S. Wenn $\mathbf{f}$ gewisse Teile von ∂B einzeln oder in Paaren annihiliert (siehe die Fig. 14.7.1 sowie die folgenden Beispiele), so besteht ∂S aus weniger Kurven als ∂B. Ist $\partial S = 0$, so heißt S *geschlossen*. Der Randzyklus einer zulässigen orientierten Fläche S ist "für alle praktischen Zwecke" wohlbestimmt und nicht von der gewählten Darstellung (3) abhängig. Anschaulich gesprochen läuft ∂S, von der Spitze von $\mathbf{n}$ her gesehen, einmal im Gegenuhrzeigersinn um S herum; siehe dazu das nachfolgende Beispiel ②.

① Die nach außen orientierte Sphäre S^2 (siehe das Beispiel 12.7.④) ist eine geschlossene zulässige Fläche, denn die Parameterdarstellung 12.7.(4) annihiliert die horizontalen Kanten des Parameterbereichs einzeln und die vertikalen Kanten als Paar.

Die Darstellung 13.5.(15) der Torusfläche T "verheftet" erstens die linke mit der rechten Kante des Parameterbereichs $[0,2\pi] \times [0,2\pi]$ und zweitens auch die Ober- mit der Unterkante, und zwar erfolgen beide Verheftungen "gegenläufig". Folglich ist auch T eine geschlossene zulässige Fläche.

Ist $P \subset \mathbb{R}^3$ ein konvexes Polyeder, zum Beispiel ein Quader oder ein Dodekaeder, so ist die nach außen orientierte Oberfläche $S := \partial P$ eine zulässige Fläche. Auch diese Fläche ist geschlossen: S besteht aus Polygonen S_i $(1 \leq i \leq N)$, deren Kanten durch die Parameterdarstellung $\mathbf{f} = (\mathbf{f}_i)_{1\leq i \leq N}$ von S gegenläufig verheftet werden. Somit ist $\partial S = 0$.

Die in diesem Beispiel betrachteten Flächen S^2, T und S haben eines gemeinsam: Sie lassen sich als Rand bzw. Oberfläche eines Bereiches $B \subset \mathbb{R}^3$ auffassen. Es gehört zu den "Urprinzipien" der Geometrie und ist ein tiefliegender Sachverhalt, daß der Rand eines Randes verschwindet: Für beliebige zulässige $B \subset \mathbb{R}^n$ ist $\partial(\partial B) = 0$. Dies steht in einem geheimnisvollen Zusammenhang mit den Formeln $\mathbf{rot} \circ \nabla = 0$ bzw. $\operatorname{div} \circ \mathbf{rot} = 0$. ○

② Es sei B ein zulässiger Bereich mit Randzyklus ∂B in der (x, y)-Ebene und

$$\phi : \quad B \to \mathbb{R}_{>0}\,, \qquad (x,y) \mapsto z := \phi(x,y)$$

eine C^2-Funktion. Dann ist der nach oben orientierte Graph von ϕ eine zulässige Fläche S über der (x,y)-Ebene bzw. über B, und zwar vermöge der regulären Darstellung

$$\mathbf{f} : \quad (x,y) \mapsto \big(x, y, \phi(x,y)\big)\;. \tag{4}$$

Wegen $\mathbf{f}_x \times \mathbf{f}_y = (-\phi_x, -\phi_y, 1)$ induziert $\mathbf{f}$ die angegebene Orientierung, denn die z-Komponente von $\mathbf{f}_x \times \mathbf{f}_y$ ist positiv.

Der Randzyklus von S ist nach Definition und (4) der "nach oben verpflanzte" Randzyklus von B. Werden S und ∂S von der Spitze von $\mathbf{n}$ her, also von (weit) oben, betrachtet, so geht ∂S in der Tat einmal im Gegenuhrzeigersinn um S herum. ○

Pullback

Als Vehikel zum Beweis des angestrebten Satzes dient uns natürlich eine Parameterdarstellung $\mathbf{f}$ der betrachteten Fläche S und ihres Randzyklus ∂S. Wir beginnen also mit einigen allgemeinen Bemerkungen und Hilfssätzen über das Verhalten von Feldern gegenüber differenzierbaren Abbildungen $\mathbf{f}$.

Eine r-mal, $r \geq 1$, stetig differenzierbare Abbildung (Parameterdarstellung)

$$\mathbf{f} : \quad A \to \Omega\,, \qquad \mathbf{u} \mapsto \mathbf{x} := \mathbf{f}(\mathbf{u})$$

und ihre Ableitung $d\mathbf{f}$ transportieren "individuelle Objekte" wie Punkte, Kurven, Tangenten u.a. von A bzw. T_A nach Ω bzw. T_Ω (Fig. 14.7.2). Zweitens

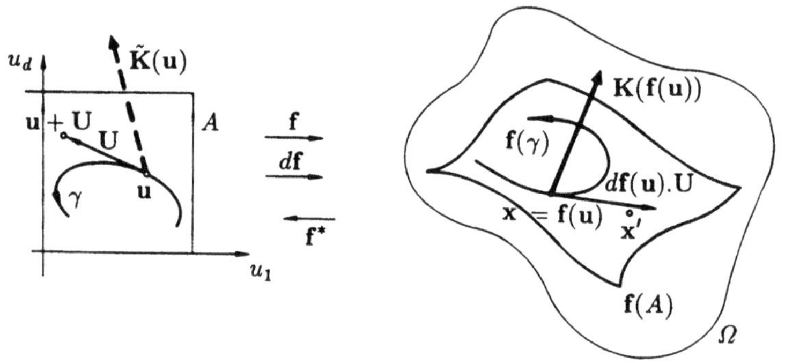

Fig. 14.7.2

lassen sich auf Ω definierte "Felder" mit Hilfe von $\mathbf{f}$ nach A zurückverpflanzen. Diese Operation heißt *Pullback* und wird mit $\mathbf{f}^*$ bezeichnet. Entsprechend den verschiedenen Arten von "Feldern" gibt es verschiedene Formen des Pullbacks.

Es sei erstens

$$\phi: \quad \Omega \to \mathbb{R}, \qquad \mathbf{x} \mapsto \phi(\mathbf{x})$$

ein Skalarfeld auf Ω, zum Beispiel eine Temperaturverteilung. Dann ist der Pullback $\mathbf{f}^*(\phi) =: \tilde{\phi}$ gegeben durch

$$\tilde{\phi}: \quad \mathbf{u} \mapsto \tilde{\phi}(\mathbf{u}) := \phi(\mathbf{f}(\mathbf{u}))$$

und stellt für jeden Parameterpunkt $\mathbf{u} \in A$ die Temperatur im zugehörigen Raumpunkt $\mathbf{x} := \mathbf{f}(\mathbf{u})$ dar. Damit wird $\tilde{\phi}$ ein Skalarfeld auf A.

Mit Vektorfeldern

$$\mathbf{K}: \quad \Omega \to T_\Omega, \qquad \mathbf{x} \mapsto \mathbf{K}(\mathbf{x})$$

ist es bereits etwas abstrakter. Um den Pullback $f^*(\mathbf{K}) =: \tilde{\mathbf{K}}$ zu erklären, betrachten wir zunächst einen festen Punkt $\mathbf{u} \in A$. Die Formel

$$\phi(\mathbf{U}) := \mathbf{K}(\mathbf{f}(\mathbf{u})) \bullet (d\mathbf{f}(\mathbf{u}).\mathbf{U})$$

definiert ein lineares Funktional $\phi: T_\mathbf{u} \to \mathbb{R}$. Der Funktionswert $\phi(\mathbf{U})$ ist eine erste Näherung für die Arbeit, die das Feld $\mathbf{K}$ leistet, wenn es ein Wägelchen vom Punkt $\mathbf{x} := \mathbf{f}(\mathbf{u})$ nach dem nahegelegenen Punkt $\mathbf{x}' := \mathbf{f}(\mathbf{u}+\mathbf{U})$ verschiebt, denn der Verschiebungsvektor $\mathbf{x}' - \mathbf{x}$ ist ungefähr gleich $d\mathbf{f}(\mathbf{u}).\mathbf{U}$. Nach **(12.3)** gibt es einen wohlbestimmten Vektor $\mathbf{a} \in T_\mathbf{u}$ mit

$$\phi(\mathbf{U}) = \mathbf{a} \bullet \mathbf{U} \qquad \forall \mathbf{U} \in T_\mathbf{u}\,.$$

Dieser Vektor $\mathbf{a} =: \tilde{\mathbf{K}}(\mathbf{u})$ ist der gesuchte *Pullback von* $\mathbf{K}$ an der Stelle $\mathbf{u}$. In anderen Worten: $\tilde{\mathbf{K}}(\mathbf{u})$ ist "implizit" definiert durch die Identität

$$\tilde{\mathbf{K}}(\mathbf{u}) \bullet \mathbf{U} = \mathbf{K}(\mathbf{f}(\mathbf{u})) \bullet (d\mathbf{f}(\mathbf{u}).\mathbf{U}) \qquad \forall \mathbf{U} \in T_\mathbf{u}\,. \tag{5}$$

Da $\mathbf{u} \in A$ beliebig war, haben wir damit "auf natürliche Weise" ein Vektorfeld

$$\tilde{\mathbf{K}}: \quad A \to T_A\,, \qquad \mathbf{u} \mapsto \tilde{\mathbf{K}}(\mathbf{u})$$

erhalten. Die eigentliche Rechtfertigung dieser abstrakten Konstruktion ergibt sich aus den folgenden Hilfssätzen.

(14.31) *Es seien $\mathbf{f}: A \to \Omega$ eine C^1-Abbildung und $\mathbf{K}$ ein stetiges Vektorfeld auf Ω, wie beschrieben. Weiter seien γ eine beliebige Kette in A und $\mathbf{f}(\gamma)$ deren Bildkette in Ω. Dann gilt*

$$\int_{\mathbf{f}(\gamma)} \mathbf{K} \bullet d\mathbf{x} = \int_\gamma \tilde{\mathbf{K}} \bullet d\mathbf{u}\,.$$

⌜ Es genügt, eine C^1-Kurve (1) und ihre Bildkurve (2) zu betrachten. Nach der Kettenregel ist

$$\mathbf{x}'(t) = d\mathbf{f}\big(\mathbf{u}(t)\big).\mathbf{u}'(t) \qquad (a \le t \le b)\,.$$

Aufgrund von (5) besteht daher die Identität

$$\mathbf{K}\big(\mathbf{x}(t)\big) \bullet \mathbf{x}'(t) = \mathbf{K}\big(\mathbf{f}(\mathbf{u}(t))\big) \bullet \big(d\mathbf{f}(\mathbf{u}(t)).\mathbf{u}'(t)\big) = \tilde{\mathbf{K}}\big(\mathbf{u}(t)\big) \bullet \mathbf{u}'(t)\,,$$

und hieraus folgt die Behauptung. ⌟

Der Pullback verhält sich auch vernünftig bezüglich der Ableitung:

(14.32) *Es seien $\mathbf{f}: \mathbb{R}^2 \curvearrowright \mathbb{R}^n$ eine C^2-Abbildung und $\mathbf{K}$ ein C^1-Vektorfeld im $\mathbb{R}^n$, wie beschrieben. Dann gilt*

$$\operatorname{rot} \tilde{\mathbf{K}}(\mathbf{u}) = \operatorname{Rot} \mathbf{K}\big(\mathbf{f}(\mathbf{u})\big).\,(\mathbf{f}_{.1}, \mathbf{f}_{.2}) \tag{6}$$

und im Fall $n = 3$ speziell

$$\operatorname{rot} \tilde{\mathbf{K}}(\mathbf{u}) = \mathbf{rot}\, \mathbf{K}\big(\mathbf{f}(\mathbf{u})\big) \bullet (\mathbf{f}_{.1} \times \mathbf{f}_{.2})_{\mathbf{u}}\,.$$

⌜ Nach **(14.11)** ist $\operatorname{rot} \tilde{\mathbf{K}} = \tilde{K}_{2.1} - \tilde{K}_{1.2}$. Wir berechnen zunächst mit Hilfe von (5) die Komponenten $\tilde{K}_i$ von $\tilde{\mathbf{K}}$:

$$\tilde{K}_i = \tilde{\mathbf{K}} \bullet \mathbf{e}_i = \mathbf{K}\big(\mathbf{f}(\mathbf{u})\big) \bullet \big(d\mathbf{f}(\mathbf{u}).\mathbf{e}_i\big) = \mathbf{K}\big(\mathbf{f}(\mathbf{u})\big) \bullet \mathbf{f}_{.i}\,.$$

Bei der Bildung von $\tilde{K}_{i.k}$ ist das Skalarprodukt rechter Hand nach der Produktregel zu differenzieren. Es ergibt sich

$$\tilde{K}_{i.k} = \frac{\partial}{\partial u_k}\Big(\mathbf{K}(\mathbf{f}(\mathbf{u}))\Big) \bullet \mathbf{f}_{.i} + \mathbf{K}(\mathbf{f}(\mathbf{u})) \bullet \mathbf{f}_{.ik} .$$

Nun ist

$$\frac{\partial}{\partial u_k}\Big(\mathbf{K}(\mathbf{f}(\mathbf{u}))\Big) = d\mathbf{K}(\mathbf{f}(\mathbf{u})).\mathbf{f}_{.k} ,$$

und der $\mathbf{f}_{.ik}$-Term wird sich gleich herausheben. Wir erhalten insgesamt

$$\tilde{K}_{2.1} - \tilde{K}_{1.2} = (d\mathbf{K}.\mathbf{f}_{.1}) \bullet \mathbf{f}_{.2} - (d\mathbf{K}.\mathbf{f}_{.2}) \bullet \mathbf{f}_{.1} = \operatorname{Rot}\mathbf{K}(\mathbf{f}(\mathbf{u})).(\mathbf{f}_{.1}, \mathbf{f}_{.2}) ,$$

die letzte Gleichung nach Definition von Rot. Damit ist (6) bewiesen, und die zweite behauptete Formel ergibt sich hieraus unmittelbar mit 14.3.(9). ┘

Der letzte Hilfssatz ist das auf Flächenintegrale bezügliche Pendant zu **(14.31)**; er handelt vom Fluß eines Rotationsfeldes im $\mathbb{R}^3$ durch eine Fläche:

(14.33) *Es seien* $\mathbf{K}$ *ein* C^1*-Vektorfeld auf der offenen Menge* $\Omega \subset \mathbb{R}^3$, *weiter* S *eine kompakte orientierte Fläche in* Ω *und*

$$\mathbf{f}: \quad B \to \Omega , \qquad \mathbf{u} \mapsto \mathbf{x} := \mathbf{f}(\mathbf{u})$$

eine C^2*-Parameterdarstellung von* S, *die via* $\mathbf{f}_{.1} \times \mathbf{f}_{.2}$ *die gegebene Orientierung erzeugt. Dann gilt*

$$\int_S \mathbf{rot}\,\mathbf{K} \bullet d\omega = \int_B \operatorname{rot}\tilde{\mathbf{K}}(\mathbf{u})\, d\mu(\mathbf{u}) .$$

┌ Die Behauptung ergibt sich unmittelbar aus der Definition des Flusses und **(14.32)**:

$$\int_S \mathbf{rot}\,\mathbf{K} \bullet d\omega = \int_B \mathbf{rot}\,\mathbf{K}(\mathbf{f}(\mathbf{u})) \bullet (\mathbf{f}_{.1} \times \mathbf{f}_{.2})_{\mathbf{u}}\, d\mu(\mathbf{u}) = \int_B \operatorname{rot}\tilde{\mathbf{K}}(\mathbf{u})\, d\mu(\mathbf{u}) .$$ ┘

Der Satz von Stokes

Der dritte klassische Integralsatz der Vektoranalysis ist, wie gesagt, eine räumliche Version der Greenschen Formel. Dieser *Satz von Stokes* lautet folgendermaßen:

(14.34) *Es seien* $\mathbf{K}$ *ein* C^1*-Vektorfeld auf der offenen Menge* $\Omega \subset \mathbb{R}^3$ *und* $S \subset \Omega$ *eine zulässige orientierte Fläche mit Randzyklus* ∂S. *Dann gilt:*

$$\int_{\partial S} \mathbf{K} \bullet d\mathbf{x} = \int_S \mathbf{rot}\,\mathbf{K} \bullet d\omega .$$

In Worten: Die Zirkulation von $\mathbf{K}$ *längs* ∂S *ist gleich dem Fluß von* $\mathbf{rot}\,\mathbf{K}$ *durch* S.

⌜ Ist (3) eine Darstellung von S der verlangten Art, so gilt einerseits nach Definition von ∂S und Hilfssatz **(14.31)**:

$$\int_{\partial S} \mathbf{K} \bullet d\mathbf{x} = \int_{\partial B} \tilde{\mathbf{K}} \bullet d\mathbf{u}\,,$$

wobei $\tilde{\mathbf{K}}$ den Pullback von $\mathbf{K}$ bezeichnet. Anderseits ist

$$\int_S \mathbf{rot}\,\mathbf{K} \bullet d\omega = \int_B \operatorname{rot} \tilde{\mathbf{K}}\, d\mu$$

nach **(14.33)**. Die rechten Seiten der beiden letzten Gleichungen stimmen aber nach der Greenschen Formel **(14.18)** überein. ⌟

③ Der Fluß eines Rotationsfeldes **rot K** durch eine geschlossene Fläche ist 0. ○

Der Satz von Stokes besitzt zahlreiche Anwendungen in der Kontinuumsmechanik und in der Elektrodynamik (Stichwort: Maxwellsche Gleichungen), auf die wir hier nicht eingehen können. Wir beschränken uns auf das folgende Rechenbeispiel:

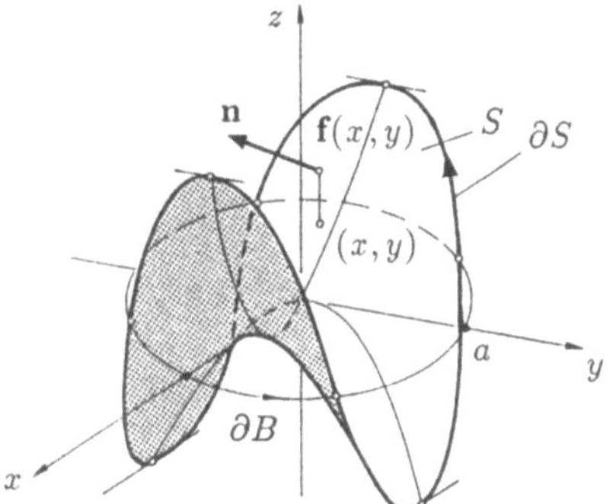

Fig. 14.7.3

④ Betrachte für ein $a > 0$ die Kreisscheibe

$$B := \{(x,y) \mid x^2 + y^2 \le a^2\}$$

mit dem Randzyklus

$$\partial B: \quad t \mapsto (a\cos t, a\sin t) \qquad (0 \le t \le 2\pi)$$

und vor allem das über B liegende Stück S der nach oben orientierten Sattelfläche $z = x^2 - y^2$ (Fig. 14.7.3). Verwenden wir für dieses Flächenstück die Darstellung

$$\mathbf{f}: \quad (x,y) \mapsto (x, y, x^2 - y^2) \qquad \big((x,y) \in B\big)\,,$$

so ist einerseits

$$\mathbf{f}_x \times \mathbf{f}_y = (-2x, 2y, 1)\,;$$

anderseits ergibt sich für den Randzyklus $\partial S = \mathbf{f}(\partial B)$ die Parameterdarstellung

$$\partial S: \quad t \mapsto \mathbf{x}(t) := \bigl(a\cos t, a\sin t, a^2\cos(2t)\bigr) \qquad (0 \le t \le 2\pi)\,.$$

Wir führen jetzt zusätzlich das Vektorfeld

$$\mathbf{K}(x, y, z) := (z, x, y)$$

ein. Da $\mathbf{K}$ linear von x, y, z abhängt, ist $\mathbf{rot}\,\mathbf{K}$ konstant; die Rechnung liefert $\mathbf{rot}\,\mathbf{K} \equiv (1, 1, 1)$.

Die Zirkulation von $\mathbf{K}$ längs ∂S hat den Wert

$$\begin{aligned}\int_{\partial S} \mathbf{K} \bullet d\mathbf{x} &= \int_0^{2\pi} \mathbf{K}\bigl(\mathbf{x}(t)\bigr) \bullet \mathbf{x}'(t)\,dt \\ &= \int_0^{2\pi} \bigl(a^2\cos(2t)\cdot(-a\sin t) + a\cos t \cdot a\cos t + a\sin t \cdot (-2a^2\sin(2t))\bigr)\,dt \\ &= \pi\,a^2\end{aligned}$$

(nur der mittlere Summand liefert einen Beitrag). Unabhängig davon berechnen wir nun den Fluß von $\mathbf{rot}\,\mathbf{K}$ durch S. Es ergibt sich derselbe Wert:

$$\begin{aligned}\int_S \mathbf{rot}\,\mathbf{K} \bullet d\omega &= \int_B \mathbf{rot}\,\mathbf{K}\bigl(\mathbf{f}(x,y)\bigr) \bullet (\mathbf{f}_x \times \mathbf{f}_y)\,d\mu(x,y) \\ &= \int_B \bigl(1\cdot(-2x) + 1\cdot 2y + 1\cdot 1\bigr)\,d\mu(x,y) \;= \pi\,a^2\end{aligned}$$

(nur der letzte Summand liefert einen Beitrag). ○

14.8. Die Integrabilitätsbedingung

Wir haben in Abschnitt 14.3 gesehen, daß die Rotation eines konservativen Feldes $\mathbf{K}$ identisch verschwindet (Satz **(14.10)**). Jetzt wollen wir uns mit der Umkehrung dieses Sachverhaltes beschäftigen, das heißt, mit der Frage: Folgt aus dem Verschwinden der Rotation, daß das betrachtete Feld $\mathbf{K}$ konservativ ist?

Wir beginnen mit einigen heuristischen Überlegungen und betrachten ein wirbelfreies Feld $\mathbf{K}$ auf einer offenen Menge $\Omega \subset \mathbb{R}^3$. Es sei also $\mathbf{rot}\,\mathbf{K}(\mathbf{x}) \equiv \mathbf{0}$ auf Ω. Wir hoffen, daß dann die Zirkulation von $\mathbf{K}$ längs beliebigen geschlossenen Kurven γ $(\subset \Omega)$ verschwindet. Ein derartiges γ läßt sich als Drahtschleife realisieren. Wird diese Schleife kurz in eine Seifenlösung getaucht und sorgfältig wieder herausgezogen, so bildet sich eine in γ eingespannte Seifenhaut S. Bei geeigneter Wahl der Orientierung dürfen wir daher von vorneherein $\gamma = \partial S$ annehmen, und wir erhalten nach dem Satz von Stokes:

$$\int_\gamma \mathbf{K} \bullet d\mathbf{x} = \int_S \mathbf{rot}\,\mathbf{K} \bullet d\omega = 0 .$$

Da dies für jedes geschlossene γ zutrifft, wäre $\mathbf{K}$ hiermit als konservativ erwiesen.

Wir haben hier stillschweigend angenommen, daß jede geschlossene Kurve $\gamma \subset \Omega$ als Randzyklus ∂S einer in Ω liegenden Fläche S darstellbar ist. Diese Annahme trifft für gewisse Gebiete Ω zu, für andere nicht. Ist etwa $\Omega := \mathbb{R}^3 \setminus \{z\text{-Achse}\}$ und γ der Einheitskreis in der (x, y)-Ebene, so ist nicht recht vorstellbar, wie γ eine ganz in Ω gelegene Seifenhaut beranden kann. Dem folgenden Beispiel liegt die analoge Situation in der Ebene zugrunde; es zeigt definitiv, daß ein wirbelfreies Feld nicht konservativ zu sein braucht:

① Das in Beispiel 14.3.③ und in Abschnitt 14.4 betrachtete Feld

$$\mathbf{A}(x,y) := \left(-\frac{y}{x^2+y^2}, \frac{x}{x^2+y^2}\right)$$

auf $\dot{\mathbb{R}}^2$ ist wirbelfrei, aber es ist nicht konservativ, denn für den Zyklus

$$\gamma: \quad t \mapsto \mathbf{z}(t) := (\cos t, \sin t) \qquad (0 \le t \le 2\pi)$$

gilt

$$\int_\gamma \mathbf{A} \bullet d\mathbf{z} = 2\pi\, N(\gamma, \mathbf{0}) = 2\pi \ne 0 .$$

○

Einfach zusammenhängende Gebiete

Um die angedeutete Eigenschaft gewisser Gebiete $\Omega \subset \mathbb{R}^n$ in den Griff zu bekommen, betrachten wir anstelle von beliebigen geschlossenen Kurven zunächst nur geschlossene Streckenzüge in Ω und zerlegen das "Einspannen einer Fläche" in einen derartigen Streckenzug in zahlreiche Einzelschritte, bei denen jedesmal nur ein kleines Dreieck ein- bzw. ausgespannt wird.

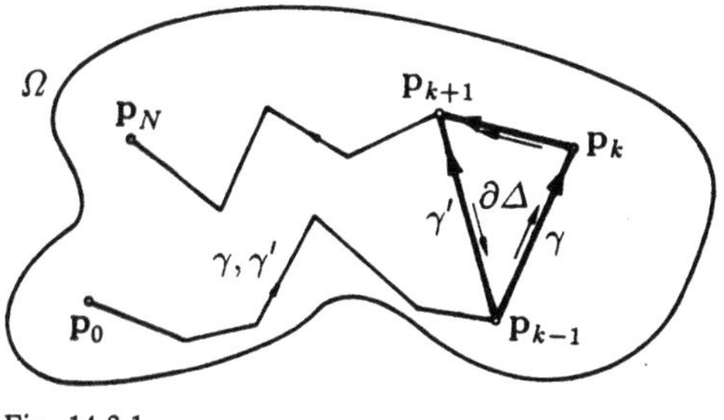

Fig. 14.8.1

Den Streckenzug

$$\gamma: \quad t \mapsto \frac{\mathbf{p}_{\lfloor t \rfloor} + \mathbf{p}_{\lceil t \rceil}}{2} + \left(t - \frac{\lfloor t \rfloor + \lceil t \rceil}{2}\right)(\mathbf{p}_{\lceil t \rceil} - \mathbf{p}_{\lfloor t \rfloor}) \qquad (0 \le t \le N),$$

der in $\mathbf{p}_0$ beginnt, sukzessive $\mathbf{p}_{k-1}$ mit $\mathbf{p}_k$ verbindet und in $\mathbf{p}_N$ endet, bezeichnen wir im folgenden mit $[\mathbf{p}_0, \mathbf{p}_1, \ldots, \mathbf{p}_N]$. Wird der Streckenzug

$$\gamma := [\mathbf{p}_0, \ldots, \mathbf{p}_{k-1}, \mathbf{p}_k, \mathbf{p}_{k+1}, \ldots, \mathbf{p}_N]$$

ersetzt durch

$$\gamma' := [\mathbf{p}_0, \ldots, \mathbf{p}_{k-1}, \mathbf{p}_{k+1}, \ldots, \mathbf{p}_N]$$

oder γ' durch γ (siehe die Fig. 14.8.1), so sprechen wir von einer *Operation*. Die Operation ist *zulässig (bezüglich Ω)*, sofern das abgeschlossene Dreieck Δ mit den Eckpunkten $\mathbf{p}_{k-1}$, $\mathbf{p}_k$, $\mathbf{p}_{k+1}$ ganz in Ω liegt. Betrachten wir γ und γ' als Ketten, so gilt

$$\gamma = \gamma' \pm \partial\Delta, \tag{1}$$

je nach Orientierung von Δ. Ein geschlossener Streckenzug

$$[\mathbf{p}_0, \mathbf{p}_1, \ldots, \mathbf{p}_{N-1}, \mathbf{p}_0] \tag{2}$$

heißt *nullhomotop (bezüglich Ω)*, wenn er sich mit Hilfe von endlich vielen zulässigen Operationen in den *leeren Streckenzug* $[\mathbf{p}_0, \mathbf{p}_0]$ überführen läßt. Durch wiederholte Anwendung von (1) folgt:

(14.35) *Ist der geschlossene Streckenzug γ nullhomotop bezüglich Ω, so gibt es endlich viele Dreiecke $\Delta_j \subset \Omega$ $(1 \le j \le s)$ mit*

$$\gamma = \sum_{j=1}^{s} \pm \partial\Delta_j .$$

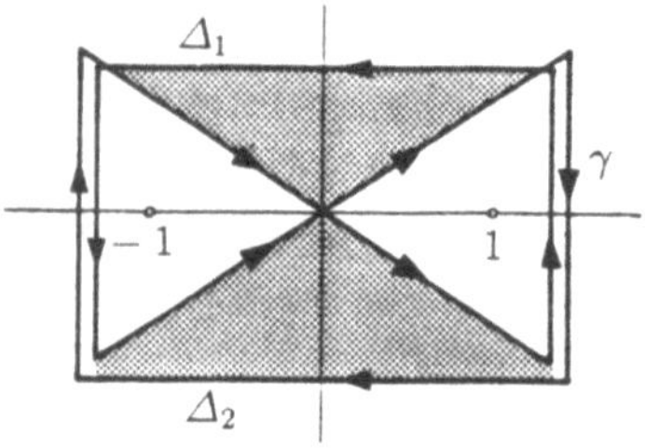

Fig. 14.8.2

② Proposition **(14.35)** läßt sich nicht umkehren: Der in Fig. 14.8.2 dargestellte Streckenzug γ in dem Gebiet $\Omega := \mathbb{R}^2 \setminus \{(-1,0),(1,0)\}$ ist als Kette gleich $\partial\Delta_1 - \partial\Delta_2$. Trotzdem gelingt es nicht, diesen Streckenzug durch zulässige Operationen in den leeren Streckenzug überzuführen (ohne Beweis). Anschaulich ausgedrückt: Der Faden γ läßt sich nicht von den Nägeln $(\pm 1, 0)$ herunterziehen. Folglich ist γ nicht nullhomotop bezüglich Ω. ○

Wir definieren nunmehr: Eine offene Menge $\Omega \subset \mathbb{R}^n$ heißt *einfach zusammenhängend*, wenn jeder geschlossene Streckenzug in Ω nullhomotop ist. Aus technischen Gründen haben wir hier einen im Grunde genommen kontinuierlichen Sachverhalt diskretisiert und einen stetigen Prozeß durch eine Folge von zulässigen Operationen ersetzt. Anschaulich gesprochen ist eine offene Menge $\Omega \subset \mathbb{R}^n$ genau dann einfach zusammenhängend, wenn sich jede geschlossene Kurve in Ω stetig in einen Punkt zusammenziehen läßt.

③ Eine Menge $\Omega \subset \mathbb{R}^n$ heißt *sternförmig bezüglich* $\mathbf{0}$, wenn mit jedem Punkt $\mathbf{p} \in \Omega$ die ganze Strecke $[\mathbf{0}, \mathbf{p}]$ in Ω liegt. Wir zeigen: Ein sternförmiges Gebiet $\Omega \subset \mathbb{R}^n$ ist einfach zusammenhängend.

⌜ Ist Ω sternförmig bezüglich $\mathbf{0}$, so enthält Ω mit jeder Strecke $[\mathbf{p}, \mathbf{q}]$ das ganze Dreieck Δ mit den Eckpunkten $\mathbf{0}$, $\mathbf{p}$, $\mathbf{q}$. Es sei jetzt (2) ein beliebiger geschlossener Streckenzug in Ω. Dann läßt sich γ durch N zulässige Operationen in den Streckenzug

$$[\mathbf{p}_0, \mathbf{0}, \mathbf{p}_1, \mathbf{0}, \mathbf{p}_2, \mathbf{0}, \ldots, \mathbf{0}, \mathbf{p}_{N-1}, \mathbf{0}, \mathbf{p}_0]$$

und durch weitere $2N-1$ Operationen via $[\mathbf{p}_0, \mathbf{0}, \ldots, \mathbf{0}, \mathbf{p}_0]$ in $[\mathbf{p}_0, \mathbf{p}_0]$ überführen. ⌟

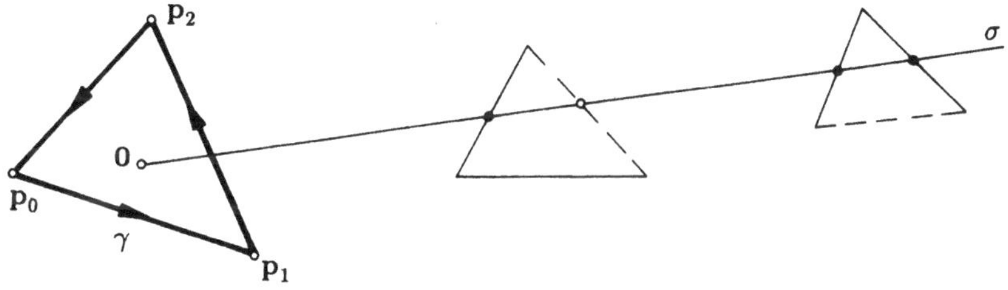

Fig. 14.8.3

Insbesondere ist eine Vollkugel $U_\varepsilon(\mathbf{p})$ einfach zusammenhängend. Die punktierte Ebene $\dot{\mathbb{R}}^2$ (vgl. Beispiel ①) ist jedoch nicht einfach zusammenhängend:

⌜ Betrachte den in der Fig. 14.8.3 dargestellten Dreiecksweg

$$\gamma_0 := [\mathbf{p}_0, \mathbf{p}_1, \mathbf{p}_2, \mathbf{p}_0]$$

sowie eine Folge von (bezüglich $\dot{\mathbb{R}}^2$) zulässigen Operationen, die γ_0 nacheinander in die Streckenzüge γ_1, γ_2, …, γ_m überführt. Ein in $\mathbf{0}$ beginnender Halbstrahl σ, der durch keinen Eckpunkt eines γ_j geht, muß jede auftretende Strecke entweder meiden oder in einem inneren Punkt schneiden. Folglich schneidet σ jedes γ_j in einer wohlbestimmten Anzahl von Punkten. Diese Anzahl beträgt am Anfang 1 und ändert sich bei jeder zulässigen Operation um 0 oder 2 (siehe die Figur). Somit schneidet σ den Streckenzug γ_m in einer ungeraden Anzahl von Punkten, und es ist auf keinen Fall $\gamma_m = [\mathbf{p}_0, \mathbf{p}_0]$. Die Ausgangskurve γ_0 ist daher nicht nullhomotop. ┘

In ähnlicher Weise zeigt man, daß die Menge $\mathbb{R}^3 \setminus \{z\text{-Achse}\}$ und der Volltorus nicht einfach zusammenhängend sind. — Die Menge $\Omega := \dot{\mathbb{R}}^3$ hingegen ist einfach zusammenhängend:

┌ Es sei (2) ein beliebiger geschlossener Streckenzug in Ω. Wähle einen Punkt $\mathbf{p}^* \in \Omega$, der keiner der N Ebenen bzw. Geraden angehört, die durch die Punktetripel

$$\mathbf{0}, \mathbf{p}_{k-1}, \mathbf{p}_k \quad (1 \leq k \leq N), \qquad \mathbf{p}_N := \mathbf{p}_0,$$

aufgespannt werden. Dann liegen die N Dreiecke mit den Eckpunkten $\mathbf{p}^*$, $\mathbf{p}_{k-1}$ und $\mathbf{p}_k$ in Ω, und wir können die für sternförmige Gebiete verwendete Konstruktion mit $\mathbf{p}^*$ anstelle von $\mathbf{0}$ durchführen. ┘

○

Die Integrabilitätsbedingung

Wir kehren zurück zu den wirbelfreien Vektorfeldern und beweisen zunächst:

(14.36) *Ist* $\mathbf{K}$ *ein wirbelfreies* C^1*-Vektorfeld auf der offenen Menge* $\Omega \subset \mathbb{R}^n$, *so gilt für jedes abgeschlossene ebene Dreieck* Δ *in* Ω*:*

$$\int_{\partial\Delta} \mathbf{K} \bullet d\mathbf{x} = 0 .$$

┌ Es sei

$$\mathbf{f}: \quad \tilde{\Delta} \to \Delta, \qquad \mathbf{u} \mapsto \mathbf{x} := \mathbf{f}(\mathbf{u})$$

eine (zum Beispiel lineare) Parameterdarstellung von Δ und $\tilde{\mathbf{K}}$ der Pullback von $\mathbf{K}$ auf $\tilde{\Delta}$. Dann gilt nach **(14.31)** und der Greenschen Formel **(14.18)**:

$$\int_{\partial\Delta} \mathbf{K} \bullet d\mathbf{x} = \int_{\partial\tilde{\Delta}} \tilde{\mathbf{K}} \bullet d\mathbf{u} = \int_{\tilde{\Delta}} \operatorname{rot} \tilde{\mathbf{K}}(\mathbf{u})\, d\mu(\mathbf{u}) .$$

Nach Hilfssatz **(14.32)** und nach Voraussetzung über $\mathbf{K}$ ist aber

$$\operatorname{rot} \tilde{\mathbf{K}}(\mathbf{u}) = \operatorname{Rot} \mathbf{K}(\mathbf{f}(\mathbf{u})).(\mathbf{f}_{.1}(\mathbf{u}), \mathbf{f}_{.2}(\mathbf{u})) \equiv 0 .$$ ┘

Damit kommen wir zu dem folgenden Hauptsatz:

(14.37) *Ein C^1-Vektorfeld* $\mathbf{K}$ *auf einer einfach zusammenhängenden offenen Menge* $\Omega \subset \mathbb{R}^n$ *ist genau dann konservativ, wenn die infinitesimale Zirkulation* Rot $\mathbf{K}$ *(in den Fällen* $n = 2, 3$ *die Rotation* rot $\mathbf{K}$ *bzw.* **rot** $\mathbf{K}$*) identisch verschwindet.*

⌜ Daß ein konservatives Feld wirbelfrei ist, wissen wir schon (Satz **(14.10)**). — Zum Beweis der Umkehrung genügt es, eine Zusammenhangskomponente von Ω zu betrachten. Im weiteren nehmen wir daher an, Ω sei zusammenhängend, und wählen einen festen Punkt $\mathbf{p}_0 \in \Omega$. Jeder Punkt $\mathbf{p} \in \Omega$ ist Endpunkt eines in $\mathbf{p}_0$ beginnenden Streckenzuges, der ganz in Ω liegt. Sind γ_1 und γ_2 zwei derartige Streckenzüge von $\mathbf{p}_0$ nach $\mathbf{p}$, so ist $\gamma_1 - \gamma_2$ ein geschlossener Streckenzug in Ω und damit nach Voraussetzung über Ω nullhomotop. Nach Proposition **(14.35)** gibt es daher endlich viele Dreiecke $\Delta_j \subset \Omega$ $(1 \leq j \leq s)$ mit

$$\gamma_1 - \gamma_2 = \sum_{j=1}^{s} \pm\, \partial\Delta_j\,,$$

und nach dem eben bewiesenen Hilfssatz **(14.36)** gilt

$$\int_{\gamma_1 - \gamma_2} \mathbf{K} \bullet d\mathbf{x} = 0 \qquad \text{d.h.} \qquad \int_{\gamma_1} \mathbf{K} \bullet d\mathbf{x} = \int_{\gamma_2} \mathbf{K} \bullet d\mathbf{x}\,.$$

Hieraus folgt: Das Integral

$$\int_{[\mathbf{p}_0,\ldots,\mathbf{p}]} \mathbf{K} \bullet d\mathbf{x} =: f(\mathbf{p})$$

hat für alle in Ω liegenden Streckenzüge von $\mathbf{p}_0$ nach $\mathbf{p}$ denselben, nur von $\mathbf{p}$ abhängigen Wert. Die angeschriebene Funktion $f : \Omega \to \mathbb{R}$ ist somit wohldefiniert, und sie besitzt dann auch die Eigenschaft

$$f(\mathbf{p} + \mathbf{X}) = \int_{[\mathbf{p}_0,\ldots,\mathbf{p}]} \mathbf{K} \bullet d\mathbf{x} + \int_{[\mathbf{p},\mathbf{p}+\mathbf{X}]} \mathbf{K} \bullet d\mathbf{x} = f(\mathbf{p}) + \int_{[\mathbf{p},\mathbf{p}+\mathbf{X}]} \mathbf{K} \bullet d\mathbf{x}\,.$$

Hieraus folgt mit Lemma **(14.8)**, daß f tatsächlich ein Potential von $\mathbf{K}$ ist; das heißt, es gilt $\nabla f = \mathbf{K}$. Dies impliziert nach **(14.4)**, daß $\mathbf{K}$ konservativ ist. ⌟

Beispiel ① zeigt, daß auf die Voraussetzung des einfachen Zusammenhangs nicht verzichtet werden kann. Für beliebige offene Mengen haben wir immerhin die folgende schwächere Aussage:

(14.38) *Ein wirbelfreies C^1-Vektorfeld* $\mathbf{K}$ *auf einer offenen Menge* $\Omega \subset \mathbb{R}^n$ *besitzt lokal ein Potential, das heißt: Zu jedem Punkt* $\mathbf{p} \in \Omega$ *gibt es eine Umgebung* U *dieses Punktes und eine Funktion* $f : U \to \mathbb{R}$ *mit* $\nabla f = \mathbf{K} \restriction U$.

⌈ Jeder Punkt $\mathbf{p} \in \Omega$ besitzt eine einfach zusammenhängende Umgebung $U := U_\varepsilon(\mathbf{p}) \subset \Omega$. Wende nun den Satz **(14.37)** auf $\mathbf{K}\restriction U$ an. ⌟

① (Forts.) Das Feld **A** besitzt kein Potential, aber jeder Punkt $(x_0, y_0) \neq \mathbf{0}$ besitzt eine Umgebung $U := \{(x,y) \mid x_0 x + y_0 y > 0\}$, in der ein stetiges Argument $(x,y) \mapsto \phi(x,y)$ erklärt werden kann. Für dieses ϕ gilt $\nabla\phi = \mathbf{A}$. ○

Die Bedingung

$$\operatorname{Rot} \mathbf{K} \equiv 0 \qquad (\text{bzw. } \operatorname{rot} \mathbf{K} \equiv 0\,,\ \mathbf{rot}\,\mathbf{K} \equiv \mathbf{0}) \tag{3}$$

ist also lokal für die Existenz eines Potentials notwendig und hinreichend. Sie erlaubt, durch Differenzieren nachzuprüfen, ob das Feld **K** ein "unbestimmtes Integral" besitzt, und heißt daher *Integrabilitätsbedingung*. Wir wollen zum Schluß noch einmal darauf hinweisen, was (3) für die partiellen Ableitungen der Komponenten $K_i(x_1, \ldots, x_n)$ $(1 \leq i \leq n)$ von **K** bedeutet (vgl. den Beweis von **(14.10)**): Die Bedingung (3) ist genau dann erfüllt, wenn für alle $\mathbf{x}$ und für alle i und k gilt

$$\operatorname{Rot} \mathbf{K}(\mathbf{x}).(\mathbf{e}_i, \mathbf{e}_k) = \frac{\partial K_k}{\partial x_i} - \frac{\partial K_i}{\partial x_k} = 0\,.$$

Aus Symmetriegründen genügt es, die Indexvariablen den Bereich $1 \leq i < k \leq n$ durchlaufen zu lassen. Die so erhaltenen $\binom{n}{2}$ Gleichungen

$$\frac{\partial K_k}{\partial x_i} - \frac{\partial K_i}{\partial x_k} \equiv 0 \qquad (1 \leq i < k \leq n)$$

drücken nichts anderes aus, als daß zusammengehörige Paare von gemischten zweiten Ableitungen eines allfälligen Potentials f übereinstimmen müssen.

④ Das im ganzen (x,y,z)-Raum definierte Feld

$$\mathbf{K} = (P, Q, R) := (4x^3 + 4xy^2 + 3yz^2,\ 4x^2y + 3xz^2,\ 6xyz)$$

genügt der Integrabilitätsbedingung: Es ist (vgl. **(14.14)**)

$$R_y - Q_z = 6xz - 6xz \equiv 0$$

und in ähnlicher Weise

$$P_z - R_x \equiv 0\,, \qquad Q_x - P_y \equiv 0\,.$$

Folglich ist **K** konservativ, $\mathbb{R}^3$ ist ja einfach zusammenhängend. Ein Potential f von **K** erhalten wir nach **(14.7)** wie folgt: Wir wählen **0** als Nullpunkt des Potentials und setzen

$$f(\mathbf{x}) := \int_{[\mathbf{0},\mathbf{x}]} \mathbf{K} \bullet d\mathbf{x} = \int_0^1 \mathbf{K}(t\mathbf{x}) \bullet \mathbf{x}\, dt\,; \tag{4}$$

dabei haben wir für die Verbindungsstrecke $[\mathbf{0}, \mathbf{x}]$ die Parameterdarstellung $t \mapsto t\mathbf{x}$ $(0 \leq t \leq 1)$ zugrundegelegt; der Punkt $\mathbf{x} = (x, y, z)$ ist im Augenblick fest. Man berechnet

$$\begin{aligned}\mathbf{K}(t\mathbf{x}) \bullet \mathbf{x} &= (4x^3 + 4xy^2 + 3yz^2)t^3 \cdot x + (4x^2y + 3xz^2)t^3 \cdot y + 6xyzt^3 \cdot z \\ &= (4x^4 + 8x^2y^2 + 12xyz^2)t^3\,,\end{aligned}$$

ferner $\int_0^1 t^3\, dt = \frac{1}{4}$. Tragen wir dies in (4) ein, so ergibt sich f zu

$$f(x, y, z) = x^4 + 2x^2y^2 + 3xyz^2\,;$$

das allgemeinste Potential von $\mathbf{K}$ unterscheidet sich hiervon um eine Konstante.

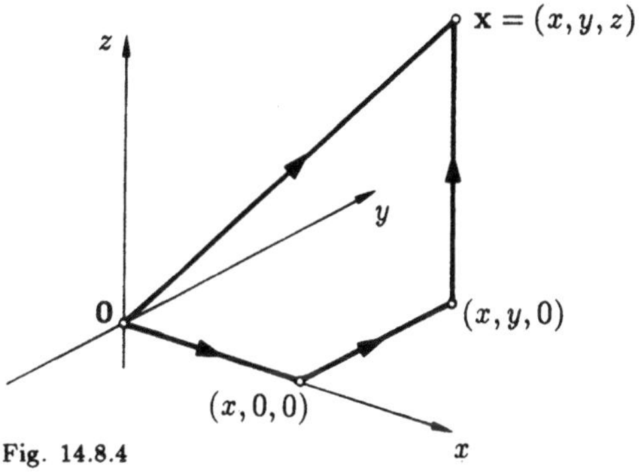

Fig. 14.8.4

Anstelle der Strecke $[\mathbf{0}, \mathbf{x}]$ kann man auch einen aus drei achsenparallelen Strecken bestehenden Integrationsweg verwenden (Fig. 14.8.4). Die Rechnung gestaltet sich dann folgendermaßen:

$$\begin{aligned}f(x, y, z) &= \int_0^x P(x', 0, 0)\, dx' + \int_0^y Q(x, y', 0)\, dy' + \int_0^z R(x, y, z')\, dz' \\ &= \int_0^x 4x'^3\, dx' + \int_0^y 4x^2y'\, dy' + \int_0^z 6xyz'\, dz' \\ &= x^4 + 2x^2y^2 + 3xyz^2\,,\end{aligned}$$

wie vorher. ○

14.9. Anwendungen in der Geometrie

Ursprung und primäres Anwendungsfeld der Vektoranalysis ist natürlich die Physik. Wir haben einige Beispiele davon kennengelernt; von dem wichtigsten Anwendungsgebiet, der Elektrodynamik, haben wir uns allerdings ferngehalten.

Die Anwendungen, die wir hier im Sinne haben, kommen aus der Mathematik selber und haben an sich nicht viel mit "Vektoranalysis" zu tun. Es ist vielmehr so, daß die in diesem Kapitel entwickelten Begriffe und Sätze letzten Endes zur Geometrie gehören und folglich zur Beschreibung und Analyse von geometrischen Objekten herangezogen werden können.

Als erstes besprechen wir einen der berühmtesten Sätze der ebenen Geometrie: den *Jordanschen Kurvensatz*. Eine *Jordankurve* ist eine injektive stetige Abbildung $\mathbf{f} : S^1 \to \mathbb{R}^2$ bzw. deren Bildmenge γ. Der Satz besagt, daß das Komplement $\mathbb{R}^2 \setminus \gamma$ genau zwei Zusammenhangskomponenten besitzt: eine unbeschränkte Komponente C_0 (das *Außengebiet*) und eine beschränkte Komponente C_1 (das *Innengebiet*), und γ ist die Randmenge sowohl von C_0 wie von C_1. Obwohl dieser Satz "intuitiv evident" ist, gibt es keinen einfachen Beweis dafür. Der Beweis muß nämlich nicht nur mit der makroskopischen Gestalt der Kurve (Fig. 14.4.1) fertig werden, sondern auch mit einer unter Umständen vertrackten Mikrostruktur; man denke etwa an das Beispiel der Kochschen Kurve (Fig. 12.7.2). Wir beweisen hier den Jordanschen Kurvensatz für reguläre C^1-Kurven. Zur Vereinfachung der Darstellung wird S^1 kurzerhand identifiziert mit $\mathbb{R}/2\pi$.

(14.39) *Die reguläre 2π-periodische C^1-Funktion*

$$\mathbf{z}: \quad \mathbb{R} \to \mathbb{R}^2, \qquad t \mapsto \mathbf{z}(t) = \bigl(x(t), y(t)\bigr)$$

definiere eine injektive Abbildung $\mathbf{f} : S^1 \to \mathbb{R}^2$ und damit eine Jordankurve $\gamma := \mathbf{f}(S^1)$; dabei gelte

$$\mathbf{z}(0) = \mathbf{0}, \qquad x'(0) > 0, \qquad y(t) \geq 0 \quad \forall t. \tag{1}$$

Dann trifft der folgende Sachverhalt zu:

(a) *Das Komplement $\Omega := \mathbb{R}^2 \setminus \gamma$ zerfällt in eine unbeschränkte Komponente C_0 und eine beschränkte Komponente C_1.*

(b) $C_i = \bigl\{\mathbf{z} \in \Omega \bigm| N(\gamma, \mathbf{z}) = i\bigr\} \quad (i = 0,\ 1)$.

(c) *Die Kurve γ ist der Randzyklus des glatt berandeten Bereichs $\overline{C_1}$.*

⌈ Es bezeichne

$$\mathbf{n}(t) := \frac{1}{|\mathbf{z}'(t)|}\bigl(-y'(t), x'(t)\bigr)$$

die nach links weisende Einheitsnormale längs γ. Wir definieren die stetige Abbildung

$$\mathbf{g}: \quad \mathbb{R} \times \mathbb{R} \to \mathbb{R}^2, \qquad (t, u) \mapsto \mathbf{g}(t, u) := \mathbf{z}(t) + u\,\mathbf{n}(t)$$

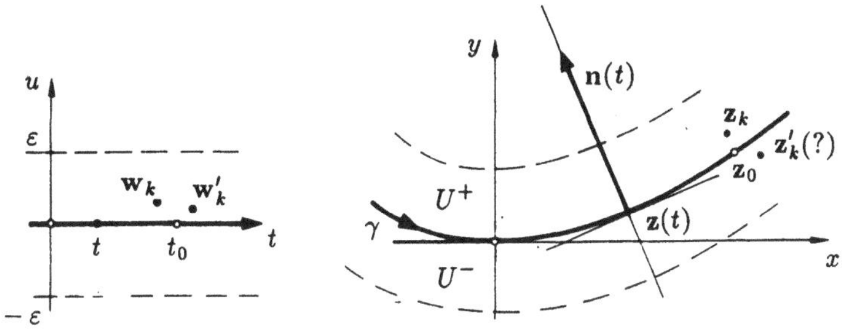

Fig. 14.9.1

(Fig. 14.9.1) und behaupten: *Es gibt ein $\varepsilon > 0$, so daß alle Punkte der Menge*

$$U^+ := \{\mathbf{g}(t,u) \mid t \in \mathbb{R},\ 0 < u < \varepsilon\}$$

derselben Komponente C_1 von Ω und alle Punkte der Menge

$$U^- := \{\mathbf{g}(t,u) \mid t \in \mathbb{R},\ -\varepsilon < u < 0\}$$

derselben Komponente C_0 von Ω angehören. ($C_0 = C_1$ ist nicht ausgeschlossen.)

Man nennt übrigens die Menge $\mathbf{g}(\mathbb{R} \times]-\varepsilon, \varepsilon[) = U^+ \cup \gamma \cup U^-$ eine *tubulare Umgebung* von γ.

⌜ Angenommen, es gibt zu jedem $k \geq 1$ zwei Punkte $\mathbf{w}_k := (t_k, u_k)$ und $\mathbf{w}'_k := (t'_k, u'_k)$ mit t_k, $t'_k \in [0, 2\pi]$ und $0 < u_k \leq u'_k < 1/k$, so daß die Punkte $\mathbf{z}_k := \mathbf{g}(\mathbf{w}_k)$ und $\mathbf{z}'_k := \mathbf{g}(\mathbf{w}'_k)$ in verschiedenen Komponenten von Ω (oder sogar auf γ) liegen. Teile die Verbindungsstrecke $[\mathbf{w}_k, \mathbf{w}'_k]$ in Teile der Länge $\leq 1/k$. Es gibt dann zwei aufeinanderfolgende Teilungspunkte, wir bezeichnen sie wieder mit $\mathbf{w}_k$ und $\mathbf{w}'_k$, so daß die zugehörigen Punkte $\mathbf{z}_k$ und $\mathbf{z}'_k$ in verschiedenen Komponenten von Ω (oder sogar auf γ) liegen. Die $\mathbf{w}_k$ besitzen einen Häufungspunkt $(t_0, 0)$, $t_0 \in [0, 2\pi]$. Indem wir zu einer Teilfolge übergehen, dürfen wir annehmen $\lim_{k\to\infty} \mathbf{w}_k = (t_0, 0)$, und es gilt dann auch $\lim_{k\to\infty} \mathbf{w}'_k = (t_0, 0)$. Da $\mathbf{g}$ stetig ist, konvergieren die zugehörigen Punkte $\mathbf{z}_k$, $\mathbf{z}'_k$ gegen den Punkt $\mathbf{z}_0 := \mathbf{z}(t_0) = \mathbf{g}(t_0, 0)$.

Wir betrachten nun die Situation in der unmittelbaren Umgebung von $\mathbf{z}_0$. Es gibt zulässige Koordinaten mit Ursprung in $\mathbf{z}_0$, ferner Zahlen $a > 0$ und t', t'' mit $t' < t_0 < t''$ sowie eine C^1-Funktion $\phi : [-a, a] \to \mathbb{R}$ mit $\phi(0) = \phi'(0) = 0$ derart, daß sich der zum Parameterintervall $[t', t'']$ gehörige Teilbogen β von γ wie folgt darstellen läßt:

$$\beta : \quad \tau \mapsto \hat{\mathbf{z}}(\tau) := (\tau, \phi(\tau)) \qquad (-a \leq \tau \leq a)\,. \tag{2}$$

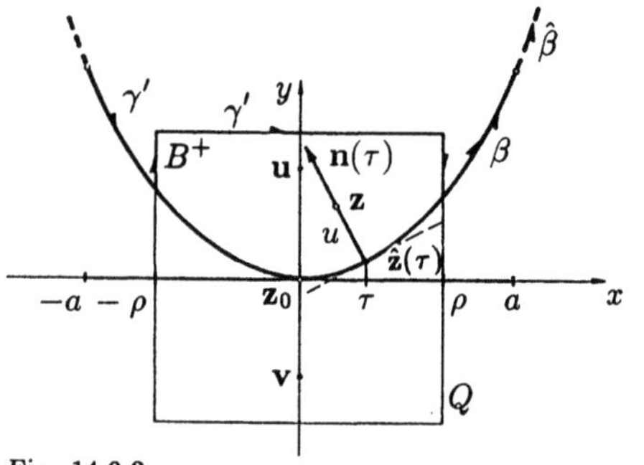

Fig. 14.9.2

Es sei $\hat{\beta}$ der zum t-Intervall $[\,t'', t' + 2\pi\,]$ gehörige Teilbogen von γ. Nach Voraussetzung über $\mathbf{f}$ haben alle Punkte $\mathbf{z}(t) \in \hat{\beta}$ von $\mathbf{z}_0$ einen positiven Abstand. Nach dem Prinzip **(4.15)** gibt es daher ein $\rho > 0$ mit

$$|\mathbf{z} - \mathbf{z}_0| \geq 2\rho \qquad \forall \mathbf{z} \in \hat{\beta} .$$

Nach allfälliger Verkleinerung von ρ dürfen wir zusätzlich annehmen

$$|\phi'(\tau)| < 1 \qquad (|\tau| \leq \rho) .$$

Setze $[-\rho, \rho]^2 =: Q$ (Fig. 14.9.2). Dann gilt aufgrund der getroffenen Maßnahmen, was folgt:

$$Q \cap \gamma = (Q \cap \beta) \cup (Q \cap \hat{\beta}) = \{(\tau, \phi(\tau)) \mid -\rho \leq \tau \leq \rho\} .$$

Die Menge

$$B^+ := \{(x, y) \in Q \mid y > \phi(x)\}$$

schneidet γ nicht; und es ist offensichtlich, daß alle Punkte von B^+ derselben Komponente von Ω angehören.

Zur Darstellung (2) von β gehört die nach links weisende Normale

$$\mathbf{n}(\tau) = (n_1(\tau), n_2(\tau)) = \frac{1}{\sqrt{1 + \phi'^2(\tau)}}(-\phi'(\tau), 1) .$$

Ist $|\tau| < \rho/2$ und $0 < u < \rho/2$, so liegt der Punkt

$$\mathbf{z} := \hat{\mathbf{z}}(\tau) + u\,\mathbf{n}(\tau)$$

in Q; seine Koordinaten sind

$$x = \tau + un_1(\tau) , \qquad y = \phi(\tau) + un_2(\tau) .$$

Nach dem Mittelwertsatz der Differentialrechnung gibt es ein $\tau_* \in [-\rho, \rho]$ mit

$$\begin{aligned} y - \phi(x) &= \phi(\tau) + un_2(\tau) - \phi\bigl(\tau + un_1(\tau)\bigr) = u\bigl(n_2(\tau) - \phi'(\tau_*)n_1(\tau)\bigr) \\ &= \frac{u}{\sqrt{1+\phi'^2(\tau)}}\bigl(1 + \phi'(\tau_*)\phi'(\tau)\bigr) > 0\,. \end{aligned}$$

Hieraus folgt $\mathbf{z} \in B^+$. Somit gehören alle derartigen $\mathbf{z}$ derselben Komponente von Ω an, und zwei Folgen $\mathbf{z}_.$ und $\mathbf{z}'_.$ der stipulierten Art kann es in Wirklichkeit gar nicht geben.

Analog wird für $u < 0$ argumentiert. Die zu Beginn getroffene Annahme ist damit ad absurdum geführt. ⌟

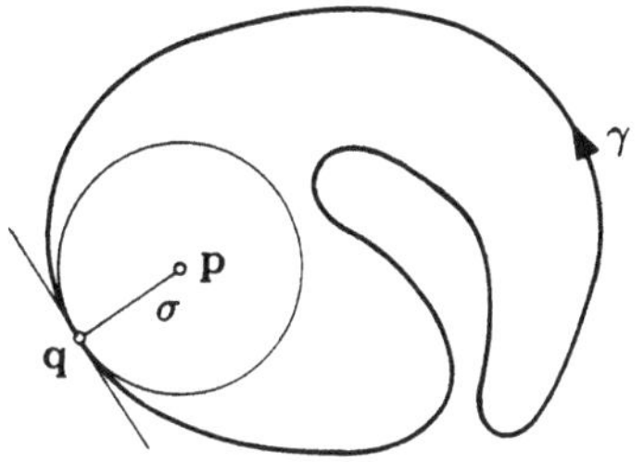

Fig. 14.9.3

Wir beweisen als nächstes:

$$\Omega = C_0 \cup C_1\,.$$

⌜ Zu jedem Punkt $\mathbf{p} \in \Omega$ gibt es einen nächstgelegenen Punkt $\mathbf{q} \in \gamma$ (Fig. 14.9.3). Die Verbindungsstrecke $\sigma := [\mathbf{p}, \mathbf{q}]$ liegt abgesehen von ihrem Endpunkt ganz in Ω und trifft senkrecht auf γ auf. Somit gibt es auf σ einen Punkt $\mathbf{q}' \in U^+$ oder einen Punkt $\mathbf{q}' \in U^-$, und es folgt $\mathbf{p} \in C_1$ oder $\mathbf{p} \in C_0$. ⌟

$C_0 = C_1$ wäre hiernach immer noch möglich. So trifft zum Beispiel für eine Jordankurve, die einmal um einen Torus herumgeht, das meiste von dem bisher Gesagten zu, und dort gilt $C_0 = C_1$. Für den Nachweis, daß $\mathbb{R}^2 \setminus \gamma$ tatsächlich in zwei disjunkte Komponenten zerfällt, benötigen wir ein klares Unterscheidungsmerkmal. Hier kommt uns nun die Umlaufszahl zu Hilfe. Wir bemerken vorweg:

(14.40) *Ist $\gamma = \sum_{j=1}^{s} \gamma_j$ ein beliebiger Zyklus mit Spur $\gamma \subset \mathbb{R}^2$, so ist die Funktion*

$$\nu(\mathbf{c}) := N(\gamma, \mathbf{c})$$

auf jeder Komponente von $\Omega \setminus \gamma$ konstant.

⌜ Nach Definition 14.4.(6) der Umlaufszahl ist

$$\nu(\mathbf{c}) = \frac{1}{2\pi} \sum_{j=1}^{s} \int_{a_j}^{b_j} \frac{\bigl(x_j(t) - a\bigr)y_j'(t) - \bigl(y_j(t) - b\bigr)x_j'(t)}{\bigl(x_j(t) - a\bigr)^2 + \bigl(y_j(t) - b\bigr)^2}\, dt\,.$$

Es sei $\sigma : \lambda \mapsto \mathbf{c}(\lambda)$ $(0 \le \lambda \le 1)$ eine beliebige Strecke, die die kompakte Menge γ nicht trifft. Dann ist $\nu(\mathbf{c}(\lambda))$ nach **(11.13)** eine stetige Funktion von λ, und da $\nu(\mathbf{c})$ jedenfalls ganzzahlig ist, muß ν längs σ konstant sein. Hieraus ergibt sich die Behauptung. ⌟

Wir beweisen als nächstes, das sich die Umlaufszahl eines Zyklus beim Überschreiten einer Teilkurve um 1 ändert:

(14.41) *Es sei γ ein Zyklus in der Ebene, der das Quadrat $Q := [-\rho, \rho]^2$ mit einem einzigen Bogen (2) durchquert, und es sei $\mathbf{u} := (0, u)$, $\mathbf{v} := (0, v)$ mit $-\rho < v < 0 < u < \rho$. Dann gilt*

$$N(\gamma, \mathbf{u}) - N(\gamma, \mathbf{v}) = 1 .$$

⌜ Wir beziehen uns auf die Fig. 14.9.2. Die Menge $B := \overline{B^+}$ ist ein zulässiger Bereich. Nach Satz **(14.19)** gilt

$$N(\partial B, \mathbf{u}) = 1 , \qquad N(\partial B, \mathbf{v}) = 0 .$$

Betrachten wir neben γ noch den in der Figur eingezeichneten "umgeleiteten" Zyklus γ', so ist $\gamma = \gamma' + \partial B$. Mit Hilfe des eben bewiesenen Prinzips **(14.40)** ergibt sich daher nacheinander

$$\begin{aligned} N(\gamma, \mathbf{u}) - N(\gamma, \mathbf{v}) &= N(\gamma' + \partial B, \mathbf{u}) - N(\gamma' + \partial B, \mathbf{v}) \\ &= N(\gamma', \mathbf{u}) + N(\partial B, \mathbf{u}) - N(\gamma', \mathbf{v}) - N(\partial B, \mathbf{v}) \\ &= N(\gamma', \mathbf{u}) - N(\gamma', \mathbf{v}) + 1 \\ &= 1 . \end{aligned}$$

⌟

Wir kehren zurück zu dem (globalen) (x, y)-Koordinatensystem, für das die Disposition (1) gilt. Alle Punkte $(0, u)$, $u < 0$, liegen in C_0; somit ist C_0 unbeschränkt. Da die Menge γ kompakt ist, lassen sich weit außen liegende Punkte problemlos innerhalb Ω miteinander verbinden; es gibt daher ein $M > 0$ mit

$$\mathbf{z} \in C_0 \qquad (|\mathbf{z}| > M) . \tag{3}$$

Nach (1) liegt γ vollständig in einer dem Punkt $(0, -1) \in C_0$ abgewandten Halbebene. Hieraus folgt $N(\gamma, (0, -1)) = 0$ und somit nach **(14.40)**:

$$N(\gamma, \mathbf{z}) = 0 \qquad \forall \mathbf{z} \in C_0 .$$

Für hinreichend kleines $u > 0$ gilt erstens $\mathbf{u} := (0, u) \in U^+ \subset C_1$ und zweitens nach **(14.41)**:

$$N(\gamma, \mathbf{u}) = N(\gamma, -\mathbf{u}) + 1 = 1 .$$

Zusammen ergibt sich mit **(14.40)**:

$$N(\gamma, \mathbf{z}) = 1 \qquad \forall \mathbf{z} \in C_1 .$$

Dann ist aber $C_0 \neq C_1$; ferner folgt aus (3), daß C_1 beschränkt ist.

Damit sind die Behauptungen (a) und (b) von Satz **(14.39)** bewiesen, und (c) ergibt sich aus der Definition eines glatt berandeten Bereichs. ┘

Es folgt eine Anwendung des Hauptsatzes **(14.37)** über die Integrabilität von geschlossenen (das heißt: wirbelfreien) Vektorfeldern. Um jenen Satz anwenden zu können, müssen wir allerdings im folgenden starke Differenzierbarkeitsvoraussetzungen machen. In Wirklichkeit würde es genügen, das betrachtete $\mathbf{f}$ als stetig vorauszusetzen.

(14.42) *Es sei* $\mathbf{f} : \Omega \to \dot{\mathbb{R}}^2$ *eine beliebige* C^2*-Abbildung der einfach zusammenhängenden (und zusammenhängenden) offenen Menge* $\Omega \subset \mathbb{R}^n$ *in die punktierte Ebene. Dann besitzt* $\mathbf{f}$ *ein stetiges Argument, das heißt: Es gibt eine* C^2*-Funktion* $\phi : \Omega \to \mathbb{R}$ *mit*

$$\arg \mathbf{f}(\mathbf{x}) = [\phi(\mathbf{x})] \qquad \forall \mathbf{x} \in \Omega .$$

┌ Betrachte zunächst einen festen Punkt $\mathbf{p} \in \Omega$. Nach Voraussetzung über $\mathbf{f}$ ist $\mathbf{f}(\mathbf{p}) =: \mathbf{q} \neq \mathbf{0}$, und die Halbebene $U := \{\mathbf{z} \in \mathbb{R}^2 \mid \mathbf{q} \bullet \mathbf{z} > 0\}$ ist eine Umgebung von $\mathbf{q}$. Es sei $\psi : U \to \mathbb{R}$ ein stetiger (sogar C^∞-) Repräsentant des Arguments auf U. Da $\mathbf{f}$ stetig ist, gibt es eine Umgebung $V := U_\varepsilon(\mathbf{p})$ mit $\mathbf{f}(V) \subset U$; somit ist

$$\Phi(\mathbf{x}) := \psi(\mathbf{f}(\mathbf{x})) \qquad (\mathbf{x} \in V) \tag{4}$$

ein stetiger (sogar C^2-) Repräsentant von $\arg \mathbf{f}$ auf V.

Wird diese Konstruktion für jedes $\mathbf{p} \in \Omega$ durchgeführt, so erhält man im ganzen eine Familie $(V_\mathbf{p}, \Phi_\mathbf{p})_{\mathbf{p} \in \Omega}$ von derartigen Paaren (V, Φ). Ist $W := V_\mathbf{p} \cap V_\mathbf{q} \neq \emptyset$, so gilt

$$\Phi_\mathbf{p}(\mathbf{x}) - \Phi_\mathbf{q}(\mathbf{x}) \in 2\pi\mathbb{Z} \qquad \forall \mathbf{x} \in W , \tag{5}$$

und da $\Phi_\mathbf{p} - \Phi_\mathbf{q}$ stetig ist, muß diese Differenz auf W konstant sein. Somit ist dann $\nabla\Phi_\mathbf{p} = \nabla\Phi_\mathbf{q}$ auf W, und hieraus folgt: Durch die lokale Vorschrift

$$\mathbf{K}(\mathbf{x}) := \nabla\Phi(\mathbf{x}) \qquad (\mathbf{x} \in V)$$

wird ein globales Vektorfeld $\mathbf{K} : \Omega \to T_\Omega$ erklärt. Da $\mathbf{K}$ lokal ein Gradientenfeld ist, ist $\mathbf{K}$ wirbelfrei.

Nun kommt der entscheidende Punkt: Die Menge Ω ist einfach zusammenhängend. Folglich besitzt $\mathbf{K}$ nach Satz **(14.37)** ein globales Potential, das heißt: Es gibt eine C^2-Funktion $\phi : \Omega \to \mathbb{R}$ mit $\nabla\phi = \mathbf{K}$; wir dürfen dabei annehmen, daß für einen Punkt $\mathbf{p}_0 \in \Omega$ gilt: $\arg \mathbf{f}(\mathbf{p}_0) = [\phi(\mathbf{p}_0)]$.

Wir müssen zeigen, daß die Funktion ϕ für alle $\mathbf{x} \in \Omega$ das Argument von $\mathbf{f}$ repräsentiert. Hierzu betrachten wir, zunächst lokal, die komplexwertige Hilfsfunktion

$$g(\mathbf{x}) := e^{i\left(\phi(x)-\Phi(x)\right)} \qquad (\mathbf{x} \in V) . \tag{6}$$

Wegen $\nabla\phi - \nabla\Phi = \mathbf{K} - \mathbf{K} = \mathbf{0}$ ist hier der Exponent konstant auf V, und dasselbe gilt dann auch für g. Nun ergibt sich aber aus (5), daß die lokale Vorschrift (6) in Wirklichkeit eine globale Funktion $g : \Omega \to \mathbb{C}$ definiert. Diese Funktion ist lokal konstant und somit, da Ω zusammenhängend ist, global konstant. An der Stelle $\mathbf{p}_0$ hat g den Wert 1. Folglich ist der Exponent in (6) identisch gleich 0 modulo 2π, und das bedeutet, daß ϕ in jedem V mit dem dort geltenden Argument Φ von $\mathbf{f}$ modulo 2π übereinstimmt. ⌟

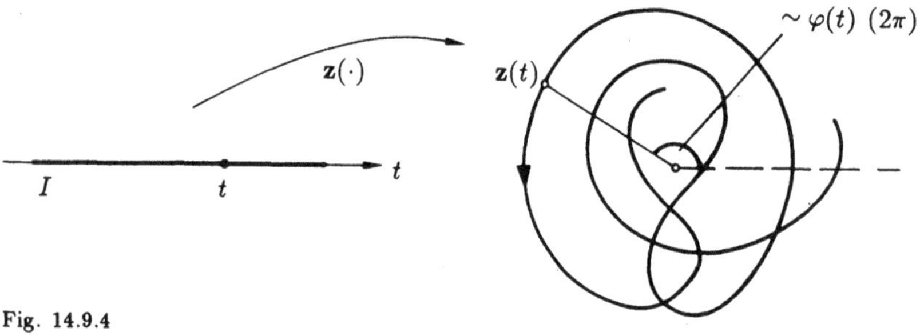

Fig. 14.9.4

Ein Intervall $I \subset \mathbb{R}$ ist einfach zusammenhängend (und zusammenhängend). Der obige Satz besitzt daher das folgende Korollar (Fig. 14.9.4):

(14.43) *Es sei*

$$\mathbf{z}(\cdot) : \quad I \to \dot{\mathbb{R}}^2 , \qquad t \mapsto \mathbf{z}(t)$$

eine beliebige C^2-Abbildung des Intervalls I in die punktierte Ebene. Dann gibt es ein stetiges Argument längs $\mathbf{z}(\cdot)$, gemeint ist: eine C^2-Funktion

$$\phi : \quad I \to \mathbb{R} , \qquad t \mapsto \phi(t)$$

mit

$$\arg \mathbf{z}(t) = [\phi(t)] \qquad \forall t \in I .$$

Die Aussage des Satzes gilt, wie gesagt, sogar für stetige $\mathbf{z}(\cdot)$. Beachte, daß sich die von $\mathbf{z}(\cdot)$ repräsentierte Kurve γ beliebig oft um $\mathbf{0}$ herumwinden und wieder herauswinden darf und daß beliebige Selbstüberkreuzungen zugelassen sind.

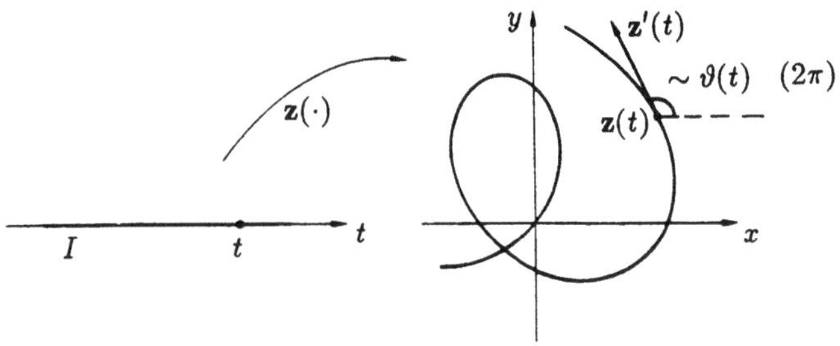

Fig. 14.9.5

Es sei jetzt

$$\mathbf{z}(\cdot): \quad I \to \mathbb{R}^2, \qquad t \mapsto \mathbf{z}(t)$$

eine reguläre C^3-Abbildung (C^1 würde genügen) des Intervalls I in die Ebene. Die Ableitung $\mathbf{z}'$, aufgefaßt als Abbildung

$$\mathbf{z}'(\cdot): \quad I \to \dot{\mathbb{R}}^2, \qquad t \mapsto \mathbf{z}'(t),$$

heißt *Hodograph* von $\mathbf{z}(\cdot)$ und erfüllt die Voraussetzungen von **(14.43)**. Es gibt daher eine C^2-Funktion

$$\vartheta(\cdot): \quad I \to \mathbb{R}, \qquad t \mapsto \vartheta(t)$$

mit

$$\arg \mathbf{z}'(t) = [\vartheta(t)] \qquad \forall t \in I$$

(Fig. 14.9.5). Eine derartige Funktion $\vartheta(\cdot)$ wird als *stetiges Tangentenargument* längs $\mathbf{z}(\cdot)$ bezeichnet. Stellt die reguläre 2π-periodische Funktion $\mathbf{z}: \mathbb{R} \to \mathbb{R}^2$ eine geschlossene Kurve $\gamma := \mathbf{f}(S^1)$ mit zugehörigem Hodograph γ' dar, so ist

$$N(\gamma', \mathbf{0}) = \frac{1}{2\pi}\big(\vartheta(2\pi) - \vartheta(0)\big)$$

die sogenannte *Tangentendrehzahl* von γ. Fig. 14.9.6 zeigt, daß diese Tangentendrehzahl beliebige ganzzahlige Werte annehmen kann. Wir beweisen zum Schluß (nach einer Idee von H. Hopf) den berühmten *Umlaufssatz*. Er besagt, daß die Tangentendrehzahl einer Jordankurve notwendigerweise 1 (oder −1) ist:

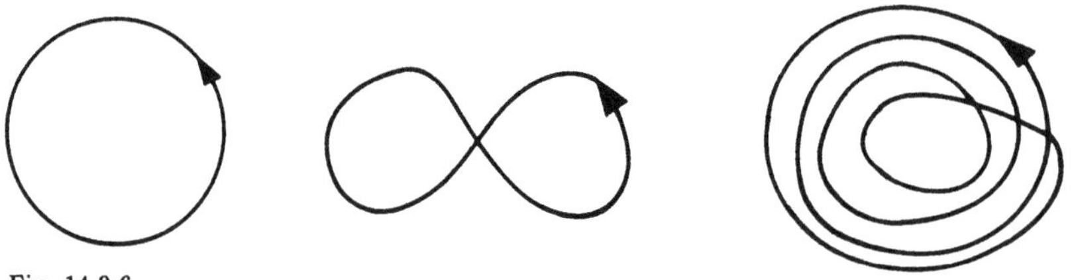

Fig. 14.9.6

(14.44) *Die reguläre 2π-periodische C^3-Funktion*

$$\mathbf{z}(\cdot): \quad \mathbb{R} \to \mathbb{R}^2, \qquad t \mapsto \mathbf{z}(t) = \big(x(t), y(t)\big)$$

definiere eine injektive Abbildung $\mathbf{f}: S^1 \to \mathbb{R}^2$ und damit eine Jordankurve $\gamma := \mathbf{f}(S^1)$. Es sei $\vartheta : \mathbb{R} \to \mathbb{R}$ ein stetiges Tangentenargument längs $\mathbf{z}(\cdot)$. Dann gilt $\vartheta(2\pi) - \vartheta(0) = 2\pi$, falls die Disposition (1) zugrundegelegt wird.

⌈ Wir definieren die Abbildung

$$\mathbf{g}: \quad \mathbb{R}^2 \to \mathbb{R}^2, \qquad (s,t) \mapsto \mathbf{g}(s,t)$$

durch

$$\mathbf{g}(s,t) := \begin{cases} \dfrac{\mathbf{z}(t) - \mathbf{z}(s)}{2\sin\dfrac{t-s}{2}} & (t - s \notin 2\pi\mathbb{Z}) \\[2ex] (-1)^k \mathbf{z}'(s) & (t - s = 2k\pi) \end{cases}$$

und behaupten:

$$\mathbf{g} \in C^2(\mathbb{R}^2, \dot{\mathbb{R}}^2) . \tag{7}$$

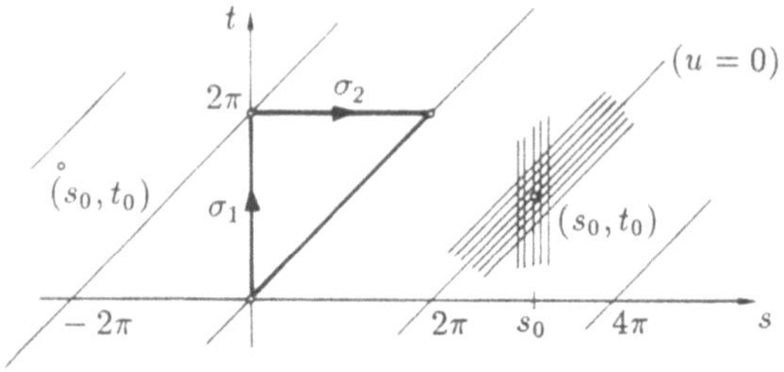

Fig. 14.9.7

⌈ Betrachte einen festen Punkt $(s_0, t_0) \in \mathbb{R}^2$ (Fig. 14.9.7). Ist $t_0 - s_0 \notin 2\pi\mathbb{Z}$, so ist $\mathbf{z}(t_0) - \mathbf{z}(s_0) \neq \mathbf{0}$ nach Voraussetzung über $\mathbf{z}$, und auch der Nenner von $\mathbf{g}$ ist $\neq 0$. Somit ist $\mathbf{g}(s_0, t_0) \neq \mathbf{0}$, und $\mathbf{g}$ ist in einer ganzen Umgebung von (s_0, t_0) sogar dreimal stetig differenzierbar.

Ist $t_0 - s_0 = 2k\pi$, so ist $\mathbf{g}(s_0, t_0) \neq \mathbf{0}$ aufgrund der Regularität von $\mathbf{z}(\cdot)$. Zur Verifikation der Differenzierbarkeit führen wir in der Umgebung von (s_0, t_0) neue Koordinaten s, u ein vermöge

$$\left.\begin{aligned} s &:= s \\ t &:= s + 2k\pi + u \end{aligned}\right\} \qquad (|u| < \pi) .$$

Wir müssen nun die Funktion $\mathbf{g}$ auf die neuen Koordinaten umrechnen. Dabei ergibt sich zunächst

$$\mathbf{z}(t) - \mathbf{z}(s) = \mathbf{z}(s + 2k\pi + u) - \mathbf{z}(s) = \mathbf{z}(s+u) - \mathbf{z}(s) = u \int_0^1 \mathbf{z}'(s + \tau\, u)\, d\tau$$

und in analoger Weise

$$2\sin\frac{t-s}{2} = 2\sin\Bigl(k\pi + \frac{u}{2}\Bigr) = (-1)^k\,2\sin\frac{u}{2} = (-1)^k\,u\,h(u)$$

mit

$$h(u) := \int_0^1 \cos\Bigl(\frac{\tau\,u}{2}\Bigr)\,d\tau\ .$$

Die Funktion h ist $\neq 0$ für $|u| < \pi$ und nimmt an der Stelle 0 den Wert 1 an.

Setzen wir beides in die Definition von $\mathbf{g}$ ein, so erhalten wir den folgenden Ausdruck von $\mathbf{g}$ in den Koordinaten s, u:

$$\tilde{\mathbf{g}}(s,u) = \begin{cases} \dfrac{(-1)^k}{h(u)} \displaystyle\int_0^1 \mathbf{z}'(s+\tau\,u)\,d\tau & (0 < |u| < \pi) \\ (-1)^k\mathbf{z}'(s) & (u = 0) \end{cases}\ .$$

Man erkennt, daß hier die erste Zeile auch für $u = 0$ den richtigen Wert liefert; in anderen Worten: Es gilt

$$\tilde{\mathbf{g}}(s,u) = \frac{(-1)^k}{h(u)} \int_0^1 \mathbf{z}'(s+\tau\,u)\,d\tau \qquad (|u| < \pi)\ .$$

Diese Formel zeigt, daß $\tilde{\mathbf{g}}$ zweimal stetig differenzierbar ist nach s und u; folglich ist die ursprüngliche Funktion $\mathbf{g}$ in der Umgebung des betrachteten Punktes (s_0, t_0) zweimal stetig differenzierbar. Damit ist (7) bewiesen. ⌟

Nach Satz **(14.42)** besitzt nun die Funktion $\mathbf{g} : \mathbb{R}^2 \to \dot{\mathbb{R}}^2$ ein stetiges Argument: Es gibt eine Funktion $\phi : \mathbb{R}^2 \to \mathbb{R}$ mit

$$\arg\mathbf{g}(s,t) = [\phi(s,t)] \qquad \forall (s,t) \in \mathbb{R}^2\ .$$

Wir betrachten ϕ zunächst längs der ersten Winkelhalbierenden. Es gilt

$$[\phi(s,s)] = \arg\mathbf{g}(s,s) = \arg\mathbf{z}'(s)\,;$$

somit ist $\vartheta(s) := \phi(s,s)$ ein stetiges Tangentenargument längs γ. Aufgrund von (1) dürfen wir $\vartheta(0) = \phi(0,0) = 0$ annehmen und haben nun $\vartheta(2\pi) = \phi(2\pi, 2\pi)$ zu berechnen. Hierzu verfolgen wir $\phi(\cdot,\cdot)$ entlang den beiden Strecken

$$\sigma_1 :\ t \mapsto (0,t) \quad (0 \le t \le 2\pi)\,, \qquad \sigma_2 :\ s \mapsto (s, 2\pi) \quad (0 \le s \le 2\pi)$$

in der (s,t)-Ebene. Dabei dürfen wir von der folgenden Bemerkung Gebrauch machen: In den inneren Punkten (s,t) der beiden Strecken ist $0 < t - s < 2\pi$ und folglich $\sin\frac{t-s}{2} > 0$. In diesen Punkten gilt daher

$$[\phi(s,t)] = \arg\mathbf{g}(s,t) = \arg\bigl(\mathbf{z}(t) - \mathbf{z}(s)\bigr)\ . \tag{8}$$

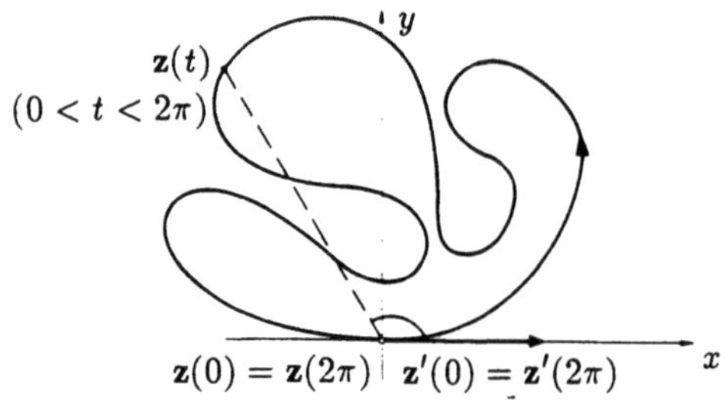

Fig. 14.9.8

Über die Werte von ϕ in den Endpunkten von σ_1 läßt sich folgendes sagen:

$$\phi(0,0) = 0\,, \qquad [\phi(0,2\pi)] = \arg \mathbf{g}(0,2\pi) = \arg\bigl(-\mathbf{z}'(0)\bigr) = [\pi]\;. \tag{9}$$

Was die Werte von ϕ in den inneren Punkten von σ_1 betrifft, so ergibt sich mit (8):

$$[\phi(0,t)] = \arg \mathbf{z}(t) \qquad (0 < t < 2\pi)\,,$$

und der Fig. 14.9.8 entnimmt man, daß dies $\neq [-\frac{\pi}{2}]$ ist für $0 < t < 2\pi$. Zusammen mit (9) folgt hieraus zwingend (siehe die Fig. 14.9.9):

$$\phi(0,2\pi) = \pi\;. \tag{10}$$

Weiter ist

$$[\phi(2\pi,2\pi)] = \arg \mathbf{g}(2\pi,2\pi) = \arg \mathbf{z}'(2\pi) = [0]\;. \tag{11}$$

Mit (8) ergibt sich

$$[\phi(s,2\pi)] = \arg\bigl(-\mathbf{z}(s)\bigr) \qquad (0 < s < 2\pi)\,,$$

und dies ist $\neq [\frac{\pi}{2}]$ für $0 < s < 2\pi$. Wegen (10) und (11) gilt daher notwendigerweise $\phi(2\pi,2\pi) = 2\pi$, was zu beweisen war. ┘

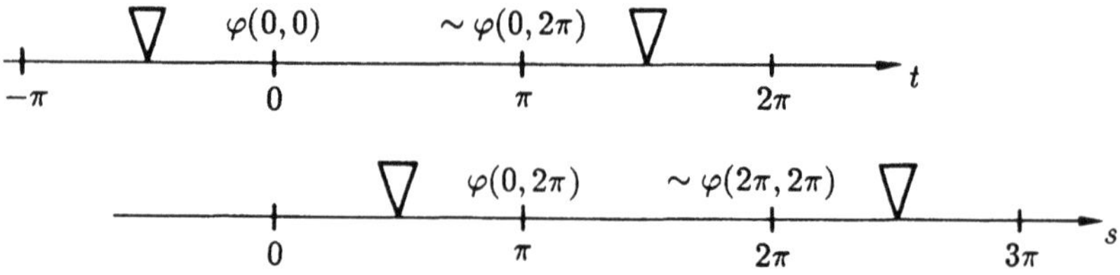

Fig. 14.9.9

14.10. Aufgaben

1. Produziere ein Vektorfeld $\mathbf{v}(x,y) := \big(P(x,y), Q(x,y)\big)$ mit folgenden Eigenschaften:

   (1) Die Kreise, die die y-Achse im Ursprung berühren, sind Feldlinien.

   (2) Das Feld ist in der ganzen Ebene definiert und stetig differenzierbar.

2. Produziere ein im ganzen Raum definiertes Vektorfeld $\mathbf{v}$, das die Schraubenlinien

$$\gamma_{r,h}: \quad t \mapsto (r\cos t, r\sin t, t-h) \qquad (r \geq 0\,,\ h \in \mathbb{R})$$

   als Feldlinien besitzt.

3. Es sei $\partial D: \ t \mapsto e^{it}$ $(0 \leq t \leq 2\pi)$ der in positivem Sinn durchlaufene Einheitskreis in der z-Ebene, $z = x + iy$. Berechne, mit sinngemäßer Interpretation der darin auftretenden Symbole, das Linienintegral

$$\int_{\partial D} \frac{1}{z}\, dz$$

   bzw. allgemein die Integrale

$$\int_{\partial D} z^k\, dz \qquad (k \in \mathbb{Z})\,.$$

4. Produziere eine geschlossene, glatte (das heißt: reguläre C^1-) Kurve

$$\gamma: \quad t \mapsto \big(x(t), y(t)\big) \qquad (a \leq t \leq b)\,,$$

   die, als Kette aufgefaßt, gleich 0 ist.

5. Berechne das Linienintegral $\int_\gamma \mathbf{K} \bullet d\mathbf{x}$ für

   (a) $\mathbf{K}(x,y) := (x^2 + y, 2xy)$,
   $\gamma :=$ Einheitskreis, positiver Umlaufssinn;

   (b) $\mathbf{K}(x,y) := (x + y, 2x - y)$,
   $\gamma :=$ Bogen der kubischen Parabel $y = x^3$ von $(-2,-8)$ bis $(1,1)$;

   (c) $\mathbf{K}(x,y,z) := (-y, x, z)$,
   $\gamma :=$ Schnittkurve des Paraboloids $z = 1 - x^2 - y^2$ mit der Ebene $x + y + 2z = 2$, positiver Umlaufssinn um die z-Achse.

6. Finde und beweise dabei koordinatenfreie Identitäten der Form

   (a) $\mathbf{rot}(f\,\nabla g) = \ldots$,

   (b) $\mathbf{rot}(f\,\mathbf{K}) = \ldots$,

   (c) $\mathbf{rot}(f\,\nabla f) = \ldots$

   für C^2-Skalarfunktionen f, g und C^1-Vektorfelder $\mathbf{K}$ im $\mathbb{R}^3$.

7. Bestimme alle C^1-Vektorfelder $\mathbf{K}$ in der punktierten Ebene $\dot{\mathbb{R}}^2$, die folgende Eigenschaften besitzen:
   (1) $\mathbf{K}(\mathbf{z}) \perp \mathbf{z} \qquad \forall \mathbf{z}$,
   (2) $|\mathbf{K}(\mathbf{z})|$ hängt nur von $|\mathbf{z}|$ ab,
   (3) $\operatorname{rot} \mathbf{K}(\mathbf{z}) \equiv 0$.

8. Ein zwischen den beiden unendlich ausgedehnten "Platten" $z = \pm h$ definiertes Vektorfeld $\mathbf{K}$ $\bigl(= \mathbf{K}(x, y, z)\bigr)$ besitzt eine Taylor-Entwicklung bezüglich z der Form

$$\mathbf{K}(x, y, z) = \mathbf{K}_0(x, y) + z\, \mathbf{K}_1(x, y) + \text{höhere Terme} \,;$$

dabei ist

$$\mathbf{K}_0(x, y) := (x^2 - y^2, 2xy, x^2 + y^2)\,, \qquad \mathbf{K}_1(x, y) := (-y, x, x + y)\,.$$

Berechne $\mathbf{R}_0(x, y) := \mathbf{rot}\mathbf{K}(x, y, 0)$.

9. Berechne die folgenden Integrale zuerst als Linienintegrale, dann mit Hilfe der Greenschen Formel:
   (a) $\displaystyle\int_{\partial B} (xy\, dx + x^2\, dy)\,, \quad B := \bigl\{(x, y) \bigm| 0 \le x \le 1\,,\ 0 \le y \le x^{2/3}\bigr\}\,;$
   (b) $\displaystyle\int_{\partial B} (y\, dx + \sin x\, dy)\,, \quad B := \bigl\{(x, y) \bigm| -\tfrac{\pi}{2} \le x \le \tfrac{\pi}{2}\,,\ -1 \le y \le \cos x\bigr\}\,.$

10. In der (x, y)-Ebene wird das Vektorfeld

$$\mathbf{K}(x, y) := (3x^2 - 4xy + 4y^2,\ -2x^2 + 8xy + 12y^2)$$

betrachtet. Man berechne auf irgendeine Weise das Linienintegral $\int_\gamma \mathbf{K} \bullet d\mathbf{x}$ für den in der Figur 14.10.1 eingezeichneten Weg γ.

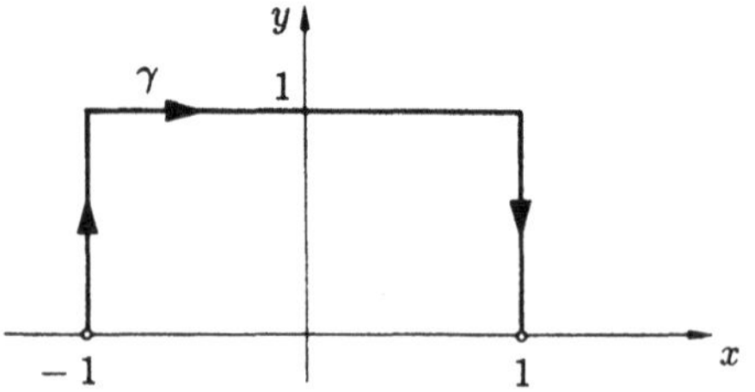

Fig. 14.10.1

11. Skizziere die verlängerte Zykloide

$$\gamma: \quad t \mapsto \begin{cases} x(t) := t - \dfrac{\pi}{2} \sin t \\[2mm] y(t) := 1 - \dfrac{\pi}{2} \cos t \end{cases} \qquad (-\infty < t < \infty)$$

(vgl. Beispiel 13.5.④) und berechne den Flächeninhalt einer Schlinge.

12. Die n Punkte (x_k, y_k), die Variable k modulo n genommen, bilden die linksherum aufeinanderfolgenden Ecken eines ebenen n-Ecks P. Dann ist

$$\mu(P) = \frac{1}{2}\sum_{k=1}^{n} x_k(y_{k+1} - y_{k-1}) \, .$$

13. Rollt ein Kreis auf einem anderen Kreis ab, so beschreibt ein fester Punkt auf der Peripherie des rollenden Kreises eine *Epizykloide*. Man bestimme eine Parameterdarstellung der in der Fig. 14.10.2 dargestellten Epizykloide γ und berechne den von γ eingeschlossenen Flächeninhalt.

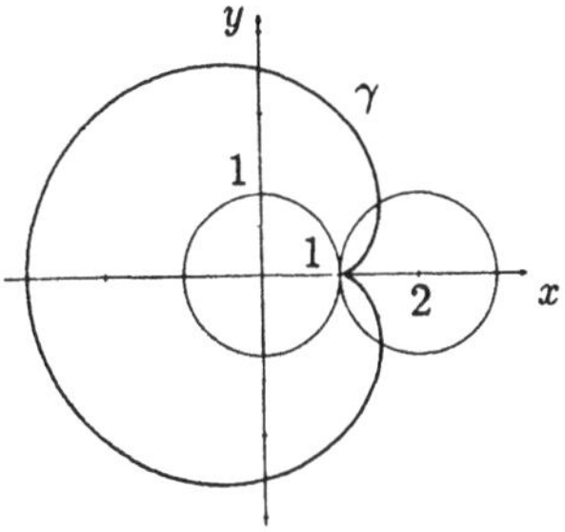

Fig. 14.10.2

14. Der Bereich B in Fig. 14.10.3 wird begrenzt durch den Einheitskreis und die beiden logarithmischen Spiralen

$$\gamma_\pm : \quad t \mapsto \begin{cases} x(t) := e^t \cos\left(t \pm \frac{\pi}{2}\right) \\ y(t) := e^t \sin\left(t \pm \frac{\pi}{2}\right) \end{cases} \qquad (-\infty \le t \le 0) \, .$$

Berechne das Integral $\int_B y \, d\mu(x, y)$.

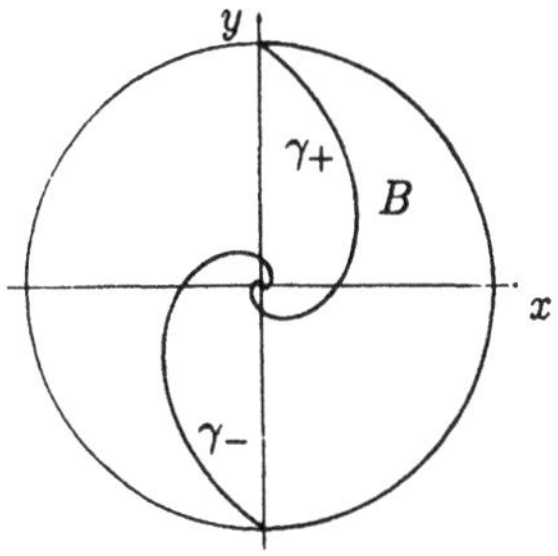

Fig. 14.10.3

15. Verifiziere, daß die sinngemäß interpretierte Formel

$$N(\gamma, c) := \frac{1}{2\pi i} \int_\gamma \frac{dz}{z - c}$$

tatsächlich die Umlaufszahl 14.4.(6) des Zyklus γ um den Punkt c herum liefert.

16. Finde und beweise dabei koordinatenfreie Identitäten der Form
   (a) $\operatorname{div}(f\,\mathbf{v}) = \ldots$,
   (b) $\operatorname{div}(\mathbf{K} \times \mathbf{L}) = \ldots$,
   (c) $\operatorname{div}\bigl(f\,\mathbf{rot}\,\mathbf{K}\bigr) = \ldots$

   für C^1-Skalarfunktionen und C^2-Vektorfelder im $\mathbb{R}^3$.

17. Bestimme die quellenfreien Zentralfelder in der Ebene und im Raum. Es soll also gelten

$$\mathbf{v}(\mathbf{x}) = \kappa(r)\,\frac{\mathbf{x}}{r} \quad (r := |\mathbf{x}| \neq 0)\,, \qquad \operatorname{div}\mathbf{v} \equiv 0\,.$$

18. Es sei $\mathbf{v}$ ein (kugelsymmetrisches) Zentralfeld im $\mathbb{R}^3$ mit Zentrum im Punkt $(0,0,-1)$, dessen Feldstärke mit der dritten Potenz des Abstandes vom Zentrum abnimmt, und es sei $\mathbf{v}(0,0,0) := (0,0,1)$. Berechne den Fluß von $\mathbf{v}$ von unten nach oben durch die (x,y)-Ebene.

19. Berechne den Fluß des Vektorfeldes

$$\mathbf{v}(x,y,z) := (2y^2 - z^2, x^2 - y^2 + 2z^2, 1 + x^2 z^2)$$

in Richtung der positiven y-Achse durch das Quadrat mit den Eckpunkten $(\pm 1, 0, \pm 1)$.

20. (a) Berechne den Fluß des Feldes $\mathbf{v}(x,y,z) := (0,0,1-z)$ von unten nach oben durch die obere Hälfte der Einheitssphäre.
   (b) Berechne denselben Fluß durch Anwendung des Satzes von Gauß auf die obere Halbkugel. (*Hinweis:* Die auftretenden Integrale lassen sich "im Kopf" evaluieren.)

21. (a) Es sei f eine C^1-Skalarfunktion auf dem zulässigen Bereich $B \subset \mathbb{R}^3$. Dann gilt

$$\int_{\partial B} f\, d\boldsymbol{\omega} = \int_B \nabla f\, d\mu\,.$$

   (*Hinweis:* Betrachte die drei Felder $\mathbf{v}(\mathbf{x}) := f(\mathbf{x})\mathbf{e}_i$.)
   (b) Auf die Oberfläche eines in eine Flüssigkeit eingetauchten Körpers wirkt ein Normaldruck, der linear mit der Tiefe zunimmt. Berechne die resultierende Gesamtkraft (Auftrieb).

22. (a) Berechne den Fluß des Coulomb-Feldes

$$\mathbf{v}(\mathbf{x}) := \frac{1}{4\pi r^2}\frac{\mathbf{x}}{r} \qquad (r := |\mathbf{x}| \neq 0)$$

durch die Oberfläche ∂B eines zulässigen Bereiches $B \subset \mathbb{R}^3$, der den Ursprung in seinem Innern enthält. (*Hinweis:* Das Feld ist quellenfrei. Wende den Satz von Gauß auf den Bereich $B' := B \setminus U_\varepsilon(\mathbf{0})$ an.)

(b) In den acht Eckpunkten eines Würfels befindet sich je eine Punktladung, die ein Feld der unter (a) beschriebenen Art erzeugt, so daß additiv ein Gesamtfeld $\mathbf{E}$ resultiert. Bestimme den Fluß von $\mathbf{E}$ durch eine Seitenfläche des Würfels. (*Hinweis:* Keine langen Rechnungen. Dies ist mehr eine Denkaufgabe.)

23. Es sei B der im ersten Oktanten gelegene Teil der Einheitskugel im $\mathbb{R}^3$. Berechne den aus B heraustretenden Fluß des Vektorfeldes

$$\mathbf{v}(x, y, z) := (\alpha x, \beta y, \gamma z)$$

einmal als Flußintegral und ein zweites Mal mit Hilfe des Satzes von Gauß.

24. Berechne den Fluß des Feldes $\mathbf{v}(x, y) := (2xy - y^2, x^2 + y^2)$ aus dem Quadrat $Q := [0, 1]^2$ heraus einmal als Flußintegral und ein zweites Mal mit Hilfe des Satzes von Gauß für die Ebene.

25. Es seien $\mathbf{a}$, $\mathbf{b} \in \mathbb{R}^3$ zwei gegebene Vektoren und

$$f(\mathbf{x}) := (\mathbf{a} \bullet \mathbf{x})(\mathbf{b} \bullet \mathbf{x}) .$$

Berechne den Fluß von ∇f durch die nach aussen orientierte Oberfläche des Oktaeders

$$B := \bigl\{\mathbf{x} \in \mathbb{R}^3 \bigm| |x_1| + |x_2| + |x_3|\bigr\} .$$

26. Es sei S eine orientierte Hyperfläche im Definitionsbereich der Funktion $f : \mathbb{R}^n \curvearrowright \mathbb{R}$. Dann bezeichnet man die in den Punkten von S definierte Größe

$$\frac{\partial f}{\partial n} := \nabla f \bullet \mathbf{n}$$

als *Normalenableitung* von f.

(a) Beweise die beiden folgenden *Greenschen Identitäten*, die in der Potentialtheorie und der Elektrodynamik gebraucht werden: Für einen beliebigen zulässigen Bereich $B \subset \mathbb{R}^3$ und beliebige C^2-Funktionen f und g gilt

$$\text{(I)} \qquad \int_B (f\,\Delta g - g\,\Delta f)\,d\mu = \int_{\partial B}\Bigl(f\frac{\partial g}{\partial n} - g\frac{\partial f}{\partial n}\Bigr)\,d\omega$$

(*Hinweis:* Betrachte das Feld $\mathbf{v} := f\,\nabla g - g\,\nabla f$) und

(II) $$\int_B (f\,\Delta g - \nabla f \bullet \nabla g)\,d\mu = \int_{\partial B} f \frac{\partial g}{\partial n}\,d\omega\,.$$

(b) Ist f eine harmonische Funktion auf B und $f(\mathbf{x}) \equiv 0$ auf ∂B, so ist $f(\mathbf{x}) \equiv 0$ auf B. (*Hinweis:* Benütze (II) mit $f = g$.)

27. Es seien $\mathbf{e}$ ein in $\mathbf{0} \in \mathbb{R}^3$ angehefteter Einheitsvektor und $\mathbf{v}$ das Geschwindigkeitsfeld einer mit Winkelgeschwindigkeit ω um $\mathbf{e}$ rotierenden Flüssigkeit. Weiter seien zwei Vektoren $\mathbf{a}$ und $\mathbf{b}$ gegeben. Berechne die Zirkulation von $\mathbf{v}$ längs der Ellipse

$$\gamma: \quad t \mapsto \cos t\,\mathbf{a} + \sin t\,\mathbf{b} \qquad (0 \le t \le 2\pi)$$

einmal als Linienintegral und ein zweites Mal mit Hilfe des Satzes von Stokes. (Hinweis: Das Flächenintegral läßt sich mit Hilfe von geometrischen Überlegungen "im Kopf" ausrechnen.)

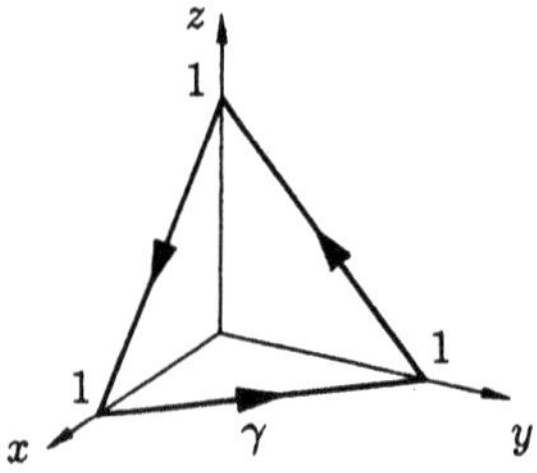

Fig. 14.10.4

28. Man berechne das Linienintegral $\int_\gamma \mathbf{K} \bullet d\mathbf{x}$ für das Vektorfeld

$$\mathbf{K}(x,y,z) := (x - y + z, y - z + x, z - x + y)$$

und den Zyklus γ der Fig. 14.10.4 auf drei Arten:

(a) direkt,

(b) mit Hilfe des Satzes von Stokes und einer geeigneten Parameterdarstellung der Dreiecksfläche,

(c) mit Hilfe des Satzes von Stokes und geometrischer Einsicht, die erlaubt, das Flächenintegral "im Kopf" auszuwerten.

(*Hinweis:* Die Gesamtsituation ist symmetrisch bezüglich zyklischer Vertauschung $x \rightsquigarrow y \rightsquigarrow z \rightsquigarrow x$.)

29. Gegeben sind das Vektorfeld

$$\mathbf{K}(x,y,z) := (\sin y, \sin z, \sin x)$$

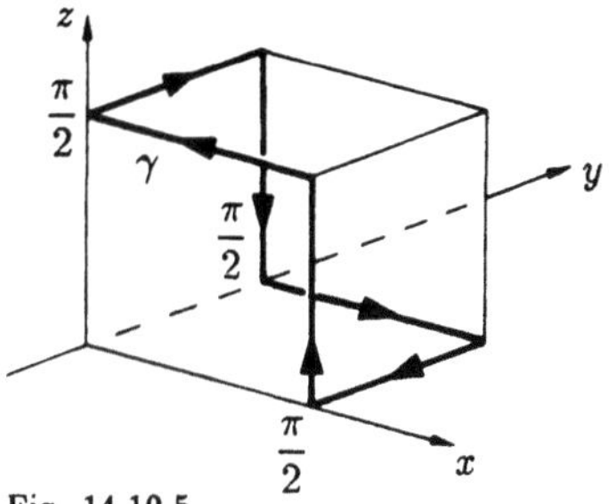

Fig. 14.10.5

und der in Fig 14.10.5 dargestellte Streckenzug γ. Berechne das Linienintegral $\int_\gamma \mathbf{K} \bullet d\mathbf{x}$ einmal direkt und ein zweites Mal mit Hilfe des Satzes von Stokes. (*Hinweis:* Der Streckenzug berandet einen Teil der Würfeloberfläche. Die Gesamtsituation ist symmetrisch bezüglich zyklischer Vertauschung $x \rightsquigarrow y \rightsquigarrow z \rightsquigarrow x$.)

30. (a) Beweise den folgenden Satz: Es seien $\mathbf{K}$ ein C^1-Vektorfeld im $\mathbb{R}^3$ und $S \subset \operatorname{dom}(\mathbf{K})$ eine C^2-Fläche, die in allen ihren Punkten auf $\mathbf{K}$ senkrecht steht:

$$\mathbf{K}(\mathbf{p}) \perp S_\mathbf{p} \qquad \forall \mathbf{p} \in S .$$

Dann ist notwendigerweise

$$\mathbf{K}(\mathbf{p}) \bullet \mathbf{rot}\, \mathbf{K}(\mathbf{p}) = 0 \qquad \forall \mathbf{p} \in S .$$

(*Hinweis:* Betrachte einen festen Punkt $\mathbf{p} \in S$ und wende den Satz von Stokes auf ein kleines Scheibchen $S' \subset S$ mit "Zentrum" $\mathbf{p}$ an. Die Annahme $\mathbf{K}(\mathbf{p}) \bullet \mathbf{rot}\, \mathbf{K}(\mathbf{p}) > 0$ führt auf einen Widerspruch.)

(b) Insbesondere gibt es keine Fläche, die in allen ihren Punkten auf dem Feld $\mathbf{K}(x, y, z) := (-y, x, 1)$ senkrecht steht. Figur!

31. (a) Eine nichtverschwindende C^1-Funktion f heißt ein *integrierender Faktor* für das C^1-Vektorfeld $\mathbf{K}$, wenn das Feld $f\mathbf{K}$ wirbelfrei (und damit lokal "integrabel") ist. Zeige: Besitzt $\mathbf{K}$ einen integrierenden Faktor, so gilt notwendigerweise $\mathbf{K} \bullet \mathbf{rot}\, \mathbf{K} = 0$. (*Hinweis:* Benütze die in Aufgabe 6(b) gefundene Identität.)

(b) Verifiziere: Das Feld $\mathbf{K}(x, y, z) := (xyz + yz, xz, xy)$ erfüllt die Bedingung $\mathbf{K} \bullet \mathbf{rot}\, \mathbf{K} = 0$. Dieses Feld besitzt in der Tat einen integrierenden Faktor f, der glücklicherweise nur von x abhängt. Bestimme f sowie ein Potential des Feldes $f\mathbf{K}$.

32. Lege die Parameter α, β, γ so fest, daß das Feld

$$\mathbf{K}(x, y, z) := (x + 2y + \alpha z, \beta x - 3y - z, 4x + \gamma y + 2z)$$

wirbelfrei wird. Das so erhaltene Feld besitzt ein Potential f. Bestimme f durch Integration von $\mathbf{0}$ aus.

33. Betrachte in der punktierten (x, y)-Ebene das Feld

$$\mathbf{K}(x,y) := \left(\frac{x^2 - y^2}{(x^2+y^2)^2}, \frac{2xy}{(x^2+y^2)^2}\right).$$

(a) Verifiziere: $\operatorname{rot} \mathbf{K} \equiv 0$.

(b) Berechne das Umlaufsintegral $\int_\gamma \mathbf{K} \bullet d\mathbf{z}$ für einen Kreis γ vom Radius $r > 0$ um $\mathbf{0}$.

(c) Zeige: $\mathbf{K}$ ist konservativ. (*Hinweis:* Ein Potential läßt sich explizit angeben.)

34. Beweise den folgenden Satz: Es sei $\mathbf{K}$ ein wirbelfreies C^1-Vektorfeld auf dem Kreisring $\Omega := \{\mathbf{z} \in \mathbb{R}^2 \mid a < |\mathbf{z}| < b\}$ in der Ebene, und die Bedingung

$$\int_\gamma \mathbf{K} \bullet d\mathbf{z} = 0$$

sei für wenigstens einen umlaufenden Kreis γ erfüllt. Dann besitzt $\mathbf{K}$ ein Potential auf Ω. (*Hinweis:* Der Kreisring Ω läßt sich via $\mathbf{g} : (r, \phi) \mapsto (r\cos\phi, r\sin\phi)$ als Bild des unendlichen Streifens $S := \{(r,\phi) \mid a < r < b\}$ auffassen. Der Pullback $\tilde{\mathbf{K}}$ von $\mathbf{K}$ auf S ist nach **(14.32)** wirbelfrei; somit besitzt $\tilde{K}$ ein Potential $\tilde{f} : S \to \mathbb{R}$, und $\tilde{f}$ ist 2π-periodisch bezüglich ϕ.)

15. Fourier-Reihen

15.1. Einführung und Rechenregeln

Eine Grundaufgabe der Analysis ist die Approximation oder die "Darstellung" von möglichst beliebigen Funktionen mit Hilfe von speziellen Funktionen. Die von Fall zu Fall zur Verfügung gestellten speziellen Funktionen sind vielleicht besonders einfach zu berechnen (Beispiel: Polynome, stückweise lineare Funktionen), oder sie haben interessante analytische Eigenschaften (Beispiel: $\chi_\lambda(t) := e^{i\lambda t}$), oder es sind Funktionen, die in besonderer Weise mit dem gerade betrachteten Definitionsbereich (Beispiel: $\mathbb{R}$, $\mathbb{R}/2\pi$, S^2) verknüpft sind und dessen Symmetrien auf bestimmte Art inkorporieren und reproduzieren.

① Von einer willkürlichen Funktion $f : \mathbb{R} \curvearrowright \mathbb{R}$ sind der Funktionswert $f(a)$ sowie die Werte der Ableitungen $f^{(k)}(a)$ $(1 \leq k \leq n)$ bekannt. Gesucht ist ein Polynom, das die Funktion f in der Umgebung von a möglichst gut approximiert. Wie in Abschnitt 7.6 gezeigt wurde, stellt das Taylorsche Approximationspolynom

$$j_a^n f(t) := f(a) + \frac{f'(a)}{1!}(t-a) + \ldots + \frac{f^{(n)}(a)}{n!}(t-a)^n$$

eine Lösung dieser Aufgabe dar. Für $0 \leq k \leq n$ stimmen die Ableitungen $\left(j_a^n f\right)^{(k)}(a)$ mit $f^{(k)}(a)$ überein, und der Fehler $R_n(t) := f(t) - j_a^n f(t)$ ist für $t \to a$ von kleinerer Größenordnung als der letzte mitgenommene Term:

$$R_n(t) = o\big((t-a)^n\big) \qquad (t \to a) .$$

○

Im folgenden betrachten wir in erster Linie 2π-periodische Funktionen

$$f: \quad \mathbb{R} \to \mathbb{C}, \qquad f(t + 2\pi) \equiv f(t) . \tag{1}$$

Ist $[t_0]$ eine Äquivalenzklasse von reellen Zahlen modulo 2π, so hat ein derartiges f in allen Punkten t dieser Äquivalenzklasse denselben Wert und bestimmt damit auf natürliche Weise eine Funktion $f^\sim$: $\mathbb{R}/2\pi \to \mathbb{C}$, die mit f verknüpft ist durch die Identität

$$f(t) \equiv f^\sim([t]) \qquad (t \in \mathbb{R}) . \tag{2}$$

Umgekehrt definiert (2) für jede Funktion $f^\sim$: $\mathbb{R}/2\pi \to \mathbb{C}$ eine 2π-periodische Funktion f. — Wir werden das Zeichen $^\sim$ im allgemeinen weglassen, das heißt: ein gegebenes f wahlweise als periodische Funktion auf $\mathbb{R}$ oder als Funktion auf $\mathbb{R}/2\pi$ betrachten.

Die bijektive Abbildung

$$\mathrm{cis}^\sim : \quad \mathbb{R}/2\pi \to S^1 , \qquad [t] \mapsto e^{it}$$

(siehe **(6.15)**) erlaubt, Funktionen (1) auf den Einheitskreis

$$S^1 := \{z = e^{it} \mid t \in \mathbb{R}\}$$

der komplexen Ebene zu verpflanzen vermöge

$$f^\circ(e^{it}) := f^\sim([t]) = f(t) \qquad (t \in \mathbb{R}) . \tag{3}$$

Somit bestimmt jede 2π-periodische Funktion $f : \mathbb{R} \to \mathbb{C}$ in natürlicher Weise eine Funktion $f^\circ : S^1 \to \mathbb{C}$, und umgekehrt (Fig. 15.1.1).

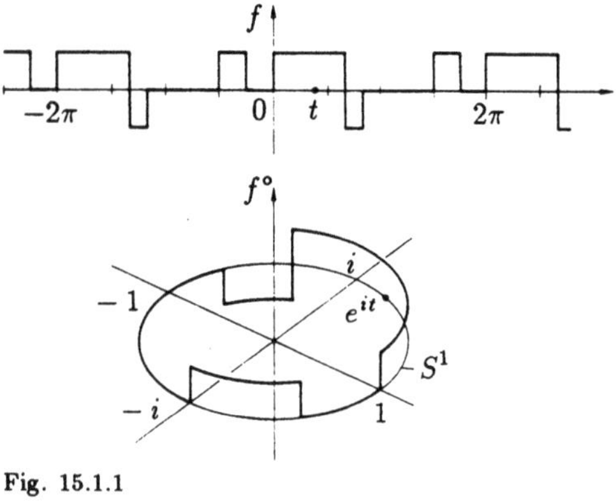

Fig. 15.1.1

Welches sollen nun die speziellen Funktionen sein, mit deren Hilfe wir möglichst beliebige Funktionen (1) approximieren oder “darstellen” wollen? Polynome in der Variablen t sind von Haus aus nicht periodisch. Werden Polynome, deren Ableitungen an den Stellen 0 und 2π bis zu einer gegebenen Ordnung übereinstimmen, zunächst auf $[0, 2\pi]$ eingeschränkt und dann 2π-periodisch auf ganz $\mathbb{R}$ fortgesetzt, so erhält man eine Funktionenklasse, bei der ein Punkt, nämlich $[0]$, ausgezeichnet wurde, während wir eine Theorie anstreben, die “voll translationsinvariant” ist.

Wenn wir jedoch auf dem Alternativ-Definitionsbereich S^1 der periodischen Funktionen Umschau halten, so steht uns dort mit den Funktionen

$$\chi_k^\circ(z) := z^k \qquad (k \in \mathbb{Z})$$

eine unendliche Kollektion von "einfachen" und "natürlichen" Funktionen zur Verfügung. Auf der reellen Achse erscheinen diese χ_k° via (3) in der Form

$$\chi_k: \quad \mathbb{R} \to \mathbb{C}, \qquad t \mapsto \chi_k(t) := e^{ikt} \qquad (k \in \mathbb{Z})$$

mit Real- und Imaginärteilen

$$t \mapsto \cos(kt), \quad t \mapsto \sin(kt) \qquad (k \in \mathbb{N})$$

und dem besonders einfachen Additionstheorem

$$\chi_k(s+t) = \chi_k(s) \cdot \chi_k(t) \qquad \forall s, \forall t. \tag{4}$$

Diese χ_k sollen nun die Grundfunktionen unserer Theorie werden. Sie lassen sich wahlweise auch als Funktionen $\chi_k : \mathbb{R}/2\pi \to \mathbb{C}$ auffassen und genügen auch als solche der Funktionalgleichung

$$\chi_k([s]+[t]) = \chi_k([s]) \cdot \chi_k([t]) \qquad \forall [s], \forall [t].$$

Darüberhinaus sind die χ_k noch untereinander verknüpft durch die folgenden Rechenregeln:

$$\chi_k \cdot \chi_l = \chi_{k+l} \qquad (k, l \in \mathbb{Z}),$$
$$(\chi_k)^r = \chi_{r \cdot k} \qquad (k, r \in \mathbb{Z}).$$

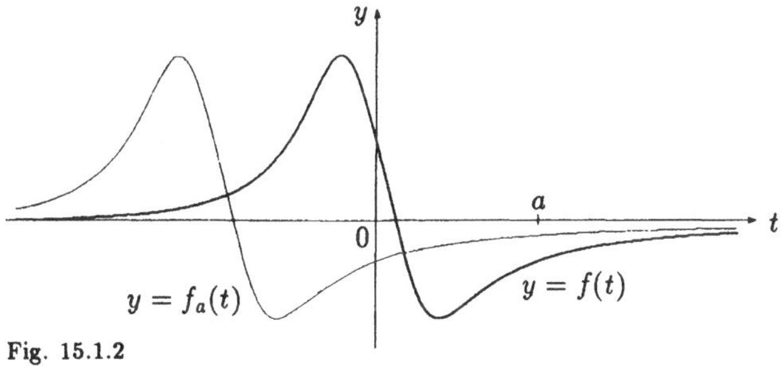

Fig. 15.1.2

Die folgenden Betrachtungen sollen eine weitere Besonderheit der gewählten Grundfunktionen χ_k zum Vorschein bringen. Wir bezeichnen mit T_a, $a \in \mathbb{R}$, die Translation

$$T_a: \quad \mathbb{R} \to \mathbb{R}, \qquad t \mapsto t + a.$$

Wird einer beliebigen Funktion $f : \mathbb{R} \to \mathbb{C}$ die Translation T_a vorgeschaltet, so entsteht die Funktion

$$f_a := f \circ T_a: \quad t \mapsto f_a(t) := f(t+a)$$

mit einem zu $\mathcal{G}(f)$ kongruenten und gegenüber $\mathcal{G}(f)$ um a nach links verschobenen Graphen (Fig. 15.1.2). Aus (4) folgt

$$(\chi_k)_a(t) = e^{ika}\,\chi_k(t) \qquad (t \in \mathbb{R})\,;$$

in anderen Worten: Die Funktion χ_k ist ein Eigenvektor bezüglich der Operation $f \mapsto f_a$. Da dies für jedes $a \in \mathbb{R}$ zutrifft, können wir folgendes sagen: Der von χ_k erzeugte eindimensionale Funktionenraum $\langle \chi_k \rangle$ ist translationsinvariant. Diese Eigenschaft kommt keinen anderen stetigen 2π-periodischen Funktionen zu:

(15.1) *Ist $f : \mathbb{R}/2\pi \to \mathbb{C}$ eine stetige Funktion mit*

$$\langle f_a \rangle \;=\; \langle f \rangle \qquad \forall a \in \mathbb{R}\,,$$

so gibt es ein $k \in \mathbb{Z}$ mit

$$f(t) = f(0)\,\chi_k(t) \qquad (t \in \mathbb{R})\,.$$

⌈ Wir beweisen zunächst den grundlegenden Satz

(15.2) *Die einzigen stetigen Lösungen $\phi : \mathbb{R} \to \mathbb{C}$ der Funktionalgleichung*

$$\phi(s+t) = \phi(s)\cdot\phi(t) \qquad (s,\, t \in \mathbb{R}) \tag{5}$$

sind $\phi(t) :\equiv 0$ sowie die Funktionen

$$\phi_c(t) := e^{ct}\,, \qquad c \in \mathbb{C}\,. \tag{6}$$

⌈ Es sei $\phi \not\equiv 0$ eine stetige Lösung von (5). Dann ist notwendigerweise $\phi(0) = 1$; ferner besitzt ϕ eine C^1-Stammfunktion $\Phi : \mathbb{R} \to \mathbb{C}$. Integrieren wir (5) nach t von 0 bis h, so ergibt sich

$$\int_0^h \phi(s+t)\,dt = \phi(s)\int_0^h \phi(t)\,dt\,,$$

wobei wir h so wählen können, daß das Integral rechter Hand ($=: A$) nicht verschwindet. Schreiben wir das in der Form

$$\Phi(s+h) - \Phi(s) = \phi(s)\,A\,,$$

so sehen wir, daß ϕ von selbst eine C^1-Funktion ist. Wir differenzieren daher (5) nach t und setzen anschließend $t := 0$; es ergibt sich

$$\phi'(s) = \phi(s)\cdot\phi'(0)\,,$$

und zwar trifft das zu für alle $s \in \mathbb{R}$. Mit $\phi'(0) =: c$ genügt daher ϕ der Differentialgleichung $y' = cy$ sowie der Anfangsbedingung $\phi(0) = 1$. Da (6) dieses Anfangswertproblem löst, ergibt sich die Behauptung aus der Eindeutigkeitsaussage von Satz **(11.26)** bzw. **(8.1)**. ┘

Wir kommen nun zum Beweis von **(15.1)**: Nach Voraussetzung über f gibt es eine Funktion $\phi : a \mapsto \phi(a)$ mit

$$f_a = \phi(a) f\,, \qquad \text{d.h.} \qquad f(t+a) = \phi(a) f(t) \quad \forall t,\, \forall a\,. \tag{7}$$

Ist $f(0) = 0$, so ist hiernach $f(a) \equiv 0$, und die Behauptung trifft trivialerweise zu. Es sei also $f(0) =: C \neq 0$. Dann folgt aus (7) (mit $t := 0$), daß ϕ stetig ist; ferner hat man

$$\phi(a+b)\,C = f(a+b) = \phi(b) f(a) = \phi(b)\,\phi(a)\,C$$

für alle a und b. Hieraus folgt mit **(15.1)**: Es gibt ein $c = \alpha + i\beta \in \mathbb{C}$ mit $\phi(t) = e^{ct}$; somit ist dann $f(t) = f(0)\,e^{ct}$. Wegen $f(2\pi) = f(0)$ muß $e^{2\pi c} = e^{2\alpha\pi} \cdot e^{2\beta\pi i} = 1$ sein, und hieraus folgt mit **(6.16)**: $\alpha = 0$, $\beta \in \mathbb{Z}$, was zu beweisen war. ┘

Eine endliche Linearkombination der χ_k der Form

$$\sum_{k=-N}^{N} c_k e^{ikt} \tag{8}$$

mit komplexen Koeffizienten c_k heißt ein *trigonometrisches Polynom vom Grad* $\leq N$. Erstreckt sich die Summation von $-\infty$ bis ∞, so spricht man von einer *trigonometrischen Reihe*. Für theoretische Betrachtungen ist die komplexe Schreibweise (8) im allgemeinen am zweckmäßigsten; für die Approximation einer konkret gegebenen (zum Beispiel reellen) periodischen Funktion f wird jedoch im allgemeinen die Schreibweise

$$\frac{a_0}{2} + \sum_{k=1}^{N} \bigl(a_k \cos(kt) + b_k \sin(kt)\bigr) \tag{9}$$

vorgezogen, da sie allfällige Symmetrien von f in übersichtlicher Weise reproduziert. So sind zum Beispiel die Cosinuskoeffizienten a_k und die Sinuskoeffizienten b_k einer reellwertigen Funktion reell (s.u.).

Um die c_k $(k \in \mathbb{Z})$ einerseits und die a_k, b_k $(k \in \mathbb{N})$ anderseits ineinander umzurechnen, betrachten wir ein festes $k \geq 0$. Aus $e^{i\tau} = \cos\tau + i\sin\tau$ folgt

$$c_k e^{ikt} + c_{-k} e^{-ikt} \equiv a_k \cos(kt) + b_k \sin(kt)$$

mit

$$a_k = c_k + c_{-k}\,, \qquad b_k = i(c_k - c_{-k}) \qquad (k \geq 0)\,,$$

und hieraus ergibt sich umgekehrt

$$c_k = \frac{1}{2}(a_k - ib_k), \quad c_{-k} = \frac{1}{2}(a_k + ib_k) \qquad (k \geq 0);$$

insbesondere ist $b_0 = 0$, $c_0 = \frac{a_0}{2}$.

Nach allem, was bis jetzt angedeutet wurde, lauten die zentralen Fragen dieses Kapitels folgendermaßen:

— Welche 2π-periodischen Funktionen f lassen sich durch trigonometrische Polynome approximieren oder sogar als Summe einer trigonometrischen Reihe darstellen?

— Wie lassen sich die dabei auftretenden Koeffizienten berechnen?

Um es vorwegzunehmen: Die Kollektion der Grundfunktionen χ_k ist gerade reichhaltig genug, daß jede halbwegs vernünftige Funktion in der beschriebenen Art wiedergegeben werden kann, und auch wiederum nicht zu umfangreich, denn die fragliche Darstellung ist durch f eindeutig bestimmt. Wir beweisen darüber:

(15.3) *Die Funktion $f : \mathbb{R} \to \mathbb{R}$ sei lokal integrierbar, und es gelte*

$$f(t) = \sum_{k=-\infty}^{\infty} c_k e^{ikt}$$

mit gleichmäßiger Konvergenz auf $\mathbb{R}$ bzw. $\mathbb{R}/2\pi$. Dann ist notwendigerweise

$$c_k = \frac{1}{2\pi} \int_{-\pi}^{\pi} f(t) e^{-ikt}\, dt \qquad \forall k \in \mathbb{Z}.$$

Hier ist zunächst eine Bemerkung über *beidseitig unendliche Reihen*

$$\sum_{k=-\infty}^{\infty} x_k \tag{10}$$

geboten. An sich heißt eine derartige Reihe *konvergent* mit *Summe* s, falls

$$\sum_{k=0}^{\infty} x_k + \sum_{k=1}^{\infty} x_{-k} = s \tag{11}$$

ist, wobei die beiden Teilreihen je für sich konvergieren; vgl. die analoge Definition für beidseitig uneigentliche Integrale (Abschnitt 9.7). Dies ist äquivalent mit dem folgenden: Zu jedem $\varepsilon > 0$ gibt es ein n_0, so daß für alle $m > n_0$, $n > n_0$ gilt:

$$\left| \sum_{k=-m}^{n} x_k - s \right| < \varepsilon.$$

Es ist aber in dem vorliegenden Zusammenhang üblich, eine Reihe (10) schon dann als *konvergent* anzusprechen, wenn nur der *Hauptwert*

$$\lim_{N\to\infty} \sum_{k=-N}^{N} x_k$$

existiert und endlich ist. Der Unterschied zur "korrekten" Definition besteht darin, daß beim Hauptwert von vorneherein nur bezüglich $k = 0$ symmetrische Partialsummen ins Auge gefaßt werden. Gilt (11), so ist natürlich auch der Hauptwert $= s$. Die Umkehrung ist falsch, wie das Beispiel $\sum_{k=-\infty}^{\infty} \operatorname{sgn} k$ zeigt. Immerhin ist folgendes leicht einzusehen: Ist der Hauptwert $= s$ und existiert der Hauptwert der Reihe $\sum_{k=-\infty}^{\infty} |x_k|$, so gilt (11). — Ob Hauptwert oder beidseitiger Grenzwert: Gleichmäßig konvergente Reihen (10) dürfen gliedweise über kompakte Intervalle integriert werden (Satz **(11.9)**), mit sinngemäßer Interpretation des Resultats.

⌜ Wir betrachten ein festes $l \in \mathbb{Z}$ und schreiben

$$f(t)e^{-ilt} = \sum_{k=-\infty}^{\infty} c_k e^{i(k-l)t} .$$

Wegen $|e^{-ilt}| = 1$ $(t \in \mathbb{R})$ ist auch die so modifizierte Reihe gleichmäßig konvergent, und wir dürfen sie gliedweise über $[-\pi, \pi]$ integrieren. Es ergibt sich

$$\int_{-\pi}^{\pi} f(t)e^{-ilt}\,dt = \sum_{k=-\infty}^{\infty} c_k \int_{-\pi}^{\pi} e^{i(k-l)t}\,dt = \sum_{k=-\infty}^{\infty} c_k \cdot 2\pi\,\delta_{kl} = 2\pi\, c_l ,$$

wie behauptet. Hier haben wir die sogenannten *Orthogonalitätsrelationen* benützt (der Name wird später begründet):

$$\text{(15.4)} \qquad \int_{-\pi}^{\pi} e^{i(k-l)t}\,dt = 2\pi\,\delta_{kl} \qquad \forall k, l \in \mathbb{Z} .$$

Sie ergeben sich folgendermaßen: Ist $k - l =: r \neq 0$, so ist $F(t) := \frac{1}{ir} e^{irt}$ eine 2π-periodische Stammfunktion von e^{irt} und folglich

$$\int_{-\pi}^{\pi} e^{irt}\,dt = F(\pi) - F(-\pi) = 0 .$$

Der Fall $k = l$ ist trivial. ⌟

Wir sehen: Die Koeffizienten c_k lassen sich auf einfache Weise gewinnen, nämlich durch Integration der darzustellenden Funktion f, multipliziert mit $\overline{\chi_k}$, über eine volle Periode. Die c_k werden unabhängig voneinander jedes für sich berechnet, und der Aufwand ist für jedes c_k gleich groß. Man vergleiche dazu die Taylor-Koeffizienten, die via die sukzessiven Ableitungen von f im wesentlichen rekursiv berechnet werden müssen.

Aufgrund von Proposition **(15.3)** treffen wir für das weitere die folgenden Vereinbarungen: Wir bezeichnen mit $\mathcal{F}$ den komplexen Vektorraum der 2π-periodischen Funktionen $f : \mathbb{R} \to \mathbb{C}$, die über $[-\pi, \pi]$ Riemann-integrierbar sind, mit $\mathcal{F}_c$ den Unterraum der stetigen Funktionen in $\mathcal{F}$. Jedes $f \in \mathcal{F}$ besitzt *komplexe Fourier-Koeffizienten*

$$c_k := \frac{1}{2\pi} \int_{-\pi}^{\pi} f(t) e^{-ikt}\, dt \qquad (k \in \mathbb{Z}) \tag{12}$$

und damit eine *(formale) Fourier-Reihe* $\sum_{k=-\infty}^{\infty} c_k e^{ikt}$. Wir schreiben gelegentlich

$$f(t) \rightsquigarrow \sum_{k=-\infty}^{\infty} c_k e^{ikt},$$

um auszudrücken, daß die c_k in der angegebenen Weise (12) aus f berechnet wurden; analog für die weiter unten erklärten a_k, b_k. Das heißt noch nicht, daß die Reihe konvergiert, geschweige denn, daß anstelle von $\rightsquigarrow$ das Gleichheitszeichen gilt. Wir hoffen natürlich, daß es gelingt, unter möglichst schwachen Voraussetzungen zu beweisen, daß f und $\sum_k c_k \chi_k$ tatsächlich übereinstimmen.

Die zur formalen Entwicklung

$$f(t) \rightsquigarrow \frac{a_0}{2} + \sum_{k=1}^{\infty} \bigl(a_k \cos(kt) + b_k \sin(kt)\bigr)$$

gehörigen *"reellen" Fourier-Koeffizienten* a_k, b_k $(k \geq 0)$ ergeben sich wie folgt: Man hat

$$a_k = c_k + c_{-k} = \frac{1}{2\pi} \int_{-\pi}^{\pi} f(t) \bigl(e^{-ikt} + e^{ikt}\bigr)\, dt$$

und folglich

$$a_k = \frac{1}{\pi} \int_{-\pi}^{\pi} f(t) \cos(kt)\, dt \qquad (k \geq 0)\,; \tag{13}$$

analog läßt sich

$$b_k = i(c_k - c_{-k}) = \frac{i}{2\pi} \int_{-\pi}^{\pi} f(t) \bigl(e^{-ikt} - e^{ikt}\bigr)\, dt$$

vereinfachen zu

$$b_k = \frac{1}{\pi} \int_{-\pi}^{\pi} f(t) \sin(kt)\, dt \qquad (k \geq 0)\,. \tag{14}$$

Die Formeln (12)–(14) werden im weiteren ohne Verweis benützt. Wir notieren noch die folgenden Rechenregeln:

(15.5) (a) *Ist $f \in \mathcal{F}$, so ist das Integral*

$$\int_x^{x+2\pi} f(t)\,dt$$

unabhängig von x. Insbesondere kann anstelle des Intervalls $[-\pi,\pi]$ irgendein Intervall der Länge 2π zur Berechnung der Fourier-Koeffizienten von f verwendet werden.

(b) *Die Funktionen*

$$c_k:\quad \mathcal{F}\to\mathbb{C}\,,\qquad f\mapsto c_k(f)\,,$$

analog die a_k und die b_k, sind linear.

(c) *Für alle $k\in\mathbb{Z}$ und alle $a\in\mathbb{R}$ gilt $c_k(f_a)=e^{ika}\,c_k(f)$.*

(d) *Ist $f\in\mathcal{F}$ reellwertig, so gilt*

$$c_{-k}=\overline{c_k}\quad \forall k\in\mathbb{Z}\,;\qquad a_k\in\mathbb{R}\,,\ b_k\in\mathbb{R}\quad \forall k\geq 0\,.$$

(e) *Ist $f\in\mathcal{F}$ gerade, so sind alle $b_k=0$, und für die a_k gilt*

$$a_k=\frac{2}{\pi}\int_0^\pi f(t)\cos(kt)\,dt\qquad (k\geq 0)\,;$$

ist $f\in\mathcal{F}$ ungerade, so sind alle $a_k=0$, und für die b_k gilt

$$b_k=\frac{2}{\pi}\int_0^\pi f(t)\sin(kt)\,dt\qquad (k\geq 0)\,.$$

⌜ (a) Es sei $x\leq y\leq x+2\pi$. Dann gilt

$$\begin{aligned}\int_x^{x+2\pi} f(t)\,dt &= \int_x^y f(t+2\pi)\,dt+\int_y^{x+2\pi} f(t)\,dt\\ &= \int_{x+2\pi}^{y+2\pi} f(t')\,dt'+\int_y^{x+2\pi} f(t)\,dt=\int_y^{y+2\pi} f(t)\,dt\,.\end{aligned}$$

Die Funktion $x\mapsto\int_x^{x+2\pi} f(t)\,dt$ ist daher lokal konstant und damit auch global konstant auf $\mathbb{R}$. — Den Rest überlassen wir dem Leser; siehe allenfalls **(15.6)**. ⌟

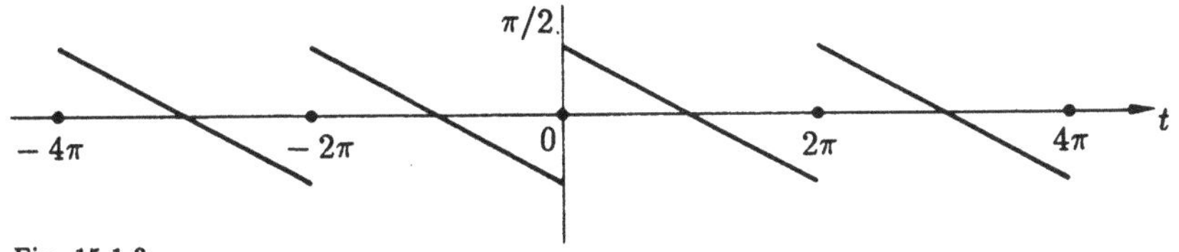

Fig. 15.1.3

② Die stückweise lineare 2π-periodische Funktion

$$f(t) := \begin{cases} \frac{1}{2}(\pi - t) & (0 < t < 2\pi) \\ 0 & (t = 0) \\ f(t + 2\pi) & \forall t \in \mathbb{R} \end{cases}$$

besitzt Sprungstellen in den Punkten $2k\pi$ ($k \in \mathbb{Z}$) und ist im übrigen ungerade (Fig. 15.1.3). Nach **(15.5)**(e) sind dann alle $a_k = 0$, und für $k \geq 1$ gilt

$$\begin{aligned} b_k &= \frac{2}{\pi} \int_0^\pi \frac{1}{2} \underset{\downarrow}{(\pi - t)} \underset{\uparrow}{\sin(kt)}\, dt \\ &= \frac{1}{\pi} \left(-(\pi - t)\frac{\cos(kt)}{k} \Big|_0^\pi - \int_0^\pi \frac{\cos(kt)}{k}\, dt \right) \\ &= \frac{1}{k} - \frac{1}{\pi k^2} \sin(kt) \Big|_0^\pi = \frac{1}{k}\,, \end{aligned}$$

so daß die Fourier-Entwicklung von f folgendermaßen lautet:

$$f(t) \rightsquigarrow \sum_{k=1}^{\infty} \frac{\sin(kt)}{k}\,. \tag{15}$$

Die erhaltene Reihe ist bereits in Beispiel 11.5.③ aufgetreten und wurde dort mit Hilfe des Satzes von Abel summiert zu

$$\frac{1}{2}(\pi - t) \qquad (0 < t < 2\pi)\,;$$

für $t = 0$ besitzt sie trivialerweise den Wert 0. Vergleicht man das mit der Definition von f, so folgt: In (15) kann $\rightsquigarrow$ durch das Gleichheitszeichen, gültig für alle t, ersetzt werden. Die Reihe konvergiert allerdings "gleichmäßig schlecht": Sprungstellen führen typischerweise zu Fourier-Koeffizienten der Größenordnung $1/k$ $(k \to \infty)$ und drücken damit die Konvergenzqualität für alle t. — Wir werden in Abschnitt 15.6 auf dieses Beispiel zurückkommen. ○

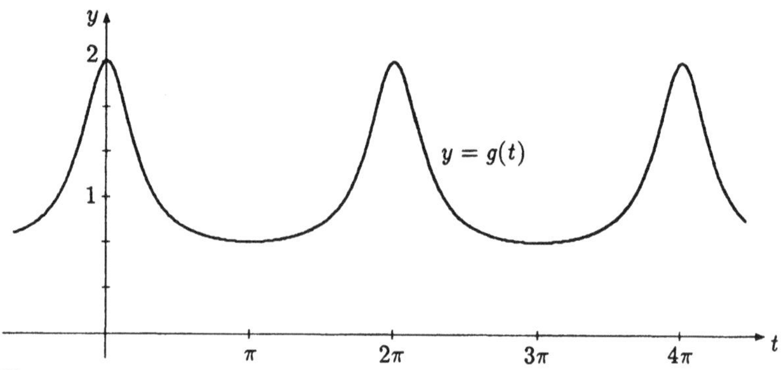

Fig. 15.1.4

③ Während die Funktion f des vorangehenden Beispiels aus nichtperiodischen Funktionen künstlich hergestellt wurde, ist die (gerade) Funktion

$$g(t) := \frac{4 - 2\cos t}{5 - 4\cos t}$$

(Fig. 15.1.4) von Natur aus periodisch und überdies beliebig oft differenzierbar. Letzteres hat zur Folge, daß die Fourier-Koeffizienten mit $k \to \infty$ schneller als jede Potenz $1/k^r$ abnehmen (vgl. Satz **(15.34)**). Die Berechnung dieser Koeffizienten geschieht am einfachsten mit den Methoden der komplexen Funktionentheorie ("Residuenrechnung"); es ergibt sich

$$g(t) \rightsquigarrow \sum_{k=0}^{\infty} \frac{1}{2^k} \cos(kt)$$

mit ausgezeichneter, insbesondere gleichmäßiger Konvergenz der erhaltenen Reihe. A posteriori ist einfach zu verifizieren, daß hier $\rightsquigarrow$ durch das Gleichheitszeichen ersetzt werden kann. Für alle $t \in \mathbb{R}$ gilt nämlich

$$\begin{aligned}\sum_{k=0}^{\infty} \frac{1}{2^k} \cos(kt) &= \operatorname{Re} \sum_{k=0}^{\infty} \frac{e^{ikt}}{2^k} = \operatorname{Re} \frac{1}{1 - \frac{1}{2}e^{it}} = \operatorname{Re} \frac{1 - \frac{1}{2}e^{-it}}{(1 - \frac{1}{2}e^{it})(1 - \frac{1}{2}e^{-it})} \\ &= \frac{1 - \frac{1}{2}\cos t}{1 - \cos t + \frac{1}{4}} = g(t) .\end{aligned}$$

○

④ Es sei $f \in \mathcal{F}$ ein trigonometrisches Polynom vom Grad $\leq N$ mit gegebenen Koeffizienten c_k:

$$f(t) := \sum_{k=-N}^{N} c_k e^{ikt} .$$

Ergänzen wir hier die rechte Seite mit der Festsetzung

$$c_k := 0 \qquad (|k| > N)$$

zu der trigonometrischen Reihe $\sum_{k=-\infty}^{\infty} c_k e^{ikt}$, so ist diese Reihe gleichmäßig konvergent gegen f. Ihre Koeffizienten sind somit nach **(15.3)** die Fourier-Koeffizienten von f. In anderen Worten: Ein trigonometrisches Polynom ist seine eigene Fourier-Reihe und wird somit trivialerweise durch seine Fourier-Reihe "dargestellt".

In diesem Zusammenhang sei noch darauf hingewiesen, daß auch die höheren Potenzen von Cosinus und Sinus des einfachen Winkels als trigonometrische Polynome (9) geschrieben werden können. Die Fourier-Reihen von $\cos^p$ und $\sin^p$ $(p \in \mathbb{N})$ lassen sich daher auf algebraischem Weg, das heißt: ohne Integration, ermitteln und sind trivialerweise konvergent gegen die betreffenden Funktionen.

Zur Behandlung der Funktion $\cos^p$ schreiben wir $\cos = \frac{1}{2}(\chi_1 + \chi_{-1})$ und erhalten mit Hilfe der Rechenregeln für die χ_k:

$$\begin{aligned}\cos^p &= \frac{1}{2^p}\sum_{j=0}^{p}\binom{p}{j}\chi_1^{p-j}\chi_{-1}^{j} \\ &= \frac{1}{2^p}\left(\sum_{0\le j<p/2} + \sum_{j=p/2}^{*} + \sum_{p/2<j\le p}\right)\binom{p}{j}\chi_{p-2j}\,; \qquad (16)\end{aligned}$$

dabei ist der mit einem Stern versehene Term zu unterdrücken, falls p ungerade ist. Substituieren wir in der dritten Summe

$$j := p - j' \qquad (0 \le j' < p/2)\,,$$

so geht sie über in

$$\sum_{0\le j'<p/2}\binom{p}{p-j'}\chi_{p-2(p-j')} = \sum_{0\le j'<p/2}\binom{p}{j'}\chi_{-(p-2j')}\,,$$

und wir erhalten durch Zusammenfassung der beiden äußeren Summen (16):

$$\cos^p = \frac{1}{2^p}\left(\sum_{0\le j<p/2}\binom{p}{j}\left(\chi_{p-2j} + \chi_{-(p-2j)}\right) + \binom{p}{p/2}^{*}\chi_0\right)\,.$$

Hieraus ergibt sich schließlich

$$\cos^p t = \frac{1}{2^p}\left(2\sum_{0\le j<p/2}\binom{p}{j}\cos((p-2j)t) + \binom{p}{p/2}^{*}\right)\,,$$

wobei der mit einem Stern versehene Term nur steht, wenn p gerade ist. Die erhaltene Formel liefert zum Beispiel

$$\cos^4 t = \frac{1}{16}\Big(2\big(\cos(4t) + 4\cos(2t)\big) + 6\Big) = \frac{1}{8}\big(\cos(4t) + 2\cos(2t) + 3\big)\,.$$

○

Zum Schluß dieses Abschnitts leiten wir noch mit Hilfe einer Variablentransformation die (12)–(14) entsprechenden Formeln für periodische Funktionen beliebiger Periode $L > 0$ (anstelle von 2π) her. Nun sind die Substitutionsregeln und auch die Transformationsformel **(13.36)** seinerzeit nur für stetige Integranden bewiesen worden; die hier betrachteten Funktionen können aber durchaus Unstetigkeitsstellen aufweisen, sie müssen nur (lokal) integrierbar sein. Damit wir Integrale von derartigen Funktionen sorglos umformen können, verifizieren wir hier der guten Ordnung halber, daß zumindest lineare

Substitutionen bei beliebigen integrierbaren Funktionen in gewohnter Weise vorgenommen werden dürfen.

(15.6) *Es sei*

$$t \mapsto x(t) := pt + q\,, \qquad p > 0,$$

eine lineare Substitution, die das t-Intervall $[\alpha, \beta]$ auf das x-Intervall $[a, b]$ abbildet, und es sei f integrierbar über $[a, b]$. Dann ist der Pullback $\tilde{f}(t) := f(pt + q)$ integrierbar über $[\alpha, \beta]$, und es gilt

$$\int_\alpha^\beta \tilde{f}(t)\,dt \;=\; \frac{1}{p}\int_a^b f(x)\,dx\;.$$

⌜ Jede Teilung T von $[a, b]$ induziert eine Teilung $\tilde{T}$ von $[\alpha, \beta]$, und umgekehrt. Dabei gilt

$$\mu(\tilde{Q}_k) = \frac{1}{p}\,\mu(Q_k)\,, \quad |\Delta \tilde{f}|_{\tilde{Q}_k} = |\Delta f|_{Q_k}\,, \quad \tilde{f}(\tau_k) = f(\xi_k) \quad (\xi_k = p\tau_k + q \in Q_k)\,.$$

Hieraus folgt

$$D_{\tilde{T}}(\tilde{f}) = \frac{1}{p} D_T(f)\,, \qquad R_{\tilde{T}}(\tilde{f}) = \frac{1}{p}\,R(f)\,.$$

Weitere Ausführungen erübrigen sich wohl. ⌟

(15.7) *Es sei $f : \mathbb{R} \to \mathbb{C}$ eine lokal integrierbare periodische Funktion der Periode $L > 0$. Dann besitzt f die formale Fourier-Reihe*

$$f(x) \rightsquigarrow \sum_{k=-\infty}^{\infty} c_k e^{2k\pi i x/L} \tag{17}$$

bzw.

$$f(x) \rightsquigarrow \frac{a_0}{2} + \sum_{k=1}^{\infty}\Bigl(a_k \cos\frac{2k\pi x}{L} + b_k \sin\frac{2k\pi x}{L}\Bigr)$$

mit

$$c_k = \frac{1}{L}\int_0^L f(x) e^{-2k\pi i x/L}\,dx\,, \tag{18}$$

$$a_k = \frac{2}{L}\int_0^L f(x)\cos\frac{2k\pi x}{L}\,dx\,, \qquad b_k = \frac{2}{L}\int_0^L f(x)\sin\frac{2k\pi x}{L}\,dx\,. \tag{19}$$

Proposition **(15.5)** *gilt sinngemäß.*

⌜ Wir verifizieren nur (17) und (18). — Durchläuft x ein Intervall der Länge L, so durchläuft die Hilfsvariable $t := 2\pi x/L$ ein Intervall der Länge 2π, und umgekehrt. Die in **(15.6)** betrachtete Substitution lautet demnach

$$t \mapsto x(t) := \frac{L}{2\pi}\,t \qquad (0 \le t \le 2\pi)\,.$$

Der Pullback $\tilde{f}(t) := f(tL/2\pi)$ ist lokal integrierbar und besitzt eine formale Fourierreihe $\sum_k c_k e^{ikt}$. Drückt man hier t durch x aus, so resultiert (17); endlich berechnen sich die c_k nach (12) und **(15.6)** wie in (18) angegeben:

$$c_k = \frac{1}{2\pi} \int_0^{2\pi} \tilde{f}(t) e^{-ikt}\, dt = \frac{1}{L} \int_0^L f(x) e^{-2k\pi i x/L}\, dx \,. \qquad \lrcorner$$

15.2. Orthogonalprojektion

Wir betrachten eine Funktion $f \in \mathcal{F}$ (das heißt: f ist 2π-periodisch und lokal Riemann-integrierbar) mit der formalen Fourier-Reihe

$$f(t) \rightsquigarrow \sum_{k=-\infty}^{\infty} c_k e^{ikt} \,.$$

Wenn wir ergründen wollen, ob und, wenn ja: warum hier $\rightsquigarrow$ durch das Gleichheitszeichen ersetzt werden kann, so müssen wir die Partialsummen

$$s_N(t) := \sum_{k=-N}^{N} c_k e^{ikt} = \frac{a_0}{2} + \sum_{k=1}^{N} \bigl(a_k \cos(kt) + b_k \sin(kt)\bigr) \tag{1}$$

dieser Reihe untersuchen: Welcher Zusammenhang besteht zwischen f und s_N, und wie gut approximiert s_N die Funktion f?

Wir behandeln diese Frage zunächst im Rahmen einer geometrischen Interpretation der Verhältnisse im Funktionenraum $\mathcal{F}$. Wir schreiben die Relation (1) noch etwas suggestiver in der Form

$$f \rightsquigarrow \sum_{k=-\infty}^{\infty} c_k \chi_k \,.$$

Die willkürliche Funktion $f \in \mathcal{F}$ soll hiernach als Linearkombination der χ_k dargestellt werden; und das heißt, daß die Familie $(\chi_k)_{k\in\mathbb{Z}}$ als "Basis" des unendlichdimensionalen Vektorraums $\mathcal{F}$ gesehen wird. Die Fourier-Koeffizienten c_k sind dann die Koordinaten des Vektors f bezüglich dieser "Basis".

Es sei hier an die Verhältnisse im $\mathbb{R}^n$ erinnert. Ist $(\mathbf{e}_1, \ldots, \mathbf{e}_n)$ eine beliebige zulässige Basis, so erhält man die Koordinaten x_k eines Vektors $\mathbf{x}$ wie folgt mit Hilfe des Skalarprodukts:

$$x_k = \mathbf{x} \bullet \mathbf{e}_k \qquad (1 \le k \le n)\,, \tag{2}$$

und das Skalarprodukt von zwei beliebigen Vektoren $\mathbf{x}$ und $\mathbf{y}$ berechnet sich nach der Formel

$$\mathbf{x} \bullet \mathbf{y} = \sum_{k=1}^{n} x_k y_k \,. \tag{3}$$

Im Funktionenraum $\mathcal{F}$ läßt sich ebenfalls ein Skalarprodukt definieren: Das *Skalarprodukt* der beiden Funktionen f, $g \in \mathcal{F}$ ist die komplexe Zahl

$$(f,g) := \frac{1}{2\pi} \int_{-\pi}^{\pi} f(t)\overline{g(t)}\, dt \,. \tag{4}$$

Faßt man die Funktionswerte $\bigl(f(t)\bigr)_{t \in \mathbb{R}/2\pi}$ als "Standardkoordinaten" des Vektors f auf, so wird die Analogie zur Formel (3) augenfällig: Auf der rechten Seite von (4) steht die "Summe" der "Koordinatenprodukte" $f(t)\overline{g(t)}$. Weiter läßt sich die Formel 15.1.(12), die die Koordinaten c_k bezüglich der "Basis" $(\chi_k)_{k \in \mathbb{Z}}$ definiert, mit Hilfe des Skalarprodukts in der Form

$$c_k = (f, \chi_k) \qquad (k \in \mathbb{Z}) \tag{5}$$

schreiben; dies entspricht genau der Formel (2) für Vektoren $\mathbf{x} \in \mathbb{R}^n$.

Die nichtnegative Zahl

$$\|f\| := \sqrt{(f,f)} = \left(\frac{1}{2\pi} \int_{-\pi}^{\pi} |f(t)|^2\, dt\right)^{1/2}$$

heißt 2-*Norm*, im folgenden kurz: *Norm* der Funktion f (vgl. Beispiel 7.5.②). Nach **(9.14)** ist schon $\|f\| = 0$, wenn $f(t)$ nur *fast* überall verschwindet; aus $\|f\| = 0$ folgt also nicht $f = 0$. Aus diesem Grund dürfte man eigentlich nur von einer *Halbnorm* sprechen.

Das Skalarprodukt und die Norm besitzen folgende einfache Eigenschaften:

(15.8) (a) $(f_1 + f_2, g) = (f_1, g) + (f_2, g)$,

$(\lambda f, g) = \lambda (f,g)$, $\quad (f, \lambda g) = \bar{\lambda} (f,g)$,

(b) $(f,g) = \overline{(g,f)}$.

(c) $|(f,g)| \le \|f\|\,\|g\|$ $\quad$ *(Schwarzsche Ungleichung).*

Sind f und g stetig, so gilt hier genau dann das Gleichheitszeichen, wenn f und g linear abhängig sind.

(d) $\|f + g\| \le \|f\| + \|g\|$ $\quad$ *(Dreiecksungleichung).*

(e) *Ist* $(f,g) = 0$, *so gilt* $\|f+g\|^2 = \|f\|^2 + \|g\|^2$ $\quad$ *("Pythagoras").*

⌈ (c) Der in Abschnitt 2.8 gegebene Beweis für den $\mathbb{R}^n$ läßt sich nicht auf die vorliegende Situation übertragen. Wir argumentieren daher mit Hilfe der Identität

$$\begin{aligned} &|f(s)g(t) - f(t)g(s)|^2 = \\ &|f(s)|^2\,|g(t)|^2 - f(s)\overline{g(s)}\,\overline{f(t)}g(t) - \overline{f(s)}g(s)f(t)\overline{g(t)} + |f(t)|^2\,|g(s)|^2 \,. \end{aligned} \tag{6}$$

Nach **(13.22)** ist die formal von zwei Variablen abhängige Funktion $(s,t) \mapsto f(t)$ integrierbar über das Quadrat $Q := [-\pi, \pi,] \times [-\pi, \pi]$ der (s,t)-Ebene. Aufgrund der Präambel von **(13.3)** dürfen wir daher die Identität (6) über Q integrieren. Dabei ergibt sich links ein Wert $A \geq 0$, und rechter Hand liefert jeder Summand nach **(13.22)** ein Produkt von zwei Integralen nach je einer Variablen, und diese Integrale sind im wesentlichen Skalarprodukte bzw. Normquadrate. Im ganzen erhält man

$$A = \|f\|^2 \|g\|^2 - (f,g)\overline{(f,g)} - \overline{(f,g)}(f,g) + \|f\|^2 \|g\|^2 ,$$

womit jedenfalls die Ungleichung bewiesen ist. Sind f und g stetig, so verschwindet A genau dann, wenn der Integrand identisch verschwindet. Dies sei der Fall, und es sei etwa $f(t_0) \neq 0$. Dann gilt

$$g(s) = \frac{g(t_0)}{f(t_0)} f(s) \qquad \forall s ,$$

und g erweist sich als konstantes Vielfaches von f. — Aus der Schwarzschen Ungleichung folgt die Dreiecksungleichung (d) wie im $\mathbb{R}^n$. ┘

Man nennt

$$\|f - g\| = \left(\frac{1}{2\pi} \int_{-\pi}^{\pi} |f(t) - g(t)|^2 \, dt \right)^{1/2}$$

den *mittleren quadratischen Abstand* von f und g. Eine Funktionenfolge $(f_n)_{n \geq 0}$ *konvergiert im quadratischen Mittel* gegen die Funktion $f \in \mathcal{F}$, falls

$$\lim_{n \to \infty} \|f_n - f\| = 0$$

ist. Aus der Konvergenz im Mittel folgt leider nicht die punktweise Konvergenz, wie das folgende Beispiel zeigt.

① Wir konstruieren eine Folge von Funktionen $f_n : [0,1] \to \mathbb{R}$, die im quadratischen Mittel gegen 0 konvergiert:

$$\lim_{n \to \infty} \int_0^1 |f_n(t)|^2 \, dt = 0 , \tag{7}$$

aber an keiner einzigen Stelle $t \in [0,1]$ konvergiert.

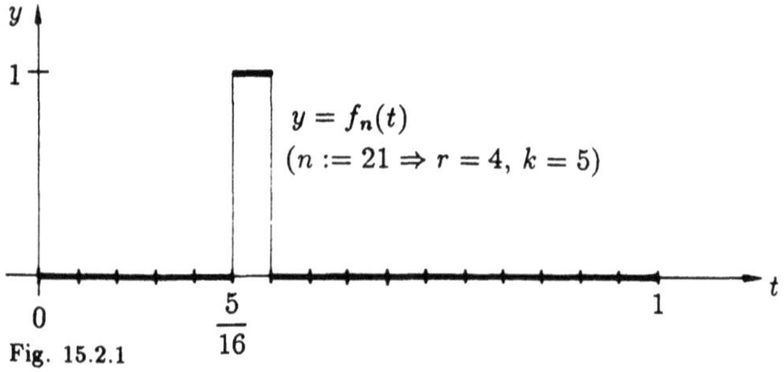

Fig. 15.2.1

Zu jedem $n \geq 1$ gibt es zwei wohlbestimmte Zahlen $r := r(n) \in \mathbb{N}$ und $k := k(n) \in \mathbb{N}$ mit

$$n = 2^r + k < 2^{r+1} .$$

Mit Hilfe dieser beiden Zahlen r und k definieren wir

$$f_n(t) := \begin{cases} 1 & \left(\dfrac{k}{2^r} \leq t \leq \dfrac{k+1}{2^r}\right) \\ 0 & (\text{sonst}) \end{cases}$$

(siehe die Fig. 15.2.1). Dann ist

$$\int_0^1 |f_n(t)|^2\, dt = \frac{1}{2^r} < \frac{2}{n} ,$$

folglich gilt (7). Anderseits gibt es für jedes feste $t \in [0,1]$ beliebig große n und n' mit $f_n(t) = 1$, $f_{n'}(t) = 0$; folglich kann der Grenzwert $\lim_{n\to\infty} f_n(t)$ nicht existieren. ○

Wir übertragen nun weitere Begriffe der endlichdimensionalen linearen Algebra in den Raum $\mathcal{F}$. — Zwei Funktionen f, $g \in \mathcal{F}$, deren Skalarprodukt (f, g) verschwindet, heißen *orthogonal* zueinander. Es sei I eine endliche oder unendliche Indexmenge. Eine Familie $(e_i)_{i\in I}$ von Vektoren $e_i \in \mathcal{F}$, deren Mitglieder paarweise zueinander orthogonal sind:

$$(e_i, e_k) = 0 \qquad (i \neq k) ,$$

heißt ein *Orthogonalsystem*. Gilt überdies

$$\|e_k\| = 1 \qquad \forall k,$$

so heißen die e_k *orthonormiert*, und man spricht von einem *Orthonormalsystem*. In diesem Fall gilt

$$(e_i, e_k) = \delta_{ik} \qquad \forall i, \forall k .$$

(15.9) (a) *Die Familie* $(\chi_k)_{k\in\mathbb{Z}}$ *ist ein Orthonormalsystem.*

(b) *Die Familie* $\{1; \cos(k\cdot), \sin(k\cdot)\ (k \geq 1)\}$ *ist ein Orthogonalsystem.*

⌜ Die Behauptung (a) ist äquivalent mit **(15.4)**. — Da cos gerade ist und sin ungerade, verschwinden alle Skalarprodukte

$$(\cos(k\cdot), \sin(l\cdot)) \qquad (k \geq 0,\ l \geq 1)$$

aus Symmetriegründen. Es sei weiter $k \neq l$. Dann gilt

$$\begin{aligned}(\cos(k\cdot),\cos(l\cdot)) \;&\pm\; (\sin(k\cdot),\sin(l\cdot)) \\ &= \frac{1}{2\pi}\int_{-\pi}^{\pi} \big(\cos(kt)\cos(lt) \pm \sin(kt)\sin(lt)\big)\,dt \\ &= \frac{1}{2\pi}\int_{-\pi}^{\pi} \cos\big((k\mp l)t\big)\,dt \\ &= 0\,.\end{aligned}$$

Da dies für beide Alternativen bezüglich $\pm$ zutrifft, müssen die beiden Terme linker Hand einzeln verschwinden. ┘

Je endlich viele Funktionen eines Orthonormalsystems sind linear unabhängig, denn aus

$$e_{N+1} = \sum_{k=1}^{N} \lambda_k\, e_k$$

ergäbe sich durch Multiplikation mit e_{N+1}:

$$1 = (e_{N+1}, e_{N+1}) = \sum_{k=1}^{N} \lambda_k\,(e_k, e_{N+1}) = 0\,.$$

Wir weisen ferner darauf hin, daß ausgehend von irgendeiner Folge linear unabhängiger Funktionen $f_k \in \mathcal{F}$ $(k \in \mathbb{N})$ mit Hilfe des Gram-Schmidtschen Orthogonalisierungsverfahrens ein Orthonormalsystem erhalten werden kann. ("Linear unabhängig" wäre zu präzisieren, da zum Beispiel ein $f_k \neq 0$, das fast überall verschwindet, nichts zu einem derartigen Orthonormalsystem beiträgt.)

Die $2N+1$ Vektoren des Orthonormalsystems

$$(\chi_{-N}, \chi_{-N+1}, \ldots, \chi_0, \chi_1, \ldots, \chi_N)$$

spannen zusammen den $(2N+1)$-dimensionalen Unterraum $U_N \subset \mathcal{F}$ der trigonometrischen Polynome vom Grad $\leq N$ auf. Wir behaupten:

(15.10) (a) *Die N-te Partialsumme s_N der Fourier-Reihe einer Funktion $f \in \mathcal{F}$ ist die Orthogonalprojektion von f auf U_N.*

(b) *Für alle $N \geq 0$ gilt $\|s_N\| \leq \|f\|$.*

┌ (a) Nach (5) ist s_N gegeben durch

$$s_N = \sum_{k=-N}^{N} c_k\,\chi_k = \sum_{k=-N}^{N} (f, \chi_k)\,\chi_k\,.$$

Da die χ_k ein Orthonormalsystem bilden, folgt hieraus für jedes feste $j \in [-N..N]$ die Beziehung

$$(s_N, \chi_j) = \sum_{k=-N}^{N} (f, \chi_k)(\chi_k, \chi_j) = (f, \chi_j) .$$

Wir betrachten nun den "Fehler"

$$h_N := f - s_N .$$

Wegen

$$(h, \chi_j) = (f, \chi_j) - (s_N, \chi_j) = 0 \qquad (-N \le j \le N)$$

steht h_N senkrecht auf dem von den χ_j $(-N \le j \le N)$ aufgespannten Unterraum U_N, und s_N ist wegen

$$f = s_N + h_N, \qquad s_N \in U_N , \quad h_N \perp U_N \tag{8}$$

die Orthogonalprojektion von f auf U_N, wie behauptet. — Die Ungleichung (b) folgt nun mit **(15.8)**(e) aus (8). ┘

Aus diesem Satz bzw. aus der Formel (8) ergeben sich verschiedene Konsequenzen. Die erste ist geometrischer Natur und drückt eine Grundeigenschaft der Orthogonalprojektion aus:

(15.11) *Unter allen trigonometrischen Polynomen vom Grad $\le N$ approximiert s_N die Funktion $f \in \mathcal{F}$ im quadratischen Mittel am besten.*

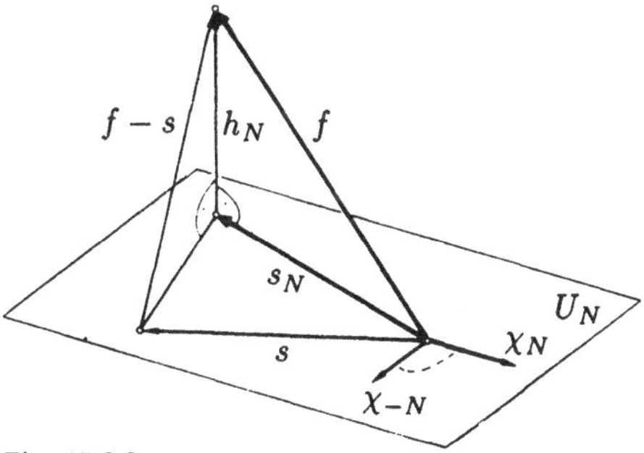

Fig. 15.2.2

┌ Betrachte eine beliebige Funktion $s \in U_N$. Mit den Bezeichnungen von (8) gilt

$$f - s = (s_N - s) + h_N .$$

Da $s_N - s \in U_N$ auf h_N senkrecht steht, folgt mit **(15.8)**(e), siehe auch die Fig. 15.2.2:

$$\|f-s\|^2 = \|s_N - s\|^2 + \|h_N\|^2 \underset{*}{\geq} \|h_N\|^2 = \|f - s_N\|^2 ,$$

und zwar gilt an der Stelle $*$ genau dann das Gleichheitszeichen, wenn $s = s_N$ ist. ┘

Zweitens haben wir die sogenannte *Besselsche Ungleichung*:

(15.12) *Die Fourier-Koeffizienten c_k einer Funktion $f \in \mathcal{F}$ sind quadratisch summierbar, und zwar gilt*

$$\sum_{k=-\infty}^{\infty} |c_k|^2 \leq \|f\|^2 .$$

Wir werden später sehen (Satz **(15.26)**), daß hier im Grunde genommen das Gleichheitszeichen gilt.

┌ Aus $s_N = \sum_{k=-N}^{N} c_k \chi_k$ und $(\chi_k, \chi_l) = \delta_{kl}$ folgt

$$\sum_{k=-N}^{N} |c_k|^2 = \|s_N\|^2 = \|f\|^2 - \|h_N\|^2 , \tag{9}$$

und da dies für alle N zutrifft, ergibt sich die Behauptung. ┘

② Die trigonometrische Reihe

$$\sum_{k=1}^{\infty} \frac{\sin(kt)}{\sqrt{k}}$$

ist nach dem Abelschen Konvergenzkriterium **(5.14)**, siehe auch das Beispiel 11.5.③, für alle t konvergent, aber nicht die Fourier-Reihe einer Funktion $f \in \mathcal{F}$. ○

Aus **(15.12)** folgt schließlich das sogenannte *Riemann-Lebesgue-Lemma.* Es besagt, daß die *komplexen Amplituden c_k*, mit denen die einzelnen Frequenzen bzw. Grundfunktionen in einer Funktion $f \in \mathcal{F}$ vertreten sind, für große $|k|$ beliebig klein werden:

(15.13) *Sind c_k ($k \in \mathbb{Z}$) die Fourier-Koeffizienten einer Funktion $f \in \mathcal{F}$, so gilt*

$$\lim_{k\to\pm\infty} c_k = 0 .$$

Das Riemann-Lebesgue-Lemma ist für die ganze Theorie dermaßen zentral, daß wir es gleich noch etwas allgemeiner formulieren und auch einen zweiten, von dem vorangehenden unabhängigen, Beweis geben. Es wird dann auch klarer herauskommen, warum die c_k mit $|k| \to \infty$ gegen 0 gehen müssen.

(15.14) *Es sei f Riemann-integrierbar über das Intervall $[a, b]$ und λ ein reeller Parameter. Dann gilt*

$$\lim_{\lambda \to \pm\infty} \left(\int_a^b f(t)\, e^{i\lambda t}\, dt \right) = 0 .$$

⌜ Wir beginnen mit der folgenden Bemerkung: Ist $\lambda \neq 0$, so ist $\frac{e^{i\lambda t}}{i\lambda}$ eine Stammfunktion von $e^{i\lambda t}$; somit gilt für ein beliebiges Intervall $[a', b']$ die Abschätzung

$$\left| \int_{a'}^{b'} e^{i\lambda t}\, dt \right| \leq \frac{2}{|\lambda|} .$$

Man hat sich das so vorzustellen, daß sich bei großen Frequenzen $|\lambda|$ die infinitesimalen Beiträge ans Integral gegenseitig fast herausheben.

Nach Voraussetzung über f gibt es ein M mit $|f(t)| \leq M$ für alle $t \in [a, b]$. Es sei nun ein $\varepsilon > 0$ beliebig vorgegeben. Dann gibt es eine Teilung

$$T: \quad a = t_0 < t_1 < \ldots < t_N = b$$

des Intervalls $[a, b]$ mit $D_T(f) < \varepsilon/2$. Diese Teilung wird im weiteren festgehalten. Bezeichnen wir die Teilintervalle mit Q_j, so gilt

$$f(t) = f(t_j) + |\Delta f|_{Q_j}\, \Theta \qquad (t \in Q_j)$$

und folglich

$$\int_{Q_j} f(t) e^{i\lambda t}\, dt = f(t_j) \int_{Q_j} e^{i\lambda t}\, dt + |\Delta f|_{Q_j}\, \mu(Q_j)\, \Theta ,$$

wobei wir für den Θ-Term $|e^{i\lambda t}| = 1$ benützt haben. Aufgrund der Vorbemerkung haben wir daher die folgende Abschätzung:

$$\int_{Q_j} f(t) e^{i\lambda t}\, dt = \frac{2M}{|\lambda|} \Theta + |\Delta f|_{Q_j}\, \mu(Q_j) \Theta .$$

Wird dies über j summiert, so ergibt sich

$$\int_a^b f(t) e^{i\lambda t}\, dt = \left(\frac{2NM}{|\lambda|} + D_T(f) \right) \Theta$$

und somit

$$\left| \int_a^b f(t) e^{i\lambda t}\, dt \right| \leq \frac{2NM}{|\lambda|} + \frac{\varepsilon}{2} .$$

Hier wird die rechte Seite $< \varepsilon$, sobald $|\lambda|$ genügend groß ist. ⌟

Wie schnell die c_k gegen 0 gehen, hängt von den Stetigkeitseigenschaften der Funktion f ab; wir werden in Satz **(15.34)** darauf zurückkommen. Man vergleiche hierzu auch die Beispiele 15.1.② und ③.

Satz **(15.11)** stimmt optimistisch. Er sagt aber nichts darüber, ob s_N die Funktion f überhaupt *gut* approximiert, sondern nur, daß s_N unter allen trigonometrischen Polynomen vom Grad $\leq N$ noch am besten approximiert. Auch bleibt unklar, was im Limes passiert: Gilt nun tatsächlich

$$\lim_{N\to\infty} s_N = f$$

— sei's im quadratischen Mittel oder punktweise? Es ist nämlich gar nicht gesagt, daß die in die Fourier-Reihe eingebrachten “harmonischen Anteile” von f die Funktion f bereits erschöpfend beschreiben; es könnte ja durchaus sein, daß am Schluß, das heißt: nach dem Grenzübergang $N \to \infty$, immer noch ein “unharmonischer Rest” von f übrigbleibt.

Um hier weiterzukommen, müssen wir die Transformation

$$f \mapsto s_N$$

genauer, das heißt: punktweise und nicht nur “pauschal” wie im vorliegenden Abschnitt, untersuchen.

15.3. Der Dirichletsche und der Fejérsche Kern

Der Dirichletsche Kern

Es sei $\sum_k c_k e^{ikt}$ die Fourier-Reihe einer Funktion $f \in \mathcal{F}$. Wir gehen nun daran, die Partialsummen

$$s_N(x) := \sum_{k=-N}^{N} c_k e^{ikx}$$

dieser Reihe ohne den Umweg über die c_k direkt durch f auszudrücken. Mit passender Wahl des Integrationsintervalls für die c_k ergibt sich

$$\begin{aligned} s_N(x) &= \sum_{k=-N}^{N} \left(\frac{1}{2\pi} \int_{x-\pi}^{x+\pi} f(s) e^{-iks}\, ds \right) e^{ikx} \\ &= \frac{1}{2\pi} \int_{x-\pi}^{x+\pi} f(s) \sum_{k=-N}^{N} e^{ik(x-s)}\, ds\,. \end{aligned}$$

Substitutieren wir hier $s := x - t$ $(-\pi \leq t \leq \pi)$, so geht dies über in

$$s_N(x) = \frac{1}{2\pi} \int_{-\pi}^{\pi} f(x-t) \sum_{k=-N}^{N} e^{ikt}\, dt\,.$$

Hier ist der zweite Faktor unter dem Integralzeichen eine universelle, das heißt: von f unabhängige Funktion. Diese Funktion

$$D_N(t) := \sum_{k=-N}^{N} e^{ikt}$$

heißt *Dirichletscher Kern* und ist ein trigonometrisches Polynom N-ten Grades. Wir notieren also die Integraldarstellung

$$s_N(x) = \frac{1}{2\pi}\int_{-\pi}^{\pi} f(x-t)D_N(t)\,dt \qquad (x \in \mathbb{R}) \tag{15.15}$$

der Partialsummen s_N und haben nun die Funktionen D_N zu analysieren. Als erstes leiten wir eine summenfreie Darstellung der D_N her:

(15.16) *Für alle* $N \geq 0$ *gilt*

(a)
$$D_N(t) = \begin{cases} \dfrac{\sin\left((N+\frac{1}{2})t\right)}{\sin(\frac{1}{2}t)} & (t \notin 2\pi\mathbb{Z}) \\ 2N+1 & (t \in 2\pi\mathbb{Z}) \end{cases},$$

(b)
$$\frac{1}{2\pi}\int_{-\pi}^{\pi} D_N(t)\,dt = 1\,.$$

⌜ (a) Es gilt

$$\begin{aligned}\left(e^{it/2} - e^{-it/2}\right)D_N(t) &= \sum_{k=-N}^{N}\left(e^{i(k+1/2)t} - e^{i(k-1/2)t}\right) \\ &= e^{i(N+1/2)t} - e^{i(-N-1/2)t}\,,\end{aligned}$$

da sich alle anderen Summanden wegheben. Soviel für $t \notin 2\pi\mathbb{Z}$; der angegebene Spezialwert ist klar. — Die Behauptung (b) folgt unmittelbar aus der Definition von D_N. ⌟

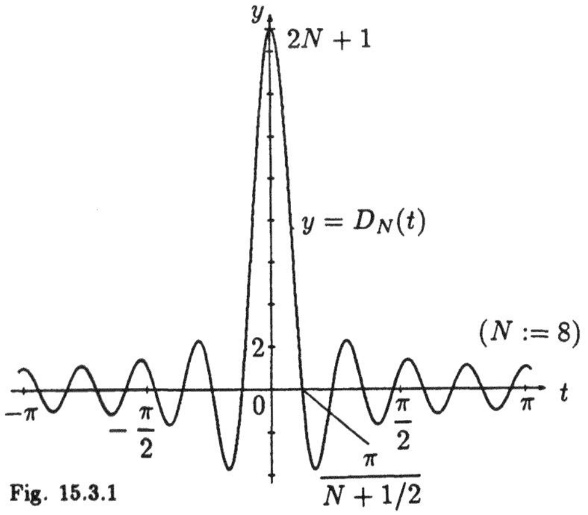

Fig. 15.3.1

Betrachten wir den Graphen von D_N (Fig. 15.3.1), so können wir **(15.15)** folgendermaßen interpretieren: Der Wert $s_N(x)$ ist ein gewogenes Mittel der Werte von f im Intervall $[\,x-\pi, x+\pi\,]$. Dabei ist die "Masse" der Gewichtsfunktion D_N um $t = 0$ herum konzentriert, so daß in erster Linie die Werte von f in der unmittelbaren Umgebung von x eine Rolle spielen. Zum andern bewirkt die rasche Oszillation von D_N, daß die Werte von f in weiter von x entfernten Punkten rasch alternierend mit positiven und negativen Gewichten versehen werden und sich so nur wenig auswirken, siehe dazu auch den folgenden Satz **(15.17)**. Da nun das Totalgewicht (unter Berücksichtigung der Vorzeichen) gerade 1 ist, scheint somit plausibel, daß für eine "schöne" Funktion f und hinreichend großes N gilt: $s_N(x) \doteq f(x)$.

Leider reicht die Stetigkeit von f für $\lim_{N\to\infty} s_N(x) = f(x)$ nicht ganz aus (siehe Beispiel 15.6.⑤). Während des Grenzübergangs $N \to \infty$ wird wohl die Spitze von D_N immer ausgeprägter, gleichzeitig nimmt aber D_N mehr und mehr "Ballast" auf, der sich zwar nach **(15.15)**(b) formal heraushebt, bei einem schlecht konditionierten f aber störende Wirkungen zeigen kann. Es gilt nämlich

$$\lim_{N\to\infty} \int_{-\pi}^{\pi} |D_N(t)|\, dt = \infty\ .$$

⌈ Betrachte die folgende Abschätzung nach unten:

$$\begin{aligned}\int_{-\pi}^{\pi} |D_N(t)|\, dt &\geq 2 \int_0^{\pi} \frac{\left|\sin((N+\frac{1}{2})t)\right|}{\frac{1}{2}t}\, dt = 4 \int_0^{N\pi+\pi/2} \frac{|\sin s|}{s}\, ds \\ &> 4 \sum_{k=1}^{N} \frac{1}{k\pi} \int_{(k-1)\pi}^{k\pi} |\sin s|\, ds = \frac{8}{\pi} \sum_{k=1}^{N} \frac{1}{k}\ .\end{aligned}$$

Die Behauptung folgt somit aus der Divergenz der harmonischen Reihe. ⌋

Aus **(15.15)** geht hervor, daß alle (o.k.: fast alle) von $f : \mathbb{R}/2\pi \to \mathbb{C}$ angenommenen Werte den Wert von s_N an der Stelle x beeinflussen. Dieser integral verteilte Einfluß der Gesamtfunktion auf den Wert $s_N(x)$ geht im Limes $N \to \infty$ verloren; in anderen Worten: Das Verhalten von $s_N(x)$ für $N \to \infty$ hängt nur von den Werten von f in der unmittelbaren Umgebung des Punktes x ab. Dieser Sachverhalt läßt sich am einfachsten folgendermaßen formulieren:

(15.17) *Ist die Funktion $f \in \mathcal{F}$ in einer Umgebung des Punktes x identisch* 0, *so gilt* $\lim_{N\to\infty} s_N(x) = 0$.

⌈ Es genügt, die Stelle $x := 0$ zu betrachten (siehe dazu die Bemerkung am Schluß dieses Abschnitts). Es sei also $f(t) \equiv 0 \quad (|t| < h)$. Wir definieren die Hilfsfunktion

$$g(t) := \begin{cases} 0 & (|t| < h) \\ \dfrac{f(-t)}{4\pi i \sin(\frac{1}{2}t)} & (h \leq |t| \leq \pi) \end{cases}$$

Wie man ohne weiteres verifiziert, ist g Riemann-integrierbar. Folglich gilt nach dem Riemann-Lebesgue-Lemma **(15.14)**

$$\lim_{\lambda\to\pm\infty}\left(\int_{-\pi}^{\pi} g(t)e^{i\lambda t}\,dt\right)=0\,. \tag{1}$$

Nach **(15.15)** und Voraussetzung über f ist nun

$$\begin{aligned} s_N(0) &= \frac{1}{2\pi}\int_{-\pi}^{\pi} f(-t)\frac{e^{i(N+1/2)t}-e^{-i(N+1/2)t}}{2i\sin(\frac{1}{2}t)} \\ &= \int_{-\pi}^{\pi} g(t)\big(e^{i(N+1/2)t}-e^{-i(N+1/2)t}\big)\,dt\,. \end{aligned}$$

Die Behauptung ergibt sich daher aus (1). ┘

Cesaro-Summation

Mit Hilfe der sogenannten *Cesaro-Summation* gelingt es, den Dirichletschen Kern D_N durch einen Kern K_N zu ersetzen, der einfachere Eigenschaften hat; insbesondere ist durchwegs $K_N(t)\geq 0$. Wir müssen dafür die Partialsummen s_N der Fourier-Reihe für den Moment aufgeben und zu “assoziierten” Größen σ_N übergehen, von denen sich leichter zeigen läßt, daß sie gegen f konvergieren.

Allgemein: Ist

$$\sum_{k=0}^{\infty} a_k \tag{2}$$

eine beliebige Reihe mit Partialsummen $s_n:=\sum_{k=0}^{n} a_k$, so werden die sukzessiven arithmetischen Mittel

$$\sigma_n:=\frac{s_0+s_1+\ldots+s_n}{n+1}\qquad(n\geq 0)$$

dieser Partialsummen als *Cesaro-Mittel* bezeichnet, und die Reihe (2) heißt *$(C,1)$-summierbar gegen s*, wenn $\lim_{n\to\infty}\sigma_n=s$ ist. Die ‘1’ deutet darauf hin, daß sich der von den s_n zu den σ_n führende Prozeß iterieren läßt.

① Die Reihe

$$\sum_{k=0}^{\infty}(-1)^k=1-1+1-1+\ldots$$

ist divergent, besitzt hingegen die $(C,1)$-Summe $\frac{1}{2}$. Dies geht unmittelbar aus der folgenden Tabelle hervor:

n	0	1	2	3	4	5	6	$\dots$
a_n	1	-1	1	-1	1	-1	1	
s_n	1	0	1	0	1	0	1	
σ_n	1	$\frac{1}{2}$	$\frac{2}{3}$	$\frac{1}{2}$	$\frac{3}{5}$	$\frac{1}{2}$	$\frac{4}{7}$	

○

Betrachten wir für ein gegebenes r den Summanden a_r in der Reihe (2), so tritt a_r in s_n mit dem Gewicht 0 auf, solange $n < r$ ist, und mit dem Gewicht 1 für alle $n \geq r$. Im Cesaro-Mittel σ_n hingegen ist das Gewicht dieses Summanden ebenfalls 0, bis zum ersten Mal $n \geq r$ wird. Von da ab ist es gleich

$$\frac{1}{n+1}(n+1-r)$$

und strebt mit $n \to \infty$ monoton wachsend gegen 1. In der Folge $\sigma_.$ kommt also jedes einzelne a_r schließlich doch mit dem vollen Gewicht zur Geltung. Dies macht den folgenden Satz plausibel:

(15.18) *Besitzt eine Reihe die Summe s, so ist sie auch $(C,1)$-summierbar gegen s.*

⌜ In Beispiel 3.5.④ wurde folgendes gezeigt: Die Folge der sukzessiven arithmetischen Mittel a_n einer gegen ξ konvergenten Folge $x_.$ konvergiert ebenfalls gegen ξ. ⌟

Hiernach ist die $(C,1)$-Summation eine konsistente Erweiterung der gewöhnlichen Summation von konvergenten Reihen auf eine umfassendere Klasse von Reihen.

Die Cesaro-Mittel σ_N der Fourier-Reihe einer Funktion $f \in \mathcal{F}$ werden *Fejér-Mittel* genannt. Aus **(15.15)** ergibt sich

$$\sigma_N(x) = \frac{s_0(x) + \ldots + s_N(x)}{N+1} = \frac{1}{2\pi}\int_{-\pi}^{\pi} f(x-t)\frac{1}{N+1}\sum_{k=0}^{N} D_k(t)\,dt\ .$$

Hier erscheint wiederum unter dem Integralzeichen eine universelle, das heißt: von f unabhängige Funktion. Diese Funktion

$$K_N(t) := \frac{1}{N+1}\sum_{k=0}^{N} D_k(t)$$

heißt *Fejérscher Kern* und ist natürlich ebenfalls ein trigonometrisches Polynom N-ten Grades. Wir notieren also die Integraldarstellung

(15.19) $$\sigma_N(x) = \frac{1}{2\pi}\int_{-\pi}^{\pi} f(x-t)\,K_N(t)\,dt$$

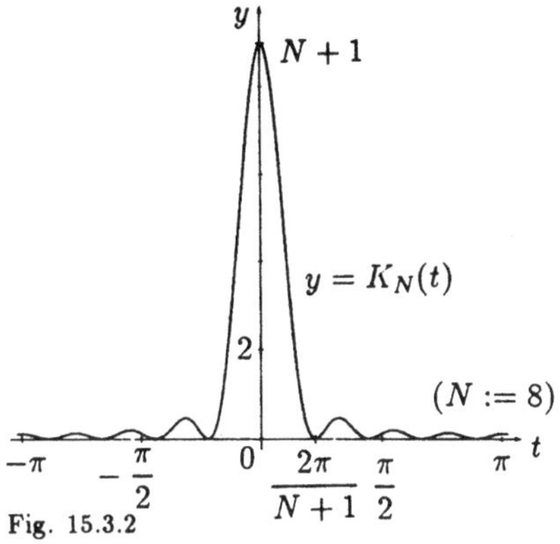

Fig. 15.3.2

der Fejér-Mittel σ_N und haben nun die Funktionen K_N zu analysieren. Die Eigenschaften der K_N sind in der folgenden Proposition zusammengestellt. Der Fig. 15.3.2 entnimmt man, daß die "Masse" von K_N wesentlich besser konzentriert ist als die von D_N.

(15.20) *Für alle* $N \geq 0$ *gilt*

(a)
$$K_N(t) = \begin{cases} \dfrac{1}{N+1} \dfrac{1-\cos\bigl((N+1)t\bigr)}{1-\cos t} & (t \notin 2\pi\mathbb{Z}) \\ N+1 & (t \in 2\pi\mathbb{Z}) \end{cases},$$

(b)
$$K_N(t) \geq 0 \qquad \forall t\,,$$

(c)
$$\frac{1}{2\pi}\int_{-\pi}^{\pi} K_N(t)\,dt = 1\,,$$

(d)
$$K_N(t) \leq \frac{2}{(N+1)(1-\cos\delta)} \qquad (\delta \leq |t| \leq \pi)\,.$$

⌜ (a) Es gilt

$$2\sin\bigl((k+\tfrac{1}{2})t\bigr)\sin(\tfrac{1}{2}t) = \cos(kt) - \cos\bigl((k+1)t\bigr)\,.$$

Ist $t \notin 2\pi\mathbb{Z}$, so erhalten wir damit nach Definition von K_N und **(15.16)**(a) die folgende Kette von Gleichungen:

$$\begin{aligned} K_N(t) &= \frac{1}{N+1}\sum_{k=0}^{N} \frac{\sin\bigl((k+\frac{1}{2})t\bigr)}{\sin(\frac{1}{2}t)} \\ &= \frac{1}{2(N+1)\sin^2(\frac{1}{2}t)}\sum_{k=0}^{N}\Bigl(\cos(kt) - \cos\bigl((k+1)t\bigr)\Bigr) \\ &= \frac{1}{(N+1)(1-\cos t)}\Bigl(1-\cos\bigl((N+1)t\bigr)\Bigr) \end{aligned}$$

Der angegebene Spezialwert folgt aus Stetigkeitsgründen. — Die Behauptungen (b) und (c) folgen aus (a) bzw. **(15.16)**(b), und aus (a) ergibt sich schließlich (d), da cos auf $[0, \pi]$ monoton fällt. ┘

Hier noch eine Schlußbemerkung: Wir haben uns in Abschnitt 15.1 eine "voll translationsinvariante" Theorie vorgenommen. Aus den Integraldarstellungen **(15.15)** und **(15.19)** ergibt sich nun, daß die Beziehungen

$$s_N: \quad \mathcal{F} \to \mathcal{F}, \qquad f \mapsto s_N(f)$$

und analog $\sigma_N : f \mapsto \sigma_N(f)$ tatsächlich translationsinvariant sind, das heißt: Für beliebiges $a \in \mathbb{R}$ gilt

$$s_N(f_a) = \big(s_N(f)\big)_a \qquad \text{bzw.} \qquad \sigma_N(f_a) = \big(\sigma_N(f)\big)_a .$$

┌ Für jedes $x \in \mathbb{R}$ ist

$$\begin{aligned} s_N(f_a)(x) &= \frac{1}{2\pi}\int_{-\pi}^{\pi} f_a(x-t)D_N(t)dt = \frac{1}{2\pi}\int_{-\pi}^{\pi} f(x-t+a)D_N(t)dt \\ &= s_N(f)(x+a) . \end{aligned}$$

┘

15.4. Der Satz von Fejér

Nachdem nun alles vorbereitet ist, können wir den fundamentalen *Satz von Fejér* beweisen:

(15.21) *Ist die Funktion $f \in \mathcal{F}$ in allen Punkten des Intervalls $Q := [a,b]$ stetig, so konvergieren die Fejér-Mittel σ_N auf Q gleichmäßig gegen f.*

┌ Es sei ein $\varepsilon > 0$ vorgegeben. Wir betrachten die Hilfsfunktion

$$g(x,t) := f(x-t) - f(x)$$

und behaupten: Es gibt ein $\delta > 0$ mit

$$|g(x,t)| < \frac{\varepsilon}{2} \qquad \forall x \in Q\,,\ \forall t \in [-\delta, \delta] . \tag{1}$$

┌ Andernfalls gäbe es eine Folge $t_.$, $t_n \to 0$, und eine Folge $x_.$ auf Q mit

$$|g(x_n, t_n)| \geq \frac{\varepsilon}{2} \qquad \forall n . \tag{2}$$

Die x_n besitzen einen Häufungspunkt $\xi \in Q$. Indem wir zu einer geeigneten Teilfolge übergehen, dürfen wir annehmen: $x_n \to \xi$. Dann gilt auch $x_n - t_n \to \xi$ und folglich, da f an der Stelle ξ stetig ist:

$$g(x_n, t_n) = f(x_n - t_n) - f(x_n) \to 0 \qquad (n \to \infty),$$

im Widerspruch zu (2). ┘

Da f beschränkt ist, gibt es ferner ein M mit

$$|g(x,t)| \leq M \qquad \forall x, \ \forall t. \tag{3}$$

Wir betrachten nun die Differenz $\sigma_N - f$. Mit **(15.19)** und **(15.20)**(c) ergibt sich

$$\sigma_N(x) - f(x) = \frac{1}{2\pi}\int_{-\pi}^{\pi} \big(f(x-t) - f(x)\big) K_N(t)\, dt = \frac{1}{2\pi}\int_{-\pi}^{\pi} g(x,t) K_N(t)\, dt,$$

und hieraus folgt wegen **(15.20)**(b):

$$\begin{aligned} |\sigma_N(x) - f(x)| &\leq \frac{1}{2\pi}\int_{-\pi}^{\pi} |g(x,t)|\, K_N(t)\, dt \\ &= \frac{1}{2\pi}\int_{|t|\leq\delta} |g(x,t)|\, K_N(t)\, dt + \frac{1}{2\pi}\int_{\delta\leq|t|\leq\pi} |g(x,t)|\, K_N(t)\, dt. \end{aligned}$$

Ist $x \in Q$, so können wir im ersten Integral rechter Hand die Abschätzung (1) verwenden. Beim zweiten Integral halten wir uns an (3) sowie die Abschätzung **(15.20)**(d) für K_N. Es ergibt sich

$$\begin{aligned} |\sigma_N(x) - f(x)| &\leq \frac{\varepsilon}{2}\,\frac{1}{2\pi}\int_{|t|\leq\delta} K_N(t)\, dt + M\,\frac{1}{2\pi}\int_{\delta\leq|t|\leq\pi} K_N(t)\, dt \\ &\leq \frac{\varepsilon}{2} + \frac{2M}{(N+1)(1-\cos\delta)}. \end{aligned}$$

Hier ist die rechte Seite $< \varepsilon$, sobald N eine gewisse, von M und δ, nicht aber von x abhängige Schranke überschreitet. ┘

Als Korollare notieren wir:

(15.22) *In jedem Stetigkeitspunkt x der Funktion $f \in \mathcal{F}$ gilt*

$$\lim_{N\to\infty} \sigma_N(x) = f(x).$$

(15.23) *Ist $f \in \mathcal{F}_c$, das heißt: 2π-periodisch und stetig, so konvergieren die Fejér-Mittel σ_N gleichmäßig gegen f.*

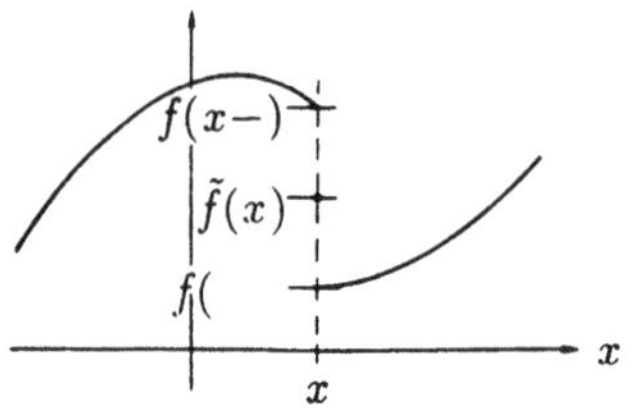

Fig. 15.4.1

In den Anwendungen (siehe etwa das Beispiel 15.1.②) treffen wir häufig die folgende Situation: Die Funktion f ist an einer bestimmten Stelle x zwar unstetig, aber es existieren die beiden einseitigen Grenzwerte $f(x+)$ und $f(x-)$. In diesem Fall konvergieren die Fejér-Mittel $\sigma_N(x)$ ebenfalls, und zwar gegen das arithmetische Mittel der beiden einseitigen Grenzwerte von f. Um dies nachzuweisen, führen wir die folgende Größe ein (Fig. 15.4.1): Für jedes feste x bezeichnet $\tilde{f}(x)$ den Grenzwert (falls er existiert) der bezüglich x symmetrisierten Funktion f:

$$\tilde{f}(x) := \lim_{t \to 0+} \frac{f(x+t)+f(x-t)}{2} = \lim_{t \to 0} \frac{f(x+t)+f(x-t)}{2} .$$

Ist f an der Stelle x stetig, so ist natürlich $\tilde{f}(x) = f(x)$, und existieren die beiden einseitigen Grenzwerte, so ist

$$\tilde{f}(x) = \frac{1}{2}\big(f(x+) + f(x-)\big) .$$

Wir zeigen:

(15.24) *Ist $f \in \mathcal{F}$, so gilt*

$$\lim_{N \to \infty} \sigma_N(x) \; = \; \tilde{f}(x)$$

an jeder Stelle x, für die $\tilde{f}(x)$ existiert.

⌜ Wir dürfen $x = 0$ annehmen. Die Hilfsfunktion

$$g(t) \; := \; \begin{cases} \frac{1}{2}\big(f(t) + f(-t)\big) & (t \neq 2\pi\mathbf{Z}) \\ \tilde{f}(0) & (t \in 2\pi\mathbf{Z}) \end{cases}$$

ist an der Stelle 0 stetig, folglich gilt nach Korollar **(15.22)**:

$$\lim_{N \to \infty} \sigma_N^{(g)}(0) = g(0) = \tilde{f}(0) . \tag{4}$$

Anderseits ist

$$\sigma_N^{(g)}(0) = \frac{1}{2\pi}\int_{-\pi}^{\pi} g(-t)K_N(t)\,dt = \frac{1}{2\pi}\int_{-\pi}^{\pi} \frac{1}{2}\Big(f(-t)+f(t)\Big)K_N(t)\,dt\;.$$

Da K_N eine gerade Funktion ist, liefert der zweite Summand in der großen Klammer denselben Beitrag wie der erste, und wir erhalten

$$\sigma_N^{(g)}(0) = \sigma_N^{(f)}(0)\;.$$

Hieraus ergibt sich im Verein mit (4) die Behauptung. ┘

Konvergenz im quadratischen Mittel

Satz **(15.23)** ermöglicht, die geometrischen Überlegungen des Abschnitts 15.2 zu einem gewissen Abschluß zu bringen:

(15.25) *Für jede Funktion $f \in \mathcal{F}$ gilt*

$$\lim_{N\to\infty} \|s_N - f\| = 0\;.$$

In Worten: Die Partialsummen s_N der Fourier-Reihe von f konvergieren im quadratischen Mittel gegen f.

┌ Ist $f \in \mathcal{F}_c$, so konvergieren die σ_N nach **(15.23)** gleichmäßig gegen f. Man überlegt sich leicht, daß dann $|\sigma_N(t) - f(t)|^2$ gleichmäßig in t gegen 0 konvergiert, so daß mit Satz **(11.9)** folgt:

$$\lim_{N\to\infty} \|\sigma_N - f\|^2 = 0\;. \tag{5}$$

Nun ist σ_N ein trigonometrisches Polynom vom Grad $\leq N$; nach **(15.11)** approximiert daher s_N im quadratischen Mittel eher besser als σ_N:

$$\|s_N - f\| \leq \|\sigma_n - f\|\;.$$

Wegen (5) ergibt sich hieraus die Behauptung für $f \in \mathcal{F}_c$.

Wir zeigen als nächstes, daß die stetigen 2π-periodischen Funktionen bezüglich der 2-Norm in $\mathcal{F}$ dicht liegen; genau: Ist $f \in \mathcal{F}$, so gibt es zu jedem $\varepsilon > 0$ ein $g \in \mathcal{F}_c$ mit $\|g - f\| < \varepsilon$.

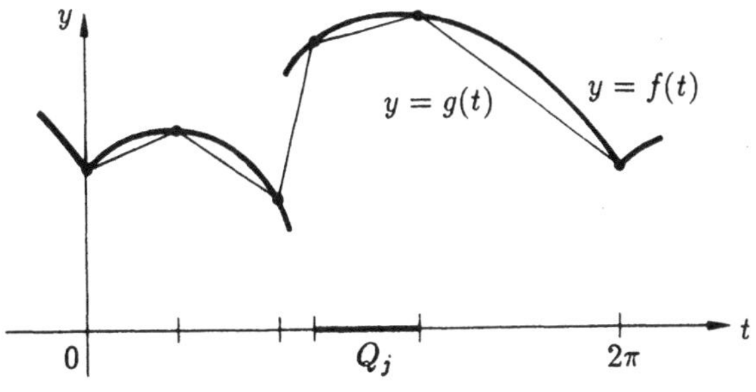

Fig. 15.4.2

⌜ Es gibt ein M mit $|f(t)| \leq M$ für alle t und weiter eine Teilung

$$T: \quad 0 = t_0 < t_1 < \ldots < t_n = 2\pi$$

des Intervalls $[0, 2\pi]$ mit $D_T(f) < \pi\varepsilon^2/M$. Es sei g die stückweise lineare Funktion, die f in den Punkten t_j interpoliert (Fig. 15.4.2). Dann gilt

$$|g(t) - f(t)| \leq |\Delta f|_{Q_j} \leq 2M \qquad (t \in Q_j)$$

und folglich

$$\int_0^{2\pi} |g(t) - f(t)|^2 \, dt \leq \sum_{j=1}^{n} 2M |\Delta f|_{Q_j} \, \mu(Q_j) = 2M D_T(f) < 2\pi\,\varepsilon^2 .$$ ⌟

Damit läßt sich der Beweis des Satzes wie folgt zuende bringen: Es sei ein $f \in \mathcal{F}$ sowie ein $\varepsilon > 0$ vorgegeben. Dann gibt es ein $g \in \mathcal{F}_c$ mit $\|g - f\| < \varepsilon$ und nach dem schon Bewiesenen ein N_0 mit

$$\|s_N^{(g)} - g\| < \varepsilon \qquad (N > N_0) .$$

Aufgrund von **(15.10)**(b) ist

$$\|s_N^{(f)} - s_N^{(g)}\| = \|s_N^{(f-g)}\| \leq \|f - g\| < \varepsilon ;$$

folglich gilt für alle $N > N_0$ die Abschätzung

$$\|s_N^{(f)} - f\| \leq \|s_N^{(f)} - s_N^{(g)}\| + \|s_N^{(g)} - g\| + \|g - f\| < 3\varepsilon ,$$

was zu beweisen war. ⌟

Der seinerzeit eingeführte Fehler $h_N := f - s_N$ konvergiert also im quadratischen Mittel gegen 0. Wegen 15.2.(9) erhalten wir damit anstelle der Besselschen Ungleichung **(15.12)** die sogenannte *Parsevalsche Gleichung*:

(15.26) *Es seien c_k $(k \in \mathbb{Z})$ die Fourier-Koeffizienten der Funktion $f \in \mathcal{F}$. Dann gilt*

$$\sum_{k=-\infty}^{\infty} |c_k|^2 = \|f\|^2 .$$

Die Parsevalsche Gleichung ist ein Spezialfall der folgenden allgemeineren Formel, die die formale Analogie der Geometrien in $\mathcal{F}$ und im $\mathbb{R}^n$ noch einmal illustriert:

(15.27) *Es seien c_k bzw. d_k $(k \in \mathbb{Z})$ die Fourier-Koeffizienten der beiden Funktionen f, $g \in \mathcal{F}$. Dann gilt*

$$(f, g) = \sum_{k=-\infty}^{\infty} c_k \overline{d_k} .$$

⌈ Da die χ_k ($k \in \mathbb{Z}$) ein Orthonormalsystem bilden, lassen sich die Partialsummen der Reihe $\sum_k c_k \overline{d_k}$ wie folgt als Skalarprodukte deuten:

$$\sum_{k=-N}^{N} c_k \overline{d_k} = \Big(\sum_{k=-N}^{N} c_k \chi_k \,,\, \sum_{l=-N}^{N} d_l \chi_l \Big) = (s_N^{(f)}, s_N^{(g)}) \,.$$

Für diese Skalarprodukte gilt aber

$$(f,g) - (s_N^{(f)}, s_N^{(g)}) = (f - s_N^{(f)}, g) + (s_N^{(f)}, g - s_N^{(g)})$$

und folglich

$$\begin{aligned} |(f,g) - (s_N^{(f)}, s_N^{(g)})| &\le \|f - s_N^{(f)}\| \, \|g\| + \|s_N^{(f)}\| \, \|g - s_N^{(g)}\| \\ &\le \|f - s_N^{(f)}\| \, \|g\| + \|f\| \, \|g - s_N^{(g)}\| \,. \end{aligned}$$

Aufgrund von **(15.25)** strebt hier die rechte Seite mit $N \to \infty$ gegen 0. ⌋

Die Sätze **(15.26)** und **(15.27)** gelten in Wirklichkeit für eine viel umfassendere Klasse von Funktionen. Der richtige Rahmen dafür ist die sogenannte L^2-*Theorie*, die hier noch kurz vorgestellt werden soll.

$L^2(\mathbb{R}/2\pi)$ ist der Raum der Äquivalenzklassen von 2π-periodischen sogenannt "meßbaren" Funktionen $f: \mathbb{R} \to \mathbb{C}$, für die das Integral

$$\int_{-\pi}^{\pi} |f(t)|^2 \, dt$$

als Lebesgue-Integral existiert. Zwei Funktionen, die sich nur auf einer Nullmenge unterscheiden, werden dabei als gleich (äquivalent) angesehen. Auf $L^2(\mathbb{R}/2\pi)$ ist das Skalarprodukt 15.2.(4) definiert, und die zugehörige Norm

$$\|f\| := \left(\frac{1}{2\pi} \int_{-\pi}^{\pi} |f(t)|^2 \, dt \right)^{1/2}$$

ist eine richtiggehende Norm: Aus $\|f\| = 0$ folgt $f = 0$, und das heißt in diesem Zusammenhang: $f(t) = 0$ für fast alle t. Bezüglich dieser Norm ist $L^2(\mathbb{R}/2\pi)$ ein vollständiger metrischer Raum.

$L^2(\mathbb{Z})$ ist der Raum der Folgen

$$\mathbf{c}: \quad \mathbb{Z} \to \mathbb{C}\,, \qquad k \mapsto c_k \,,$$

für die die Reihe $\sum_{k=-\infty}^{\infty} |c_k|^2$ konvergiert. Auf $L^2(\mathbb{Z})$ ist ein Skalarprodukt definiert durch

$$(\mathbf{c}, \mathbf{d}) := \sum_{k=-\infty}^{\infty} c_k \overline{d_k} \,,$$

und es besitzt die richtigen Eigenschaften.

Die Berechnung der Fourier-Koeffizienten c_k $(k \in \mathbb{Z})$ einer gegebenen Funktion f wird interpretiert als *Fourier-Transformation*

$$\Phi: \quad L^2(\mathbb{R}/2\pi) \to L^2(\mathbb{Z}), \qquad f \mapsto \widehat{f},$$

wobei die *Fourier-Transformierte* $\widehat{f}$ von f gegeben ist durch

$$\widehat{f}(k) := \frac{1}{2\pi} \int_{-\pi}^{\pi} f(t) e^{-ikt}\, dt .$$

Die Fourier-Transformation bildet $L^2(\mathbb{R}/2\pi)$ bijektiv und isometrisch ab auf $L^2(\mathbb{Z})$; insbesondere gilt

$$(f, g) = (\widehat{f}, \widehat{g}) .$$

Beachte, daß hier das Skalarprodukt links in $L^2(\mathbb{R}/2\pi)$, rechts in $L^2(\mathbb{Z})$ gebildet wird.

Die Umkehrtransformation $\Phi^{-1} : \widehat{f} \mapsto f$ erscheint in folgender Gestalt: Ist $\widehat{f} \in L^2(\mathbb{Z})$ gegeben, so konvergiert die Reihe

$$\sum_{k=-\infty}^{\infty} \widehat{f}(k)\, \chi_k$$

zunächst einmal in $L^2(\mathbb{R}/2\pi)$ gegen f. Dies entspricht unserem Satz **(15.25)** und wird ähnlich bewiesen. Man kann aber noch mehr sagen, und damit kommen wir zu einem ganz tiefliegenden und schwer zu beweisenden Sachverhalt: Die Fourier-Reihe $\sum_{k=-\infty}^{\infty} c_k e^{ikt}$ einer Funktion $f \in L^2(\mathbb{R}/2\pi)$ konvergiert sogar punktweise für fast alle t gegen den wahren Funktionswert $f(t)$. Ein derartiger Satz wurde lange vermutet, aber erst 1966 von Carleson bewiesen.

15.5. Der Satz von Jordan

Es ist höchste Zeit für einen Satz, der nun wirklich die Konvergenz

$$s_N(t) \to f(t) \qquad (N \to \infty) \tag{1}$$

an vorgegebenen Stellen t garantiert. Leider reicht dazu die Stetigkeit von f nicht aus: In Beispiel 15.6.⑤ werden wir eine 2π-periodische stetige Funktion konstruieren, deren Fourier-Reihe jedenfalls für $t = 0$ divergiert, und es gibt das Beispiel einer stetigen Funktion, deren Fourier-Reihe in überabzählbar vielen Punkten divergiert. (An diesem Beispiel läßt sich ermessen, wie haarscharf der Satz von Carleson ist!)

Es sind verschiedene Zusatzannahmen vorgeschlagen worden, die je für sich die Konvergenz (1) sicherstellen. Es gibt also unzählige Kriterien für die punktweise oder sogar gleichmäßige Konvergenz von Fourier-Reihen. Wir entschließen uns hier, vorauszusetzen, daß die betrachteten Funktionen $f \in \mathcal{F}$ *von beschränkter Variation* sind. Damit ist natürlich folgendes gemeint: Die Größe

$$\begin{aligned} V(f) &:= V_{[0,2\pi]}(f) \\ &:= \sup\left\{ \sum_{j=1}^{n} |f(t_j) - f(t_{j-1})| \;\middle|\; n \geq 1;\ 0 = t_0 < t_1 < \ldots < t_n = 2\pi \right\} \end{aligned}$$

(siehe Abschnitt 13.5) ist endlich. Die Gesamtheit dieser Funktionen bezeichnen wir mit $\mathcal{F}_{bv}$. — An allgemeinen Eigenschaften der totalen Variation benötigen wir über **(13.38)** hinaus das folgende:

(15.28) (a) *Ist $h > 0$ und $V_{[0,h]}(f) < \infty$, so existiert jedenfalls der Grenzwert*

$$\lim_{t \to 0+} f(t) =: f(0+) .$$

(b) *Unter denselben Annahmen gilt*

$$\lim_{t \to 0+} V_{[0,t]}(f) = |f(0+) - f(0)| .$$

⌜ Wir schreiben im folgenden $V_{\ldots}$ anstelle von $V_{\ldots}(f)$. — (a) Die Funktion $t \mapsto V_{[0,t]}$ ist monoton wachsend; somit existiert der $\lim_{t\to 0+} V_{[0,t]}$. Nach dem Cauchy-Kriterium gibt es daher zu jedem $\varepsilon > 0$ ein $\delta > 0$, so daß folgendes zutrifft:

$$|f(t') - f(t)| \leq V_{[t,t']} = V_{[0,t']} - V_{[0,t]} < \varepsilon \qquad (0 < t < t' < \delta) .$$

Dies beweist (a) . — Zum Beweis von (b) denken wir uns ein $\varepsilon > 0$ vorgegeben. Es gibt dann eine Teilung

$$T: \quad 0 = t_0 < t_1 < \ldots < t_n = h$$

des Intervalls $[0, h]$ mit $V_{[0,h]} \leq V_T + \varepsilon$. Betrachte für ein beliebiges $t < t_1$ die Teilung $T' := T \cup \{t\}$. Da T' die Teilung T verfeinert, gilt

$$\begin{aligned} V_{[0,h]} &\leq V_T + \varepsilon \leq V_{T'} + \varepsilon \\ &= |f(t) - f(0)| + |f(t_1) - f(t)| + \sum_{j=2}^{n} |f(t_j) - f(t_{j-1})| + \varepsilon \\ &\leq |f(t) - f(0)| + V_{[t,h]} + \varepsilon . \end{aligned}$$

Mit **(13.38)**(c) ergibt sich hieraus, daß für alle $t \in\,]0, t_1[$ gilt:

$$|f(t) - f(0)| \leq V_{[0,t]} \leq |f(t) - f(0)| + \varepsilon$$

(die linke Ungleichung ist trivial). Mit $t \to 0+$ folgt

$$|f(0+) - f(0)| \le \lim_{t\to 0+} V_{[0,t]} \le |f(0+) - f(0)| + \varepsilon \ .$$

Hiermit ist (b) erwiesen, da $\varepsilon > 0$ beliebig war. ┘

Bei der Analyse von (1) werden wir Integrale der Form

$$\int_{-\pi}^{\pi} g(t) D_N(t)\, dt \tag{2}$$

zu betrachten haben (vgl. **(15.15)**). Hier macht uns der mit $N \to \infty$ unbeschränkte Faktor $D_N(t)$ Schwierigkeiten; wir haben darauf schon in Abschnitt 15.3 hingewiesen. Anderseits haben die raschen und außerhalb der zentralen Zone nur schwach modulierten Oszillationen von D_N um den Mittelwert 0 zur Folge, daß D_N wesentlich besser konditionierte Stammfunktionen besitzt. Der folgende Hilfssatz erlaubt, Integrale vom Typ (2) mit Hilfe der Stammfunktionen von D_N abzuschätzen. Der Beweis läuft auf eine partielle Integration hinaus, und der Faktor $g(t)$ wird dabei "abgeleitet". Das bringt die totale Variation dieses Faktors ins Spiel.

(15.29) *Die Funktion $g : [a, b] \to \mathbb{C}$ besitze endliche totale Variation V, und es gelte*

$$|g(t)| \le M \qquad (a \le t \le b) \ .$$

Die stetige Funktion $k : [a, b] \to \mathbb{C}$ besitze eine Stammfunktion $K(\cdot)$ mit

$$|K(t)| \le K^* \qquad (a \le t \le b) \ .$$

Dann ist

$$\left| \int_a^b g(t) k(t)\, dt \right| \le (2M + V)\, K^* \ . \tag{3}$$

Gilt zusätzlich $g(a) = g(b)$ und $K(a) = K(b)$, so läßt sich die rechte Seite dieser Ungleichung ersetzen durch VK^*.

┌ Es sei ein $\varepsilon > 0$ vorgegeben. Nach Voraussetzung über k und Satz **(4.20)** gibt es ein $\delta > 0$ mit

$$|k(t) - k(t')| \le \varepsilon \qquad (\, |t - t'| \le \delta \,) \ . \tag{4}$$

Wie man leicht verifiziert, ist g über $[a, b]$ integrierbar, so daß das Integral $\int_a^b g(t) k(t)\, dt$ existiert. Es gibt daher eine Teilung

$$T: \quad a = t_0 < t_1 < \ldots < t_n = b$$

mit Korn $\|T\| \leq \delta$, so daß folgende Abschätzung standhält:

$$\int_a^b g(t)k(t)\,dt = R_T + \varepsilon\Theta\,, \qquad |\Theta| \leq 1\,; \tag{5}$$

dabei bezeichnet R_T die Riemannsche Summe

$$R_T := \sum_{j=1}^{n} g(t_j)k(t_j)\,(t_j - t_{j-1})\,. \tag{6}$$

Wegen (4) und $\|T\| \leq \delta$ dürfen wir schreiben:

$$K(t_j) - K(t_{j-1}) = \int_{t_j}^{t_{j-1}} k(t)\,dt = k(t_j)(t_j - t_{j-1}) + \varepsilon(t_j - t_{j-1})\Theta\,,$$

so daß wir die $k(t_j)$ in (6) durch $K(\cdot)$ ausdrücken können:

$$\begin{aligned} R_T &= \sum_{j=1}^{n} g(t_j)\big(K(t_j) - K(t_{j-1})\big) + \sum_{j=1}^{n} |g(t_j)|\varepsilon(t_j - t_{j-1})\Theta \\ &= \sum_{j=1}^{n} g(t_j)\big(K(t_j) - K(t_{j-1})\big) + \varepsilon M(b-a)\Theta\,. \end{aligned}$$

Wenden wir hier auf den Hauptteil partielle Summation an, so ergibt sich

$$R_T = g(b)K(b) - g(a)K(a) - \sum_{j=1}^{n}\big(g(t_j) - g(t_{j-1})\big)K(t_{j-1}) + \varepsilon M(b-a)\Theta\,,$$

und dies beweist

$$\begin{aligned} |R_T| &\leq |g(b)K(b) - g(a)K(a)| + K^* \sum_{j=1}^{n}\big|g(t_j) - g(t_{j-1})\big| + \varepsilon M(b-a) \\ &\leq |g(b)K(b) - g(a)K(a)| + V\,K^* + \varepsilon M(b-a) \\ &\leq 2MK^* + VK^* + \varepsilon M(b-a)\,. \end{aligned}$$

Tragen wir das in (5) ein, so erhalten wir

$$\left|\int_a^b g(t)k(t)\,dt\right| \leq 2MK^* + VK^* + \big(M(b-a) + 1\big)\varepsilon\,.$$

Da $\varepsilon > 0$ beliebig war, folgt hieraus (3). Gilt $g(b) = g(a)$ und $K(b) = K(a)$, so ist $|g(b)K(b) - g(a)K(a)| = 0$, und der von diesem Term mitgebrachte Anteil $2MK^*$ in der Formel (3) entfällt. ⌟

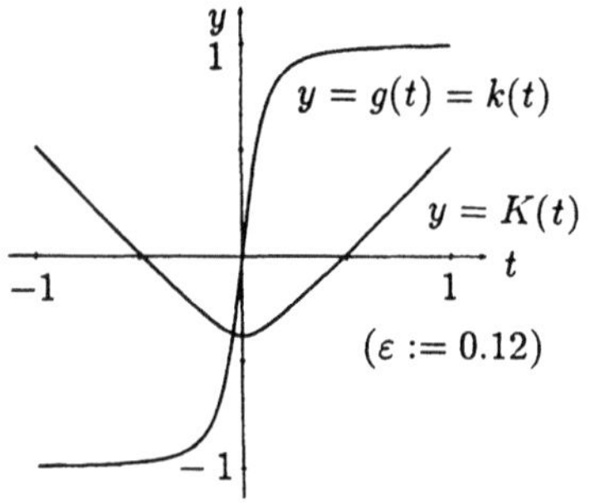

Fig. 15.5.1

① Wir zeigen, daß sich die Ungleichung (3) nicht verbessern läßt. Hierzu betrachten wir für ein festes $\varepsilon > 0$ die Funktionen

$$g(t) = k(t) := \frac{t}{\sqrt{t^2 + \varepsilon^2}} \qquad (-1 \le t \le 1)$$

(siehe die Fig. 15.5.1). Die Funktion

$$K(t) := \sqrt{t^2 + \varepsilon^2} - \frac{1}{2}\sqrt{1 + \varepsilon^2}$$

ist eine Stammfunktion von k, und man verifiziert leicht, daß die in (3) auftretenden Konstanten folgende Werte haben:

$$M = \frac{1}{\sqrt{1 + \varepsilon^2}}, \qquad V = \frac{2}{\sqrt{1 + \varepsilon^2}}, \qquad K^* = \frac{1}{2}\sqrt{1 + \varepsilon^2}\,.$$

Folglich ist $(2M + V)K^* = 2$. Anderseits ist

$$\int_{-1}^{1} g(t)k(t)\,dt = \int_{-1}^{1} \Bigl(1 - \frac{\varepsilon^2}{t^2 + \varepsilon^2}\Bigr)\,dt = 2\Bigl(1 - \varepsilon \arctan \frac{1}{\varepsilon}\Bigr) \ge 2 - \pi\varepsilon\,.$$

Die Funktionen dieses Beispiels nutzen somit den von (3) gesetzten Spielraum für den Wert des Integrals $\int_{-1}^{1} g(t)k(t)\,dt$ bis zur Grenze aus. ○

Wir wenden diesen Hilfssatz gleich an, um Abschätzungen für Stammfunktionen von D_N zu gewinnen:

(15.30) (a) *Für alle $N \ge 0$ und alle $x \in [\,0, \pi\,]$ gilt*

$$0 \le \int_0^x D_N(t)\,dt \le 2\pi\,.$$

(b) *Für beliebiges $\delta > 0$ und alle $N \ge 1$ gilt*

$$\left|\int_\delta^x D_N(t)\,dt\right| \le \frac{3}{N \sin(\frac{1}{2}\delta)} \qquad (\delta \le x \le \pi)\,.$$

⌜ (a) Ein Blick auf die Figur 15.3.1 zeigt, daß die Flächenfunktion

$$F(x) := \int_0^x D_N(t)\,dt \qquad (0 \le x \le \pi)$$

nie negativ ist und an der Stelle $\xi := \pi/(N+\frac{1}{2})$ ihr globales Maximum annimmt, da die Flächeninhalte der alternierenden Buckel von D_N monoton abnehmen. Wegen $D_N(t) \le 2N+1$ folgt

$$F(x) \le \int_0^\xi D_N(t)\,dt \le (2N+1)\frac{\pi}{N+\frac{1}{2}} = 2\pi \qquad (0 \le x \le \pi)\ .$$

(b) Ist $\delta \le x \le \pi$, so können wir auf dem Intervall $[\,\delta, x]$ die Funktion D_N nach **(15.16)**(a) wie folgt zerlegen: $D_N(t) = g(t)k(t)$ mit

$$g(t) := \frac{1}{\sin(\frac{1}{2}t)}\,, \qquad k(t) := \sin\bigl((N+\tfrac{1}{2})t\bigr)\ .$$

Hier besitzt k die Stammfunktion

$$K(t) := -\frac{1}{N+\frac{1}{2}}\cos\bigl((N+\tfrac{1}{2})t\bigr)\ ;$$

folglich gilt

$$|K(t)| \le \frac{1}{N} =: K^*\ .$$

Anderseits ist die Funktion g auf dem Intervall $[\,\delta, x\,]$ monoton fallend; somit ist

$$|g(t)| \le g(\delta) = \frac{1}{\sin(\frac{1}{2}\delta)} =: M \qquad (\delta \le t \le x)$$

und

$$V := V_{[\delta,x]}(g) = g(\delta) - g(x) \le \frac{1}{\sin(\frac{1}{2}\delta)}\ .$$

Mit Hilfssatz **(15.29)** erhalten wir daher

$$\left|\int_\delta^x D_N(t)\,dt\right| = \left|\int_\delta^x g(t)k(t)\,dt\right| \le (2M+V)\,K^* \le \frac{3}{N\sin(\frac{1}{2}\delta)}\,,$$

und zwar trifft dies zu für beliebiges $x \in [\,\delta, \pi\,]$. ⌟

Nach diesen Vorbereitungen sind wir endlich in der Lage, den *Satz von Jordan* und damit unter geeigneten Voraussetzungen die Konvergenz (1) zu beweisen:

(15.31) *Ist die Funktion $f \in \mathcal{F}_{bv}$ in allen Punkten des Intervalls $Q := [a, b]$ stetig, so konvergiert die Fourier-Reihe von f auf Q gleichmäßig gegen f.*

⌜ Wir schreiben im folgenden wieder $V_{\ldots}$ anstelle von $V_{\ldots}(f)$. — Es sei ein $\varepsilon > 0$ vorgegeben. Wir zeigen zunächst: Es gibt ein $\delta > 0$, so daß für alle $x \in Q$ gilt:

$$V_{[x-\delta, x+\delta]} < \varepsilon .$$

⌜ Andernfalls gäbe es eine Folge $\delta_.$, $\delta_n \to 0$, und eine Folge $x_.$ auf Q mit

$$V_{[x_n - \delta_n, x_n + \delta_n]} \geq \varepsilon \qquad \forall n . \tag{7}$$

Die x_n besitzen einen Häufungspunkt $\xi \in Q$. Indem wir zu einer geeigneten Teilfolge überrgehen, dürfen wir annehmen: $x_n \to \xi$.

Die Funktion f ist stetig an der Stelle ξ. Nach **(15.28)**(b) gibt es daher ein $\tau > 0$ mit

$$V_{[\xi-\tau, \xi+\tau]} = V_{[\xi-\tau, \xi]} + V_{[\xi, \xi+\tau]} < \varepsilon . \tag{8}$$

Für hinreichend großes n ist aber $\delta_n + |x_n - \xi| \leq \tau$ und folglich

$$[x_n - \delta_n, x_n + \delta_n] \subset [\xi - \tau, \xi + \tau] .$$

Für derartige n sind (7) und (8) nicht miteinander verträglich. ⌟

Dieses δ wird im weiteren festgehalten. Über die Hilfsfunktion

$$g(x,t) := f(x-t) - f(x)$$

läßt sich dann folgendes sagen:

$$|g(x,t)| \leq V_{[x-\delta, x+\delta]} < \varepsilon \qquad \forall x \in Q , \ \forall t \in [-\delta, \delta] \tag{9}$$

und

$$V_{[-\delta,\delta]}\big(g(x,\cdot)\big) = V_{[x-\delta, x+\delta]}(f) < \varepsilon \qquad (x \in Q) . \tag{10}$$

Damit kommen wir zum Kern der Sache: Nach **(15.15)** und **(15.16)**(b) läßt sich die Differenz $s_N - f$ wie folgt darstellen:

$$s_N(x) - f(x) = \frac{1}{2\pi} \int_{-\pi}^{\pi} \big(f(x-t) - f(x)\big) D_N(t)\, dt = \frac{1}{2\pi} \int_{-\pi}^{\pi} g(x,t)\, D_N(t)\, dt .$$

Wir zerlegen die rechte Seite in drei Summanden:

$$s_N(x) - f(x) = \frac{1}{2\pi} \left(\int_{-\pi}^{-\delta} \cdots + \int_{-\delta}^{\delta} \cdots + \int_{\delta}^{\pi} \cdots \right) =: I_1 + I_2 + I_3$$

und wenden uns zunächst dem Integral I_2 zu: Nach **(15.30)**(a) besitzt D_N auf dem Intervall $[-\delta, \delta]$ eine Stammfunktion vom Betrag $\leq 2\pi$. Hilfssatz **(15.29)** liefert daher im Verein mit den vorbereiteten Ungleichungen (9) und (10) die Abschätzung

$$|I_2| = \frac{1}{2\pi}\left|\int_{-\delta}^{\delta} g(x,t)\, D_N(t)\, dt\right| \leq \frac{1}{2\pi}(2\varepsilon + \varepsilon)\, 2\pi = 3\varepsilon\,,$$

unabhängig von $x \in Q$ und N.

Nun zu I_3: Auf dem Intervall $[\delta, \pi]$ besitzt D_N nach **(15.30)**(b) eine Stammfunktion vom Betrag $\leq \dfrac{3}{N \sin(\frac{1}{2}\delta)}$. Es gibt ein M mit $f(t) \leq M$ für alle t; somit ist $|g(x,t)| \leq 2M$ für alle x und alle t. Ferner ist

$$V_{[\delta,\pi]}\big(g(x,\cdot)\big) \leq V(f) =: V\,.$$

Mit **(15.29)** erhalten wir daher

$$|I_3| = \frac{1}{2\pi}\left|\int_{\delta}^{\pi} g(x,t)\, D_N(t)\, dt\right| \leq \frac{1}{2\pi}(4M + V)\frac{3}{N \sin(\frac{1}{2}\delta)}\,,$$

und hier ist die rechte Seite $< \varepsilon$, sobald N eine gewisse, von M, V und δ, nicht aber von x abhängige Schranke N_0 überschreitet. — Analog schließt man für I_1.

Zusammengefaßt ergibt sich

$$|s_N(x) - f(x)| \leq |I_1| + |I_2| + |I_3| < 5\varepsilon \qquad \forall x \in Q\,,\ \forall N > N_0\,,$$

was zu beweisen war. ┘

Aus diesem Satz ergeben sich die beiden folgenden Korollare:

(15.32) *Ist f eine stetige 2π-periodische Funktion von beschränkter totaler Variation, so konvergiert die Fourier-Reihe von f gleichmäßig gegen f.*

Die Gesamtheit der in **(15.32)** betrachteten Funktionen wird im weiteren mit $\mathcal{F}_{bvc}$ bezeichnet.

(15.33) *Ist $f \in \mathcal{F}_{bv}$, so konvergiert die Fourier-Reihe von f an jeder Stelle x gegen den symmetrischen Grenzwert $\tilde{f}(x)$:*

$$\lim_{N\to\infty} s_N(x) = \tilde{f}(x) \qquad \forall x \in \mathbb{R}\,.$$

┌ Nach **(15.28)**(a) existieren an jeder Stelle x die einseitigen Grenzwerte $f(x+)$ und $f(x-)$; folglich ist $\tilde{f}(x)$ überall vorhanden.

Wir dürfen im weiteren $x = 0$ annehmen und betrachten wieder die an der Stelle 0 stetige Hilfsfunktion

$$g(t) := \begin{cases} \frac{1}{2}\big(f(t) + f(-t)\big) & (t \neq 2\pi\mathbb{Z}) \\ \tilde{f}(0) & (t \in 2\pi\mathbb{Z}) \end{cases}$$

Nach dem Satz von Jordan, angewandt auf g und das einpunktige Intervall $\{0\}$, gilt jedenfalls

$$\lim_{N\to\infty} s_N^{(g)}(0) = g(0) = \tilde{f}(0) .$$

Anderseits ist aber $s_N^{(g)}(0) = s_N^{(f)}(0)$, was man wie im Beweis von **(15.24)**, mit D_N anstelle von K_N, verifiziert. ┘

Wir haben im Zusammenhang mit dem Riemann-Lebesgue-Lemma bemerkt, daß es von den Stetigkeitseigenschaften der Funktion $f \in \mathcal{F}$ abhängt, wie schnell die Fourier-Koeffizienten von f mit $|k| \to \infty$ gegen 0 gehen; siehe dazu auch die Beispiele 15.1.② und ③. Dies soll hier noch genauer untersucht werden, wobei sich dann auch quantitative Aussagen machen lassen.

(15.34) *Die Funktion $f \in \mathcal{F}$ mit Fourier-Koeffizienten c_k sei r-mal stetig differenzierbar, $r \geq 0$, und es sei $V(f^{(r)}) =: V < \infty$. Dann gilt*

$$|c_k| \leq \frac{V}{2\pi k^{r+1}} \qquad (k \neq 0) ,$$

und die gleichmäßig konvergente Fourier-Entwicklung

$$f(t) = \sum_{k=-\infty}^{\infty} c_k e^{ikt} \tag{11}$$

darf r-mal gliedweise differenziert werden, da die dabei entstehenden Reihen ebenfalls gleichmäßig konvergieren.

┌ Es sei zunächst $r = 0$, das heißt: $f \in \mathcal{F}_{bvc}$. Wir wenden auf die Formel

$$c_k = \frac{1}{2\pi} \int_{-\pi}^{\pi} f(t) e^{-ikt}\, dt$$

den Hilfssatz **(15.29)** an. Ist $k \neq 0$, so besitzt e^{-ikt} die 2π-periodische Stammfunktion ie^{-ikt}/k, und es gilt

$$\left| \frac{i}{k} e^{-ikt} \right| = \frac{1}{k} \qquad \forall t .$$

Da die Zusatzvoraussetzungen von **(15.29)** im vorliegenden Fall erfüllt sind, haben wir in der Tat

$$|c_k| \leq \frac{1}{2\pi} V \, \frac{1}{k} ;$$

ferner gilt nach dem allgemeinen Satz **(15.32)** für alle t die Formel (11), und zwar konvergiert die Reihe gleichmäßig.

Es sei nun $r \geq 1$, und der Satz sei richtig für $r - 1$. Er ist dann anwendbar auf die Funktion $g := f'$ mit Fourier-Koeffizienten c'_k $(k \in \mathbb{Z})$, $c'_0 = 0$. Es gilt also

$$|c'_k| \leq \frac{V'}{2\pi k^r} \tag{12}$$

mit $V' := V(g^{(r-1)}) = V(f^{(r)}) = V$, und die gleichmäßig konvergente Entwicklung

$$g(t) = \sum_{k\neq 0} c'_k e^{ikt} \tag{13}$$

darf $(r-1)$-mal gliedweise differenziert werden. Wird (13) gliedweise integriert, so resultiert

$$f(t) = c_0 + \sum_{k\neq 0} \frac{c'_k}{ik} e^{ikt}$$

für ein geeignetes c_0, und da die erhaltene Reihe nach **(11.11)** ebenfalls gleichmäßig konvergiert, stellt sie nach Proposition **(15.3)** die Fourier-Reihe von f dar; das heißt, es ist

$$c_k = \frac{c'_k}{ik} \qquad (k \neq 0) .$$

Hieraus folgt mit (12):

$$|c_k| \leq \frac{V}{2\pi k^{r+1}} ,$$

wie behauptet; ferner läßt sich die Reihe (11) r-mal gliedweise differenzieren, da die nach einmaliger Differentiation resultierende Reihe (13) noch $(r-1)$-mal differenziert werden darf. ⌟

15.6. Beispiele und Anwendungen

① Die natürliche Fortsetzung von Cosinus und Sinus in die komplexe Ebene ist definiert durch

$$\cos z := \frac{e^{iz} + e^{-iz}}{2} , \qquad \sin z := \frac{e^{iz} - e^{-iz}}{2i} \qquad (z \in \mathbb{C}) .$$

Damit sind auch für beliebiges $\alpha \in \mathbb{C}$ die komplexwertigen Funktionen

$$t \mapsto \cos(\alpha t) , \qquad t \mapsto \sin(\alpha t) \qquad (t \in \mathbb{R})$$

erklärt, und es gelten hierfür die vertrauten Rechenregeln.

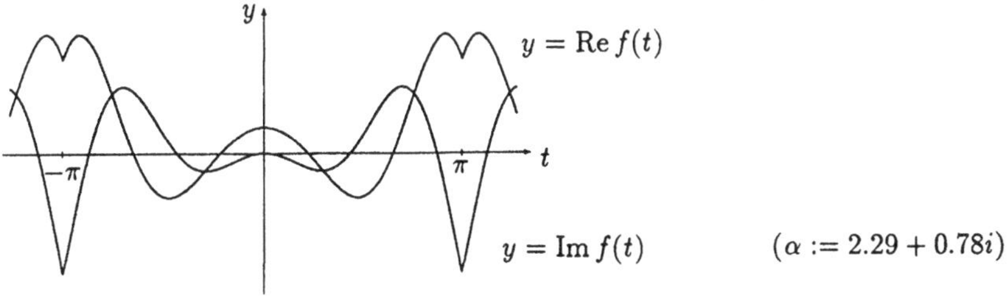

Fig. 15.6.1

Wir betrachten jetzt für ein fest vorgegebenes $\alpha \in \mathbb{C} \setminus \mathbb{Z}$ die 2π-periodische Funktion

$$f(t) := \begin{cases} \cos(\alpha t) & (-\pi \le t \le \pi) \\ f(t+2\pi) & \forall t \end{cases}$$

(siehe die Fig. 15.6.1). Da f gerade ist, besitzt f eine formale Fourier-Reihe der Form

$$f(t) \rightsquigarrow \frac{a_0}{2} + \sum_{k=1}^{\infty} a_k \cos(kt)$$

mit

$$a_k = \frac{2}{\pi} \int_0^{\pi} \cos(\alpha t) \cos(kt)\, dt = \frac{1}{\pi} \int_0^{\pi} \Bigl(\cos\bigl((\alpha+k)t\bigr) + \cos\bigl((\alpha-k)t\bigr)\Bigr)\, dt\ .$$

Wir dürfen hier wie im Reellen integrieren. Nach Voraussetzung über α sind die dabei auftretenden Nenner $\neq 0$, und es ergibt sich

$$\begin{aligned} a_k &= \frac{1}{\pi} \left(\frac{\sin\bigl((\alpha+k)t\bigr)}{\alpha+k} \bigg|_0^{\pi} + \frac{\sin\bigl((\alpha-k)t\bigr)}{\alpha-k} \bigg|_0^{\pi} \right) \\ &= \frac{(-1)^k}{\pi} \sin(\alpha\pi) \Bigl(\frac{1}{\alpha+k} + \frac{1}{\alpha-k} \Bigr) = \frac{(-1)^k}{\pi} \sin(\alpha\pi) \frac{2\alpha}{\alpha^2-k^2}\ . \end{aligned}$$

Nun ist offensichtlich $f \in \mathcal{F}_{bvc}$. Nach **(15.32)** konvergiert daher die Fourier-Reihe von f gegen f, und wir haben

$$\cos(\alpha t) = \frac{\sin(\alpha\pi)}{\pi} \left(\frac{1}{\alpha} + 2\alpha \sum_{k=1}^{\infty} \frac{(-1)^k \cos(kt)}{\alpha^2-k^2} \right) \qquad (-\pi \le t \le \pi)\ . \tag{1}$$

Setzen wir hier speziell $t := 0$, so ergibt sich nach Division mit $\sin(\alpha\pi)$ $(\neq 0)$:

$$\frac{1}{\sin(\alpha\pi)} = \frac{1}{\pi} \left(\frac{1}{\alpha} + \sum_{k=1}^{\infty} (-1)^k \frac{2\alpha}{\alpha^2-k^2} \right) \tag{2}$$

Wir betrachten nun den bislang festgehaltenen Parameter α als eine komplexe Variable und schreiben dafür z. Die Formel (2) geht dann über in

$$\frac{1}{\sin(\pi z)} = \frac{1}{\pi} \left(\frac{1}{z} + \sum_{k=1}^{\infty} (-1)^k \Bigl(\frac{1}{z-k} + \frac{1}{z+k} \Bigr) \right) \qquad (z \in \mathbb{C} \setminus \mathbb{Z})\,,$$

was wir als eine "Partialbruchzerlegung" der Funktion $\phi(z) := 1/\sin(\pi z)$ auffassen können. Die Zerlegung bringt zum Ausdruck, daß diese Funktion an den Stellen $k \in \mathbb{Z}$ je einen sogenannten *Pol* erster Ordnung besitzt.

Erteilen wir in (1) der Variablen t den Wert π, so ergibt sich analog

$$\cot(\alpha\pi) = \frac{1}{\pi}\left(\frac{1}{\alpha} + \sum_{k=1}^{\infty}\frac{2\alpha}{\alpha^2 - k^2}\right) \tag{3}$$

bzw.

$$\cot(\pi z) = \frac{1}{\pi}\left(\frac{1}{z} + \sum_{k=1}^{\infty}\Big(\frac{1}{z-k} + \frac{1}{z+k}\Big)\right) \qquad (z \in \mathbb{C}\setminus\mathbb{Z})$$

und damit eine "Partialbruchzerlegung" des Cotangens. ○

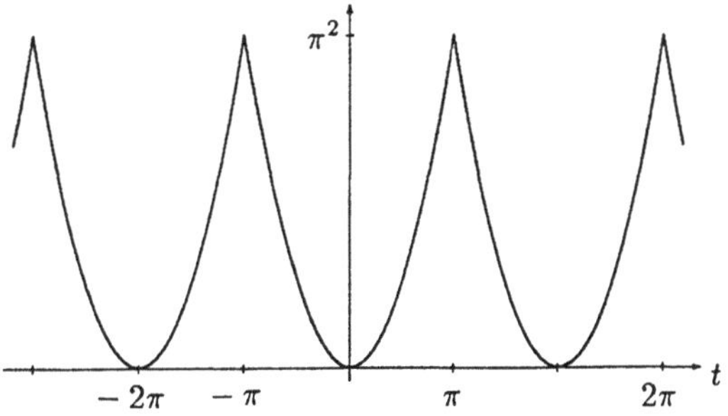

Fig. 15.6.2

② Die Funktion

$$f(t) := \begin{cases} t^2 & (-\pi \le t \le \pi) \\ f(t+2\pi) & \forall t \end{cases}$$

(siehe die Fig. 15.6.2) ist in $\mathcal{F}_{bvc}$ und besitzt daher eine gleichmäßig konvergente Fourier-Entwicklung der Form

$$f(t) = \frac{a_0}{2} + \sum_{k=1}^{\infty} a_k \cos(kt) .$$

Dabei ist

$$a_0 = \frac{2}{\pi}\int_0^{\pi} t^2\,dt = \frac{2\pi^2}{3} ,$$

und für $k \ge 1$ gilt

$$\begin{aligned} a_k &= \frac{2}{\pi}\int_0^{\pi} \underset{\downarrow}{t^2}\ \underset{\uparrow}{\cos(kt)}\,dt = \frac{2}{\pi}\left(\frac{1}{k}t^2\sin(kt)\Big|_0^{\pi} - \frac{2}{k}\int_0^{\pi} \underset{\downarrow}{t}\ \underset{\uparrow}{\sin(kt)}\,dt\right) \\ &= 0 - \frac{4}{k\pi}\left(-\frac{1}{k}t\cos(kt)\Big|_0^{\pi} + \frac{1}{k}\int_0^{\pi}\cos(kt)\,dt\right) \\ &= \frac{4(-1)^k}{k^2} + 0 . \end{aligned}$$

Damit erhalten wir die Identität

$$t^2 = \frac{\pi^2}{3} + \sum_{k=1}^{\infty} \frac{4(-1)^k}{k^2} \cos(kt) \qquad (-\pi \le t \le \pi) .$$

Wir benutzen dieses Resultat, um zwei Werte der sogenannten *Riemannschen Zetafunktion*

$$\zeta(s) := \sum_{k=1}^{\infty} \frac{1}{k^s} \qquad (s > 1)$$

zu berechnen. Setzt man erstens in der obigen Identität $t := \pi$, so ergibt sich

$$\pi^2 = \frac{\pi^2}{3} + 4 \sum_{k=1}^{\infty} \frac{1}{k^2} .$$

Damit erhalten wir für die Summe der reziproken Quadratzahlen den Wert

$$\zeta(2) = \sum_{k=1}^{\infty} \frac{1}{k^2} = \frac{\pi^2}{6} ,$$

den Euler als erster gefunden hat.

Zweitens wenden wir auf f die Parsevalsche Gleichung **(15.26)** an. Wegen $c_{\pm k} = \frac{1}{2}(a_k \mp ib_k))$ gilt in unserem Fall

$$c_0 = \frac{a_0}{2} = \frac{\pi^2}{3} , \qquad |c_{\pm k}|^2 = \frac{1}{4} a_k^2 = \frac{4}{k^4} \quad (k \ge 1) .$$

Anderseits ist

$$\|f\|^2 = \frac{1}{2\pi} \int_{-\pi}^{\pi} t^4 \, dt = \frac{\pi^4}{5} .$$

Mit **(15.26)** ergibt sich daher

$$\frac{\pi^4}{9} + 2 \sum_{k=1}^{\infty} \frac{4}{k^4} = \frac{\pi^4}{5}$$

und hieraus

$$\zeta(4) = \sum_{k=1}^{\infty} \frac{1}{k^4} = \frac{\pi^4}{90} .$$

Wenn man ein wenig systematischer vorgeht, erhält man eine Formel für $\zeta(2m)$, $m \ge 1$ beliebig, und zwar ist jedes einzelne $\zeta(2m)$ ein rationales Vielfaches von π^{2m}. Es ist bis heute nicht gelungen, auch die "ungeraden" ζ-Werte $\zeta(2m+1)$ durch einfachere Konstanten auszudrücken. ○

③ In diesem Beispiel verwenden wir die Integraldarstellung **(15.15)** von s_N und unser Wissen über $\lim_{N\to\infty} s_N$, um ein gewisses uneigentliches Integral auszurechnen, das uns über den Kalkül mit Stammfunktionen nicht zugänglich ist. Wir zeigen nämlich:

(15.35)
$$\int_{-\infty}^{\infty} \frac{\sin t}{t}\,dt = \pi .$$

⌜ Die Funktion

$$f(t) := \begin{cases} 1 & (t=0) \\ \dfrac{2\sin(\frac{1}{2}t)}{t} & (0<|t|\le\pi) \\ f(t+2\pi) & \forall t \end{cases}$$

ist offensichtlich in $\mathcal{F}_{bvc}$. Nach **(15.15)** und **(15.16)**(a) gilt

$$s_N(0) = \frac{1}{2\pi}\int_{-\pi}^{\pi} \frac{2\sin(\frac{1}{2}t)}{t}\,\frac{\sin((N+\frac{1}{2})t)}{\sin(\frac{1}{2}t)}\,dt = \frac{1}{\pi}\int_{-\pi}^{\pi}\frac{\sin((N+\frac{1}{2})t)}{t}\,dt ,$$

und mit Hilfe der Substitution $t := t'/(N+\frac{1}{2})$ wird hieraus

$$s_N(0) = \frac{1}{\pi}\int_{-(N+1/2)\pi}^{(N+1/2)\pi} \frac{\sin t'}{t'}\,dt' .$$

Aufgrund des Satzes von Jordan haben wir daher

$$1 = f(0) = \lim_{N\to\infty} s_N(0) = \frac{1}{\pi}\int_{-\infty}^{\infty}\frac{\sin t}{t}\,dt ,$$

womit die Konvergenz des betrachteten uneigentlichen Integrals und auch die behauptete Formel erwiesen sind. ⌟

(Der Integrand ist eine gerade Funktion, weshalb es erlaubt ist, sich auf den Hauptwert zu beschränken. Das Integral ist übrigens nicht absolut konvergent; vielmehr divergiert $\int_0^N \frac{|\sin t|}{t}\,dt$ mit $N\to\infty$ wie die harmonische Reihe.) ○

Der Satz von Fejér bzw. Korollar **(15.23)** besagt insbesondere, daß sich jede Funktion $f \in \mathcal{F}_c$ durch trigonometrische Polynome gleichmäßig approximieren läßt. Mit Hilfe einer Variablentransformation läßt sich hieraus ein Satz über die Approximation von stetigen Funktionen durch *gewöhnliche* Polynome gewinnen. Es handelt sich um den berühmten *Satz von Weierstraß*:

(15.36) *Es sei* $f : [-1,1] \to \mathbb{C}$ *eine stetige Funktion. Dann gibt es zu jedem* $\varepsilon > 0$ *ein Polynom* $p(\cdot)$ *mit*

$$|f(x) - p(x)| < \varepsilon \qquad (-1 \le x \le 1)\,. \tag{4}$$

In Worten: Eine auf einem kompakten Intervall Q stetige Funktion läßt sich auf Q durch Polynome gleichmäßig approximieren.

⌜ Wir betrachten für einen Moment die zusammengesetzte Funktion

$$\tilde{f}(\phi) := f(\cos\phi) \qquad (\phi \in \mathbb{R})\,.$$

Nach Voraussetzung über f ist $\tilde{f} \in \mathcal{F}_c$. Nach dem Korollar **(15.23)** zum Satz von Fejér gibt es daher ein N mit

$$|\tilde{f}(\phi) - \sigma_N(\phi)| < \varepsilon \qquad (\phi \in \mathbb{R})\,, \tag{5}$$

dabei bezeichnet σ_N das N-te Fejér-Mittel von $\tilde{f}$. Da $\tilde{f}$ gerade ist, hat σ_N die folgende Gestalt:

$$\sigma_N(\phi) = \sum_{k=0}^{N} a'_k \cos(k\phi)\,. \tag{6}$$

Wir benötigen den folgenden Hilfssatz, der die sogenannten *Tschebyscheff-Polynome* etabliert:

(15.37) *Zu jedem* $k \in \mathbb{N}$ *gibt es ein Polynom* T_k *vom genauen Grad* k *mit*

$$\cos(k\phi) \;\equiv\; T_k(\cos\phi)\,,$$

und zwar genügen die T_k *der Rekursion*

$$T_0(x) = 1\,, \quad T_1(x) = x\,, \qquad T_{k+1}(x) = 2x\,T_k(x) - T_{k-1}(x) \quad (k \ge 1)\,.$$

⌜ Dies ist für $k = 0$ und $k = 1$ trivial und ergibt sich von da ab aus der Identität

$$\cos\big((k+1)\phi\big) = 2\cos\phi\,\cos(k\phi) - \cos\big((k-1)\phi\big)\,.$$ ⌟

Das Fejér-Mittel (6) läßt sich daher auch folgendermaßen schreiben:

$$\sigma_N(\phi) = \sum_{k=0}^{N} a'_k\,T_k(\cos\phi) \;=:\; p(\cos\phi)\,;$$

dabei bezeichnet $p(\cdot)$ ein gewisses Polynom vom Grad $\leq N$. Tragen wir dies in (5) ein, so ergibt sich

$$|f(\cos\phi) - p(\cos\phi)| < \varepsilon \qquad \forall\phi$$

und somit, da $\cos\phi$ alle Werte im Intervall $[-1,1]$ annimmt, die behauptete Ungleichung (4). ⌟

Wir betrachten die folgende Situation: Die Funktion $f \in \mathcal{F}_{bv}$ ist in allen Punkten des Intervalls $[-h, h]$, $h > 0$, stetig, ausgenommen im Ursprung, wo f eine isolierte Sprungstelle besitzt. Dann ist auch $\tilde{f}$ dort unstetig. Unter diesen Umständen ist es nach Satz **(11.3)** ausgeschlossen, daß die s_N auf dem Intervall $[-h, h]$ *gleichmäßig* gegen $\tilde{f}$ konvergieren. Anderseits konvergieren die s_N auf allen Intervallen $[-h, -\delta]$, $[\delta, h]$ gleichmäßig. Die "Zone schlechter Approximation" zieht sich daher mit $N \to \infty$ notwendigerweise auf $\{0\}$ zusammen.

So weit, so gut. Nun tritt aber bei der Fourier-Approximation ein eigenartiges Phänomen auf: Alle Partialsummen s_N schießen in der Nähe von 0 um einen respektablen Betrag über den Wert von f hinaus. Dabei ist es nicht etwa so, daß diese Spitzen mit wachsendem N "von selbst verschwinden". Als dieses *Gibbssche Phänomen* zum ersten Mal (numerisch) beobachtet wurde, hat man es zunächst für ein Artefakt gehalten. Die analytische Untersuchung zeigt aber, daß es sich um einen realen Tatbestand handelt. Am einfachsten sieht man das an dem folgenden Beispiel (Fig. 15.6.3):

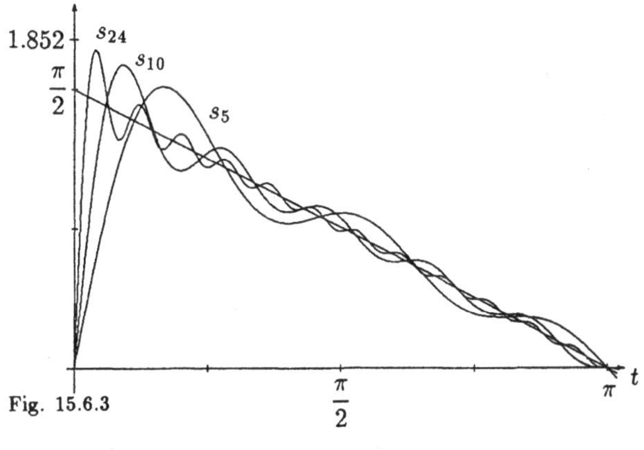

Fig. 15.6.3

④ Wir haben in Beispiel 15.1.② die Funktion

$$f(t) := \begin{cases} \frac{1}{2}(\pi - t) & (0 < t < 2\pi) \\ 0 & (t = 0) \\ f(t + 2\pi) & \forall t \in \mathbb{R} \end{cases}$$

mit der formalen Fourier-Reihe

$$f(t) \rightsquigarrow \sum_{k=1}^{\infty} \frac{\sin(kt)}{k}$$

betrachtet und durch Vergleich mit früheren Rechnungen festgestellt, daß die Fourier-Reihe tatsächlich für alle t gegen $f(t)$ konvergiert. Nachträglich können wir das als Folge des Satzes von Jordan, genau: von **(15.33)**, interpretieren, denn es ist $f \in \mathcal{F}_{bv}$ und $\tilde{f} = f$. Immerhin liefert der Satz von Jordan noch zusätzlich, daß die bedingt konvergente Reihe $\sum_{k=1}^{\infty} \sin(kt)/k$ in Intervallen $[\delta, 2\pi - \delta]$ gleichmäßig konvergiert, was man ihr ja nicht ohne weiteres ansieht.

Um nun einen Punkt x_N zu finden, in dem $s_N(x)$ möglichst viel über den Funktionswert $f(x)$ hinausschießt, bringen wir s_N mit Hilfe von

$$s'_N(t) = \sum_{k=1}^{N} \cos(kt) = \frac{1}{2}(D_N(t) - 1)$$

auf die Form

$$s_N(x) = \frac{1}{2} \int_0^x D_N(t)\,dt - \frac{x}{2} \tag{7}$$

und erhalten damit

$$s_N(x) - f(x) = \frac{1}{2} \int_0^x D_N(t)\,dt - \frac{\pi}{2} \qquad (0 < x < 2\pi)\,. \tag{8}$$

Wie schon beim Beweis des Hilfssatzes **(15.30)** bemerkt, hat das Integral rechter Hand seinen Maximalwert im Intervall $[0, \pi]$ an der Stelle $x_N := \pi/(N + \frac{1}{2})$, und zwar ergibt sich dort

$$\begin{aligned} \frac{1}{2} \int_0^{x_N} D_N(t)\,dt &= \int_0^{x_N} \frac{\sin((N + \frac{1}{2})t)}{t} \, \frac{t}{2\sin(\frac{1}{2}t)}\,dt \geq \int_0^{x_N} \frac{\sin((N + \frac{1}{2})t)}{t}\,dt \\ &= \int_0^{\pi} \frac{\sin t'}{t'}\,dt' \doteq 1.852\,. \end{aligned}$$

(Das letzte Integral läßt sich nicht elementar auswerten.) Tragen wir dies in (8) ein, so folgt

$$s_N(x_N) - f(x_N) \geq 1.852 - \frac{\pi}{2} \doteq 0.281 \qquad \forall N\,.$$

Wegen $f(x_N) \leq \frac{\pi}{2}$ überschießt daher jedes s_N die Funktion f an der Stelle x_N um wenigstens $\frac{0.281}{1.571} \doteq 18\%$. ○

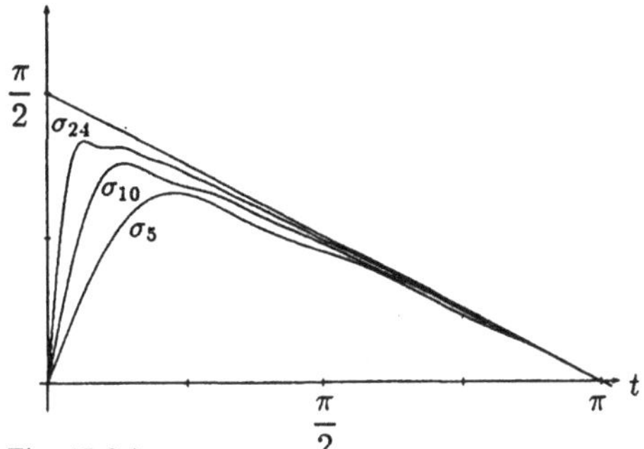

Fig. 15.6.4

Der tiefere Grund für das Gibbssche Phänomen ist die Tatsache, daß der Dirichletsche Kern sowohl positive wie negative Werte annimmt. Man kann daher nicht damit rechnen, daß $s_N(x)$ jederzeit in der "konvexen Hülle" der von f angenommenen Werte liegt. Betrachtet man anstelle der s_N die Fejér-Mittel σ_N, so tritt das Phänomen nicht mehr auf (Fig. 15.6.4).

⑤ Von Fejér stammt das folgende Beispiel einer stetigen Funktion, deren Fourier-Reihe an der Stelle 0 divergiert.

Aus der Darstellung (7) der Summen $s_N(x) := \sum_{k=1}^N \sin(kx)/k$ folgt mit **(15.30)**(a):

$$-\frac{\pi}{2} \le s_N(x) \le \pi \qquad (0 \le x \le \pi)\ .$$

Somit haben wir die universelle Abschätzung

$$\left|\sum_{k=1}^N \frac{1}{k}\sin(kt)\right| \le \pi \qquad \forall N,\ \forall t \tag{9}$$

(die Konstante π ließe sich natürlich verbessern). Wir betrachten jetzt die trigonometrischen Polynome

$$\begin{aligned} f_N(t) &:= 2\sin(2Nt)\sum_{k=1}^N \frac{1}{k}\sin(kt) \\ &= \sum_{k=1}^N \frac{1}{k}\Big(\cos((2N-k)t) - \cos((2N+k)t)\Big)\ . \end{aligned} \tag{10}$$

Die zweite Darstellung von f_N zeigt, daß f_N nur im Frequenzintervall $[N\,..\,3N]$ nichtverschwindende Fourier-Koeffizienten besitzt, und aus (9) folgt: Für alle N und alle t gilt $|f_N(t)| \le 2\pi$. Setzen wir daher

$$N_j := 2^{j^2} \qquad (j = 1, 2, \ldots)\ ,$$

so ist die Reihe

$$F(t) := \sum_{j=1}^{\infty} \frac{1}{j^2} f_{N_j}(t) \tag{11}$$

gleichmäßig konvergent. Somit ist $F \in \mathcal{F}_c$ und besitzt eine formale Fourier-Cosinusreihe, deren Koeffizienten durch gliedweise Integration von (11) berechnet werden können. Wegen

$$N_{j+1} = 2^{2j+1} N_j > 3N_j$$

überlappen sich die Frequenzintervalle der einzelnen f_{N_j} nicht. Mit Hilfe der Orthogonalitätsrelationen

$$\frac{1}{\pi} \int_{-\pi}^{\pi} \cos(nt)\cos(kt)\,dt = \delta_{nk} \qquad (n \geq 1,\ k \geq 0)$$

läßt sich daher der folgende Schluß ziehen: Die Fourier-Reihe von F ist nichts anderes als die "ausgepackte" Reihe (11); gemeint ist: Man erhält die Fourier-Reihe von F, indem man in (11) jedes einzelne f_{N_j} durch seine Darstellung (10) ersetzt. Bezeichnen wir die Partialsummen dieser Fourier-Reihe mit S_N, so haben wir insbesondere

$$S_{2N_j}(0) - S_{N_j}(0) = \frac{1}{j^2} \sum_{k=1}^{N_j - 1} \frac{1}{k} \geq \frac{1}{j^2} \int_1^{N_j} \frac{du}{u} = \log 2\,.$$

Da dies für alle $j \geq 1$ zutrifft, kann die Fourier-Reihe von F an der Stelle 0 nicht konvergieren. ○

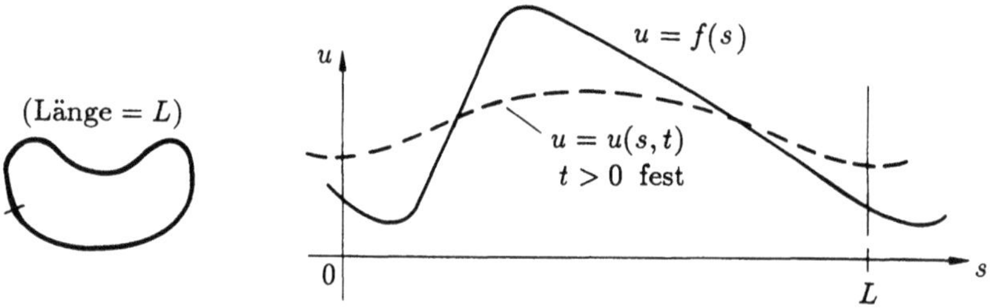

Fig. 15.6.5

⑥ Um endlich auch eine "konkrete" Anwendung der Fourier-Reihen zu geben, behandeln wir zum Schluß ein physikalisches Problem. Es geht um die Wärmeleitung (siehe Beispiel 14.6.⑤) in einer geschlossenen Drahtschleife der Länge L (Fig. 15.6.5). Diese Drahtschleife wird modelliert durch den Quotientenraum $\mathbb{R}/L$ und das Temperaturgeschehen in dieser Schleife durch eine L-periodische Funktion

$$u: \quad \mathbb{R} \times \mathbb{R}_{\geq 0} \to \mathbb{R}\,, \qquad (s,t) \mapsto u(s,t)\,. \tag{12}$$

Die physikalische Intuition sagt uns, daß diese Funktion bestimmt ist, sobald wir die (örtlich variable) Anfangstemperatur $f : \mathbb{R}/L \to \mathbb{R}$ in der Drahtschleife kennen. Damit stehen wir vor dem folgenden mathematischen Problem:

Gesucht ist eine Funktion u vom Typ (12), die in erster Linie der eindimensionalen Wärmeleitungsgleichung

$$\frac{\partial u}{\partial t} = a^2 \frac{\partial^2 u}{\partial s^2} \tag{13}$$

genügt, ferner der Periodizitätsbedingung

$$u(s+L,t) = u(s,t) \qquad \forall s \in \mathbb{R}\,,\ \forall t \geq 0 \tag{14}$$

(eine Art Randbedingung) und schließlich der Anfangsbedingung

$$u(s,0) = f(s) \qquad \forall s \in \mathbb{R}\,.$$

Die partielle Differentialgleichung (13) und auch die Periodizitätsbedingung (14) sind linear und homogen. Die Gesamtheit $\mathcal{L}$ der Lösungen von (13)∧(14) bildet daher von vorneherein einen Vektorraum: Beliebige Linearkombinationen von Lösungen u_k, ja sogar gliedweise differenzierbare unendliche Reihen der Form

$$u := \sum_k c_k u_k\,, \qquad u_k \in \mathcal{L}\,,$$

sind ebenfalls Lösungen. Dieses *Superpositionsprinzip* erlaubt, unser Problem in der folgenden Weise anzugehen: Wir verschaffen uns einen hinreichend großen Vorrat $(U_k)_{k\geq 0}$ an speziellen Lösungen von (13)∧(14) und versuchen dann, durch passende Wahl der Koeffizienten c_k dafür zu sorgen, daß die Funktion $u := \sum_{k=0}^{\infty} c_k U_k$ auch noch die Anfangsbedingung befriedigt.

Die "Basislösungen" U_k sind nichttriviale Lösungen U von (13)∧(14) mit einer besonders einfachen Struktur:

$$U(s,t) = p(s)q(t)\,. \tag{15}$$

Die beiden Funktionen p und q von je einer Variablen müssen dann gemeinsam der folgenden Identität genügen:

$$p(s)q'(t) = a^2 p''(s)q(t) \qquad \forall s\,,\ \forall t\,. \tag{16}$$

Um hieraus Bedingungen für p und q einzeln zu erhalten, wählen wir einen Punkt (s_0, t_0) mit $U(s_0,t_0) = p(s_0)q(t_0) \neq 0$. Setzen wir in (16) einmal $s := s_0$ und dann $t := t_0$, so erhalten wir die beiden folgenden Identitäten in je einer Variablen:

$$q'(t) = \frac{a^2 p''(s_0)}{p(s_0)}\, q(t) \quad \forall t\,, \qquad p''(s) = \frac{q'(t_0)}{a^2 q(t_0)}\, p(s) \quad \forall s\,.$$

Hieraus folgt: Die beiden Funktionen p und q genügen notwendigerweise gewöhnlichen Differentialgleichungen der Form

$$q'(t) = \lambda\, q(t) \quad \forall t\,, \qquad p''(s) = \mu\, p(s) \quad \forall s \tag{17}$$

mit gewissen Konstanten λ, $\mu \in \mathbb{C}$. Umgekehrt: Ist (17) garantiert, so folgt

$$p(s)q'(t) - a^2 p''(s)q(t) = (\lambda - a^2\mu)\, p(s)q(t) \equiv 0$$

und damit (16), falls λ und μ durch die Gleichung

$$\lambda - a^2\mu = 0 \tag{18}$$

aneinander gekoppelt sind; im übrigen sind λ und μ beliebig. — Der heuristische Prozeß, der von der partiellen Differentialgleichung (13) über den Ansatz (15) zu den gewöhnlichen Differentialgleichungen (17) führt, heißt *Trennung der Variablen* (kein Zusammenhang mit der in Abschnitt 10.1 betrachteten Trennung der Variablen) und ist die Methode der Wahl bei der Behandlung von zahlreichen linearen partiellen Differentialgleichungen der mathematischen Physik.

Wir wenden uns zunächst der Differentialgleichung

$$p'' - \mu\, p = 0 \tag{19}$$

zu. Für $\mu = 0$ besitzt sie die allgemeine Lösung $p(s) = c + ds$; wegen der Periodizitätsbedingung können wir hiervon allerdings nur die konstanten Funktionen $p(s) \equiv c$ gebrauchen.

Ist $\mu \neq 0$, so ist $\mu = \nu^2$, wobei ν und $-\nu$ voneinander verschieden sind. Die Differentialgleichung (19) besitzt dann die beiden linear unabhängigen Lösungen $e^{\nu s}$ und $e^{-\nu s}$, ihre allgemeine Lösung hat daher die Form

$$p(s) = ce^{\nu s} + de^{-\nu s}\,.$$

Die Periodizitätsbedingung führt auf

$$c\,(e^{\nu L} - 1)e^{\nu s} + d\,(e^{-\nu L} - 1)e^{-\nu s} \equiv 0\,,$$

und das ist nur möglich, wenn $c = d = 0$ oder $e^{\nu L} = 1$ ist. Der bis dahin frei wählbare Parameter ν kann daher nur einen der folgenden Werte annehmen:

$$\nu \;=\; \nu_k := 2k\pi i/L\,, \qquad k = 1, 2, \ldots\,,$$

und für jedes derartige ν_k erhalten wir eine L-periodische Lösung von (19) der Form

$$p(s) := c\,e^{2k\pi is/L} + d\,e^{-2k\pi is/L}\,.$$

Wir verfolgen nur die reellwertigen Lösungen weiter; sie haben die folgende Gestalt:

$$p(s) = A\cos\frac{2k\pi s}{L} + B\sin\frac{2k\pi s}{L} \qquad (A, B \in \mathbb{R};\ k \geq 1)\,. \tag{20}$$

Die zu einem derartigen $p(s)$ gehörenden Funktionen $q(t)$ genügen der Differentialgleichung $q' = \lambda_k q$, wobei λ_k wegen (18) gegeben ist durch

$$\lambda_k = a^2\mu_k = a^2\nu_k^2 = -\frac{4a^2k^2\pi^2}{L^2}\,.$$

Als Lösungen ergeben sich die konstanten Vielfachen der Funktion

$$q(t) := \exp\Bigl(-\frac{4a^2k^2\pi^2}{L^2}\,t\Bigr)\,.$$

Zusammen mit (20) erhalten wir damit die folgende Kollektion von Funktionen (15):

$$U(s,t) = \Bigl(A\cos\frac{2k\pi s}{L} + B\sin\frac{2k\pi s}{L}\Bigr)\exp\Bigl(-\frac{4a^2k^2\pi^2}{L^2}\,t\Bigr) \qquad (A, B \in \mathbb{R};\ k \geq 1);$$

ferner gibt es noch die konstante Lösung $U(s,t) \equiv c$. Alle diese Funktionen U sind Lösungen von (13)$\wedge$(14); folglich befriedigt auch jede Reihe

$$u(s,t) := \frac{A_0}{2} + \sum_{k=1}^{\infty}\Bigl(A_k\cos\frac{2k\pi s}{L} + B_k\sin\frac{2k\pi s}{L}\Bigr)\exp\Bigl(-\frac{4a^2k^2\pi^2}{L^2}\,t\Bigr) \tag{21}$$

mit hinreichend rasch gegen 0 konvergenten Koeffizienten A_k, $B_k \in \mathbb{R}$ die homogenen Bedingungen (13) und (14) der ursprünglichen Aufgabe.

Es bleibt noch, die Anfangsbedingung $u(s,0) = f(s)$ zu erfüllen, und das heißt: die A_k, B_k so festzulegen, daß gilt:

$$\frac{A_0}{2} + \sum_{k=1}^{\infty}\Bigl(A_k\cos\frac{2k\pi s}{L} + B_k\sin\frac{2k\pi s}{L}\Bigr) = f(s) \qquad (s \in \mathbb{R}/L)\,. \tag{22}$$

Nach **(15.6)** besitzt f eine formale Fourier-Reihe der hier linker Hand angebotenen Gestalt. Wir nehmen also an, die A_k und die B_k seien gegeben durch 15.1.(19). Ist f zum Beispiel dreimal stetig differenzierbar und $V(f''') < \infty$, so gibt es nach **(15.34)** ein C mit $|A_k| \leq C/k^4$, analog für die B_k. Die Formel (22) gilt dann identisch in s, und die Reihe (21) darf gliedweise zweimal nach s bzw. einmal nach t differenziert werden, stellt also eine Lösung von (13)$\wedge$(14) dar. In anderen Worten: Setzt man die A_k und die B_k gleich den Fourier-Koeffizienten von f, so ist (21) eine Lösung der am Anfang gestellten Aufgabe. (Wir haben damit nicht bewiesen, daß es keine anderen Lösungen gibt.) ○

15.7. Aufgaben

1. Ist $f \in \mathcal{F}$ ungerade und auf $[0, 2\pi]$ nichtnegativ, so genügen die Sinus-Koeffizienten b_n von f der Abschätzung $|b_n| \leq n\, b_1$ $(n \geq 1)$.

2. Die Cosinus-Koeffizienten einer ungeraden Funktion $f \in \mathcal{F}$ sind alle gleich 0. Was läßt sich über die komplexen Fourier-Koeffizienten c_k von f sagen, wenn f (a) reell, (b) rein imaginär, (c) gerade, (d) ungerade ist?

3. Stelle die Funktion $\sin^p$, $p \in \mathbb{N}$, als trigonometrisches Polynom dar.

4. Entwickle die Funktion $f(t) := \exp(e^{it})$ in eine komplexe Fourier-Reihe.

5. Die Funktion $f : [0, 2\pi] \to \mathbb{C}$ sei r-mal stetig differenzierbar und besitze Fourier-Koeffizienten

$$c_k := \frac{1}{2\pi} \int_0^{2\pi} f(t) e^{-ikt}\, dt \qquad (k \in \mathbb{Z})\,.$$

Die analog definierten Fourier-Koeffizienten $c_k^{(j)}$ der Ableitungen $f^{(j)}$ $(1 \leq j \leq r)$ lassen sich ausdrücken durch die c_k und die Sprünge

$$\delta_j := f^{(j)}(0) - f^{(j)}(2\pi) \qquad (0 \leq j \leq r-1)\,.$$

6. Die Funktionen sin, $\sin^2$ und $\sin^3$ spannen einen dreidimensionalen Unterraum $U \subset \mathcal{F}$ auf.
   (a) Finde eine bequeme orthonormierte Basis von U.
   (b) Welches ist die Orthogonalprojektion der in Beispiel 15.1.② betrachteten Sprungfunktion f auf U?
   (c) Welchen Abstand hat f von U?

7. Das *Faltungsprodukt* $f * g$ von zwei Funktionen $f, g \in \mathcal{F}$ ist definiert durch

$$f * g\,(x) := \frac{1}{2\pi} \int_{-\pi}^{\pi} f(x-t) g(t)\, dt \qquad (x \in \mathbb{R})$$

(für eine intuitive Interpretation siehe Abschnitt 16.4). Beweise, was folgt:
   (a) Die Funktion $f * g$ ist 2π-periodisch und lokal integrierbar, also in $\mathcal{F}$. Sind f und g stetig, so ist auch $f * g$ stetig.
   (b) Die Operation $*$ ist (wie die punktweise Multiplikation) kommutativ und bilinear.
   (c) Die Fourier-Transformation

$$\Phi: \quad f \mapsto \widehat{f}\,, \qquad \widehat{f}(k) := c_k \quad (k \in \mathbb{Z})$$

verwandelt die Faltung ins gewöhnliche Produkt: Für beliebige Funktionen $f,\, g \in \mathcal{F}_c$ gilt

$$(f * g)\hat{}\,(k) = \hat{f}(k) \cdot \hat{g}(k)\ .$$

8. Berechne das Faltungsprodukt $\chi_k * \chi_l$.

9. Nach **(15.15)** gilt für beliebiges $f \in \mathcal{F}$ die Formel $s_N^{(f)} = D_N * f$. Mit ihrer Hilfe lassen sich ohne viel Rechnung die beiden folgenden Faltungsprodukte angeben:

   (a) $D_M * D_N$, (b) $D_M * K_N$ $(M, N \in \mathbb{N})$.

10. Man gebe eine Abschätzung für den über dem Intervall $\left[-\frac{2\pi}{N+1}, \frac{2\pi}{N+1}\right]$ liegenden Teil der Gesamtmasse von $\frac{1}{2\pi}K_N$.

11. Ist $f \in \mathcal{F}_c$ und α ein irrationales Vielfaches von 2π, so gilt für alle x:

$$\lim_{n\to\infty} \frac{1}{n} \sum_{j=0}^{n-1} f(x + j\alpha) = \frac{1}{2\pi} \int_{-\pi}^{\pi} f(t)\, dt\ .$$

   (*Hinweis:* Beweise die Formel zunächst für die speziellen Funktionen χ_k und argumentiere dann mit Hilfe von Satz **(15.23)**.)

12. (a) Für welche $z \in \mathbb{C}$ ist die Reihe $1 + z + z^2 + \ldots$ $(C, 1)$-summierbar?

    (b) Konstruiere ein Beispiel einer (konstanten) divergenten Reihe, die auch nicht $(C, 1)$-summierbar, wohl aber $(C, 2)$-summierbar ist.

13. Zeige: Die Reihe $\sum_{k=0}^{\infty} \cos(kt)$ ist für alle $t \in \mathbb{R}$ divergent, aber $(C, 1)$-summierbar. Auf Intervallen $[\delta, 2\pi - \delta]$, $\delta > 0$, ist die Reihe sogar gleichmäßig $(C, 1)$-summierbar.

14. Verifiziere: Ist die Funktion $g : [a, b] \to \mathbf{X}$ von beschränkter Variation, so ist g über $[a, b]$ integrierbar.

15. Verifiziere: Die Funktionen des Beispiels 15.5.① approximieren mit $\varepsilon \to 0$ einen Grenzfall, für den in 15.5.(3) tatsächlich das Gleichheitszeichen gilt.

16. Stelle die Funktion

$$g(t) := t\,(\pi - t) \qquad (0 \le t \le \pi)$$

   durch eine Sinus-Reihe dar und verwende das Resultat zur Berechnung der Summe

$$1 - \frac{1}{3^3} + \frac{1}{5^3} - \frac{1}{7^3} + \ldots\ .$$

17. Konstruiere eine in der Umgebung von $0 \in \mathbb{R}$ definierte Funktion, für die $f(0+)$ nicht existiert, wohl aber $\tilde{f}(0)$.

18. Zeige: Besitzen die Funktionen f, $g \in \mathcal{F}_c$ dieselben Fourier-Koeffizienten c_k $(k \in \mathbb{Z})$, so ist $f = g$.

19. Ist x_0 ein Stetigkeitspunkt der Funktion $f \in \mathcal{F}$ und ist die formale Fourier-Reihe von f an der Stelle x_0 konvergent, so ist tatsächlich $\lim_{N\to\infty} s_N(x_0) = f(x_0)$. (*Hinweis:* Keine Rechnungen!)

20. Zeige auf einfache Weise mit Hilfe der Abschätzungen **(15.30)**: Ist die Funktion $f \in \mathcal{F}$ an der Stelle x_0 lipstetig, so gilt $\lim_{N\to\infty} s_N(x_0) = f(x_0)$. (*Hinweis:* Man darf $x_0 := 0$, $f(x_0) := 0$ annehmen.)

21. Man zerlege die Funktion $f : t \mapsto \lfloor t \rfloor$ (:= größte ganze Zahl $\leq t$) in einen "langfristigen" und einen periodischen Anteil und gebe für den letzteren die (reelle) Fourier-Entwicklung, so daß im ganzen eine "analytische" Darstellung von $\tilde{f}$ resultiert.

22. Die Differentialgleichung

$$y - y'' = \left|\cos\frac{t}{2}\right|$$

besitzt eine 2π-periodische Lösung. Man bestimme diese Lösung durch Reihenansatz und anschließenden Koeffizientenvergleich. Man verifiziere, daß die durch formale Rechnungen gefundene Reihe tatsächlich eine Lösung $t \mapsto y(t)$ der ursprünglichen Aufgabe darstellt.

23. Die Funktion $f \in \mathcal{F}$ sei auf dem Intervall $[-\pi, \pi]$ gegeben durch $f(t) := |t|$. Man bestimme durch Reihenansatz die 2π-periodischen Lösungen der Differentialgleichung

$$y'' + \omega^2 y = f(t) .$$

Für welche Werte des Parameters ω gibt es (a) keine, (b) mehr als eine derartige Lösung?

24. Man beweise den Satz von Weierstraß (Satz **(15.36)**) für eine stetige Funktion $f : [0, \pi] \to \mathbb{C}$, indem f zuerst durch ein trigonometrisches Polynom und dieses dann mit Hilfe der Taylor-Entwicklung durch ein gewöhnliches Polynom approximiert wird.

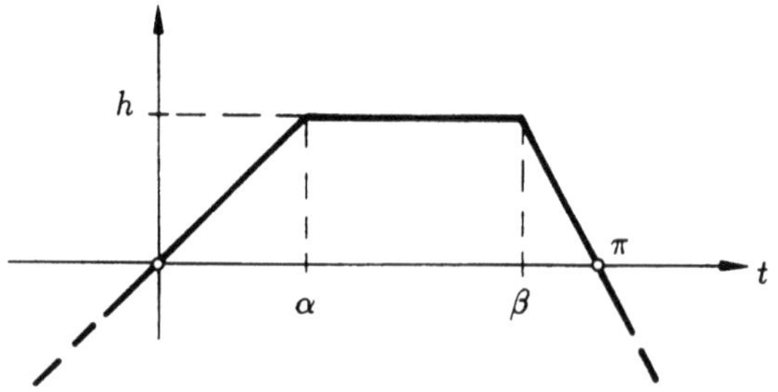

Fig. 15.7.1

25. Die Sinusfunktion soll durch eine stückweise lineare, 2π-periodische ungerade Funktion g (siehe die Fig. 15.7.1) derart approximiert werden, daß die ersten Sinus-Koeffizienten von g die folgenden Werte haben: $b_1 = 1$, $b_2 = b_3 = 0$. Wie müssen die Parameter α, β, h gewählt werden, und welche weiteren b_k verschwinden bei dieser Wahl?

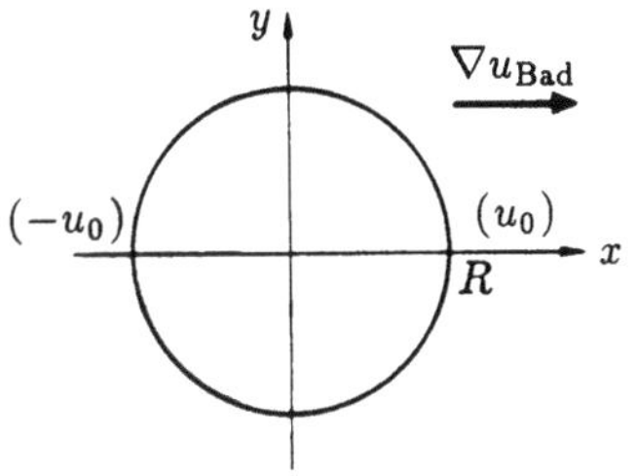

Fig. 15.7.2

26. (Vgl. Beispiel 15.6.⑥) Eine kreisförmige Drahtschleife der Länge $L = 2\pi R$ befand sich seit urdenklichen Zeiten in einem Wärmebad (Fig. 15.7.2), dessen Temperatur gegeben ist durch

$$u_{\rm Bad}(x, y) := \frac{x}{R}\, u_0 \ .$$

Zur Zeit $t := 0$ wird die Schleife aus dem Bad herausgenommen und sich selbst überlassen, worauf sich die Temperatur in der Schleife gemäß der Wärmeleitungsgleichung 15.6.(13) allmählich ausgleicht.

(a) Berechne die für $t \geq 0$ in der Schleife herrschende Temperaturverteilung $u(s, t)$.

(b) Nach welcher Zeit ist die maximale Temperaturdifferenz in der Schleife auf den e-ten Teil abgesunken?

16. Fourier-Analysis auf $\mathbb{R}$

16.1. Einführung

Wie wir im vorangehenden Kapitel gesehen haben, läßt sich jede hinreichend schöne 2π-periodische Funktion $f : \mathbb{R} \to \mathbb{C}$ als Superposition von "reinen Schwingungen" der Periode 2π darstellen. Mit *reinen Schwingungen* sind natürlich die Funktionen

$$\chi_k(t) := e^{ikt} \quad (k \in \mathbb{Z}) \qquad \text{bzw.} \qquad \cos(kt), \sin(kt) \quad (k \geq 0)$$

gemeint. Die komplexe Amplitude c_k, mit der die Frequenz k in der Funktion

$$f(t) = \sum_{k=-\infty}^{\infty} c_k \, e^{ikt} \qquad \text{bzw.} \qquad f = \sum_{k=-\infty}^{\infty} c_k \, \chi_k$$

vertreten ist, berechnet sich nach der Formel

$$c_k = \frac{1}{2\pi} \int_{-\pi}^{\pi} f(t) \, e^{-ikt} \, dt = (f, \chi_k) \, . \tag{1}$$

Man kann sich dabei vorstellen, daß f auf eine Weise mit χ_k zur "Interferenz" gebracht wird. Besitzt die komplexwertige Funktion f immer ungefähr dasselbe Argument wie die Funktion e^{ikt}, so werden im Integral (1) lauter Anteile mit positivem Realteil aufsummiert, und c_k erhält einen verhältnismäßig großen Betrag. Besitzt aber f ein Argument, das im Verhältnis zu dem von e^{ikt} eher zufällig verteilt ist, so wird sich bei der Integration das meiste herausheben, und c_k wird fast 0 sein.

Wir vergrößern nun den Vorrat an "Basisfunktionen", indem wir anstelle ganzer Zahlen k beliebige reelle Frequenzen λ zulassen. Wir fassen also die reinen Schwingungen

$$\chi_\lambda : \quad t \mapsto e^{i\lambda t} \qquad (\lambda \in \mathbb{R})$$

ins Auge und fragen uns, welche Funktionen als Superposition derartiger χ_λ dargestellt oder wenigstens durch Ausdrücke der Form

$$\sum_{k=1}^{N} c_k \exp(i\lambda_k t) \qquad \text{bzw.} \qquad \sum_{k=1}^{N} c_k \, \chi_{\lambda_k}$$

gleichmäßig approximiert werden können. Die betreffenden Funktionen f sind stetig, aber im allgemeinen nicht periodisch, und verhalten sich ziemlich eigenartig; man nennt sie *fastperiodische Funktionen*. Ein derartiges f ist für beliebig kleines $\varepsilon > 0$ "auf ε genau" periodisch mit sehr großen sogenannten *Fastperioden* T:

$$|f(t+T) - f(t)| < \varepsilon \qquad \forall t \in \mathbb{R} . \tag{2}$$

Insbesondere läßt sich auf diese Weise keine interessante Funktion f herstellen, für die $\lim_{t\to\pm\infty} f(t) = 0$ ist.

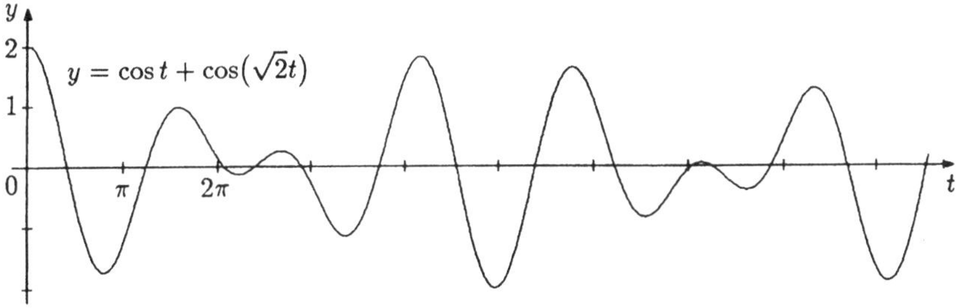

Fig. 16.1.1

① Wir behaupten: Die Funktion

$$f(t) := e^{it} + e^{i\sqrt{2}t}$$

(Fig. 16.1.1) ist nicht periodisch, besitzt aber zu jedem $\varepsilon > 0$ Fastperioden T im Sinn von (2).

⌈ Angenommen, die Funktion f sei periodisch mit Periode $T > 0$. Die Hilfsfunktion

$$h(t) := f(t+T) - f(t) = (e^{iT} - 1)e^{it} + (e^{i\sqrt{2}T} - 1)e^{i\sqrt{2}t} \tag{3}$$

ist dann $\equiv 0$, und mit Satz **(8.4)** folgt, daß gleichzeitig gilt

$$e^{iT} - 1 = 0, \qquad e^{i\sqrt{2}T} - 1 = 0 .$$

Nach **(6.14)** gibt es daher zwei positive ganze Zahlen k und k' mit $T = 2k\pi$ und $\sqrt{2}T = 2k'\pi$. Hieraus folgt aber $\sqrt{2} = k'/k$ — ein Widerspruch.

Um die Existenz von Fastperioden nachzuweisen, betrachten wir die Folge $\zeta.$ der Zahlen

$$\zeta_n := e^{2\pi i n\sqrt{2}} \in S^1 \qquad (n \geq 0) .$$

Diese Folge besitzt auf der kompakten Menge S^1 einen Häufungspunkt. Es gibt daher zwei Zahlen n' und n'', $n' < n''$, mit

$$|\zeta_{n'} - \zeta_{n''}| < \varepsilon .$$

Setzt man jetzt $T := 2\pi(n'' - n')$, so ist $e^{iT} = 1$, und mit (3) ergibt sich

$$h(t) = \left(e^{2\pi i(n''-n')\sqrt{2}} - 1\right)e^{i\sqrt{2}t} = (\zeta_{n''} - \zeta_{n'})\,\zeta_{n'}^{-1}\,e^{i\sqrt{2}t} .$$

Hieraus folgt

$$|f(t+T) - f(t)| = |h(t)| = |\zeta_{n''} - \zeta_{n'}| < \varepsilon \qquad \forall t .$$

┘

○

Sehen wir hingegen die Superposition der χ_λ in der Form eines Integrals über die ganze λ-Achse vor, in symbolischer Notation:

$$\text{“}\, f = \int_{-\infty}^{\infty} c(\lambda)\,\chi_\lambda\,d\lambda \,\text{”}, \tag{4}$$

so entsteht eine sehr befriedigende und reichhaltige Theorie, die in weiten Teilen zur Theorie der Fourier-Reihen parallel verläuft, aber noch zusätzliche innere Symmetrien aufweist, da hier der Definitionsbereich $\mathbb{R}$ der betrachteten Funktionen $t \mapsto f(t)$ und der *Frequenzbereich*, das heißt: der Definitionsbereich der zugehörigen Amplitudenfunktionen $\lambda \mapsto c(\lambda)$ isomorph sind, während sich bei den Fourier-Reihen $\mathbb{R}/2\pi$ und $\mathbb{Z}$ gegenüberstanden.

Nehmen wir die Analogie mit den Fourier-Reihen zu Hilfe, so ist nach dem zu (1) Gesagten folgendes zu erwarten: Die Intensität $c(\lambda)$, mit der die Frequenz λ in der Funktion f vertreten ist, berechnet sich nach einer Formel der folgenden Art:

$$c(\lambda) = C\int_{-\infty}^{\infty} f(t)\,e^{-i\lambda t}\,dt . \tag{5}$$

Hier ist C eine universelle (jedenfalls nicht von f abhängige) Konstante, die noch zu bestimmen wäre. Weiter: Ist die Amplitudenfunktion $\lambda \mapsto c(\lambda)$ bekannt, so erscheint die zugehörige Funktion $t \mapsto f(t)$ nach (4) in der Form

$$f(t) = \int_{-\infty}^{\infty} c(\lambda)\,e^{i\lambda t}\,d\lambda . \tag{6}$$

Um zu sehen, ob das funktioniert, betrachten wir gleich das folgende Beispiel:

② Die Funktion

$$f(t) := e^{-t^2/2}$$

ist gerade. Wir erhalten daher nacheinander

$$\begin{aligned} c(\lambda) &= C\int_{-\infty}^{\infty} e^{-t^2/2}\, e^{i\lambda t}\, dt = C\int_{-\infty}^{\infty} e^{-t^2/2}\left(\cos(\lambda t) - i\sin(\lambda t)\right) dt \\ &= C\int_{-\infty}^{\infty} e^{-t^2/2}\cos(\lambda t)\, dt \end{aligned}$$

und somit aufgrund der Formel **(14.21)**:

$$c(\lambda) = C\sqrt{2\pi}\, e^{-\lambda^2/2}\ .$$

Die Amplitudenfunktion sieht also in diesem Beispiel gleich aus wie die Ausgangsfunktion, lebt aber nicht im "Zeitbereich" sondern im Frequenzbereich. Wie in (6) vorgesehen, berechnen wir nun das Integral

$$\int_{-\infty}^{\infty} c(\lambda)\, e^{i\lambda t}\, d\lambda = C\sqrt{2\pi}\int_{-\infty}^{\infty} e^{-\lambda^2/2}\cos(\lambda t)\, d\lambda$$

und erhalten mit nochmaliger Benützung von **(14.21)**, diesmal allerdings mit λ als Integrationsvariable und t als Parameter:

$$\int_{-\infty}^{\infty} c(\lambda)\, e^{i\lambda t}\, d\lambda = 2\pi C e^{-t^2/2}\ .$$

Wird also $C := \frac{1}{2\pi}$ gesetzt, so liefert die Integration über λ tatsächlich die Ausgangsfunktion f zurück — jedenfalls in dem hier betrachteten Beispiel. ○

Die in den Formeln (5) und (6) skizzierte Fourier-Transformation auf $\mathbb{R}$ spielt eine wichtige Rolle in der mathematischen Physik (Beispiel: Wärmeleitung in einem unendlich langen Stab), in der Theorie der linearen partiellen Differentialgleichungen und in anderen Gebieten. Wir müssen uns in diesem Buch auf wenige Grundtatsachen und zugehörige Beispiele beschränken.

Soviel zur Einführung. Wir wollen nun richtig beginnen und treffen die folgenden Vereinbarungen: $\mathcal{R}$ ist der komplexe Vektorraum der beschränkten und lokal (das heißt: über beliebige endliche Intervalle) integrierbaren Funktionen $f : \mathbb{R} \to \mathbb{C}$, für die das uneigentliche Integral

$$\int_{-\infty}^{\infty} |f(t)|\, dt$$

einen endlichen Wert hat. Die *Fourier-Transformation* $\Phi : f \mapsto \widehat{f}$ produziert für jede Funktion $f \in \mathcal{R}$ eine Funktion

$$\widehat{f}: \quad \mathbb{R} \to \mathbb{C}, \qquad \lambda \mapsto \widehat{f}(\lambda),$$

und zwar ist die *Fourier-Transformierte* $\widehat{f}$ von f gegeben durch

$$\widehat{f}(\lambda) := \frac{1}{\sqrt{2\pi}} \int_{-\infty}^{\infty} f(t) e^{-i\lambda t}\, dt \qquad (\lambda \in \mathbb{R}) \tag{7}$$

(das angeschriebene Integral ist nach Voraussetzung über f konvergent). Gelegentlich werden auch die *Fourier-Cosinus-Transformierte* und die *Fourier-Sinus-Transformierte*

$$f^c(\lambda) := \sqrt{2/\pi} \int_0^{\infty} f(t) \cos(\lambda t)\, dt\,, \qquad f^s(\lambda) := \sqrt{2/\pi} \int_0^{\infty} f(t) \sin(\lambda t)\, dt$$

betrachtet. Ist f eine gerade Funktion, so gilt, wie schon in Beispiel ② bemerkt:

$$\begin{aligned}\widehat{f}(\lambda) &= \frac{1}{\sqrt{2\pi}} \int_{-\infty}^{\infty} f(t)\big(\cos(\lambda t) - i \sin(\lambda t)\big)\, dt \\ &= \frac{1}{\sqrt{2\pi}} \int_{-\infty}^{\infty} f(t)\, \cos(\lambda t)\, dt = \sqrt{2/\pi} \int_0^{\infty} f(t) \cos(\lambda t)\, dt\,,\end{aligned}$$

das heißt: $\widehat{f} = f^c$. Analog zeigt man: Ist f ungerade, so gilt $\widehat{f} = -i\, f^s$.

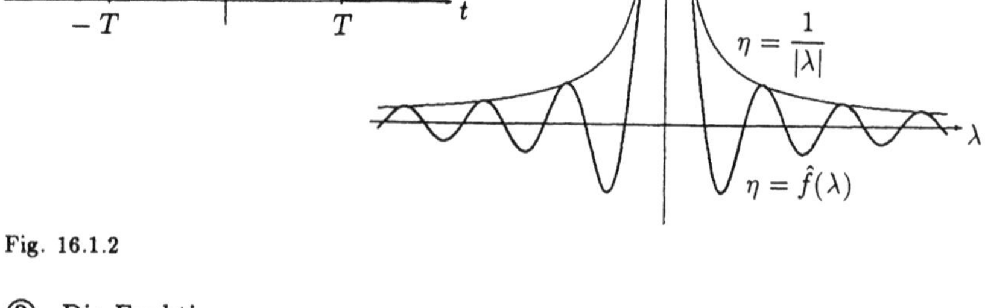

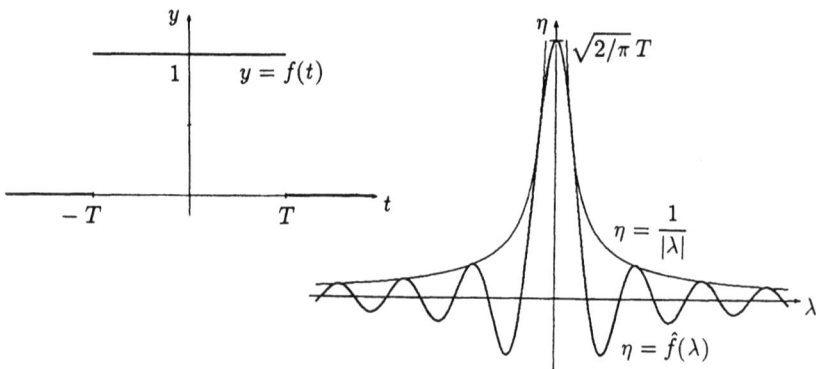

Fig. 16.1.2

③ Die Funktion

$$f(t) := \begin{cases} 1 & (\,|t| \le T\,) \\ 0 & (\,|t| > T\,) \end{cases}$$

besitzt die Fourier-Transformierte

$$\widehat{f}(\lambda) = f^c(\lambda) = \sqrt{2/\pi}\int_0^T \cos(\lambda t)\,dt = \begin{cases} \sqrt{2/\pi}\,T & (\lambda = 0) \\ \sqrt{2/\pi}\,\dfrac{\sin(T\lambda)}{\lambda} & (\lambda \neq 0) \end{cases} \tag{8}$$

(Fig. 16.1.2). Im Gegensatz zu f ist $\widehat{f}$ stetig (auch an der Stelle $\lambda = 0$) und besitzt den Träger $\mathbb{R}$. (Unter dem *Träger* einer Funktion ϕ versteht man die abgeschlossene Hülle der Menge $\{\lambda \mid \phi(\lambda) \neq 0\}$. Ein Punkt $\lambda \in \mathrm{dom}(\phi)$ gehört nicht zum Träger, wenn ϕ in einer gewissen Umgebung von λ identisch verschwindet.) ○

Es gelten die folgenden Rechenregeln:

(16.1) (a) $g(t) := e^{i\omega t} f(t)\,,\quad \omega \in \mathbb{R} \quad\Longrightarrow\quad \widehat{g}(\lambda) = \widehat{f}(\lambda - \omega)\,;$

(b) $g(t) := f(t + a)\,,\quad a \in \mathbb{R} \quad\Longrightarrow\quad \widehat{g}(\lambda) = e^{ia\lambda}\widehat{f}(\lambda)\,;$

(c) $g(t) := f\Bigl(\dfrac{t}{\sigma}\Bigr)\,,\quad \sigma > 0 \quad\Longrightarrow\quad \widehat{g}(\lambda) = \sigma\,\widehat{f}(\sigma\lambda)\,.$

In Worten: Multiplikation von $f(t)$ mit $e^{i\omega t}$ bewirkt eine Verschiebung des Graphen von $\widehat{f}$ um ω nach rechts; dual dazu hat eine Verschiebung des Graphen von f um a nach links zur Folge, daß $\widehat{f}(\lambda)$ den Faktor $e^{ia\lambda}$ aufnimmt. Der Regel (c) entnimmt man insbesondere, daß eine horizontale Kontraktion des Graphen von f mit einem Streckungsfaktor $\sigma < 1$ den Graphen von $\widehat{f}$ in der Vertikalen mit dem Faktor σ staucht und gleichzeitig in der Horizontalen mit dem Faktor $1/\sigma > 1$ streckt (siehe die Fig. 16.1.3).

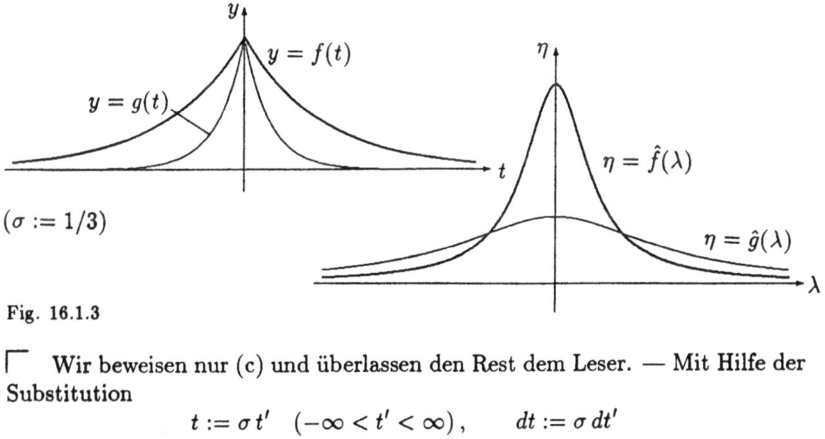

Fig. 16.1.3

⌜ Wir beweisen nur (c) und überlassen den Rest dem Leser. — Mit Hilfe der Substitution

$$t := \sigma t' \quad (-\infty < t' < \infty)\,, \qquad dt := \sigma\,dt'$$

ergibt sich nacheinander

$$\widehat{g}(\lambda) = \frac{1}{\sqrt{2\pi}}\int_{-\infty}^{\infty} f\Bigl(\frac{t}{\sigma}\Bigr)e^{-i\lambda t}\,dt = \frac{\sigma}{\sqrt{2\pi}}\int_{-\infty}^{\infty} f(t')e^{-i\lambda\sigma t'}\,dt' = \sigma\,\widehat{f}(\sigma\lambda)\,.$$ ⌟

④ Wir betrachten die bei $\pm T$ abgebrochene reine Schwingung der Frequenz $\lambda_0 \in \mathbb{R}$; gemeint ist die Funktion

$$f(t) := \begin{cases} e^{i\lambda_0 t} & (|t| \leq T) \\ 0 & (|t| > T) \end{cases}$$

(Fig. 16.1.4). Aufgrund von (8) und Regel **(16.1)**(a) ergibt sich

$$\widehat{f}(\lambda) = \sqrt{2/\pi}\,\frac{\sin\bigl(T(\lambda - \lambda_0)\bigr)}{\lambda - \lambda_0} .$$

In Worten: Wird eine abgebrochene reine Schwingung der Frequenz λ_0 als Vorgang längs der *ganzen* Zeitachse betrachtet, so sind in diesem Vorgang *alle* Frequenzen λ (mit unterschiedlichen Intensitäten) vertreten. Die Intensitätsspitze an der Stelle λ_0 ist umso ausgeprägter, je größer T ist, das heißt: je mehr Schwingungen tatsächlich stattfinden. Die Höhe des zentralen Buckels in der Fig. 16.1.4 rechts beträgt $\widehat{f}(\lambda_0) = \sqrt{2/\pi}\,T$, und dessen Breite hat den Wert $d = 2\pi/T$. ○

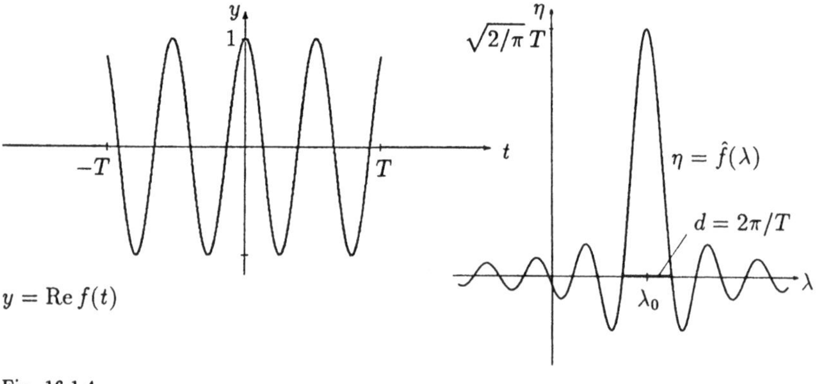

Fig. 16.1.4

Die angeführten Beispiele belegen die zwei folgenden Grundeigenschaften von $\widehat{f}$:

(16.2) *Die Fourier-Transformierte $\widehat{f} : \mathbb{R} \to \mathbb{C}$ einer Funktion $f \in \mathcal{R}$ ist gleichmäßig stetig.*

⌜ Es sei ein $\varepsilon > 0$ vorgegeben. Da das Integral $\int_{-\infty}^{\infty} |f(t)|\,dt$ existiert, gibt es ein $M > 0$ mit

$$\int_{|t|\geq M} |f(t)|\,dt := \int_{-\infty}^{-M} |f(t)|\,dt + \int_{M}^{\infty} |f(t)|\,dt \leq \varepsilon , \tag{9}$$

und da f beschränkt ist, dürfen wir nach allfälliger Vergrößerung von M zusätzlich annehmen: $|f(t)| \leq M$ für alle t.

Für beliebige λ, μ, $t \in \mathbb{R}$ gelten weiter die Ungleichungen

$$\left|e^{-i\lambda t} - e^{-i\mu t}\right| \leq \begin{cases} |\lambda - \mu|\,|t| \\ 2 \end{cases} ;$$

die erste nach dem Mittelwertsatz der Differentialrechnung, angewandt auf die Funktion $\tau \mapsto e^{i\tau}$, die zweite trivialerweise. Wir haben dann

$$\begin{aligned} \sqrt{2\pi}\left|\widehat{f}(\lambda) - \widehat{f}(\mu)\right| &\leq \int_{-\infty}^{\infty} |f(t)|\left|e^{-i\lambda t} - e^{-i\mu t}\right| dt \\ &\leq \int_{-M}^{M} |f(t)|\,|\lambda - \mu|\,|t|\,dt + \int_{|t|\geq M} |f(t)|\,2\,dt \\ &\leq M\,|\lambda - \mu|\,M \cdot 2M + 2\varepsilon\,, \end{aligned}$$

und hier wird die rechte Seite $< 4\varepsilon$, sobald $|\lambda - \mu| < \varepsilon/M^3$ ist. ┘

Zweitens erscheint hier wiederum das *Riemann-Lebesgue-Lemma:*

(16.3) *Für jede Funktion $f \in \mathcal{R}$ gilt*

$$\lim_{\lambda \to \pm\infty} \widehat{f}(\lambda) = 0\,.$$

┌ Zu vorgegebenem $\varepsilon > 0$ läßt sich ein M finden, so daß (9) gilt. Nach **(15.14)** gibt es weiter ein M' mit

$$\left|\int_{-M}^{M} f(t)e^{-i\lambda t}\,dt\right| < \varepsilon \qquad (\,|\lambda| > M'\,)\,.$$

Zusammen mit (9) folgt hieraus

$$\sqrt{2\pi}\,|\widehat{f}(\lambda)| \leq \left|\int_{-M}^{M} f(t)e^{-i\lambda t}\,dt\right| + \int_{|t|\geq M} |f(t)|\,dt \leq 2\varepsilon \qquad (\,|\lambda| > M'\,)\,,$$

was zu beweisen war. ┘

16.2. Die Umkehrformel

Die Fourier-Transformierte $\widehat{f}$ ist die definitive Version der in 16.1.(5) vorläufig eingeführten Amplitudenfunktion $\lambda \mapsto c(\lambda)$. Im Hinblick auf 16.1.(6) ist jetzt unser Hauptziel der Beweis der *Umkehrformel*

$$f(t) = \frac{1}{\sqrt{2\pi}} \int_{-\infty}^{\infty} \widehat{f}(\lambda) e^{i\lambda t} \, d\lambda \,. \tag{1}$$

Jedenfalls definiert (1) die *Fourier-Umkehrtransformation* $\Phi^\vee : \widehat{f} \mapsto f$, die sich formal nur durch ein Vorzeichen im $e^{i\lambda t}$-Term von Φ unterscheidet. Bezeichnet

$$\mathrm{inv}: \quad f \mapsto f^\vee, \qquad f^\vee(t) := f(-t),$$

die Spiegelung einer beliebigen Funktion $f : \mathbb{R} \to \mathbb{C}$ am Nullpunkt, so hat man $\Phi^\vee = \Phi \circ \mathrm{inv}$, $\Phi^\vee(f^\vee) = \Phi(f)$ und weitere Formeln dieser Art.

Das uneigentliche Integral (1) ist als Hauptwert anzusehen, das heißt: als Grenzwert $\lim_{\rho \to \infty} F_\rho$ der eigentlichen Integrale

$$F_\rho(t) := \frac{1}{\sqrt{2\pi}} \int_{-\rho}^{\rho} \widehat{f}(\lambda) e^{i\lambda t} \, d\lambda \,, \tag{2}$$

die den Partialsummen s_N einer Fourier-Reihe entsprechen. Die physikalische Interpretation des Zusammenhangs zwischen f und F_ρ ist in der Fig. 16.2.1 dargestellt.

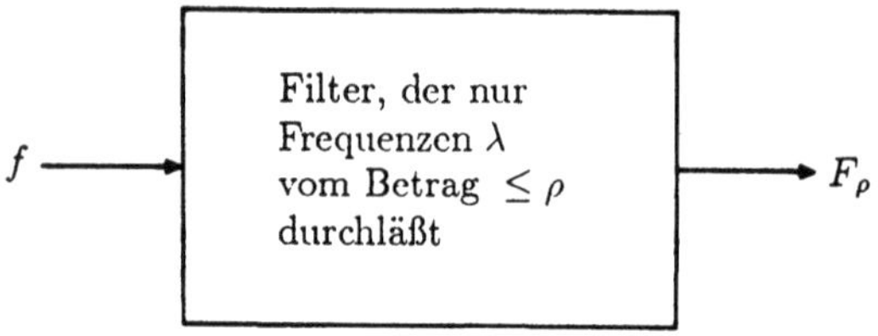

Fig. 16.2.1

Um an die Umkehrformel (1) heranzukommen, benötigen wir ein Analogon zu Satz **(15.15)**, das heißt: eine Formel, die F_ρ ohne den Umweg über $\widehat{f}$ direkt aus f berechnet. Wir beweisen:

(16.4) *Ist $f \in \mathcal{R}$ und F_ρ gegeben durch (2), so gilt*

$$F_\rho(x) = \frac{1}{\pi} \int_{-\infty}^{\infty} f(x-t) \frac{\sin(\rho t)}{t} \, dt \qquad (\rho > 0) \,. \tag{3}$$

⌜ Im folgenden werden $x \in \mathbb{R}$ und $\rho > 0$ festgehalten; t und λ sind Integrationsvariable. — Für beliebige $a < b$ gilt

$$\int_a^b |f(x-t)| \left|\frac{\sin(\rho t)}{t}\right| dt \le \rho \int_a^b |f(x-t)|\, dt = \rho \int_{x-b}^{x-a} |f(t')|\, dt'$$
$$\le \rho \int_{-\infty}^{\infty} |f(t')|\, dt' \;=: M\;.$$

Hieraus folgt, daß das uneigentliche Integral (3) sowohl an der unteren wie an der oberen Grenze absolut konvergiert.

Wird die Definition 16.1.(7) von $\widehat{f}$ in (2) eingetragen, so ergibt sich

$$F_\rho(x) = \frac{1}{2\pi}\int_{-\rho}^{\rho}\Bigl(\int_{-\infty}^{\infty} f(t)e^{-i\lambda t}\, dt\Bigr) e^{i\lambda x}\, d\lambda = \frac{1}{2\pi}\int_{-\rho}^{\rho}\Bigl(\int_{-\infty}^{\infty} f(t)e^{i\lambda(x-t)}\, dt\Bigr)\, d\lambda\,.$$

Hier soll nun die Integrationsreihenfolge vertauscht werden. Da ein uneigentliches Integral im Spiel ist, sind wir allerdings gezwungen, dabei vorsichtig zu Werke zu gehen. (Dieser Schritt war beim entsprechenden Satz über Fourier-Reihen unproblematisch, da nur eine endliche Summe mit einem eigentlichen Integral zu vertauschen war.) Wir schreiben zur Abkürzung

$$\int_{-n}^{n} f(t)e^{i\lambda(x-t)}\, dt =: A_n(\lambda)\,, \qquad \lim_{n\to\infty} A_n(\lambda) =: A(\lambda)\,.$$

Dann gilt

$$|A_n(\lambda) - A(\lambda)| = \left|\int_{|t|\ge n} f(t)e^{i\lambda(x-t)}\, dt\right| \le \int_{|t|\ge n} |f(t)|\, dt\,.$$

Da hier die rechte Seite von λ nicht abhängt und mit $n \to \infty$ gegen 0 strebt, konvergieren die $A_n(\lambda)$ gleichmäßig bezüglich λ gegen die Grenzfunktion $A(\lambda)$. Aufgrund von Satz **(11.9)** gilt daher

$$F_\rho(x) = \frac{1}{2\pi}\int_{-\rho}^{\rho} A(\lambda)\, d\lambda = \frac{1}{2\pi}\lim_{n\to\infty}\int_{-\rho}^{\rho} A_n(\lambda)\, d\lambda$$
$$= \frac{1}{2\pi}\lim_{n\to\infty}\int_{-\rho}^{\rho}\Bigl(\int_{-n}^{n} f(t)\, e^{i\lambda(x-t)}\, dt\Bigr)\, d\lambda\,. \tag{4}$$

Wir bezeichnen das Doppelintegral rechter Hand mit B_n. Hier dürfen wir die Integrationsreihenfolge tatsächlich vertauschen, und es ergibt sich

$$B_n = \int_{-n}^{n} f(t)\Bigl(\int_{-\rho}^{\rho} e^{i\lambda(x-t)}\, d\lambda\Bigr)\, dt\,;$$

dabei haben wir den Faktor $f(t)$ aus dem inneren Integral herausgenommen. Letzteres berechnet sich zu

$$\left.\frac{e^{i\lambda(x-t)}}{i(x-t)}\right|_{\lambda:=-\rho}^{\lambda:=\rho} = \frac{2\sin(\rho(x-t))}{x-t} \qquad (x-t \neq 0)$$

und hat den (passenden) Wert 2ρ, falls $x-t=0$ ist. Damit erhalten wir

$$B_n = 2\int_{-n}^{n} f(t)\frac{\sin(\rho(x-t))}{x-t}\,dt = 2\int_{x-n}^{x+n} f(x-t')\frac{\sin(\rho t')}{t'}\,dt' .$$

Tragen wir dies in (4) ein, so folgt

$$F_\rho(x) = \frac{1}{2\pi}\lim_{n\to\infty} B_n = \frac{1}{\pi}\int_{-\infty}^{\infty} f(x-t)\frac{\sin(\rho t)}{t}\,dt ,$$

wie behauptet. ┘

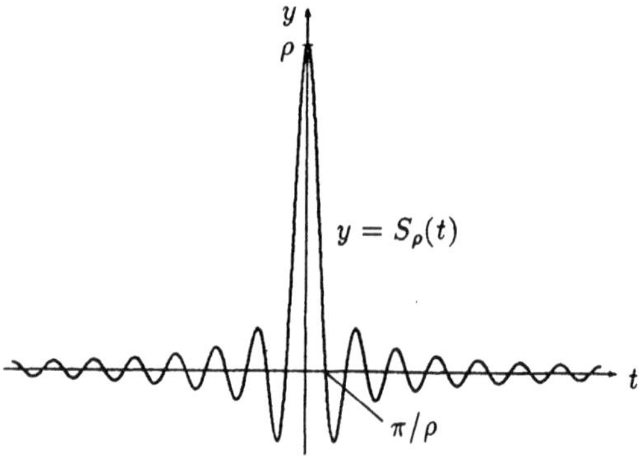

Fig. 16.2.2

Der Beweis der Umkehrformel verläuft ähnlich wie der Beweis des Satzes von Jordan (Satz**(15.31)**). Wir benötigen dazu einige Eigenschaften des Kerns

$$S_\rho(t) := \begin{cases} \dfrac{\sin(\rho t)}{t} & (t \neq 0) \\ \rho & (t = 0) \end{cases}$$

(Fig. 16.2.2), der nach **(16.4)** den Zusammenhang zwischen f und den Approximanten F_ρ vermittelt.

(16.5) (a) *Für alle* $\rho > 0$ *und alle* $x \in \mathbb{R}$ *gilt*

$$\left|\int_0^x S_\rho(t)\,dt\right| \leq \pi .$$

(b) *Für jedes feste* $\delta > 0$ *ist*

$$\lim_{\rho\to\infty}\int_{-\delta}^{\delta} S_\rho(t)\,dt = \pi .$$

⌜ (a) Wie in **(15.30)**(a) überlegt man sich, daß die Flächenfunktion

$$F(x) := \int_0^x S_\rho(t)\,dt$$

an der Stelle $x := \pi/\rho$ maximal ist, da die Flächeninhalte der alternierenden Buckel von S_ρ monoton abnehmen. Für alle $t \geq 0$ ist $\sin(\rho t) \leq \rho t$; somit gilt

$$0 \leq F(x) \leq \int_0^{\pi/\rho} \frac{\sin(\rho t)}{t}\,dt \leq \rho \cdot \frac{\pi}{\rho} = \pi \qquad (x \geq 0)\ .$$

(b) Die Behauptung läßt sich wie folgt auf **(15.35)** zurückführen:

$$\lim_{\rho\to\infty} \int_{-\delta}^{\delta} \frac{\sin(\rho t)}{t}\,dt = \lim_{\rho\to\infty} \int_{-\rho\delta}^{\rho\delta} \frac{\sin y}{y}\,dy = \int_{-\infty}^{\infty} \frac{\sin y}{y}\,dy = \pi\ .$$ ⌟

Damit sind wir in der Lage, die folgende Version des sogenannten *Fourier-Integral-Theorems* zu beweisen und so die angekündigte Umkehrformel zu etablieren. — Die Gesamtheit der Funktionen $f \in \mathcal{R}$, die auf endlichen Intervallen von beschränkter Variation sind, bezeichnen wir mit $\mathcal{R}_{bv}$. Nach Proposition **(15.28)** besitzt jedes $f \in \mathcal{R}_{bv}$ in allen Punkten einseitige Grenzwerte, und die zugehörige Funktion $\tilde{f}$ ist überall definiert.

(16.6) *Ist $f \in \mathcal{R}_{bv}$, so gilt in allen Stetigkeitspunkten x von f:*

$$\frac{1}{\sqrt{2\pi}} \int_{-\infty}^{\infty} \widehat{f}(\lambda) e^{i\lambda x}\,d\lambda \;=\; f(x)\,,$$

wobei das Integral den Hauptwert $\lim_{\rho\to\infty} \int_{-\rho}^{\rho}$ bezeichnet.

⌜ Es sei x ein Stetigkeitspunkt von f. Wir müssen zeigen, daß

$$F_\rho(x) := \frac{1}{\sqrt{2\pi}} \int_{-\rho}^{\rho} \widehat{f}(\lambda) e^{i\lambda x}\,d\lambda$$

mit $\rho \to \infty$ gegen $f(x)$ strebt. Hierzu denken wir uns ein $\varepsilon > 0$ vorgegeben und betrachten wieder die Hilfsfunktion

$$g(t) := f(x-t) - f(x)$$

(x ist fest). Nach Voraussetzung über f und **(15.28)**(b) läßt sich ein $\delta > 0$ finden mit

$$V_{[-\delta,\delta]}(g) = V_{[x-\delta,x+\delta]}(f) < \varepsilon\ . \tag{5}$$

Hieraus folgt insbesondere

$$|g(t)| = |g(t) - g(0)| \leq \varepsilon \qquad \forall t \in [-\delta, \delta]\ . \tag{6}$$

Wir zerlegen nun die Darstellung (3) von $F_\rho(x)$ wie folgt:

$$\begin{aligned}F_\rho(x) &= \frac{1}{\pi}\int_{-\infty}^{\infty} f(x-t)\,S_\rho(t)\,dt \\ &= \frac{1}{\pi}\int_{|t|\geq\delta} f(x-t)\,S_\rho(t)\,dt + \frac{1}{\pi}\int_{-\delta}^{\delta} g(t)\,S_\rho(t)\,dt + \frac{f(x)}{\pi}\int_{-\delta}^{\delta} S_\rho(t)\,dt \\ &=: I_1(\rho) + I_2(\rho) + I_3(\rho)\,.\end{aligned}$$

Das Integral $I_1(\rho)$ schreiben wir in der Form

$$I_1(\rho) = \frac{1}{\sqrt{2\pi}}\int_{|t|\geq\delta} \frac{f(x-t)}{\sqrt{2\pi}\,it}\,(e^{i\rho t} - e^{-i\rho t})\,dt = \widehat{\psi}(-\rho) - \widehat{\psi}(\rho)\,,$$

wobei die Funktion $\psi \in \mathcal{R}$ definiert ist durch

$$\psi(t) := \begin{cases} 0 & (\,|t| < \delta\,) \\ \dfrac{f(x-t)}{\sqrt{2\pi}\,it} & (\,|t| \geq \delta\,) \end{cases}.$$

Nach dem Riemann-Lebesgue-Lemma **(16.3)** gibt es daher ein ρ_1 mit $|I_1(\rho)| < \varepsilon$ für alle $\rho > \rho_1$.

Nun zu $I_2(\rho)$. Nach **(16.5)**(a) besitzt S_ρ auf dem Intervall $[-\delta,\delta]$ eine Stammfunktion vom Betrag $\leq \pi$. Hilfssatz **(15.29)** liefert daher im Verein mit den vorbereiteten Ungleichungen (5) und (6) die Abschätzung

$$|I_2(\rho)| \leq \frac{1}{\pi}\,(2\varepsilon + \varepsilon)\,\pi = 3\varepsilon\,.$$

Wegen **(16.5)**(b) ist schließlich $\lim_{\rho\to\infty} I_3(\rho) = f(x)$; es gibt daher ein ρ_3 mit $|I_3(\rho) - f(x)| < \varepsilon$ für alle $\rho > \rho_3$.

Faßt man alles zusammen, so erhält man

$$|F_\rho(x) - f(x)| \leq |I_1(\rho)| + |I_2(\rho)| + |I_3(\rho) - f(x)| < \varepsilon + 3\varepsilon + \varepsilon = 5\varepsilon\,,$$

und zwar trifft dies zu für alle $\rho > \rho_0 := \max\{\rho_1, \rho_3\}$. ┘

(16.7) *(Korollar) Ist $f \in \mathcal{R}_{bv}$, so gilt für alle $x \in \mathbb{R}$:*

$$\frac{1}{\sqrt{2\pi}}\int_{-\infty}^{\infty} \widehat{f}(\lambda)\,e^{i\lambda x}\,d\lambda = \tilde{f}(x)\,.$$

┌ Wir betrachten für ein festes $x \in \mathbb{R}$ die Hilfsfunktion

$$g(t) := \begin{cases} \dfrac{1}{2}\big(f(x+t) + f(x-t)\big) & (t \neq 0) \\ \tilde{f}(x) & (t = 0) \end{cases}. \tag{7}$$

Da g an der Stelle 0 stetig ist, gilt nach dem eben bewiesenen Satz:

$$\lim_{\rho\to\infty} F_\rho^{(g)}(0) = g(0) = \tilde{f}(x) . \tag{8}$$

Anderseits ergibt sich mit **(16.5)**:

$$F_\rho^{(g)}(0) = \frac{1}{\pi}\int_{-\infty}^{\infty} g(-t)\, S_\rho(t)\, dt = \frac{1}{\pi}\int_{-\infty}^{\infty} \frac{1}{2}\big(f(x-t)+f(x+t)\big)\, S_\rho(t)\, dt .$$

Da S_ρ eine gerade Funktion ist, liefert hier der zweite Summand denselben Beitrag ans Integral wie der erste, und wir erhalten

$$F_\rho^{(g)}(0) = F_\rho^{(f)}(x) \qquad (\rho > 0) .$$

Hieraus ergibt sich im Verein mit (8) die Behauptung. ┘

Die folgende etwas magisch anmutende reelle Formel wird zuweilen ebenfalls als *Fourier-Integral-Theorem* bezeichnet:

(16.8) *Ist $f \in \mathcal{R}_{bv}$, so gilt für alle $x \in \mathbb{R}$:*

$$\int_0^\infty \Big(\int_{-\infty}^{\infty} f(t)\cos\big(\lambda(x-t)\big)\, dt\Big)\, d\lambda \;=\; \pi\, \tilde{f}(x) .$$

┌ Die in (7) erklärte Hilfsfunktion g ist gerade. Somit liefert nur der gerade Anteil von $e^{-i\lambda t}$ einen Beitrag an $\widehat{g}(\lambda)$, und wir erhalten

$$\widehat{g}(\lambda) = \frac{1}{\sqrt{2\pi}}\int_{-\infty}^{\infty} g(t)\cos(\lambda t)\, dt = \frac{1}{\sqrt{2\pi}}\int_{-\infty}^{\infty} \frac{1}{2}\Big(f(x-t)+f(x+t)\Big)\,\cos(\lambda t)\, dt .$$

Da hier wiederum der zweite Summand in der großen Klammer denselben Beitrag liefert wie der erste, folgt weiter

$$\widehat{g}(\lambda) = \frac{1}{\sqrt{2\pi}}\int_{-\infty}^{\infty} f(x-t)\cos(\lambda t)\, dt = \frac{1}{\sqrt{2\pi}}\int_{-\infty}^{\infty} f(t')\cos\big(\lambda(x-t')\big)\, dt' .$$

Wie man sieht, ist $\widehat{g}$ eine gerade Funktion von λ. Mit (2) ergibt sich daher

$$F_\rho^{(g)}(0) = \frac{2}{\sqrt{2\pi}}\int_0^\rho \widehat{g}(\lambda)\cdot 1\, d\lambda = \frac{1}{\pi}\int_0^\rho \Big(\int_{-\infty}^{\infty} f(t)\cos\big(\lambda(x-t)\big)\, dt\Big)\, d\lambda .$$

Hieraus folgt mit (7) die Behauptung. ┘

① Die Fourier-Transformierte der Funktion

$$f(t) := e^{-|t|}$$

berechnet sich zu

$$\begin{aligned}\widehat{f}(\lambda) = f^c(\lambda) &= \sqrt{2/\pi}\int_0^\infty e^{-t}\,\frac{e^{i\lambda t}+e^{-i\lambda t}}{2}\,dt\\ &= \frac{1}{\sqrt{2\pi}}\left(\frac{e^{(i\lambda-1)t}}{i\lambda-1}+\frac{e^{(-i\lambda-1)t}}{-i\lambda-1}\right)\Bigg|_{t:=0}^{t\to\infty}.\end{aligned}$$

Da beide Terme in der Klammer mit $t\to\infty$ gegen 0 streben, bleibt

$$\widehat{f}(\lambda) = \frac{1}{\sqrt{2\pi}}\left(-\frac{1}{i\lambda-1}-\frac{1}{-i\lambda-1}\right) = \sqrt{2/\pi}\,\frac{1}{1+\lambda^2}\,.$$

Die Ausgangsfunktion ist in $\mathcal{R}_{bv}$ und stetig. Somit gilt für alle $t\in\mathbb{R}$ die Umkehrformel

$$e^{-|t|} = \frac{1}{\sqrt{2\pi}}\int_{-\infty}^{\infty}\widehat{f}(\lambda)\,e^{i\lambda t}\,dt = \frac{2}{\pi}\int_0^\infty\frac{1}{1+\lambda^2}\cos(\lambda t)\,d\lambda\,,$$

die, von rechts nach links gelesen, als Evaluation eines gewissen uneigentlichen Integrals interpretiert werden kann:

$$\int_0^\infty\frac{\cos(\alpha x)}{1+x^2}\,dx = \frac{\pi}{2}\,e^{-|\alpha|}\qquad(\alpha\in\mathbb{R})\,.$$

○

Der Leser wird bemerkt haben, daß die innere Symmetrie der hier präsentierten Theorie nicht vollkommen ist: Zwar bringt das Formelpaar 16.1.(7) und 16.2.(1) für die Fourier-Transformation $\Phi : f\mapsto\widehat{f}$ und die Umkehrtransformation $\Phi^\vee : \widehat{f}\mapsto f$ diese Symmetrie zum Ausdruck, und auch die Poissonsche Summationsformel **(16.10)** (s.u.) geht in Ordnung, aber die betreffenden Integrale bzw. Summen über $\widehat{f}$ müssen notfalls als Hauptwert angesehen werden, da die über f gemachten Voraussetzungen nicht ohne weiteres auch für $\widehat{f}$ gelten.

Legt man aber anstelle von $\mathcal{R}$ einen Funktionenraum zugrunde, der durch die Fourier-Transformation (womöglich bijektiv) in sich übergeführt wird, so darf man eine Theorie mit interessanten Dualitätsaussagen erwarten. Von allen Räumen, die die genannte Eigenschaft besitzen, sind die beiden folgenden am meisten in Gebrauch: der Raum $L^2(\mathbb{R})$ und der sogenannte Schwartzsche Raum $\mathcal{S}$ (s.u.). Zu $\mathcal{R}$ stehen diese Räume in der Relation $\mathcal{S}\subset\mathcal{R}\subset L^2(\mathbb{R})$; mit $\mathcal{S}$ werden wir uns in Abschnitt 16.4 beschäftigen.

Da uns hier das Lebesgue-Integral nicht zur Verfügung steht, müssen wir uns bezüglich $L^2(\mathbb{R})$ auf die folgenden Notizen beschränken; bewiesen wird nichts. — Mit $L^2(\mathbb{R})$ bezeichnet man den Raum der (Äquivalenzklassen von) Funktionen $f : \mathbb{R} \to \mathbb{C}$, für die das Integral

$$\int_{-\infty}^{\infty} |f(t)|^2 \, dt$$

als Lebesgue-Integral existiert; zwei Funktionen, die sich nur auf einer Nullmenge unterscheiden, werden dabei als gleich (äquivalent) angesehen. Auf $L^2(\mathbb{R})$ ist das Skalarprodukt

$$(f, g) := \frac{1}{\sqrt{2\pi}} \int_{-\infty}^{\infty} f(t)\overline{g(t)} \, dt$$

definiert, und bezüglich der Norm

$$\|f\| := \sqrt{(f, f)} = \left(\frac{1}{\sqrt{2\pi}} \int_{-\infty}^{\infty} |f(t)|^2 \, dt \right)^{1/2}$$

ist $L^2(\mathbb{R})$ ein vollständiger metrischer Raum. Die Fourier-Transformation führt $L^2(\mathbb{R})$ bijektiv und isometrisch in sich über; insbesondere gilt für alle $f \in L^2(\mathbb{R})$ die *Parseval-Plancherelsche Formel*

$$\|f\| = \|\widehat{f}\| , \qquad \text{d.h.} \qquad \frac{1}{\sqrt{2\pi}} \int_{-\infty}^{\infty} |f(t)|^2 \, dt = \frac{1}{\sqrt{2\pi}} \int_{-\infty}^{\infty} |\widehat{f}(\lambda)|^2 \, d\lambda .$$

Allerdings lassen sich die Operationen $f \mapsto \widehat{f}$ und $\widehat{f} \mapsto f$ im allgemeinen nicht mit den Formeln 16.1.(7) und 16.2.(1) bewerkstelligen, denn die betreffenden Integrale brauchen für ein $f \in L^2(\mathbb{R})$ nicht zu existieren.

Beispiel: $f(t) := \dfrac{1}{1 + |t|}$, $\widehat{f}(0) = ?$.

Die Fourier-Transformation auf $L^2(\mathbb{R})$ ist daher als stetige Fortsetzung einer nur auf einem dichten Teilraum (zum Beispiel $\mathcal{R}$) formelmäßig definierten Abbildung zu verstehen, und $\widehat{f}$ ist notfalls mit Hilfe einer geeigneten Folge $f_n \to f$ zu erschließen.

16.3. Anwendungen

Eine Funktion $f \in \mathcal{R}$ heißt *bandbegrenzt*, wenn es ein $\rho > 0$ gibt mit

$$\widehat{f}(\lambda) = 0 \qquad (|\lambda| > \rho) . \tag{1}$$

Eine derartige Funktion enthält keine harmonischen Anteile $t \mapsto \cos(\lambda t - \phi_0)$ mit Frequenzen $\lambda > \rho$. Man nennt ρ (bzw. das minimale solche ρ) die *Bandbreite* von f. Die bandbegrenzten Funktionen spielen eine ungeheure Rolle in der Technik; so sind zum Beispiel die in Telephonleitungen übermittelten Signale bandbegrenzt mit $\rho \sim 2\pi \cdot 3400 \mathrm{sec}^{-1}$. Wir geben zunächst ein explizites Beispiel einer derartigen Funktion.

① Wir beginnen mit der Funktion

$$G(\lambda) := \begin{cases} \left(1 - \dfrac{|\lambda|}{\rho}\right) & (|\lambda| \leq \rho) \\ 0 & (|\lambda| > \rho) \end{cases},$$

die die Fourier-Transformierte der gewünschten Funktion $g \in \mathcal{R}$ werden soll. Die Funktion G ist offensichtlich in $\mathcal{R}_{bv}$, wobei aber G nicht im Zeitbereich, sondern im Frequenzbereich lebt. Da G gerade ist, berechnet sich die Fourier-Transformierte von G wie folgt:

$$\begin{aligned}
\widehat{G}(t) &= \sqrt{2/\pi} \int_0^\infty G(\lambda)\cos(\lambda t)\, d\lambda = \sqrt{2/\pi} \int_0^\rho \left(1 - \frac{\lambda}{\rho}\right) \cos(\lambda t)\, d\lambda \\
&\qquad\qquad\qquad\qquad\qquad\qquad\qquad\qquad\quad \downarrow \qquad\quad \uparrow \\
&= \sqrt{2/\pi}\left(1 - \frac{\lambda}{\rho}\right) \frac{\sin(\lambda t)}{t}\bigg|_{\lambda:=0}^{\lambda:=\rho} + \sqrt{2/\pi}\,\frac{1}{\rho} \int_0^\rho \frac{\sin(\lambda t)}{t}\, d\lambda \\
&= 0 + \sqrt{2/\pi}\,\frac{1}{\rho}\, \frac{-\cos(\lambda t)}{t^2}\bigg|_{\lambda:=0}^{\lambda:=\rho} = \sqrt{2/\pi}\, \frac{1 - \cos(\rho t)}{\rho t^2} \\
&= \sqrt{2/\pi}\, \frac{2\sin^2\!\left(\frac{1}{2}\rho t\right)}{\rho t^2} \quad =: \; g(t)\,.
\end{aligned}$$

Man verifiziert ohne weiteres, daß die so erhaltene Funktion g ($= \widehat{G}$) in $\mathcal{R}$ liegt. Die Fourier-Transformierte von g erhalten wir nun sozusagen gratis: Da g gerade ist, ergibt sich mit Satz **(16.6)**, angewandt auf G:

$$\widehat{g}(\lambda) = \frac{1}{\sqrt{2\pi}} \int_{-\infty}^\infty g(t) e^{-i\lambda t}\, dt = \frac{1}{\sqrt{2\pi}} \int_{-\infty}^\infty \widehat{G}(t) e^{i\lambda t}\, dt = G(\lambda) \qquad (\lambda \in \mathbb{R})\,.$$

Die Funktion g ist daher in der Tat bandbegrenzt mit Bandbreite ρ. ○

Wir beweisen nun das berühmte *Sampling Theorem*. Es besagt, daß eine bandbegrenzte Funktion durch ihre Werte auf einem hinreichend feinen Gitter $\{kT \mid k \in \mathbb{Z}\}$, $T > 0$, bereits vollständig bestimmt ist und aus diesen Werten für alle $t \in \mathbb{R}$ rekonstruiert werden kann. Besitzt f die Bandbreite ρ, so genügt $T := \pi/\rho$; das ist die halbe Schwingungsdauer von χ_ρ. In anderen Worten: Die Abtastrate muß so groß sein, daß alle in f vorhandenen reinen Schwingungen wenigstens zweimal pro Periode erfaßt werden.

Der Satz, wie wir ihn formulieren, beschreibt einen Idealfall. Für die konkrete Anwendung in der Signalverarbeitung (CD's!) benötigt man natürlich Fehlerabschätzungen, die zum Beispiel darüber Auskunft geben, wieviel Terme der Reihe (2) berücksichtigt werden müssen, damit $f(t)$ auf 1% genau rekonstruiert werden kann. — Die betrachteten Funktionen müssen von vorneherein stetig sein; darauf bezieht sich das $_c$ in der Voraussetzung des Satzes.

(16.9) *Eine ρ-bandbegrenzte Funktion $f \in \mathcal{R}_{bvc}$ ist durch ihre Werte in den Punkten*

$$kT \quad (k \in \mathbb{Z}), \qquad T := \frac{\pi}{\rho},$$

bereits vollständig bestimmt, und zwar ist die Reihe

$$\sum_{k=-\infty}^{\infty} f(kT)\,\frac{\sin\bigl(\rho(t-kT)\bigr)}{\rho(t-kT)} \tag{2}$$

$(C,1)$-summierbar gegen $f(t)$ für alle $t \in \mathbb{R}$. Genügt f einer Abschätzung der Form $|f(t)| \le C/|t|^\varepsilon$ $(t \to \pm\infty)$, so ist die Reihe (2) für alle $t \in \mathbb{R}$ konvergent gegen $f(t)$.

⌜ Die Fourier-Transformierte $\widehat{f}$ ist nach **(16.2)** stetig; folglich ist $\widehat{f}(-\rho) = \widehat{f}(\rho) = 0$. Somit stimmt $\widehat{f}$ auf dem Intervall $Q := [-\rho, \rho]$ überein mit einer gewissen 2ρ-periodischen stetigen Funktion F. Diese Funktion F läßt sich in eine Fourier-Reihe

$$F(\lambda) \rightsquigarrow \sum_{k=-\infty}^{\infty} c_k e^{k\pi i\lambda/\rho}$$

entwickeln, und nach **(15.23)** konvergieren die Fejér-Mittel dieser Reihe auf Q gleichmäßig gegen $F{\restriction}Q = \widehat{f}{\restriction}Q$. Die c_k berechnen sich nach 15.1.(18) folgendermaßen:

$$c_k = \frac{1}{2\rho}\int_{-\rho}^{\rho} \widehat{f}(\lambda)e^{-k\pi i\lambda/\rho}\,d\lambda = \frac{\sqrt{2\pi}}{2\rho}\,\frac{1}{\sqrt{2\pi}}\int_{-\infty}^{\infty} \widehat{f}(\lambda)e^{-ikT\lambda}\,d\lambda\,;$$

dabei haben wir (1) und $\pi/\rho =: T$ benutzt. Mit **(16.6)** ergibt sich hieraus

$$c_k = \frac{\sqrt{2\pi}}{2\rho} f(-kT) \qquad (k \in \mathbb{Z})$$

und somit

$$\widehat{f}(\lambda) = \frac{\sqrt{2\pi}}{2\rho} {\sum_k}' f(-kT)e^{ikT\lambda} \qquad (-\rho \le \lambda \le \rho),$$

wobei der $'$ beim Summenzeichen andeutet, daß die Reihe der $(C,1)$-Summation zu unterwerfen ist.

Wir setzen nun diese Darstellung von $\widehat{f}$ in die Umkehrformel **(16.6)** ein und erhalten nacheinander

$$\begin{aligned} f(t) &= \frac{1}{\sqrt{2\pi}} \int_{-\rho}^{\rho} \widehat{f}(\lambda) e^{i\lambda t}\, d\lambda = \frac{1}{2\rho} \int_{\rho}^{\rho} \sum_k{}' f(-kT) e^{i(t+kT)\lambda}\, d\lambda \\ &= \frac{1}{2\rho} \sum_k{}' f(-kT) \int_{-\rho}^{\rho} e^{i(t+kT)\lambda}\, d\lambda\,. \end{aligned} \tag{3}$$

Da die Fejér-Mittel von $\widehat{f}\restriction Q$ gleichmäßig konvergieren, war hier die Vertauschung von Summe und Integral erlaubt. Nun ist

$$\int_{-\rho}^{\rho} e^{i(t+kT)\lambda}\, d\lambda = \int_{\rho}^{\rho} \cos\bigl((t+kT)\lambda\bigr)\, d\lambda = \frac{2\sin\bigl(\rho(t+kT)\bigr)}{t+kT}\,.$$

Tragen wir dies in (3) ein, so ergibt sich

$$f(t) = \sum_k{}' f(-kT) \frac{\sin\bigl(\rho(t+kT)\bigr)}{\rho(t+kT)}\,,$$

wie behauptet. — Genügt f einer Abschätzung der angegebenen Art, so ist die Reihe (2) für jedes feste t konvergent, und zwar gegen die $(C,1)$-Summe $f(t)$.

⌟

Die Abtastrate $\nu := 1/T = \rho/\pi$ heißt *Nyquist-Rate* für Funktionen der Bandbreite ρ. Mit der Nyquist-Rate ist die Grenze des theoretisch Möglichen erreicht: Wird eine ρ-bandbegrenzte Funktion mit kleinerer Rate, das heißt: in größeren Zeitabständen, abgetastet, so läßt sie sich aus den Meßwerten nicht mehr vollständig rekonstruieren. Dieser Sachverhalt wird durch das folgende Beispiel belegt.

② Betrachte ein beliebig kleines $\varepsilon > 0$. Wir bringen zunächst die Funktion

$$g_\varepsilon(t) := \sqrt{2/\pi}\, \frac{2\sin^2\bigl(\frac{1}{2}\varepsilon t\bigr)}{\varepsilon\, t^2}$$

(siehe Beispiel ①) ins Spiel; ihre Fourier-Transformierte ist gegeben durch

$$\widehat{g}_\varepsilon(\lambda) = \begin{cases} \left(1 - \dfrac{|\lambda|}{\varepsilon}\right) & (|\lambda| \le \varepsilon) \\ 0 & (|\lambda| > \varepsilon) \end{cases}\,.$$

Mit Hilfe von g_ε definieren wir nun die Funktion

$$f(t) := 2i\sin(\rho t)\, g_\varepsilon(t) = \bigl(e^{i\rho t} - e^{-i\rho t}\bigr) g_\varepsilon(t)\,.$$

Aufgrund der Rechenregel **(16.1)**(a) besitzt $\widehat{f}$ den in Fig. 16.3.1 dargestellten Graphen; somit ist f bandbegrenzt mit Bandbreite $\rho + \varepsilon$.

Wird diese Funktion f an den Stellen $kT = k\pi/\rho$ $(k \in \mathbb{Z})$ evaluiert, so erhält man wegen $\sin(\rho kT) = \sin(k\pi) = 0$ stets den Wert 0, und es ist natürlich unmöglich, hieraus die Funktion f zu rekonstruieren. Der Abstand zwischen zwei aufeinanderfolgenden Meßpunkten hätte höchstens $\pi/(\rho+\varepsilon)$ betragen dürfen. ○

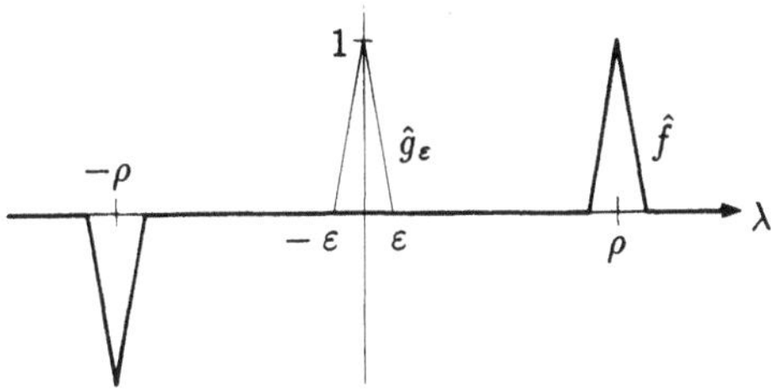

Fig. 16.3.1

Wird eine Funktion $f \in \mathcal{R}$ in äquidistanten Punkten evaluiert und aufsummiert, so erhält man im wesentlichen einen Rohwert für das uneigentliche Integral $\int_{-\infty}^{\infty} f(t)\,dt$. Die *Poissonsche Summationsformel* besagt, daß dieser Wert und die analoge mit $\widehat{f}$ gebildete Summe übereinstimmen, falls die Schrittweiten passend gewählt werden. Diese Formel vermittelt einen ziemlich eigenartigen Zusammenhang zwischen f und $\widehat{f}$; das Befremdende daran ist, daß es auf die Werte von f bzw. $\widehat{f}$ in den Nicht-Gitterpunkten überhaupt nicht anzukommen scheint.

(16.10) *Die Funktion $f : \mathbb{R} \to \mathbb{C}$ sei stetig und von beschränkter Variation und genüge für $t \to \pm\infty$ einer Abschätzung der Form $|f(t)| \leq C/|t|^{1+\varepsilon}$. Ferner seien L und Λ positive Zahlen mit $L\Lambda = 2\pi$. Dann gilt:*

$$\sqrt{L} \sum_{n=-\infty}^{\infty} f(nL) = \sqrt{\Lambda} \sum_{k=-\infty}^{\infty} \widehat{f}(k\Lambda)\ .$$

⌈ Wir betrachten die Reihe

$$F(x) := \sum_{n=-\infty}^{\infty} f(x+nL)\ . \tag{4}$$

Ist $|x| \leq n_0 L$ und $|n| \geq 2n_0$, so gilt $|x| \leq |n|L/2$ und folglich

$$|x+nL| \geq |nL| - |x| \geq |n|L/2\ .$$

Nach Voraussetzung über f haben wir daher für $|x| \leq n_0 L$ eine Abschätzung der Form

$$|f(x+nL)| \leq \frac{C}{|x+nL|^{1+\varepsilon}} \leq \frac{C'}{|n|^{1+\varepsilon}} \qquad (|n| \geq 2n_0)\ ,$$

und hieraus folgt nach dem Kriterium von Weierstraß **(11.2)**, daß die Reihe (4) auf dem Intervall $[-n_0 L, n_0 L]$ gleichmäßig konvergiert. Da n_0 beliebig war, ist also F eine auf ganz $\mathbb{R}$ definierte stetige Funktion, und man verifiziert leicht, daß F periodisch ist mit Periode L.

Wir zeigen weiter, daß F auf $\mathbb{R}/L$ von beschränkter Variation ist. Es sei ein $\varepsilon > 0$ vorgegeben und

$$T: \quad x_0 < x_1 < \ldots < x_m = x_0 + L$$

eine beliebige Teilung von $\mathbb{R}/L$. Zunächst gibt es ein N mit

$$\left| F(x) - \sum_{n=-N}^{N} f(x+nL) \right| < \frac{\varepsilon}{2m} \qquad (x_0 \le x \le x_m) .$$

Es folgt

$$|F(x_i) - F(x_{i-1})| \le \sum_{n=-N}^{N} |f(x_i + nL) - f(x_{i-1} + nL)| + \frac{\varepsilon}{m} \qquad (1 \le i \le m)$$

und somit

$$\begin{aligned} V_T(F) &= \sum_{i=1}^{m} |F(x_i) - F(x_{i-1})| \\ &\le \sum_{n=-N}^{N} \Bigl(\sum_{i=1}^{m} |f(x_i + nL) - f(x_{i-1} + nL)| \Bigr) + \varepsilon \\ &\le V_{[x_0 - NL, x_m + NL]}(f) + \varepsilon \;\le\; V_{\mathbb{R}}(f) + \varepsilon . \end{aligned}$$

Da dies für jedes $\varepsilon > 0$ und für jede Teilung T von $\mathbb{R}/L$ zutrifft, gilt, wie zu erwarten war:

$$V_{\mathbb{R}/L}(F) \le V_{\mathbb{R}}(f) < \infty .$$

Folglich ist $F \in X_{bvc}^{(L)}$, und F besitzt nach **(15.32)** eine gleichmäßig gegen F konvergente Fourier-Entwicklung der Form

$$F(x) = \sum_{k=-\infty}^{\infty} c_k e^{2k\pi i x/L} , \tag{5}$$

wobei die Koeffizienten c_k gegeben sind durch

$$c_k = \frac{1}{L} \int_0^L F(x) e^{-2k\pi i x/L} \, dx .$$

Da die Reihe (4) auf $[0, L]$ gleichmäßig konvergiert, dürfen wir sie gliedweise integrieren und erhalten

$$\begin{aligned} c_k &= \frac{1}{L} \sum_{n=-\infty}^{\infty} \int_0^L f(x+nL) e^{-2k\pi i x/L} \, dx = \frac{1}{L} \sum_{n=-\infty}^{\infty} \int_{nL}^{(n+1)L} f(t) e^{-2k\pi i t/L} \, dt \\ &= \frac{1}{L} \int_{-\infty}^{\infty} f(t) e^{-i(2k\pi/L)t} \, dt = \frac{\sqrt{2\pi}}{L} \widehat{f}\Bigl(\frac{2k\pi}{L}\Bigr) . \end{aligned}$$

Wir setzen dies in (5) ein und evaluieren an der Stelle $x := 0$. Wegen $L\Lambda = 2\pi$ ergibt sich

$$\sum_{n=-\infty}^{\infty} f(nL) = \frac{\sqrt{L\Lambda}}{L} \sum_{k=-\infty}^{\infty} \widehat{f}(k\Lambda),$$

wie behauptet. ⌟

③ Wir wenden die Poissonsche Summationsformel auf das Paar f, $\widehat{f}$ von Beispiel 16.2.① an; dabei sei $L := 2\pi\alpha$ und $\Lambda := 1/\alpha$ gesetzt. Es ergibt sich

$$\sqrt{2\pi\alpha}\Bigl(1 + 2\sum_{n=1}^{\infty} e^{-2n\pi\alpha}\Bigr) = \sqrt{1/\alpha}\,\sqrt{2/\pi}\sum_{k=-\infty}^{\infty} \frac{1}{1+(k/\alpha)^2}\,.$$

Hier läßt sich die geometrische Reihe linker Hand summieren, und wir erhalten nach Vereinfachung:

$$\sum_{k=-\infty}^{\infty} \frac{1}{\alpha^2+k^2} = \frac{\pi}{\alpha}\cot(\pi\alpha) \qquad (\alpha > 0)\,,$$

was sich ohne weiteres mit 15.6.(3) in Übereinstimmung bringen läßt. ○

④ Wie aus Beispiel 16.1.② hervorgeht, besitzt die Funktion $f(t) := e^{-t^2/2}$ die Fourier-Transformierte $\widehat{f}(\lambda) = e^{-\lambda^2/2}$. Wenden wir auf dieses Paar die Poissonsche Summationsformel mit

$$L := \sqrt{2\pi x}\,, \qquad \Lambda := \sqrt{2\pi/x}$$

an, so ergibt sich nach Division mit $\sqrt{L} = (2\pi x)^{1/4}$ die Identität

$$(\,\vartheta(x) :=\,) \quad \sum_{n=-\infty}^{\infty} e^{-n^2\pi x} = \frac{1}{\sqrt{x}}\sum_{k=-\infty}^{\infty} e^{-k^2\pi/x} \qquad (x>0)\,. \tag{6}$$

Hier erscheint auf der linken Seite eine sogenannte *Thetafunktion*. Genau genommen hängen Thetafunktionen noch von einer weiteren Variablen z ab. Sie spielen eine Rolle in der Zahlentheorie und in der mathematischen Physik, so zum Beispiel in der Theorie der Wärmeleitung. Siehe dazu das Beispiel 15.6.⑥, insbesondere die Formel 15.6.(21).

Aus (6) zieht man den Schluß, daß die Funktion $\vartheta(\cdot)$ der Funktionalgleichung

$$\vartheta(x) = \frac{1}{\sqrt{x}}\,\vartheta\Bigl(\frac{1}{x}\Bigr) \qquad (x>0) \tag{7}$$

genügt. Diese Identität ist ein Spezialfall der berühmten Jacobischen Transformation der Thetafunktionen. Sie ist nicht zuletzt von Bedeutung bei der numerischen Berechnung von $\vartheta(x)$ für kleine x. Die Reihe linker Hand in (6) konvergiert dann nur langsam, die Entwicklung

$$\vartheta\left(\frac{1}{x}\right) = \sum_{n=-\infty}^{\infty} e^{-k^2\pi/x}$$

hingegen unerhört schnell. Wir illustrieren das an dem folgenden Zahlenbeispiel: Es soll die Zahl

$$\alpha := \frac{1}{10} \sum_{n=-\infty}^{\infty} e^{-(n/10)^2}$$

berechnet werden. Hier liefern die beiden zu $n := \pm 20$ gehörenden Terme immer noch einen Beitrag von 0.00366 an den Wert von α. Mit Hilfe von (7) erhalten wir hingegen

$$\alpha = \frac{1}{10}\,\vartheta\left(\frac{1}{100\pi}\right) = \frac{\sqrt{100\pi}}{10}\,\vartheta(100\pi) = \sqrt{\pi} \sum_{k=-\infty}^{\infty} e^{-100\pi^2k^2} = \sqrt{\pi}\,(1+\varepsilon)\,,$$

und zwar ist $\varepsilon := \sum_{k\neq 0} e^{-100\pi^2k^2} < 10^{-428}$; in anderen Worten: Die Zahl α stimmt auf über 400 Dezimalstellen mit $\sqrt{\pi}$ überein, ist aber $\neq \sqrt{\pi}$. ○

16.4. Fourier-Analysis im Raum $\mathcal{S}$

Der sogenannte *Schwartzsche Raum* $\mathcal{S}$ umfaßt die Funktionen $f : \mathbb{R} \to \mathbb{C}$, die erstens beliebig oft differenzierbar sind und zweitens samt ihren Ableitungen mit $t \to \pm\infty$ schneller als jede Potenz $1/t^p$ abklingen. Genau: Eine C^∞-Funktion $f : \mathbb{R} \to \mathbb{C}$ gehört zu $\mathcal{S}$, wenn für alle $p, q \in \mathbb{N}$ gilt:

$$\lim_{t\to\pm\infty} \left|t^p\, D^q f(t)\right| = 0\,,$$

und dies ist genau dann der Fall, wenn die sämtlichen Größen

$$\nu_{p,q}(f) := \sup_{-\infty<t<\infty} \left|t^p D^q f(t)\right| \qquad (p, q \in \mathbb{N})$$

endlich sind. Dabei haben wir die Ableitung, wie in diesem Zusammenhang üblich, mit D bezeichnet. Beispiele von solchen Funktionen sind $e^{-t^2/2}$, $\dfrac{1}{\cosh t}$ oder C^∞-Funktionen mit kompaktem Träger, wie wir sie in Abschnitt 14.4 fabriziert haben. — Auf den folgenden Seiten werden wir nun schrittweise den unglaublichen Strukturreichtum des Raums $\mathcal{S}$ offenlegen.

Wir führen die folgenden Bezeichnungen ein:

$$\frac{1}{\sqrt{2\pi}}\int_{-\infty}^{\infty}|f(t)|\,dt \;=:\; \|f\|_1\,, \qquad \sup_{-\infty<t<\infty}|f(t)| = \nu_{0,0}(f) \;=:\; \|f\|_\infty\,.$$

Ferner bezeichnen wir die Funktion $\mathrm{id}_{\mathbb{R}} : t \mapsto t$ mit t, analog im Frequenzbereich die Funktion $\lambda \mapsto \lambda$ mit λ.

(16.11) *Sind f und g in $\mathcal{S}$, so sind auch die folgenden Funktionen in $\mathcal{S}$:*

$$f\cdot g\,, \qquad t^p f \quad (p\in\mathbb{N})\,, \qquad D^q f \quad (q\in\mathbb{N})\,, \qquad t\mapsto e^{i\lambda t}f(t)\,.$$

⌜ Für beliebige C^∞-Funktionen f und g ergibt sich aus der Leibnizschen Formel **(7.20)** die Abschätzung

$$\left|D^q(f\cdot g)(t)\right| \le \sum_{k=0}^{q}\binom{q}{k}|D^{q-k}f(t)|\,|D^k g(t)| \qquad (t\in\mathbb{R})\,,$$

und hieraus folgt zum Beispiel

$$\nu_{p,q}(f\cdot g) \le \sum_{k=0}^{q}\binom{q}{k}\nu_{p,q-k}(f)\,\nu_{0,k}(g) < \infty \qquad (p,\,q\in\mathbb{N})\,.$$

Ähnlich schließt man in den übrigen Fällen. ⌟

(16.12) *Ist $f\in\mathcal{S}$, so gilt*

(a) $\widehat{Df} = i\lambda\widehat{f}$ *und allgemein:* $\widehat{D^q f} = (i\lambda)^q\,\widehat{f} \quad (q\in\mathbb{N})$;

(b) $\widehat{tf} = i\,D\widehat{f}$ *und allgemein:* $\widehat{t^p f} = i^p\,D^p\widehat{f} \quad (p\in\mathbb{N})$;

(c) $\widehat{f}\in\mathcal{S}$.

⌜ (a) Es genügt, den ersten Schritt zu vollziehen:

$$\widehat{Df}(\lambda) = \frac{1}{\sqrt{2\pi}}\int_{-\infty}^{\infty} \underset{\uparrow}{f'(t)}\;\underset{\downarrow}{e^{-i\lambda t}}\,dt$$
$$= \frac{1}{\sqrt{2\pi}}\left(f(t)(-i\lambda)e^{-i\lambda t}\Big|_{-\infty}^{\infty} + i\lambda\int_{-\infty}^{\infty}f(t)e^{-i\lambda t}\,dt\right) = i\lambda\,\widehat{f}(\lambda)\,.$$

(b) Die behauptete Formel ergibt sich ohne weiteres, wenn man 16.1.(7) formal nach λ differenziert:

$$D\widehat{f}(\lambda) \overset{?}{=} \frac{1}{\sqrt{2\pi}}\int_{-\infty}^{\infty}f(t)(-it)e^{-i\lambda t}\,dt = -i\,\widehat{t\,f}(\lambda)\,.$$

Für einen richtiggehenden Beweis betrachten wir für festes λ die Größe

$$\begin{aligned}\Delta(h) &:= \frac{\widehat{f}(\lambda+h)-\widehat{f}(\lambda)}{h} + i\,\widehat{t\,f}(\lambda) \\ &= \frac{1}{\sqrt{2\pi}}\int_{-\infty}^{\infty}(-it)f(t)\left(\frac{e^{-ith}-1}{-ith}-1\right)e^{-i\lambda t}\,dt\,.\end{aligned}$$

Wegen $|e^{i\tau}-1| \leq |\tau|$ hat hier der Ausdruck in der großen Klammer einen Betrag ≤ 2. Zu vorgegebenem $\varepsilon > 0$ gibt es daher ein M mit

$$\int_{|t|\geq M}\Big|\ldots\Big|\,dt < \varepsilon\,, \qquad |f(t)| \leq M \quad \forall t$$

und weiter ein $\delta > 0$ mit

$$\left|\frac{e^{-ith}-1}{-ith}-1\right| < \frac{\varepsilon}{M^3} \qquad \big(|t| \leq M\,,\ |h| < \delta\big)\,.$$

Hieraus ergibt sich

$$\sqrt{2\pi}|\Delta(h)| \leq 2M\cdot M^2\cdot\frac{\varepsilon}{M^3}+\varepsilon = 3\varepsilon \qquad \big(|h|<\delta\big)\,.$$

Da $\varepsilon > 0$ beliebig war, folgt $\lim_{h\to 0}\Delta(h) = 0$, was zu beweisen war. — Aus der Grundformel $\widehat{t\,f} = i\,D\widehat{f}$ ergibt sich die für beliebiges p gültige Aussage wie in (a) mit vollständiger Induktion.

(c) Aus **(16.11)** und (b) folgt jedenfalls $\widehat{f} \in C^\infty$. Ferner gilt

$$\lambda^p\,D^q\widehat{f} = (-i)^q\,\lambda^p\,\widehat{t^q f} = (-i)^{p+q}\big(D^p(t^q f)\big)\widehat{\ } \qquad (p,\,q\in\mathbb{N})\,.$$

Die hier auf der rechten Seite erscheinende Funktion $g := D^p(t^q f)$ liegt nach **(16.11)** in $\mathcal{S}\subset\mathcal{R}$; nach 16.1.(7) ist folglich

$$\big|\lambda^p\,D^q\widehat{f}(\lambda)\big| = |\widehat{g}(\lambda)| \leq \|g\|_1 \qquad (-\infty<\lambda<\infty)\,.$$

Dies beweist $\nu_{p,q}(\widehat{f}) < \infty$, und da p und q beliebig waren, folgt $\widehat{f}\in\mathcal{S}$. ┘

Damit haben wir ein erstes Hauptziel erreicht:

(16.13) *Die Fourier-Transformation*

$$\Phi:\quad \mathcal{S}\to\mathcal{S}\,,\qquad f\mapsto\widehat{f}$$

führt den Schwartzschen Raum $\mathcal{S}$ bijektiv in sich über.

⌜ Aufgrund von **(13.39)** ist jedes $f \in \mathcal{S}$ sogar global von beschränkter Variation. Nach **(16.6)** gilt folglich für alle $f \in \mathcal{S}$ die Umkehrformel, und das bedeutet

$$\Phi^\vee \circ \Phi = \mathrm{id}_\mathcal{S} .$$

Hiernach ist Φ injektiv und $\Phi^\vee$ surjektiv, und wegen $\Phi^\vee = \Phi \circ \mathrm{inv}$ muß Φ selbst surjektiv sein. ⌟

Wir nehmen uns nun die multiplikative Struktur von $\mathcal{S}$ vor. In Wirklichkeit besitzt $\mathcal{S}$ zwei verschiedene multiplikative Strukturen, die durch die Fourier-Transformation miteinander vertauscht werden. — Wir benötigen das folgende Lemma:

(16.14) *Für beliebige Funktionen* $f,\, h \in \mathcal{R}$ *gilt*

$$\int_{-\infty}^{\infty} f(t)\widehat{h}(t)\,dt = \int_{-\infty}^{\infty} \widehat{f}(\lambda)h(\lambda)\,d\lambda . \tag{1}$$

⌜ Beide Seiten der behaupteten Gleichung sind formal gleich dem uneigentlichen Doppelintegral

$$\frac{1}{\sqrt{2\pi}} \int_{\mathbb{R}\times\mathbb{R}} f(t)h(\lambda)e^{-i\lambda t}\,d\mu(t,\lambda) .$$

Wir müssen daher benützen, daß bei dem endlichen Doppelintegral

$$A(M) := \frac{1}{\sqrt{2\pi}} \int_{-M}^{M} \int_{-M}^{M} f(t)h(\lambda)e^{-i\lambda t}\,dt\,d\lambda$$

die Integrationsreihenfolge vertauscht werden darf. Es sei $\|f\|_1 + \|h\|_1 =: C$. Zu vorgegebenem $\varepsilon > 0$ gibt es ein M mit

$$\int_{|t|\geq M} |f(t)|\,dt \leq \frac{\varepsilon}{C}, \qquad \int_{|\lambda|\geq M} |h(\lambda)|\,d\lambda \leq \frac{\varepsilon}{C} .$$

Wegen $\|\widehat{h}\|_\infty \leq \|h\|_1$ können wir dann folgende Rechnung aufmachen:

$$\begin{aligned}
\int_{-\infty}^{\infty} f(t)\widehat{h}(t)\,dt &= \int_{-M}^{M} f(t)\widehat{h}(t)\,dt + \int_{|t|\geq M} f(t)\widehat{h}(t)\,dt \\
&= \frac{1}{\sqrt{2\pi}} \int_{-M}^{M} f(t)\left(\int_{-M}^{M} h(\lambda)e^{-it\lambda}\,d\lambda + \int_{|\lambda|\geq M} h(\lambda)e^{-it\lambda}\,d\lambda\right) dt + \|h\|_1 \frac{\varepsilon}{C}\,\Theta \\
&= A(M) + \frac{1}{\sqrt{2\pi}} \int_{-M}^{M} f(t)\frac{\varepsilon}{C}\Theta\,dt + \|h\|_1 \frac{\varepsilon}{C}\,\Theta = A(M) + \|f\|_1\frac{\varepsilon}{C}\Theta + \|h\|_1\frac{\varepsilon}{C}\Theta \\
&= A(M) + \varepsilon\,\Theta .
\end{aligned}$$

Aus Symmetriegründen gilt für das Integral rechts in (1) dieselbe Abschätzung. Somit unterscheiden sich die beiden Seiten von (1) um $2\varepsilon\,\Theta$, und da ε beliebig war, stimmen sie in Wirklichkeit überein. ┘

Neben der punktweisen Multiplikation gibt es in $\mathcal{S}$ (sogar in $\mathcal{R}$) als zweite bilineare Operation die *Faltung*. Das *Faltungsprodukt*

$$f * g : \quad \mathbb{R} \to \mathbb{C}$$

von zwei Funktionen f, $g \in \mathcal{R}$ ist definiert durch

$$f * g(x) := \frac{1}{\sqrt{2\pi}} \int_{-\infty}^{\infty} f(x-t)g(t)\,dt \qquad (x \in \mathbb{R})$$

(das Integral existiert für jedes feste x, da f global beschränkt ist).

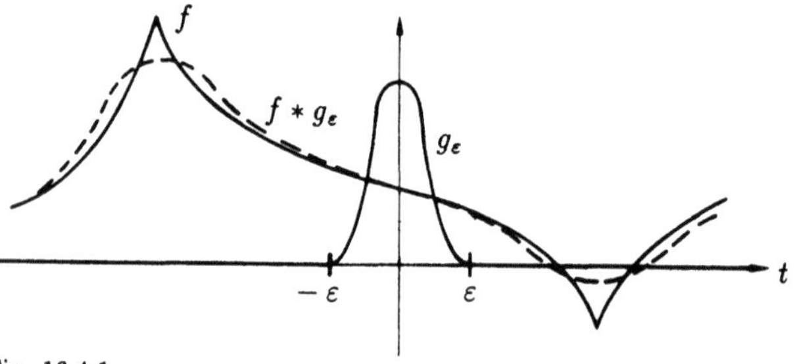

Fig. 16.4.1

Damit man sich etwas darunter vorstellen kann, nehmen wir für einen Moment an, die Funktion $g := g_\varepsilon$ sei eine "Buckelfunktion" (Fig. 16.4.1) mit Träger $[-\varepsilon, \varepsilon\,]$ und Integral $\int_{-\varepsilon}^{\varepsilon} g_\varepsilon(t)\,dt = \sqrt{2\pi}$. Dann ist der Wert der Funktion $f * g_\varepsilon$ an der Stelle x ein gewichtetes Mittel von Werten der Funktion f an den Stellen $x - t$ $\big(|t| \leq \varepsilon\big)$ mit g_ε als Gewichtsfunktion. Die Operation $f \mapsto f * g_\varepsilon$ bewirkt also eine "Verschmierung" der Funktion f. Man kann es auch positiv sehen: Ist das obige g_ε eine C^∞-Funktion, so ist $\big(f * g_\varepsilon\big)_{\varepsilon>0}$ eine Familie von C^∞-Funktionen , die f "im Mittel" (das heißt: bezüglich der $\|\cdot\|_1$-Norm) beliebig genau approximiert (ohne Beweis). Eine derartige Familie wird daher auch als *Regularisierung* von f bezeichnet.

Die folgenden einfachen Eigenschaften des Faltungsprodukts sind leicht zu verifizieren:

(16.15) *Für beliebige Funktionen* f, g, $\ldots \in \mathcal{R}$ *gilt*

(a) $f * g = g * f$,

(b) $(f_1 + f_2) * g = f_1 * g \,+\, f_2 * g\,, \quad (\alpha f) * g = \alpha\,(f * g)\,,$

(c) $f \geq 0 \;\wedge\; g \geq 0 \quad\Longrightarrow\quad f * g \geq 0\,.$

Die Überraschung kommt erst im Zusammenhang mit der Fourier-Transformation: Unter Φ verwandelt sich das Faltungsprodukt ins gewöhnliche Produkt. Das gilt an sich für beliebige $f,\ g \in \mathcal{R}$, wir beweisen es aber nur für Funktionen in $\mathcal{S}$. Dort trifft dann automatisch auch noch die umgekehrte Aussage zu:

(16.16) *Für beliebige Funktionen* $f,\ g \in \mathcal{S}$ *gilt*

(a) $f * g \in \mathcal{S}$,

(b) $\widehat{f * g} = \widehat{f} \cdot \widehat{g}$,

(c) $\widehat{f \cdot g} = \widehat{f} * \widehat{g}$.

⌜ (a) Wir setzen $\widehat{g} =: h$; dann ist $h \in \mathcal{S}$ und $\widehat{h} = g^\vee$. Wir erhalten damit für jedes feste $x \in \mathbb{R}$ die folgende Kette von Gleichungen:

$$\begin{aligned} f * g(x) &= \frac{1}{\sqrt{2\pi}} \int_{-\infty}^{\infty} f(x+t) g(-t)\, dt = \frac{1}{\sqrt{2\pi}} \int_{-\infty}^{\infty} f_x(t) \widehat{h}(t)\, dt \\ &\underset{\uparrow}{=} \frac{1}{\sqrt{2\pi}} \int_{-\infty}^{\infty} \widehat{f}_x(\lambda) h(\lambda)\, d\lambda \underset{\uparrow\uparrow}{=} \frac{1}{\sqrt{2\pi}} \int_{-\infty}^{\infty} \widehat{f}(\lambda) \widehat{g}(\lambda) e^{i\lambda x}\, d\lambda \\ &= \Phi^\vee(\widehat{f} \cdot \widehat{g})(x)\,; \end{aligned}$$

dabei haben wir an der Stelle $\uparrow$ das Lemma **(16.14)** und an der Stelle $\uparrow\uparrow$ die Rechenregel **(16.1)**(b) angewandt. Mit **(16.11)** und **(16.13)** folgt daher

$$f * g = \Phi^\vee(\widehat{f} \cdot \widehat{g}) \in \mathcal{S}\,, \tag{2}$$

wie behauptet.

Wendet man auf beiden Seiten der Gleichung (2) die Operation Φ an, so ergibt sich die Formel (b). Zum Beweis von (c) nehmen wir zwei beliebige Funktionen $\phi,\ \psi \in \mathcal{S}$ und setzen $f := \widehat{\phi},\ g := \widehat{\psi}$. Dann ist $\widehat{f} = \phi^\vee,\ \widehat{g} = \psi^\vee$; somit verwandelt sich (2) in die Gleichung

$$\widehat{\phi} * \widehat{\psi} = \Phi^\vee(\phi^\vee \cdot \psi^\vee) = \Phi^\vee\big((\phi \cdot \psi)^\vee\big) = \Phi(\phi \cdot \psi)\,,$$

was zu beweisen war. ⌟

In $\mathcal{S}$ läßt sich problemlos ein Skalarprodukt definieren durch die Formel

$$(f, g) := \frac{1}{\sqrt{2\pi}} \int_{-\infty}^{\infty} f(t) \overline{g(t)}\, dt \qquad (f,\ g \in \mathcal{S})\,,$$

und die zugehörige Norm, genannt 2-*Norm*, durch

$$\|f\|_2 := \sqrt{(f, f)} = \left(\frac{1}{\sqrt{2\pi}} \int_{-\infty}^{\infty} |f(t)|^2\, dt \right)^{1/2}$$

(vgl. die Bemerkungen bezüglich $L^2(\mathbb{R})$ am Schluß von Abschnitt 16.2). Skalarprodukt und 2-Norm haben die üblichen Eigenschaften. Insbesondere gilt die Schwarzsche Ungleichung, und alle $f \neq 0$ haben positive Norm — kurz: Der Raum $\mathcal{S}$ ist ein euklidischer Raum. Damit kommen wir endlich zu der bereits angekündigten *Formel von Parseval-Plancherel*:

(16.17) *Für beliebige Funktionen $f,\ g \in \mathcal{S}$ gilt*

$$\frac{1}{\sqrt{2\pi}}\int_{-\infty}^{\infty} f(t)\overline{g(t)}\,dt = \frac{1}{\sqrt{2\pi}}\int_{-\infty}^{\infty} \widehat{f}(\lambda)\overline{\widehat{g}(\lambda)}\,d\lambda$$

das heißt:

$$(f,g) = (\widehat{f},\widehat{g}),$$

speziell: $\|f\|_2 = \|\widehat{f}\|_2$. *In anderen Worten: Die Fourier-Transformation ist eine Isometrie des euklidischen Raumes $\mathcal{S}$.*

⌜ Setze

$$\begin{aligned} h(\lambda) &:= \overline{\widehat{g}(\lambda)} = \overline{\frac{1}{\sqrt{2\pi}}\int_{-\infty}^{\infty} g(t)e^{-i\lambda t}\,dt} = \frac{1}{\sqrt{2\pi}}\int_{-\infty}^{\infty} \overline{g(t)}\,e^{i\lambda t}\,dt \\ &= \Phi^{\vee}(\overline{g})(\lambda) \qquad (\lambda \in \mathbb{R}) . \end{aligned}$$

Dann ist $\widehat{h} = \overline{g}$, und mit Lemma **(16.14)** folgt

$$(f,g) = \frac{1}{\sqrt{2\pi}}\int_{-\infty}^{\infty} f(t)\widehat{h}(t)\,dt = \frac{1}{\sqrt{2\pi}}\int_{-\infty}^{\infty} \widehat{f}(\lambda)h(\lambda)\,d\lambda = (\widehat{f},\widehat{g}) .$$ ⌟

Wegen $\Phi \circ \Phi = \mathrm{inv}$ und $\mathrm{inv} \circ \mathrm{inv} = \mathrm{id}_{\mathcal{S}}$ kann man die Fourier-Transformation Φ als eine "Vierteldrehung" des Raums $\mathcal{S}$ auffassen.

① Die hier eingeführten Begriffe kommen auch in der Wahrscheinlichkeitstheorie zum Zug. An dieser Stelle müssen wir uns natürlich auf eine "Schnupperlehre" beschränken.

Mit $P[\ldots]$ bezeichnen wir die Wahrscheinlichkeit, daß das in der eckigen Klammer angegebene Ereignis eintritt. Eine reellwertige Zufallsvariable X (anschaulich: eine reelle Größe, deren Wert vom Zufall bestimmt wird) besitzt die *Wahrscheinlichkeitsdichte* (kurz: *Dichte*)

$$f_X : \quad \mathbb{R} \to \mathbb{R}_{\geq 0} ,$$

wenn sich für beliebige a, b die Wahrscheinlichkeit, daß X zwischen a und b liegt, wie folgt darstellen läßt (Fig. 16.4.2):

$$P[\, a \leq X \leq b\,] = \int_a^b f_X(t)\,dt \qquad (-\infty \leq a \leq b \leq \infty) .$$

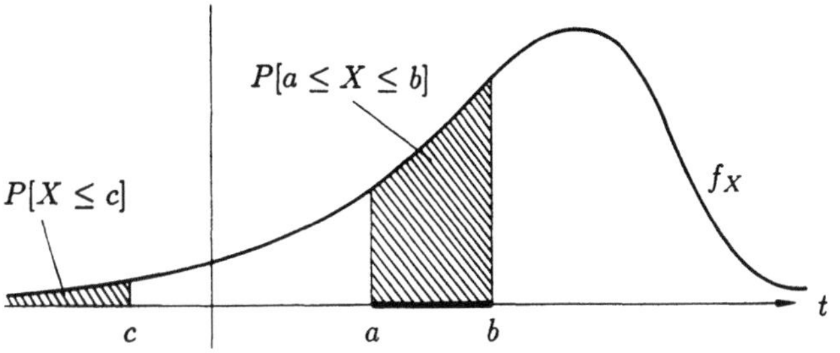

Fig. 16.4.2

Zwei reellwertige Zufallsvariablen X und Y heißen *unabhängig*, wenn für beliebige a, b, c, d gilt:

$$P[a \le X \le b \ \wedge \ c \le Y \le d] = P[a \le X \le b] \cdot P[c \le Y \le d] .$$

Es seien X und Y zwei unabhängige Zufallsvariable mit Dichten f_X, $f_Y \in \mathcal{R}$. Wir stellen uns die Aufgabe, die Dichte der Summe $S := X + Y$ zu berechnen.

Für ein beliebiges achsenparalleles Rechteck $Q := [a,b] \times [c,d]$ in der (s,t)-Ebene gilt

$$\begin{aligned} P\big[(X,Y) \in Q\big] &= P[a \le X \le b] \cdot P[c \le Y \le d] \\ &= \int_a^b f_X(s)\,ds \cdot \int_c^d f_Y(t)\,dt \\ &= \int_Q f_X(s)\,f_Y(t)\,d\mu(s,t) . \end{aligned}$$

Hieraus folgt die Gleichung

$$P\big[(X,Y) \in B\big] = \int_B f_X(s)\,f_Y(t)\,d\mu(s,t)$$

zunächst für Rechtecksgebäude und dann mit Hilfe eines Approximationsarguments (das wir hier unterdrücken) für beliebige meßbare Bereiche $B \subset \mathbb{R}^2$.

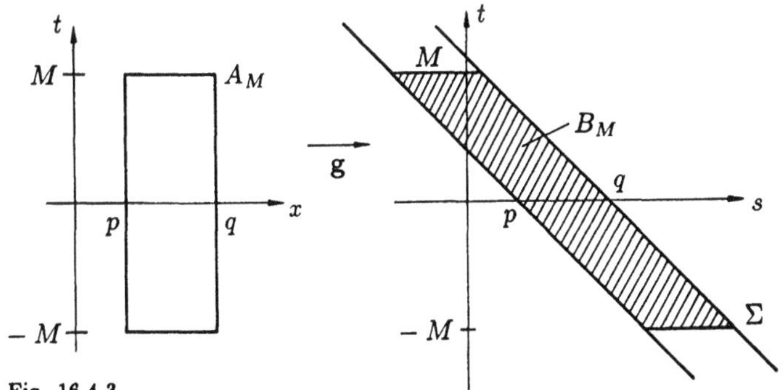

Fig. 16.4.3

Es seien p und q, $p \le q$, fest vorgegeben. Dann ist

$$\begin{aligned} P[p \le S \le q] &= P[p \le X + Y \le q] = P[(X,Y) \in \Sigma] \\ &= \lim_{M\to\infty} P[(X,Y) \in B_M] , \end{aligned}$$

wobei Σ den unendlichen Streifen in der Fig. 16.4.3 rechts und B_M das dort schraffierte Parallelogramm bezeichnen. Zur Berechnung von

$$P[(X,Y) \in B_M] = \int_{B_M} f_X(s)\, f_Y(t)\, d\mu(s,t)$$

verwenden wir die Parameterdarstellung

$$\mathbf{g}: \quad A_M \to B_M , \qquad (x,t) \mapsto \begin{cases} s := x - t \\ t := t \end{cases}$$

des Parallelogramms B_M. Die Funktionaldeterminante ist $\equiv 1$, somit ergibt sich mit Hilfe der Transformationsformel **(13.36)**:

$$\begin{aligned} \int_{B_M} f_X(s)\, f_Y(t)\, d\mu(s,t) &= \int_{A_M} f_X(x-t)\, f_Y(t)\, d\mu(t,x) \\ &= \int_p^q \int_{-M}^M f_X(x-t)\, f_Y(t)\, dt\, dx . \end{aligned}$$

Mit $M \to \infty$ geht hier das innere Integral über in

$$\lim_{M\to\infty} \int_{-M}^M f_X(x-t)\, f_Y(t)\, dt = f_X \mathbin{\dot{*}} f_Y(x) ,$$

und zwar ist leicht einzusehen, daß die Konvergenz gleichmäßig ist bezüglich $x \in [p,q]$. Mit dem Punkt haben wir angedeutet, daß auf den Faktor $1/\sqrt{2\pi}$ verzichtet wurde. Damit ergibt sich insgesamt

$$P[p \le S \le q] = \lim_{M\to\infty} \int_{B_M} f_X(s)\, f_Y(t)\, d\mu(s,t) = \int_p^q f_X \mathbin{\dot{*}} f_Y(x)\, dx .$$

Da p und q beliebig waren, haben wir hiermit den folgenden Satz bewiesen:

(16.18) *Es seien X und Y zwei unabhängige reelle Zufallsvariable mit Dichten f_X, $f_Y \in \mathcal{R}$. Dann besitzt deren Summe $S := X + Y$ die Dichte*

$$f_S = f_X \mathbin{\dot{*}} f_Y .$$

Die reelle Zufallsvariable X heißt *normalverteilt* mit *Erwartungswert* μ und *Streuung* σ, wenn sie die Dichte

$$f_X(t) := \frac{1}{\sqrt{2\pi}\,\sigma} \exp\Bigl(-\frac{(t-\mu)^2}{2\sigma^2}\Bigr) \tag{3}$$

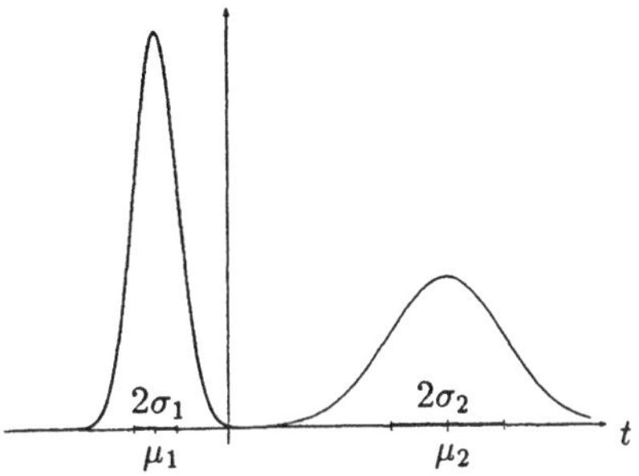

Fig. 16.4.4

(siehe die Fig. 16.4.4) besitzt. Liegt dieser Sachverhalt vor, so schreibt man $X \sim \mathcal{N}(\mu, \sigma)$. Wir zeigen zum Schluß:

(16.19) *Die Summe $S := X_1 + X_2$ von zwei unabhängigen normalverteilten Zufallsvariablen $X_1 \sim \mathcal{N}(\mu_1, \sigma_1)$ und $X_2 \sim \mathcal{N}(\mu_2, \sigma_2)$ ist normalverteilt mit Erwartungswert $\mu := \mu_1 + \mu_2$ und Streuung $\sigma := \sqrt{\sigma_1^2 + \sigma_2^2}$.*

⌜ Da die beiden Dichten $f_{X_k} =: f_k$ in $\mathcal{S}$ liegen, dürfen wir zur bequemen Berechnung von $f_S = f_1 * f_2$ die Fourier-Transformation zu Hilfe nehmen. Die Funktion $t \mapsto e^{-t^2/2}$ wird durch die Fourier-Transformation reproduziert. Mit Hilfe der Rechenregeln **(16.1)** ergibt sich somit folgende Fourier-Transformierte der Funktion (3):

$$\widehat{f}_X(\lambda) = \frac{1}{\sqrt{2\pi}} e^{-\sigma^2\lambda^2/2}\, e^{-i\mu\lambda} . \tag{4}$$

Aufgrund von **(16.16)**(b) gilt daher

$$\begin{aligned} \widehat{f}_S(\lambda) &= \sqrt{2\pi}\,(f_1 * f_2)\widehat{\ }(\lambda) = \sqrt{2\pi}\, \widehat{f}_1(\lambda) \cdot \widehat{f}_2(\lambda) \\ &= \frac{1}{\sqrt{2\pi}} e^{-(\sigma_1^2+\sigma_2^2)\lambda^2/2}\, e^{-i(\mu_1+\mu_2)\lambda} . \end{aligned}$$

Hier stimmt die rechte Seite überein mit derjenigen von (4), falls μ und σ die in der Behauptung angegebenen Werte haben. Dann muß aber f_S gleich der rechten Seite von (3) (mit diesen Werten von μ und σ) sein. ⌟

○

② Die Fourier-Transformation auf $\mathbb{R}$ und im $\mathbb{R}^n$ ist ein mächtiges Werkzeug in der Theorie der linearen partiellen Differentialgleichungen, zum Beispiel der *Wellengleichung*

$$u_{tt} = c^2\, u_{xx}$$

oder der Wärmeleitungsgleichung

$$u_t = a^2\, \Delta u .$$

Grundlage dazu bilden die Formeln **(16.12)**: Sie verwandeln die Differentialgleichung für die Funktion u in eine algebraische Gleichung für die Funktion $\widehat{u}$. Um eine Vorstellung davon zu geben, wie das funktioniert, betrachten wir hier die Wärmeleitung in einem unendlich langen Stab. Der Stab wird modelliert durch die x-Achse, das Temperaturgeschehen in diesem Stab durch eine Funktion

$$u: \quad \mathbb{R} \times \mathbb{R}_{\geq 0} \to \mathbb{R}, \qquad (x,t) \mapsto u(x,t),$$

die der eindimensionalen Wärmeleitungsgleichung

$$\frac{\partial u}{\partial t} = a^2 \frac{\partial^2 u}{\partial x^2} \tag{5}$$

genügen soll und außerdem der Anfangsbedingung

$$u(x,0) = f(x) \qquad (x \in \mathbb{R}); \tag{6}$$

dabei ist $f \in \mathcal{S}$ eine gegebene Funktion.

Das folgende heuristische Argument liefert uns als Endergebnis eine explizite Formel für die Lösung u des Anfangswertproblems (5)$\wedge$(6); *a posteriori* läßt sich dann "durch Einsetzen" überprüfen, ob wir tatsächlich etwas Richtiges erhalten haben.

Wir bringen also die Fourier-Transformation ins Spiel, und zwar bezüglich der Raumvariablen x, während die Variable t eher als ein Parameter fungiert. Die zugehörige "Raumfrequenz"-Variable bezeichnen wir mit ξ. Damit wird

$$\widehat{u}(\xi,t) := \frac{1}{\sqrt{2\pi}} \int_{-\infty}^{\infty} u(x,t) e^{-i\xi x}\, dx$$

die neue unbekannte Funktion. Rein formal gilt

$$\left(\frac{\partial u}{\partial t}\right)^{\widehat{}} = \frac{1}{\sqrt{2\pi}} \int_{-\infty}^{\infty} u_t(x,t) e^{-i\xi x}\, dx \overset{?}{=} \frac{\partial \widehat{u}}{\partial t};$$

in Worten: Die Operation $\dfrac{\partial}{\partial t}$ läßt sich mit der Fourier-Transformation Φ bezüglich (x,ξ) vertauschen. Wenden wir also Φ auf die Gleichung (5) an, so ergibt sich zunächst

$$\frac{\partial \widehat{u}}{\partial t} = a^2 \left(u_{xx}\right)^{\widehat{}},$$

und hieraus folgt mit **(16.12)**(a):

$$\frac{\partial \widehat{u}}{\partial t} = -a^2 \xi^2\, \widehat{u}. \tag{7}$$

In dieser Gleichung für $\widehat{u}$ kommen nun keine Ableitungen nach der Raumvariablen mehr vor. Die Anfangsbedingung (6) verwandelt sich unter Φ in

$$\widehat{u}(\xi,0) = \widehat{f}(\xi) \qquad (\xi \in \mathbb{R}). \tag{8}$$

Für festes ξ ist (7) eine gewöhnliche Differentialgleichung bezüglich t, die sich leicht integrieren läßt. Man sieht ohne weiteres, daß

$$\widehat{u}(\xi,t) = \widehat{u}(\xi,0)\, e^{-a^2\xi^2 t} = \widehat{f}(\xi)\, e^{-a^2\xi^2 t}$$

die Lösung von (7)$\wedge$(8) darstellt. Was den zweiten Faktor rechter Hand betrifft, so kann er (jedenfalls für $t > 0$) gemäß der Rechenregel **(16.1)**(c), angewandt mit mit $\sigma := a\sqrt{2t}$, als Fourier-Transformierte der Funktion

$$k(x,t) := \frac{1}{a\sqrt{2t}} \exp\Bigl(-\frac{x^2}{4a^2t}\Bigr)$$

betrachtet werden (das hier von der Fourier-Transformation betroffene Variablenpaar ist (x,ξ)!). Wir haben also

$$\widehat{u}(\xi,t) = \widehat{f}(\xi)\cdot \widehat{k}(\xi,t)\ .$$

Wird hier die Fourier-Transformation rückgängig gemacht, so ergibt sich mit **(16.16)**(b) für die eigentlich gesuchte Funktion u die Formel

$$\begin{aligned} u(x,t) &= f * k(\cdot,t)\,(x) \\ &= \frac{1}{a\sqrt{4\pi t}} \int_{-\infty}^{\infty} f(x-y)\exp\Bigl(-\frac{y^2}{4a^2t}\Bigr)\,dy \qquad (t>0)\ . \qquad (9) \end{aligned}$$

Sie läßt sich folgendermaßen interpretieren: Die zu Beginn vorhandene Temperaturverteilung f auf der x-Achse wird mit der Zeit "verschmiert", und zwar ist $u(\cdot,t)$ gleich dem Faltungsprodukt von f mit der Normalverteilung $\mathcal{N}(0,\sigma)$, $\sigma := a\sqrt{2t}$. Ist f zum Beispiel eine "Buckelfunktion" mit sehr kleinem Träger $[-\varepsilon,\varepsilon]$, so ist $u(\cdot,t)$ im wesentlichen die Normalverteilung mit der angegebenen Streuung σ.

Es bleibt zu zeigen, daß (9) tatsächlich eine Lösung des Ausgangsproblems (5)$\wedge$(6) darstellt. Wir beschränken uns dazu auf die folgenden Bemerkungen: Die rechte Seite von (9) läßt sich auch in der Form

$$\frac{1}{a\sqrt{4\pi t}} \int_{-\infty}^{\infty} f(y)\exp\Bigl(-\frac{(x-y)^2}{4a^2t}\Bigr)\,dy \qquad (t>0)$$

schreiben, und hier läßt sich durch Differentiation unter dem Integralzeichen feststellen, daß die so dargestellte Funktion u der partiellen Differentialgleichung (5) genügt. Die Rechnung läuft darauf hinaus, zu verifizieren, daß die spezielle Funktion $k(x,t)$ eine Lösung von (5) ist.

Was nun die Realisierung der Anfangsbedingung (6) betrifft, so läßt sich folgendermaßen argumentieren: Betrachte ein festes $x_0 \in \mathbb{R}$. Zu vorgegebenem $\varepsilon > 0$ gibt es ein $\delta > 0$, so daß die Funktion $g(y) := f(x_0 - y) - f(x_0)$ den folgenden Abschätzungen genügt:

$$|g(y)| < \varepsilon \quad \bigl(|y| \le \delta\bigr)\,, \qquad |g(y)| \le 2\|f\|_\infty \quad \forall y\ .$$

Weiter gibt es ein $\delta' > 0$, so daß folgendes zutrifft: Für alle $t < \delta'$ ist die Streuung $\sigma := a\sqrt{2t}$ so klein, daß nur der Bruchteil $\varepsilon/(1+\|f\|_\infty)$ der Gesamtmasse 1 von $k(\cdot,t)$ außerhalb des Intervalls $[-\delta,\delta]$ liegt. Zusammengenommen haben wir dann die folgende Abschätzung:

$$\begin{aligned}
u(x_0,t) &= \frac{1}{\sqrt{2\pi}}\int_{-\infty}^{\infty} f(x-y)k(y,t)\,dy \\
&= \frac{1}{\sqrt{2\pi}}\int_{-\infty}^{\infty} f(x_0)k(y,t)\,dy + \frac{1}{\sqrt{2\pi}}\int_{-\infty}^{\infty} g(y)k(y,t)\,dy \\
&= f(x_0) + \frac{1}{\sqrt{2\pi}}\left(\int_{|y|\le\delta} |g(y)|k(y,t)\,dy + \int_{|y|\ge\delta} |g(y)|k(y,t)\,dy\right)\Theta \\
&= f(x_0) + \left(1+\frac{2\|f\|_\infty}{1+\|f\|_\infty}\right)\varepsilon\,\Theta = f(x_0)+3\varepsilon\Theta \qquad (t<\delta')\,.
\end{aligned}$$

Hiernach konvergiert $u(x_0,t)$ mit $t\to 0+$ gegen den Wert $f(x_0)$, wie verlangt.

○

Wir haben an verschiedenen Stellen die Erfahrung gemacht, daß eine Funktion $f:\mathbb{R}\to\mathbb{C}$ und ihre Fourier-Transformierte $\widehat{f}$ nicht gleichzeitig in einem kleinen Bereich der t- bzw. der λ-Achse "konzentriert" sein können.

— Schon die Skalierungsregel **(16.1)**(c) besagt, daß sich $\widehat{f}$ unter einer zeitlichen Kompression von f verflacht und entsprechend ausweitet.

— Die Fourier-Transformierte einer an den Stellen $\pm T$ abgebrochenen harmonischen Schwingung besitzt den Träger $\mathbb{R}$ und ist für $|\lambda|\to\infty$ nicht einmal absolut integrierbar (siehe Beispiel 16.1.④).

— Allgemein: Eine bandbegrenzte Funktion kann unmöglich einen kompakten Träger haben. Das hat einen tieferliegenden Grund: Eine derartige Funktion läßt sich via **(16.6)** in der Form

$$f(t) = \frac{1}{\sqrt{2\pi}}\int_{-\rho}^{\rho}\widehat{f}(\lambda)e^{i\lambda t}\,d\lambda$$

darstellen. Faßt man dieses Integral über das endliche λ-Intervall $[-\rho,\rho]$ als Funktion des *komplexen* Parameters t auf, so stellt man fest, daß es in der ganzen komplexen t-Ebene formal und tatsächlich nach t komplex differenziert werden kann. In anderen Worten: Die gegebene bandbegrenzte Funktion f besitzt eine in der ganzen t-Ebene definierte komplex-analytische Fortsetzung $\tilde{f}:\mathbb{C}\to\mathbb{C}$. Es ist eine Grundtatsache der komplexen Analysis, daß eine derartige Funktion nur in isolierten Punkten verschwinden kann, außer, sie wäre $\equiv 0$.

Der quantitative Ausdruck des hier beschriebenen Sachverhalts ist die berühmte *Heisenbergsche Unschärferelation*, die in der Quantenmechanik eine wichtige Rolle spielt. Dort wird die Bewegung eines Teilchens "abstrakt" beschrieben durch eine Funktion $\psi(\cdot) \in \mathcal{S}$; dabei stellt $f_X(x) := |\psi(x)|^2$ die Wahrscheinlichkeitsdichte für den Ort X dieses Teilchens und $f_P(\xi) := |\widehat{\psi}(\xi)|^2$ die entsprechende Dichte für dessen Impuls P dar. Die Unschärferelation besagt, daß diese beiden Dichten nicht gleichzeitig eine ausgeprägte Spitze haben können.

Als Maß für die von 0 aus gemessene "horizontale Ausbreitung" einer Funktion ψ dient die Größe

$$\sigma(\psi) := \left(\frac{\displaystyle\int_{-\infty}^{\infty} x^2 |\psi(x)|^2 \, dx}{\displaystyle\int_{-\infty}^{\infty} |\psi(x)|^2 \, dx} \right)^{1/2} = \frac{\|x\,\psi\|_2}{\|\psi\|_2} .$$

Die Unschärferelation läßt sich damit folgendermaßen formulieren:

(16.20) *Ist $\psi \in \mathcal{S}$, so gilt*

$$\|x\,\psi\|_2 \cdot \|\xi\,\widehat{\psi}\,\|_2 \ \geq \ \frac{1}{2}\,\|\psi\|_2 \cdot \|\widehat{\psi}\,\|_2 \tag{10}$$

oder, anders ausgedrückt:

$$\sigma(\psi) \cdot \sigma(\widehat{\psi}\,) \geq \frac{1}{2} ,$$

und zwar steht das Gleichheitszeichen genau für die konstanten Vielfachen der Funktionen $x \mapsto e^{-\alpha x^2}$, $\alpha > 0$.

⌜ Die Fourier-Transformierte $\widehat{\psi}$ läßt sich mit Hilfe von **(16.12)**(a) und der Parsevalschen Formel **(16.17)** aus (10) eliminieren. Es gilt

$$\|\xi\,\widehat{\psi}\,\|_2 = \|\widehat{D\psi}\|_2 = \|D\psi\|_2 , \qquad \|\widehat{\psi}\,\|_2 = \|\psi\|_2 ;$$

somit ist die behauptete Ungleichung (10) mit

$$\|x\,\psi\|_2 \cdot \|D\psi\|_2 \ \geq \ \frac{1}{2}\,\|\psi\|_2^2 \tag{11}$$

äquivalent. Nach der Schwarzschen Ungleichung ist aber

$$\|x\psi\|_2 \cdot \|D\psi\|_2 \ \geq \ \bigl|(x\,\psi, D\psi)\bigr| \ \geq \ \bigl|\mathrm{Re}(x\,\psi, D\psi)\bigr| , \tag{12}$$

und hier läßt sich die rechte Seite folgendermaßen berechnen:

$$\begin{aligned}
2\,\mathrm{Re}(x\,\psi, D\psi) &= (x\,\psi, D\psi) + (D\psi, x\,\psi) \\
&= \frac{1}{\sqrt{2\pi}} \int_{-\infty}^{\infty} \underset{\downarrow}{x} \; \bigl(\psi(x)\overline{\psi'(x)} + \underset{\uparrow}{\psi'(x)}\overline{\psi(x)}\bigr)\, dx \\
&= \frac{1}{\sqrt{2\pi}} \left(x\,|\psi(x)|^2 \Big|_{-\infty}^{\infty} - \int_{-\infty}^{\infty} |\psi(x)|^2\, dx \right) \\
&= -\|\psi\|_2^2\,.
\end{aligned}$$

Wird das rechts in (12) eingesetzt, so folgt (11).

In (11) gilt genau dann das Gleichheitszeichen, wenn in (12) an beiden Stellen das Gleichheitszeichen gilt, und hierfür ist nach **(15.8)**(c) zunächst einmal notwendig, daß es ein $\mu + i\nu \in \mathbb{C}$ gibt mit

$$D\psi(x) \equiv (\mu + i\nu)\, x\, \psi(x) \qquad (x \in \mathbb{R})\,. \tag{13}$$

Die Lösungen dieser Differentialgleichung sind die Funktionen

$$\psi(x) := C\, e^{(\mu+i\nu)x^2/2}\,, \qquad C \in \mathbb{C}\,,$$

und ein derartiges ψ gehört genau dann zu $\mathcal{S}$, wenn μ negativ ist. Ferner muß $(x\,\psi,\ D\psi)$ reell sein. Dies führt im Verein mit (13) auf die Bedingung

$$(x\,\psi,\ D\psi) = \bigl(x\,\psi, (\mu + i\nu)\, x\,\psi\bigr) = (\mu - i\nu)\|x\,\psi\|_2^2 \in \mathbb{R}\,,$$

und hieraus folgt $\nu = 0$. ┘

16.5. Aufgaben

1. Berechne die Fourier-Transformierte bzw. im Fall (c) die Cosinus-Transformierte der folgenden Funktionen:

   (a) $f_n(t) := \begin{cases} t^n e^{-t} & (t \geq 0) \\ 0 & (t < 0)\,, \end{cases}$

   (b) $f(t) := \begin{cases} \sin(\omega t) e^{-\delta t} & (t \geq 0) \\ 0 & (t < 0)\,, \end{cases}$

   (c) $g(t) := \begin{cases} \cos^2 \dfrac{\pi t}{2a} & (\,|t| \leq a) \\ 0 & (\,|t| > a)\,. \end{cases}$

2. Stelle die Funktion $f(t) := e^{-|t|} \cos t$ als Superposition von ungedämpften Cosinus-Schwingungen $t \mapsto \cos(\lambda t)$ dar.

3. Verifiziere:

   $$\int_0^{\infty} \frac{t \sin(\alpha t)}{1 + t^2}\, dt = \frac{\pi}{2}\, e^{-\alpha} \qquad (\alpha > 0)\,.$$

   (*Hinweis:* Betrachte die Funktion $f(t) := \operatorname{sgn} t\, e^{-|t|}$.)

4. Im Anschluß an Beispiel 16.2.① bestimme man durch geeignete Umformungen die Fourier-Transformierte $\widehat{g}$ der Funktion

$$g(t) := \frac{1}{\alpha t^2 + 2\beta t + \gamma} \qquad (\alpha, \beta, \gamma \in \mathbb{R}\,,\ \alpha\gamma - \beta^2 > 0)\,.$$

5. Für eine Funktion $f : [\,0, \infty\,[\, \to \mathbb{C}$ gilt unter geeigneten Voraussetzungen $f^{cc} = f$, ebenso $f^{ss} = f$, in Worten: Zweimalige Cosinus- bzw. Sinus-Transformation liefert die Ausgangsfunktion zurück.

6. Zeige, daß die Funktionen $e^{-t^2/2}$ und $1/\cosh t$ in $\mathcal{S}$ liegen.

7. Die Funktion $t \mapsto e^{-t^2/2}$ wird durch die Fourier-Transformation Φ reproduziert, kann also als Eigenvektor von Φ zum Eigenwert 1 betrachtet werden. Bestimme die sämtlichen Funktionen f der Form

$$f(t) := (\alpha_0 + \alpha_1 t + \alpha_2 t^2 + \alpha_3 t^3 + \alpha_4 t^4)\, e^{-t^2/2}$$

mit dieser Eigenschaft. (*Hinweis:* Benütze **(16.12)**(b).)

8. Berechne $f * f$ für die Funktion $f(t) := \dfrac{1}{1+t^2}$.

9. Die beiden Zufallsvariablen X und Y seien unabhängig und gleichverteilt auf dem Intervall $[\,0, 1\,]$, das heißt, es gelte

$$f_X(t) = f_Y(t) := \begin{cases} 1 & (0 \le t \le 1) \\ 0 & (\text{sonst}) \end{cases}.$$

(a) Berechne die Dichte der Summe $S := X + Y$ sowie die Wahrscheinlichkeit $P\big[S \ge \frac{3}{2}\big]$.

(b) Bestimme $P\big[S \ge \frac{3}{2}\big]$ durch Betrachtung einer geeigneten Figur.

10. Betrachte einen gedämpften harmonischen Oszillator

$$m\ddot{y} + b\dot{y} + fy = K(t)\,, \qquad b > 0\,,$$

der durch eine äußere Kraft $K(\cdot) \in \mathcal{S}$ angeregt wird (siehe Beispiel 8.1.①). Zeige: Es gibt eine partikuläre Lösung $y_s(\cdot) \in \mathcal{S}$, und produziere eine Integraldarstellung dieser Lösung.

11. Die Anfangstemperatur f in einem unendlich langen wärmeleitenden Stab sei normalverteilt mit Mittelpunkt 0 und sehr kleiner Streuung $\varepsilon > 0$. Bestimme die resultierende Temperaturverteilung $u(x,t)$ und verfolge das Temperaturgeschehen an einer weit von 0 entfernten Stelle x_0. Nach welcher Zeit erreicht die Temperatur an der Stelle x_0 ihr Maximum?

Sachverzeichnis Analysis 1 und 2

Seitenzahlen des ersten Bandes sind mit einem vorangestellten Strich bezeichnet.

Springer-Verlag und Umwelt

Als internationaler wissenschaftlicher Verlag sind wir uns unserer besonderen Verpflichtung der Umwelt gegenüber bewußt und beziehen umweltorientierte Grundsätze in Unternehmensentscheidungen mit ein.

Von unseren Geschäftspartnern (Druckereien, Papierfabriken, Verpackungsherstellern usw.) verlangen wir, daß sie sowohl beim Herstellungsprozeß selbst als auch beim Einsatz der zur Verwendung kommenden Materialien ökologische Gesichtspunkte berücksichtigen.

Das für dieses Buch verwendete Papier ist aus chlorfrei bzw. chlorarm hergestelltem Zellstoff gefertigt und im ph-Wert neutral.

MIX
Papier aus verantwortungsvollen Quellen
Paper from responsible sources
FSC® C105338

If you have any concerns about our products,
you can contact us on
ProductSafety@springernature.com

In case Publisher is established outside the EU,
the EU authorized representative is:
Springer Nature Customer Service Center GmbH
Europaplatz 3, 69115 Heidelberg, Germany

Printed by Libri Plureos GmbH
in Hamburg, Germany